VOM WASSER
97. BAND · 2001

Information zur Reihe VOM WASSER jetzt im Internet

vomwasser.wiley-vch.de

Weitere Titel zum Thema Wasser

W. Kölle
Wasseranalysen – richtig beurteilt
Grundlagen, Parameter, Wassertypen, Inhaltsstoffe,
Grenzwerte nach Trinkwasserverordnung und
EU-Trinkwasserrichtlinie
2001. ISBN 3-527-30169-0

H.-H. Rump
**Laborhandbuch für die Untersuchung von Wasser, Abwasser
und Boden**
Dritte, völlig überarbeitete Auflage
1998. ISBN 3-527-28888-0

Nähere Informationen zu diesen und anderen Büchern unter
www.wiley-vch.de/books

Acta hydrochimica et hydrobiologica
Wasserchemische Gesellschaft, Fachgruppe in der GDCh (Hrsg.)
ISSN 0323-4320 (Zeitschrift)
www.wiley-vch.de/vch/journals/2047/index.html

International Review of Hydrobiology
ISSN 1434-2944 (Zeitschrift)
www.wiley-vch.de/berlin/journals/irh/index.html

VOM WASSER

Wasserchemische Gesellschaft,
Fachgruppe in der Gesellschaft
Deutscher Chemiker

vertreten durch

**Martin Jekel (Obmann)
gemeinsam mit
Heinz-Günter Korber
(Stellvertreter des Obmanns)
Eckhard Worch
(Stellvertreter des Obmanns)
Gudrun Abbt-Braun
Wolfgang Calmano
Detlef Düputell
Thomas Grischek
Klaus Johannsen
Rolf Klopp
Thomas Knepper
Dietmar Knopp
Rainer Köster
Jörg W. Metzger
Marlies Raudschus
Christian Steinberg

als Redaktionskollegium

97. Band · November 2001**

Wasserchemische Gesellschaft
Fachgruppe in der
Gesellschaft Deutscher Chemiker
Engler-Bunte-Ring 1
76131 Karlsruhe

Obmann
Prof. Dr. Martin Jekel
Sekr. KF 4
TU Berlin
Straße des 17. Juni 135
10623 Berlin

© WILEY-VCH Verlag GmbH, Weinheim (Federal Republic of Germany), 2001
Gedruckt auf säurefreiem Papier.

Satz: Hagedorn Kommunikation, D-68519 Viernheim.
Druck: betz-druck gmbh, Darmstadt
Buchbinder: Wilhelm Osswald + Co., Großbuchbinderei, Neustadt.
Printed in the Federal Republic of Germany

Unsere Toten

Prof. Dr. Gerhard Giebler
Düsseldorf
verstorben am 07. 05. 2000

Dr. Gerhard Magin
Münster
verstorben am 21. 07. 2000

Dr. Hans Brutschek
Bingen
verstorben am 06. 09. 2000

Dr. Karl Deibel
Neubrandenburg
verstorben am 28. 12. 2000

Prof. Dr. med. Helmuth Althaus
verstorben am 19. 04. 2001

Dr.-Ing. Peter Wölfel
verstorben am 24. 04. 2001

Prof. Dr. Bernard Braukmann
verstorben am 17.09. 2001

Die Wasserchemische Gesellschaft wird ihr Andenken
stets in Ehren halten.

Vorwort

Dieser Band 97 der traditionsreichen Buchreihe „VOM WASSER" ist effektiv der erste Band, in dem sich die angekündigten Veränderungen wiederfinden. Die eingesandten Beiträge wurden in die Gruppen „Originalbeiträge, Übersichtsbeiträge, Praxisbeiträge und Kurzbeiträge" eingeteilt, wobei die ersten beiden Arten einem anonymen Referee-System unterzogen wurden. Alle Beitragsarten sind diesmal auch vertreten.

Hinweisen möchte ich auf die Erweiterung des Redaktionskollegiums um Prof. Dr. Christian Steinberg, Berlin und Dr. Thomas Knepper, Wiesbaden. Zu erwähnen ist auch die Webseite des Verlags zur Buchreihe Http://vomwasser.wiley-vch.de, in der alle Informationen zur Einreichung von Manuskripten zu finden sind. Ich möchte im Namen des Redaktionskollegiums und des Verlags alle Autoren von Beiträgen zu den Jahrestagungen der Wasserchemischen Gesellschaft auffordern, ihre Manuskripte zu den Abgabeterminen 15. Juni und 1. Oktober zu erstellen und beim Obmann einzureichen. Ebenso ist VOM WASSER offen für Beiträge aus der Wasserforschung und der Praxis der Wasserchemie und Wasseruntersuchung, die nicht auf der Jahrestagung präsentiert wurden.

Aus einem sehr erfreulichen Anlass wird dieser Band 97 dem Vorsitzenden der Wasserchemischen Gesellschaft

Herrn Prof. Dr. Fritz H. Frimmel, Karlsruhe

gewidmet, der am 24. November 2001 seinen 60. Geburtstag feiern konnte. Er und seine Mitarbeiterinnen und Mitarbeiter haben über drei Jahrzehnte viele hoch interessante Artikel in VOM WASSER publiziert. Wir wünschen dem Vorsitzenden und Freund Fritz Frimmel alles Gute und weiterhin beste Gesundheit und Schaffenskraft.

Für das Redaktionskollegium
Prof. Dr. Martin Jekel

Sachliches Inhaltsverzeichnis

Originalarbeiten

Oberflächengewässer

Problemstoffe

Trinkwasserqualität

Wasseraufbereitung

Übersichtsarbeiten

Praxisbeiträge

Kurzbeitrag

Inhalt/Contents

Contents/Inhalt

Die neue Trinkwasserverordnung – Welche Anforderungen stellt sie an die Trinkwasseranalytik?

The New German Drinking Water Regulation – Which Requirements for the Drinking Water Analysis will apply?

Ulrich Borchers und *Achim Rübel**

Schlagwörter

Trinkwasserverordnung, Trinkwasseruntersuchung, externe Qualitätssicherung, Akkreditierung, Verfahrenskenndaten, Untersuchungsumfang, Kostenentwicklung

Summary

By the 1st of January 2003 a new drinking water regulation will come into operation in Germany, replacing the former version from 1990. With this action the German legislator transfers the EU drinking water directive from 1998 into German legislation. This contribution highlights in particular all the aspects relevant for drinking water analysis and drinking water laboratories in particular. The most important innovation is the change from a recognition of the laboratories by the authorities to an accreditation according to ISO 17025 combined with designation (notification) by the authorities. The consequential requirements and the general conditions are described, and outstanding items are pointed out. Apart from these general amendments, some new quality criteria for the analytical methods are fixed. There will be special demands on statistical performance data such as precision, accuracy and limit of detection. Their meaning and their possible limits of implementation into daily practice are argued. Finally, the extent and the frequency of the drinking water analyses are newly fixed by the drinking water regulation 2001. This aspect will be also of great importance for the laboratories. The consequential innovations and amendments are described, and an outlook to the consequences for the costs of the drinking water analysis is given.

Zusammenfassung

Zum 1. Januar 2003 wird in Deutschland eine neue Trinkwasserverordnung in Kraft treten, um die „alte" Verordnung aus dem Jahre 1990 abzulösen. Damit wird pflichtgemäß die EG-Trinkwasserrichtlinie aus dem Jahr 1998 in deutsches Recht umgesetzt. In dem vorliegenden Beitrag werden speziell die Aspekte in der neuen Verordnung beleuchtet, die für die Trinkwasseranalytik bzw. für die Untersuchungsstellen von Interesse sind. Als gravierendste Neuerung ist der Übergang von einer hoheitlichen Zulassung zur Trinkwasseruntersuchung auf eine Kombination aus Akkreditierung und Notifizierung anzusehen. Die sich daraus ergebenden neuen Rahmenbedingungen und Anforderungen werden geschildert und es wird auf noch ungeklärte Fragen hingewiesen. Neben neuen Anforderungen an Untersuchungsstellen werden auch neue Qualitätskriterien für die Analysenverfahren festgesetzt. Es werden nämlich Vorgaben für bestimmte statistische Verfahrenskenndaten wie Präzision, Richtigkeit und Nachweisgrenze gemacht. Ihre Bedeutung sowie Umsetzbarkeit in die Praxis wird erörtert. Schließlich werden sich mit der neuen Verordnung die Untersuchungsumfänge der Trinkwasseranalytik und – was

* Dr. U. Borchers, Dr. A. Rübel, IWW Rheinisch-Westfälisches Institut für Wasserforschung gemeinnützige GmbH, Moritzstraße 26, D-45476 Mülheim an der Ruhr.

für die Laboratorien von besonderer Wichtigkeit sein wird – die Untersuchungshäufigkeiten verändern. Die in diesem Zusammenhang zu erwartenden Veränderungen werden dargestellt und es wird schließlich ein Ausblick auf Ihre Auswirkung für die Kosten der Trinkwasseranalytik gegeben.

1 Einleitung

Nach intensiven Erörterungen und Diskussionen in den Gremien sowie in den mit der Trinkwasserproblematik befassten Verbänden verabschiedete der Bundesrat in seiner 759. Sitzung am 16. Februar 2001 die neue Trinkwasserverordnung (TrinkwV 2001) [1, 2, 3]. Der Verordnungsgeber kommt damit noch fristgerecht seiner Verpflichtung nach, die 2. EG-Trinkwasserrichtlinie vom 03. November 1998 [4] in deutsches Recht umzusetzen. Am 1. Januar 2003 wird die neue Trinkwasserverordnung in Kraft treten und die seit mehr als 10 Jahren bewährte alte Trinkwasserverordnung (TrinkwV 1990) aus dem Jahre 1990 ablösen [5].

Im Zuge der nicht unerheblichen Änderungen, welche die TrinkwV 2001 für die Deutsche Wasserversorgung sowie die zuständigen Behörden mit sich bringen wird, werden sich am Rande auch für die Trinkwasseruntersuchungsstellen einige neue Anforderungen sowie Änderungen ergeben, die in diesem Beitrag näher dargestellt und erörtert werden sollen. Wie in anderen Bereichen der TrinkwV 2001 werden auch in Bezug auf die amtliche Trinkwasseruntersuchung noch Stellungnahmen der Behörden (z. B. UBA) sowie Ausführungsbestimmungen zu erwarten sein. Sie sind notwendig, um den Verantwortlichen in den Laboratorien die Umsetzung der Verordnung in die Laborroutine zu ermöglichen.

Für die Trinkwasseruntersuchungsstellen sind im Wesentlichen die §§ 15 *„Untersuchungsverfahren und Untersuchungsstellen"* und 19 *„Umfang der Überwachung"* sowie die Anlage 5 (zu § 15) *„Spezifikationen für die Analyse der Parameter"* von Bedeutung. Im Folgenden soll nun auf die Details eingegangen werden, wobei im **Kapitel 2** zunächst die allgemeinen Anforderungen an die Untersuchungsstellen und im **Kapitel 3** die spezielleren Anforderungen an die Analytik erörtert werden sollen. Im **Kapitel 4** soll dann ein kurzer Ausblick darauf gegeben werden, welche Folgen die Änderungen für die Untersuchungsstellen mit sich bringen werden.

2 Anforderungen an die Untersuchungsstellen

2.1 Allgemeine Anforderungen

Bei der amtlichen Trinkwasseruntersuchung wird bislang ein System der hoheitlichen Zulassung von Untersuchungsstellen durch die obersten Landesgesundheitsbehörden gemäß § 19 (2) TrinkwV 1990 [5] praktiziert, soweit die Bundesländer nicht ausschließlich auf staatliche oder kommunale Hygiene-Institute bzw. Gesundheitsämter mit eigenem Laboratorium zurückgreifen. Diese „öffentlichen" Einrichtungen bedürfen keiner an bestimmte Auflagen und Kontrollen geknüpfte Zulassung, sondern werden durch den Wortlaut der Verordnung pauschal als geeignet eingestuft. Dadurch besteht im Moment keine ausreichende gesetzliche Handhabe dafür, diese Untersuchungsstellen zur Teilnahme an Qualitätssicherungsmaßnahmen wie Ringversuchen oder Fortbildungen zu verpflichten. Im Gegensatz dazu sind in Bundesländern wie Nordrhein-Westfalen oder Niedersachen die zulassungsbedürftigen Untersuchungsstellen durch spezielle Ausführungsbestimmungen zur TrinkwV 1990 (AbTrinkwV) [6, 7] einem Ordnungsrahmen unterworfen, der eine qualitätsgesicherte und von behördlicher Seite zuverlässig überwachte Trinkwasseranalytik sicherstellt.

Wie man leicht einsieht, herrschen in Deutschland einerseits bedingt durch das föderalistische System, welches eine Durchführung der Trinkwasseranalytik unter verschiedenen Rahmenbedingungen ermöglicht und andererseits durch die per Verordnungstext geschaffene „Zwei-Klassen-Gesellschaft" bei den Laboratorien (zulassungsbedürftige Trinkwasseruntersuchungsstellen und solche, die keine Vorbedingungen zu erfüllen haben) durchaus unterschiedliche Qualitätsanforderungen an die Laboratorien. Dies ist der Forderung nach einem einheitlichen und vor allem hohen Verbraucherschutzniveau nicht unbedingt zuträglich.

Um hier eine Harmonisierung zwischen den Bundesländern sowie innerhalb der Europäischen Union zu fördern, hat der Gesetzgeber in der TrinkwV 2001 nun die in **Zitat 1** wiedergegebene Bestimmung getroffen:

Die ... erforderlichen Untersuchungen einschließlich der Probenahmen dürfen nur von solchen Untersuchungsstellen durchgeführt werden, die nach den allgemein anerkannten Regeln der Technik arbeiten, über ein System der internen Qualitätssicherung verfügen, sich mindestens einmal jährlich an externen Qualitätssicherungsprogrammen erfolgreich beteiligen, über für die entsprechenden Tätigkeiten hinreichend qualifiziertes Personal verfügen und eine Akkreditierung durch eine hierfür allgemein anerkannte Stelle erhalten haben. Die zuständige oberste Landesbehörde hat eine Liste der im jeweiligen Land ansässigen Untersuchungsstellen, die die Anforderungen nach Satz 1 erfüllen, bekannt zu machen.

Zitat 1: § 15 (4) TrinkwV 2001

Der Satz 1 des § 15 (4) TrinkwV 2001 legt in einer „Und-Aufzählung" die Qualitätsanforderungen an Trinkwasseruntersuchungsstellen fest, wobei der Schwerpunkt der Anforderung sowie die größte Tragweite auf dem Begriff Akkreditierung liegt. Mit dem Übergang von einer im sogenannten gesetzlich geregelten Bereich noch üblichen „hoheitlichen Zulassung" auf die im ungeregelten Bereich schon seit längerer Zeit breit eingeführten Akkreditierung von Untersuchungsstellen wird nun auch in der Überwachung des wichtigsten Lebensmittels Trinkwasser eine sinnvolle nationale und internationale Harmonisierung sowie Konkretisierung der Anforderungen erreicht. Bei der Überwachung aller weiteren Lebensmittel ist eine Akkreditierung der Untersuchungsstellen gemäß DIN EN ISO/IEC 17025 [8] (ersetzt DIN EN 45001) längst durch die Richtlinie 93/99/EWG vorgeschrieben und in die Praxis umgesetzt.

Erwähnenswert ist, dass erstmals neben den Untersuchungen auch die Probenahmen ausdrücklich und im gleichen Umfang in die Verpflichtung zur Qualitätssicherung einbezogen werden (s. **Kapitel 2.2.2**). Dadurch trägt der Gesetzgeber der Tatsache Rechnung, dass Probenahmefehler ebenso gravierende Auswirkungen haben können wie Unzulänglichkeiten in der Analytik.

Im Absatz 5 des § 15 TrinkwV 2001 (s. **Zitat 2**) wird festgelegt, dass eine von der zuständigen obersten Landesbehörde bestimmte Stelle regelmäßig zu überprüfen hat, ob die Anforderungen des Absatzes 4 von den Untersuchungsstellen erfüllt werden.

Eine von den Untersuchungsstellen unabhängige Stelle, die von der zuständigen obersten Landesbehörde bestimmt wird, überprüft regelmäßig, ob die Voraussetzungen des Absatzes 4 Satz 1 bei den im jeweiligen Land niedergelassenen Untersuchungsstellen erfüllt sind.

Zitat 2: § 15 (5) TrinkwV 2001

Wäre die Akkreditierung die einzige Anforderung an die Trinkwasserlaboratorien, so wäre es aus Sicht der Laboratorien befremdlich, dass neben der Akkreditierungsstelle eine weitere Einrichtung in den jeweiligen Bundesländern die Einhaltung der Anforderungen überprüfen soll. Dies widerspräche dem hinter der Akkreditierung stehenden Zertifikatssystem, das auf international anerkannten Normen, auf Harmonisierung und auf Vertrauensbildung aufbaut. Die Akkreditierungsurkunde wäre in diesem Fall ohne weitere Prüfungen anzuerkennen.

Es ist hier jedoch so, dass die Gesamtheit der in der Und-Aufzählung (Satz 1 des § 15 (4) TrinkwV 2001) festgelegten Anforderungen zu erfüllen ist, wobei die spezifischen Trinkwasserbelange auf geeignete Weise zu berücksichtigen sind. Dies bedarf nach Auffassung des Gesetzgebers einer gesonderten Prüfung. Die in einigen Bundesländern etablierten Qualitätssicherungsprogramme und deren Überwachung (siehe **Kapitel 2.2**) spielen in diesem Zusammenhang eine bedeutende Rolle. Ihr Fortbestand im Rahmen der TrinkwV 2001 und sogar ihre Ausweitung auf alle Bundesländer sind vom Gesetzgeber gewollt.

So ist vorauszusehen, dass die derzeit mit der Überprüfung der Laboratorien befassten Stellen der Bundesländer in Zukunft die Aufgaben gemäß § 15 (5) TrinkwV 2001 zugewiesen bekommen. Im Falle von NRW wäre dies das *Landesinstitut für den öffentlichen Gesundheitsdienst NRW* (lögd). In anderen Bundesländern sind geeignete Stellen für diesen Zweck auszuwählen und zu benennen.

Mit dem § 15 (5) TrinkwV 2001 bekommt der Satz 2 des § 15 (4) TrinkwV 2001 (s. **Zitat 1**) die Bedeutung einer offiziellen Benennung bzw. Notifizierung. Die zuständige oberste Landesbehörde muss nämlich eine Liste derjenigen im Land ansässigen Untersuchungsstellen führen, die die festgelegten Anforderungen erfüllen.

Ergänzt werden die Bestimmungen des § 15 durch den § 19 (2) TrinkwV 2001 (s. **Zitat 3**). Danach ist es für amtliche Probenahmen und/oder amtliche Untersuchungen, die vom Gesundheitsamt durchzuführen sind, zulässig, diese von eigens zu diesem Zweck bestellten Stellen durchführen zu lassen.

> Soweit das Gesundheitsamt die Entnahme oder Untersuchung von Wasserproben nach Absatz 1 Satz 2 nicht selbst durchführt, muss es diese durch eine von der zuständigen obersten Landesbehörde zu diesem Zweck bestellten Stelle durchführen lassen. Das Gesundheitsamt kann sich statt dessen auf die Überprüfung der Niederschriften (§ 15 Abs. 3) über die Untersuchungen nach § 14 beschränken, sofern der Unternehmer oder sonstige Inhaber einer Wasserversorgungsanlage diese in einer nach Satz 1 bestellten und vom Wasserversorgungsunternehmen unabhängigen Stelle hat durchführen lassen. ...
>
> *Zitat 3: § 19 (2) TrinkwV 2001*

Dem § 15 (4) Satz 1 TrinkwV 2001 (s. **Zitat 1**) ist zu entnehmen, dass auch diese „bestellten Stellen" alle dort festgelegten Qualitätsanforderungen im vollen Umfang erfüllen müssen. Auch sie müssen also akkreditiert sein. Die im § 19 (2) TrinkwV 2001 zu findende Sonderregelung für „amtliche Untersuchungsstellen" dürfte wohl als Relikt anzusehen sein, das aus der Zeit der Sonderrolle staatlicher und kommunaler Institute stammt. Welchen Untersuchungsstellen unter welchen Bedingungen eine solche Bestellung in einzelnen Ländern ausgesprochen werden wird, ist zur Zeit ebenso wenig klar, wie die praktische Bedeutung einer Bestellung im Vergleich mit der einer „bloßen" Notifizierung.

2.2 Teilnahme an externen Qualitätssicherungsprogrammen

Eine qualitativ hochwertige Trinkwasseranalytik dient einerseits der Aufrechterhaltung eines hohen Verbraucherschutzniveaus und anderseits der Sicherheit des Wasserversorgers als Auftraggeber der Analytik. In Anbetracht der möglichen behördlichen und/oder finanziellen Folgen, die Grenzwertüberschreitungen bei Trinkwasserparametern nach sich ziehen können, muss sich der Wasserversorger wie auch die zuständige Behörde in hohem Maße auf die Ergebnisse der Wasseruntersuchungen verlassen können. Aus diesem Grunde wird beispielsweise von den zuständigen Ministerien in Nordrhein-Westfalen und Niedersachsen beim Qualitätsmanagement von Trinkwasseruntersuchungsstellen auf ein „3-Säulen-Konzept" gesetzt (siehe **Bild 1**). Neben der Akkreditierung der Untersuchungsstellen wird sowohl auf Ringversuche zur Laborüberprüfung wie auch auf eine obligatorische Fortbildung von Probenehmern gebaut.

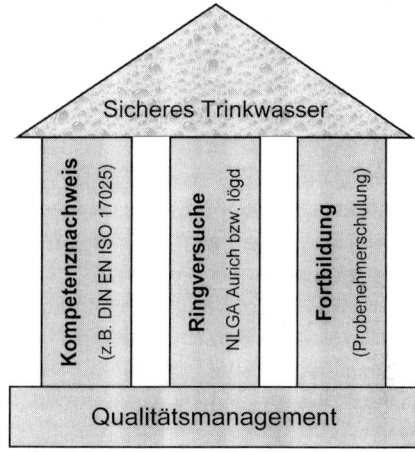

Bild 1. Das „3-Säulen-Konzept" des Qualitätsmanagements von Trinkwasseruntersuchungsstellen in Nordrhein-Westfalen und Niedersachsen.

2.2.1 Ringversuche

Das *Ministerium für Umwelt und Naturschutz, Landwirtschaft und Verbraucherschutz* des Landes Nordrhein-Westfalen (MUNLV) fordert von den gemäß § 19 (2) TrinkwV 1990 zugelassenen Trinkwasseruntersuchungsstellen schon seit 1998 die regelmäßige und erfolgreiche Teilnahme an Ringversuchen. Die Ausrichtung und Auswertung der Ringversuche liegt in der Hand des lögd. Das *IWW Rheinisch-Westfälische Institut für Wasser* (IWW) übernimmt die Herstellung von Ringversuchsproben sowie die wissenschaftliche Beratung des lögd und des MUNLV [9]. Auf jährlichen Veranstaltungen wird über die Ringversuche berichtet und es findet ein intensiver Erfahrungsaustausch der beteiligten Kreise statt [10].

Im Rahmen einer auf Staatssekretär-Ebene vereinbarten Länderkooperation mit Niedersachsen sind die nordrhein-westfälischen Untersuchungsstellen seit Anfang 1999 dann auch zur erfolgreichen Teilnahme an den mikrobiologischen Ringversuchen des *Niedersächsischen Landesgesundheitsamtes* (NLGA) – Außenstelle Aurich – [11] verpflichtet worden. Im Gegenzug nehmen die niedersächsischen Trinkwasseruntersuchungsstellen, die eine Zulassung nach Typ 2a und/oder 2b AbTrinkwV Nds. haben [7], an den chemischen Ringversuchen des lögd teil, so dass in Nordrhein-Westfalen und Niedersachsen im Bereich mikrobiologischer und chemischer Ringversuche ein umfassendes und auf die Matrix Trinkwasser abgestimmtes Konzept existiert.

Mittlerweile ist auch eine Initiative auf den Weg gebracht worden, um beim *Umweltbundesamt* (UBA) in Berlin eine Bund-Länder-Kommission einzurichten, die sich um die nationale Harmonisierung der Ringversuche für Trinkwasseruntersuchungsstellen bemühen soll.

2.2.2 Probenehmerschulungen

Ein umfassendes Qualitätssicherungskonzept für Trinkwasseruntersuchungsstellen sollte durch Probenehmerschulungen abgerundet werden. Es besteht Einigkeit darüber, dass eine gute Trinkwasseranalytik ohne eine qualitativ hochwertige und repräsentative Probenahme nicht möglich ist. Da jedoch die Überprüfung der Qualität einer Probenahme nicht im Rahmen von Ringversuchen erfolgen kann, ist es sinnvoll, diesen wichtigen Aspekt im Rahmen eines Fortbildungskonzeptes zu realisieren. IWW hat deshalb im Auftrage des MUNLV NRW ein angepasstes Konzept für die Schulung von Trinkwasserprobenehmern entwickelt [12]. In der Praxis wurde es bereits anhand von mehreren Seminaren erfolgreich validiert. Im Jahr 2001 ist eine Fortsetzung der Seminare geplant, wobei das lögd und das IWW weiterhin kooperieren werden. Schließlich plant das MUNLV, den in NRW ansässigen Trinkwasseruntersuchungsstellen geeignete Probenehmerschulungen auf Basis des § 15 (4) TrinkwV 2001 (s. **Zitat 1**) obligatorisch vorzuschreiben.

2.3 Anerkennung sonstiger Kompetenznachweise

Im Vorfeld der Verabschiedung der TrinkwV 2001 gab es in Fachkreisen Diskussionen um die Art des Kompetenznachweises, der in Zukunft von den Trinkwasseruntersuchungsstellen im Rahmen des § 15 (4) (s. **Zitat 1**) zu erbringen sein sollte. Wie im **Kapitel 2.1** dargestellt, hat sich allein die Forderung nach einer Akkreditierung [8] durchgesetzt. Die in Entwürfen zur TrinkwV 2001 erwähnte „Zertifizierung", die im Kommentar zum Verordnungstext mit einem Hinweis auf die bekannte ISO 9001 [13] verknüpft war, wurde dagegen nicht in die Verordnung übernommen. Dies ist fachlich sinnvoll und wird von einer Mehrheit der Experten unterstützt, da mit einer Zertifizierung nach ISO 9001 nicht in jedem Fall gewährleistet ist, dass die Kompetenz einer Trinkwasseruntersuchungsstelle nachgewiesen wird.

Zu berücksichtigen ist jedoch der vom *Deutschen Verein des Gas- und Wasserfaches e. V.* (DVGW) angebotene „Kompetenznachweis für Trinkwasserlaboratorien gemäß VP 800" [14]. Er ist vom fachlichen Ansatz her sehr zu begrüßen, da er auf die Feststellung der Eignung der Laboratorien abzielt und speziell für Wasserlaboratorien konzipiert wurde. Wenn er auch nicht die notwendige Akkreditierung gemäß DIN EN ISO/IEC 17025 [8] ersetzen kann, so können sich dennoch Laboratorien, die einen Kompetenznachweis nach der VP 800 erhalten oder beantragt haben, eine unvertretbare Doppelarbeit und damit unnötige Kosten ersparen, in dem sie das DVGW-Zertifikat bei Akkreditierungsverfahren nutzen. Eine Akkreditierungsstelle kann bei der Prüfung der Einhaltung aller durch die DIN EN ISO/IEC 17025 [8] festgelegten Anforderungen die durch die VP 800 abgedeckten Teilbereiche des Qualitätsmanagements einbeziehen und das Zertifikat des DVGW als glaubhaften Nachweis dafür anerkennen.

3 Anforderungen an die Untersuchungsverfahren

3.1 Allgemeine Anforderungen

Die neuen Anforderungen an die zur Trinkwasseruntersuchung anzuwendenden Untersuchungsverfahren werden im § 15, Absatz 1 bis 3 in Verbindung mit der Anlage 5 TrinkwV 2001 geregelt. Allgemein kann man feststellen, dass – wie schon in der TrinkwV 1990 – das Prinzip verfolgt wird, die Untersuchungsverfahren für die mikrobiologischen Parameter genau festzulegen. Dies ist angesichts der Tatsache, dass es sich um Konventionsmethoden handelt, sehr sinnvoll. Dementsprechend wird vom Gesetzgeber auch der § 15 (1) TrinkwV 2001 (s. **Zitat 4**) formuliert:

> Bei den Untersuchungen nach § 14 sind die in Anlage 5 bezeichneten Untersuchungsverfahren anzuwenden. Andere als die in Anlage 5 Nr. 1 bezeichneten Untersuchungsverfahren können angewendet werden, wenn das Umweltbundesamt allgemein festgestellt hat, dass die mit ihnen erzielten Ergebnisse im Sinne der allgemein anerkannten Regeln der Technik mindestens gleichwertig sind wie die mit den vorgegebenen Verfahren ermittelten Ergebnisse und nachdem sie vom Umweltbundesamt in einer Liste alternativer Verfahren im Bundesgesundheitsblatt veröffentlicht worden sind.
>
> *Zitat 4: § 15 (1) TrinkwV 2001*

Auf die festgelegten Verfahren für die mikrobiologischen Parameter soll im **Kapitel 3.2** näher eingegangen werden. Für alle sonstigen Parameter werden wie bisher nur allgemeine Anforderungen an Qualitätsmerkmale der Methoden gestellt. Im Vergleich zur TrinkwV 1990 ist dies allerdings deutlich besser gelungen. Während in der TrinkwV 1990 noch Anforderungen an einen sogenannten „zulässigen Fehler des Messwertes" zu finden waren, die in der Praxis aufgrund ihrer Unbestimmtheit kaum umzusetzen waren, findet man nun in der TrinkwV 2001 Anforderungen an statistisch klar definierte Verfahrenskennwerte (s. **Zitat 5** bzw. **Kapitel 3.3**).

> Die Untersuchungen auf die in Anlage 5 Nr. 2 und 3 genannten Parameter sind nach Methoden durchzuführen, die hinreichend zuverlässige Messwerte liefern und dabei die in Anlage 5 Nr. 2 und 3 genannten spezifizierten Verfahrenskennwerte einhalten.
>
> *Zitat 5: § 15 (2) TrinkwV 2001*

Ganz allgemein wird gefordert, dass Methoden anzuwenden sind, die hinreichend zuverlässige Messwerte liefern (s. **Zitat 5**). Dies gilt für die national bzw. international genormten Verfahren, die in der Trinkwasseranalytik ganz überwiegend eingesetzt werden, als nachgewiesen [15]. Ihre Anwendung wird in der Regel auch im Rahmen der Akkreditierung gefordert. Da die auf europäischer Ebene harmonisierte Normengebung des *Comité Européen de Normali-*

sation (CEN) in Brüssel auf die Anforderungen der EU-Trinkwasserrichtlinie [4] abgestimmt ist, werden in absehbarer Zeit für alle Parameter der TrinkwV 2001 genormte Verfahren für die Anwender in den Mitgliedstaaten der EU zur Verfügung stehen. Zur Zeit sind noch Verfahren für einige neu aufgenommenen Parameter wie Epichlorhydrin, Acrylamid oder Vinylchlorid in Bearbeitung, während für andere neue Parameter wie Bromat bereits Normen vorliegen [16].

Der Absatz 3 des § 15 TrinkwV 2001 (s. **Zitat 6**) enthält schließlich einige ergänzende Bestimmungen bzw. Ermächtigungsgrundlagen, die für Untersuchungsstellen von Belang sind. Zu erwähnen ist in diesem Zusammenhang, dass auf Basis dieser Bestimmung die zuständigen obersten Landesbehörden eine Ermächtigungsgrundlage dafür erhalten, den Trinkwasseruntersuchungsstellen die Weitergabe von Trinkwasseranalysendaten im EDV-Format (z. B. im TEIS-Format [17]) verbindlich vorzuschreiben.

Die neue Forderung, dass der Wasserversorger eine Kopie der Niederschrift der Untersuchung innerhalb von zwei Wochen nach dem Zeitpunkt der Untersuchung dem Gesundheitsamt zu übersenden hat, wird in der Praxis sicher noch zu einigen Problemen führen. Wenn man davon ausgeht, dass als Beginn der 2-Wochen-Frist nur der Zeitpunkt des Abschlusses der Untersuchungen gemeint sein kann, so muss einerseits die zeitnahe Berichterstellung, Rechnungslegung und der Versand der Analytik seitens der Untersuchungsstelle sowie andererseits die zügige Bearbeitung und Weiterleitung der Daten beim Wasserversorger sichergestellt sein, um die Frist einzuhalten. Eine Optimierung dieses Vorgangs kann beispielsweise dadurch erreicht werden, dass die Untersuchungsstelle im Auftrage des Wasserversorgers die Daten – ob nun per Post oder auf dem EDV-Weg – direkt an das Gesundheitsamt weiterleitet.

> Der Unternehmer ... hat das Ergebnis jeder Untersuchung unverzüglich schriftlich oder auf Datenträgern mit den Angaben nach Satz 2 aufzuzeichnen. Es sind der Ort der Probenahme nach Gemeinde, Straße, Hausnummer und Entnahmestelle, die Zeitpunkte der Entnahme sowie der Untersuchung der Wasserprobe sowie das bei der Untersuchung angewandte Verfahren anzugeben. Die zuständige oberste Landesbehörde oder eine auf Grund Landesrechts zuständige Stelle kann bestimmen, dass für die Niederschriften einheitliche Vordrucke oder EDV-Verfahren zu verwenden sind. Der Unternehmer ... hat eine Kopie der Niederschrift innerhalb von zwei Wochen nach dem Zeitpunkt der Untersuchung dem Gesundheitsamt zu übersenden und das Original ....
>
> ***Zitat 6:*** *§ 15 (3) TrinkwV 2001*

3.2 Festgelegte mikrobiologische Verfahren

In der Anlage 5 Punkt 1 der TrinkwV 2001 werden – vergleichbar zur Anlage 1 der TrinkwV 1990 – die Untersuchungsverfahren für die mikrobiologischen Parameter festgelegt. Die Liste der festgelegten Verfahren ist in der Tabelle 1 aufgeführt. Als positiv ist es zu bewerten, dass die Verfahren – mit einer Ausnahme – nicht mehr Bestandteil des Verordnungstextes sind, sondern dass Verweise auf international bzw. europäisch genormte Methoden gemacht werden. Dies befördert erstens die notwendige Harmonisierung in diesem Bereich, da ja auch alle Mitgliedstaaten der EU den gleichen mikrobiologischen Grenzwerten unterworfen sind und zweitens erhöht es die Flexibilität im Falle von notwendigen Neuerungen bzw. Änderungen. Unverständlich ist dagegen die Nennung von zwei gleichberechtigten Referenzverfahren

Tabelle 1. Vorgegebene Analysenverfahren für mikrobiologische Parameter
(Anlage 5.1 TrinkwV 2001).

Parameter	Festgelegte(s) Verfahren
● Coliforme Bakterien und *Escherichia coli* (*E. coli*)	ISO 9308-1
● Enterokokken	ISO 7899-2
● *Pseudomonas aeruginosa*	prEN ISO 12780
● Bestimmung kultivierbarer Mikroorganismen – Koloniezahl bei 22 °C	EN ISO 6222 oder Anlage 1 Nr. 5 TrinkwV 1990
● Bestimmung kultivierbarer Mikroorganismen – Koloniezahl bei 36 °C	EN ISO 6222 oder Anlage 1 Nr. 5 TrinkwV 1990
● *Clostridium perfringens* (einschließlich Sporen)	TrinkwV 2001 (Membranfiltration, m-CP-Agar)

für die Koloniezahlen bei 22 bzw. 36 °C, da die genannten Verfahren zu unterschiedlichen Ergebnissen führen und ihre Gleichwertigkeit nicht erwiesen ist.

Neu ist auch die im Satz 2 des § 15 (3) (s. **Zitat 4**) vorgesehene Zulassung gleichwertiger Analysenverfahren durch das UBA. Solche als gleichwertig eingestuften Verfahren müssen im Bundesgesundheitsblatt veröffentlicht werden und dürfen erst dann in der Praxis angewendet werden. Das Problem, das sich hier stellen wird, liegt in der objektiven Feststellung der Gleichwertigkeit von mikrobiologischen Verfahren nach den anerkannten Regeln der Technik. Wichtige Hilfsmittel zur Feststellung der Gleichwertigkeit von mikrobiologischen Verfahren sind zweifellos Ringversuche, in denen mehrere Methoden im direkten Vergleich an identischen Proben getestet werden [11]. Zusätzlich bedarf es allerdings einer Norm, die ein Prüfverfahren zur Feststellung der Gleichwertigkeit festlegt. Mit den ersten Arbeiten dazu wurde jedoch gerade erst bei der ISO in einer Arbeitsgruppe des Technischen Komitees „Water quality" mit dem Thema „AQS in der Mikrobiologie" begonnen (ISO TC 147/SC 4/WG 12).

Aber schon heute stehen beispielsweise die Hersteller von mikrobiologischen Fertig- bzw. Schnelltestes und sonstigen Alternativverfahren in den Startlöchern, um Anträge an das UBA zur Ermittlung der Gleichwertigkeit ihrer Verfahren zu stellen.

Als problematisch ist darüber hinaus die Formulierung „mindestens gleichwertig" (s. **Zitat 4**) anzusehen. Diese Wortwahl impliziert, dass auch „bessere Verfahren" zulässig sind. Es stellt sich dem Analytiker jedoch die Frage, was bei einer typischen Konventionsmethode als „besser" anzusehen ist? Bislang hat man gute Erfahrungen damit gemacht, die empirisch ermittelten und seit Langem bewährten Grenzwerte für mikrobiologische Parameter mit genau einer analytischen Konventionsmethode zu überwachen. Ist nun etwa eine neue Methode „besser" im Sinne der Gleichwertigkeitsdebatte, wenn sie systematisch höhere Koloniezahlen anzeigt?

In diesem Bereich des Zusammenspiels von Grenzwerten für mikrobiologische Parameter, einem per Verordnung festgelegten Referenzverfahren und weiteren, vom UBA zugelassenen Verfahren, die „mindestens gleichwertig" sind, dürften noch einige Diskussionen zu erwarten sein und es besteht noch ein nicht unerheblicher Klärungsbedarf in Detailfragen.

3.3 Vorgabe von Verfahrenskennwerten für chemische Parameter

In der Anlage 5 Punkt 2 der TrinkwV 2001 werden für viele der chemischen Parameter Verfahrenskennwerte festgelegt, die mit Hilfe statistischer Verfahren zu ermitteln sind. Durch die spezifizierten Verfahrenskennwerte soll gewährleistet werden, dass das verwendete Analysenverfahren mindestens geeignet ist, dem Grenzwert entsprechende Konzentrationen mit den genannten Spezifikationen für Richtigkeit, Präzision und Nachweisgrenze zu messen. Die Definitionen für die Richtigkeit und die Präzision werden dabei der ISO 5725 [18] entnommen, wogegen die Berechnung der Nachweisgrenze im Rahmen der Verordnung festgelegt wird.

Ein Auszug aus der Tabelle mit den spezifizierten Verfahrenskennwerten der Anlage 5.2 TrinkwV 2001 findet sich in der Tabelle 2.

Wie man sieht, ist für viele Fälle von gut bestimmbaren Parametern jeweils 10 % des Grenzwertes für die Richtigkeit, Präzision sowie die Nachweisgrenze festgelegt worden. Für analytisch problematischere Parameter und solche mit sehr niedrigen Grenzwerten werden dagegen in der Regel 25 % des Grenzwertes gefordert.

Schaut man sich die Definitionen der ISO 5725 [18] für die Richtigkeit und Präzision an, so ist festzustellen, dass die notwendigen Daten für die geforderten Verfahrenskenndaten kaum allein aus laborinternen Versuchen sondern vielmehr aus Methodenvalidierungsringversuchen stammen müssen, da die Definitionen eine „große Menge unabhängig ermittelter Messdaten" zur Berechnung der Größen fordern. Solche Ringversuche werden für alle neueren nationalen und übernationalen Normen durchgeführt und die resultierenden Kenndaten sind Bestandteil der Norm.

Tabelle 2. Beispiele für spezifizierte Verfahrenskenndaten (Anlage 5.2 TrinkwV 2001).

Parameter	Richtigkeit in % des Grenzwertes	Präzision in % des Grenzwertes	Nachweisgrenze in % des Grenzwertes
....			
Aluminium	10	10	10
Ammonium	10	10	10
Antimon	25	25	25
Arsen	10	10	10
Benzo-(a)-pyren	25	25	25
Benzol	25	25	25
Blei	10	10	10
Bor	10	10	10
Bromat	25	25	25
...			
Quecksilber	20 (0,2 µg/l)	10 (0,1 µg/l)	10 (0,1 µg/l)
Selen	10	10	10

Tabelle 3. Statistische Kenndaten aus dem Validierungsringversuch zu ISO 16590:1999(E) „Quecksilber mit Kaltdampf-AAS und Amalgamierung".

L	is the number of participants
N	is the number of valid values
NAP	is the percentage of outlying analytical values from the replicates
X_m	Is the mean value without outliers
σ_R	is the standard deviation of the reproducibility;
VC_R	is the coefficient of variation of the reproducibility (relative σ_R);
σ_r	is the standard deviation of the repeatability;
VC_r	is the coefficient of variation of the repeatability (relative σ_r);
WFR	is the recovery rate
DW	Drinking water sample
SW	Surface water sample
WW	Wastewater sample

S. No.	L	N	NAP %	Nominal value µg/l	X_m µg/l	σ_R µg/l	VC_R %	σ_r µg/l	VC_r %	WFR %
DW	6	24	0	0,060	0,075	**0,0222**	29,5	**0,0112**	14,9	125,0
DW	6	23	0	0,088	0,099	**0,0341**	34,4	**0,0176**	17,7	112,5
SW	6	22	0	0,283	0,305	0,0953	31,2	0,0368	12,1	107,8
WW	6	22	0	0,800	0,695	0,2152	31,0	0,0736	10,6	86,9

Wenn man sich nun einige Beispiele aus aktuellen Validierungsringversuchen anschaut, stellt man fest, dass die Forderungen der TrinkwV 2001 an die Verfahrenskenndaten sehr oft erfüllt werden. In der Tabelle 3 ist ein Beispiel für die Quecksilberbestimmung mit der Kaltdampf-AAS und Amalgamierung gegeben. Sie ist zweifellos die „Methode der Wahl" für Quecksilber. Die Daten stammen aus einem Ringversuch, der 1998 durchgeführt worden ist.

Wie man aus den Tabellen 2 und 3 entnehmen kann, werden von dem Verfahren alle Anforderung an die Richtigkeit (siehe X_m bzw. WFR), die Wiederhol- (σ_r) und sogar auch die Vergleichspräzision (σ_R) erfüllt.

Wie mit den Anforderungen an die Verfahrenskenndaten in der Praxis der Umsetzung der TrinkwV 2001 umzugehen sein wird, bleibt jedoch abzuwarten. Inwieweit in diesem Zusammenhang die tatsächlichen laborspezifischen Kenndaten der Untersuchungsstellen zu würdigen bzw. in den Vordergrund zu stellen sind, wird noch zu diskutieren sein. Schließlich stellt sich die Frage, wer die notwendigen Prüfungen der Methodenkenndaten der Untersuchungsstellen vornehmen wird? Kann oder sollte das UBA in diesem Zusammenhang eine Liste mit Verfahren publizieren, die in den Validierungsringversuchen ihre prinzipielle Eignung gezeigt haben? Prüft in Ergänzung dazu die „zuständige Stelle des Landes" (s. **Zitat 2**) und/oder der Akkreditierer die laborspezifischen Kenndaten? Oder geht alles weiter wie bisher, wo in der Praxis auch kaum jemand überprüft hat, ob der „zulässige Fehler des Messwerts" von den Laboratorien eingehalten wird?

4 Welche Folgen für die Untersuchungsstellen werden die neuen Anforderungen mit sich bringen?

4.1 Allgemeines

Zunächst einmal bedeutet der zum Jahresanfang 2003 notwendige Übergang von einer Zulassung gemäß § 19 (2) TrinkwV 1990 auf eine Akkreditierung [8] einen großen zusätzlichen Arbeitsaufwand für die Trinkwasseruntersuchungsstellen. Die Akkreditierung kann bzw. sollte jedoch auch als Chance dazu genutzt werden, um die internen Prozesse im Laboratorium zu optimieren, dabei die Qualität der Analytik weiter zu verbessern und schließlich um das Vertrauen der Kunden in die geleistete Arbeit zu erhöhen.

Unvermeidlich ist, dass der zusätzliche Aufwand mit nicht unerheblichen zusätzlichen Kosten verbunden sein wird. Dies trifft besonders für die intensive Phase der Vorbereitung auf die Akkreditierung zu, aber auch für die Zeit danach, in der die Akkreditierung im Laboratorium „gelebt" werden muss. In einer Kalkulation der zu erwartenden zusätzlichen Kosten für das erweiterte Qualitätsmanagement muss der interne Personalaufwand ebenso berücksichtigt werden, wie die an den Akkreditierer zu entrichtenden Beträge.

Für kleine Laboratorien, insbesondere für viele kleine Betriebslaboratorien der Wasserwerke wird eine Akkreditierung nur schwer zu erreichen sein. Hier sind Aspekte der notwendigen personellen Mindestbesetzung und der Personalqualifikation ebenso relevant, wie fachliche und schließlich formelle Handicaps. Beispielsweise ist eine Akkreditierung schon aus formellen Gründen nicht möglich, wenn zwischen Laboratorium und Auftraggeber der Analytik eine direkte Abhängigkeit besteht; die ist jedoch bei Betriebslaboratorien per se gegeben. Es stellt sich also in diesem Zusammenhang die Frage, ob und inwieweit die Amtsärzte in Zukunft angesichts der Festlegungen in den §§ 15 (4) (s. **Zitat 1**) bzw. 19 (2) (s. **Zitat 3**) TrinkwV 2001 überhaupt noch Eigenkontrollen der Wasserwerkslaboratorien als quasi amtliche Untersuchungen akzeptieren dürfen bzw. werden. In diesem Bereich haben sich in vielen Fällen vertrauensvolle und sinnvolle Kooperationen zwischen Wasserversorgern und zuständigen Behörden etabliert, die nun „auf der Kippe" stehen.

Man darf darauf hoffen, dass sich durch die TrinkwV 2001 eine Harmonisierung der Anforderungen und Auflagen an Trinkwasseruntersuchungsstellen in den einzelnen Bundesländern ergeben wird. Dazu wäre es sehr nützlich, wenn die Aufgaben der „zuständigen Stellen der Länder" (s. **Zitat 2**) einheitlich festgelegt werden würden, damit nicht wieder länderspezifische Sonderwege beschritten werden. Hier könnte und sollte das UBA tätig werden, um einen verbindlichen Aufgabenkatalog für diese Stellen festzulegen. Wenn im gleichen Zuge auch die Anforderungen an sowie die Erfolgskriterien für Trinkwasserringversuche in den Bundesländern harmonisiert werden, so könnte sich in absehbarer Zeit die wünschenswerte Situation der vollen gegenseitigen Anerkennung der Trinkwasseruntersuchungsstellen in allen Ländern einstellen.

4.2 Vergleich der Untersuchungshäufigkeiten und -umfänge nach alter und neuer TrinkwV

Die Untersuchungsumfänge sowie die -häufigkeiten werden sich mit der TrinkwV 2001 deutlich ändern. Sie werden in Zukunft durch den § 14 in Verbindung mit der Anlage 4 TrinkwV

2001 festgelegt. Zusätzlich werden sich die Probenahmestellen weg vom Wasserwerksausgang und damit stärker ins Verteilungsnetz und zum Verbraucher hin – also in die Hausinstallation – verlagern. Die Verantwortlichen in den Untersuchungsstellen müssen sich nun angesichts der bevorstehenden Änderungen fragen, welche Konsequenzen dies für den Laboratoriumsbetrieb mit sich bringen wird. Im Folgenden soll ein Ausblick darauf gewagt werden:

Es wird in der TrinkwV 2001 zwischen „*routinemäßigen*" (Anlage 4 I.1) und „*periodischen Untersuchungen,,* (Anlage 4 I.2) unterschieden. Die damit verbundenen Untersuchungsumfänge und -häufigkeiten sollen an Beispielen für zwei Wasserwerke mit 1 Mio. m^3/a (2.740 m^3/d) bzw. mit 10 Mio. m^3/a (27.400 m^3/d) Trinkwasserabgabe pro Jahr mit den analogen Anforderungen der TrinkwV 1990 verglichen werden. Dieser Vergleich ist in Tabelle 4 dargestellt.

Tabelle 4. Häufigkeit und Umfang der Untersuchungen im Vergleich TrinkwV 1990 und 2001. **Trinkwasserabgabe:** 1 Mio. *(10 Mio.)* m^3/a, entsprechend 2.740 *(27.400)* m^3/d

Trinkwasserverordnung 1990

Laufende bzw. routinemäßige Untersuchungen		Periodische bzw. besondere Untersuchungen	
Anzahl	**Umfang**	**Anzahl**	**Umfang**
mit Desinfektion: 1 je 15.000 m^3, 67 *(670)* pro Jahr	Geruch (qualitativ), Trübung (qualitativ), Leitfähigkeit, Cl$_2$ oder ClO$_2$,	1 *(2)* Untersuchung(en) pro Jahr	Geruch (qualitativ), Trübung (qualitativ), Leitfähigkeit, Anlage 2/I, Anlage 3, coliforme
ohne Desinfektion: 1 je 30.000 m^3, 33 *(330)* pro Jahr	E. coli, coliforme Keime, Koloniezahl 20 °C und 36 °C	Auf Anordnung der zust. Behörde	Keime, Koloniezahl 20 °C und 36 °C Anlage 2/II, Anlage 4, sonstige Parameter

Trinkwasserverordnung 2001

Laufende bzw. routinemäßige Untersuchungen		Periodische Untersuchungen	
Anzahl	**Umfang**	**Anzahl**	**Umfang**
16 *(90)* Untersuchungen pro Jahr	Aluminium[1], Ammonium, *Clostridium perfringens*[2], coliforme Bakterien, Eisen[1], elektr. Leitfähigkeit, E. coli, Färbung, Geruch, Geschmack, Koloniezahl 22 °C und 36 °C, Nitrit, Trübung, pH-Wert	2 *(5)* Untersuchung(en) pro Jahr	Anlage 1/I[3, 4] Anlage 2/I[3, 4] Anlage 2/II[3, 4] Anlage 3[3, 4]
		1 *(1)* Untersuchung pro Jahr	K$_{s4,3}$, Ca, Mg, K

[1] Nur erforderlich bei Verwendung als Flockungsmittel. Der Parameter ist auch in Anl. 3 TrinkwV 2001 enthalten.

[2] Nur erforderlich, wenn das Wasser von Oberflächenwasser stammt oder davon beeinflusst wird. Parameter ist auch in Anl. 3 TrinkwV 2001 enthalten.

[3] Soweit nicht in den routinemäßigen Untersuchungen enthalten.

[4] Befristete Ausnahmen möglich.

Vom Wasser, *97,* 1–18 (2001)

Es soll darauf hingewiesen werden, dass die zukünftige Situation aufgrund ihrer Komplexität nur unvollständig beschrieben werden kann. Beispielsweise wird es wie bisher
Ermächtigungen für die zuständigen Behörden geben, den Untersuchungsumfang und die
–häufigkeit auszudehnen, wenn die Situation dies als notwendig erscheinen lässt (s. § 20
(1) TrinkwV 2001). Gemäß § 19 (5) TrinkwV 2001 kann das Gesundheitsamt jedoch
auch die Anzahl an Probenahmen für bestimmte Parameter bis auf minimal die Hälfte verringern, wenn die Konzentrationen der Parameter konstant sind und wesentlich unter den
Grenzwerten liegen.

Sehr wenig konkret sind derzeit auch die zukünftigen Anforderungen an die Untersuchung
von Trinkwasser aus Hausinstallationen, aus denen Wasser für die Öffentlichkeit abgegeben
wird (s. § 19 (7) TrinkwV 2001) bzw. an die Überwachung von rein „privaten" Hausinstallationen (s. § 16 (3) TrinkwV 2001). Hierzu müssen noch spezielle Überwachungsprogramme
entwickelt und eingerichtet werden.

4.3 Welche Veränderungen der Untersuchungskosten sind zu erwarten?

Angesichts der in Kapitel 4.2 dargestellten Änderungen bei den Untersuchungshäufigkeiten
und –umfängen stellt sich sowohl für die Verantwortlichen in den Untersuchungsstellen wie
auch für die Wasserversorger als Auftraggeber der Analytik eine sehr wichtige Frage: Wie
werden sich die Kosten für die Trinkwasseranalytik mit der neuen TrinkwV 2001 ändern?

Da bei den Untersuchungshäufigkeiten und –umfängen noch eine Reihe von Unwägbarkeiten bestehen (s. Kapitel 4.2), ist die Frage nach der Kostenentwicklung nicht einfach zu beantworten. Als Stichworte sollen genannt werden: Ausdehnung bzw. Einschränkung der
Untersuchungen durch die zuständige Behörde, neue Untersuchungen in Hausinstallationen,
neuartige Untersuchungen auf „Biozidprodukte" (Anlage 2.I lfd. Nr. 10 TrinkwV 2001),
Untersuchungen auf Parameter, die eigentlich anhand der Produktspezifikation zu kontrollieren sind (Epichlorhydrin, Acrylamid oder Vinylchlorid). Aber dennoch soll ein Versuch unternommen werden, die zukünftige Situation anhand eines Standard-Szenarios zu umreißen.
Dazu sollen wieder die Beispiele der schon in Tabelle 4 dargestellten Wasserwerke herangezogen werden. Es wird angenommen, dass das Trinkwasser nach Desinfektion (ohne
kontinuierliche Aufzeichnung der Desinfektionsmittelkonzentration) an die Verbraucher
abgegeben wird. Außerdem wird vorausgesetzt, dass sich die Preise für die Untersuchungsumfänge additiv aus den Einzelpreisen für die Parameter zusammensetzen.

Zunächst sollen die „laufenden bzw. routinemäßigen Untersuchungen" und die „periodischen bzw. besonderen Untersuchungen" getrennt betrachtet werden, um dann eine Gesamtaussage treffen zu können:

A) Laufende bzw. routinemäßige Untersuchungen („mikrobiologische Untersuchungen")

Fall 1: Wasserwerk mit 1 Mio. m³/a Trinkwasserabgabe

- Die Anzahl der vorgeschriebenen Untersuchungen sinkt um etwa den Faktor 4 von 67 auf
  16 pro Jahr (s. Tabelle 4).

- Der Preis für eine Untersuchung dürfte sich durch den erweiterten Umfang auf etwa das Doppelte erhöhen.
- Insgesamt müsste sich durch diese Änderungen eine Reduktion der jährlichen Untersuchungskosten auf etwa die Hälfte ergeben!

Fall 2: Wasserwerk mit 10 Mio. m^3/a Trinkwasserabgabe

- Die Anzahl der vorgeschriebenen Untersuchungen sinkt um etwa den Faktor 7,5 (!) von 670 auf 90 pro Jahr (s. Tabelle 4).
- Der Preis für eine Untersuchung dürfte sich durch den erweiterten Umfang auf etwa das Doppelte erhöhen.
- Insgesamt wird sich durch die erheblich geringere Zahl an Untersuchungen eine Reduktion der jährlichen Untersuchungskosten auf etwa ein Viertel ergeben!

B) Periodische und besondere Untersuchungen („chemische Untersuchungen")

Dieser Vergleich ist deswegen besonders schwierig, weil die Anzahl der „besonderen Untersuchungen" nach TrinkwV 1990 (Anlage 2/II und Anlage 4) nicht per Verordnung vorgeschrieben ist. Zusätzlich werden von den zuständigen Behörden oft mehr Untersuchungen verlangt, als durch die Verordnung vorgeschrieben sind. Daher müssen hier weitere Annahmen getroffen werden:

Fall 1: Wasserwerk mit 1 Mio. m^3/a Trinkwasserabgabe

- TrinkwV 1990 (*angenommene* Untersuchungen pro Jahr): Im Mittel einmal Anlage 2 (ohne PBSM), einmal PBSM einmal THM und dreimal Anlage 4.
- TrinkwV 2001 (Untersuchungen pro Jahr): zweimal Anlage 1/I, 2/I, 2/II und 3, zusätzlich zur Berechnung der Calcitlösekapazität (Anlage 3, lfd. Nr. 18): zweimal Ca, Mg, K$_{s4,3}$ und weitere relevante Parameter des Kalk/Kohlensäure-Gleichgewichts.
- Insgesamt dürften sich die Kosten für die oben beschriebenen Untersuchungen durch die Verschiebungen und Neuerungen um etwa 50 bis 60 % erhöhen.

Fall 2: Wasserwerk mit 10 Mio. m^3/a Trinkwasserabgabe

- TrinkwV 1990 (*angenommene* Untersuchungen pro Jahr): Im Mittel zweimal Anlage 2 (ohne PBSM), zweimal PBSM zweimal THM und viermal Anlage 4.
- TrinkwV 2001 (Untersuchungen pro Jahr): fünfmal Anlage 1/I, 2/I, 2/II und 3, zusätzlich zur Berechnung der Calcitlösekapazität (Anlage 3, lfd. Nr. 18): fünfmal Ca, Mg, K$_{s4,3}$ und weitere relevante Parameter des Kalk/Kohlensäure-Gleichgewichts.
- Insgesamt dürften sich bei diesem Fall die Kosten für die oben beschriebenen Untersuchungen durch die Verschiebungen des Untersuchungsumfangs und die erhöhte Anzahl an Untersuchungen um etwa 140 % erhöhen.

C) Alle Trinkwasseruntersuchungen

<u>Fall 1: Wasserwerk mit 1 Mio. m³/a Trinkwasserabgabe</u>

Bei der Trinkwasseruntersuchung in kleineren Wasserwerken macht sich die deutlich zurück-
gehende Anzahl an „mikrobiologischen Untersuchungen" (laufende bzw. routinemäßige
Untersuchungen) in der Gesamtbilanz nicht so gravierend bemerkbar. Deshalb wird die
Reduktion der Untersuchungskosten in diesem Bereich auf etwa die Hälfte durch die um
etwa 50 bis 60 % ansteigenden Kosten für die chemischen Untersuchungen (periodische
und besondere Untersuchungen) nahezu ausgeglichen.

● Insgesamt dürften sich die Untersuchungskosten für ein Wasserwerk mit einer Trinkwasserabgabe von 1 Mio. m³ pro Jahr geringfügig um etwa 10 bis 15 % reduzieren!

<u>Fall 2: Wasserwerk mit 10 Mio. m³/a Trinkwasserabgabe</u>

Bei der Trinkwasseruntersuchung in größeren Wasserwerken macht sich die stark zurück-
gehende Untersuchungsanzahl im Bereich der „mikrobiologischen Untersuchungen" von
670 nach Anlage 1 TrinkwV 1990 auf nur 90 Untersuchungen gemäß der Parameterliste der
„routinemäßigen Untersuchung" (Anlage 4 I.1 TrinkwV 2001) in der Gesamtbilanz gravierend bemerkbar. Die Reduktion der Untersuchungskosten in diesem Bereich auf etwa ein Viertel überwiegt massiv die um etwa 140 % ansteigenden Kosten für die „chemischen Untersuchungen" (periodische und besondere Untersuchungen).

● Insgesamt dürften sich damit die Untersuchungskosten für ein Wasserwerk mit einer Trinkwasserabgabe von 10 Mio. m³ pro Jahr deutlich auf etwa die Hälfte reduzieren!

Für die Untersuchungsstellen heißt dies, dass besonders im Bereich der „mikrobiologischen
Untersuchungen" von Trinkwasser mit Mindereinnahmen zu rechnen ist, wenn der den
Annahmen zugrunde liegende Standardfall vorliegt. Dagegen wird sich im Bereich der „chemischen Untersuchungen" zwar eine parameterspezifische Verschiebung ergeben, aber dennoch ist hier insgesamt mit moderaten Mehreinnahmen zu rechnen. Diese Annahme wird
durch die Notwendigkeit zusätzlicher Untersuchungen auf Biozidprodukte sowie vermehrter
Untersuchungen in Hausinstallationen (z. B. auf Metalle wie Blei, Cadmium, Kupfer und
Nickel) gestützt. Die Mindereinnahmen im Bereich „mikrobiologischer Untersuchungen"
werden sich um so stärker bemerkbar machen, um so größer die Trinkwasserabgabe der Wasserwerke des Kundenkreises ist.

5 Literatur

[1] Verordnung zur Novellierung der Trinkwasserverordnung – Fassung des Entwurfs der Bundes-regierung vom 1. 11. 2000 mit Änderungsanträgen der Länder bis 1. 12. 2000; Bundesratsdruck-sache 721/00. S. 1–46, Bundesanzeiger Verlagsgesellschaft mbH, Bonn Dezember 2000.

[2] Beschluss des Bundesrates zur Verordnung zur Novellierung der Trinkwasserverordnung; Bundesratsdrucksache 721/00 (Beschluss). S. 1–11, Bundesanzeiger Verlagsgesellschaft mbH, Bonn Februar 2001.

[3] Verordnung über die Qualität von Wasser für den menschlichen Gebrauch (Trinkwasserverord-nung – TrinkwV 2001) vom 21. Mai 2001; BGBl. *Teil I*, Nr. 24, 959–980 (28. Mai 2001).

[4] Richtlinie 98/83/EG des Rates vom 3. November 1998 über die Qualität von Wasser für den menschlichen Gebrauch. Amtsblatt der Europäischen Gemeinschaften *Nr. L 330*, 32–54 (5. 12. 1998).

[5] Verordnung über Trinkwasser und über Wasser für Lebensmittelbetriebe (Trinkwasserverord-nung – TrinkwV). BGBl. *Teil I*, 2613 (5. Dezember 1990).

[6] Zulassung als Untersuchungsstelle nach der Trinkwasserverordnung; Rd.Erl. d. Ministeriums für Arbeit, Gesundheit und Soziales v. 22. 4. 1991. Ministerialblatt für das Land Nordrhein-West-falen *Nr. 34*, 251 (10. 6. 1991).

[7] Ausführungsbestimmungen zur Trinkwasserverordnung (AbTrinkwV); Rd.Erl. d. Ministeriums für Soziales Niedersachsen v. 11. 11. 1991. Ministerialblatt für das Land Niedersachsen *Nr. 1/1992*, 4–13 (1992).

[8] DIN EN ISO/IEC 17025, Ausgabe:2000-04: Allgemeine Anforderungen an die Kompetenz von Prüf- und Kalibrierlaboratorien (ISO/IEC 17025:1999); Dreisprachige Fassung DIN ISO/IEC 17025:2000.

[9] Borchers, U., Werres, F. u. Overath, H.: Verfahren zur Durchführung und Bewertung von Ring-versuchen für Trinkwasseruntersuchungsstellen. Veröffentlichung des Ministeriums für Arbeit, Gesundheit und Soziales NRW (MAGS), Düsseldorf 1998.

[10] M. Lacombe (Hrsg.): Materialien „Umwelt und Gesundheit" – 1. Jahrestagung Trinkwasserring-versuche NRW/Niedersachsen am 26. 01. 2000 in Münster. Band 16, Landesinstitut für den Öffentlichen Gesundheitsdienst NRW, Bielefeld 2000.

[11] Heinemeyer, E. A. und Geuenich, H. H.: Externe Qualitätskontrolle für mikrobiologische Unter-suchungen in staatlich zugelassenen Trinkwasseruntersuchungsstellen in Niedersachen. in: M. Lacombe (Hrsg.): Materialien „Umwelt und Gesundheit" – 1. Jahrestagung Trinkwasserringver-suche NRW/Niedersachsen am 26. 01. 2000 in Münster, Band 16, S. 3–20, Landesinstitut für den Öffentlichen Gesundheitsdienst NRW, Bielefeld 2000.

[12] Borchers, U., Lacombe, M. u. Overath, H.: Bericht über die Entwicklung und Einführung einer Schulungsmaßnahme für Probenehmer/innen zur Entnahme von Trinkwasserproben im Rahmen der amtlichen Überwachung. Unveröffentlichter Bericht des Ministeriums für Frauen, Jugend, Familie und Gesundheit des Landes NRW (MFJFG), Düsseldorf 2000.

[13] DIN EN ISO 9001, Ausgabe:2000-12: Qualitätsmanagementsysteme – Anforderungen (ISO 9001:2000-09); Dreisprachige Fassung EN ISO 9001:2000.

[14] DVGW: Anforderungen an das Qualitätsmanagement von Wasserlaboratorien, Vorläufige Prüf-grundlage VP 800, Deutscher Verein des Gas- und Wasserfaches e. V., Bonn September 1997.

[15] Wasserchemische Gesellschaft in der GDCh und Fachnormenausschuss im Wasserwesen (FNW) im DIN (Hrsg.): Deutsche Einheitsverfahren zur Wasser-, Abwasser- und Schlammuntersuchung, WILEY-VCH, Weinheim (Loseblattsammlung) 2000.

[16] (Norm-Entwurf) DIN EN ISO 15061 :1999-12: Wasserbeschaffenheit – Bestimmung von gelös-tem Bromat – Verfahren mittels Ionenchromatographie (ISO/DIS 15061:1999); Deutsche Fas-sung prEN ISO15061:1999.

[17] Henke, A., Overath, H. u. Heinzke, J.: TEIS – Ein System zur Erfassung, Darstellung, Auswer-tung und Weiterleitung von Trinkwassergütedaten für Gesundheitsämter. Gesundheitswesen *61*, 248–251 (1999).

[18] DIN ISO 5725-1, Ausgabe:1997-11 Genauigkeit (Richtigkeit und Präzision) von Messverfahren und Messergebnissen – Teil 1: Allgemeine Grundlagen und Begriffe (ISO 5725-1:1994).

Strategie zur Überwachung nicht identifizierter organischer Einzelsubstanzen in Oberflächenwässern und Trinkwasseraufbereitungsanlagen

Strategie of Monitoring of not Identified Organic Substances in Surface Water and Drinking Water Treatment Plants

Lilo Weber*, Angelika Fink* und Hans Iven*

Schlagwörter

Screening, GC-MS, Monitoring, Überwachungsstrategie, unbekannte organische Substanzen

Summary

A strategy has been developed to survey the behaviour of unknown organic compounds in a surface water and during a drinking water treatment process. Until now unknown substances are analysed qualitatively because normally a quantification is only possible with the related reference substance. The established method enables a "quasi-quantification" which means a quantification related to a defined internal reference standard.
The huge amount of the unknown substances that can be found in a chromatogram of an GC/MS screening has been reduced to reproducable peaks and to those which don't occur in the measured blank value. The selected organic compounds are arranged in a determination program which allows to carry out a monitoring. According to special criteria of the unknown substances like e. g.: frequency, relative concentration or behaviour during the water treatment process a priority list is formed. This list is modified in agreement with each special project; in this case the river "Rhine" and the water treatment process. It demonstrates the priority of the work intensive identification of the unknown organic compounds.

Zusammenfassung

In der vorliegenden Arbeit wurde eine Strategie entwickelt, mit der das Verhalten unbekannter organischer Einzelsubstanzen in einem Oberflächenwasser und in einer Trinkwasseraufbereitungsanlage überwacht werden kann. Bisher wurden unbekannte Substanzen lediglich qualitativ betrachtet, da eine Quantifizierung nur über die zugehörige Vergleichssubstanz möglich ist.
Mit der hier entwickelten Methode ist es nun möglich, eine „Quasi-Quantifizierung", d. h. eine Quantifizierung in Bezug auf einen festgelegten internen Referenzstandard durchzuführen.
Die Vielzahl der in einem Chromatogramm eines GC/MS-Screenings vorkommenden unbekannten Substanzen wurde reduziert auf blindwertfreie und reproduzierbare Peaks. So ausgewählte Substanzen werden in ein Messprogramm aufgenommen, welches es ermöglicht, ein Monitoring durchzuführen.
Anschließend wird anhand bestimmter Kriterien – z. B. die Häufigkeit des Auftretens, die relative Konzentration oder das Verhalten bei der Trinkwasseraufbereitung – eine Prioritätenliste für die unbekannten Substanzen erstellt. Diese Liste wird projektbezogen, z. B. für den

* Dipl.-Ing. Lilo Weber, Dipl.-Ing. Angelika Fink, Dipl.-Ing. Hans Iven, Wasserverband Hessisches Ried, Justus-von-Liebig-Str. 10, D-64584 Biebesheim.

© WILEY-VCH Verlag GmbH, 69469 Weinheim, 2001

Vom Wasser, 97, 19–32 (2001)

Rhein oder für die Trinkwasseraufbereitung erarbeitet. Sie gibt nun die Dringlichkeit an, mit der eine unbekannte organische Einzelsubstanz dann einer aufwändigen Identifizierung unterzogen werden soll.

1 Einleitung

Bei der Überwachung von Oberflächenwasser auf organische Einzelsubstanzen können zwei Wege beschritten werden: non-target- und target-Analysen. Bei der zielgerichteten (target) Analyse werden nur solche Substanzen nachgewiesen und quantifiziert, die bekannt sind und für die ein Vergleichsstandard zur Quantifizierung vorliegt.

Ein Chromatogramm beispielsweise einer GC/MS-Screeninganalyse eines Oberflächenwassers beinhaltet jedoch ebenfalls eine Vielzahl nicht identifizierbarer und somit auch nicht quantifizierbarer Peaks (non-target-Analyse). Auch diese Substanzen können für die Beurteilung eines Gewässers und für die Trinkwasseraufbereitung relevant sein. Zur Identifizierung solcher Peaks wird zunächst eine Bibliothekssuche durchgeführt. Bringt die Suche in Spektrenbibliotheken keinen brauchbaren Substanzvorschlag, so wird die Identifizierung deutlich aufwändiger und zeitraubender. Häufig werden weitere Analysenmethoden und zusätzliche Informationen in Zusammenarbeit mit Industrieunternehmen hinzugezogen [1].

Als Kriterium für weitergehende Untersuchungen zur Strukturaufklärung wird z. B. das Überschreiten eines festgelegten Schwellenwertes [2], die Häufigkeit des Auftretens einer unbekannten Verbindung oder die durch Untersuchungen mit Testfiltern ermittelte Wasserwerksrelevanz [1] beschrieben.

Da mit einer üblichen GC/MS-Screeningmethode nur qualitative Aussagen zu unbekannten Verbindungen getroffen werden, wurde ihr Verhalten bisher nicht untersucht.

Im Folgenden wird eine Methode zur „Quasi-Quantifizierung" unbekannter Substanzen vorgestellt, die eine Beurteilung des Verhaltens unbekannter organischer Einzelstoffe am Beispiel eines Oberflächenwassers und einer Trinkwasseraufbereitungsanlage zeigt.

2 Experimentelles

2.1 Proben und Probenvorbereitung

2.1.1 Proben

Die Untersuchungen wurden an Proben von Rheinwasser und Wasserproben der verschiedenen Aufbereitungsstufen des Wasserwerks Biebesheim durchgeführt.

Die Rheinproben wurden bei Rhein-km 463,6 rechtsrheinisch entnommen. Aus dem Wasserwerk Biebesheim wurden Proben im Verlauf der Aufbereitung nach den Aufbereitungsstufen Vorozonung, Flockung, Hauptozonung, Flockungsfiltration (Mehrschichtfilter) und Aktivkohlefiltration untersucht. Das Rohwasser des Wasserwerks Biebesheim wird dem Rhein direkt aus der fließenden Welle entnommen und ist somit mit den Rheinproben identisch. Um Verluste zu vermeiden, werden die Proben unmittelbar nach der Probenahme im Labor angereichert.

Vom Wasser, *97*, 19–32 (2001)

2.1.2 Verwendete Chemikalien und Materialien

Für die Untersuchungen wurden folgende Substanzen eingesetzt:

Lösemittel:
- Aceton zur Rückstandsanalyse, Fa. Promochem
- Ethylacetat picograde zur Rückstandsanalyse, Fa. Promochem
- iso-Hexan picograde zur Rückstandsanalyse, Fa. Promochem
- Methanol zur Rückstandsanalyse, Fa. Promochem
- Reinstwasser (Millipore-Anlage, Milli-Q)

Interner Referenzstandard:
- Octadecansäurenitril 90 %, Fa. Aldrich

Sonstiges:
- Glasfaserfilter, Porendurchmesser 1 µm, Fa. Schleicher & Schüll

2.1.3 Festphasenmaterial

Um ein möglichst großes Spektrum an Verbindungen zu untersuchen, wurde als Festphasen-material ein Gemisch aus $C18_{ec}$, (Fa. Mallinckrodt Baker) und LiChrolut® EN (Fa. Merck) ausgewählt.

Unpolare Substanzen werden primär an $C18_{ec}$ retentiert. Hydrophile Pestizide und ihre Metaboliten [3], Aminonitroaromaten [4], Phenole [5] und Naphtole [6] sowie Aniline [7] können aus Wasserproben an dem hochkapazitiven Sorbens LiChrolut® EN in hohen Ausbeu-ten angereichert werden. Auf Grund der hohen Kapazität kann das Sorbens LiChrolut® EN in kleinen Mengen eingesetzt werden [8].

2.1.4 Probenvorbereitung

1 Liter Wasserprobe wird über einen mit iso-Hexan, Aceton, Methanol und Wasser vorgerei-nigten Glasfaserfilter filtriert. Die Festphasenanreicherung wird im Neutralen mit einem auto-matischen Festphasenanreicherungssystem (Auto-Trace, Fa. Zymark) durchgeführt. Sie erfolgt über 3-ml-Glaskartuschen (Teflonfritte/250 mg $C18_{ec}$/100 mg LiChrolut® EN/Teflon-fritte), vorbehandelt mit iso-Hexan, Aceton, Methanol und Wasser. Nach dem Trocknen der Kartuschen im Stickstoffstrom (35 min) werden die Analyten eluiert.

Das Eluat wird, nach Zugabe von 50 µg/l **Octadecansäurenitril** (5 ng/µl) als interner **Refer-enzstandard,** auf ein Volumen von 1 ml im Stickstoffstrom eingeengt und am GC/MS ver-messen.

2.2 GC/MS-Analytik

Die gaschromatographische Analytik wurde an einem Ion-Trap GC/MS GCQ der Fa. Finnigan unter folgenden Bedingungen durchgeführt:

Gaschromatographische Bedingungen:
Trägergas: Helium 5.0
Säule: Rtx®-5MS (60 m x 0,25 mm Innendurchmesser x
                         0,25 μm Filmdicke), Fa. Restek
Säulenfluss: 40 cm/s, constant flow
Injektionsvolumen: 2 μl splitless
Injektortemperatur: 250 °C
Temperaturprogramm: 50 °C (1,7 min), 30 °C/min auf 120 °C (1 min isotherm), 3 °C/min
                         auf 290 °C (5 min isotherm)

Parameter des Ion-Trap MS:
Temperatur Interface: 275 °C
Temperatur Ionenquelle: 200 °C
Massenbereich: 45 – 650 m/z, Full Scan

2.3 Auswerteverfahren

Peaks, die ein signifikantes Massenspektrum zeigen, noch nicht identifiziert sind und nicht im Blindwert vorkommen, werden nummeriert und in die Liste der unbekannten Verbindungen aufgenommen.

Bezogen auf den internen Referenzstandard Octadecansäurenitril (ODSN) wird die „**relative Konzentration**", c_{rel} für den unbekannten Peak nach der folgenden Gleichung berechnet:

$$c_{rel} = Ph_{(Unbekannte)} / Ph_{(ODSN)} * c_{(ODSN)}$$ **Gleichung 1**

Ph: Peakhöhe   c: Konzentration c_{rel}: relative Konzentration

Um eine von der Konzentration des internen Referenzstandards unabhängige Größe zu erhalten, wurde das Peakhöhenverhältnis mit der Konzentration des internen Referenzstandards multipliziert.

Ausgewertet wurden nur solche Peaks, deren Höhe sich mit 3 σ aus dem Untergrund heraushebt.

Die hier dargestellte Auswertemethode wird im Folgenden als „**Quasi-Quantifizierung**" bezeichnet.

2.4 Überprüfung der Reproduzierbarkeit

Für die unbekannten Peaks wurde die Reproduzierbarkeit in realen Proben überprüft. Hierzu wird eine reale Probe (Rheinwasserprobe) 5-fach angereichert und anschließend am GC/MS vermessen. Um Blindwerte zu erkennen, wird eine VE-Wasserproben ebenso behandelt. Die

Auswertung der unbekannten Peaks erfolgt über verschiedene Massen, bzw. Kombinationen von Massen.

3 Ergebnisse und Diskussion

3.1 Validierung

Die hier angewandte Methode wurde über bekannte Substanzen, wie Atrazin, Desethylatrazin, Desethylterbuthylazin, Simazin, Terbuthylazin, Diazinon, Fluchloralin, Sebuthylazin, Cyanazin, Metazachlor, Pendimethalin, Hexazinon, Metalaxyl, Diclobenil, Fluoazifopbuthyl validiert. Für diese Substanzen liegen die Wiederfindungsraten (Konzentrationsbereich: 0,1 µg/l – 0,5 µg/l) bei 64 % bis 109 % und die Bestimmungsgrenzen im Bereich von 0,02 µg/l bis 0,05 µg/l.

Da für unbekannte Verbindungen naturgemäß kein Vergleichsstandard vorliegt, wurde hier überprüft, in wie weit sich die, in einer realen Probe (Rhein bei Biebesheim) vorkommenden, Peaks reproduzierbar nachweisen lassen. Über die nach Gleichung 1 berechneten „relativen Konzentrationen" wird die Wiederholstandardabweichung für die einzelnen Peaks ermittelt. Die Grenze der Wiederholstandardabweichung zur Aufnahme einer Substanz in das Messprogramm wurde auf 25 % festgelegt. Eine Schwierigkeit bei der Auswertung unbekannter Substanzen in der Massenspektrometrie ist, dass nicht bekannt ist, welche Massen im Spektrum wirklich von der gesuchten Substanz und welche evtl. aus Verunreinigungen oder Überlagerungen stammen.

Vorrangig wurden die Massen mit den höchsten Intensitäten herangezogen, um die Reproduzierbarkeit verschiedener Massen oder Massenkombinationen zu vergleichen.

Letztendlich wurde über die Massen bzw. Massenkombinationen mit der besten Reproduzierbarkeit ausgewertet.

3.2 „Quasi-Quantifizierung", target-Analysen, non-target-Analysen

Neben der gezielten Einzelstoffanalytik erfolgte die Überwachung der Qualität des Rheins als Rohwasser für das Wasserwerk Biebesheim und der verschiedenen Aufbereitungsstufen bisher durch einen Peakmustervergleich der Chromatogramme der Screeninguntersuchungen, wobei auf Auffälligkeiten im Chromatogramm geachtet wurde.

Hiermit konnten lediglich ja/nein-Aussagen über das Vorhandensein von unbekannten Peaks getroffen werden.

Das bisher durchgeführte Screening gab hauptsächlich Hinweise auf besondere Ereignisse im Oberflächenwasser, was an Bild 1 verdeutlicht wird. Bild 1a) und 1b) zeigen typische Chromatogramme von Screeninguntersuchungen im Rhein (Biebesheim). Auffällig ist in Bild 1a) ein unbekannter Peak mit hoher Intensität bei 10,9 min, der sich bisher nicht identifizieren ließ. Bild 1b) zeigt einen bislang unbekannten Peak bei der Retentionszeit 7,58 min, für dessen Massenspektrum über eine Bibliotheksuche die Substanz p-Methylanisol vorgeschlagen wurde. Bei der Wasseraufbereitung im Wasserwerk Biebesheim wurde diese Substanz vollständig entfernt (Bild 1c). Der Bibliotheksvorschlag wurde später über einen Refer-

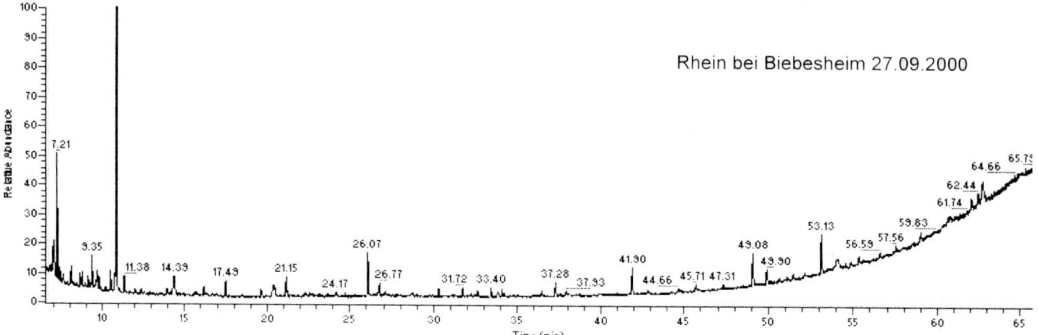

Bild 1a. Screening einer Rheinprobe vom 27.09.2000.

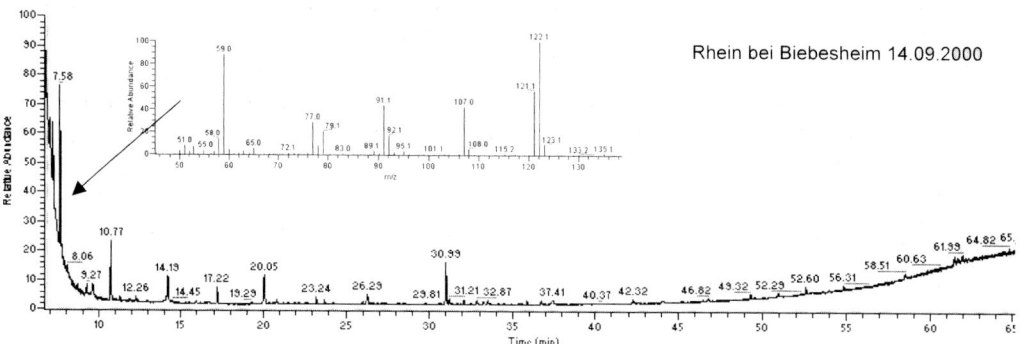

Bild 1b. Screening einer Rheinprobe vom 14.09.2000.

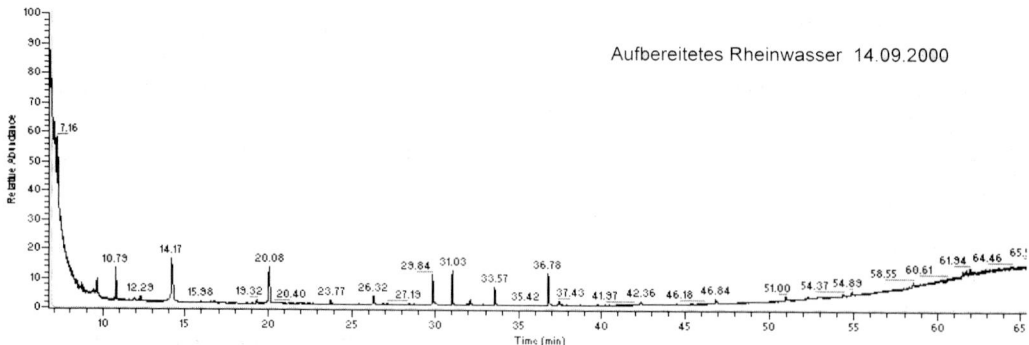

Bild 1c. Screening des aufbereiteten Rheinwassers vom 14.09.2000.

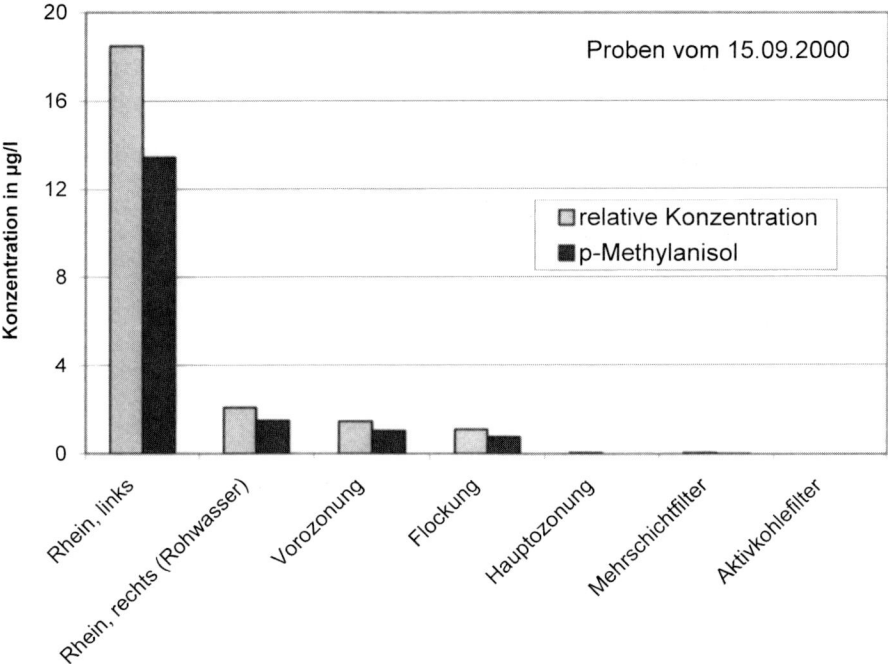

Bild 2. Vergleich der relativen Konzentration einer unbekannten Substanz mit der tatsächlichen Konzentration nach Identifizierung.

enzstandard bestätigt und die Ergebnisse quantifiziert. P-Methylanisol gelangte über eine unbeabsichtigte Industrieeinleitung in den Rhein.

An diesem aktuellen Beispiel kann gezeigt werden, dass es mit Hilfe der Methode der „Quasi-Quantifizierung" möglich ist, das Verhalten einer unbekannten Substanz bei der Wasseraufbereitung zu beobachten, ohne dass eine Referenzsubstanz vorliegt (Bild 2). Die „relative Konzentration" stellt lediglich eine fiktive Größe in Bezug auf den <u>internen</u> Referenzstandard dar und darf nicht mit einer tatsächlichen Konzentration verwechselt werden. Die nachträgliche Quantifizierung über einen Vergleichsstandard bestätigt das durch die „Quasi-Quantifizierung" ermittelte Verhalten der unbekannten Substanz.

3.3 Aufstellung des Messprogramms

Voraussetzung für die Aufnahme einer unbekannten Substanz in das Messprogramm ist, dass die ausgewerteten Peaks **blindwertfrei** sind, ein **signifikantes Massenspektrum** zeigen und eine **ausreichende Reproduzierbarkeit** (Wiederholstandardabweichung $< 25\%$) der „relativen Konzentrationen" vorliegt. Die unbekannten Peaks wurden nummeriert und sind über die Retentionszeit und ihr Massenspektrum charakterisiert.

Anhand des Fließschemas (Bild 3) wird das Verfahren zur Aufnahme einer unbekannten Substanz in das Messprogramm verdeutlicht.

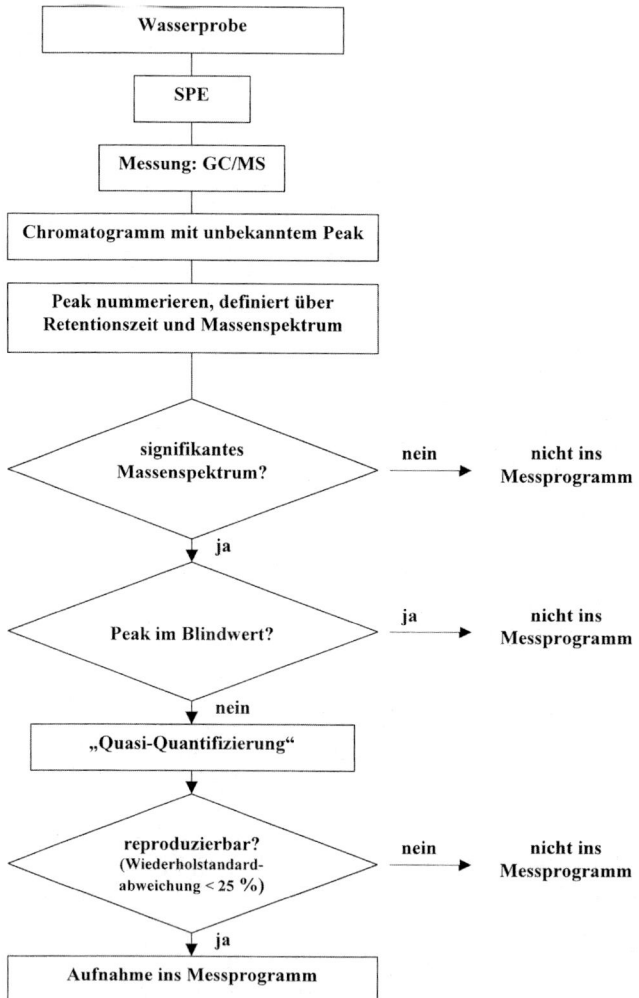

Bild 3. Verfahren zur Aufnahme unbekannter organischer Einzelsubstanzen
in das Messprogramm.

Unter Berücksichtigung dieser Einschränkungen reduziert sich die Anzahl der Unbekannten, die in das Messprogramm aufgenommen werden, deutlich.

Bisher wurden bei Screeninguntersuchungen im Rhein (Biebesheim) seit 1998 insgesamt
rd. 500 unbekannte Substanzen detektiert, von denen rd. 80 identifiziert wurden. 58 Substanzen waren auch im Blindwert enthalten. Rd. 360 Substanzen konnten noch nicht auf ihre
Reproduzierbarkeit überprüft werden, da sie zum Zeitpunkt der Ermittlung der Wiederholstandardabweichung nicht im Rhein enthalten waren. Die Reproduzierbarkeitsprüfung wird
in regelmäßigen Abständen wiederholt, um ggf. weitere Substanzen ins Messprogramm aufnehmen zu können.

Tabelle 1. Liste unbekannter Einzelsubstanzen, die in das Messprogramm aufgenommen wurden mit ihren Retentionszeiten, ausgewerteten Massen und Wiederholstandardabweichungen.

Substanzname	Retentionszeit in min	m/z	m/z	m/z	Wiederholstandardabweichung in %
Substanz 87	15,2	144	143		13,4
Substanz 100	17,4	160	175		11,1
Substanz 110	21,5	172	173		10,7
Substanz 131	22	92	171		21,8
Substanz 132	23,1	91	93		9,6
Substanz 147	25,5	175	181	182	14,7
Substanz 151	26,1	191			20
Substanz 160	26,8	91	107		14,7
Substanz 194	31,2	125	201	203	6,4
Substanz 200	35,9	205	206	209	8,2
Substanz 212	45,1	151	255		9,6
Substanz 223	49,3	193	192		15,5
Substanz 224	53,2	267	343		9,6

Unter Umständen müssen auch Substanzen aus der Liste gestrichen werden, und zwar dann, wenn im Nachhinein festgestellt wird, dass sie die Anforderungen bezüglich Blindwert und Reproduzierbarkeit nicht immer erfüllen. Tabelle 1 gibt einen Überblick der Substanzen, die zzt. im Messprogramm enthalten sind. Die Auswertung der Wiederholstandardabweichung erfolgt über die in der Tabelle aufgelisteten Massen.

3.4 Ergebnisse unbekannter Substanzen im Rhein

Die Auswertung der unbekannten Substanzen im Rhein über einen internen Referenzstandard erfolgt seit Mai 1999 in einem 1- bis 2-monatlichen Zyklus.

In Tabelle 2 sind die Substanzen des aktuellen Messprogramms (s. Pkt. 3.3) mit ihren „relativen Konzentrationen" dargestellt. Tabelle 3 zeigt die Häufigkeit, mit der eine Unbekannte in einem, auf den internen Referenzstandard bezogenen, Konzentrationsbereich vorkommt. Für diese Darstellung wurden die Stichproben der Untersuchungen vom Mai 1999 bis September 2000 herangezogen. Die meisten unbekannten Verbindungen liegen in einem Konzentrationsbereich von < 0,5 µg/l, relativ zum internen Standard. Lediglich die Substanzen 223 und 224 treten häufiger im Konzentrationsbereich 0,5 µg/l bis 1 µg/l auf. Es wird darauf hingewiesen, dass aufgrund der unterschiedlichen Responsfaktoren der Substanzen gleiche relative Konzentrationen nicht gleiche tatsächliche Konzentrationen bedeuten.

Bild 4 zeigt die Summe der „relativen Konzentrationen" der unbekannten Substanzen im Rhein als Summenbalken und den Abfluss des Rheins als Linie. Jede Schattierung stellt eine andere unbekannte Substanz dar.

Bei der Betrachtung der Ergebnisse von Mai 1999 bis August 1999 lässt sich ein stetiges Ansteigen der „relativen Konzentrationen" der hier zusammengefassten Unbekannten erkennen. Der steile Anstieg wird maßgeblich von einigen wenigen Substanzen bestimmt. Bedingt

Tabelle 2. Relative Konzentrationen unbekannter Substanzen im Rhein (Biebesheim) im Untersuchungszeitraum Mai 1999 bis September 2000.

Probe-nahmedatum	26.05. 1999	01.06. 1999	Misch-probe Juni 2000	28.07. 1999	12.08. 1999	30.09. 1999	24.11. 1999	08.03. 2000	02.05. 2000	26.07. 2000	27.09. 2000
Substanz 87	n.n.	0,06	0,06	0,05	0,04	n.n.	n.n.	0,03	0,1	0,06	n.n.
Substanz 100	0,19	0,19	0,15	0,1	0,35	0,07	1,1	0,06	0,17	0,06	0,06
Substanz 110	0,09	0,12	0,1	0,09	0,08	n.n.	n.n.	0,05	0,13	0,08	0,10
Substanz 131	n.n.	n.n.	n.n.	n.n.	0,1	n.n.	n.n.	n.n.	0,18	n.n.	n.n.
Substanz 132	n.n.	0,16	0,13	0,27	0,16	0,11	0,43	0,09	n.n.	0,05	0,25
Substanz 147	0,02	0,1	0,15	0,13	0,18	n.n.	n.n.	n.n.	n.n.	n.n.	n.n.
Substanz 151	0,06	0,06	0,06	0,04	0,04	0,06	0,11	n.n.	0,08	n.n.	n.n.
Substanz 160	0,21	0,24	0,09	0,09	0,1	n.n.	0,8	n.n.	n.n.	n.n.	0,10
Substanz 194	0,03	0,04	0,03	0,04	0,06	0,08	0,09	n.n.	0,26	n.n.	0,51
Substanz 200	0,06	0,18	0,21	0,23	0,37	n.n.	n.n.	0,1	0,77	0,28	n.n.
Substanz 212	0,13	0,15	0,18	0,33	0,35	n.n.	n.n.	0,11	n.n.	0,2	0,5
Substanz 223	0,48	0,54	0,95	1,2	1,3	n.n.	n.n.	n.n.	0,37	0,6	0,8
Substanz 224	0,35	0,38	0,64	0,84	0,92	n.n.	n.n.	0,33	n.n.	n.n.	n.n.

n.n. = nicht nachweisbar

Tabelle 3. Häufigkeit der relativen Konzentration der unbekannten organischen Substanzen im Rhein (Biebesheim) im Untersuchungszeitraum Mai 1999 bis September 2000.

Unbekannte Substanz	n.n.	Häufigkeit < 0,5 µg/l	0,5 – 1µg/l
Substanz 87	4	6	
Substanz 100		9	1
Substanz 110	2	8	
Substanz 131	8	2	
Substanz 132	5	5	
Substanz 147	3	7	
Substanz 151	3	7	
Substanz 160	4	6	
Substanz 194	2	7	1
Substanz 200	3	6	1
Substanz 212	3	6	1
Substanz 223	3	2	5
Substanz 224	5	3	2

n.n. = nicht nachweisbar

durch die hohe Wasserführung des Rheins zu Beginn der Untersuchungen wird ein Verdünnungseffekt vermutet. Unter Berücksichtigung des Rheinabflusses bleibt die Summe der mit dieser Methode erfassten unbekannten Substanzen im Rhein in etwa konstant.

Von November 1999 bis September 2000 ist die Summe der relativen Konzentrationen der bisher betrachteten Substanzen insgesamt geringer. Dies lässt sich damit erklären, dass in Bezug auf das Messprogramm weniger unbekannte Substanzen nachgewiesen wurden. Statt dessen konnten in diesen Proben aber weitere Substanzen detektiert werden. Da deren Reproduzierbarkeit noch nicht überprüft werden konnte, wurden sie noch nicht in das Messprogramm aufgenommen.

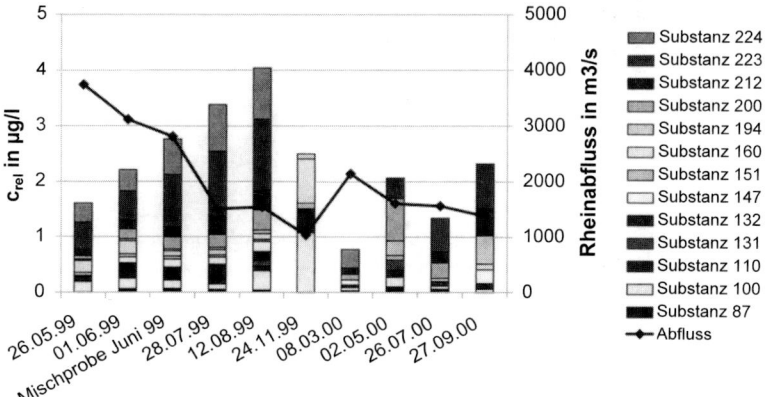

Bild 4. „Relative Konzentration" unbekannter organischer Einzelsubstanzen (Summenbalken) im Rhein bei Biebesheim.

Bei dieser zeitlichen Darstellung der Summen dürfen nur Substanzen des Messprogramms ausgewertet werden. Die Aufnahme weiterer Substanzen erfordert, dass sämtliche – in der Zeitreihe enthaltenen – Chromatogramme nachintegriert werden müssen, um Verzerrungen in der Darstellung auszuschließen. Dies bedeutet einen nicht unerheblichen Zeitaufwand.

3.5 Entfernung unbekannter Substanzen bei der Trinkwasseraufbereitung

Die Ergebnisse der Untersuchungen der einzelnen Aufbereitungsstufen des Wasserwerks Biebesheim sind in Bild 5 dargestellt. Auch hier ist jede Schattierung einer anderen unbekannten Substanz zugeordnet. Für diese Darstellung wurde der Probenahmetermin ausgewählt, bei dem im Rhein die höchste Summe der relativen Konzentrationen der unbekannten Substanzen seit Beginn der Untersuchungen nachgewiesen wurde.

Es wird deutlich, dass die Summe der relativen Konzentrationen der unbekannten Substanzen in jeder Aufbereitungsstufe reduziert wird. Bereits in der Vorozonung, die zur Entfernung der Algen und zur Unterstützung der nachfolgenden Flockung eingesetzt wird, ist ein deutlicher Rückgang der Summe der relativen Konzentrationen der unbekannten Substanzen zu erkennen. Die höchste Eliminierungsrate wird in der Hauptozonung mit rd. 80 % erreicht. Flockungsfiltration und mikrobiologischer Abbau des ozonierten Wassers in den Mehrschichtfiltern zeigen ebenfalls eine deutliche Wirkung. Die noch verbleibenden unbekannten Substanzen werden mit Aktivkohle entfernt.

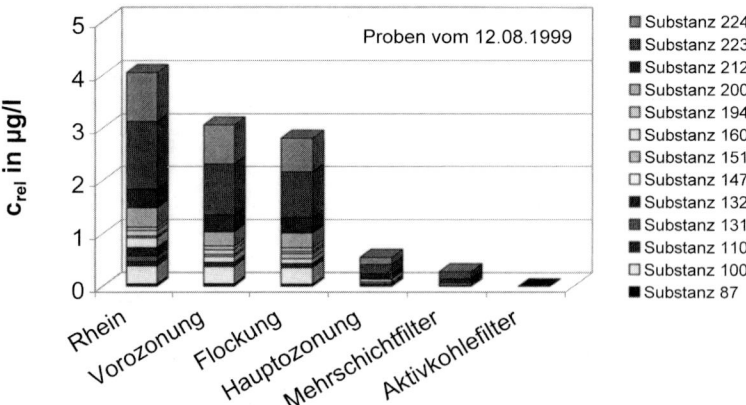

Bild 5. „Relative Konzentration" unbekannter organischer Einzelsubstanzen (Summenbalken) im Verlauf der Aufbereitung im Wasserwerk Biebesheim.

4 Beurteilung unbekannter Substanzen und Erstellung einer Prioritätenliste

Um eine Rangfolge zur Identifizierung der im Messprogramm enthaltenen Substanzen festzulegen, werden projektbezogene Prioritätenlisten aufgestellt. Hierbei werden die unbekannten Substanzen im Hinblick auf ihre Bedeutung zum einen für den Rhein, zum anderen für die Trinkwasseraufbereitung beurteilt.

In Bezug auf den Rhein ist ein Kriterium zur Beurteilung der Wichtigkeit der detektierten Substanzen die Häufigkeit ihres Auftretens in einem bestimmten Untersuchungszeitraum sowie ihre relativen Konzentrationen. Hier konnten bisher die Substanzen 223, 224 und 100 (s. Tabelle 3) genannt werden. Im Hinblick auf die Trinkwasseraufbereitung ist außer der Häufigkeit und der relativen Konzentration auch der Punkt der Entfernung der unbekannten Substanz in der Anlage ein wichtiges Kriterium.

Bezogen auf die Proben vom 12.08.1999 sind die Substanzen 151, 194, 212 und 223, die bis zur Aktivkohle gelangen, vorrangig zu identifizieren. Eine Substanz, die auch noch nach der Aktivkohlefiltration nachzuweisen wäre, hätte die höchste Priorität.

5 Ausblick

Mit der vorgestellten Methode wurden bisher nur solche Substanzen erfasst, die bei pH 7 auf $C18_{ec}$ und LiChrolut® EN angereichert, mit Aceton eluiert und unter den gegebenen gaschromatographischen Bedingungen mit einem massenselektiven Detektor nachgewiesen werden können.

Weiterhin wäre es denkbar, sauer oder basisch reagierende Substanzen bei anderen pH-Werten anzureichern oder durch eine Derivatisierung gezielt bestimmte Stoffgruppen zu untersuchen.

Der Einsatz anderer Messgeräte, z. B. LC/MS würde das Spektrum der unbekannten organischen Einzelsubstanzen nochmals vergrößern.

Bei einer entsprechend abgestimmten Analytik könnten Daten unbekannter organischer Einzelstoffe mit anderen Laboratorien ausgetauscht, Monitoringprogramme aufgestellt und – beispielsweise für ein Flusseinzugsgebiet – Prioritäten zur Identifizierung festgelegt werden.

Das Verhalten unbekannter organischer Stoffe läßt sich in Oberflächenwasser, Grundwasser, Uferfiltrat, Wasseraufbereitung bis hin zum Trinkwasser verfolgen. Weiterhin könnte überprüft werden, in wie weit die Methode auch auf Abwasser anwendbar ist.

Die „Quasi-Quantifizierung" ist eine einfache Methode, die in die Routine übernommen werden kann. Die Überprüfung der Blindwerte und der Reproduzierbarkeit der auszuwertenden organischen Einzelsubstanzen, die über einen längeren Zeitraum durchgeführt werden muss, ist allerdings sehr aufwändig.

6 Schlussbetrachtung

Das vorgestellte Selektionsverfahren (Bild 3) ermöglicht es, ein Messprogramm für die Untersuchung unbekannter Substanzen aufzustellen. Das hierauf basierende Monitoring bildet die Grundlage, projektbezogene Prioritätenlisten zur Identifizierung der unbekannten Substanzen zu erstellen.

Somit konnte eine Strategie für die Überwachung unbekannter organischer Einzelsubstanzen am Beispiel eines Oberflächenwassers und einer Trinkwasseraufbereitungsanlage entwickelt werden.

Nicht zuletzt konnte mit Hilfe dieser Auswertemethode ein öffentlichkeitswirksames Instrument entwickelt werden, denn durch die Quasi-Quantifizierung konnte auch der Nicht-Fachwelt die Entfernbarkeit von unbekannten organischen Einzelstoffen näher gebracht werden.

Literatur

[1] Lindner, K., Knepper, T., Karrenbrock u. F., Brauch, H.-J.: Erfassung und Identifizierung von trinkwassergängigen Einzelsubstanzen in Abwässern und im Rhein. ARW/VCI-Forschungsvorhaben, Abschlussbericht. IAWR Rhein-Themen 1. 1996.

[2] Reupert, R., Zube u. I., Plöger, E.: HPLC-On-line-Verfahren als Screeningmethode für die zeitnahe Rhein-Überwachung. GIT Spezial-Chromatographie 2/91.

[3] Junker-Buchheit, A., Witzenbacher, M.: Pesticide monitoring of drinking water with the help of solid-phase-extraction and high-performance liquid chromatography. J. Chromatogr. A 737, 67–74 (1996) und Merck KGaA, Darmstadt: LiChrolut® EN-Applikationen Pestizide (1993, 94, 95).

[4] Wennrich, L., Lewin, U., Efer, J., Engewald, W.: Vom Wasser 86, 341–352 (1996).

[5] Koch, J., Völker, P.: Anreicherung von Phenolen aus Wasser mit Hilfe von hochporösem, chemisch vernetztem Polystyrol. Acta hydrochim. hydrobiol. 23, 66–71 (1995).

[6] Merck KGaA, Darmstadt: LiChrolut® EN-Applikation Naphthole (1993).

[7] Merck KGaA, Darmstadt: LiChrolut® EN-Applikation Anilinverbindungen (1995).

[8] Merck KGaA, Darmstadt: LiChrolut® EN, Festphasenextraktion mit Chromatographie-Erfahrung (1994).

Untersuchung von Abwässern und Grundwasserkörpern auf ausgewählte Wasch- und Körperpflegemittelinhaltsstoffe in Ostösterreich

Investigations of Sewage Waters and Groundwater Bodies on Selected Components of Washing and Personal Care Products in Eastern Austria

Philipp Hohenblum*, Sigrid Scharf* und Birgit Vogel**

Schlagwörter

LAS, polycyclische Moschusduftstoffe, optische Aufheller, Grundwasserinhaltsstoffe, Abwasserinhaltsstoffe

Summary

Within the framework of a co-operation project selected compounds of washing agents and personal care products have been analysed in sewage and groundwater bodies in eastern Austria. In particular, linear alkylbenzenesulfonate (LAS), fluorescent whitening agents (DAS-1 and DSBP) as well as polycyclic musk compounds have been investigated. These substances became part of daily life and find application in the range of tons. After use these substances are transported and treated in waste water treatment plants (WWTP), where some of them are degraded efficiently. Respectively, concentrations of LAS in influents and effluents (median) were 10.900 µg/l and 8 µg/l. Concentrations of fluorescent whitening agents in the influents were 10.200 ng/l (DAS-1) and 2.790 ng/l (DSBP). Both were detected at one tenth of their initial concentration in the effluents (median). In impacted groundwater samples both LAS and optical brighteners could be detected above their quantification limits. Polycyclic musk compounds have been detected in almost all influent samples. The highest concentrations detected, were galaxolid, tonalid, phantolid and traseolid. They have also been detected in effluent samples significantly above their limit of quantification and also in charged groundwater samples. In uninfluenced groundwater samples, polycyclic musk compounds were generally below the limits of quantification.

Zusammenfassung

In den Jahren 2000 und 2001 wurden in einem Kooperationsprojekt unter anderem ausgewählte Waschmittel- und Körperpflegemittelinhaltsstoffe in Abwasser- und Grundwasserproben in Ostösterreich untersucht. Im Besonderen wurden Lineare Alkylbenzolsulfonate (LAS), optische Aufheller (DAS-1 und DSBP) und polycyclische Moschusduftstoffe in Kläranlagenzu- und abläufen analysiert. Zusätzlich wurden die erwähnten Substanzen in Grundwasserkörpern, welche von Kläranlagenabläufen beeinflusst sind (beeinflusst) sowie in Referenz-Grundwasserkörpern (unbeeinflusst) untersucht.
Die untersuchten Substanzen werden im Tonnenmaßstab eingesetzt und gelangen nach ihrem Gebrauch in das Kanalnetz und in die kommunalen Kläranlagen, wo sie teilweise sehr gut

---

* Philipp Hohenblum, Sigrid Scharf, Umweltbundesamt Wien, Spittelauer Lände 5, A-1090 Wien.
** Birgit Vogel, Technische Universität Wien, Institut für Wassergüte und Abfallwirtschaft, Karlsplatz 13/226, A-1040 Wien.

abgebaut werden. In den Zuläufen wies LAS einen Medianwert von 10.900 µg/l auf. In den Abläufen wurde ein Median von 8 µg/l berechnet. Die optischen Aufheller wurden in den Zuläufen im Median mit 10.200 ng/l (DAS-1) und 2.790 ng/l (DSBP) bestimmt. Die Medianwerte der Konzentrationen in den Abläufen betrugen rund ein Zehntel des Zulaufes. Sowohl LAS als auch die optischen Aufheller wurden im beeinflussten Grundwasser in Konzentrationen oberhalb der Bestimmungsgrenze nachgewiesen.

Die sechs untersuchten polycyclischen Moschusduftstoffe wurden in fast allen Zulaufproben nachgewiesen. Die in den höchsten Konzentrationen gefundenen Verbindungen (Galaxolid, Tonalid, Phantolid, Traseolid) wiesen auch in den Abläufen Konzentrationen deutlich über der Bestimmungsgrenze auf, mit ca. einem Zehntel der Zulaufkonzentration (Median). Galaxolid und Tonalid stellten sich als die im Abwasser mengenmäßig bedeutendsten polycyclischen Moschusverbindungen heraus. Sie wurden auch im beeinflussten Grundwasser, nicht jedoch in den unbeeinflussten Grundwasserproben nachgewiesen.

1 Einleitung

Im Rahmen eines Kooperationsprojektes zwischen dem Institut für Wassergüte und Abfallwirtschaft der Technischen Universität Wien und dem Umweltbundesamt Wien wurden neben einer breiten Palette anorganischer Substanzen und organischer Summenparameter ausgewählte Waschmittel- und Körperpflegemittelwirkstoffe (anionische Tenside, optische Aufheller, polycyclische Moschusverbindungen) im Ablauf von Kläranlagen bestimmt. Zusätzlich wurden die erwähnten Substanzen in Grundwasserkörpern, welche von Kläranlagenabläufen beeinflusst sind (beeinflusst) sowie in Referenz-Grundwasserkörpern (unbeeinflusst) untersucht.

Erstmals wurden in Österreich Daten über optische Aufheller und polycyclische Moschusverbindungen sowohl im Kläranlagenzulauf und -ablauf als auch im Grundwasser erhoben. Vorläufige Ergebnisse sind in dieser Publikation zusammengefasst.

Die Probenahme erfolgte durch Mitarbeiter der TU Wien, viermal innerhalb eines Jahres. Die Analytik der nachfolgend beschriebenen Substanzen wurde am Umweltbundesamt Wien durchgeführt.

1.1 Produktion, Verwendung und Verhalten in der Umwelt

Durch Haushalte gelangen jährlich enorme Mengen an Inhaltsstoffen von Waschmitteln und Körperpflegemitteln in die kommunalen Abwässer und in die Umwelt. Allein in Österreich betrug im Jahr 1995 der Verbrauch an Wasch- und Reinigungsmitteln 120.000 Tonnen, was einem pro Kopf Verbrauch von 15 kg entspricht [1]. Die Hersteller erwarten in Westeuropa weiterhin ein Umsatzplus in diesem Marktsegment.

1.1.1 Lineare Alkylbenzolsulfonate (LAS)

LAS sind die wichtigsten anionischen Tenside. Die weltweite Jahresproduktion an LAS beträgt derzeit rund 2 Millionen Tonnen [2].

Sie gelangen nach ihrem bestimmungsgemäßen Verbrauch über das Abwassersystem und die Kläranlagen (wo sie aerob gut abbaubar sind) in die Umwelt.

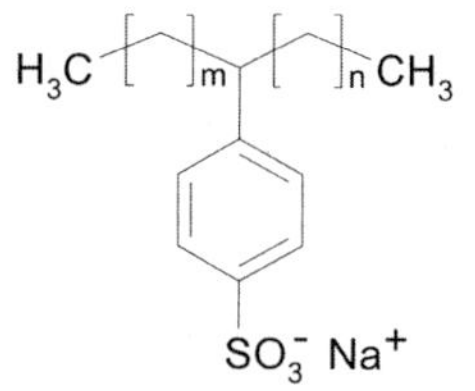

Bild 1. Lineare Alkylbenzolsulfonate (LAS).

LAS (CAS 68411-30-3) bestehen aus einem Gemisch von para-sulfonierten, linear substituierten Alkylbenzolisomeren (C10 bis C13). Durch ihre sowohl polare (SO_3^- -Gruppe) als auch apolare Struktur (Alkylkette) erhalten sie ihre oberflächenaktiven Eigenschaften.

LAS werden im Haushalt in Wasch-, Spül- und Reinigungsmittel eingesetzt. Für Westeuropa wird der pro Kopf Tagesverbrauch von LAS auf 3,1 g geschätzt [3].

Nach Vorstudien [4,5] werden LAS in Kläranlagen zu mehr als 90 % aus dem Abwasser entfernt, wobei ein Teil an den Klärschlamm adsorbiert wird. Jener Teil, der die Kläranlage über den Ablauf verläßt, gelangt in Oberflächengewässer und Grundwasserkörper. Untersuchungen in österreichischen Oberflächengewässern und Vorflutern durch das Umweltbundesamt Wien [6] ergaben folgende Belastungen:

Oberflächengewässer: Minimum: <10 µg/l; Maximum: 41 µg/l (Median: 11 µg/l).

Vorfluter: Minimum: n. n. (Nachweisgrenze NG: 2 µg/l); Maximum: 822 µg/l (Median: 178 µg/l).

1.1.2 Optische Aufheller

Ein weiterer Bestandteil von Waschmitteln sind optische Aufheller, welche durch blaue Fluoreszenz einen Gelbstich der Wäsche löschen. Diese Substanzen gelangen ebenfalls durch die Waschflotte in die Kläranlagen, wo sie jedoch schlecht abgebaut werden.

Die beiden in unseren Breiten gängigsten optischen Aufheller sind 4,4'-Bis[(4-anilino-6-morpholino-1,3,5-triazin-2-yl)-amino]stilben-2,2'-disulfonat (DAS-1; CAS 16090-02-1) und 4,4'-Bis-(2-sulfostyryl)biphenyl (DSBP; CAS 27344-41-8).

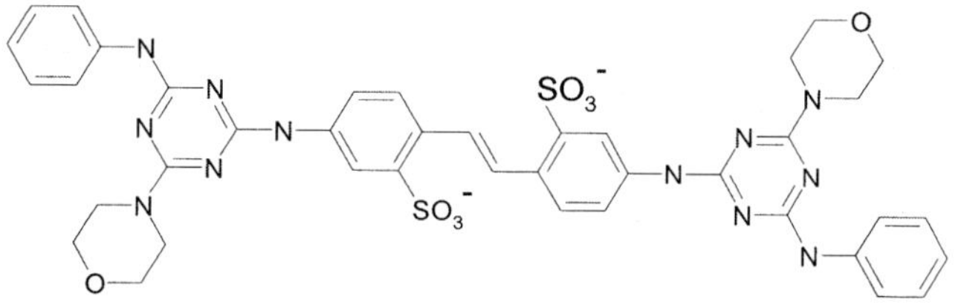

DAS 1

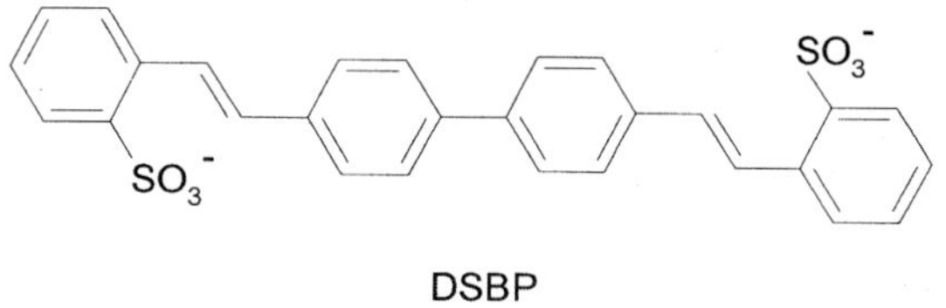

Bild 2. DAS-1 und DSBP.   DSBP

Der weltweite Verbrauch an optischen Aufhellern wird mit 17.000 Tonnen (1990) angegeben, 95 % des gesamten Aufhellerbedarfs werden durch DAS-1 und DSBP abgedeckt, wovon DSBP nur 10 % Anteil hat [9].

Nach GIGER [10] werden optische Aufheller in Kläranlagen fast ausschließlich durch Adsorption an den Klärschlamm entfernt. Eine biologische Entfernung konnte weder auf dem aeroben noch auf dem anaeroben Weg beobachtet werden. In Oberflächengewässer erfolgt eine Reduktion der optischen Aufheller durch Photolyse.

Die Zulaufkonzentrationen in schweizer Kläranlagen betrugen bei GIGER (1999) zwischen 2 und 9 µg/l. Entsprechende Konzentrationen an DAS-1 und DSBP in Fließgewässern der Schweiz werden im Bereich von 0,001 µg/l bis 1 µg/l angegeben.

1.1.3 Polycyclische Moschusverbindungen

Polycyclische Moschusverbindungen sind seit den 50er Jahren bekannt und werden als Ersatz für das teure und naturgemäß limitiert verfügbare Moschus eingesetzt. Ihr Name leitet sich vom ähnlich riechenden Sekret der Brunftdrüse des ostasiatischen Moschustieres ab, welches als Duftstoff seit hunderten von Jahren gehandelt wird. Sie dienen der Parfümierung von Waschmitteln, Weichspülern, Haut- und Rasiercremes sowie Deodorants und sind Bestandteile von Parfüms.

Bei den polycyclischen Moschusverbindungen handelt es sich um die folgenden Substanzen:
- 1,3,4,6,7,8-Hexahydro-4,56,6,7,8,8-hexamethyl-cyclopenta-(g)-2-benzopyran, Galaxolid (HHCB; CAS 1222-05-5)
- 7-Acetyl-1,1,3,4,4,6-hexamethyltetralin, Tonalid (AHTN; CAS 1506-02-1)
- 4-Acetyl-1,1-dimethyl-6-tert.-butylindan, Celestolid (ADBI; CAS 13171-00-1)
- 6-Acetyl-1,1,2,3,3,5-hexamethylindan, Phantolid (AHMI; CAS 15323-35-0)
- 6,7-Dihydro-1,1,2,3,3-pentamethyl-4-(5H)-indanon, Cashmeran (DPMI; CAS 33704-61-9)
- 5-Acetyl-1,1,2,6-tetramethyl-3-iso-propylindan, Traseolid (ATII; CAS 68140-48-7)

Die Substanzen sind aus chemischer Sicht Derivate des Tetralin, Indan und Benzopyran. Ihr Weltjahresverbrauch wurde 1987 auf 4.300 Tonnen geschätzt [11].

Polycyclische Moschusverbindungen sind lipophil, persistieren in der Umwelt und zeigen – ähnlich den Nitromoschusverbindungen – ein hohes Bioakkumulationsvermögen. Wurden sie zunächst im Gewebe von Meerestieren (Fische, Muscheln) nachgewiesen, so gibt es bereits Untersuchungen, die auffällig hohe Konzentrationen im menschlichen Blut (HHCB und AHTN im Mittelwert 772 ng/l bzw. 274 ng/l), Humanfett (HHCB 28–189 µg/kg, AHTN 8–33 µg/kg) und in Muttermilch (HHCB 16–108 µg/kg, AHTN 11–58 µg/kg) feststellten [12, 13, 14, 15].

In der Umwelt fand ESCHKE [16, 17] bis zu 0,4 µg/l einzelner polycyclischer Moschusverbindungen im Oberflächenwasser (Ruhr) und 1 bis 2,2 µg/l in Zuläufen deutscher kommunaler Kläranlagen. HHCB wurde vom Umweltbundesamt Wien im Belebtschlamm einer Pilotkläranlage nachgewiesen [4].

Diese Substanzen wurden in der gegenständlichen Untersuchung nur bei den Proben der 3. und 4. Probenahme untersucht.

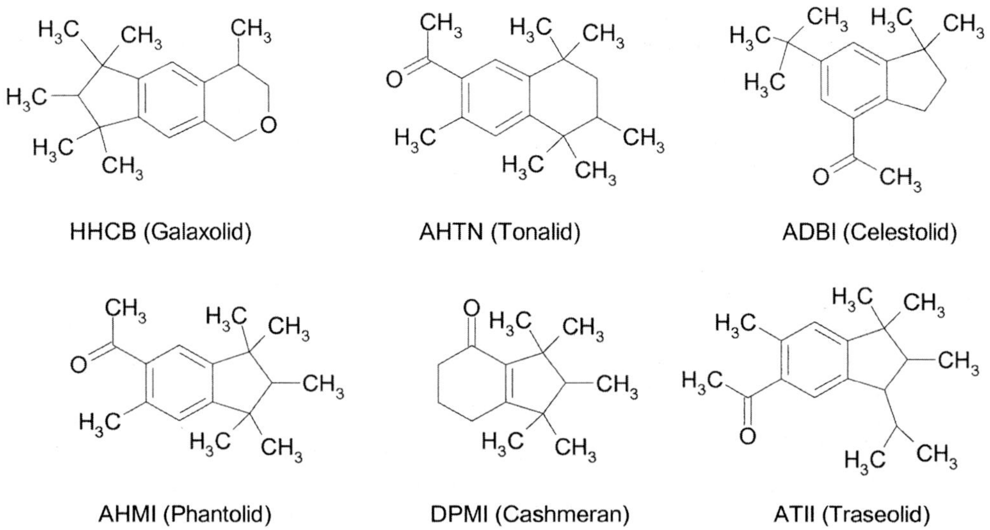

HHCB (Galaxolid)   AHTN (Tonalid)   ADBI (Celestolid)

AHMI (Phantolid)   DPMI (Cashmeran)   ATII (Traseolid)

Bild 3. Die polycyclischen Moschusverbindungen Galaxolid, Tonalid, Celestolid, Phantolid, Cashmeran und Traseolid.

2 Auswahl der Probenahmestellen und Probenahmen

Drei schwach belastete Kläranlagen wurden viermal innerhalb eines Jahres bezüglich der oben genannten Parameter beprobt. Die erste Kläranlage ist als vollbiologische Anlage für Stickstoff- und Kohlenstoffentfernung bei gleichzeitiger Schlammstabilisierung für eine Belastung von 7.000 Einwohnerwerte (EW) konzipiert, wobei die Maximalauslastung 61 % des Bemessungswertes beträgt. Die zweite Kläranlage ist auf rund 7.000 EW ausgelegt und wird mit weitgehender Nitrifikation/Denitrifikation bei simultaner, aerober Schlammstabilisierung betrieben. Die maximale Fracht liegt bei 64 % der konzipierten Bemessung. Die Auslegung der dritten biologischen Kläranlage erfolgte auf Nitrifikation/teilweise Denitrifikation für 3.000 EW. Die maximale Fracht dieser Anlage liegt bei ungefähr 67 % des Bemessungswertes. Alle drei Kläranlagen werden mit Phosphorfällung betrieben und erreichen eine weitgehende Entfernung von organischem Kohlenstoff, Stickstoff und Phosphor.

Der Zulauf und der Ablauf der Kläranlagen wurden als Tagesmischproben beprobt und analysiert. Für die LAS-Analysen wurden sowohl die Proben der Kläranlagen als auch die aus Grundwassersonden entnommenen Stichproben vor Ort mit 37 % Formaldehydlösung stabilisiert.

3 Experimenteller Teil

3.1 Allgemeines

Als Standardsubstanzen wurde für LAS das Produkt Marlon A375 (Fa. Condea Chemie GmbH, BRD) eingesetzt, für DAS-1 und DSBP wurden TINOPAL DMS-X bzw. TINOPAL CBS-X (Fa. Ciba Geigy, A) verwendet.

Die polycyclischen Moschusverbindungen wurden bei der Fa. Promochem bezogen.

Die Ermittlung der Bestimmungs- und Nachweisgrenzen (BG, NG) erfolgte durch Auswertung von mindestens drei Kalibrationen mit der Software SQS (Perkin Elmer).

3.2 Probenvorbereitung und Analytik

3.2.1 LAS [7, 8]

Die Extraktion der LAS wurde mit dem automatischen Festphasenextraktionssystem Auto-Trace SPE Workstation (Zymark) durchgeführt. Die C_{18}-Säule (Fa. Isolute) wurde mit Methanol und Reinstwasser gereinigt und aktiviert, mit 100 ml Abwasserprobe bzw. 500 ml Grundwasserprobe beladen und im Stickstoffstrom getrocknet. Die LAS wurden anschließend mit Methanol eluiert. Der Methanolextrakt wurde am Rotationsvakuumkonzentrator zur Trockene eingedampft, der Trockenrückstand in 500 µl Methanol aufgenommen (= Probenextrakt). Die mittlere Wiederfindung lag bei 94 %.

Die Analyse erfolgte mit Flüssigchromatographie und Fluoreszenz- bzw. UV-Detektion (HPLC-System der Fa. Waters bestehend aus Waters Pumpe 600, Autosampler WISP 717, Waters 474 Scanning Fluoreszenzdetektor, Tunable Absorbance Detector 486 und System Controller 600).

3.2.1.1 Gerätebedingungen

Vorsäule: LiChrospher 100 RP-18, 5 µm, 4 mm x 4 ID (Merck 50957)
Trennsäule: LiChrospher 100 RP-18, 5 µm, 125 mm x 4 mm ID (Merck 50943)
Gradientenelution: Linearer Gradient 0,1 M $NaClO_4$.H_2O in Acetonitril/Wasser (25/75 V%)
Flußrate: 1 ml/min
Injektionsvolumen: 50 µl Probenextrakt
Detektion: UV bei 225 nm

Für die Kalibrierung wurde die Gesamtfläche der Homologen herangezogen.

Die Bestimmungsgrenze (BG) liegt für die UV-Detektion bei 4,3 µg/l LAS, die Nachweisgrenze (NG) bei 1,1 µg/l LAS im Wasser (bei Probenvorbereitung von 1 l Wasser).

3.2.2 Optische Aufheller [10]

Die Extraktion der Probe (500 ml bei Grundwässern, 100 ml bei Abwässern) erfolgte mittels eines automatischen Festphasenextraktionssystems und C_{18}-Säulchen (Fa. Isolute). Diese Säule wurde zuvor mit Tetrabutylammoniumhydrogensulfat (TBA; 0,05 M in Methanol), Methanol und Reinstwasser konditioniert. Nach dem Beladen der Säule mit der Probe wurde diese im Stickstoffstrom 15 Minuten lang getrocknet und die optischen Aufheller mit 0,05 M TBA in Methanol eluiert. Das Eluat wurde am Stickstoffstrom bei 40° C bis fast zur Trockene abgeblasen, mit DMF/Wasser 1:1 aufgenommen und auf 1 ml aufgefüllt.

Die Analytik erfolgte mit Flüssigchromatographie und Nachsäulenderivatisierung unter Benutzung eines HPLC-Systems der Fa. Waters (HPLC-System bestehend aus 2 Pumpen

590, Autosampler WISP 717$^+$, Pump Control Module (PCM) und SAT/IN Module, Scanning Fluoreszenzdetektor 474), eines Nachsäulen-derivatisierungsreaktors (aus Teflon 5m*0,25 mm ID, Knitted Reactor Coil, Fa. AURA Industries Inc.) und einer UV Bestrahlungslampe (254 nm Emission, Fa. CAMAG).

Als Trennsäule wurde Multospher 100 RP100 RP-18, 5 µm, 250 mm x 4,6 mm ID eingesetzt.

3.2.2.1 Gerätebedingungen

Trennsäule:	Multospher 100 RP100 RP-18, 5 µm, 250 mm x 4,6 mm ID (Fa. CS Chromatographie Service GesmbH)
Gradientenelution:	linearer Gradient
Lösungsmittel A:	Acetonitril/Methanol 3:2 (v/v)
Lösungsmittel B:	Ammoniumacetatpuffer, pH 6,5
Flußrate:	1 ml/min
Injektionsvolumen:	10 µl Probenextrakt
Fluoreszenz:	Extinktion : 350 nm
	Emission : 420 nm

Tabelle 1. Mittlere Wiederfindungsraten (MWFR), Bestimmungs- und Nachweisgrenzen für die optischen Aufheller DAS-1 und DSBP.

	MWFR %	BG (ng/l)	NG (ng/l)
DAS-1	81,9	65	19
DSBP	93,7	10	3

3.2.3 Polycyclische Moschusverbindungen [16, 17]

Nach Vorkonditionierung der C_{18}-Festphasensäulchen (Fa. Merck) mit Methanol und Wasser wurde entweder 100 ml Abwasserprobe oder 500 ml Grundwasserprobe mittels eines automatischen Festphasenextraktionssystems an der Kartusche angereichert. Das Säulchen wurde 15 min im Stickstoffstrom getrocknet; anschließend wurden die polycyclischen Moschusverbindungen mit Dichlormethan und Ethylacetat eluiert. Das Eluat wurde eingedampft und mit Isooctan auf ein definiertes Volumen (500 µl) gebracht und mit internem Standard (Naphthalin-d8) versetzt. Die lipophilen polycyclischen Moschusverbindungen konnten auf diesem Wege mit sehr guten Wiederfindungen (90–100 %) erfasst werden. Eine Extraktreinigung war nicht notwendig.

Die Analysen wurden auf einem HP 5890 II plus Kapillargaschromatographen mit Splitless-Injektion (2 µl) und massenselektivem Detektor HP 5972 durchgeführt.

3.2.3.1 Gerätebedingungen

Kapillarsäule: DB 5-MS (60m, 0,25 mm ID, 0,25 μm Filmdicke)
Trägergas: Helium
Temperaturprogramm: Start: 80° C, 2 min isotherm
                          4° C/min 210° C, 10 min isotherm
                          20° C/min 300° C, 3 min isotherm

Anders als bei ESCHKE et al. [16, 17] wurde ein längeres Temperaturprogramm eingesetzt, das die Trennung von HHCB und AHTN ermöglichte, ohne auf eine andere Säule zurückgreifen zu müssen. Die Identifikation der Substanzen erfolgte nach deren Retentionszeit t_R im Vergleich zu den Standards und durch die Massenspektren der Peaks, wobei das Hauptfragment zur Quantifizierung herangezogen wurde und der prozentuale Anteil der Ionenspuren weiterer Fragmente zur Absicherung verwendet wurde.

Tabelle 2. Bestimmungsgrenze und Nachweisgrenze sowie Qualifier und Hauptionenspur – polycyclische Moschusverbindungen.

Substanz	BG (ng/l)	NG (ng/l)	Ionenspuren
DPMI	17	5	**191**, 206, 135, 163
ADBI	12	3	**229**, 244, 173
AHMI	7	2	**229**, 230, 244, 187
ATII	5	2	**215**, 216, 258, 173
HHCB	9	2	**243**, 213, 258, 228
AHTN	18	4	**243**, 258, 187, 159

4 Diskussion der Ergebnisse

4.1 Tabellarische und Graphische Darstellung

Es wurden die Konzentrationen aller untersuchter Zu- und Abläufe sowie der Grundwässer (von Kläranlagenabläufen beeinflusst und unbeeinflusst) ausgewertet und deren Minimum und Maximum bestimmt. Der Median und der Mittelwert wurde nur dann berechnet, wenn zumindest die Hälfte der untersuchten Proben einen positiven Befund über der Bestimmungsgrenze aufwiesen. Zur Berechnung von Median und Mittelwert wurden Werte kleiner der Bestimmungsgrenze der Nachweisgrenze gleichgesetzt. Substanzen, die nicht nachweisbar waren (n. n.), wurden bei der Berechnung gleich null gesetzt.

4.1.1 LAS und optische Aufheller

LAS wurden mit einer Ausnahme in allen untersuchten Kläranlagenzu- und abläufen in Konzentrationen oberhalb der Bestimmungsgrenze gefunden. Der Median im Zulauf betrug 10.900 μg/l, im Ablauf nur mehr 8 μg/l. Das 50. Perzentil des Zulaufs (Bild 4) entspricht im Wesentlichen diesem Wert. Auch bei diesen Untersuchungen bestätigt sich die gute Elimi-

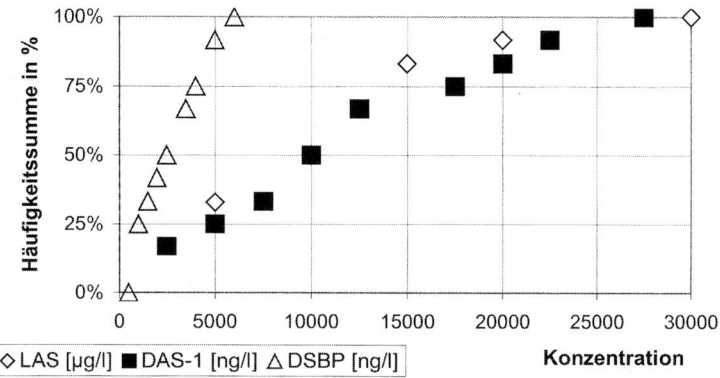

Bild 4. Häufigkeitssumme von LAS und optischen Aufhellern (DAS-1, DSBP) in Zulaufproben.

nierbarkeit von LAS in der Kläranlage. Im unbeeinflussten Grundwasser konnte LAS in keiner, im beeinflussten Grundwasser in 12 von 26 gemessenen Proben oberhalb der Bestimmungsgrenze nachgewiesen werden. Daher wurden Median und Mittelwert nicht berechnet.

Die optischen Aufheller wurden in allen Kläranlagenzu- und ablaufproben nachgewiesen und in geringem Ausmaß auch während des Reinigungsprozesses aus dem Abwasser entfernt. Im Vergleich zum Zulauf wurde im Ablauf bei DAS-1 rund ein Drittel, bei DSBP rund ein Zehntel der Konzentration nachgewiesen. Auch bei den optischen Aufhellern weichen die Medianwerte im Zulauf vom 50. Perzentil der Häufigkeitsverteilung nur geringfügig ab. Im

Tabelle 3. LAS und optische Aufheller – Vorkommen in Grund- und Abwasserproben.

untersuchte Parameter	Art der Probe		Dim.	Proben > BG*)	Min.	Max.	MW	Median
LAS	Grundwasser	unbeeinflusst	µg/l	0 (9)	n.n.	< 4,3	—	—
	Abwasser	beeinflusst	µg/l	12 (26)	n.n.	25,4	—	—
		Zulauf	µg/l	7 (8)	5.590	25.500	12.700	10.900
		Ablauf	µg/l	7 (8)	< 4,3	69	16	8
DAS-1	Grundwasser	unbeeinflusst	ng/l	0 (11)	n.n.	< 65	—	—
	Abwasser	beeinflusst	ng/l	19 (31)	n.n.	1.020	207	125
		Zulauf	ng/l	12 (12)	1.960	27.700	11.400	10.200
		Ablauf	ng/l	11 (11)	739	7.170	3.140	2.830
DSBP	Grundwasser	unbeeinflusst	ng/l	1 (11)	n.n.	30	—	—
	Abwasser	beeinflusst	ng/l	20 (31)	n.n.	135	29	9
		Zulauf	ng/l	12 (12)	257	5.890	2.760	2.790
		Ablauf	ng/l	11 (11)	61	1.300	434	243

*) die Werte in Klammern bezeichnen die Gesamtzahl der gemessenen Proben

beeinflussten Grundwasser wurde DAS-1 in 19 von 31 Proben mit einem Maximum von 1.020 ng/l bestimmt, DSBP in 20 von 31 Proben, mit einem Maximum von 135 ng/l. Im unbeeinflussten Grundwasser wurde DSBP einmal mit 30 ng/l bestimmt.

4.1.2 Polycyclische Moschusverbindungen

Die polycyclischen Moschusverbindungen wurden nur in den Proben der 3. und 4. Probenahme untersucht. Vier der sechs untersuchten polycyclischen Moschusverbindungen

Tabelle 4. Polycyclische Moschusverbindungen – Vorkommen in Grund- und Abwasserproben.

untersuchte Parameter	Art der Probenahme		Dim.	Proben > BG*)	Min.	Max.	MW	Median
DPMI	Grundwasser	unbeeinflusst	ng/l	0 (7)	n.n.	n.n.	—	—
		beeinflusst	ng/l	0 (22)	n.n.	n.n.	—	—
	Abwasser	Zulauf	ng/l	3 (6)	n.n.	717	186	18
		Ablauf	ng/l	1 (6)	< 17	30	—	—
ADBI	Grundwasser	unbeeinflusst	ng/l	0 (7)	n.n.	< 12	—	—
		beeinflusst	ng/l	0 (22)	n.n.	< 12	—	—
	Abwasser	Zulauf	ng/l	6 (6)	13	83	44	37
		Ablauf	ng/l	1 (6)	< 12	18	—	—
AHMI	Grundwasser	unbeeinflusst	ng/l	0 (7)	n.n.	< 7	—	—
		beeinflusst	ng/l	3 (22)	n.n.	11	—	—
	Abwasser	Zulauf	ng/l	5 (6)	n.n.	3.500	1.180	516
		Ablauf	ng/l	1 (6)	< 7	7	—	—
ATII	Grundwasser	unbeeinflusst	ng/l	0 (7)	n.n.	< 5	—	—
		beeinflusst	ng/l	5 (22)	n.n.	13	—	—
	Abwasser	Zulauf	ng/l	6 (6)	69	391	192	188
		Ablauf	ng/l	5 (6)	< 5	26	11	8
HHCB	Grundwasser	unbeeinflusst	ng/l	0 (7)	n.n.	< 9	—	—
		beeinflusst	ng/l	18 (22)	n.n.	198	64	42
	Abwasser	Zulauf	ng/l	6 (6)	806	2.520	2.000	2.190
		Ablauf	ng/l	6 (6)	174	526	316	259
AHTN	Grundwasser	unbeeinflusst	ng/l	0 (7)	n.n.	< 18	—	—
		beeinflusst	ng/l	16 (22)	n.n.	226	72	36
	Abwasser	Zulauf	ng/l	6 (6)	352	1.520	947	958
		Ablauf	ng/l	5 (6)	n.n.	227	119	104

*) die Werte in Klammern bezeichnen die Gesamtzahl der gemessenen Proben

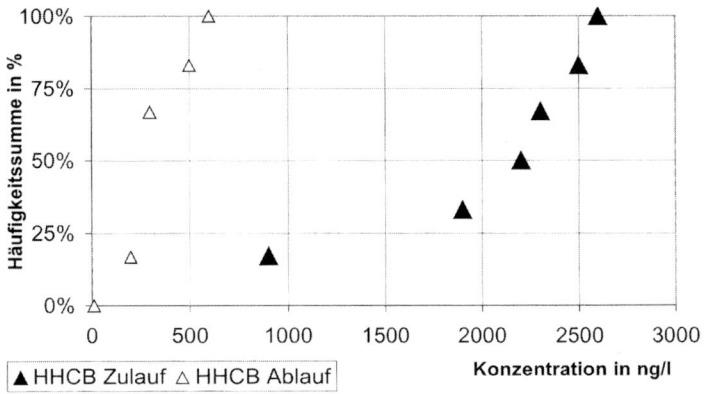

Bild 5. Vergleich von Zu- und Ablauf anhand der Häufigkeitsverteilung von HHCB.

(HHCB, AHTN, ATII und ADBI) wurden in allen Zuläufen oberhalb der Bestimmungs-grenze detektiert, AHMI und DPMI in fünf bzw. drei Zulaufproben. Der Median von HHCB als die am mengenmäßig bedeutendste polycyclische Moschusverbindung betrug dabei 2.190 ng/l. Die Häufigkeitsverteilungen der vier in allen Proben nachgewiesenen poly-cyclischen Moschusverbindungen sind Bild 6 zu entnehmen. Sie zeigen deutlich, dass AHTN und HHCB die am häufigsten nachgewiesenen polycylischen Moschusverbindungen dar-stellen.

In den Ablaufproben wurden AHMI, ADBI und DPMI in jeweils einer der sechs untersuch-ten Proben bestimmt. HHCB wurde in allen Proben in Konzentrationen größer der Bestim-mungsgrenze nachgewiesen, AHTN und ATII in jeweils fünf Proben. Ein Vergleich von Zu- und Ablauf ist in Bild 5 am Beispiel von HHCB dargestellt. Die Eliminierung der Substanz aus dem Abwasser durch Abbau bzw. durch Adsorption am Primär- und Belebt-schlamm ist deutlich zu erkennen. Die Medianwerte (bzw. das 50. Perzentil) liegen im Bereich

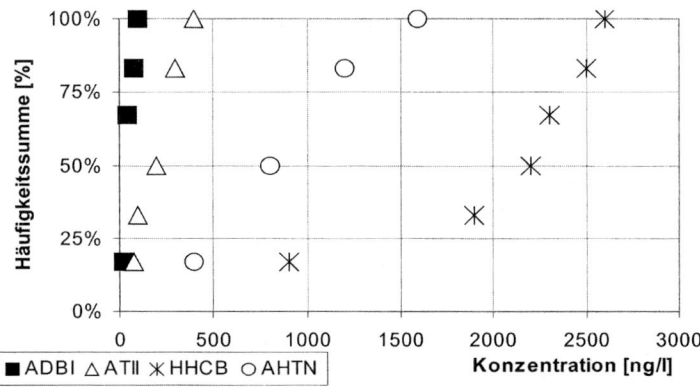

Bild 6. Häufigkeitssumme von polycyclischen Moschusverbindungen in Kläranlagenzuläufen (alle Proben > Bestimmungsgrenze).

von einem Zehntel der Zulaufkonzentrationen. Daher gelangen diese Verbindungen durch das gcrcinigte Abwasser in die Umwelt.

Dies bestätigt sich bei der Betrachtung der beeinflussten Grundwässer. In einigen belasteten Proben wurde AHMI und ATII zwar in Konzentrationen über der Bestimmungsgrenze nachgewiesen, jedoch lag deren Maximum nur bei 11 bzw. 13 ng/l. HHCB und AHTN wurden in mehr als der Hälfte der untersuchten beeinflussten Proben analysiert. Ihre Medianwerte lagen bei 42 ng/l bzw. bei 36 ng/l, die Maxima bei 198 ng/l bzw. bei 226 ng/l.

Im unbeeinflussten Grundwasser wurde keines der polycyclischen Moschusverbindungen in Konzentrationen oberhalb der jeweiligen Bestimmungsgrenze detektiert.

Literatur

[1] AISE (Associacion internationale de la Savonnerie, de la Detergence et des Produits d'Entretien): statistic tables – household products. AISE 1995.
[2] Eichhorn, P., Petrovic, M., Barceló, D., u. Knepper T. P.: Fate of surfactants and their metabolites in waste water treatment plants. Vom Wasser, *95*, 245-268 (2000).
[3] ECOSOL (European centre of studies on LAB-LAS): LAS Linear Alkylbenzene Sulfonate, Facts & Figures. Dec. 1999.
[4] Hohenblum, P., Sattelberger, R. u. Scharf, S.: Abwasser- und Klärschlammuntersuchungen in der Pilotkläranlage Entsorgungsbetriebe Simmering (EbS). Monographien Band 121, Umweltbundesamt, Wien 2000.
[5] Giger, W., Brunner, P. H., Ahel, M., Mc Evoy, J., Marcomini, A. u. Schaffner, C.: Organische Waschmittelinhaltsstoffe und deren Abbauprodukte in Abwasser und Klärschlamm. Gas, Wasser, Abwasser, 67 Jg., 111 ff.
[6] Scharf, S., Hobiger, G. u. Seif, P.: LAS in der Umwelt. Reports UBA-95-105, Umweltbundesamt, Wien 1995.
[7] Comellas, L., Portillo, J. L. u. Vaquero, M. T.: Development of an analytical procedure to study linear alkylbenzenesulphonate (LAS) degradation in sewage sludge-amended soils. J. Chromatogr., 657 (1993) 25-31.
[8] Marcomini, A., Capri, S. u. Giger, W.: Determination of linear alkylbenzenesulphonates, alkylphenol polyethoxylates, and nonylphenol in waste water by high-performance liquid chromatography after enrichment on octadecylsilica. J. Chromatogr., 403 (1987) 243-252
[9] Werner, J.: schriftliche Mitteilung CIBA Geigy. Wien 1999.
[10] Giger, W., Poiger, T. u. Kari, F. G.: Fate of fluorescent whitening agents in the river Glatt. Environ. Sci. Technol., *33*, 533-539 (1999).
[11] Bauer, K.: Synthetische Moschusduftstoffe. Arzt und Umwelt, *11*, 230-231 (1998).
[12] Rimkus, G. u. Wolf, M.: Polycyclic musk fragrances in human adipose tissue and human milk. Chemosphere, *33*, 2033-2043 (1996).
[13] Rimkus, G. u. Wolf, M.: Rückstände und Verunreinigungen in Fischen aus Aquakultur. Deutsche Lebensmittelrundschau, *89 (6)*, 171-175 (1993).
[14] Geyer, H. J., Rimkus, G., Wolf, M., Attar, A., Steinberg, C. u. Kettrup, A.: Synthetische Nitromoschus-Duftstoffe und Bromocyclen. UWSF – Z- Umweltchem. Ökotox. 6(1), 9-17 (1994).
[15] Bauer, K. u. Frössl, C.: Blutkonzentrationen von polycyclischen und Nitromoschusverbindungen bei deutschen Probanden. Umwelt-Medizin-Gesellschaft, *12*(3) 235-237 (1999).
[16] Eschke, H.-D., Dibowski, H.-J. u. Traud, J.: Untersuchungen zum Vorkommen polycyclischer Moschusduftstoffe in verschiedenen Umweltkompartimenten (1. Mitteilung). UWSF – Z. Umweltchem. Ökotox. 6(4), 183-189 (1994).
[17] Eschke, H.-D., Dibowski, H.-J. u. Traud, J.: Untersuchungen zum Vorkommen polycyclischer Moschusduftstoffe in verschiedenen Umweltkompartimenten (2. Mitteilung). UWSF – Z. Umweltchem. Ökotox. 7(3), 131-138 (1995).

Survey on the Occurrence of Shiga Toxin Producing Strains of *Escherichia coli* (STEC) in Drinking Water from Central Hessia

Untersuchungen zum Vorkommen von Shigatoxinbildenden *Escherichia coli* in Trinkwasser aus Mittelhessen

Alice Stelz*, Karin Fels**, Michael Zschöck* and Eduard Alter **

Keywords

Escherichia coli, Shigatoxinbildung, PCR, Trinkwasser, Mittelhessen

Zusammenfassung

Enterohämorrhagische Colitis (EC) und Hämolytisch-Urämisches Sydrom beim Menschen (HUS) verursacht durch Escherichia coli O157 (E. coli) werden oft auf den Verzehr von nicht ausreichend erhitzten Lebensmitteln boviner Herkunft zurückgeführt. Einige Ausbrüche wurden aber auch in den Zusammenhang mit kontaminiertem Trinkwasser gebracht. Bestimmte Arten von Wassergewinnungsanlagen, die durch Exkremente von Rindern oder durch Abwasser verunreinigt werden können, stellen ein Risiko dar. Escherichia coli wird in der routinemäßigen Überwachung von Trinkwasser als Indexorganismus verwendet, gemäß den gesetzlichen Anforderungen der Trinkwasser Verordnung darf in 100 mL Wasser Escherichia coli nicht vorhanden sein. Wir untersuchten 1700 Trinkwasserproben aus Mittelhessen auf das Vorkommen von Shigatoxinbildenden E. coli Stämmen. Hierfür wurde ein empfindliches Untersuchungsschema entwickelt, mit dem noch 10 Keime pro 100 mL nachweisbar waren. Für den Nachweis der Shigatoxine 1 und 2 wurde ein kommerzieller ELISA-Test eingesetzt. Die Gene für Enterohämolysin, die Shigatoxine 1 und 2 sowie das attaching and effacing Adhäsin wurden mit Multiplex Polymerase Chain Reaction (m-PCR) detektiert. Zur Erfassung des Enterohämolysin-Phänotyps wurde auf Enterohämolysin-Agar ausgestrichen. Der E. coli Typ O157 wurde durch Agglutination bestätigt. In 108 der untersuchten Wasserproben wurde E. coli festgestellt. Keines der Isolate gehörte zum Typ O157, Shigatoxine wurden von diesen nicht produziert. Unter normalen Bedingungen scheint Trinkwasser in Mittelhessen daher kein Übertragungsweg für STEC zu sein.

Summary

Consumption of unheated bovine food is said to be the main cause of outbreaks of enterohemorrhagic colitis (EC) and hemolytic syndrome (HUS) by *E. coli* O157 in man. Some cases were attributed to the ingestion of contaminated drinking water. Certain types of resources for drinking water supply are at risk of contamination with cattle faeces or sewage. In routine drinking water control *E. coli* is an index organism and must not be found in a sample of 100 ml. We investigated a total of 1700 drinking water samples from central Hessia (Germany) for shiga toxin producing strains of *E. coli* (STEC). A developed sensitive investigation scheme made it possible to detect up to 10 STEC per 100 ml water sample at least. ELISA was used for detection of shiga toxins 1 and 2, m-PCR for the genes encoding *stx1*,

 * Dr. A. Stelz, Dr. M. Zschöck, Untersuchungsamt Hessen, Marburger Strasse 54, D-35396 Giessen, email: a.stelz@suah.hessen.de
** Professor Dr. E. Alter, K. Fels, Fachhochschule Gießen-Friedberg, Wiesenstraße 14, D-35396 Gießen.

stx2, EHEC-*hlyA* and *eaeA,* plating on Enterohemolysin agar for detection of the enterohemolysin phenotype and slide agglutination technique for confirming *E. coli* O157. In 108 out of
1700 drinking water samples *E. coli* was detected, but none of the isolates belonged to
serotype O157. ST1 and ST2 were not produced by the isolates. Thus, under normal
circumstances drinking water in central Hessia seems to be no vehicle for STEC.

1 Introduction

It is known that outbreaks of foodborne hemorrhagic colitis (HC) and hemolytic uremic syndrome (HUS) caused by *Escherichia (E.) coli* O157:H7 or other enterohemorrhagic *E. coli*
(EHEC) are mainly attributed to the consumption of raw milk, raw or insufficient heated
beef, such as hamburgers [1, 2].

Some cases reported from the UK, Missouri (USA) and South Africa have been associated
with the ingestion of drinking water. Contamination of a field-drain system for water supply
with cattle slurry, contamination of a water distribution system by sewage because of water
main breaks and use of cattle dung contaminated surface water as drinking water were recognized as cause of HC and HUS [3, 4, 5]. Recently a severe outbreak occurred in Walkerton,
Canada because of contaminated drinking water [6].

In central Hessia, Germany no surface water is used for drinking water supply, but field-
drain systems collecting surface-near ground water occur in some small villages, not con-
nected to the systems of large water works.

E. coli is used as an index organism for drinking water. Thus, in a sample of 100 ml *E. coli*
must not be found. The number of samples to be investigated within a certain period of time is
based on the volume of water distributed to the consumers. In the official surveillance of the
water supply in central Hessia for the period of 1994 -1997 between 1,8 and 4,9 percent water
samples were contaminated with *E. coli*.

In the present investigation *E. coli* isolates from routine controls of water supply systems
were checked for shigatoxin (ST) production and other virulence properties.

A study from the Institut for Health and Surrounding in Saarbrücken (Germany) showed
that about 15 % of *E. coli* strains isolated from drinking water in the German state of Saarland
were enteropathogenic, but no shigatoxin producing strains (STEC) were found by serotyping
[7].

We developed an investigation scheme including polymerase chain reaction (PCR) for
detection of the genes *stx1* and *stx2*, EHEC-*hlyA* and *E. coli* attaching and effacing (*eaeA*)
gene, some of the virulence factors of EHEC strains, a commercial ELISA system was used
to detect ST1 and ST2 and the enterohemolysin phenotype was detected on Enterohemolysin
agar [8].

2 Material and Methods

2.1 Drinking water samples

A total of 1700 drinking water samples were collected from wells, distribution systems and
water taps in private and public houses in central Hessia.

Vom Wasser, *97*, 45–50 (2001)

2.2 Scheme of investigation

Detection of E. coli according to the German drinking water directive. A 100 ml water sample was investigated for detection of *E. coli* using the German standard method DIN 38411 part 6, which includes enrichment in lactose peptone broth, plating on Endo agar (Oxoid Unipath GmbH, Wesel, Germany), subculturing and standard biochemical differentiation by testing for oxidase reaction, utilization of lactose at 36 °C and glucose at 44 °C, indole production and growth on citrate agar [9].

Agglutination test for E. coli O157. Isolated *E. coli* strains were examined for serotype O157 by means of slide agglutination technique (Anti-*E. coli*-O157, Sifin, Berlin, Germany).

Enrichment of STEC in Tryptic Soy Broth (TSB). Lactose peptone broths, showing lactose positive reaction after incubation, were chosen for examination of STEC strains. A loop of broth was transferred to tryptic soy broth (Merck, Darmstadt, Germany) and incubated at 37 °C for 24 h. The broth was centrifugated at 6000 g for 30 min at 4 °C.

Detection of ST1 and ST2 by means of ELISA Test. The supernatant of TSB was used in a commercial ELISA System (Optimum® Verotoxin Antigen Test, Merlin, Berlin, Germany) for detection of shigatoxins. The test procedure was performed as recommended by the manufacturer.

Detection of the Enterohemolysin phenotype. Detection of enterohemolysin producing strains was performed as follows: A loop of lactose positive lactose peptone broth was plated on Enterohemolysin agar (Oxoid Unipath GmbH) and incubated at 37 °C for 24 h. Plates were checked for α-hemolysin after 3 and for enterohemolysin after 24 h. Enterohemolysin positive colonies were subcultured and identification was done by standard biochemical procedures. Furthermore a loop of incubated tryptic soy broth was plated on Gassner agar (Merck) and incubated at 37 °C for 24 h. 20 single lactose positive colonies were subcultured on Enterohemolysin agar (Merck), incubation and checking for enterohemolysin as well as identification of hemolysin positive *E. coli* strains were done as mentioned above.

Polymerase Chain Reaction (PCR) – Detection of virulence genes stx1, stx2, eaeA and EHEC-hlyA. ST detection and investigation on virulence factors were performed with a multiplex-PCR-method (m-PCR): Enterohemolysin-positive colonies were cultivated overnight on sheep-blood-agar (Merck) at 37 °C. A loop of colony growth was suspended in 100 µl H_2O, boiled for 10 min and briefly centrifuged in a microcentrifuge. Two microliters of crude cell lysate provided sufficient target DNA for PCR amplification. Each PCR was carried out in 50 µl volumes, containing 2 µl 10 x PCR buffer and 0.1 µl (10 mol^{-3}) of each deoxynucleoside triphosphate (dNTP), 0.2 µl (KS7-KS8/GK5-GK6) and 0.8 µl (SK1-SK2/E*hly*1-E*hly*2) primer respectively and 0.32 µl (2U) of Taq polymerase (Sigma, Deisenhofen, Germany) [8, 10, 11].

After initial denaturation for 5 min at 94 °C, 30 cycles of 30s at 94 °C, 90s at 57 °C and 90s at 72 °C followed. The reaction was terminated by incubation at 72 °C for 7 min. PCR products were loaded into single wells of 2 % agarose gel. After subsequent electrophoresis at 100 V, the gel was stained with ethidiumbromide and UV analysed (BioRad, München, Germany).

2.3 Investigations on sensitivity

E. coli EDL 933 (O157:H7, *stx1+*, *stx2+*, *eaeA+*, EHEC-*hlyA+*) was grown on sheep blood agar (Merck) at 37 °C for 24 h. Bacterial cells were harvested and suspended in 0,9 % sodium chloride. Suspension was checked for the number of colony forming units (cfu) by plating serial ten-fold dilutions on DEV-agar (Merck). For sensitivity experiments respective 100 ml sample of nonsterile deionized water were inocculated with an appropriate dilution of *E. coli* EDL 933 suspension. The prepared samples were subjected to test procedures (enrichment, ELISA, m-PCR and detection of enterohemolysin phenotype) as described above.

3 Results

Figure 1 shows a stained gel for a positive control sample, negative drinking water sample and deionized water. Sensitivity tests were performed with samples showing cfu between one to 10, 10 to 100 and 100 to 1000. Tests were repeated 9 times, 5 times respectively 2 times for the different numbers of cfu in 100 ml sample. Table 1 shows the percentage of positive results in the different test series. Minimum number of cfu detected in 100 ml water samples was below 10 for ELISA, enterohemolysin phenotype and the *eaeA* and *stx2* gene. *Stx1*-gene and EHEC-*hlyA*-gene by m-PCR showed a lower sensitivity than the other virulence genes.

Only 238 out of 1700 investigated drinking water samples showed positive reactions in lactose peptone broth. *E. coli* was confirmed by the German standard method in 108 samples [9]. None of the isolates belonged to serovar O157, as stated by agglutination.

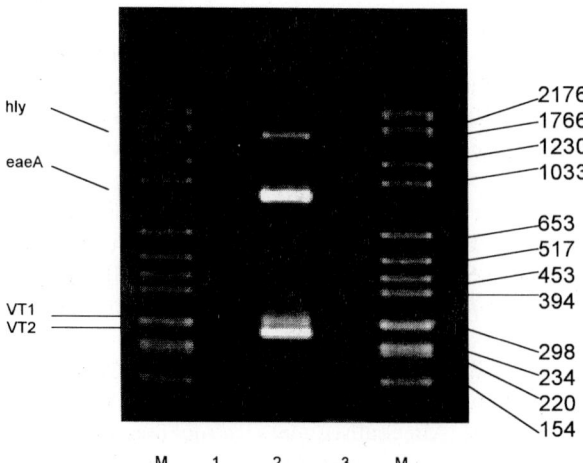

Figure 1. Multiplex PCR system for the detection of VTEC
M: Marker
1. deion. water
2. Reference strain *E. coli* (EDL 933) (*stx1, stx2, eaeA,* EHEC-*hly*)
3. drinking water sample, negative

Table 1. Nonsterile water samples contaminated with *E. coli* EDL 933 – Percentage of positive results in test series.

Colony forming unit /100 mL	Number of test series	Entero-hemolysin phenotype	eaeA	stx1	stx2	EHEC-hlyA	ELISA
1 – <10	9	100	100	89	100	89	100
10 – <100	5	100	100	80	100	100	100
100 – <1000	2	100	100	100	100	100	100

Following the established investigation scheme in none of the lactose broth positive samples shigatoxin producing strains were found, using ELISA test.

4 Discussion

As the infectious dose for STEC is very low, high sensitivity of the developed investigation scheme is important [1]. Our results show, that the sensitivity of the investigation scheme is below 10 cfu per 100 ml water sample. This is in correspondence to the results of *Tsen und Jian*, who could detect 1 to 10 target cells of *E. coli* (*stx1+*, *stx2+*) in 100 ml water sample using m-PCR for detection of *stx1* and *stx2* genes [12].

Using the described investigation scheme it is easy to check suspicious water samples for STEC in routine drinking water control in accordance to the German drinking water legislative.

There is no evidence that shiga toxin producing *E. coli* regularly occur in drinking water supplies within the observed region. Nevertheless, it cannot be at all excluded, that contamination may happen under unusual circumstances. Reported cases from USA, UK and South Africa show that certain types of water source are at risk and one has to be aware of the possibility of contamination after breaks in the pipes of a distribution systems [3, 4, 5]. The recent epidemic outbreak in Walkerton once more points out the association between agricultural activities, especially high cattle densitiy and frequency of *E. coli* infections within a region [6]. To prevent waterborne illness due to STEC it is necessary to protect water sources from contamination with sewage, cattle manure and excrements. In Germany legal provision forces to set protection areas in the surronding of sources for public water supply, within those certain riskful activities are forbidden. Moreover the distribution systems should be maintained in a good technical state. Drinking water of areas that have a high technical and hygienic standard should not be a vehicle for diarrhoeal illness.

Our results from central Hessia are in accordance with the results of the Institut for Health and Surrounding in Saarbrücken. Like in our survey no serovar O157 in drinking water samples from the Saarland was detected [7].

For skilfull work we thank Mr. Theodor Hahn and Mr. Hans Peter Jung

References:

[1]   Binder H. J.: A newly recognized source of Escherichia coli O 157:H7 infections. Gastroentero-
      logy *108*, 1597-1602 (1995).
[2]   Griffin P. M. u. Tauxe R. V.: The epidemiology of infections caused by Escherichia coli O157:H7,
      other enterohemorrhagic E. coli, and the associated hemolytic uremic syndrome. Epidemiologi-
      cal Reviews *13*, 60-98 (1991).
[3]   Dev V. J., Main M. u. Gould I.: Waterborne outbreak of Escherichia coli O157. The Lancet *337*,
      1412 (1991).
[4]   Swerdlow D. L. u. a.: A waterborne outbreak in Missouri of Escherichia coli O157:H7 associated
      with bloody diarrhoe and death. Annals of Internal Medicine *117*, 812-819 (1992).
[5]   Isaäcson M. u. a.: Haemorrhagic colitis epidemic in Africa. The Lancet *341*, 961 (1993).
[6]   Promedmail: promed@promed.isid.harvard.edu May, June, September 2000.
[7]   Ecker C., Becker B. u. Weins C.: Häufigkeit pathogener Escherichia coli in Trink- und Badewas-
      serproben. In Vom Wasser No. 78 ed. Fachgruppe Wasserchemie in der Gesellschaft Deutscher
      Chemiker pp. 65-72. Weinheim, Germany: Verlag Chemie 1992.
[8]   Cebula T. A., Payne W. I. u. Feng P.: Simultaneous identification of strains of Escherichia coli
      serotype O157:H7 and their shiga-like toxin type by mismatch amplification mutation assay-
      multiplex PCR. Journal of Clinical Microbiology *33*, 248-250 (1995).
[9]   Anonymus: DIN 38411 part 6. In Deutsche Einheitsverfahren zur Wasser-, Abwasser- und
      Schlammuntersuchung. edition 1999. volume 4. ed. Fachgruppe Wasserchemie in der Ge-
      sellschaft Deutscher Chemiker und Deutsches Institut für Normung. Weinheim, New York,
      Chichester, Brisbane, Singapore, Toronto: Wiley-VCH, Berlin, Wien, Zürich: Beuth Verlag
      1999.
[10] Schmidt H. u. a.: Differentiation in virulence patterns of E. coli possessing eaeA-genes. Medical
      Microbiology and Immunology *183*, 23-31 (1994).
[11] Schmidt H., Karch H. u. Beutin L.: The large-sized plasmid of enterohemorrhagic E.coli O157
      strains encode hemolysins which are presumably members of the E. coli α-hemolysin family.
      FEMS Microbiology Letters. *117*, 189-196 (1994).
[12] Tsen H.-Y. u. Jian L.- Z.: Developement and use of a multiplx PCR system for rapid screening of
      heat labile toxin I, heat stable toxin II and shiga-like toxin I and II genes of Escherichia coli in
      water. Journal of Applied Microbiology *84*, 585–592 (1998).

Vergleich von drei Testverfahren zur Bestimmung des Biochemischen Sauerstoffbedarfs in wässrigen Proben

Comparison of Test Methods for the Measurement of the Biochemical Oxygen Demand in Water Samples

Guido Knoche, Ines Graf, Gertrud Joas, Andreas König und *Jörg W. Metzger**

Schlagwörter

Organische Belastung, Biochemischer Sauerstoffbedarf, mikrobielle Abbaubarkeit, BSB-Testverfahren

Summary

Three methods for the measurement of the biochemical oxygen demand in water samples (respirometer test method, test method after DIN EN 1899-1, test procedure with a new measuring instrument) were compared. Measurements have been carried out with two different sample matrices (standard-matrix after DIN EN 1899-1, waste water of a communal sewage plant). While results of the respirometer test method correspond to the test results after DIN EN 1899-1 values of the new test procedure exceed this level around 10-20 % for both matrices. The difference of hourly measured oxygen consumption data between respirometer test method and the new test procedure can be assumed to be constant.

Zusammenfassung

Es wurden drei Testverfahren zur Bestimmung des Biochemischen Sauerstoffbedarfs (BSB) in wässrigen Proben verglichen. Bei den Testverfahren handelt es sich um die Respirometermethode, die Messung nach DIN EN 1899-1 („*Verdünnungs-BSB*") sowie die Messung mit einem kommerziell erhältlichen Labormessgerät der Fa. IKA, Stauffen, dessen Messprinzip auf der Änderung des Sauerstoffpartialdrucks in den Probengefäßen beruht. Es wurden Abwasserproben aus dem Ablauf der Vorklärung einer kommunalen Kläranlage (10.000 EWG) sowie BSB-Standardlösungen (DIN EN 1899-1) untersucht. Die Messungen der BSB-Standardlösungen und Originalabwasserproben mit der Standard-Methode nach DIN EN 1899-1 und dem Respirometer zeigen eine gute Übereinstimmung, im Vergleich mit dem Labormessgerät liegen diese Werte jedoch etwa 10 bis 20 % niedriger. *Parallelmessungen zeigten, dass der Unterschied zwischen stündlich aufgenommenen Messwerten am Labormessgerät und am Respirometer konstant ist.*

---

* Dipl.-Geoök. G. Knoche, CTA I. Graf, CTA G. Joas, Dr.-Ing. Dipl.-Biol. A. König, o.Prof. Dr. rer. nat. habil. J. W. Metzger, Universität Stuttgart, Institut für Siedlungswasserbau, Wassergüte- und Abfallwirtschaft, Abteilung Hydrochemie, D-70567 Stuttgart, Bandtäle 2.

1 Einleitung

In der Wasseraufbereitung und Abwasserbehandlung wird zur Funktionskontrolle einzelner Verfahrensschritte der Gehalt von organischem Kohlenstoff in (Ab-)Wasserproben mit stoffunspezifischen Summenparametern (z. B. Total Organic Carbon, kurz *TOC*; Biochemischer Sauerstoffbedarf, *BSB*, etc.) beschrieben, die in der Regel keine Information über die Art der einzelnen Verbindungen und ihre Wirkung enthalten. Diese Parameter haben den Vorteil, dass sie auch ohne detaillierte Kenntnis der Einzelstoffe eine Aussage über die organische Belastung einer Probe erlauben. Der TOC (Gesamt-Kohlenstoff) umfaßt alle in einer Probe vorhandenen organischen Verbindungen, sowohl in gelöster als auch ungelöster Form. Eine Aussage über die biologische Abbaubarkeit der organischen Verbindungen ist mit diesem Parameter allerdings nicht möglich. Dagegen liefert der BSB_n ein Maß über die organische Belastung einer (Ab-)Wasserprobe, welche unter standardisierten Versuchsbedingungen oxidativ abgebaut werden kann. Mit dem BSB_n wird der gelöste Sauerstoff quantifiziert, den Bakterien zum Abbau von organischen Substanzen in Wasser innerhalb von n Tagen benötigen. Im Unterschied zu diesen Parametern ist der Chemische Sauerstoffbedarf (CSB) ein Maß für die Gesamtheit aller – anorganischen und organischen – in einer Probe enthaltenen oxidierbaren Inhaltsstoffe. Obwohl der CSB der Hauptverschmutzungsparameter nach dem Abwasserabgabengesetz [1] ist, lässt er allein gesehen keine Aussage über die Möglichkeiten zur Entfernung der organischen Verbindungen durch die biologische Abwasserreinigung zu.

In Deutschland geht die Entwicklung der naturwissenschaftlichen Grundlagen des Biochemischen Sauerstoffbedarfs sowie seine Aufnahme in die Deutschen Einheitsverfahren (DEV) in erster Linie auf langjährige Arbeiten von Wagner [2] zurück, die in den siebziger Jahren am Institut für Siedlungswasserbau, Wassergüte- und Abfallwirtschaft der Universität Stuttgart (ISWA) durchgeführt wurden. Auf der Basis dieser Arbeiten wurden am ISWA in der Folgezeit zahlreiche Untersuchungen und Forschungsprojekte zur Thematik der mikrobiellen Abbaubarkeit sowie zur Toxizität von Abwässern vorgenommen [3, 4, 5].

Ein Nachteil der bisher etablierten Verfahren zur Bestimmung des BSB (Respirometermethode, DIN EN 1899-1) ist im apparativen Aufwand begleitet von einem relativ hohen Wartungsaufwand zu sehen. Eine einfache, elegante Methode zur Bestimmung des BSB in Wasserproben beruht auf der Messung der Änderung der Druckverhältnisse in einem Probengefäß. Dieses Prinzip ist mit dem neuartigen BSB-Labormessgerät *IKA BO 6 digital* der Fa. IKA, Stauffen, realisiert. Die drei genannten Testverfahren unterscheiden sich deutlich hinsichtlich ihres Arbeits- und Funktionsprinzips. In der hier beschriebenen Arbeit sollten BSB-Standardlösungen und kommunale Abwässer untersucht werden und auf Basis der Ergebnisse Vor- und Nachteile dieser Verfahren herausgearbeitet werden.

2 Material und Methoden

2.1 Messgeräte und Messmethoden

2.1.1 Manostatisches Respirometer

Die Respirometermethode beruht auf dem manostatischen Prinzip. Hierbei wird der von der Reaktionsmischung in einem verschlossenen Probengefäß verbrauchte Sauerstoff, gesteuert durch ein Kontaktmanometer, gezielt durch eine Elektrolysereaktion nachgeliefert. In der Regel wird von der zu untersuchenden Probe eine Verdünnungsreihe hergestellt und auf diese Weise der BSB bestimmt. Der Respirometer zeichnet sich durch seine vielseitigen Einsatzmöglichkeiten bei Untersuchungen zur Abbauhemmung und Toxität von Proben sowie als Ersatzmethode des DIN-Standardverfahrens (DIN EN 1899-1) [6] aus, wenn Matrizes nur unter Verwendung eines hohen Verdünnungsfaktors (> 500) vermessen werden können. Der manostatische Respirometer gleicht im Aufbau der von Steinecke [7] und Wagner [2] beschriebenen Apparatur, jedoch wurde das Gerät mit einer elektronischen Steuerung sowie einer Datenerfassungseinrichtung erweitert [8]. Am ISWA steht eine Anlage mit 216 Elektrolysezellen in einem klimatisierten Raum (20 °C) zur Verfügung.

2.1.2 DIN EN 1899-1

Nach der DIN EN 1899-1 [6] wird der BSB – der sogenannte Verdünnungs-BSB – durch die Messung des gelösten Sauerstoffs in einer verdünnten Wasserprobe vor und nach einer bestimmten Inkubationszeit, vorzugsweise nach fünf Tagen, mit einer Sauerstoffsonde erhalten. Nach der alten Version der DIN EN 1899-1 (Mai 1987) wird der Kontrollansatz aus dem vorbereiteten Verdünnungswasser angesetzt. Nach der neuen Methode (Mai 1998) wird der Kontrollansatz aus demineralisiertem Wasser und einer Salzlösung hergestellt.

2.1.3 BSB-Labormessgerät IKA BO 6 digital

Das Messprinzip des Labormessgerätes beruht auf der Messung der Sauerstoffpartialdruckänderung in den Probengefäßen durch die Sauerstoffzehrung der Mikroorganismen in der Probe. Entsprechend der zu erwartenden BSB-Endwerte sind die Probenvolumina der einzelnen Versuchsansätze nach den Angaben in der Versuchsvorschrift abzufüllen (Tabelle 1).

Es können gleichzeitig sechs Probenflaschen mit einem Volumen von je 500 mL auf der Aufstellfläche positioniert und an das Messsystem angeschlossen werden. Der eingebaute Rührantrieb ermöglicht es, alle Proben gleichzeitig und mit gleicher Intensität zu mischen. Die Messungen sind stets unter gleichbleibenden Temperaturbedingungen von +20 °C (+/−1 °C) durchzuführen. Der Beginn der Messung kann wahlweise sofort oder nach einer Zeit von zwei Stunden jeweils für alle Messstellen separat am Gerät eingestellt werden. Die Untersuchungen können wahlweise über eine Versuchsdauer von 5, 7 oder 10 Tage durchgeführt werden. Durch eine Infrarotschnittstelle können aufgenommene Daten direkt auf ein Computersystem übertragen und veranschaulicht werden. Für die Untersuchungen standen dem ISWA drei Labormessgeräte zur Verfügung.

Tabelle 1. Auszuwählende Probenvolumina in Abhängigkeit des zu erwartenden sowie maximal zulässigen BSB-Messwertes.

Einzufüllendes Probenvolumen [mL]	Erwarteter BSB-Messwert [mg BSB/L]	Maximal zulässiger Messwert [mg BSB/L]
432	0 – 30	33
365	0 – 60	66
250	0 – 150	165
164	0 – 300	330
97	0 – 600	660
43.5	0 – 1500	1650

2.2 Probenmatrix

Als Untersuchungsmedien wurden die in Tabelle 2 beschriebenen Probenmatrices eingesetzt:

Tabelle 2. Probenmatrices der Versuchsansätze.

Kurzbe-zeichnung	Probenmatrix	Empirischer BSB_5	Versuchsreihe
A	BSB-Standardlösung (DIN EN 1899-1, wasserfreie D-Glucose und L-Glutaminsäure)	(210 ± 20) mg/L	1 und 2
B	Abwasser aus dem Ablauf Vorklärung des Lehr- und Forschungsklärwerks der Universität Stuttgart	(200 ± 50) mg/L	1

Die Untersuchungen wurden in zwei Versuchsreihen durchgeführt (Tabellen 3a und 3b). Dazu wurden Verdünnungen hergestellt, die mit dem beimpften Verdünnungswasser nach DIN 1899-1 angesetzt wurden.

Die Proben der Matrix A wurden in der Versuchsreihe 1 am BSB-Labormessgerät in einem Volumen von 365 mL in einer Konzentration von 800 mg/L gemessen, da eine Probenverdünnung nicht notwendig war. Die Proben der Matrix A wurden in der Versuchsreihe 2 am Labormessgerät jeweils in einem Volumen von 432 mL (Verdünnung 40, 50 und 100 mL/L) bzw. 365 mL (Verdünnung 200 mL/L) gemessen.

Bei den Proben aus dem Ablauf Vorklärung (Matrix B) wurde die Versuchsstrategie geringfügig verändert. Entsprechend dem Messprinzip ist bei Proben mit einem hohen BSB-Gehalt das zu analysierende Volumen zu verringern, da sonst der Messbereich überschritten wird. Aus diesem Grund wurden die Verdünnungen der Proben-Matrix B in den Volumina 365 mL und 250 mL sowie die unverdünnte Probe mit 164 mL gemessen. Eine Kontrolle über die allgemeinen Versuchsbedingungen wurde durch die gleichzeitige Messung von Verdünnungen der BSB-Standardlösung (50, 100 und 200 mL/L) erhalten. In allen Proben wurde die selektive Hemmung der Nitrifikation durch Zugabe von 1 mg/L Allylthioharnstoff (ATH) sichergestellt. Alle Versuche wurden unter kontrollierten Temperaturbedingungen (T = 20 °C) in einem abgedunkelten Raum durchgeführt.

Tabelle 3a: Messmethoden und Verdünnungsstufen in Versuchsreihe 1.

Matrix	DIN EN 1899-1 *(Mai 1987)*	DIN EN 1899-1 *(Mai 1998)*	BSB-Labormessgerät
A	je 10, 20 und 30 mL/L	je 10, 20 und 30 mL/L	800 mL/L *(PV*: 365 mL)*
B	je 10, 20 und 30 mL/L	je 10, 20 und 30 mL/L	unverdünnte Probe *(PV: 164 mL)*

PV: Probenvolumen

Tabelle 3b: Messmethoden und Verdünnungsstufen in Versuchsreihe 2.

Matrix	Respirometer	BSB-Labormessgertät
A	200 mL/L	40, 50, 100 mL/L *(PV: 432 mL)* und 200 mL/L *(PV: 365 mL)*
B	500 mL/L, unverdünnte Probe	100, 200 und 500 mL/L *(PV: 365 u. 250 mL),* unverdünnte Probe *(PV:164 mL)*

3 Ergebnisse und Diskussion

Die Ergebnisse werden als absolute Messwerte in Form von Sauerstoffverbrauchskurven bzw. Säulendiagrammen oder als Relativwerte dargestellt. Auf diese Weise sind die relativen Unterschiede der Messverfahren besser darstell- und quantifizierbar.

3.1 Untersuchungen von BSB-Standards

3.1.1 Vergleich der Messergebnisse des BSB-Labormessgerätes mit der Respirometermethode

Die Proben der BSB-Standardlösung nach DIN EN (Matrix A) in Versuchsreihe 1 führten am Labormessgerät und am Respirometer mit einer Verdünnung von 800 mL/L nicht zu zufriedenstellenden Ergebnissen, so dass keine Vergleichsmessungen zur Standardmethode nach DIN EN 1899-1 vorliegen. Die vorliegenden Daten lassen darauf schließen, dass bei dieser Verdünnungsstufe für die Mikroorganismen keine optimalen physiologischen Bedingungen vorliegen und sich die Mikrobiozönose in der vorgesehenen Versuchszeit von 5 Tagen nicht an die Bedingungen anpassen kann.

In Bild 1 sind die auf die Endwerte des BSB-Labormessgerätes normierten Messwerte des Respirometers der BSB-Standlösung (Verdünnung 200 mL/L) dargestellt. In allen Versuchsreihen konnten sowohl am Labormessgerät als auch am Respirometer der empirische BSB_5-Endwert von (210 ± 20 mg/L) gemessen werden. Die Ergebnisse der Respirometermessung liegen im Mittel bei 90 % der Messung mit dem BSB-Labormessgerät.

Aus insgesamt fünf durchgeführten Messungen je Gerät wurden Variationskoeffizienten von 13 % am Respirometer und 3 % am Labormessgerät ermittelt. Mit der relativ geringen Messfrequenz (n = 5) liegen die Ergebnisse der Respirometermessung nur unwesentlich

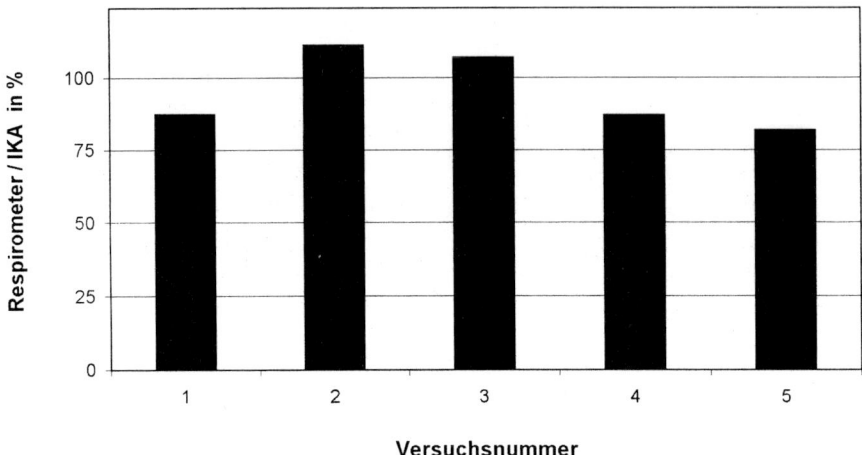

Versuchsnummer

Bild 1. Bild 1. Normierte BSB_5-Werte der BSB-Standardlösung (200 mL/L) gemessen am manostatischen Respirometer bezogen auf die Messung am BSB-Labormessgerät.

über dem Bereich der zu erwartenden Variationskoeffizienten von 5 bis 10 % [9]. Für die Werte am Labormessgerät erklärt sich die relativ kleine Varianz auf das an den Messbereich angepasste Probenvolumen (siehe Tabelle 1). Die verhältnismäßig deutlichen Unterschiede bzw. hohen Schwankungen der in Bild 1 dargestellten Ergebnisse sind somit vorwiegend auf die hohen Variationskoeffizienten der Respirometermessung zurückzuführen.

3.1.2 Zeitlicher Verlauf der Sauerstoffzehrung am BSB-Labormessgerät

In Bild 2 ist beispielhaft der zeitliche Verlauf der Sauerstoffzehrung in den Verdünnungen der BSB-Standardlösung (jeweils 4 Parallelen) dargestellt. Dabei bedeuten die Probenbezeichungen die jeweilige Verdünnungsstufe der BSB-Standardlösung in Verdünnungswasser, angegeben in mL/L.

Die Sauerstoffzehrung setzt nach etwa 16 Stunden ein und zeigt in der Probe 200 (200 mL BSB-Standardlösung/L) eine starke Zunahme bis zum Ende der Messung. Weniger deutlich ausgeprägt ist erwartungsgemäß die Sauerstoffzehrung in den stärker verdünnten Proben (40, 50 und 100 mL/L). Die Endwerte deuten im wesentlichen auf einen linearen Zusammenhang zwischen den BSB-Messwerten und den gewählten Verdünnungsstufen hin. Die in Bild 2 dargestellten Messkurven zeigen, dass bei allen Verdünnungsstufen über den Versuchszeitraum von 5 Tagen die Sauerstoffzehrung der Mikroorganismen noch nicht vollständig abgeschlossen ist, wobei sich jedoch die Sauerstoffzehrung gegen Versuchsende nur noch relativ geringfügig ändert.

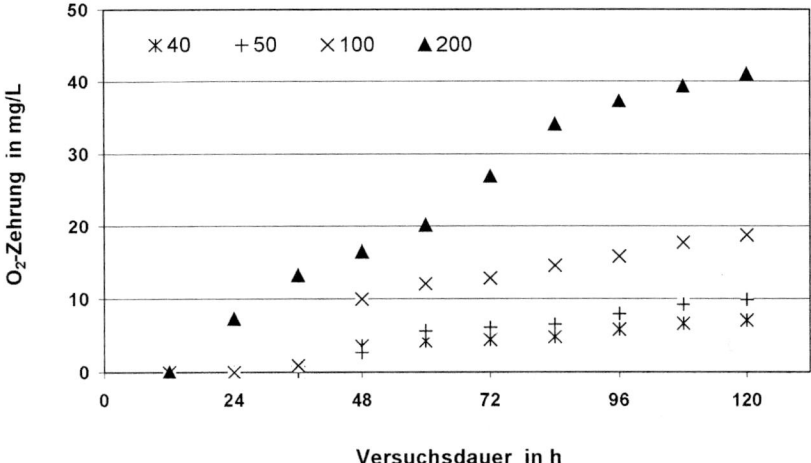

Bild 2. Zeitlicher Verlauf der Sauerstoffzehrung in Verdünnungsstufen der BSB-Standardlösung am Labormessgerät.

3.1.3 Reproduzierbarkeit der Messungen am BSB-Labormessgerät

In Bild 3 sind die Mittelwerte des BSB_5 aus 13 Versuchsansätzen verschiedener Verdünnungen der BSB-Standardlösung dargestellt. Der Zusammenhang zwischen den gemessenen BSB-Endwerten und den einzelnen Verdünnungsstufen der Proben wurde mit linearer Regression quantifiziert.

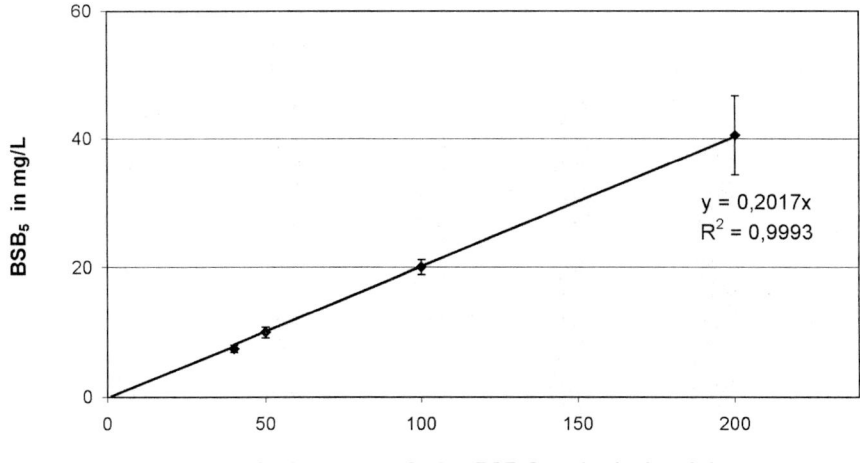

Bild 3. Mit dem BSB-Labormessgerät ermittelte BSB_5-Mittelwerte von Verdünnungsstufen der BSB-Standardlösung (n = 13).

Die hohe Korrelation mit $r^2 = 0,9993$ zeigt den linearen Zusammenhang der Messergebnisse der einzelnen Verdünnungsstufen deutlich an. Die zugehörigen Variationskoeffizienten
liegen im Mittel unter 10 Prozent. Aus der Geradensteigung ergibt sich ein BSB_5-Wert als Mittelwert aus 13 Einzelbestimmungen von 202 mg/L. Das entspricht nahezu exakt dem theo-
retisch zu erwartenden Wert von 210 mg/L. Bei der Durchführung von Versuchen mit der
BSB-Standardlösung als Untersuchungsmatrix kann somit von einer vergleichsweise guten
Reproduzierbarkeit der Messergebnisse des Labormessgerätes ausgegangen werden.

3.2 Untersuchung von Abwasserproben

3.2.1 Vergleich zwischen Messungen am BSB-Labormessgerät und nach der DIN-Methode

Einen Vergleich zwischen den Messergebnissen der BSB-Bestimmung nach DIN EN 1899-1
und der Messung am Labormessgerät liefert das Bild 4. Hier wurden die Endwerte der Messung mit der Standardmethode DIN EN 1899-1 (Versionen Mai 1987 und Mai 1998) von
Abwasserproben aus dem Ablauf Vorklärung auf die entsprechenden BSB_5-Endwerte der
Messung mit dem BSB-Labormessgerät normiert.

Aus dieser Darstellung geht hervor, dass die Abwasserproben aus dem Ablauf Vorklärung
in der Regel 10 bis 20 Prozent niedrigere Ergebnisse mit den DIN-Standardmethode gegenüber der Messung mit dem BSB-Labormessgerät liefern. Dagegen sind die Unterschiede zwischen den beiden Standardmethoden der DIN EN 1899-1 vergleichsweise gering. Der jeweils
zu erwartende BSB-Endwert von (200 ± 50) mg/L wird bei allen Versuchen, sowohl am
Labormessgerät als auch mit der Standardmethode nach DIN EN 1899-1 (Versionen
Mai 1987 und Mai 1998) erreicht.

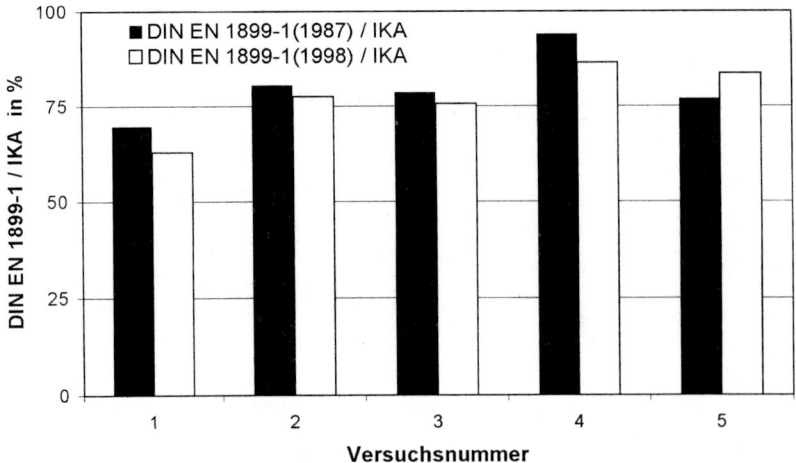

Bild 4. Auf die BSB_5-Endwerte am Labormessgerät normierte Endwerte der Standard-Messung nach
DIN EN 1899-1 (Versionen Mai 1987 und Mai 1998, Probe Abwasser Vorklärung).

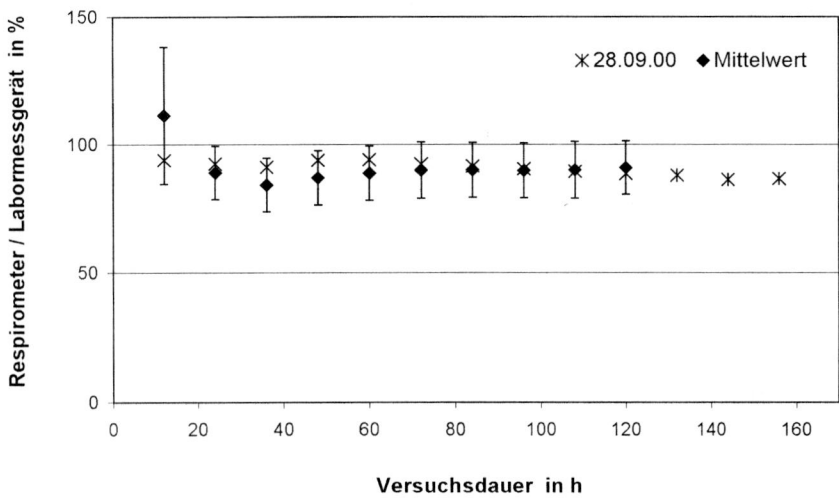

Bild 5. Auf die Messwerte des Labormessgerätes normierte Endwerte der Respirometermessung unverdünnter Abwasserproben aus dem Ablauf Vorklärung (n = 8).

3.2.2 Vergleich von Messdaten am BSB-Labormessgerät und dem Respirometer

In Bild 5 wurden die Messdaten des zeitlichen Verlaufes der Sauerstoffzehrung in der unverdünnten Probe der Respirometermessung auf die entsprechenden Daten der Messung am Labormessgerät normiert und über einen Zeitraum von 120 bzw. 160 Stunden dargestellt. Hierbei wurde der Mittelwert aus acht Einzelbestimmungen gebildet und mit einer weiteren Einzelmessung vom 28.09.2000 verglichen.

Deutlich zu erkennen ist, dass die Respirometermesswerte abgesehen vom Beginn der Messung bei etwa 80 bis 90 % der Messwerte des Labormessgerätes liegen. Die Einzelauftragung der Messung vom 28.09.2000, die über einen Zeitraum von 160 h durchgeführt wurde, zeigt darüber hinaus, dass sich die Messwerte auch nicht über einen längeren Zeitraum angleichen. Das bedeutet, dass die mit dem Labormessgerät für Abwasserproben ermittelten BSB-Werte um etwa 10 bis 20 % höher als die Respirometerergebnisse sind. Die zu Beginn der Messung auftretende hohe Fehlerbreite ist auf die Adaptionszeit der Mikroorganismen an das Probensubstrat zurückzuführen.

3.2.3 Zeitlicher Verlauf der Sauerstoffzehrung gemessen am BSB-Labormessgerät

In Bild 6 ist der zeitliche Verlauf der Sauerstoffzehrung in einer Abwasserprobe und ihren Verdünnungen dargestellt. Dabei bedeuten die Probenbezeichnungen die jeweilige Verdünnungsstufe des Abwassers in Verdünnungswasser, angegeben in mL/L.

In den Abwasserproben und ihren Verdünnungen setzt die Sauerstoffzehrung innerhalb weniger Stunden ein. Im Unterschied zur unverdünnten Probe zeigen die Verdünnungsstufen 100, 200 und 500 mL/L nach etwa 96 Stunden keine oder eine nur noch unwesentliche Sauer-

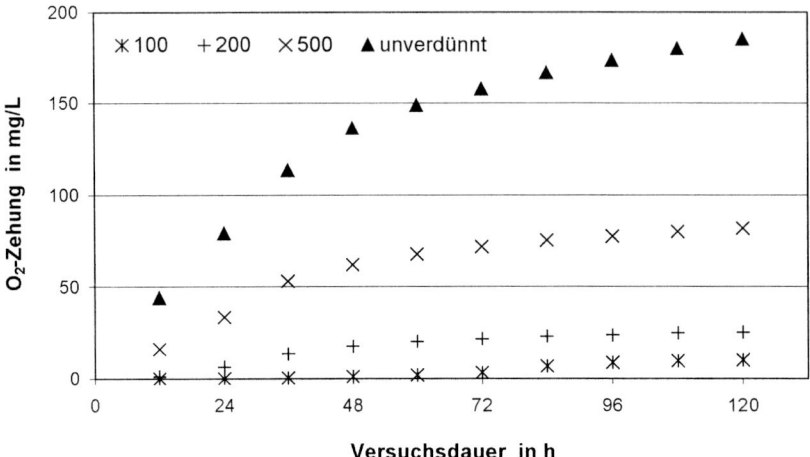

Bild 6. Zeitlicher Verlauf der Sauerstoffzehrung in einer Abwasserprobe und ihren Verdünnungen gemessen am BSB-Labormessgerät.

stoffzehrung an. Insgesamt weisen alle Messwerte auf einen linearen Zusammenhang der einzelnen Verdünnungsstufen hin.

3.2.4 Reproduzierbarkeit der Messungen am BSB-Labormessgerät

In Bild 7 sind die auf den Endwert der unverdünnten Abwasserprobe normierten Mittelwerte aller Verdünnungen der Abwasserprobe (Probenvolumen 250 mL) aus jeweils sechs Versuchsansätzen dargestellt.

Die zu erwartenden Werte der Verdünnungen – beispielsweise 50 % bei einer Verdünnung von 500 mL/L – werden nur unwesentlich unterschritten. Im Gegensatz zu den Ergebnissen mit einem Probenvolumen von 365 mL *(nicht dargestellt)* bestätigt die relativ gute Korrelation von $r^2 = 0,987$ den linearen Zusammenhang der Messergebnisse. Die schwächere Korrelation im Vergleich zum BSB-Standard erklärt sich aufgrund der naturgemäßen Heterogenität des Abwassers als Probenmatrix. Der Einfluss des eingesetzten Probenvolumens auf die Messergebnisse am Labormessgerät wird durch die Variationskoeffizienten deutlich (Tabelle 4), die bei Untersuchungen der Verdünnungen der Abwasserprobe mit unterschiedlichen Volumina von 250 und 365 mL ermittelt wurden.

Offensichtlich ist bei Arbeiten mit dem BSB-Labormessgerät mit einem deutlichen Einfluss des eingefüllten Probenvolumens auf die Genauigkeit der Messung zu rechnen. Die Messwerte der Versuche mit einem Volumen von 250 mL zeigen bei kleinen Verdünnungsstufen (100 und 200 mL/L) einen größeren Variationskoeffizienten als die Ergebnisse der Versuche mit einem Probenvolumen von 365 mL. Umgekehrt verhält es sich bei der Verdünnungsstufe 500 mL/L: Hier zeigt die Messung mit dem größeren Volumen einen deutlich höheren Fehler als bei einem Probenvolumen von 250 mL an. Das bedeutet, das bei einem niedrigen Verdünnungsfaktor bzw. bei unverdünnten Proben die Verwendung eines niedrigen Probenvolumens für die Messung am Labormessgerät als vorteilhaft anzusehen ist (siehe Tabelle 1).

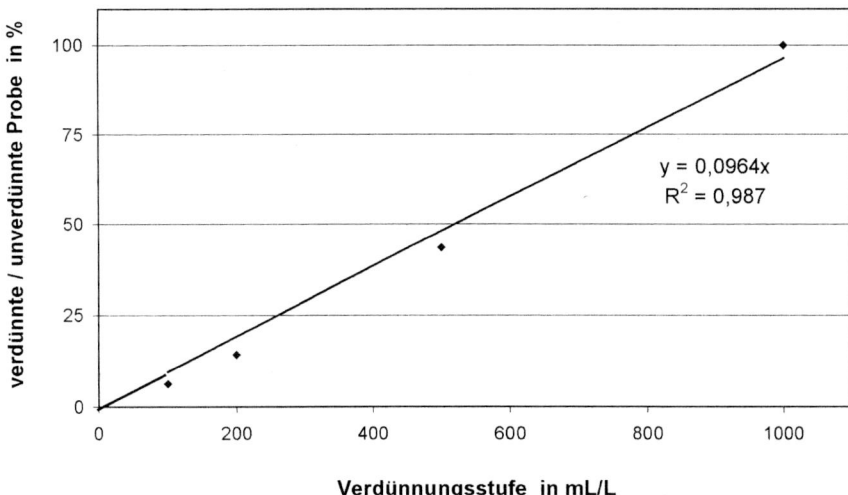

Bild 7. Auf die BSB_5-Endwerte der unverdünnten Abwasserproben normierte Mittelwerte der Verdünnungen der Abwasserprobe aus sechs Versuchsansätzen.

Tabelle 4. Variationskoeffizienten der Verdünnungen der Probe Ablauf Vorklärung, gemessen am BSB-Labormessgerät (n = 6)

Verdünnungsstufe	Einheit	100 mL/L	200 mL/L	500 mL/L
Probenvolumen 250 mL	[%]	33	23	10
Probenvolumen 365 mL	[%]	18	13	29

4 Schlussfolgerungen

Der BSB ist ein kennzeichnendes Maß für den Sauerstoffbedarf einer Mikrobiozönose beim biochemischen Abbau organischer Substanz in einer wässrigen Probe. Aufgrund seiner Bedeutung zur Leistungskontrolle der biologischen Abwasserreinigung ist für die BSB-Bestimmung eine schnelle, zuverlässige und einfache Methode wünschenswert.

Mit Blick auf gerätetechnische Besonderheiten sollten drei unterschiedliche BSB-Bestimmungsmethoden verglichen und deren Vor- und Nachteile ermittelt werden.

Eine gute Übereinstimmung zeigen die Ergebnisse der Messungen mit der DIN-Standard- und der Respirometermethode. Demgegenüber liegen die mit dem Labormessgerät erhaltenen Werte um ca. 10 bis 20 % höher. Die Unterschiede von im Stundenintervall parallel aufgenommenen Messwerten am BSB-Labormessgerät und am Respirometer waren vergleichsweise konstant. Im Hinblick auf die unterschiedlichen Messprinzipien des Sauerstoffverbrauchs sind diese Unterschiede jedoch relativ gering. Die Ergebnisse der Messungen von Verdünnungsreihen der BSB-Standardlösung und Abwasserproben aus der Vorklärung einer kommunalen Kläranlage mit dem Labormessgerät und dem Respirometer zeigen jeweils einen linearen Zusammenhang auf. Es wurde eine gute Reproduzierbarkeit (>5 %) der Messungen mit dem Labormessgerät erreicht. Dies liegt vermutlich daran, dass das vorzulegende Volumen der zu untersuchenden Proben laut Hersteller an einen vordefinierten Messbereich angepasst werden soll. Dadurch kann die Empfindlichkeit der Methode erheblich gesteigert werden. Wird der empfohlene Messbereich jedoch verlassen, ist davon auszugehen, dass die Genauigkeit der Messung unter Umständen abnimmt. Bei Unsicherheit über den zu wählenden Messbereich ist deshalb das Ansetzen einer Verdünnungsreihe empfehlenswert.

Aufwand und Nutzen der einzelnen Methoden müssen im Einzelfall der Untersuchungsanforderungen und –bedingungen berücksichtigt werden. Bedingt durch einen hohen Wartungs- und apparativen Aufwand schneidet die Respirometermethode im Hinblick auf den Personal- und Kostenaufwand im Vergleich zu den beiden anderen Verfahren deutlich schlechter ab. Für eine herkömmliche Bestimmung des BSB in einer (Ab-)Wasserprobe ist die Anwendung der DIN-Standardmethode bei geringer Probenzahl weiterhin empfehlenswert, weil ausreichend. Werden jedoch höhere Anforderungen an die Aussage einer BSB-Bestimmung in einer wässrigen Probe gestellt (z. B. Aufnahme von Abbaukurven) oder ist ein erhöhter Probendurchsatz zu bewerkstelligen, ist der Einsatz des BSB-Labormessgerätes der DIN-Standardmethode vorzuziehen und als Ersatzmethode für das Respirometerverfahren in Erwägung zu ziehen.

Literatur

[1] Gesetz über Abgaben für das Einleiten von Abwasser in Gewässer (Abwasserabgabengetz – AbwAG) vom 03. November 1994 (BGBl I S. 3371).
[2] Wagner, R.: Untersuchungen über das Abbauverhalten organischer Stoffe mit Hilfe der respirometrischen Verdünnungsmethode. I. Einwertige Alkohole. Vom Wasser *42*, 271–305 (1974).
[3] Kayser, G., Koch, M. u. Ruck, W.: Simultane Erfassung von Abbaubarkeit und Toxizität umweltrelevanter Chemikalien. Vom Wasser *82*, 219–232 (1994).
[4] Kayser, G.: Ermittlung von Nitrifikationshemmung durch Abwasserinhaltsstoffe. Kommunalwirtschaft *9/91*, 320–323 (1991).
[5] Wagner, R. u. Kayser, G.: Laboruntersuchungen zur Hemmung der Nitrifikation durch spezielle Inhaltsstoffe industrieller und gewerblicher Abwässer. GWF, Gas- Wasserfach: Wasser, Abwasser 131, 165–177 (1990).
[6] DIN EN 1899-1 (H 51): Bestimmung des Biochemischen Sauerstoffbedarfs nach n Tagen (BSB$_n$). Teil 1: Verdünnungs- und Impfverfahren nach Zugabe von Allylthioharnstoff. Deutsche Einheitsverfahren zur Wasser-, Abwasser- und Schlamm-Untersuchung, Bd. *V* (1998).
[7] Steinecke, H.: Automatische BSB-Bestimmung und Registrierung unterschiedlich vorbehandelter Abwasserproben. Stuttgarter Ber. zur Siedlungswasserwirtschaft *34* (1968).
[8] König, A.: Entwicklung von Nitrifikanten-Biosensoren für die Abwasseranalytik. Stuttgarter Ber. zur Siedlungswasserwirtschaft *152*. Kommissionsverlag R. Oldenbourg GmbH, München (1999).
[9] Baumeister, F., König, A. u. Metzger, J. W.: Drei Testsysteme zur Bestimmung der Nitrifikationshemmung in Abwässern – Vergleichende Untersuchungen mit einem Respirometer, einem Biosensor und der Methode nach EN ISO 9509. Korrespondenz Abwasser (im Druck).

Dimethylamin – Auftreten in Altlastengebieten und analytische Bestimmung

Dimethylamin – Occurrence in Contaminated Sites and Analytical Determination

Viktor Schmalz*, Hilmar Börnick*, Volker Neumann** und Eckhard Worch*

Schlagwörter

Dimethylamin, GC-MS-Methode, Vergleichsuntersuchungen, Haltbarkeit von Dimethylamin

Summary

An GC-MS-method was optimized for the determination of dimethylamine (DMA) in contaminated groundwater. The method is based on liquid-liquid-extraction with cyclohexane after derivatisation of DMA with 9-fluorenylmethylchloroformiate in the water phase. It allows the determination of DMA in the range of 3 to 200 µg/L.
Results of a systematic investigation into the stability of DMA showed that DMA is stable up to 1 week in filtered water samples (pore diameter 0,45 µm) and cool storage at concentrations between 5 µg/L and 5 mg/L. The analytical method was used successfully within a comparison of analytical methods for the determination of DMA in four synthetic and real water samples in different laboratories.

Zusammenfassung

Zur Analyse von Dimethylamin (DMA) in Grundwässern im Bereich einer Altlast wurde eine bereits vorhandene GC-MS-Methode weiterentwickelt und angepasst. Sie beruht auf der Derivatisierung des Amins mit 9-Fluorenylmethylchlorformiat in der wässrigen Phase und nachfolgender Flüssig-Flüssig-Extraktion mit Cyclohexan und gestattet die Bestimmung von DMA im Bereich von 3 bis 200 µg/L. Anhand von systematischen Untersuchungen zur Haltbarkeit in Wasserproben wurde nachgewiesen, dass DMA im Konzentrationsbereich von 5 µg/L bis 5 mg/L in filtrierten Wasserproben bei kühler Lagerung eine ausreichende Stabilität (bis ca. 1 Woche) aufweist. Das Analysenverfahren wurde als Referenzmethode bei Vergleichsuntersuchungen an vier synthetischen und realen Proben unter Beteiligung verschiedener Labore erfolgreich eingesetzt.

---

  * Dr. V. Schmalz, Dr. H. Börnick, Prof. Dr. E. Worch, Institut für Wasserchemie, TU Dresden, Mommsenstr. 13, D-01062 Dresden
** Dr. V. Neumann, BGD Boden- und Grundwasserlabor GmbH Dresden, Meraner Str. 10, D-01217 Dresden

1 Einleitung und Zielstellung

Dimethylamin (DMA) wird als das am meisten verwendete Methylamin (57 %; Methylamin-Jahresproduktion weltweit ca. 500 000 t) hauptsächlich zur Herstellung von N,N-Dimethyl-formamid (DMF; etwa 70 %) und N,N-Dimethylacetamid, als Vulkanisationsbeschleuniger in der Gummiindustrie (ca. 11 %) sowie zur Herstellung von Fungiziden und Herbiziden (ca. 10 %) eingesetzt [1]. Neben dem Eintrag durch industrielle Abwassereinleitungen kann DMA auch über den Abbau der genannten Stoffe in die Umwelt gelangen. Auf Grund seiner human- und ökotoxischen Wirkung wird Dimethylamin ähnlich wie andere aliphatische Amine als umweltrelevant eingestuft [2]. Besondere Bedeutung besitzt es aufgrund der Möglichkeit der Bildung stark kanzerogener Nitrosamine.

In einem Altlastenstandort im Land Brandenburg wurden in den vergangenen Jahren relativ hohe DMA-Konzentrationen (bis 10 mg/L) im Grundwasser gemessen, obwohl DMA weder in der Produktion eingesetzt noch produziert wurde. Als Ursache dieser Verunreinigung konnte die Hydrolyse bzw. der mikrobiologische Abbau des als Lösungsmittel in der Produktion eingesetzten Dimethylformamids (DMF) festgestellt werden. Das DMA gelangte dabei – wie dessen Folgeprodukte Methylamin und Ammonium – havariebedingt, über undichte Abwasserleitungen und Klärschlammdeponien in den Grundwasserbereich.

Die DMA-Analyse erfolgte bisher durch ein vor Ort entwickeltes photometrisches Verfahren (Bestimmungsgrenze: 79 µg/L), das auf der bekannten Derivatisierung mittels Sanger-Reagens (1-Fluor-2,4-dinitrobenzen) [3] und nachfolgender Extraktion mit Trichlormethan beruht.

Da kein standardisiertes Bestimmungsverfahren für aliphatische Amine existiert, sollte die Richtigkeit und Präzision dieser Methode anhand von Vergleichsuntersuchungen unter Einbeziehung anderer Laboratorien und Methoden überprüft werden. Für die analytische Begleitung dieser Untersuchungen wurde eine bestehende chromatographische Bestimmungsmethode [4, 5] zunächst auf die DMA-Bestimmung in Grundwasserproben im unteren µg/L-Bereich optimiert. Außerdem mussten eventuell auftretende Störungen, z. B. durch Ammonium, sicher erkannt sowie Möglichkeiten einer Stabilisierung von DMA in Wasserproben untersucht werden.

2 Material und Methoden

Die direkte gaschromatographische Bestimmung aliphatischer Amine erweist sich aufgrund der hohen Polarität und ausgeprägten Basizität dieser Verbindungsklasse [1] als problematisch. Die Verbindungen neigen zur Zersetzung und zur teilweise irreversiblen Adsorption im GC-Trennsystem [6]. Dies führt zu Substanzverlusten bzw. unbefriedigenden Peakformen im Chromatogramm.

Für die Direktinjektion der freien Amine werden deshalb schon seit längerer Zeit spezielle basisch desaktivierte gepackte Säulen [7, 8] und Spezialkapillarsäulen [4] eingesetzt, die jedoch keine ausreichende Effizienz für die organische Spurenanalytik aliphatischer Amine besitzen [9].

Zur Lösung dieses Problems wurde in vorhergehenden Arbeiten [4, 5] eine Derivatisierung der aliphatischen Amine mittels 9-Fluorenylmethylchlorformiat (FMOC-Cl) durchgeführt und die entsprechenden Produkte mit Hilfe der GC-MS quantifiziert. FMOC-Cl wurde ursprünglich als Schutzgruppe bei der Peptidsynthese verwendet [10, 11]. Moye und Boning erkannten später die Eignung der Verbindung für analytische Zwecke [12]. Die Nutzung von FMOC-Cl als Derivatisierungsmittel wurde hauptsächlich zur Bestimmung von aliphatischen Aminen mit Hilfe der HPLC beschrieben [13, 14]. Bei Anwendung dieser Methoden wurden z. T. sehr niedrige Bestimmungsgrenzen (bis 70 ng/L) erreicht. Störungen durch die Probenmatrix können jedoch nicht immer ausgeschlossen werden [4].

Im Bild 1 ist die Ausgangsmethode zur Bestimmung aliphatischer Amine nach Derivatisierung mit FMOC-Cl in der wässrigen Phase und anschließender Flüssig-Flüssig-Extraktion dargestellt.

In den Massenspektren von FMOC-Derivaten aliphatischer Amine traten ausschließlich die aus dem Fluorenyl-Ring stammenden, zum Teil sehr intensiven Fragmente mit den Masse/Ladungs-Verhältnissen 165, 166, 178 und 179 mit stets gleichbleibender Signalintensität auf. Unter den definierten Bedingungen der Elektronenstoßionisation wurden keine weiteren Massen oder Fragmente (z. B. Molekülmassen) gefunden, die zur Identifizierung des DMA geeignet wären. Aus diesem Grund erfolgte die Identifizierung der Derivate über die Retentionszeit. Zur Quantifizierung der Aminderivate wurden die genannten Fragmentionen herangezogen.

Alle für die Untersuchungen eingesetzten Lösungsmittel und Chemikalien wiesen den Reinheitsgrad „zur Spurenanalyse" bzw. „zur Analyse" auf. Zur Herstellung des Derivatisierungsreagens wurde 9-Fluorenylmethylchlorformiat (FMOC-Cl, > 99 %, Fa. Fluka) in Aceton gelöst.

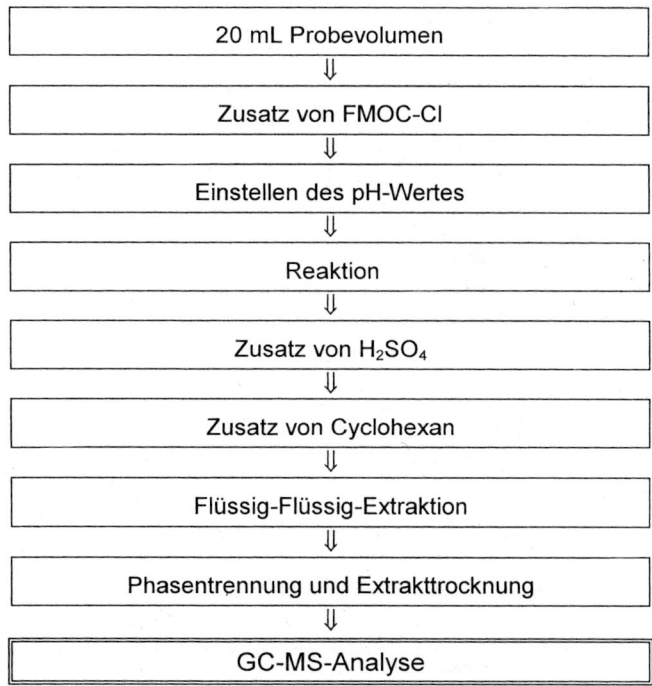

Bild 1. Schema zur Bestimmung von Dimethylamin nach Derivatisierung in der wässrigen Phase mit FMOC-Cl und Flüssig-Flüssig-Extraktion.

Für die gaschromatographische Trennung und massenspektrometrische Detektion des Dimethylaminderivates wurde ein Gerätesystem der Firma SHIMADZU (GC-17A, MSD QP5000) mit einem Autosampler (AOC-17) verwendet. Weitere Analysenparameter sind nachfolgend aufgeführt:

GC-Parameter

Säule:	Ultra I (Hewlett-Packard), 50 m,
	ID: 0,32 mm, FD: 0,17 µm
Probenaufgabe:	splitlose Probenaufgabe
Trägergas:	Helium 5.0
Säulenkopfdruck:	100 kPa
Säulenfluß:	2,7 mL/min
Splitverhältnis:	1:4 (nach 0,8 min)
Injektortemperatur:	280 °C
Injektionsvolumen:	1 µL
Temperaturprogramm:	1 min 50 °C isotherm, mit 20 °C/min auf 310 °C,
	5 min isotherm, mit 10 °C/min auf 320 °C

MS-Parameter

Ionisationsart:	Elektronenstoßionisation
Betriebsweise:	SIM-Modus
Detektortemperatur:	300 °C
Detektorspannung:	1,4 kV

3 Ergebnisse

3.1 Optimierung der analytischen Methode

Um die Empfindlichkeit und Reproduzierbarkeit der DMA-Bestimmung zu verbessern und um das Auftreten von Störungen zu vermeiden, wurden verschiedene Einflussgrößen untersucht und optimiert:

- pH-Wert der Derivatisierung
- Dauer der Derivatisierungsreaktion
- Menge des Derivatisierungsreagens
- Acetonanteil bei der Derivatisierung
- Dauer der Flüssig-Flüssig-Extraktion

Da das Auftreten weiterer aliphatischer Amine im Untersuchungsgebiet nicht auszuschließen ist, wurden bei den Versuchen zur Methodenoptimierung mögliche Querempfindlichkeiten durch Zusatz von Ethylamin berücksichtigt.

pH-Wert der Derivatisierung

Der pH-Wert bei der Derivatisierung wurde im Bereich von 8 bis 12 bei gleichbleibender FMOC-Cl-Konzentration von 122 mg/L variiert, wobei eine deutliche Abhängigkeit erkannt wurde (Bild 2). Der für die Derivatisierungsreaktion optimale pH- Bereich liegt zwischen 10 und 11.

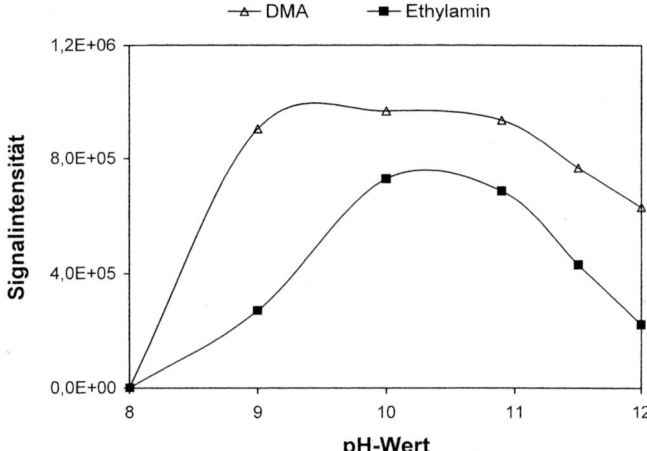

Bild 2. Abhängigkeit der Derivatisierungsreaktion vom pH-Wert (FMOC-Cl-Konzentration im Gemisch: 120 mg/L, Reaktionsdauer: 20 min, Temperatur: 25 °C).

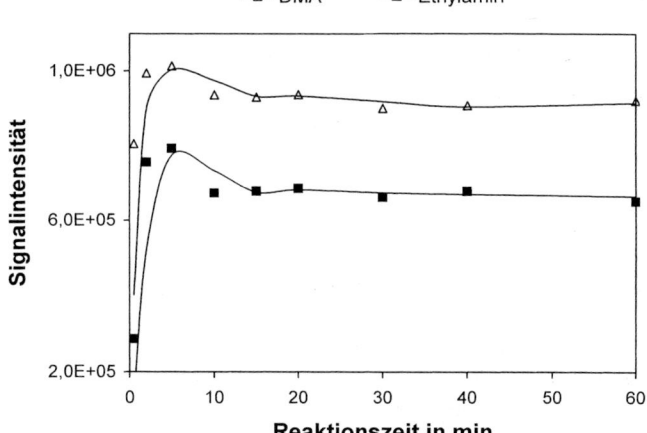

Bild 3. Abhängigkeit der Derivatisierungsreaktion von der Reaktionsdauer (FMOC-Cl-Konzentration im Gemisch: 120 mg/L, pH: 10,9, Temperatur: 25 °C).

Dauer der Derivatisierungsreaktion

Die Dauer der Derivatisierungsreaktion wurde im Bereich von 0,5 bis 60 min bei einem pH-Wert von 10,9 untersucht (Bild 3). In wässriger Matrix verläuft die Derivatisierung von DMA mit FMOC-Cl relativ schnell, wobei bereits nach 30 Sekunden für DMA und Ethylamin messbare Umsätze erreicht werden. Längere Reaktionszeiten als 10 Minuten führen zu keiner Verbesserung der Ausbeute.

Menge des Derivatisierungsreagens

Das Derivatisierungsmittel muss einerseits im Überschuss zugesetzt werden, um eine möglichst vollständige Umsetzung zu gewährleisten, andererseits sollte die FMOC-Cl-Konzentration möglichst niedrig gehalten werden, um Störsignale zu vermeiden. Eine Variation der FMOC-Cl-Konzentration in der Reaktionslösung im Bereich von 12 bis 610 mg/L zeigt,

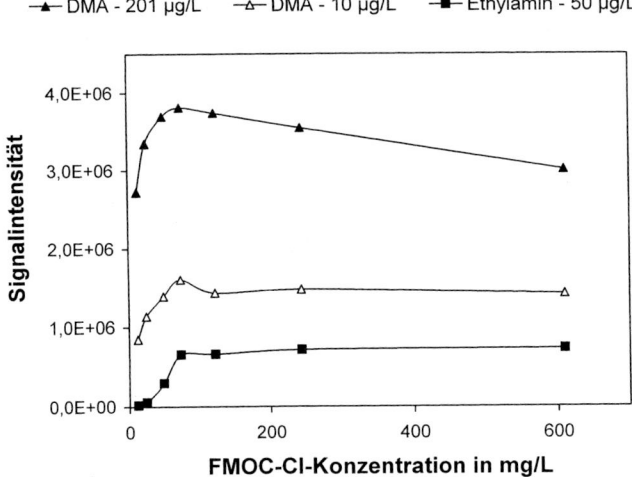

Bild 4. Abhängigkeit der Derivatisierungsreaktion von der FMOC-Cl-Konzentration im Gemisch (Reaktionsdauer: 20 min, pH: 10,9, Temperatur: 25 °C).

dass für DMA und Ethylamin ab einer FMOC-Cl-Konzentration von 80 mg/L etwa gleichbleibend hohe Umsätze gemessen werden (Bild 4). Ein Zusatz von Ethylamin bis 500 µg/L besitzt keinen Einfluss auf die Umsetzung von Dimethylamin. Für DMA-Konzentrationen von 1 bis 200 µg/L erweist sich eine Konzentration von ca. 100 mg/L FMOC-Cl in der Reaktionslösung als optimal.

Acetonanteil bei der Derivatisierung
Aceton wird als Lösungsvermittler bei der Zugabe von FMOC-Cl eingesetzt. Ein Anteil von 2,5 bis 13 Vol.-% Aceton bewirkte keine signifikante Änderung der Wiederfindung von DMA.

Flüssig-Flüssig-Extraktion
Bei der Flüssig-Flüssig-Extraktion des DMA-Derivates mit Cyclohexan wird nach ca. 10 Minuten das Gleichgewicht erreicht (Bild 5). Da durch andere Probenbestandteile (z. B. weitere aliphatische Amine) die Gleichgewichtseinstellung verzögert werden kann, wurde eine Extraktionszeit von 20 Minuten festgelegt. Die Zugabe von Schwefelsäure vor der Extraktion der FMOC-Cl-Derivate führt zu einer verbesserten Reproduzierbarkeit und stoppt außerdem die Derivatisierungsreaktion von Aminen ab.

Nach der Optimierung einzelner Verfahrensparameter wurde eine externe Kalibrierung von Dimethylamin über das gesamte Verfahren im Konzentrationsbereich von 3 bis 200 µg/L durchgeführt. Die Kalibrierung ist linear ($R^2 = 0,998$). Die Bestimmungsgrenze liegt bei 2,9 µg/L und die Nachweisgrenze bei 0,9 µg/L (Vertrauensniveau P = 99 %). Anhand der Kalibrierung wurde ein relativer Verfahrensvariationskoeffizient von 4,1 % bestimmt (Bestimmung nach DIN [15]).

Die Peakidentifizierung erfolgte über die Retentionszeit. Zur Quantifizierung wurde die Peakfläche des Substanzsignals im Chromatogramm herangezogen. Im Bild 6 ist ein Chromatogramm für die Trennung der FMOC-Derivate von Dimethylamin, Methylamin und Ethylamin dargestellt.

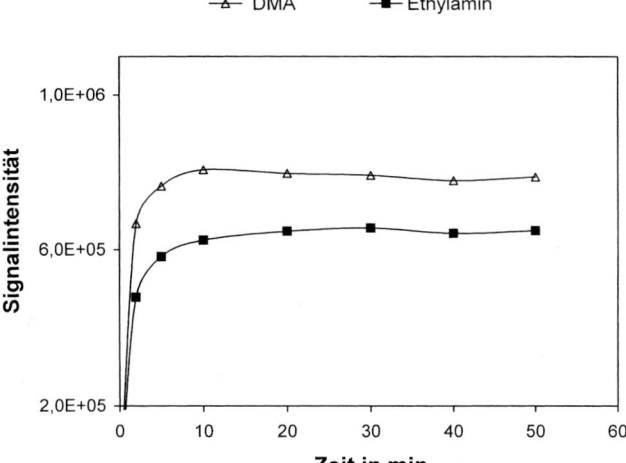

Bild 5. Einfluss der Extraktionsdauer auf die Extraktionsausbeute von DMA-Derivaten (pH: 10,9, FMOC-Cl-Konzentration im Gemisch: 120 mg/L, Temperatur: 25 °C).

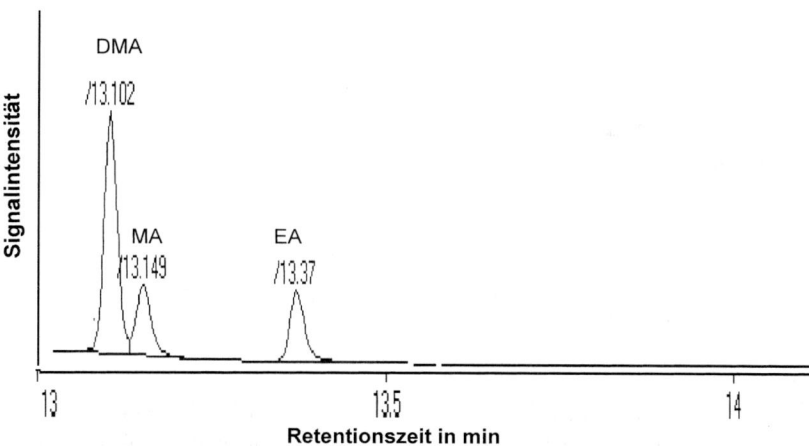

Bild 6. Totalionenchromatogramm von FMOC-Derivaten aliphatischer Amine im Lösungsmittel (Cyclohexan); DMA – Dimethylamin (13,102 min), MA – Methylamin (13,149 min), EA – Ethylamin (13,37 min), Konzentration: DMA – 200 µg/L, MA – 40 µg/L und EA – 50 µg/L.

3.2 Störungen durch Ammonium

Eine mögliche Beeinflussung der optimierten GC-MS-Methode zur DMA-Bestimmung durch Ammoniumkonzentrationen, wie sie bei Untersuchungen mit kontaminierten Grundwasser in der Vergangenheit festgestellt wurden, wurde durch Aufstockung von Modellwässern mit Ammonium bis 50 mg/L systematisch untersucht. Die Versuche ergaben, dass bis zu einer Ammoniumkonzentration von 50 mg/L keine signifikanten Störungen der DMA-Analytik auftreten. Ammonium wird zwar ebenfalls derivatisiert, aufgrund der deutlichen Differenz der Retentionszeiten gelingt jedoch eine vollständige Trennung gegenüber dem DMA-Derivat.

3.3 Haltbarkeit von DMA in Wasserproben

Ziel der Untersuchung war die Sicherung der Stabilität von DMA in Wasserproben für einen Zeitraum von maximal 8 Tagen, um die ordnungsgemäße Durchführung der Vergleichsuntersuchungen zu gewährleisten. Als Hauptursachen für die Verringerung der Konzentration kommen Verflüchtigung, chemische bzw. photochemische Reaktionen und insbesondere mikrobielle Abbauprozesse [16] in Betracht.

Anhand von Laborversuchen (geschlossene Flaschen) wurden daher folgende Einflüsse untersucht:

● Luft (über der Probe),
● Wassermatrix (Reinstwasser, Elbewasser als Beispiel für ein mäßig belastetes Oberflächenwasser),
● Filtration (Membranfilter, Porendurchmesser 0,45 μm),
● Temperatur der Aufbewahrung,
● DMA-Ausgangskonzentration,
● Zusatz von Bioziden (Kupfer-, Silberionen).

Die Ergebnisse der Untersuchungen sind in der Tabelle 1 zusammengestellt.

Tabelle 1. Zusammenstellung der Untersuchungsergebnisse zum Einfluss verschiedener Faktoren auf die Stabilität von Dimethylamin in wässriger Phase.

Bedingungen/ Konservierungsmittel	Wassermatrix	Lagertemperatur	DMA-Konzentration, μg/L		
			1 Tag	4 Tage	8 Tage
mit überstehender Luft	Reinstwasser	4 °C	5000	5240	5130
mit überstehender Luft	Reinstwasser	4 °C	100	98	99
mit überstehender Luft, unter Lichteinfluss	Reinstwasser	25 °C	8,7	7,0	5,6
gasblasenfrei	Reinstwasser	4 °C	5,1	5,4	5,3
gasblasenfrei	Elbewasser (filtriert)	4 °C	24	25	24
gasblasenfrei, 1 mg/L AgNO₃	Elbewasser (filtriert)	4 °C	24	25	24
gasblasenfrei, 1 mg/L CuSO₄	Elbewasser (filtriert)	4 °C	24	25	25
mit überstehender Luft	Elbewasser (unfiltriert)	4 °C	5,6	5,6 (2d)	< 2,9
gasblasenfrei	Elbewasser (unfiltriert)	4 °C	5,2	5,2 (2d)	< 2,9
gasblasenfrei	Elbewasser (unfiltriert)	25 °C	5,9	*n. a.	< 2,9
mit überstehender Luft 1 mg/L CuSO₄	Elbewasser (unfiltriert)	4 °C	5,2	5,3 (2d)	3,5
mit überstehender Luft 1 mg/L CuSO₄	Elbewasser (unfiltriert)	25 °C	5,4	5,4 (2d)	3,7

* nicht analysiert

Die Untersuchungsergebnisse zeigen, dass die DMA-Konzentration im untersuchten Konzentrationsbereich von 5 bis 5000 µg/L bei kühler Lagerung (4 °C) sowohl im Reinstwasser als auch in filtrierten Elbewässern nicht abnimmt. Eine signifikante Verringerung der Konzentration wurde nur für die unfiltrierten Elbewasserproben mit 5 µg/L DMA sowie im Fall der Aufbewahrung einer mit 8,7 µg/L dotierten Reinstwasserprobe unter Raumtemperaturbedingungen (25 °C) registriert.

3.4 Ergebnisse der Vergleichsuntersuchungen

An den Vergleichsuntersuchungen nahmen drei Laboratorien mit jeweils unterschiedlichen Methoden der DMA-Bestimmung teil. Die Laboratorien 1 und 2 verwendeten verschiedene photometrische Methoden (Labor 1: Bildung eines Kupferdithiocarbamat-Komplexes und Extraktion mit Toluol, Labor 2: Umsetzung mit 1-Fluor-2,4-Dinitrobenzol und Extraktion mit Chloroform). Das Labor 3 nutzte eine HPLC-Methode nach Derivatisierung mit FMOC-Cl [13]. Die hier beschriebene GC-MS-Methode wurde zur analytischen Begleitung der Vergleichsuntersuchungen eingesetzt.

Analysiert wurden vier Vergleichsproben: zwei mit DMA versetzte Reinstwässer (Proben A und B) sowie ein Grundwasser aus dem Untersuchungsgebiet (Probe C), das als Probe D mit DMA-Zusatz in ähnlicher Konzentration wie Probe A (vgl. Tabelle 2) versehen war. Zur Sicherung der Stabilität des DMA wurde das Grundwasser vor Ort mittels Stickstoff über 0,45 µm-Filter druckfiltriert, unter Zusatz von Kupfersulfat (1 mg/L) gasblasenfrei abgefüllt und gekühlt in das Labor transportiert. Das gemäß den Vorschriften [17] entnommene Grundwasser enthielt für das Untersuchungsgebiet typische 9 mg/L DOC und 0,57 mg/L Ammonium. Im Gegensatz zur Vorjahresbeprobung (120 µg/L, Bestimmung mittels photometrischer Methode – Labor 2) wurde kein DMA nachgewiesen ($< 0,9$ µg/L, dreimalige Bestimmung während des 60 minütigen Abpumpens). Der Zeitraum zwischen der Entnahme der Proben bzw. der Herstellung der Lösungen und deren Analyse lag für alle Laboratorien im Bereich von 4 bis 5 Tagen. Den Laboratorien wurde zur Kontrolle der Gerätekalibrierung ein DMA-Standard bekannter Konzentration zur Verfügung gestellt. Hierbei gab es keine Abweichungen außerhalb der jeweiligen Verfahrensstandardabweichungen.

Tabelle 2. Zusammenstellung der Analysenergebnisse und Wiederfindungen (in % des Sollwerts) bei den Vergleichsuntersuchungen zur DMA-Analyse; TUD: TU Dresden, Institut für Wasserchemie, n. n.: nicht nachweisbar

Labor	Bestimmungsgrenze	Konzentration				Wiederfindung		
		A	B	C	D	A	B	D
	µg/L	µg/L	µg/L	µg/L	µg/L	%	%	%
Sollwert		**250**	**80**	**< 2,9**	**201**	–	–	–
Labor TUD	2,9	247	72	n. n.	209	99	90	104
Labor 1	79	300	130	55	260	120	163	129
Labor 2	100	272	136	n. n.	160	109	170	80
Labor 3	0,07	206	73	< 0,07	175	82	91	87

Trotz der geringen Anzahl von beteiligten Laboratorien lassen sich aus den Ergebnissen folgende Schlussfolgerungen ableiten:

● Die photometrischen Methoden tendieren zu einer Überbestimmung, die sich insbesondere bei niedrigeren Konzentrationen, die nahe den Bestimmungsgrenzen dieser Methoden liegen, bemerkbar macht (vgl. Probe B; Labor 1 bei Probe C).

● In der Matrix Grundwasser (Probe D) ist bei vergleichbarer DMA-Konzentration eine größere Streuung der Analysenergebnisse festzustellen als in der matrixarmen Probe (Probe A).

● Die wegen der hohen Empfindlichkeit der HPLC-Methode notwendigen Verdünnungen der Proben haben keine Auswirkungen auf die Zuverlässigkeit der Bestimmung.

4 Zusammenfassung

Zur DMA-Bestimmung wurde eine chromatographische Bestimmungsmethode nach Derivatisierung in der wässrigen Phase und nachfolgender Flüssig-Flüssig-Extraktion weiterentwickelt und optimiert, so dass eine sichere Bestimmung von Dimethylamin im unteren µg/L-Bereich möglich ist. Die GC-MS-Methode erweist sich als schnelle und kostengünstige Methode zur selektiven DMA-Bestimmung und kann auch in Wasserproben mit Ammoniumkonzentrationen bis zu 50 mg/L eingesetzt werden. Der Vorteil gegenüber der hochempfindlichen HPLC-Methode [13] besteht im Anwendungsbereich bis 5 mg/L, so dass auch altlastenrelevante DMA-Konzentrationen zuverlässig ohne große Verdünnung gemessen werden können.

Durch die Vergleichsuntersuchungen konnte gezeigt werden, dass trotz der Anwendung von vier sehr unterschiedlichen Analysenverfahren (Bestimmungsgrenzen 0,07 bis 100 µg/L) durch vier verschiedene Laboratorien eine zufriedenstellende Übereinstimmung der Ergebnisse vorliegt. Auf Grund der Möglichkeit relativ hoher systematischer Fehler bei Anwendung der photometrischen Verfahren (Labor 1) sind insbesondere bei niedrigen DMA-Konzentrationen (unterer µg/L-Bereich) die chromatographischen Methoden vorzuziehen. In einem nächsten Schritt sollte der Einfluss hoher Ammoniumkonzentrationen auf die photometrische DMA-Bestimmung mittels Sanger-Reagens untersucht werden. Dieser Verdacht – Störungen durch Ammonium – wurde inzwischen eindeutig bestätigt und die Methode durch die Bestimmung mittels Kupferdithiocarbamat ersetzt.

Die Untersuchungen zeigen, dass Dimethylamin in Wasserproben mit einem pH-Wert von 6 bis 9 bei kühler Lagerung im Konzentrationsbereich von 5 bis 5000 µg/L eine ausreichende Stabilität (bis ca. 1 Woche) aufweist. Die Proben sollten jedoch sobald als möglich, am besten noch vor Ort nach der Entnahme filtriert werden.

Literatur

[1] van Gysel, A. B. u. Musin, W.: Methylamines. In: Ullmann's Encyclopedia of Technical Chemistry. 5. Aufl., Vol. A16, 535–541, Verlag Chemie, Weinheim und New York 1987.

[2] Roth, L.: Wassergefährdende Stoffe. 2. Auflage, ecomed Verlagsgesellschaft, Landsberg 1990.

[3] Hauptmann, S., Organische Chemie, VEB Deutscher Verlag für Grundstoffindustrie, 2., durchgesehen Auflage, Leipzig 1985.

[4] Paul, S., Heubach, J. u. Worch, E.: Stickstofforganische Mikroverunreinigungen und ihr Verhalten im Prozess der Trinkwasseraufbereitung. Teilprojekt: Untersuchungen zur adsorptiven Entfernung stickstofforganischer Verbindungen und Optimierung der Analytik einzelner Leitsubstanzen. Abschlussbericht BMBF-Forschungsvorhaben 02 WT 9565/1, 1999.

[5] Paul, S., Börnick, H. u. Worch, E.: Untersuchungen zur Wasserwerksrelevanz aliphatischer Amine bei der Trinkwassergewinnung aus Elbeuferfiltrat. Teil 1: Mikrobiologische Abbaubarkeit. Vom Wasser *96*, 29–42 (2001).

[6] Kataoka, H.: Derivatization reactions for the determination of amines by gas chromatography and their applications in environmental analysis. J. Chromatogr. A *733*, 19–34 (1996).

[7] Fuji, T. u. Kitai, T.: Determination of trace levels of TMA in air by GC-surface ionisation MS. Anal. Chem. *59*, 379–382 (1987).

[8] Mohnke, M., Schmidt, B., Schmidt, R., Buijten, J. C. u. Mussche, P.: Application of fused silica column to the determination of very volatile amines by gaschromatography. J. Chromatogr. A *667*, 334–339 (1994).

[9] Schomburg G.: Gaschromatographie. 2. Aufl. Verlag Chemie, Weinheim 1987.

[10] Carpino, L. A. u. Han G. Y.: The 9-Fluorenylmethoxycarbonyl amino-protecting group. J. Organ. Chem. *37*, 3404–3410 (1972).

[11] Schuster, R.: Determination of amino acids in biological, plant and food samples by automated pre-column derivatisation and HPLC. J. Chromatogr. *431*, 271–284 (1988).

[12] Moye, H. A. u. Boning Jr. A. J.: A versatile fluorenic labelling reagent for primary and secondary amines: 9-fluorenylmethyl chloroformate. Analytical Letters *12*, 25–35 (1979).

[13] Pietsch, J.: Spurenanalytische Bestimmung polarer organischer Stickstoffverbindungen und deren Verhalten im Prozess der Trinkwasseraufbereitung. Dissertation, TU Dresden 1997.

[14] Pietsch, J. Schmidt, W., Sacher, F., Brauch, H. J. u Worch, E.: Flüssigchromatographische Bestimmung von polaren organischen Stickstoffverbindungen und deren Verhalten im Prozess der Trinkwasseraufbereitung. Vom Wasser *88*, 119–135 (1997).

[15] DIN 38402, Teil 51, Kalibrierung von Analysenverfahren, Auswertung von Analysenergebnissen und lineare Kalibrierfunktion für die Bestimmung von Verfahrenskenngrößen (A51), DEV – 16. Lieferung 1986, Mai 1986.

[16] Calamari, D., Da Gasso, R., Galassi, S., Provini, A. u. Vighi, M.: Biodegradation and toxicity of selected amines on aquatic organisms. Chemosphere *9*, 753–762 (1980).

[17] DIN 38402, Teil 13, Probenahme aus Grundwasserleitern (A 13), DEV – 16. Lieferung 1986, Dezember 1985.

Abbau von Naphthalin-1,5-disulfonsäure mit TiO$_2$/UV: Einfluß der Fixierung des Katalysators auf die Kinetik

Degradation of Naphthalene-1,5-Disulfonic Acid with TiO$_2$/UV: Effect of the Fixation of the Catalyst on the Kinetics

Ródny Peñafiel und *Martin Jekel**

Schlagwörter

Photokatalyse, biologisch schwer abbaubare Verbindungen, Oxidation, Adsorption, Transportwiderstand

Summary

The degradation of non-biodegradable water contaminants with photocatalytic oxidation may be a suitable technology for countries, where there is an intensive solar irradiation [1, 2]. The most relevant advantages of photocatalysis are the use of sunlight as ultraviolet (UV) irradiation source and the reutilization of the catalyst. TiO$_2$ can be used in suspension. High reaction rates can be reached, but the catalyst separation is a difficult task [3,4]. The competition for the UV irradiation between organic compounds and TiO$_2$ is another problem to be solved (filter effect).

In this paper an innovative photocatalytic reactor is presented. This reactor is designed to overcome the mentioned drawbacks of the photocatalysis in suspension. In order to avoid the catalyst separation, TiO$_2$ is attached on a glass plate. The fixed TiO$_2$ layer is placed on the illuminated side of the reactor and the filter effect is diminished.

The studied model substance is the naphthalene-1,5-disulfonic acid (1,5-NDSA). This organic substance is degraded under UV-irradiation with TiO$_2$-suspensions and with the catalyst fixed on a glass plate. The influence of various parameters on the oxidation kinetics is evaluated. The studied parameters are: concentration of the catalyst, concentration of organic substance and pH. The relationship between adsorption and reaction kinetics is discussed. The diminution of the initial oxidation rate by TiO$_2$ attached on glass plates is assessed.

Zusammenfassung

Der Abbau von biologisch schwer abbaubaren Wasserverunreinigungen durch Photokatalyse könnte für Länder mit intensiver Sonneneinstrahlung ein geeignetes Verfahren darstellen [1, 2]. Die Vorteile der Photokatalyse sind die Nutzung des Sonnenlichts als UV-Quelle und die Wiederverwendung des Katalysators. In TiO$_2$-Suspensionen können hohe Oxidationsgeschwindigkeiten erzielt werden, aber die Abtrennung des Katalysators ist ein bedeutsamer Nachteil [3, 4]. Die Konkurrenz um die UV-Strahlung zwischen organischen Verbindungen und TiO$_2$ (Filtereffekt) ist ein weiteres Problem, das gelöst werden muß.

* Ing. R. Peñafiel, Prof. Dr.-Ing. M. Jekel, Technische Universität Berlin, Institut für Technischen Umweltschutz, Sekr. KF4, Straße des 17. Juni, D-10623 Berlin. Tel.: 030-314 25367, e-mail: rodpepic@linux.zrz.tu-berlin.de

© WILEY-VCH Verlag GmbH, 69469 Weinheim, 2001   Vom Wasser, 97, 75–88 (2001)

In diesem Artikel wird ein innovativer Reaktor vorgestellt. Dieser Reaktor soll die Nachteile der Photokatalyse in Suspension überwinden. TiO$_2$ wird auf Glasplatten fixiert und somit das Problem der Katalysatorabtrennung vermieden. Die TiO$_2$-Schicht befindet sich auf der Vorderseite des Reaktors, wodurch der Filtereffekt verringert wird.

Als Modellsubstanz wird die Naphthalin-1,5-disulfonsäure (1,5-NDSA) untersucht. Diese organische Substanz wird unter UV-Strahlung sowohl in TiO$_2$-Suspensionen als auch mit fixiertem Katalysator abgebaut. Der Einfluß unterschiedlicher Parameter auf die Oxidationskinetik wird untersucht. Diese Parameter sind: Konzentration des Katalysators, Konzentration der organischen Substanz und pH-Wert. Der Zusammenhang zwischen Adsorption und Reaktionskinetik wird diskutiert. Weiterhin wird die Abnahme der Aktivität von auf Glasplatten fixiertem TiO$_2$ untersucht.

1 Einleitung

Die Anwesenheit von biologisch schwer abbaubaren (refraktären) Wasserverunreinigungen verursacht bei der Wasseraufbereitung große Probleme. Der Abbau von diesen Substanzen kann durch Oxidation erzielt werden. Ozon ist ein effektives Oxidationsmittel, aber der Einsatz erfordert großen technologischen Aufwand und teure Anlagen, was Entwicklungsländer sich nur selten leisten können.

Andere Methoden wurden entwickelt, um den Abbau der refraktären Substanzen zu erzielen, wie z. B. erweiterte Oxidationsverfahren (AOP, advanced oxidation processes; UV/H$_2$O$_2$, UV/Ozon, Ozon/H$_2$O$_2$, Fenton- und Photo-Fenton-Prozesse, Photokatalyse) [5]. Die Aktivität der erweiterten Oxidationsverfahren beruht auf der Erzeugung von OH-Radikalen (OH$^•$), die schnell und wirksam die organischen Verbindungen oxidieren. Bei der Photokatalyse wird ein Halbleiter, üblicherweise TiO$_2$, mit langwelliger UV-Strahlung (320–400 nm) belichtet und OH$^•$ werden erzeugt. Vorteile des Prozesses sind: die Wiederverwendung des Katalysators und die Nutzung der UV-Strahlung, die im Spektrum des Sonnenlichts enthalten ist.

Der Einsatz von erweiterten Oxidationsverfahren wird üblicherweise in Entwicklungsländern als teuer und technisch aufwendig eingestuft. Die Entfernung von refraktären Substanzen wird selten durchgeführt und das Risiko, daß diese Substanzen, meist aus anthropogener Herkunft, ins Trinkwasser gelangen, steigt.

Das photokatalytische Verfahren könnte sich als geeigneter Prozeß für Entwicklungsländer anbieten, da es kein hoch spezialisiertes Personal und keine teuren und komplizierten Anlagen erfordert. Der Katalysator kann zurückgewonnen oder fixiert werden. Sonnenlicht muß in ausreichender Menge zur Verfügung stehen, und dies ist in vielen Entwicklungsländern der Fall. Außerdem ist TiO$_2$ kostengünstig zu beziehen, da es in großen Mengen als weißes Pigment verwendet wird [6].

2 Experimentelles

Herstellung von Lösungen und Suspensionen

Alle Lösungen und Suspensionen wurden mit vollentsalztem Wasser (Millipore®) hergestellt. 1,5-NDSA (Molgewicht, M=332,26; technisch 85 %) wurde von Fluka (Chemie AG) und TiO$_2$ (Degussa P-25, 99,5 %) von Degussa (Deutschland) bezogen.

Bestimmung von 1,5-NDSA

Die Bestimmung der 1,5-NDSA-Konzentration erfolgt durch Hochleistungs-Flüssigkeitschromatographie (Hewlett-Packard Serie 1100, Waldbronn, Deutschland). Als Säule wurde die Supersher-100 RP18 (Umkehrphase) endc. (Knauer GmbH, Berlin, Deutschland) mit den Abmessungen 100×3 mm, Korngröße 4 µm eingesetzt. Die Eluenten A (5 mM Tetrabutylammoniumbromid (TBABr), 5 mM PO_4^{3-}, 3 % Methanol) und B (Methanol) wurden verwendet. Die Elution erfolgte durch folgendes Programm: die ersten 2 Minuten 0 % B, dann in 13 min zu 50 % B und dann in 2 min zu 0 % B. Die Detektion der Verbindung erfolgte durch UV-Absorption bei 230 nm (UV-Detektor, HP 1100).

Adsorption von 1,5-NDSA an TiO₂

Die Affinität von 1,5-NDSA zum TiO_2 wurde durch die Aufnahme von Adsorptionsisothermen untersucht.

In einer temperierten Kammer (T = 20 °C) wurden Adsorptionsversuche im Dunkeln durchgeführt. Die TiO_2-Konzentration betrugt 4,0 g/l und die Konzentration an 1,5-NDSA zwischen 10 und 600 µmol/l. Der pH-Wert wurde durch NaOH (0,1 M) bzw. HCl (0,1 M) eingestellt. Die Suspensionen wurden durchmischt und nach 24 Stunden beprobt. Der Katalysator wurde durch Zentrifugation abgetrennt und die Konzentration an 1,5-NDSA bestimmt.

Oxidation von 1,5-NDSA mit TiO₂-UV

Photokatalytische Anlage

Die Abbauversuche wurden in einer photokatalytischen Anlage durchgeführt (Bild 1), bestehend aus einer Lichtquelle und einem Reaktor.

Bei der in einem Lampengehäuse (LAX 1450, Fa. Müller, Deutschland) installierten Lichtquelle handelt es sich um eine Xenon-Hochdrucklampe (Xe-450 W, OSRAM). Die Hochdrucklampe simuliert die Sonnenstrahlung. Das Licht wird in dem Gehäuse reflektiert und fokussiert, so daß ein homogenes und regelmäßiges Lichtbündel entsteht. Die Lichtintensität (Wellenlängen, $\lambda = 320-400$ nm) wurde mit einem Radiometer (Fa. Newport) gemessen und betrug ca. 11 W/m². Mit einem Wasserfilter wird die Wärme (Infrarotstrahlung) aus dem Licht entfernt.

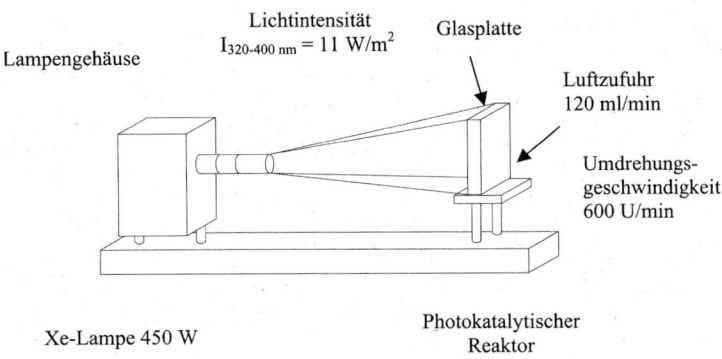

Bild 1. Photokatalytische Anlage.

Der Reaktor ist ein rechteckiger Behälter aus Plexiglas® (Abmessungen: Länge 20 cm, Breite 10 cm, und Tiefe 2 cm), der mit einer Glasplatte geschlossen wird. Die Bestrahlung erfolgt auf der Seite der Glasplatte, die bei den Versuchen mit fixiertem TiO₂ als Träger dient.

Versuche mit TiO₂ in Suspension

Versuche mit unterschiedlichen Konzentrationen an suspendiertem TiO₂ und 1,5-NDSA sowie bei verschiedenen pH-Werten wurden durchgeführt. Die Konzentration an 1,5-NDSA betrug zwischen 130 und 1400 µmol/l. Die Konzentration an TiO₂ lag zwischen 0,1 und 4,0 g/l. Der pH-Wert wurde durch Zugabe von HCl bzw. NaOH konstant gehalten.

Die Reaktion wurde als Batchprozeß durchgeführt. Das Reaktionsvolumen betrug ca. 300 ml und die belichtete Oberfläche ca. 165 cm². Dies entspricht einer spezifischen belichteten Oberfläche von $a_{ill} = 55$ m²/m³. Der Reaktor wurde gut durchmischt (600 Umdrehungen/min) und mit Luft gesättigt (ca. 125 ml/min).

Die Temperatur und der pH-Wert im Reaktor wurden regelmäßig bestimmt. Die Temperatur erhöht sich allmählich im Laufe des Versuchs infolge der Einstrahlung und variiert zwischen 22 °C und 27 °C. Durch Kühlung des Reaktors kann die Temperatur bei ca. 25 °C konstant gehalten werden. Der Batchreaktor wurde regelmäßig beprobt. Die Bestrahlungsdauer betrug je nach Versuch zwischen 20 und 240 min.

Versuche mit TiO₂ immobilisiert auf Glasplatten

Die Versuche wurden ähnlich wie bei TiO₂ in Suspension durchgeführt. Anstelle der Suspension wurde TiO₂ auf Glasplatten durch einen Sedimentationsprozeß [7] fixiert. Mit einer alkoholischen (Ethanol, technisch 90 %) TiO₂-Suspension (20 g/l) wurden die Glasplatten (Transmissionsgrad, $\%T_{320\text{-}400nm} = 80\,\%$) besprüht und anschließend durch heiße Luft getrocknet und in einem Ofen bis 550 °C erhitzt. Diese Prozedur wurde mehrmals wiederholt, bis die gewünschte TiO₂-Konzentration durch Auftragen mehrere Schichten erreicht wurde. Die Konzentration an TiO₂ lag zwischen 0,5 bis 40 g/m² je nach Versuch. Die mechanische Beständigkeit der TiO₂-Schichten verringerte sich beträchtlich ab Konzentrationen höher als 20 g/m².

3 Ergebnisse

Adsorptionsisotherme

Die Adsorptionsisotherme von 1,5-NDSA bei pH = 5 und T = 20 °C ist in Bild 2 dargestellt. Die Beladung *q* wird durch eine Massenbilanz berechnet. Bei niedrigen 1,5-NDSA-Konzentrationen ist die Beladung der Gleichgewichtskonzentration *c* proportional. Bei höheren Konzentrationen erreicht die Beladung ein Plateau. 1,5-NDSA wird an TiO₂ mäßig adsorbiert.

Die Langmuir-Isotherme [8] beschreibt das Adsorptionsgleichgewicht (siehe Gleichung 1).

$$q = q_m \frac{K_L c}{1 + K_L c} \tag{1}$$

Gleichung 1 kann folgendermaßen umgeschrieben werden.

$$\frac{1}{q} = \frac{1}{q_m K_L} \frac{1}{c} + \frac{1}{q_m}$$

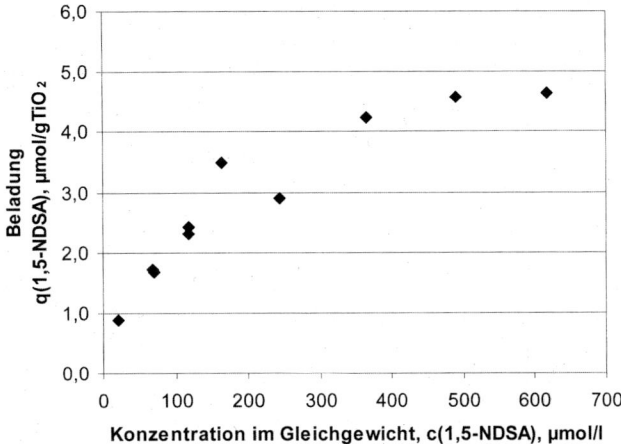

Bild 2. Adsorptionsisotherme von 1,5-NDSA an TiO₂, T = 20 °C, pH = 5.

Die Darstellung des Kehrwertes von q über dem Kehrwert von c ergibt bei der Langmuir-Isotherme eine Gerade. Aus dem y-Achsenabschnitt kann man die maximale Beladung q_m und aus der Steigung den Koeffizienten K_L berechnen.

In Bild 3 wird der Kehrwert der Beladung gegen den Kehrwert der Gleichgewichtskonzentration aufgetragen. Eine lineare Regression ergibt eine maximale Beladung q_m von 6,0 µmol/g und einen Koeffizienten K_L von $5,6 \cdot 10^{-3}$ l/µmol.

Die Abhängigkeit der Beladung vom pH-Wert zeigt Bild 4. Die Anfangskonzentration von 1,5-NDSA c_o beträgt 130 µmol/l. 1,5-NDSA wird bei niedrigen pH-Werten besser adsorbiert.

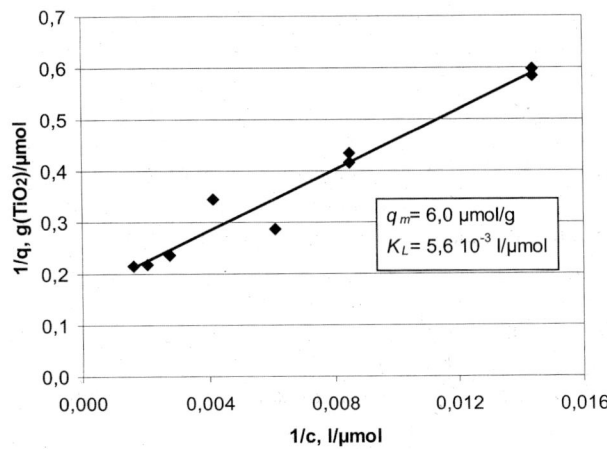

Bild 3. Linearisierte Langmuir-Isotherme für 1,5-NDSA an TiO₂, T = 20 °C, pH = 5.

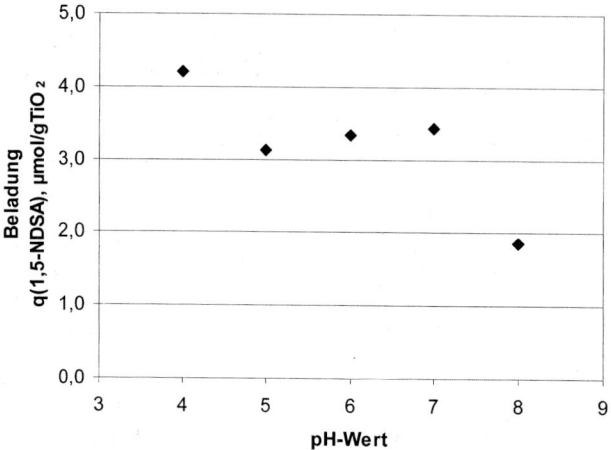

Bild 4. pH-Abhängigkeit der Beladung von 1,5-NDSA an TiO₂, c_0(1,5- NDSA) = 130 µmol/l.

Abbauversuche mit TiO₂ in Suspension
Einfluß der TiO₂-Konzentration

Um die Abhängigkeit der Oxidation von der Katalysatormenge zu bestimmen, wurden Versuche mit unterschiedlichen TiO₂-Konzentrationen durchgeführt.

Die gesamte Konzentration C(1,5-NDSA) ergibt sich aus der Summe der Konzentration c(1,5-NDSA) und der adsorbierten Konzentration (bezogen auf das Reaktionsvolumen) q(1,5-NDSA)·c(TiO₂). Diese Konzentration C bezieht sich auf die ganze Menge an organischer Substanz, die im Reaktionsvolumen enthalten ist und wird bei der Bestimmung der Abbaugeschwindigkeit benutzt.

$$C(1,5\text{-NDSA}) = c(1,5\text{-NDSA}) + q(1,5\text{-NDSA}) \cdot c(\text{TiO}_2)$$

Die gesamte Konzentration C(1,5-NDSA) als Funktion der Zeit wird in Bild 5 dargestellt. Es wird deutlich, daß 1,5-NDSA bei höheren TiO₂-Konzentrationen schneller abgebaut wird.

Einfluß des pH-Werts

Die Ergebnisse der Untersuchungen zum Einfluß des pH-Wertes zeigt Bild 6. Die gesamte 1,5-NDSA-Konzentration wird für unterschiedliche pH-Werte aufgetragen. 1,5-NDSA wird bei abnehmenden pH-Werten schneller abgebaut.

Einfluß der 1,5-NDSA-Konzentration

Da bei TiO₂-Suspensionen der geschwindigkeitsbestimmende Schritt die Reaktion an der Oberfläche des Katalysators ist [9], kann die Kinetik der Reaktion ermittelt werden.

Eine Kinetik erster Ordnung kann wie in Gleichung 2 dargestellt werden [10].

$$-r = -\frac{dC}{dt} = kC \tag{2}$$

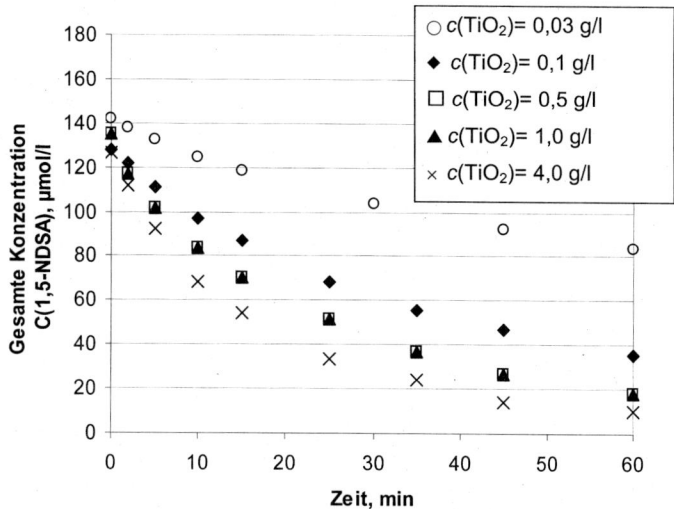

Bild 5. TiO₂ in Suspension. Einfluß der TiO₂-Konzentration auf die Abbaukinetik.

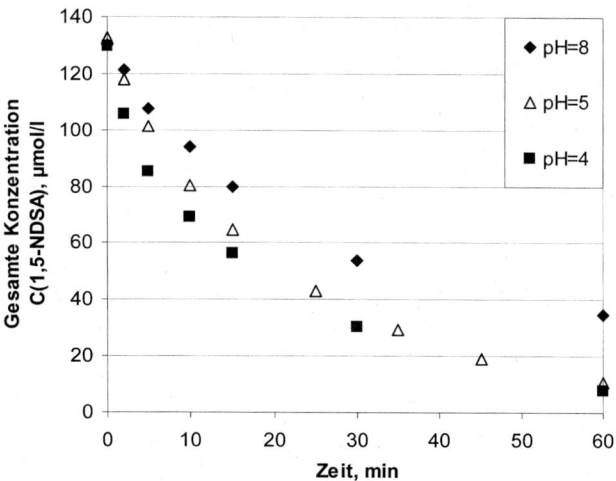

Bild 6. TiO₂ in Suspension. Einfluß des pH-Werts auf die Abbaukinetik.

Diese Gleichung kann folgendermaßen umgeschrieben werden:

$$\ln \frac{C}{C_0} = -kt$$

In einer halblogarithmischen Darstellung von C/C_o über der Zeit werden die Reaktionsabläufe bei einer Kinetik erster Ordnung bei unterschiedlichen Anfangskonzentrationen durch eine einzige Gerade dargestellt. Bild 7 zeigt, daß keine Kinetik erster Ordnung vorliegt, da die Reaktionsabläufe Geraden mit unterschiedlichen Steigungen ergeben.

Die Anfangsabbaugeschwindigkeit kann genutzt werden, um die Kinetik weiter zu untersuchen.

$$r_o = \frac{dC}{dt_{t=0}} \tag{3}$$

In der Anfangsphase der Oxidation (innerhalb der ersten 10 min) wird eine lineare Regression zwischen der gesamten Konzentration C(1,5-NDSA) und der Zeit bestimmt. Die Steigung der korrelierten Gerade ergibt die Anfangsabbaugeschwindigkeit r_o.

Die Langmuir-Hinshelwood (L-H) Kinetik wird häufig eingesetzt, um heterogene Katalyse zu beschreiben [11]. Die L-H-Kinetik wurde ebenfalls erfolgreich für die Beschreibung der Kinetik der Photokatalyse eingesetzt [12]. Gleichung 4 beschreibt diese Kinetik.

$$-r_o = k_{rx} \frac{\kappa c}{1 + \kappa c} \tag{4}$$

Diese Gleichung kann folgendermaßen umgeschrieben werden:

$$\frac{1}{-r_o} = \frac{1}{k_{rx}\kappa}\frac{1}{c} + \frac{1}{k_{rx}}$$

Aus der Darstellung des reziproken Wertes der Anfangsabbaugeschwindigkeit $1/-r_o$ über dem reziproken Wert der Konzentration (in der flüssigen Phase) $1/c$ ergibt sich bei

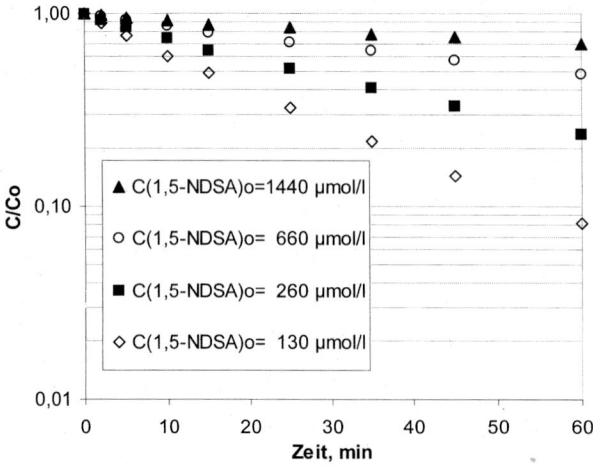

Bild 7. TiO$_2$ in Suspension. Einfluß der 1,5-NDSA-Konzentration auf die Abbaukinetik.

Vom Wasser, *97*, 75–88 (2001)

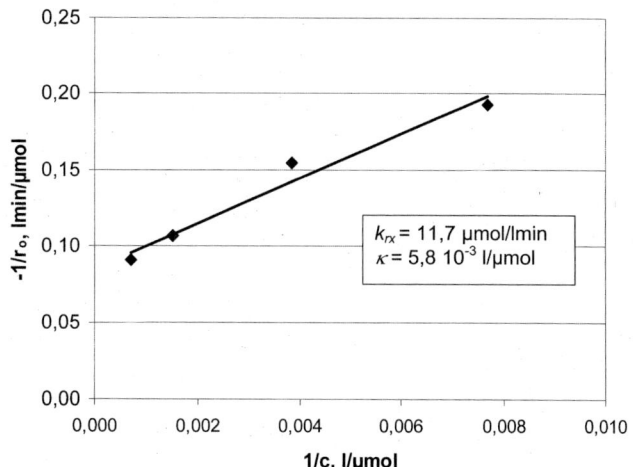

Bild 8. TiO$_2$ in Suspension. Linearisierte Langmuir-Hinshelwood Abbaukinetik.

der L-H-Kinetik eine Gerade. Der Koeffizient k_{rx} kann aus dem y-Achsenabschnitt (entspricht $1/k_{rx}$) und der Koeffizient κ aus der Steigung (entspricht $1/(k_{rx}\kappa)$) der Gerade berechnet werden.

In Bild 8 wird gezeigt, daß die Abhängigkeit der Reaktionsgeschwindigkeit von der 1,5-NDSA-Konzentration durch die L-H-Kinetik beschrieben werden kann. Die lineare Regression ergibt die Reaktionskoeffizienten k_{rx} von 11,7 µmol/l min und κ von $5,8\,10^{-3}$ l/µmol.

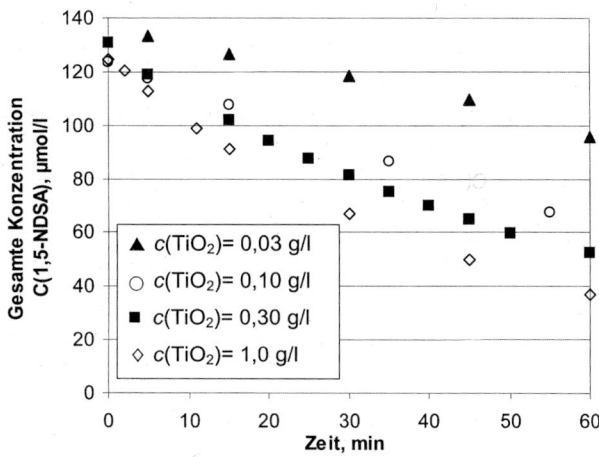

Bild 9. TiO$_2$ fixiert auf Glasplatten. Einfluß der TiO$_2$-Konzentration auf die Abbaukinetik.

Abbauversuche mit TiO$_2$ immobilisiert auf Glasplatten
Einfluß der TiO$_2$-Konzentration

Die gesamte Konzentration C(1,5-NDSA) wird gegen die Zeit für verschiedene fixierte TiO$_2$-Konzentrationen in Bild 9 aufgetragen. Die Konzentration an TiO$_2$ wird als Masse des fixierten Katalysators bezogen auf das Reaktionsvolumen angegeben. 1,5-NDSA wird bei höheren TiO$_2$-Konzentrationen schneller abgebaut wird.

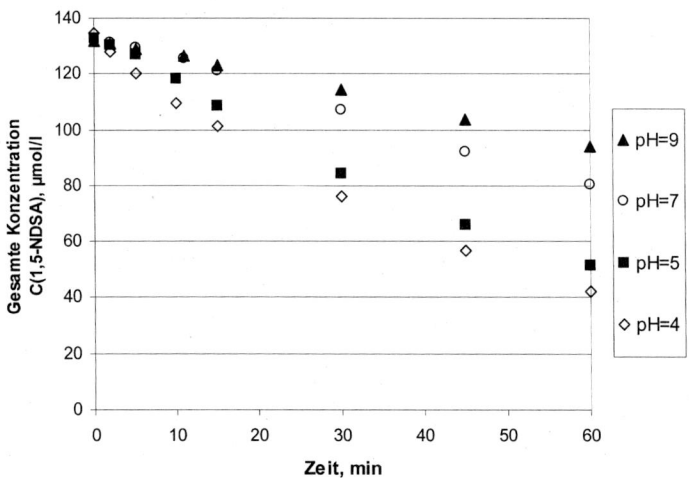

Bild 10. TiO$_2$ fixiert auf Glasplatten. Einfluß des pH-Werts auf die Abbaukinetik.

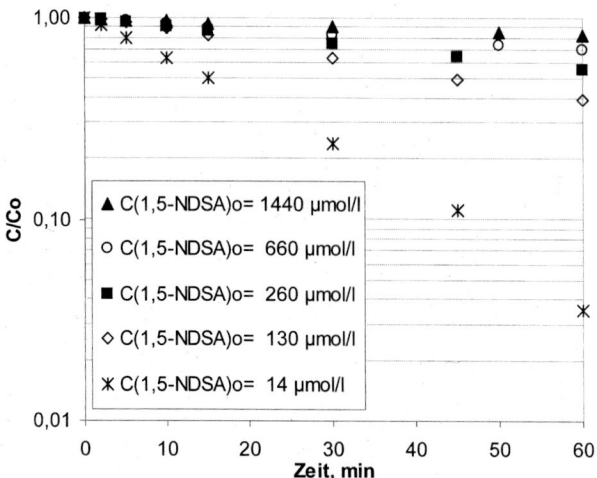

Bild 11. TiO$_2$ fixiert auf Glasplatten. Einfluß der 1,5-NDSA-Konzentration auf die Abbaukinetik.

Einfluß des pH-Werts

In Bild 10 wird die gesamte Konzentration über der Zeit für verschiedene pH-Werte dargestellt. Bei niedrigeren pH-Werten erfolgt der Abbau von 1,5-NDSA schneller.

Einfluß der 1,5-NDSA-Konzentration

In Bild 11 wird die relative Konzentration an 1,5-NDSA C/C_o gegen die Zeit in halblogarithmischer Darstellung für verschiedene 1,5-NDSA-Anfangskonzentrationen aufgetragen. 1,5-NDSA wird bei höheren Konzentrationen schneller abgebaut.

Da organische Moleküle in die TiO$_2$-Schicht diffundieren, muß der Transport bei der Bestimmung der Kinetik berücksichtigt werden. Die Reaktion ist nicht der geschwindigkeitsbestimmende Schritt. Andererseits verliert der Katalysator einen Teil seiner Aktivität durch die Fixierung. Diese beiden Effekte konnten nicht unterschieden werden. Deswegen werden keine weiteren Ansätze für die Kinetik der Photokatalyse mit TiO$_2$ fixiert auf Glasplatten formuliert.

Vergleich zwischen TiO$_2$ in Suspension und TiO$_2$ fixiert auf Glasplatten

Um die Versuche mit TiO$_2$ in Suspension und TiO$_2$ fixiert auf Glasplatten vergleichen zu können, wird die Anfangsabbaugeschwindigkeit r_o (siehe Gleichung 3) verwendet.

Bild 12 zeigt die Anfangsabbaugeschwindigkeit r_o in Abhängigkeit von der TiO$_2$-Konzentration (in Suspension und fixiert) für eine 1,5-NDSA-Anfangskonzentration von ca. 130 µmol/l. Die Abbaugeschwindigkeit nimmt bei TiO$_2$ in Suspension und bei fixiertem Katalysator mit zunehmender Konzentration an TiO$_2$ zu. Die höchste Abbaugeschwindigkeit beträgt bei TiO$_2$ in Suspension ca. 6 µmol/l min und bei TiO$_2$ fixiert auf Glasplatten ca. 2 µmol/l min. Die Abbaugeschwindigkeit wird durch den Einsatz von fixiertem Katalysator erniedrigt.

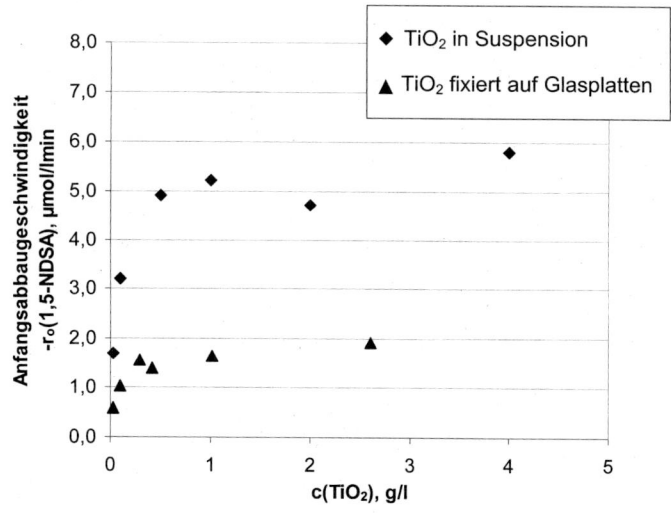

Bild 12. Vergleich zwischen TiO$_2$ in Suspension und TiO$_2$ fixiert auf Glasplatten. Einfluß der TiO$_2$-Konzentration.

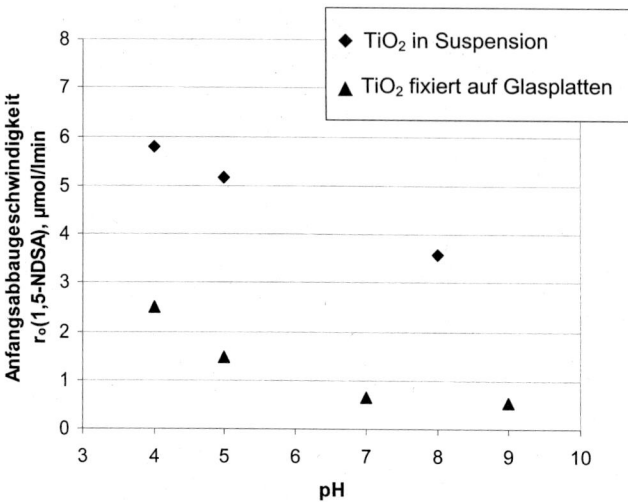

Bild 13. Vergleich zwischen TiO$_2$ in Suspension und TiO$_2$ fixiert auf Glasplatten. Einfluß des pH-Wertes.

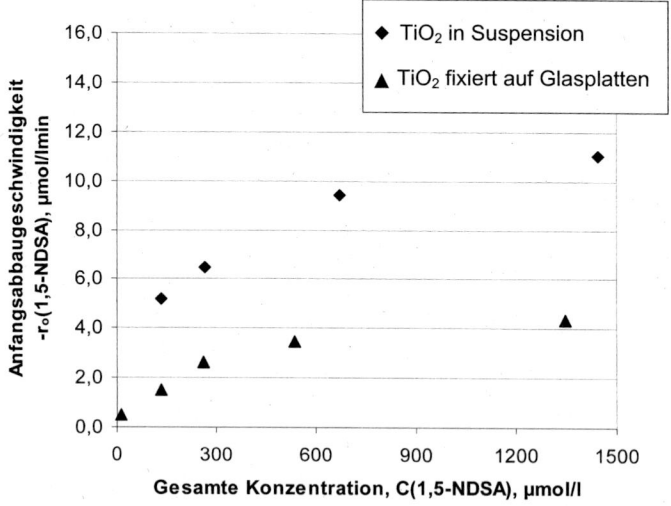

Bild 14. Vergleich zwischen TiO$_2$ in Suspension und TiO$_2$ fixiert auf Glasplatten. Einfluß der 1,5-NDSA-Konzentration.

Der Einfluß des pH-Werts auf die Abbaugeschwindigkeit wird in Bild 13 gezeigt. Die Zunahme des pH-Werts bewirkt eine Verringerung der Abbaugeschwindigkeit.

Bild 14 zeigt den Einfluß der 1,5-NDSA-Konzentration auf die Anfangsabbaugeschwindigkeit bei TiO$_2$ in Suspension und in fixiertem Zustand. Die Abbaugeschwindigkeit nimmt in beiden Fällen mit der 1,5-NDSA-Konzentration zu. Es wird ein Plateau bei höheren Konzentrationen an 1,5-NDSA erreicht.

4 Diskussion

TiO₂-Konzentration

Die Oxidation von Wasserverunreinigungen findet an der Oberfläche oder in der unmittelbaren Nähe der TiO_2-Oberfläche statt. Die Zunahme der 1,5-NDSA-Abbaugeschwindigkeit mit zunehmender TiO_2-Konzentration (Bilder 5, 9 und 12) erklärt sich durch die größere Reaktionsoberfläche, die bei höheren TiO_2 Konzentrationen angeboten wird.

Da die Photokatalyse die Erregung des Katalysators durch UV-Strahlung erfordert, ergibt sich bei höheren TiO_2-Konzentrationen (>0,5 g/l) ein Plateau der Abbaugeschwindigkeit. Dieses Plateau ergibt sich aus einer vollständigen Ausnutzung der Photonen.

pH-Wert

Der Punkt der neutralen Ladung von TiO_2 (Degussa P-25) liegt bei pH=6,3. Bei niedrigen pH-Werten (pH = 4 und pH = 5) ist die Oberfläche positiv geladen. Die positive Ladung des Katalysators zieht die negativ geladenen 1,5-NDSA-Moleküle* an. Dadurch wird eine größere Beladung des Katalysators erreicht. Bei höheren pH-Werten (pH=8) ist die TiO_2-Oberfläche negativ geladen. 1,5-NDSA-Moleküle werden abgestoßen. Nur niedrigere Beladungen werden erreicht (siehe Bild 3).

Die Zunahme der Beladung bewirkt, daß die Wahrscheinlichkeit, daß 1,5-NDSA und OH-Radikale reagieren, größer wird, da 1,5-NDSA gleich am Ort der OH·-Entstehung vorliegt. Daher ergeben sich höhere Abbaugeschwindigkeiten bei niedrigeren pH-Werten. Im Gegensatz dazu bewirken niedrigere Beladungen eine Verringerung der Abbaugeschwindigkeit bei hohen pH-Werten (siehe Bilder 6, 10 und 13).

1,5-NDSA-Konzentration

Die Erhöhung der Abbaugeschwindigkeit bei zunehmender 1,5-NDSA-Konzentration wird in Bild 14 dargestellt. Die Zunahme der 1,5-NDSA-Konzentration bewirkt die Zunahme der Beladung (Bild 2) bzw. der Konzentration in der unmittelbaren Nähe von der TiO_2-Oberfläche. Bei hohen 1,5-NDSA-Konzentrationen wird ein Plateau der Beladung erreicht. Ein Plateau der Abbaugeschwindigkeit wird ebenfalls bei hohen Konzentrationen an 1,5-NDSA erreicht.

Die Langmuir-Hinshelwood (L-H)-Kinetik kann eingesetzt werden, um die photokatalytische Abbaukinetik von 1,5-NDSA zu beschreiben. Die Anpassung der L-H-Kinetik ergibt für den κ-Koeffizienten einen dem K_L-Koeffizienten der Langmuir-Isotherme ähnlichen Wert. Dies kann bedeuten, daß die Anfangsreaktionsgeschwindigkeit zur Beladung proportional ist.

Fixierung des Katalysators

Die Fixierung des Katalysators hat bei allen Versuchen eine Verminderung der Abbaugeschwindigkeit auf ca. 1/3 des Wertes in Suspension verursacht (siehe Bilder 12, 13 und 14). Trotzdem ergibt sich bei der Immobilisierung eine ähnliche Abhängigkeit der Abbaugeschwindigkeit von den Verfahrensparametern (TiO_2-, 1,5-NDSA-Konzentration und pH-Wert) wie bei TiO_2 in Suspension.

---

* 1,5-NDSA wird als Natrium-Salz verwendet. Sie liegt in diesem pH-Bereich vollständig dissoziiert vor.

Die Verringerung der Aktivität des fixierten TiO$_2$ kann auf eine niedrigere Konzentration an erzeugten OH-Radikalen oder/und auf einen zusätzlichen Transportwiderstand (Korndiffusion innerhalb der TiO$_2$-Schicht) zurückgeführt werden. Welcher dieser Effekte überwiegt, konnte nicht festgestellt werden.

5 Schlußfolgerungen

Die Anfangsabbaugeschwindigkeit von 1,5-NDSA nimmt mit steigender Konzentration an TiO$_2$ zu und ein Plateau wird ab TiO$_2$-Konzentrationen von 0,5 g/l erreicht.

Die Abhängigkeit der Abbaugeschwindigkeit von der 1,5-NDSA-Konzentration kann mit der L-H-Kinetik beschrieben werden. Die gezeigten Versuche beweisen, daß die Adsorption der Wasserverunreinigungen eine wichtige Rolle bei der photokatalytischen Oxidation spielt. Die 1,5-NDSA-Konzentration und der pH-Wert beeinflussen die Beladung, die wiederum die Abbaugeschwindigkeit bestimmt.

Die Abbaugeschwindigkeit verringert sich bei der Fixierung auf $^1/_3$ des Wertes im Suspension. Dies würde bedeuten, daß die benötigte Oberfläche bzw. Zeit sich mindestens verdreifacht. Daher muß überprüft werden, ob die Fixierung sich tatsächlich lohnt, vor allem, falls die Rückgewinnung von TiO$_2$ mit einfachen Mitteln gelingen könnte.

Literatur

[1] Romero, M., Blanco, J., Sánchez, B., Vidal, A., Malato, S., Cardona, A. I. and Garca, E.: Solar photocatalytic degradation of water and air pollutants: Challenges and perspectives. Solar Energy *6*, 169–182 (1999).

[2] Vidal, A.: Developments in solar photocatalysis for water purification. Chemosphere *36*, 2593–2606 (1998).

[3] Xi, W. and Geissen, S.-U.: Separation of titanium dioxide from photocatalytically treated water by cross-flow microfiltration. Water Res. *35*, 1256–1262 (2001).

[4] Kagaya, S., Shimazu, K., Arai, R. and Hasegawa, K.: RAPID COMMUNICATION: Separation of titanium dioxide photocatalyst in its aqueous suspensions by coagulation with basic aluminium chloride. Water Res. *33*, 1753–1755 (1999).

[5] Andreozzi, R., Caprio, V., Insola, A. and Marotta, R.: Advanced oxidation processes (AOP) for water purification and recovery. Catalysis Today *53*, 51–59 (1999).

[6] Buxbaum, G.: Industrial Inorganic Pigments, 2 Aufl., S. 43, Verlag WILEY-VCH Weinheim 1998.

[7] Bockelmann, D.: Verfahren zur Fixierung von Metalloxid Katalysatorenteilchen auf einem Träger. Patent: Deutschland No. DE 42 37 390 C1 (1994).

[8] Sontheimer, H., Frick, B., Fettig, J., Hörner, G., Hubele, C. and Zimmer, G.: Adsorptionsverfahren zur Wasserreinigung, S. 124, DVGW-Forschungstelle am Engler-Bunte-Institut der Universität Karlsruhe (TH), Karlsruhe 1985.

[9] Turchi, C. S. and Ollis, D. F.: Photocatalytic degradation of organic water contaminants: Mechanism involving hydroxyl radical attack: Journal of Catalysis *122*, 178–192 (1990).

[10] Levenspiel, O.: Chemical Reaction Engineering, 3 Aufl., S. 386, Verlag JOHN WILEY & SONS New York 1999.

[11] Westerterp, K., Van Swaaij, W. and Beenackers, A.: Chemical Reactor Design and Operation, 2 Aufl., S. 430, Verlag JOHN WILEY & SONS Chichester 1987.

[12] Hoffman, M. R., Martin, S. T., Choi, W. and Bahnemann, D.: Environmetal Applications of Semiconductor Photocatalysis. Chemical Reviews *95*, 69–96 (1995).

Bestimmung vegetabiler Gerbstoffe in Gerbereiabwassser unter Einsatz der RP-HPLC-Technik mit UV- und EC-Detektion

Determination of vegetable tannins in tannery wastewater using RP-HPLC-technique with UV- and EC-Detection

Britta Zywicki, Thorsten Reemtsma und *Martin Jekel**

Schlagwörter

Vegetabile Gerbstoffe, Gerbereiabwasser, RP-HPLC, EC-Detektion, Hydrolyse

Summary

Numerous types of inorganic and organic environmental pollutants are encountered in leather tannery effluents. For reduction of the environmental impact of leather tanneries the substitution of chromium tanning agents by natural organic tanning agents (vegetable tannins) is discussed [1-3]. The use of vegetable tannins leads to an elevated dissolved organic carbon content (DOC) in tannery effluent, even after biological treatment. Vegetable tannins may also be used as retanning agents, but they may, then interfere with precipitation of chromium. Therefore, an analytical method had to be established to estimate the total amount of vegetable tanning agents in the complex matrix of tannery wastewater. The analytical strategy for the determination of vegetable tannins in tannery effluents is to degrade the polyphenolic compounds by acid hydrolysis and to detect the resulting specific monomeric subunit gallic acid by RP-HPLC-technique with UV- and electrochemical detection (EC-detection).

Zusammenfassung

In den Abwässern der Lederindustrie ist eine Vielzahl anorganischer und organischer Umweltschadstoffe existent. Zur Verminderung der Umweltbelastung durch Chromgerbstoffe wird die Substitution durch natürliche organische Gerbstoffe, den sogenannten vegetabilen Gerbstoffen diskutiert [1-3]. Der Einsatz vegetabiler Gerbstoffe führt jedoch zu erhöhten DOC-Werten (dissolved organic carbon) im Abwasser, selbst nach der biologischen Abwasserbehandlung. Vegetabile Gerbstoffe werden ebenfalls bei der Nachgerbung eingesetzt, dabei ist die anschließende Chromfällung erschwert. Vor diesem Hintergrund mußte eine Methode zur Bestimmung der vegetabilen Gerbstoffe in der komplexen Matrix Gerbereiabwasser erarbeitet werden. Dazu wurden die polyphenolischen Substanzen in salzsaurer Lösung hydrolysiert und anschließend das spezifische Monomer Gallussäure detektiert, wobei die RP-HPLC-Technik mit UV- und elektrochemischer Detektion (EC-Detektion) eingesetzt wurde.

* Dipl.-Chem. B. Zywicki, Dr.-Ing. T. Reemtsma und Prof. Dr.-Ing. habil. M. Jekel, Technische Universität Berlin, Fachgebiet Wasserreinhaltung, Sekr. KF4, Straße des 17. Juni 135, D-10623 Berlin. Tel.: ++49-30-314 25480, e-mail: zywicki@ut.tu-berlin.de

© WILEY-VCH Verlag GmbH, 69469 Weinheim, 2001   Vom Wasser, 97, 89–102 (2001)

1 Einleitung

1.1 Charakterisierung vegetabiler Gerbstoffe

Vegetabile Gerbstoffe (Tannine) sind polyphenolische Verbindungen pflanzlichen Ursprungs, die die Fähigkeit besitzen, aus tierischer Haut Leder zu bilden. Um als Gerbstoff wirksam zu sein, müssen diese Substanzen, die durch Extraktion aus gerbstoffreichen Pflanzenteilen wie der Rinde und dem Holz von Bäumen gewonnen werden, eine Molmasse zwischen $M_r = 500 - 3000$ g/mol aufweisen.

Grundsätzlich können die natürlichen Gerbstoffe in zwei Gruppen unterteilt werden: a) Hydrolysierbare oder Pyrogallol-Gerbstoffe und b) kondensierte Gerbstoffe oder Proantho-

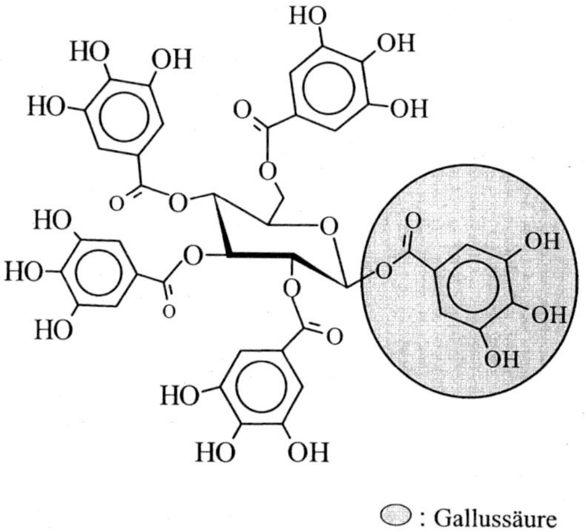

◯ : Gallussäure

Bild 1. Struktureller Aufbau der hydrolysierbaren Gerbstoffe.

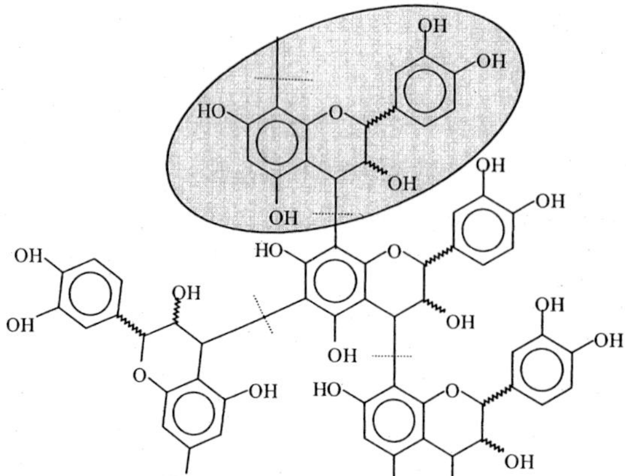

◯ : Catechin

Bild 2. Struktureller Aufbau der kondensierten Gerbstoffe.

cyanidine. Hydrolysierbare Gerbstoffe (Bild 1) sind Polyester, zumeist der D-Glucose, mit hydroxyphenolischen Säuren wie der Gallussäure oder der Ellagsäure. Daher werden sie auch in Gallo- und Ellagitanne unterteilt. Kondensierte Gerbstoffe (Bild 2) sind Polymere, die durch C-C-Verknüpfung aus flavonoiden Ringsystemen aufgebaut sind. Zumeist bestehen sie aus Flavan-3-ol-Untereinheiten, wie z. B. (+)-Catechin oder dessen Stereoisomeren.

Vegetabile Gerbstoffe sind sehr gut wasserlöslich, weisen aufgrund ihres phenolischen Charakters einen schwach sauren pH-Wert auf und zeigen die typischen phenolischen Reaktionen. Außerdem bilden Tannine Komplexe mit Metallen und prezipitieren mit Proteinen [2-4].

1.2 Referenzsubstanzen

Vier pflanzliche Gerbstoffextrakte, die von bedeutendem Einsatz in der Lederindustrie sind, standen für die analytischen Studien zur Verfügung (Tabelle 1): Kastanie und Tara (hydrolysierbare Gerbstoffe) sowie Mimosa und Quebracho (kondensierte Gerbstoffe). Diese vier als braune Pulver kommerziell erhältlichen vegetabilen Gerbstoffe sind komplexe Gemische polymerer Struktur (siehe struktureller Aufbau der Tannine in 1.1) [2; 3; 5]. Die wäßrigen Gerbstofflösungen zeigen im nahen UV-Bereich zwei Absorptionsmaxima im Wellenlängenbereich $\lambda_{max1} = 200$ nm und $\lambda_{max2} = 280$ nm. Der organische Kohlenstoffanteil $C_{org.}$ der verwendeten Tannine liegt zwischen 40 und 50 %.

Tabelle 1. Verwendete Referenzsubstanzen.

Kommerzielle vegetabile Gerbstoffe	Pflanzenteil	Tannin-Typ
Mimosa *(Acacia species)*	Rinde	kondensiert
Quebracho *(Schinopsis species)*	Holz	kondensiert
Kastanie *(Castanea species)*	Holz	hydrolysierbar (Ellagitannin)
Tara *(Caesalpinia spinosa)*	Früchte	hydrolysierbar (Gallotannin)

2 Bestimmung vegetabiler Gerbstoffe in Gerbereiabwasser

2.1 Übersicht über analytische Methoden

Pflanzliche polyphenolische Verbindungen zeigen in der Natur ein ubiquitäres Vorkommen [6; 7]. Von Interesse ist vor allem ihr Gehalt in Lebensmitteln, wie Kakao, Tee, Bier und Wein, aber auch in verschiedenen Früchten, wie Äpfeln und Beeren, da Tannine für den Geschmack, die Adstringenz und den Ernährungswert verantwortlich sind. Aber auch die antimikrobielle, antimutagene und anticancerogene Wirkung der Verbindungen ist Ziel von Untersuchungen [8-12]. Aufgrund des vielfältigen Interesses an den Tanninen sind die unterschiedlichsten Ansätze zur analytischen Bestimmung dieser Stoffklasse beschrieben [13; 14].

In der Literatur ist vor allem die chromatographische Analyse pflanzlicher Gerbstoffe mittels RP-HPLC und UV-Detektion beschrieben [15-19]. Die UV-Chromatogramme der vegetabilen Gerbstoffe zeigen jedoch eine Vielzahl an Verbindungen über einen breiten Polaritätsbereich ohne charakteristische Peakmuster. Mit dieser Methode ist somit eine Zuordnung in der komplexen Matrix des Gerbereiabwassers kaum möglich.

Zur summarischen Erfassung der Tannine wird die Verwendung von Farbreagenzien beschrieben [20-22]. Die kolorimetrische Bestimmung der Gerbstoffe im Gerbereiabwasser ist allerdings nicht ohne weiteres möglich, da das Abwasser eine Vielzahl weiterer phenolischer Verbindungen aufweist, die Störreaktionen verursachen können, bzw. Stoffe enthält, die eine Querempfindlichkeit mit dem jeweiligen Farbreagenz zeigen. Vor allem sind hier die im Gerbereiabwasser befindlichen Proteine aus der Tierhaut zu nennen. Zudem ist oft durch die Eigenfärbung des Abwassers eine kolorimetrische Bestimmung nicht möglich.

Für eine selektive Detektion der vegetabilen Gerbstoffe in Gerbereiabwasser sollte daher zusätzlich eine chromatographische Trennung erfolgen. Anstelle der Nachsäulenderivatisierung mit Farbreagenzien kann ein selektiverer Detektor wie der elektrochemische oder der Fluoreszenzdetektor gewählt werden [23-26]. Eine weitere Möglichkeit zur summarischen und selektiven Erfassung der vegetabilen Gerbstoffe liegt in der Spaltung der oligomeren bzw. polymeren Strukturen durch Hydrolyse bzw. Thiolyse und anschließender Detektion der resultierenden spezifischen Monomere [27-30].

2.2 Analytisches Vorgehen bei Gerbereiabwasser

Die analytische Strategie zur Bestimmung der vegetabilen Gerbstoffe in der komplexen Matrix Gerbereiabwasser ist die Hydrolyse der wäßrigen Gerbstofflösungen in salzsaurer Lösung und die anschließende Detektion des spezifischen Monomers Gallussäure. Dazu wird die RP-HPLC-Technik mit UV-Detektion eingesetzt. Des weiteren wurde zur sensitiveren und selektiveren Detektion ein elektrochemischer Detektor (EC-Detektor) geschaltet.

3 Material und Methoden

3.1 Chemikalien

Die eingesetzten vegetabilen Gerbstoffe Mimosa, Kastanie und Tara wurden von einer deutschen Gerberei und der vegetabile Gerbstoff Quebracho von einer chilenischen Gerberei zur Verfügung gestellt. Die für die Chromatographie eingesetzten Chemikalien hatten HPLC-Reinheit (MeOH gradient grade, (Merck, Darmstadt), ortho-Phosphorsäure 85 % puriss. p. a. und $NaH_2PO_4*H_2O$ purum p. a., (Fluka, Deisenhofen)). Das eingesetzte Wasser war Reinstwasser (Maxima Ultra pure water, (ELGA)). Die Gallussäure (1,2,3-Trihydroxybenzoesäure) wurde von Fluka und die konz. Salzsäure (HCl 32 %ig p. a.) von Merck bezogen.

3.2 Hydrolyse und Probenvorbereitung

Die Hydrolyse der wäßrigen Gerbstofflösungen wurde in salzsaurer Lösung in mit Teflondichtungen versehenen, verschraubaren Glasvials durchgeführt. Es wurde jeweils ein Probevolumen von 2 mL in einem Heizblock erhitzt. Die hydrolysierten Proben wurden vor der chromatographischen Trennung für 10 min. zentrifugiert (4000 U/min). Für die Hydrolyse der Gerbereiabwasserproben (siehe 4.2) wurden 1,8 mL Gerbereiabwasser mit 200 µL konz. Salzsäure versetzt und unter den optimierten Bedingungen (siehe 4.1) hydrolysiert. Nach der Hydrolyse wurden die Proben über 0,45 µm Spritzenfilter (hydrophile Celluloseacetat-Membran, Schleicher & Schuell) filtriert.

3.3 Chromatographische Bedingungen

Die chromatographische Trennung erfolgte auf einer RP18-Säule (125 mm×4 mm, 5 µm (Hypersil-ODS 120 Å, Knauer, Berlin, Deutschland)) mit integrierter Vorsäule (4 mm×4 mm ID gleiches Materials). Die Trennung erfolgte mittels Gradientenelution: Eluent A (100 % H_2O; 10 mmol NaH_2PO_4; 0,05 % H_3PO_4 konz.) und Eluent B (80 % MeOH und 20 % H_2O (v:v); 10 mmol NaH_2PO_4; 0,05 % H_3PO_4 konz.). Das Gradientenprogramm lautete: 0-10 min. 0-70 % B (linearer Gradient); 10-12 min. 70 % B (isokratische Stufe); 12-13 min. 70-0 % B (linearer Gradient); 13-20 min. 0 % B (Equilibrierung). Die Flußrate betrug 0,8 mL/min und es wurden 50 µL Probelösung injiziert. Die Säule wurde auf 40 °C temperiert. Die Gallussäure wurde bei folgenden Einstellungen bestimmt: UV-Detektor: $\lambda = 280$ nm und EC-Detektor: $E_1 = -50$ mV (Reinigungspotential), $E_2 = 200$ mV (Meßpotential); R = 20 bzw. 50 µA. Der EC-Detektor ist mit einer coulometrischen Zelle mit zwei porösen Graphitelektroden ausgestattet. Die phenolischen Verbindungen werden dabei unter Anlegen eines oxidativen Potentials E_2 vermessen. Das Potential der ersten Elektrode wurde so gewählt, daß möglichst viele Störkomponenten entfernt wurden (Reinigungspotential E_1); es war jedoch so gering, daß die Gallussäure nicht erfaßt wurde.

3.4 HPLC

Die HPLC-Anlage bestand aus einem Lösungsmittel-Degasser (Merck L-7612), einer Gradientenpumpe (Merck-Hitachi L-6210), einem Autosampler (Merck-Hitachi L-7200) und einem Säulenofen (Waters, Milford, USA). Die eingesetzten Detektoren waren ein UV-Detektor (Uvicord VW 2251, Pharmacia Biotech Europe, Metrohm, Schweiz) und ein elektrochemischer Detektor (ESA Coulochem II, Bischoff Chromatography, MA, USA), ausgestattet mit einer coulometrischen Meßzelle (Modell 5010) und einer Guard-Cell (Modell 5020). Die Datenaufnahme und die chromatographische Auswertung erfolgte mit der Software Chromeleon Vers. 4.3 (Dionex, USA).

4 Ergebnisse und Diskussion

4.1 Hydrolyse vegetabiler Gerbstoffe

Die Hydrolyse der wäßrigen Gerbstofflösungen wurde in salzsaurer Lösung bei verschiedenen Temperaturen und Zeiten durchgeführt. Anschließend wurden die hydrolysierten Lösungen zentrifugiert (4000 U/min) und die Überstände chromatographiert, wobei das spezifische Monomer Gallussäure detektiert wurde. Die detektierten Mengen an Gallussäure pro eingesetztem Tannin bei verschiedenen Hydrolysebedingungen sind in Bild 3 dargestellt. Die größte resultierende Menge an Gallussäure pro eingesetztem Tannin wurde mit 3 h Hydrolysedauer in 1 M HCl bei einer Temperatur von 110 °C erzielt. Bei diesen Bedingungen ist für jeden Gerbstoff ein spezifisches Gallussäure-Äquivalent detektierbar, wobei die detektierte Menge an Gallussäure vom Tannin-Typ abhängig ist (Bild 4). Die hydrolysierbaren Gerbstoffe zeigen einen deutlich höheren Anteil an Gallussäure als die kondensierten Gerbstoffe. Dieses Ergebnis stimmt mit dem strukturellem Aufbau der Gerbstoffe (Bild 1 und Bild 2) überein. Die Gallussäure ist in den kondensierten Gerbstoffen als Ester in wenigen Seitenketten gebunden,

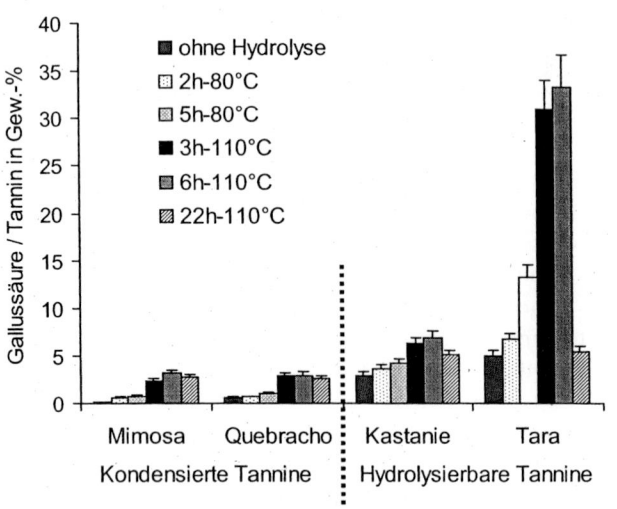

Bild 3. Detektierte Menge (UV-Detektion) an Gallussäure pro eingesetzter Menge Tannin in Gew.-% bei unterschiedlichen Hydrolysebedingungen.

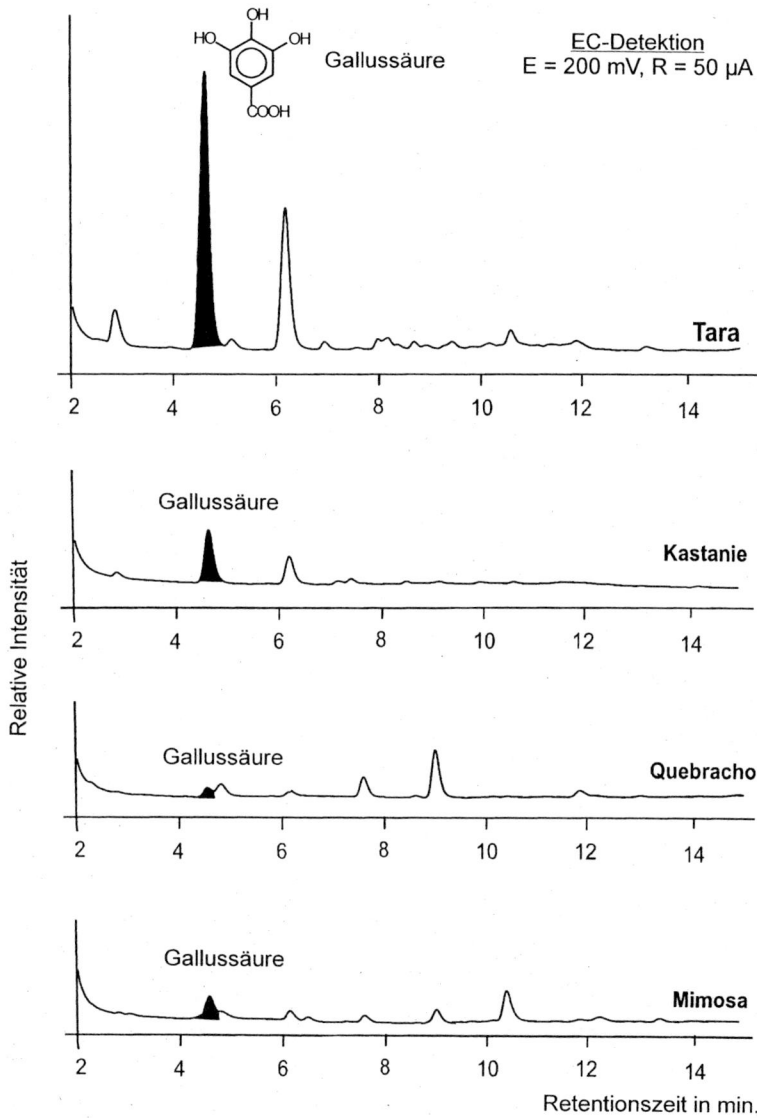

Bild 4. EC-Chromatogramme hydrolysierter vegetabiler Gerbstoffe (c = 10 mg/L, Hydrolyse-bedingungen: 3 h, 110 °C in 1 M HCl).

während sie in den hydrolysierbaren Gerbstoffen in großen Anteilen mit dem zentralen Zuckermolekül verestert ist. Dabei enthalten die Gallotannine (z. Bsp. Tara) einen größeren Anteil Gallussäure gegenüber den Ellagitanninen (z. Bsp. Kastanie), da hier neben der Gallussäure auch die Ellagsäure als Ester gebunden ist. Eine theoretische Berechnung des hydrolysierbaren Gallussäureanteils ist nicht möglich, da die vegetabilen Gerbstoffe keine Reinstoffe, sondern polymere Gemische sind (siehe in 1.1). Zur Überprüfung der Gallussäurereinheit

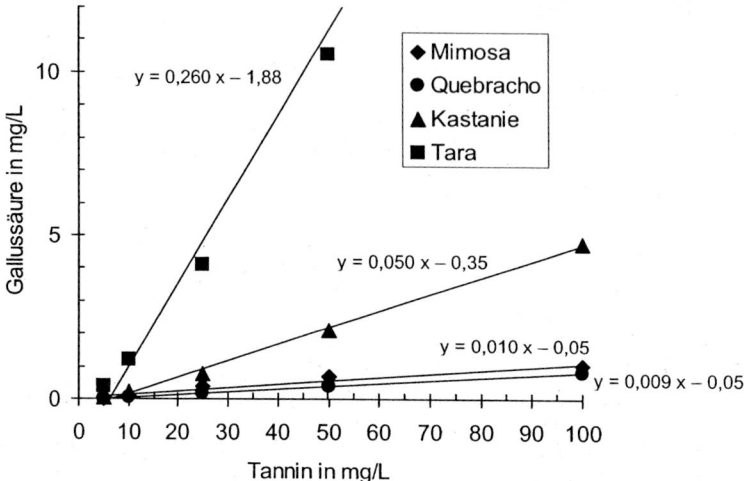

Bild 5. Detektierte Menge (EC-Detektion) an Gallussäure nach der Hydrolyse (3 h, 110 °C in 1 M HCl) in Abhängigkeit von der Ausgangskonzentration an Tannin.

wurden die Gerbstoffe in Gegenwart von Gallussäure hydrolysiert, sowie Gallussäure zu den hydrolysierten Proben dotiert. Die Gallussäure wurde bei diesen Versuchen gut wiedergefunden. Die EC-Chromatogramme der hydrolysierten Gerbstoffe Hydrolysebedingungen: 3 h, 110 °C in 1 M HCl sind in Bild 4 dargestellt. Die Abhängigkeit der nach der Hydrolyse erhaltenen Menge an Gallussäure von der Ausgangskonzentration an vegetabilen Gerbstoff (spezifische Gallussäure-Äquivalente) mit den zugehörigen Regressionsgeraden ist in Bild 5 dargestellt.

4.1.1 Grenzen der Methodik

Die Bestimmungsgrenze (S/N = 3) für die EC-Detektion der Gallussäure liegt bei 5 µg/L. Daraus ergibt sich gemäß der in Bild 5 dargestellten Funktionen für die spezifischen Gallussäure-Äquivalente der vegetabilen Gerbstoffe, daß die Bestimmungsgrenze für die Tannine für diese Methodik bei ungefähr 5 mg/L liegt.

Ein Nachteil der Methodik liegt vor allem in den unterschiedlich großen Gallussäure-Äquivalenten der einzelnen Gerbstoffe. Eine gleichzeitige Bestimmung der Menge unterschiedlicher Gerbstofftypen im Abwasser ist somit nicht möglich.

4.2 Anwendung der Methodik auf Gerbereiabwasser

4.2.1 Gerbereiabwasser dotiert mit vegetabilen Gerbstoffen

Die Untersuchung von Gerbereiabwasser (24 h Mischproben, Zulauf zur biologischen Klärung), dotiert mit vegetabilen Gerbstoffen, hat gezeigt, daß vegetabile Gerbstoffe im Gerberei-

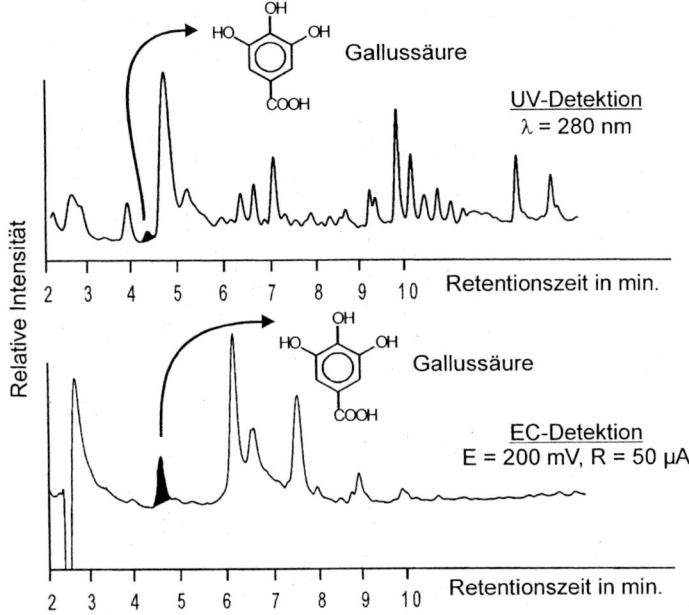

Bild 6. Vergleich der UV- und EC-Chromatogramme, erhalten nach der Hydrolyse (3 h, 110 °C in 1 M HCl) von Gerbereiabwasser, dotiert mit 20 mg/L Mimosa.

abwasser nach der Hydrolyse unter den in 4.1 genannten Bedingungen durch die Detektion des spezifischen Monomers Gallussäure bestimmbar sind (Bild 6). Zu beachten ist, daß die Hydrolyserate für die Gerbstofflösungen stark vom pH-Wert abhängig ist, wobei gegebenenfalls die puffernde Wirkung des Abwassers berücksichtigt werden muß. Überdies zeigte sich, daß die elektrochemische Detektion der Gallussäure in allen untersuchten Gerbereiabwasserproben selektiver und auch sensitiver gegenüber der UV-Detektion ist (Bild 6).

4.2.2 Bestimmung des Gehaltes an vegetabilen Gerbstoffen im Gerbereiabwasser

Vier Abwasserproben aus vegetabiler Gerbung (Mimosa), die direkt aus der Restflotte der Nachgerbung entnommen wurden, wurden unter den in 4.1 genannten Bedingungen hydrolysiert und analysiert. Die Ausgangskonzentration an Mimosa in der Flotte vor der Nachgerbung betrug in allen vier Proben 16,7 g/L, weitere Summenparameter zur Charakterisierung der Abwässer sind in Tabelle 2 dargestellt. Das Gerbereiabwasser wurde, wie in 3.2 beschrieben, hydrolysiert und nach der Filtration chromatographiert. Beispielhaft ist in Bild 7 das EC-Chromatogramm einer hydrolysierten Abwasserprobe dargestellt. Der Gehalt an Gallussäure in den hydrolysierten Restflotten wurde durch Standardaddition ermittelt, wobei die Proben nach der Hydrolyse mit 10, 25, 50 und 75 µg/L Gallussäure dotiert wurden. Die Konzentration an Gallussäure betrug in den vier Proben zwischen 48 und 72 µg/L. Demzufolge beträgt die Konzentration an Mimosa, direkt nach der vegetabilen Gerbung, zwischen 9 und 12 mg/L (Tabelle 3). Dieses würde eine nahezu vollständige Entfernung des vegetabilen Gerbstoffes Mimosa im Nachgerbungsprozeß bedeuten. Demgegenüber stehen die ermittelten DOC- und CSB-Werte (Tabelle 2) in der Restflotte. Die zur Nachgerbung eingesetzte Menge an

Vom Wasser, *97*, 89–102 (2001)

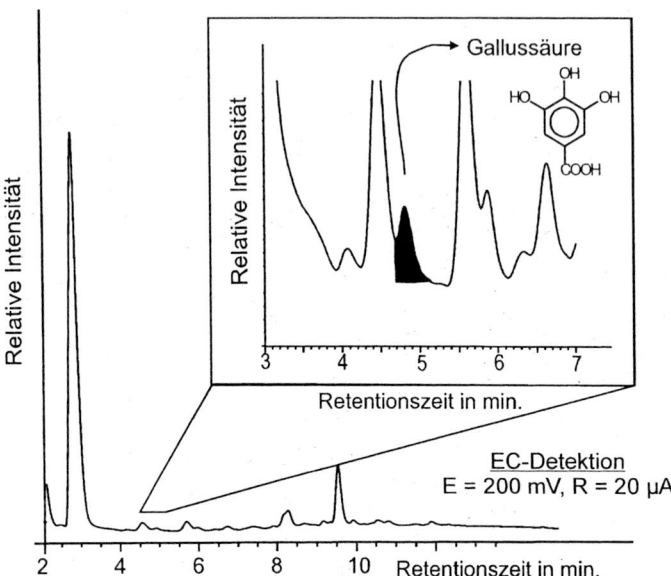

Bild 7. Vegetabil gegerbtes (Mimosa) Gerbereiabwasser: EC-Chromatogramm (E = 200 mV; R = 20 μA) erhalten nach der Hydrolyse (3 h, 110 °C in 1 M HCl).

Tabelle 2. Summenparameter der vier untersuchten Abwasserproben aus der Restflotte.

Restflotte	pH bei T=21 °C	Λ in mS/cm	DOC in g/L	CSB in g/L	SAK$_{254}$ in m^{-1}
Nr. 1	3,7	20,1	4,7	12,0	18,9
Nr. 2	3,7	19,8	4,8	12,8	13,5
Nr. 3	3,7	19,5	4,6	11,8	11,8
Nr. 4	3,8	18,7	4,4	11,8	11,7

Mimosa (c = 16,7 g/L) entspricht einem DOC-Wert von 8,5 g/L. Der DOC-Gehalt der Rest-flotte liegt durchschnittlich bei 4,6 g/L. Dieses entspricht einer Verminderung von Mimosa von mindestens 54 %. Dabei sind weitere DOC-Einträge durch andere organische Stoffe in der Nachgerbung, wie weitere Hilfsstoffe, aber auch Farbreagenzien nicht berücksichtigt.

Aufgrund dieser widersprüchlichen Ergebnisse zur Entfernung des vegetabilen Gerbstoffes Mimosa im Nachgerbungsprozeß wird deutlich, daß die Hydrolysebedingungen und Einflüsse auf die Hydrolyse der Gerbstoffe noch weiter untersucht werden müssen. Es ist zu prüfen, wel-che Störungen der Hydrolyse möglicherweise einen Unterbefund an Gallussäure verursachen könnten. Zu untersuchen ist dabei der Einfluß der Ausfällung bzw. Komplexierung und auch der Oxidation der Gerbstoffe auf deren Hydrolysierbarkeit.

Tabelle 3. Durch Standardaddition ermittelte Konzentrationen an Gallussäure in den hydrolysierten Abwasserproben aus der Restflotte der Nachgerbung und die daraus berechneten Mengen an Mimosa in den Ausgangsproben gemäß der Kalibrierung dargestellt in Bild 5.

Restflotte	Gallussäure in µg/L	Mimosa in mg/L
Nr. 1	48	9,1
Nr. 2	59	12,0
Nr. 3	72	11,4
Nr. 4	66	10,8

5 Schlußfolgerungen und Ausblick

Es konnte gezeigt werden, daß es möglich ist, vegetabile Gerbstoffe im Gerbereiabwasser summarisch zu erfassen, indem das Abwasser in 1 M salzsaurer Lösung für 3 h bei 110 °C hydrolysiert (optimierte Bedingungen) und anschließend die entstehende Gallussäure nach chromatographischer Auftrennung quantitativ mittels EC-Detektion erfaßt wird. Durch das spezifische Gallussäure-Äquivalent, das jedem vegetabilen Gerbstoff eigen ist, läßt sich der Gehalt an vegetabilen Gerbstoff in dem Abwasser ermitteln. Allerdings ist eine gleichzeitige Bestimmung unterschiedlicher Tannintypen aufgrund der unterschiedlichen Gallussäure-Äquivalente nicht möglich.

Die Anwendung dieser Methodik auf Gerbereiabwasser direkt aus der Entflottung ergab, daß bei einer Ausgangskonzentration von 16,7 g/L Mimosa in der Nachgerbung weniger als 12 mg/L nach dem Prozeß gefunden werden. Wahrscheinlich ist der Gerbstoff Mimosa chemisch verändert worden. Es sind demnach Analysemethoden zu entwickeln, die die chemische Veränderung im Gerbprozeß erfassen können. Hierzu bietet sich als Alternative zur Bestimmung vegetabiler Gerbstoffe im Gerbereiabwasser die HPLC-MS-Technik [27-31] an. Diese Methode soll zum Vergleich der bisher erhaltenen und hier dargestellten Ergebnisse Verwendung finden.

Danksagung

Dank gilt der Europäischen Union für die finanzielle Förderung der Arbeit durch das INCO-DC Projekt „Reduction of Environmental Impacts of Leather Tanneries (EILT)" (contract n° ERB IC18*CT98-0286). Außerdem möchten wir uns bei Herrn J. Haberkamp für die große Unterstützung bei der Laborarbeit bedanken.

Literatur

[1] Kochta, J.; Slaats, H.; Träubel, H. und Wehling, B.: Alternativen zur Chromgerbung – aktueller Stand. Leder *41*, 169-174 (1990)

[2] Haslam, E.: Vegetable tannage: Where do the tannins go? J. Soc. Leather Technol. Chem. *81*, 45-51 (1996)

[3] Reich, G.: Theorie und Praxis der organischen Gerbstoffe. Leder *47*, *(4)*, 74-83 (1996)

[4] Covington, A. D.: Modern tanning chemistry. Chem. Soc. Rev. *26*, *(2)*, 111-126 (1997)

[5] Taschenbuch für den Lederfachmann, 3. Auflage, 67056 Ludwigshafen, Deutschland

[6] Haslam, E.: Plant polyphenols – Vegetable Tannins revisited, S. 230, Cambridge University Press, Cambridge, New York, New Rochelle, Melbourne, Sydney 1989 – ISBN: 0 521 32189 1

[7] Thompson, R. S.; Jacques, D. und Haslam, E.: Plant proanthocyanidins. Part I. Introduction; the isolation, structure and distribution in nature of plant procyanidins. J. Chem. Soc. Perk. Trans. I, 1387-1399 (1972)

[8] Wollgast, J. und Anklam, E.: Review on polyphenols in theobroma cacao: changes in composition during manufacture of chocolate and methodology for identification and quantification. Food Res. Int. *33*, 423-447 (2000)

[9] Lee, B.-L. und Ong, C.-N.: Comparative analysis of tea catechins and theaflavins by high-performance liquid chromatography and capillary electrophoresis. J. Chromatogr. A *881*, *(1-2)*, 439-447 (2000)

[10] Chen, S.-C., Chung, K.-T.: Mutagenicity and antimutagenicity studies of tannic acid and its related compounds. Food Chem. Toxicol. *38*, 1-5 (2000)

[11] Scalbert, A.: Antimicrobial properties of tannins. Phytochemistry *30*, 3875-83 (1991)

[12] De Bruyne, T.; Pieters, L.; Deelstra, H. und Vlietinck, A.: Condensed vegetable tannins: Biodiversity in structure and biological activities. Biochem. Sys. Ecol. *27*, 445-459 (1999)

[13] Hagermann, A. E.; Zhao, Y. und Johnson, S.: Methods for determination of condensed and hydrolyzable tannins, Bd. ACS symposium series, 662, S. 209-222, American Chemical Society, Washington, DC 1997 – ISBN: 0-8412-3498-1

[14] Scalbert, A.; Monties, B. und Janin, G.: Tannins in wood: Comparison of different estimation methods. J. Agric. Food Chem. *37*, *(5)*, 1324-1329 (1989)

[15] Buta, J. G.: Analysis of plant phenolics by high-performance liquid chromatography using a polystyrene-divinylbenzene resin column. J. Chromatogr. *295*, *(2)*, 506-509 (1984)

[16] Dalluge, J. J.; Nelson, B. C.; Brown Thomas, J. und Sander, L. C.: Selection of column and gradient elution system for the separation of catechins in green tea using high-performance liquid chromatography. J. Chromatogr. A *793*, *(2)*, 265-274 (1998)

[17] Ding, M.; Yang, H. und Xiao, S.: Rapid, direct determination of polyphenols in tea by reversed-phase column liquid chromatography. J. Chromatogr. A *849*, 637-640 (1999)

[18] Rohr, G. E.; Meier, B. und Sticher, O.: Quantitative reversed-phase high-performance liquid chromatography of procyanidins in Crataegus leaves and flowers . J. Chromatogr. A *835*, 59-65 (1999)

[19] Palomino, O.; Gmez-Serranillos; Slowing, K.; Carretero, E. und Villar, A.: Study of polyphenols in grape berries by reversed-phase high-performance liquid chromatography. J. Chromatogr. A *870*, 449-451 (2000)

[20] Muralidharan, D.: Spectrophotometric analysis of catechins and condensed tannins using Ehrlichs's reagent. J. Soc. Leather Technol. Chem. *81*, *(6)*, 231-233 (1997)

[21] Kilkowski, W. J.; Gross und G. G.: Color reaction of hydrolyzable tannins with Bradford reagent, Coomassie brilliant blue. Phytochemistry *51*, *(3)*, 363-366 (1999)

[22] Ferreira, E. C. und Nogueira, A. R. A.: Vanillin-condensed tannin study using flow injection spectrophotometry. Talanta *51*, 1-6 (2000)

[23] Christopherson, M. J. und Cardwell, T. J.: Determination of total phenols in waters and wastewaters using flow injection with elechtrochemical detection; an alternative to the standard colorimetric procedure. Anal. Chim. Acta *323*, 39-46 (1996)

[24] Chiavari, G.; Vitali, P. und Galetti, G. C.: Electrochemical detection in the high-performance liquid chromatography of polyphenols (vegetable tannins). J. Chromatogr. *392*, 426-434 (1987)

[25] Gamache, P.; Ryan, E. und Acworth, I. N.: Analysis of phenolic and flavonoid compounds in juice beverages using high-performance liquid chromatography with coulometric array detection. J. Chromatogr. *635*, 143-150 (1993)

[26] Madigan, D. und McMurrough, I.: Determination of proanthocyanidins and catechins in beer and barley by high-performance liquid chromatography with dual-electrode electrochemical detection. Analyst *119*, 863-867 (1994)

[27] Vivas, N.; Bourgeois, G.; Vitry, C.; Glories, Y. und de Freitas, V.: Determination of the composition of commercial tannin extracts by liquid secondary ion mass spectrometry (LSIMS). J. Sci. Food Agric. *72*, 309-317 (1996)

[28] Viriot, C.; Scalbert, A.; Herv, C. L. M. und Moutounet, M.: Ellagitannins in woods of sessile oak and sweet chestnut dimerization and hydrolysis during wood ageing. Phytochemistry *36*, (5), 1253-1260 (1994)

[29] Matthews, S.; Mila, I.; Scalbert, A.; Pollet, B.; Lapierre, C.; Herv du Penohat, C. L. M.; Rolando, C. und Donnelly, D. M. X.: Method for estimation of proanthocyanidins based on their acid depolymerization in the presence of nucleophiles. J. Agric. Food Chem. *45*, 1195-1201 (1997)

[30] Labarbe, B.; Cheynier, V.; Broosaud, F.; Souquet, J.-M. und Moutouet, M.: Quantitative fractionation of grape proanthocyanidins according to their degree of polymerization. J. Agric. Food Chem. *47*, 2719-2723 (1999)

[31] Cheynier, V.; Doco, T.; Fulcrand, H.; Guyot, S.; Le Roux, E.; Souquet, J. M.; Rigaud, J. und Moutounet, M.: ESI-MS analysis of polyphenolic oligomers and polymers. Analusis *25*, (8), M32-M37 (1997)

Iodierte Röntgenkontrastmittel im anthropogen beeinflußten Wasserkreislauf

Iodinated X-ray contrast media in the anthropogenic influenced water cycle

Anke Putschew* und *Martin Jekel**

Schlagwörter

iodierte Röntgenkontrastmittel, LC-MS-MS, Iopromid, Diatrizoat, Oberflächengewässer, Grundwasser, AOI

Summary

Triiodinated benzene derivatives are widely used as X-ray contrast media. The world wide consumption is around 3500 tons per year. Based on the required properties of the diagnostic agents they are very polar and persistent and are excreted via urine in unmetabolized form after some hours of application. Due to the high water solubility the iodinated contrast media are not removable by waste water treatment plants and are expected to occur in receiving surface and ground waters. We have studied the occurrence of the contrast agents in a partially closed water cycle in Berlin. Starting point is a sewage treatment plant, receiving hospital waste water. The effluent is released into a channel, flowing into a lake. After bank filtration the lake water is used for production of drinking water. The iodinated contrast media were quantified by differentiation of the group parameter adsorbable organic halogens (AOX) into AOCl, AOBr and AOI and by analysis of the single compounds. The AOX differentiation is a well established method of our laboratory. For the analysis of single substances a method has been developed. The method consists of a sequential solid-phase extraction method followed by high-performance liquid chromatography coupled with a tandem mass spectrometer for detection. Iodinated X-ray contrast media are detectable in all parts of the influenced water cycle. In the receiving channel the concentration of the iodinated compounds varies between 1.5 and 8.5 µg/L, and in the lake, receiving the channel water, between 0.5 and 3.5 µg/L, depending on the compound (Iopromide, Diatrizoate, Iohexol). Even in the bank filtered water the compounds could be detected in concentrations of up to 0.4 µg /L. By comparison of the group parameter AOI with the AOI calculated based on the amount of single compounds it was recognized, that the identified AOI decreases from the source (40 %) to the bank filtered water (3–9 %). Thus, the iodinated X-ray contrast media seem not to be as stable as assumed. The transformation products are still unknown, but under investigation.

Zusammenfassung

Iodierte Röntgenkontrastmittel, die in hohen Mengen weltweit im Bereich der medizinischen Diagnostik eingesetzt werden, sind sehr hydrophile und stabile Verbindungen. Auch aufgrund ihrer sehr guten Wasserlöslichkeit sind Kläranlagen nicht in der Lage die Verbindungen zu eliminieren. In einem teilweise geschlossenen Wasserkreislauf in Berlin wurden ausgewählte Röntgenkontrastmittel quantifiziert. In einem Kanal, der den Ablauf einer Kläranlage auf-

---

* Dr. A. Putschew, Prof. Dr.-Ing. M. Jekel, Technische Universität Berlin, Institut für Technischen Umweltschutz, Fachgebiet Wasserreinhaltung, Sekr. KF 4, Strasse des 17. Juni 135, 10623 Berlin, email: Putschew@itu201.ut.tu-berlin.de

© WILEY-VCH Verlag GmbH, 69469 Weinheim, 2001   Vom Wasser, 97, 103–114 (2001)

nimmt, wurden Konzentrationen von 1,5–8,5 µg/L an Röntgenkontrastmitteln (Iopromid, Diatrizoat, Iohexol) detektiert. In einem See, in dem der Kanal mündet, wurden Konzentrationen von 0,5–3,5 µg/L gemessen. Im Uferbereich des Sees befinden sich Trinkwasserbrunnen, deren Wasser bis zu 80 % aus Uferfiltrat besteht. Sogar hier konnten Röntgenkontrastmittel (bis zu 0,4 µg/L) nachgewiesen werden. Der Summenparameter „adsorbierbares organisch gebundenes Iod" (AOI) wurde ebenfalls bestimmt. Basierend auf den Daten der Einzelstoffe wurde der identifizierbare AOI Anteil bestimmt. Von der Quelle über die Oberflächengewässer bis hin zum Rohtrinkwasser nimmt der identifizierbare AOI Anteil ab (von 40 auf 3-9 %). Dies deutet an, daß die Verbindungen in der aquatischen Umwelt transformiert werden, unter der Voraussetzung, daß keine weiteren AOI-Quellen vorhanden sind.

1 Einleitung

Iodierte Röntgenkontrastmittel werden weltweit im Bereich der medizinischen Diagnostik eingesetzt. Die Einsatzmenge an iodierten Röntgenkontrastmitteln beträgt weltweit ca. 3500 Tonnen pro Jahr [1]. Das Grundgerüst aller wasserlöslichen iodierten Röntgenkontrastmittel ist das 2,4,6-Triiodbenzol. Die folgenden Eigenschaften haben dazu geführt, dass Derivate des Triiodbenzols im Bereich der medizinischen Diagnostik eingesetzt werden: das Triiodbenzol hat eine hohe Kontrastdichte, die Bindung des Iods an den Benzolkern ist besonders stark und viele Derivate des Triiodbenzols weisen nur eine geringe Toxizität auf [2]. Die humanbiologischen Eigenschaften der Kontrastmittel werden durch das Anfügen von polaren Seitenketten an den Ringpositionen 1, 3 und 5 gesteuert.

Röntgenkontrastmittel werden oftmals in hohen Dosen (bis zu mehr als 100 g pro Anwendung) appliziert. Die Anwendung der Kontrastmittel fordert, daß die iodierten Verbindungen sehr stabil und polar sind, damit sie im Körper nicht metabolisieren und schnell wieder ausgeschieden werden. Bereits nach einigen Stunden der Applikation scheidet der Mensch ca. 90 % der Röntgenkontrastmittel unverändert im Urin wieder aus. Die iodierten Verbindungen gelangen mit dem Krankenhausabwasser und dem Abwasser von Fachpraxen in die städtischen Kläranlagen. Aufgrund der hohen Hydrophilie und Stabilität sind Kläranlagen nicht in der Lage, die Verbindungen zu eliminieren [3, 4, 5]. Mit dem Kläranlagenablauf gelangen die iodierten Röntgenkontrastmittel in die aquatische Umwelt [6; 7].

Toxizitätstests mit dem Röntgenkontrastmittel Iopromid haben gezeigt, daß in der aquatischen Umwelt keine toxischen Effekte zu erwarten sind [8]. Da die Verbindungen aber permanent in hohen Mengen in die Umwelt entlassen werden, sind für eine Risikoabschätzung weitergehende Untersuchungen nötig. Bisherige Studien haben gezeigt, daß die Röntgenkontrastmittel nur sehr schlecht Abbaubar sind [8, 9, 10]. Zu klären ist aber noch, ob in der aquatischen Umwelt eine photochemische Transformation der Verbindungen erfolgt und ob die Transformationsprodukte von ökotoxikologischer Bedeutung sind.

Um diesen Fragen nachzugehen wurde ein teilweise geschlossener Wasserkreislauf in Berlin untersucht. Quantifiziert wurden die iodierten Röntgenkontrastmittel in Form des Summenparameter adsorbierbar organisch gebundenes Iod (AOI) sowie durch Einzelstoffanalytik.

2 Methoden

2.1 Standards

Für die Untersuchungen standen iodierte Röntgenkontrastmittel sowie mögliche Metabolite als Standardsubstanzen zur Verfügung. Bild 1 zeigt die Strukturen der Verbindungen sowie die verwendeten Bezeichnungen. Die Kontrastmittel (Reinheit > 99 %) wurden von der Schering AG (Berlin) zur Verfügung gestellt. Bei den möglichen Metaboliten (Nr. 3, 5, 6 und 7) handelt es sich um Verbindungen, die für die Synthese der iodierten Kontrastmittel eingesetzt werden. Die potentiellen Metabolite wurden uns von Prof. M. Sovak (University of California, San Diego) zur Verfügung gestellt. Die Reinheit der Verbindungen wurde durch HPLC-Analytik überprüft. Es konnten keine Verunreinigungen festgestellt werden.

2.2 Proben

Eine 24 h-Mischprobe des Kläranlagenablaufs Schönerlinde und der Oberflächenwasseraufbereitungsanlage Tegel wurde von den Berliner Wasserbetrieben zur Verfügung gestellt. Die Beprobung des Trinkwasserbrunnens erfolgte ebenfalls durch die Berliner Wasserbetriebe. Alle anderen Proben wurden selbst genommen. Die Proben wurden filtriert (0,45 μm) und, wenn nicht sofort bearbeitet, kalt (4 °C) und dunkel aufbewahrt.

2.3 AOI

Die Proben wurden mit konzentrierter Salpetersäure auf pH 2 eingestellt. Anschließend wurde das organische Material an 80 mg Aktivkohle in Anlehnung an DIN 38409-H14 angereichert. Die Anreicherung erfolgte an einer 3-Kanal Adsorptionseinheit EFU 1000 (Thermo Instruments GmbH, Deutschland), mit einer Durchflussgeschwindigkeit von 3 ml/min. Nach der Anreicherung wurde die Aktivkohle mit einer nitrathaltigen wässrigen Lösung gewaschen, um adsorbierte anorganische Halogenide von der Aktivkohle zu verdrängen. Anschließend wurde die Kohle in einem elektrischen Ofen (Thermo Instruments GmbH, Deutschland) bei 1000 °C verbrannt. Die Verbrennungsgase wurden in einer Adsorptionslösung aufgefangen. Die durch die Verbrennung freigesetzten Halogenide wurden anschließend mittels Ionenchromatographie (DX-100, Dionex, Deutschland) quantifiziert. Für die Trennung der Halogenide wurde eine IonPac AS9-SC Säule (Dionex, Deutschland) verwendet. Die Ionenchromatographie war mit einem UV/Vis, einen Leitfähigkeitsdetektor und einen Supressor ausgestattet. Iodid wurde basierend auf der UV Absorption bei 226 nm quantifiziert. Als Eluent diente eine wässrige Lösung bestehend aus 2,2 mmol/L Natriumcarbonat und 0,75 mmol/L Natriumhydrogencarbonat. Die Eluenten wurden jeden Tag frisch angesetzt und durch Unterdruck mit gleichzeitiger Ultraschallbehandlung entgast.

Die Methode liefert nur dann reproduzierbare und genaue Ergebnisse, wenn die halogenhaltigen organischen Verbindungen der wäßrigen Probe vollständig an der Aktivkohle adsorbiert werden. Die vollständige Adsorption der Verbindungen wurde durch die Anreicherung unterschiedlicher Volumina (100 ml, 50 ml, 25 ml) kontrolliert.

Die Nachweisgrenze für AOI beträgt 0,5 µg/L Iod (Anreicherungsfaktor = 20). Für eine detaillierte Beschreibung der Methode siehe Oleksy-Frenzel et al. [11].

2.3 Einzelstoffanalytik

Für die Anreicherung der iodierten Benzolderivate (Bild 1) wurde eine sequentielle Festphasen-Extraktion entwickelt. Die auf pH 3,5 eingestellten wässrigen Proben wurden zuerst über LiChrolut EN Material (200 mg; Merck; Darmstadt) gegeben. Das Filtrat wurde gesammelt, auf pH 2 eingestellt und dann über Envi-Carb Material (250 mg; Supelco) gegeben. Das Extraktionsvolumen für matrixarme Proben betrug 500 ml und für stark matrixhaltige Proben 50 ml. Die adsorbierten Verbindungen wurden von dem EN Material mit Methanol (6 ml) und von dem Envi-Carb Material mit 8 ml Acetonitril/Wasser (1:1; v:v) und einer Spur Ammoniumacetat eluiert (Envi-Carb Kartuschen wurden entgegen der Extraktionsrichtung eluiert). Die Extrakte wurden im SpeedVac „Konzentrator" (AS 160; Savant) auf ca. 1 ml aufkonzentriert. Der konzentrierte Extrakt wurde in ein 2,5 ml Vial überführt und unter einem leichten Stickstoffstrom bis zur Trockene eingedampft. Anschließend wurde der Extrakt in 0,5 ml (reale Proben) bzw. 1 ml Eluent A (dotiertes Wasser) aufgenommen (siehe unten).

Die Analyse der ausgewählten iodierten Verbindungen erfolgt durch Hochleistungs-Flüssigchromatographie (Hewlett-Packard Serie 1100; Waldbronn, Deutschland). Als Säule diente eine Umkehrphase (Phenomenex®: Luna 3µm C18(2); 150×2 mm). Folgende Eluenten wurden genutzt: Eluent A = Wasser + 0,05 % Trifluoressigsäure und Eluent B = Methanol + 0,05 % Trifluoressigsäure. Für die Elution der Substanzen wurde folgendes Programm verwendet: zu Beginn 0 % B, dann in 10 min zu 5 % B, zu 25 % B nach 25 min, nach 27 min wieder zu den Anfangsbedingungen, welche bis 32 min gehalten werden. Das Injektionsvolumen betrug 10 µl.

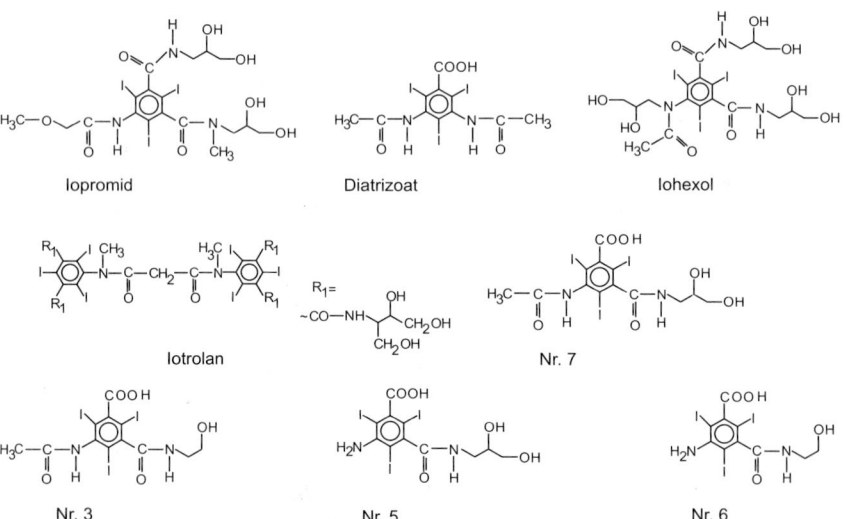

Bild 1. Strukturen iodierter Röntgenkontrastmittel und möglicher Metabolite (Nr. 3, 5, 6 und 7).

Die Detektion der Verbindungen erfolgte durch ein Quatrupol Massenspektrometer (Quattro-LC, Micromass, Manchester, UK). Die HPLC ist mit dem Massenspektrometer durch ein orthogonales Z-Spray Interface gekoppelt. Eine gute Ionisierung der iodierten Verbindungen erfolgt im positiven Elektrospray. Der „selected-reaction-monitoring" Modus wurde für die Detektion der Verbindungen gewählt. Die Bestimmung der Tochterionen erfolgte durch direkte Infusion von Standards mit einer „Spritzen-Pumpe" (Modell 11 syringe pump; Harvard; Holliston; USA). Als Kollisionsgas diente Argon (5.0; Messer Griesheim, Deutschland).

Alle Proben wurden mit (1 µg pro Substanz) und ohne Standardaddition aufgearbeitet. Die Flächen der zu quantifizierenden Verbindungen der nicht dotierten Probe, wurden von den Flächen der dotierten Probe subtrahiert. Anschließend wurden die Wiederfindungsraten der einzelnen Verbindungen in den dotierten Proben bestimmt. Die Konzentrationen der nicht dotierten Proben wurden basierend auf den Wiederfindungsraten korrigiert. Für die Quantifizierung wurde eine externe Kalibrierfunktion erstellt.

3 Ergebnisse

3.1 Untersuchungsgebiet

Bei dem untersuchten teilweise geschlossenen Wasserkreislauf handelt es sich um das Einzugsgebiet des Tegeler Sees (Bild 2). Im Norden des Tegeler Sees befindet sich eine Kläranlage, die u. a. auch Krankenhausabwasser erhält. Der Kläranlagenablauf gelangt über den

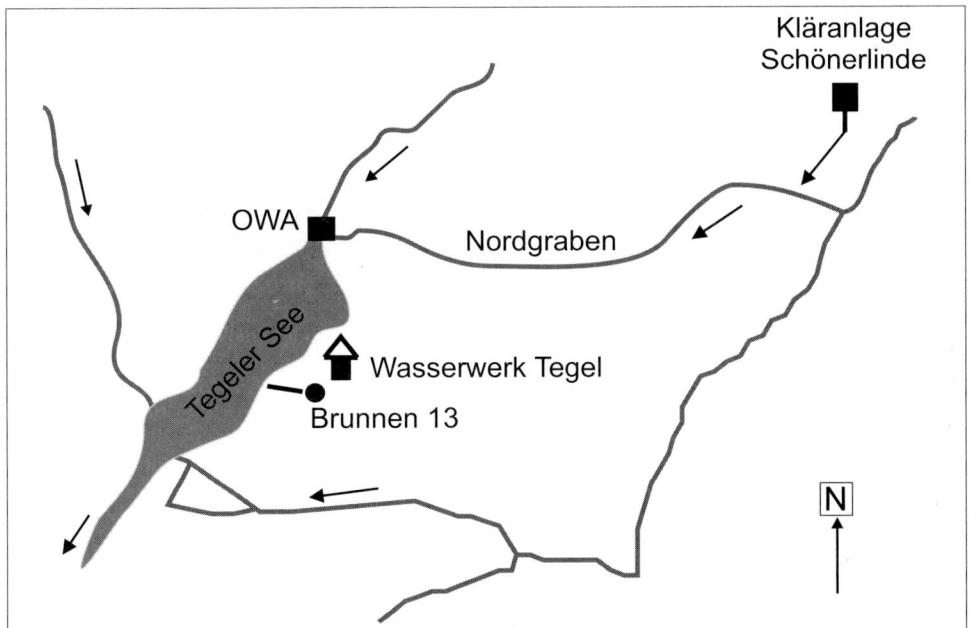

Bild 2. Das Untersuchungsgebiet im Nordwesten Berlins. OWA = Oberflächenwasseraufbereitungsanlage.

Nordgraben in den Tegeler See. Bevor das Wasser des Nordgrabens in den Tegeler See strömt, passiert es eine Oberflächenwasseraufbereitungsanlage, die für die Phosphateliminierung konzipiert wurde. Am Tegeler See befindet sich ein Trinkwasserwerk, daß über 130 Vertikalbrunnen Grundwasser fördert. Das Grundwasser besteht hier bis zu 80 % aus Uferfiltrat.

Im Rahmen der ersten Untersuchung wurde eine 24 h Mischprobe vom Ablauf der Kläranlage und der Oberflächenwasseraufbereitungsanlage untersucht. Des Weiteren wurde der Nordgraben, der Tegeler See und ein Trinkwasserbrunnen beprobt.

Bevor die Ergebnisse vorgestellt und diskutiert werden soll kurz auf die Anreicherungsmethode für die Einzelstoffanalytik eingegangen werden. Details zur massenspektrometrischen Methode befinden sich in [12]. Auf die AOI-Bestimmung wird nicht weiter eingegangen, da es sich um eine in unserem Labor etablierte Methode handelt [11].

3.2 Einzelstoffanalytik

Für die Entwicklung einer analytischen Methode standen neben vier Röntgenkontrastmitteln vier iodierte Benzolderivate zur Verfügung, die als potentielle Metabolite angesehen werden können. Bild 3 zeigt ein Chromatogramm der Standards. Um die Qualität der beschriebenen Anreicherungsmethode bestimmen zu können, wurden die Substanzen aus Leitungswasser angereichert. Für alle Ausgangskonzentrationen liegt die Wiederfindungsrate zwischen 70 und 100 % (Tabelle 1). Ausnahmen sind Iotrolan und Verbindung Nr. 7. Iotrolan konnte nur zu 55 % wieder gefunden werden. Es ist nicht möglich, die Verbindungen durch einen Extraktionsschritt anzureichern (Bild 4). Durch die erste Extraktion können mehr als 40 % von Nr. 5, 6, Iohexol und Iopromid angereichert werden, aber die Ausbeute der anderen Verbindungen durch den ersten Extraktionsschritt ist nicht befriedigend. Der zweite Extraktionsschritt ist

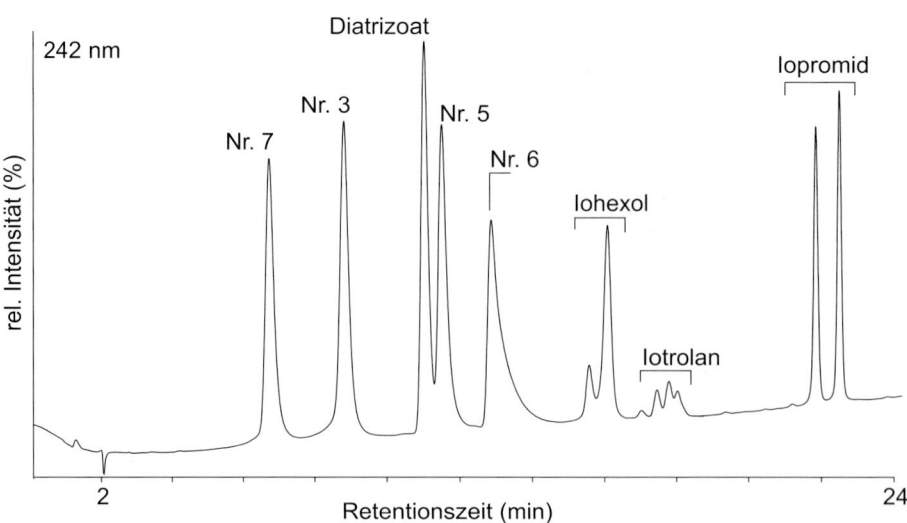

Bild 3. Chromatogramm einer Standardmischung in Wasser (für Strukturen und Abkürzungen siehe Bild 1).

Tabelle 1. Wiederfindungsraten bei Anreicherung unterschiedlicher Ausgangskonzentrationen aus Leitungswasser. n= Wiederholungen der Anreicherung. a = quantifiziert mit MS-Signal, b = quantifiziert mit UV-Signal. n. a. = nicht analysiert, n. n. = nicht nachweisbar.

Verbindung	Wiederfindung (%) und Standardabweichung				
	$10 \, \mu g/L^a$ $n = 2$	$5 \, \mu g/L^a$ $n = 3$	$1 \, \mu g/L^a$ $n = 3$	$5 \, \mu g/L^b$ $n = 3$	$1 \, \mu g/L^b$ $n = 3$
Iopromid	90 ± 10	80 ± 5	80 ± 5	90 ± 5	100 ± 5
Iohexol	80 ± 15	90 ± 5	90 ± 5	90 ± 5	90 ± 5
Iotrolan	n. a.	n. a.	n. a.	55 ± 5	n. n.
Diatrizoat	90 ± 15	100 ± 10	100 ± 10	85 ± 5	100 ± 5
Nr. 7	100 ± 10	100 ± 5	80 ± 10	80 ± 5	70 ± 10
Nr. 3	90 ± 10	100 ± 10	100 ± 10	90 ± 5	85 ± 5
Nr. 5	n. a.	85 ± 5	90 ± 5	90 ± 5	85 ± 5
Nr. 6	100 ± 5	80 ± 5	80 ± 5	90 ± 5	70 ± 10

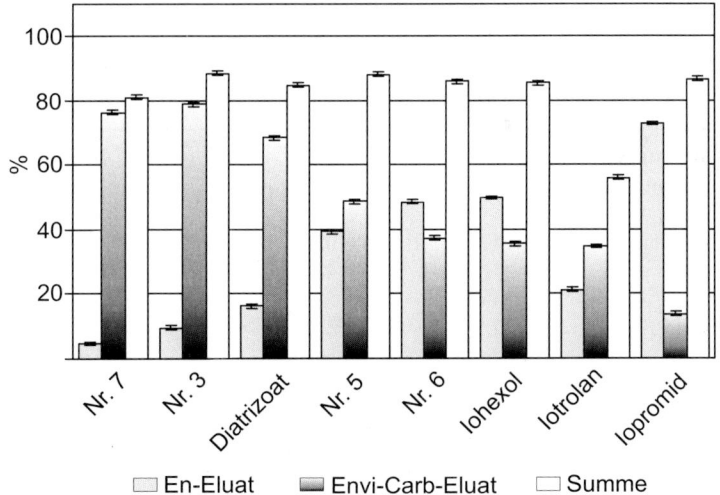

Bild 4. Wiederfindungsraten der EN und Envi-Carb Eluate sowie die Gesamt-Wiederfindung.

nötig, um für alle Verbindungen gute Wiederfindungsraten zu erzielen. Standardlösungen der Verbindungen können mittels HPLC-UV detektiert werden. Die Nachweisgrenze für die Verbindungen, gelöst in reinem Wasser, liegt bei 1 ng absolut. Die Analyse realer Proben erfordert aber die wesentlich empfindlichere MS-Detektion. Von allen Substanzen wurden MS/MS-Spektren aufgenommen, um das Masse zu Ladungsverhältnis intensiver Tochterionen zu ermitteln. Bild 5 zeigt beispielhaft die Tochterspektren zweier ausgewählter Röntgenkontrastmittel. In Tabelle 2 sind die Molekülionen, die detektierten Tochterionen sowie die abgespaltenen Gruppen für alle untersuchten Verbindungen aufgelistet. Die Nachweisgrenze, für Standards gelöst in reinem Wasser, liegt bei liegt bei ca. 0,5 ng absolut. Es können also

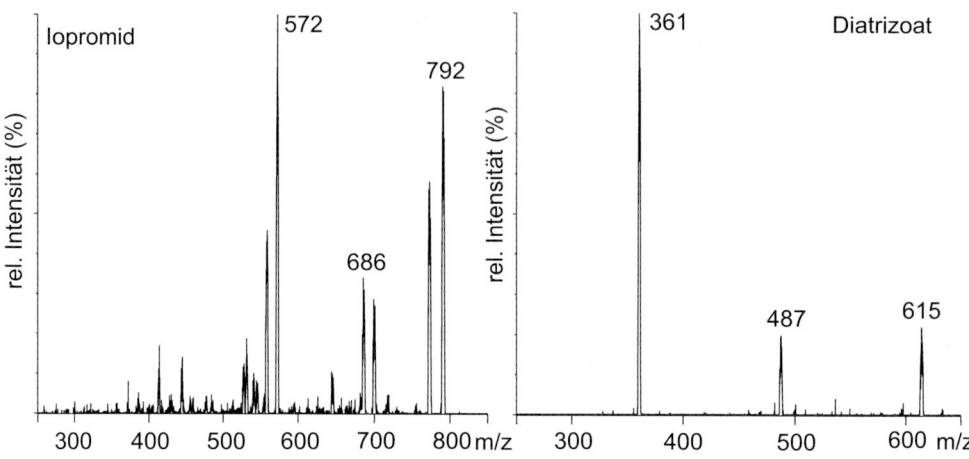

Bild 5. MS/MS Spektrum von Iopromid und Diatrizoat.

Tabelle 2. Molekülionen und detektierte Tochterionen triiodierter Benzolderivate. n. b. = nicht bestimmt.

Verbindung	Molekülion [m/z]	Tochterion [m/z]	Kollisions-energie [eV]	Verlust von
Iopromid	791,8	572	24	HI; $C_3H_8NO_2$
Iohexol	821,8	803	20	H_2O
Diatrizoat	614,6	361	20	2I
Iotrolan	814	n. b.	n. b.	
Nr. 7	674,7	428	22	HI; $C_4H_8NO_3$
Nr. 3	644,6	584	18	C_2H_6NO
Nr. 5	632,8	541	22	$C_3H_8NO_2$
Nr. 6	602,6	541	20	C_2H_6NO

4 ng/L nachgewiesen werden, wenn das Injektionsvolumen 20 µl beträgt und der Anreicherungsfaktor 5000 ist. Die Nachweisgrenze für stark matrixhaltiger Proben ist höher, wurde aber noch nicht systematisch bestimmt.

3.3 Untersuchung realer Proben

Die zur Verfügung stehenden potentiellen Metabolite, wie auch Iotrolan konnten in den realen Proben nicht nachgewiesen werden. In allen Proben sind jedoch Iopromid und Diatrizoat nachweisbar. Iohexol konnte nur in den untersuchten Abläufen und den Oberflächengewässern nachgewiesen werden. Die Konzentration der Röntgenkontrastmittel, der AOI-Gehalt der Proben sowie der identifizierbare AOI Anteil der untersuchten Proben sind in Tabelle 3 zusammengefaßt. In der Wochenmitte, wenn die AOI-Emission des Kläranlagenablaufes am höchsten ist, werden über 24 Stunden 22 µg/L Iopromid, 13 µg/L Diatrizoat und 8 µg/L

Tabelle 3. Konzentrationen an Röntgenkontrastmitteln. * 24 h Mischprobe; ** Proben wurden dreimal aufgearbeitet, n. a. = nicht analysiert, n. n. = nicht nachweisbar.

Verbindung Probe	Iopromid µg/L	Iohexol µg/L	Diatrizoat µg/L	AOI µg/L I	Identifzierter AOI (%)
Ablauf Kläranlage* (26./27.07.00)	22 ± 2**	7,5 ± 1**	13 ± 1**	57,4	39 ± 3
Nordgraben	8,5 ± 0,1**	1,5 ±0,3**	7,2 ± 0,4**	32,9	28 ± 1,5
Ablauf OWA* (12./13.07.00)	13,7 ± 0,9**	2,4 ± 0,5**	12,2 ± 0,8**	56,9	27 ± 1,5
Tegeler See					
Februar 2000	3,5	n. a.	2,3	16,1	19
März 2000	2,6	n. a.	1,4	11,8	18
Juni 2000	2,0	0,5	1,1	11,4	27
Brunnen 13					
März 2001	0,01	n. n.	0,14	2,7	3,4
April 2001	0,01	n. n.	0,38	2,6	9,2
Mai 2001	Spur	n. n.	0,25	3,1	5

Iohexol in die aquatische Umwelt entlassen. Wesentlich geringere Konzentrationen wurden in der Stichprobe des Nordgrabens festgestellt. In der 24 h Mischprobe des Ablaufs der Oberflächenwasseraufbereitungsanlage ist die Konzentration von Iopromid wie auch die von Diatrizoat etwas größer als 10 µg/L, die von Iohexol beträgt 2,5 µg/L. Die Verdünnung durch die Einleitung in den Tegeler See führt zu Konzentrationen von 2 – 3,5 µg/L Iopromid, 1-2 µg/L Diatrizoat und 0,5 µg/L Iohexol. Wesentlich geringer sind die Konzentrationen im Trinkwasserbrunnen 13. Die Konzentration von Iopromid liegt im Brunnen 13 bei 0,01 µg/L und die von Diatrizoat bei 0,14–0,38 µg/L.

Die Konzentrationen der einzelnen Stoffe in den unterschiedlichen Proben lassen sich nicht direkt vergleichen, da es sich um Stichproben handelt. Unter Verwendung des AOI Gehaltes der Proben kann berechnet werden, wie viel vom gesamten AOI durch die jeweils quantifizierten Röntgenkontrastmittel spezifiziert werden kann. Im Kläranlagenablauf können 39 % des AOI-Gehaltes durch die Röntgenkontrastmittel erklärt werden. Im Nordgraben und im Ablauf der Oberflächenwasseraufbereitungsanlage sind es nur noch 28 %, im Tegeler See im Mittel nur noch 20 % und im Trinkwasserbrunnen nur noch 3–9 %. Die Abnahme des identifizierten AOI-Anteils läßt stark vermuten, daß die iodierten Verbindungen transformiert aber nicht mineralisiert werden, vorausgesetzt, daß keine weiteren AOI-Quellen vorhanden sind. Die hier gefundenen Ergebnisse sind im Einklang mit den Ergebnissen von Kalsch [9], der in Labortestsystemen gezeigt hat, daß die iodierten Verbindungen nicht mineralisiert werden. Des Weiteren haben Studien mit Bodensäulen gezeigt, daß die Verbindungen unter aeroben Bedingungen stabil sind, während unter anaeroben Bedingungen eine Teildeiodierung, aber keine Mineralisierung erfolgt [13].

Ein unterschiedliches Verhalten der Verbindungen während der Uferfiltration zeigt das im Brunnen gefundene umgekehrte Konzentrationsverhältnis von Iopromid und Diatrizoat. Iopromid ist das Röntgenkontrastmittel, das in allen Proben die höchste Konzentration aufweist, bis auf Brunnen 13, dort ist die Konzentration von Diatrizoat am höchsten.

4 Schlußfolgerung

Die hier dargelegten Daten zeigen ganz deutlich, daß iodierte Röntgenkontrastmittel in der aquatischen Umwelt in hohen Konzentrationen vorkommen (μg/L-Bereich). Sogar im Rohtrinkwasser sind die Verbindungen noch nachweisbar.

Obwohl die Röntgenkontrastmittel als sehr stabil gelten, scheint eine Transformation in der aquatischen Umwelt zu erfolgen. Aufgrund der ständigen Emission der Stoffe sollte dringend geklärt werden, welche Transformationsprodukte gebildet werden und ob die Transformationsprodukte aus ökotoxikologischer Sicht bedenklich sind.

Ein gerade begonnenes Projekt beschäftigt sich intensiv mit der Transformation der Verbindungen in der aquatischen Umwelt. Des Weiteren wird eine Uferfiltrationsstrecke im Bereich des Tegeler Sees im Detail untersucht, da bei den ersten Untersuchungen ein unterschiedliches Verhalten der Verbindungen während der Uferfiltration festgestellt worden ist.

Danksagung

Ein besonderer Dank geht an die chemisch-technischen Assistentinnen des Fachgebiets Wasserreinhaltung (TU-Berlin), insbesondere an Uta Stindt für die Durchführung zahlreicher Extraktionen und Hella Schmeißer für die Unterstützung bei der AOI-Bestimmung. Den Berliner Wasserbetrieben sei gedankt für die Bereitstellung der 24 h-Mischproben und der Grundwasserproben

Literatur

[1] Jekel, M.; Oleksy-Frenzel, J. u. Wischnack S.: Organische Iodverbindungen in Berliner Roh- und Trinkwässern. Abschlußbericht im Auftrag der Schering AG Berlin. Berlin 1997.

[2] Speck, U. u. Hübner-Steiner, U.: Röntgenkontrastmittel. In Pharmakologie und Toxikologie. Editoren E. Oberdisse, E. Hackenthal und K. Kuschinsky. Springer-Verlag, Berlin Heidelberg, Kapitel *33*, Seite 597-601, 1999.

[3] Oleksy-Frenzel, J., Wischnack, S. u. Jekel, M.: Determination of organic group parameters AOCl, AOBr and AOI in municipal waste water. Vom Wasser *85*, 59-67 (1995).

[4] Jekel, M. u. Wischnack, S.: Herkunft und Verhalten iodorganischer Verbindungen im Wasserkreislauf. In: Chemische Stressfaktoren in aquatischen Systemen. Schriftenreihe des Interdisziplinären Forschungsverbundes Wasserforschung in Berlin. ISBN 3-00-005914-8, Seite 61-69, 2000.

[5] Ternes, T. u. Hirsch, R.: Occurrence and behavior of X-ray contrast media in sewage facilities and the aquatic environment. Environ. Sci. Technol., *34*, 2741-2748 (2000).

[6] Putschew, A.; Wischnack, S. u. Jekel, M.: Occurrence of triiodinated X-ray contrast agents in the aquatic environment. Sci. Total Environ., *255*, 129-134 (2000).

[7] Hirsch, R., Ternes, T. A., Lindart, A., Haberer, K. u. Wilken, R.-D.: A sensitive method for the determination of iodine containing diagnostic agents in aqueous matrices using LC-electrospray-tandem-MS detection. Fresenius J. Anal. Chem. *366*, 835-841 (2000).

[8] Steger-Hartmann, T., Länge, R. u. Schweinfurth, H.: Environmental Risk Assessment for the Widely Used Iodinated X-Ray Contrast Agent Iopromide (Ultarvist). Ecotoxicol. Environ. Saf. *42*, 274-281 (1999).

[9] Kalsch, W.: Biodegradation of the iodinated X-ray contrast media diatrizoate and iopromide. Sci. Total Environ., *255*, 143-153 (1999).

[10] Hündesrügge, T.: Arzneimittel in der Umwelt – Weg des Röntgenkontrastmittels Iopentol. Krankenhauspharmazie, *19*, 245-248 (1998).

[11] Oleksy-Frenzel, J., Wischnack, S. u. Jekel, M.: Application of ion-chromatography for the determination of the organic-group parameters AOCl, AOBr and AOI in water. Fresenius J. Anal. Chem. *366*, 89-94 (2000).

[12] Putschew, A., Schittko, S. u. Jekel, M.: Quantification of triiodinated benzene derivatives and X-ray contrast media in water samples by liquid chromatography-electrospray tandem mass spectrometry. J. Chromatogr. A, *930*, im Druck (2001).

[13] Jekel, M. u. Wischnack, S.: Untersuchungen zu iodierten organischen Stoffen im Tegeler See und im Wasserwerk Tegel. Abschlußbericht zu einem Untersuchungsprogramm im Auftrag der Berliner Wasserbetriebe. Technische Universität Berlin, Fachgebiet Wasserreinhaltung, 1-54 (2000).

Katalytische Oxidation von Sulfid bei der Trinkwasseraufbereitung: Aktivkohle als Katalysator

Catalytic Oxidation of Sulfide in Drinking Water Treatment: Activated Carbon as Catalyst

Veit Hultsch*, Thomas Grischek*, Dirk Wolff*, Jenny Gun** und *Eckhard Worch**

Schlagwörter

Aktivkohle, Catalytic Carbon, katalytische Sulfidoxidation, Kinetik, Schwefelwasserstoff

Summary

In regions with warm climate and limited water resources high sulfide concentrations in groundwater can cause problems during drinking water treatment. Aeration of the raw water is not always sufficient to ensure the hydrogen sulfide concentration below the odour threshold value for hydrogen sulfide. As an alternative, activated carbon can be used as a catalyst for sulfide oxidation of raw water. The use of different types of activated carbon was investigated in kinetic experiments. Both Catalytic Carbon from Calgon Carbon and granulated activated carbon from Norit showed high catalytic activities. The results of the experiments are discussed with regard to the practical use of activated carbon for the elimination of hydrogen sulfide during drinking water treatment.

Zusammenfassung

In Regionen mit erhöhtem Sulfidgehalt im Grundwasser können Probleme bei der Wasseraufbereitung auftreten. Eine Belüftung des Rohwassers ist nicht immer ausreichend für eine Unterschreitung des niedrigen Geruchsschwellenwertes für Schwefelwasserstoff. Daneben besteht die Gefahr der Bildung von geruchsintensiven Polysulfiden während der Wasseraufbereitung. Einen alternativen Ansatz stellt die Sulfidentfernung mittels katalytischer Oxidation an Aktivkohle in der Wasserphase dar. Dazu wurden kinetische Versuche mit verschiedenen Aktivkohletypen durchgeführt. Sowohl Catalytic Carbon der Firma Calgon Carbon als auch granulierte Aktivkohle der Firma Norit weisen eine hohe katalytische Aktivität auf. Die Ergebnisse der Laborversuche werden hinsichtlich des praktischen Einsatzes von Aktivkohle zur Entfernung von Schwefelwasserstoff bei der Trinkwasseraufbereitung diskutiert.

---

* Dipl.-Chem. V. Hultsch, Dipl.-Ing. T. Grischek, Dipl.-Ing. D. Wolff und Prof. Dr. E. Worch, TU Dresden, Institut für Wasserchemie, Mommsenstraße 13, D-01062 Dresden
E-Mail: hultsch@rcs.urz.tu-dresden.de
** Dr. J. Gun, Hebrew University of Jerusalem, Division of Environmental Sciences, Fredy and Nadine Herrmann School of Applied Science, 91904 Jerusalem, Israel

1 Einleitung

Auch wenn chronisch toxische Wirkungen von Schwefelwasserstoff oder anderen Sulfiden im Trinkwasser nicht bekannt sind, können erhöhte Schwefelwasserstoffkonzentrationen im Trinkwasser wegen des Geruchs ein Problem darstellen. Der Geruchsschwellenwert für gelösten Schwefelwasserstoff liegt bei 0,5 µg/L [1].

Prinzipiell kann Sulfid während der Trinkwasseraufbereitung mittels Stripping und Oxidation durch Luftsauerstoff oder andere Oxidationsmittel (z. B. Ozon, Chlordioxid oder Chlor im Rahmen der Desinfektion) entfernt werden. Diese Verfahren führen in der Regel zur vollständigen Entfernung kleiner Sulfidmengen.

In wärmeren Klimazonen weisen viele Grundwasservorkommen hohe Sulfidgehalte auf. So fördern beispielsweise in Israel mehr als 150 Brunnen Rohwasser mit Sulfidgehalten über 200 µg/L Schwefelwasserstoff [2, 3]. Begrenzte Wasserressourcen erfordern eine Nutzung dieser Rohwässer für die Trinkwasserversorgung.

Während der Aufbereitung von Wässern mit hohen Sulfidgehalten kann es zur Bildung von Polysulfiden kommen. Insbesondere bei Anwesenheit von Mikroorganismen werden Methylpolysulfide gebildet, die aufgrund ihrer noch wesentlich niedrigeren Geruchsschwellenwerte eine Nutzung des aufbereiteten Wassers als Trinkwasser verhindern. So weist zum Beispiel Dimethyltrisulfid einen Geruchsschwellenwert von 10 ng/L auf [4].

In Israel ist die Sulfidentfernung mittels Belüftung in offenen Rohrgitterkaskaden Stand der Technik. Hierbei kommt es jedoch zu einer unerwünschten Bildung von Polysulfiden, so dass nach alternativen Verfahren gesucht wird. Ein aussichtsreicher Ansatz zur Aufbereitung stark sulfidbelasteten Rohwassers ist die katalytische Oxidation des Sulfids an Aktivkohle.

Die katalytische Wirkung von Aktivkohlen bei der Oxidation von Schwefelwasserstoff und anderen S-Verbindungen in der Gasphase wurde ausführlich beschrieben [5-9]. Untersuchungen zum Einsatz von Aktivkohlekatalysatoren für die Sulfidoxidation in wässriger Phase erfolgten seltener und vorwiegend im Rahmen der Abwasserbehandlung. Lefers et al. [10] beschreiben die katalytische Sulfidoxidation mit den Pulverkohlen Norit SX-II und Norit W-52 bei pH = 9,7 und pH = 12 und Temperaturen von 25...48,5 °C. Die Oxidation des Sulfids erfolgte überwiegend zum Thiosulfat. Yakovlev und Andreev [11] haben für ihre Untersuchungen GAC eines nicht näher beschriebenen Typs (AG-3) mit einem mittleren Korndurchmesser von 1,3 mm eingesetzt. Die Sulfidoxidation erfolgte bei 15...35 °C in 1 M NaOH. Zur Art der hier gebildeten Reaktionsprodukte wurden keine Angaben gemacht. Eine aktuelle Arbeit beschreibt die oxidative Behandlung von Sulfidabwässern aus der Gaswäsche unter Einsatz der Aktivkohlen Hydrodarco GAC und Calgon SGL bei 8...24 °C. Hier wurde das Sulfid überwiegend zum elementaren Schwefel umgesetzt, wobei auf Grund der niedrigen S-Wiederfindung auf den eingesetzten Kohlen von 30 % das Vorhandensein weiterer Reaktionsprodukte nicht ausgeschlossen werden kann [12]. Grundlegende Untersuchungen zu Kinetik und Mechanismus der nichtkatalysierten Sulfidoxidation in der Wasserphase wurden von Chen und Morris durchgeführt [13].

Calgon Carbon Inc. (Pittsburgh, PA, USA) bietet mit Catalytic Carbon eine spezielle Aktivkohle zur Entfernung von Schwefelwasserstoff sowohl aus der Gasphase als auch aus wässriger Phase an [14]. In der hier vorgestellten Arbeit, die im Rahmen eines deutsch-israelischen Forschungsvorhabens durchgeführt wurde, soll die Wirkung von Catalytic Cabon hinsichtlich der Sulfidoxidation in Wasser im Vergleich mit anderen granulierten Aktivkohlen (GAC) untersucht werden.

2 Material und Methoden

2.1 Charakterisierung der verwendeten Aktivkohlen

Die katalytische Aktivkohle Catalytic Carbon wird nach einem speziellen Verfahren der Oberflächenmodifizierung hergestellt und wird von der Firma Calgon Carbon Inc. (Pittsburgh, PA, USA) unter Verweis auf die hervorragende Eignung zur H_2S-Entfernung vertrieben [14]. Für die vergleichenden Untersuchungen wurden GAC der Firma Norit (Amersfoort, NL) eingesetzt. Die folgenden Kohlen kamen zur Anwendung: Norit GAC 1240, Norit GAC 830, Centaur 12x40, Centurion, Centaur 12x50 und Centaur 8x30. Alle Aktivkohlen wurden dreifach mit Reinstwasser unter Verwendung eines Ultraschallbades gewaschen. Danach erfolgte eine Lufttrocknung über 3 Stunden bei 110 °C. Da der Einfluss der inneren Diffusion auf die katalytische Aktivität der verwendeten Katalysatoren zu berücksichtigen war, wurden verschiedene Korngrößen der Aktivkohlen für die Versuche verwendet. Die Kohlen wurden durch Mahlen im Porzellanmörser zerkleinert, wie oben beschrieben gewaschen und mittels Siebsatz fraktioniert. Die effektiven Korndurchmesser d_m aller verwendeten Fraktionen wurden mit Hilfe der Software APSM berechnet [15]. Die Porenvolumina V_p und die BET-Oberflächen wurden unter Verwendung der Adsorptions- und Desorptionskurven von flüssigem Stickstoff bei verschiedenen Druckverhältnissen unter isothermen Bedingungen mit einem Gemini 2375 Analysator (Micromeritics, Norcross, GA, USA, Auswertung der Sorptionskurven mit Hilfe der Herstellersoftware) bestimmt. Eine Übersicht über alle untersuchten Aktivkohlen und deren wichtigste Eigenschaften zeigt Tabelle 1.

2.2 Experimentelle Bestimmung der Kinetik der Sulfidoxidation in Wasser

Alle Untersuchungen und analytischen Bestimmungen erfolgten unter Verwendung von Reinstwasser MilliQ Plus (Millipore, Bedford, MA, USA). Die Kinetik der oxidativen Sulfidelimination wurde mit Hilfe von Batchversuchen mit luftgesättigten Standardlösungen von Natriumsulfid (p. a., 35 %, Merck, Darmstadt) mit der Ausgangskonzentration 1 mg/L Sulfid in Carbonatpufferlösung (pH = 8,3) untersucht. Die Carbonatpufferlösung bestand aus 1 Teil Stammlösung (1,060 g Natriumcarbonat, 7,561 g Natriumhydrogencarbonat und 8,8 mL 1 M Salzsäure je 1 L Reinstwasser) mit 13 Teilen Reinstwasser (100 % Sauerstoffsättigung). Der pH-Wert wurde durch Zugabe von Natriumhydroxid bzw. Salzsäure auf den erforderlichen Wert eingestellt. Die Reaktion erfolgte bei 22 °C (± 0,5 °C, Wasserbad).

Zur Erfassung der kinetischen Parameter der nichtkatalysierten Reaktion wurde jeweils ein Kontrollansatz ohne Katalysator mitgeführt. Das Volumen der Batchreaktoren betrug 0,3...2,0 Liter und die Aktivkohleeinwaage 470...660 mg/L. Die Reaktoren waren derart aufgebaut, dass ein Gasaustausch mit der Flüssigphase ausgeschlossen war (Bild 1).

Die Sulfidbestimmung erfolgte photometrisch mit Hilfe der Methylenblau-Methode (modifiziert nach [16]). Dazu wurden die folgenden Stammlösungen hergestellt:
Reagenslösung I (6,75 g N,N-Dimethyl-1,4-phenylendiaminoxalat (p. a., Acros, Geel, Belgien) in 18 M Schwefelsäure (p. a., Baker, Deventer, Niederlande) wurde zu 1000 mL Reinstwasser gegeben), *Reagenslösung II* (12,5 g $FeCl_3 \cdot 6 H_2O$ in 100 mL Reinstwasser), *Reagenslösung III* (Schwefelsäure konzentriert (p. a., Baker, Denver, Niederlande)).

Tabelle 1. Kennzeichnung der untersuchten Aktivkohlen.

Bezeichnung	AC2	AC3	CC1	CC2	CC3	CC4
Hersteller	NORIT			CALGON CARBON		
Typ*	GAC 1240	GAC 830	Centaur	Centurion	Centaur	Centaur
Charge	991378	990011	-	-	FE 50118B	FE 41115A
Korngröße (US Norm)*	12 x 40	8 x 30	12 x 40	12 x 40	20 x 50	8 x 30
Korndurch-messer (mm)*	0,42-1,7	0,6-2,36	0,35-1,4	0,35-1,4	0,3-0,83	0,6-2,36
	experimentell bestimmte Parameter					
mittlerer Korndurch-messer d_m (mm)	0,95	1,36	0,94	0,84	0,60	1,36
BET-Oberfläche (m²/g)	817	797	644	727	728	613
Porenvolumen V_p (cm³/g)	0,50	0,46	0,35	0,39	0,39	0,33

* Herstellerangaben

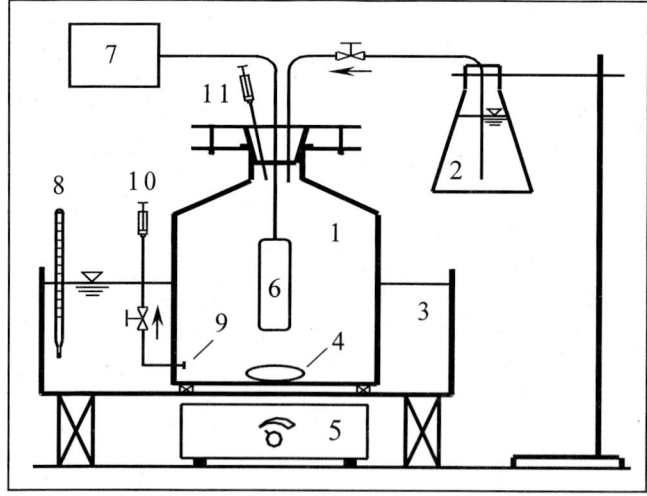

(1)	Sulfidlösung
(2)	Pufferlösungsvorrat
(3)	Wasserbad (thermostatiert)
(4)	PTFE-Rührkörper
(5)	Magnetrührer
(6)	Sauerstoffelektrode
(7)	Datenanzeige (O_2)
(8)	Thermometer
(9)	Probenfilter
(10)	Probeentnahme
(11)	Belüftungsventil

Bild 1. Aufbau der verwendeten Batchreaktoren.

Zur photometrischen Sulfidbestimmung wurden zu je 7 mL Probevolumen unter leichter Bewegung 500 μL *Reagens I* und 150 μL *Reagens II* zugegeben. Nach Ausbildung der blauen Färbung (ca. 1 min) wurde mit 500 μL *Reagens III* angesäuert und die Probe gut durchmischt. Die Messung der Extinktion bei 743 nm erfolgte nach 15 min.

Die Berechnung der Konzentrationen erfolgte nach einer linearen Kalibrierfunktion für 0,1...5,0 (± 0,07) mg/L Sulfid-S.

Sauerstoffsättigung und pH-Wert wurden elektrochemisch erfasst (Multilab 4, WTW, Weilheim, Deutschland).

2.3 Berechnung und Normierung der kinetischen Parameter

Die Sulfidoxidation an Aktivkohlen ist eine heterogen katalysierte Reaktion. Die Kinetik derartiger Prozesse wird im Allgemeinen sowohl von der chemischen Reaktion als auch von Transportprozessen bestimmt, wobei letztere maßgeblich von Größe und Porenstruktur der Katalysatorteilchen beeinflusst werden. Um einen Vergleich der katalytischen Aktivitäten der betrachteten Aktivkohlen vornehmen zu können, wurden daher aus den kinetischen Rohdaten wahre (d. h. diffusions- bzw. korngrößenunabhängige) Geschwindigkeitskonstanten k_{real} ermittelt. Die Ermittlung dieser Größen erfolgte in mehreren Schritten, die im Folgenden kurz aufgezeigt werden sollen.

Aus den experimentell ermittelten kinetischen Kurven wurden zunächst unter Annahme eines Geschwindigkeitsgesetzes erster Ordnung für die Bruttoreaktion (Gl.(1)) die Parameter $c_{0,obs}$ und k_{obs} mittels nichtlinearer Regression bestimmt.

$$c_{obs} = c_{0,obs} \cdot e^{-(k_{obs} \cdot t)} \tag{1}$$

c_{obs} gemessene Sulfidkonzentration zur Zeit t
$c_{0,obs}$ angepasste Sulfidkonzentration zur Zeit t = 0 min
k_{obs} angepasste Reaktionsgeschwindigkeitskonstante

Bild 2 zeigt als Beispiel experimentelle kinetische Daten sowie nach Gl.(1) angepasste Kurven.

Im nächsten Schritt erfolgte eine Normierung mit dem Ziel, den Einfluss unterschiedlicher Prozessbedingungen und Porenvolumina zu eliminieren. Die gleichzeitig durchgeführte Korrektur der Geschwindigkeitskonstante k_{obs} berücksichtigt die Autoxidation des Sulfids im Wasser. Die Korrekturgröße k_0 stellt dabei die Reaktionsgeschwindigkeit aus dem jeweiligen Kontrollversuch ohne Aktivkohle dar.

$$k = (k_{obs} - k_0) \cdot \left(\frac{V_{Reaktor}}{m_{Kohle} \cdot V_p} \right) \tag{2}$$

k normierte Reaktionsgeschwindigkeitskonstante
k_0 Reaktionsgeschwindigkeitskonstante im Kontrollversuch
$V_{Reaktor}$ Volumen des Batchreaktors
V_p Porenvolumen
m_{Kohle} Kohleneinwaage

Die diffusionsunabhängigen (wahren) Reaktionsgeschwindigkeitskonstanten k_{real} lassen sich schließlich aus der analytischen Lösung des Differentialgleichungssystems für den Gesamtprozess aus Diffusion und Reaktion erster Ordnung berechnen:

$$k = k_{real} \cdot \left(\frac{3}{\psi}\right) \cdot \left(\frac{1}{\tanh \psi} - \frac{1}{\psi}\right) \tag{3}$$

Hierbei stellt ψ den Thiele-Modul dar, der nach Gleichung 4 definiert ist.

$$\psi = l \cdot \sqrt{\frac{k_{real}}{D_P}} \quad \text{mit} \quad l = \frac{d_m}{6} \tag{4}$$

ψ Thiele-Modul
l Länge der Diffusionsstrecke
d_m mittlerer Korndurchmesser der jeweiligen Siebfraktion
D_p Porendiffusionskoeffizient
k_{real} diffusionsunabhängige Reaktionsgeschwindigkeitskonstante

Die Bestimmung der beiden charakteristischen Parameter für Diffusion (Porendiffusionskoeffizient D_p) und Reaktion (wahre Geschwindigkeitskonstante k_{real}) ist mit Hilfe der Gleichungen (3) und (4) möglich, wenn normierte Geschwindigkeitskonstanten k für verschiedene Korndurchmesser d_m vorliegen. Voraussetzung für die Bestimmung von diffusionsunabhängigen und damit vergleichbaren Geschwindigkeitskonstanten ist somit die Aufnahme kinetischer Kurven für verschiedene Kornfraktionen der jeweiligen Aktivkohle.

3 Ergebnisse und Diskussion

Alle untersuchten Kohlen bewirkten eine Erhöhung der Reaktionsgeschwindigkeit der Sulfidoxidation in wässriger Lösung im Vergleich zu Versuchsansätzen ohne Aktivkohlezusatz, wie in Bild 2 beispielhaft dargestellt ist.

In Tabelle 2 sind die Ergebnisse aller durchgeführten Versuche mit den Kohlen verschiedener Korngrößen zusammengestellt. Neben den wahren Geschwindigkeitskonstanten k_{real} sind auch alle weiteren, für die Auswertung notwendigen Parameter aufgeführt. Bild 3 zeigt die normierte Reaktivität für die Kohlen CC (Calgon Centaur) und AC (Norit GAC) als Funktion des mittleren Korndurchmessers d_m. Die Kurven stellen das Ergebnis der Anpassungsrechnung mit Hilfe der Gleichungen 3 und 4 dar. Entgegen den Erwartungen zeigte die Aktivkohle Norit GAC besonders bei geringen Korndurchmessern eine höhere katalytische Aktivität als Catalytic Carbon. Die diffusionsunabhängigen Reaktionsgeschwindigkeitskonstanten wurden mit $k_{real} = 5,8 \text{ s}^{-1}$ für CC und $k_{real} = 11,1 \text{ s}^{-1}$ für Norit GAC bestimmt. Die ermittelten Porendiffusionskoeffizienten liegen in der Größenordnung des von Yakovlev und Andreev bestimmten effektiven Diffusionskoeffizienten von Sulfidionen. Für die Aktivkohle AG-3 mit einem mittleren Korndurchmesser von 1,3 mm wurde der effektive Diffusionskoeffizient $0,87 \cdot 10^{-6} \text{ cm}^2\text{s}^{-1}$ gefunden [11]. Berücksichtigt man allein die katalytische Aktivität, so sind die beiden Kohletypen im für die Trinkwasseraufbereitung praxisrelevanten Korngrößenbereich als gleichwertig einzuschätzen. Die höheren Beschaffungskosten für Catalytic Carbon sollten daher den Einsatz von alternativen GAC, wie zum Beispiel Norit GAC, begünstigen.

Von Bedeutung für die Bewertung ist allerdings auch die Frage, bis zu welchem Endprodukt die Oxidation erfolgt. Im Idealfall sollte diese bis zum Sulfat gehen. Schwefel ist unerwünscht

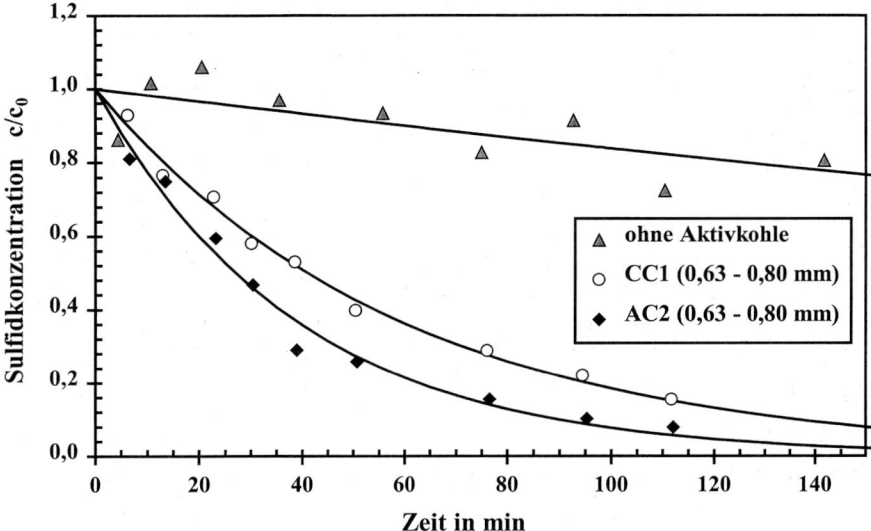

Bild 2. Abnahme der Sulfidkonzentration in wässriger Lösung mit und ohne Aktivkohlezusatz (Messwerte und angepasste Funktionen).

Tabelle 2. Ergebnisse aller durchgeführten Oxidationsversuche mit verschiedenen Aktivkohlen.

Probe	Kohletyp	d_m	k_{obs}	k	D_p	k_{real}	ψ
Einheit	-	mm	s^{-1}	s^{-1}	cm^{2}s^{-1}	s^{-1}	-
CC1	Catalytic Carbon	0,19	3,63	3,57	$4,73 \cdot 10^{-6}$	5,84	3,5
CC1	Catalytic Carbon	0,41	1,92	2,00	$4,73 \cdot 10^{-6}$	5,84	7,6
CC1	Catalytic Carbon	0,72	1,08	1,22	$4,73 \cdot 10^{-6}$	5,84	13,3
CC1	Catalytic Carbon	0,72	1,00	1,22	$4,73 \cdot 10^{-6}$	5,84	13,3
CC1	Catalytic Carbon	1,03	0,45	0,87	$4,73 \cdot 10^{-6}$	5,84	19,1
CC1	Catalytic Carbon	1,03	0,94	0,87	$4,73 \cdot 10^{-6}$	5,84	19,1
CC1	Catalytic Carbon	1,63	0,62	0,56	$4,73 \cdot 10^{-6}$	5,84	30,2
CC1	Catalytic Carbon	0,94	1,04	0,95	$4,73 \cdot 10^{-6}$	5,84	17,4
CC1	Catalytic Carbon	0,94	1,27	0,95	$4,73 \cdot 10^{-6}$	5,84	17,4
CC2	Catalytic Carbon	0,84	1,23	1,05	$4,73 \cdot 10^{-6}$	5,84	15,6
CC3	Catalytic Carbon	0,6	1,33	1,44	$4,73 \cdot 10^{-6}$	5,84	11,1
CC4	Catalytic Carbon	1,36	0,98	0,67	$4,73 \cdot 10^{-6}$	5,84	25,2
CC4	Catalytic Carbon	1,36	0,88	0,67	$4,73 \cdot 10^{-6}$	5,84	25,2
CC4	Catalytic Carbon	1,36	0,71	0,67	$4,73 \cdot 10^{-6}$	5,84	25,2
AC2	Norit GAC	0,19	5,22	5,00	$3,67 \cdot 10^{-6}$	11,10	5,4
AC2	Norit GAC	0,41	2,66	2,58	$3,67 \cdot 10^{-6}$	11,10	11,8
AC2	Norit GAC	0,72	1,17	1,53	$3,67 \cdot 10^{-6}$	11,10	20,7
AC2	Norit GAC	0,72	1,26	1,53	$3,67 \cdot 10^{-6}$	11,10	20,7
AC2	Norit GAC	1,03	0,97	1,08	$3,67 \cdot 10^{-6}$	11,10	29,7
AC2	Norit GAC	1,63	0,40	0,69	$3,67 \cdot 10^{-6}$	11,10	47,1
AC2	Norit GAC	0,95	1,09	1,17	$3,67 \cdot 10^{-6}$	11,10	27,5
AC3	Norit GAC	1,36	0,63	0,82	$3,67 \cdot 10^{-6}$	11,10	39,4

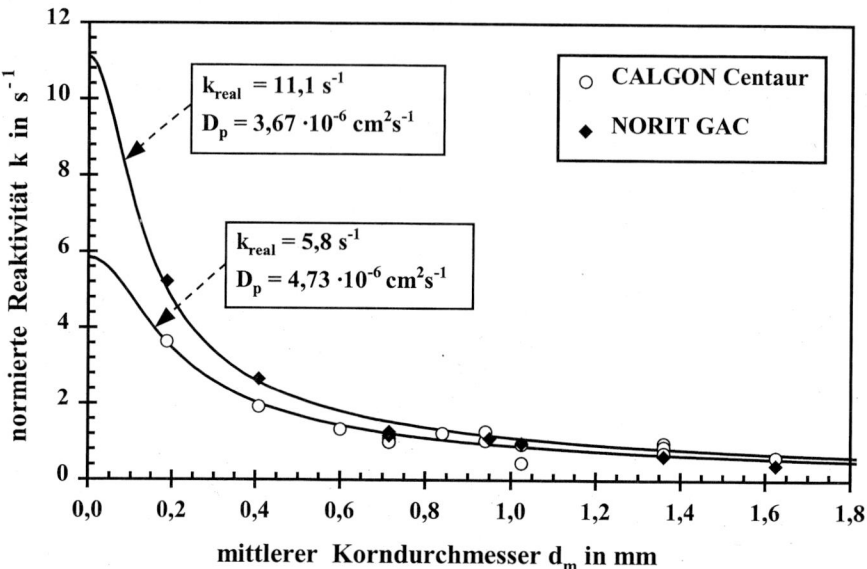

Bild 3. Normierte Reaktivitäten für die Kohlen CC (Calgon Centaur) und AC (Norit GAC) als Funktion des mittleren Korndurchmessers d_m.

wegen der Gefahr der Porenverblockung und der Möglichkeit der Bildung von Polysulfiden. Letztere können unter bestimmten Bedingungen im Wasser sehr stabil sein [17] und weisen zum Teil extrem niedrige Geruchsschwellenwerte auf (z. B. Methylpolysulfide).

In den bisherigen Untersuchungen zeigte sich, dass bei beiden Aktivkohletypen Schwefelablagerungen auftraten. Im Rahmen der durchgeführten Untersuchungen konnten die Mengen jedoch nicht reproduzierbar quantifiziert werden, so dass ein diesbezüglicher Vergleich der Aktivkohlen nicht möglich war. Hierzu sind weitere Untersuchungen notwendig. Auch in der vorhandenen Literatur zur katalytischen Sulfidoxidation bei 25 °C in Wasser sind nur widersprüchliche Angaben zu den Reaktionsprodukten elementarer Schwefel, Thiosulfat und Sulfat zu finden [9, 10, 12].

Die Aktivkohle Norit GAC wird zur Zeit in einer Pilotanlage in Kiryat-Uno (Israel) hinsichtlich ihrer Eignung für den technischen Einsatz bei der Trinkwasseraufbereitung untersucht. Hierbei wird man u. a. auch Erkenntnisse zu möglichen Aktivitätsverlusten im Langzeitbetrieb erhalten.

Abschließend sei darauf hingewiesen, dass die für Israel typischen Probleme mit schwefelwasserstoffhaltigen Rohwässern in Deutschland sowie in den Ländern der EU nicht zu erwarten sind, da hier ein genügend hohes Rohwasserangebot besteht und auf die Nutzung stark belasteter Grundwässer zur Trinkwasseraufbereitung verzichtet werden kann. In Deutschland ist uns kein Wasserwerk bekannt, in dem eine spezielle Aufbereitung zur Entfernung von Schwefelwasserstoff erforderlich ist. Sofern vorhanden, werden geringe Schwefelwasserstoffgehalte im Verlauf anderer Aufbereitungsschritte (z. B. Entsäuerung, Enteisenung, Desinfektion) mit entfernt. In den Ländern der EU sind daher auch keine Höchstwerte für Sulfide im Trinkwasser festgelegt.

Danksagung

Die Autoren danken dem BMBF für die Förderung der vorgestellten Arbeit (Young Scientists Exchange Program 421-FZK9901/YSEP01 und Projekt 02WT9962/6) sowie der Division of Environmental Sciences, Fredy and Nadine Herrmann School of Applied Science, Hebrew University of Jerusalem, Israel, und der Firma Mekorot Co. Ltd., Tel Aviv, Israel, für Kooperation und Unterstützung.

Literatur

[1] Belitz, H. D. und Grosch, W.: Lehrbuch der Lebensmittelchemie, Springer Verlag, Berlin 1982.
[2] Ortenberg, E., Groisman, L. und Rav-Acha, C.: Taste and odour removal from an urban groundwater establishment – a case study. Water Sci. Technol. *42*, 123-128 (2000).
[3] Mekorot Co. Ltd., Tel Aviv, Israel (2000): persönliche Mitteilung.
[4] Wajon, J. E. und Heitz, A.: The reactions of some sulfur compounds in water supplies in Perth, Australia. Water Sci. Technol. *31*, 87-92 (1995).
[5] Adib, F., Bagreev, A. und Bandosz, T. J.: Effect of pH and surface chemistry on the mechanism of H_2S removal by activated carbons. J. Colloid Interface Sci. *216*, 360-369 (1999).
[6] Adib, F., Bagreev, A. und Bandosz, T. J.: Analysis of the relationship between H_2S removal capacity and surface properties of unimpregnated activated carbons. Env. Sci. Technol. *34*, 686-692 (2000).
[7] Coskun, I. und Tollefson, E. L.: Oxidation of low concentrations of hydrogen sulfide over activated carbon. Can. J. Chem. Eng. *58*, 72-76 (1980).
[8] Mikhalovsky, S. V. und Zaitsev, Y. P.: Catalytic properties of activated carbons. I. Gas-phase oxidation of hydrogen sulphide. Carbon *35*, 1367-1374 (1997).
[9] Primavera, A., Trovarelli, A., Andreussi, P. und Dolcetti, G.: The effect of water in the low-temperature catalytic oxidation of hydrogen sulfide to sulfur over activated carbon. Appl. Catal. A *173*, 185-192 (1998).
[10] Lefers, J. B., Koetsier, W. T. und Van Swaaij, W. P. M.: The oxidation of sulphide in aqueous solutions. Chem. Eng. J. *15*, 111-120 (1978).
[11] Yakovlev, V. A. und Andreev, S. B.: Kinetics of catalytic oxidation of sulfide in aqueous solutions on activated carbon and slime of green lye. Russ. J. Appl. Chem. *66*, 1200-1204 (1993).
[12] Dalai, A. K., Majumdar, A. und Tollefson, E. L.: Low temperature catalytic oxidation of hydrogen sulfide in sour produced wastewater using activated carbon catalysts. Env. Sci. Technol. *33*, 2241-2247 (1999).
[13] Chen, K. Y. und Morris, J. C.: Kinetics of oxidation of aqueous sulfide by O_2. Env. Sci. Technol. *6*, 529-537 (1972).
[14] Hunter, D.: Calgon brings new properties to market. Chem. Week *155*, 1-3 (1994).
[15] Kemmesis, O.: Software APSM zur Auswertung granulometrischer Analysen. DGFZ e. V., Dresden 1992.
[16] Greenberg, A. E., Clesceri, L. S. und Eaton, A. D.: Standard methods for the examination of water and wastewater. AWWA, APHA, WEF, 19. Aufl., Washington D. C. 1995.
[17] Licht, S. und Davis, J.: Disproportionation of aqueous sulfur and sulfide: Kinetics of polysulfide decomposition. J. Phys. Chem. B *101*, 2540-2545 (1997).

Untersuchungen zur Wasserwerksrelevanz aliphatischer Amine bei der Trinkwassergewinnung aus Elbeuferfiltrat
Teil 2: Mobilität im Untergrund und Gesamtbewertung

The Relevance of Aliphatic Amines for Drinking Water Production from River Elbe Bank Filtrate
Part 2: Mobility in the Subsurface and General Assessment

Susanne Paul, Hilmar Börnick, Thomas Grischek und *Eckhard Worch**

Schlagwörter

Aliphatische Amine, Sorption, Säulenversuche, Retardationsfaktoren, Wasserwerksrelevanz

Summary

The transport behaviour of aliphatic amines during riverbank filtration was simulated using column tests. Based on investigations of microbial degradability (published in part 1 of this paper) and mobility during riverbank filtration an assessment of the importance of aliphatic amines for drinking water treatment is given. In the column tests, aliphatic amines showed a high mobility with retardation factors of about 2. Nevertheless, because of their biodegradability most of the aliphatic amines were found to be of little relevance with respect to drinking water treatment, except tert-butylamine. This amine showed the highest mobility with a R_d value of 1.65 and only a low biodegradation rate when microorganisms had no time to adapt.

Zusammenfassung

Mit Hilfe von Säulenversuchen wurde das Transportverhalten aliphatischer Amine bei der Uferfiltration simuliert. Die dabei gewonnenen Ergebnisse bilden zusammen mit den in Teil 1 dieses Beitrags veröffentlichten Untersuchungen zum mikrobiologischen Abbau die Basis für die Beurteilung der Wasserwerksrelevanz aliphatischer Amine.
Die aliphatischen Amine zeigten in den Säulenversuchen eine relativ hohe Mobilität mit Retardationsfaktoren um 2. Wegen ihrer guten biologischen Abbaubarkeit haben diese Verbindungen trotzdem keine oder nur eine geringe Wasserwerksrelevanz. Eine Ausnahme bildet tert-Butylamin, das ohne Adaptation der Mikroorganismen schwer abbaubar ist und gleichzeitig von allen untersuchten aliphatischen Aminen mit $R_d = 1,65$ die höchste Mobilität aufweist.

* Dipl.-Chem. S. Paul, Dr. H. Börnick, Dipl.-Ing. T. Grischek und Prof. Dr. E. Worch,
  Institut für Wasserchemie, Technische Universität Dresden, D-01062 Dresden

1 Einleitung

Im Raum Dresden wird Elbewasser nach Uferfiltration bzw. Infiltration zur Trinkwassergewinnung genutzt [1]. In diesem Zusammenhang ist die Frage von Interesse, inwieweit anthropogene Spurenstoffe während der Uferfiltration eliminiert bzw. zurückgehalten werden. Eine erste Bewertung der Wasserwerksrelevanz ist auf der Basis von Laboruntersuchungen zur biologischen Abbaubarkeit und zum Sorptionsverhalten am Aquifermaterial möglich.

In der vorliegenden Arbeit wurde die Stoffgruppe der aliphatischen Amine hinsichtlich ihrer Wasserwerksrelevanz untersucht. Der bereits veröffentlichte Teil 1 [2] enthält Aussagen zur Bedeutung dieser Stoffgruppe sowie Untersuchungsergebnisse zum biologischen Abbau. Der hier vorliegende zweite Teil beschäftigt sich mit der Mobilität aliphatischer Amine bei der Untergrundpassage und enthält eine abschließende Bewertung auf der Basis beider Teilergebnisse.

2 Theoretische Grundlagen

Im Wasser gelöste organische Schadstoffe können bei der Untergrundpassage an Feststoffen bzw. Feststoffbestandteilen adsorbiert werden. Dabei kommen folgende Sorptionsmechanismen in Betracht [3]:

- Sorption an den organischen Feststoffbestandteilen,
- Sorption an mineralischen Oberflächen,
- Sorption auf Grund elektrostatischer Wechselwirkungen, d. h. Wechselwirkungen zwischen geladenen (zumeist oxidischen) Feststoffoberflächen und ionisch vorliegenden Wasserinhaltsstoffen,
- chemische Reaktionen zwischen funktionellen Gruppen der Feststoffoberfläche und des Schadstoffmoleküls.

Die untersuchten aliphatischen Amine mit pK_s-Werten zwischen 10,4 und 11 (bezogen auf die protonierten Verbindungen) besitzen im pH-Bereich natürlicher Gewässer eine protonierte (positiv geladene) Aminogruppe neben einer unpolaren Kohlenstoffkette. Damit ist das gleichzeitige Wirken aller hier aufgeführten Sorptionsmechanismen grundsätzlich denkbar. Welcher Mechanismus dominiert, ist von den konkreten Bedingungen (z. B. Art des Feststoffs, pH-Wert, C-Kettenlänge des Amins) abhängig. Ausdruck findet die Komplexität derartiger Sorptionsprozesse in der allgemeinen Definitionsgleichung der Verteilungs- bzw. Sorptionskonstante K_d [3]:

$$K_d = \frac{q_{om} f_{om} + q_{min} A + q_{ion} \sigma_{ion} A + q_{reakt} \sigma_{reakt} A}{c_{neutr} + c_{ion}} \tag{1}$$

K_d – lineare Verteilungskonstante (HENRY-Konstante) in L/kg; q_{om} – am organischen Material (om) sorbierte Stoffmenge in mol/kg om; f_{om} – Anteil des organischen Materials an der Feststoffmasse in kg om / kg Feststoff ; q_{min} – an der Mineraloberfläche sorbierte Stoffmenge in mol/m², A – spezifische Mineraloberfläche in m²/kg; q_{ion} – sorbierte Stoffmenge des ionischen Sorptivs in mol/mol Oberflächenladung; σ_{ion} – Konzentration der Oberflächenladungen in mol Oberflächenladungen/m²; q_{reakt} – durch chemische Reaktion gebundene Stoffmenge in mol/mol Reaktionsplätze; σ_{reakt} – Konzentration der Reaktionsplätze in mol Reaktionsplätze

/m^2; c_{neutr} – Konzentration des ungeladenen Adsorptivs in mol/L; c_{ion} – Konzentration des geladenen Adsorptivs in mol/L

Da im Allgemeinen nicht zwischen den einzelnen Beiträgen unterschieden werden kann, definiert man die lineare Sorptions- bzw. Verteilungskonstante K_d üblicherweise unabhängig von den Bindungsmechanismen als Verhältnis der summarischen Größen Gleichgewichtsbeladung q und Gleichgewichtskonzentration c.

$$K_d = \frac{q}{c} \tag{2}$$

Eine Möglichkeit zur Bestimmung von K_d besteht in der Aufnahme von Durchbruchskurven in Durchlaufsäulenversuchen. Damit wird der Transport im Untergrund weitgehend realistisch nachgebildet. Neben den Gleichgewichtsdaten kann man aus Säulenversuchen auch Aussagen zum Einfluss anderer Faktoren (z. B. Adsorptionskinetik) gewinnen.

Aus den Durchbruchskurven lassen sich zunächst die Retardationsfaktoren als Maß für den adsorptiven Rückhalt ermitteln. Der Retardationsfaktor R_d ist definiert als das Verhältnis der Abstandsgeschwindigkeiten des Wassers (v_W) und der retardierten Substanz (v_c) oder auch als Verhältnis der Durchbruchszeiten (t_b) der retardierten Substanz und eines konservativen Tracers (jeweils bei $c/c_0 = 0{,}5$):

$$R_d = \frac{v_w}{v_c} = \frac{t_{b,Substanz}}{t_{b,Tracer}} \tag{3}$$

Bei Auftragung der Durchbruchskurve unter Verwendung der relativen (auf die Tracerdurchbruchszeit bei $c/c_0 = 0{,}5$ bezogenen) Fließzeit kann R_d nach Gleichung (3) direkt aus der Durchbruchskurve der retardierten Substanz abgelesen werden. R_d entspricht dann dem Abszissenwert bei $c/c_0 = 0{,}5$. Gleiches gilt auch, wenn anstelle der relativen Fließzeit das Verhältnis von durchgesetztem Volumen V zum Porenvolumen der Säule V_P als Abszisse verwendet wird, da die ideale Durchbruchszeit des Tracers genau dem einmaligen Austausch des in der Säule vorhandenen Wasservolumens ($= V_P$) entspricht.

Der Zusammenhang zwischen Retardationsfaktor R_d und Sorptionskoeffizient K_d ergibt sich aus der eindimensionalen Advektions-Dispersions-Gleichung, die der differentiellen Bilanzgleichung der Säule entspricht.

$$v_w \frac{\partial c}{\partial x} + \frac{\rho}{\varepsilon} \frac{\partial q}{\partial t} + \frac{\partial c}{\partial t} = D \frac{\partial^2 c}{\partial x^2} \tag{4}$$

v_W – Abstandsgeschwindigkeit des Wassers (mittlere Porenwassergeschwindigkeit), D – longitudinaler Dispersionskoeffizient, x – Weg, t – Zeit, c – Konzentration, ε – effektive Porosität, ρ – Feststoffrohdichte (bezogen auf das Gesamtvolumen von Feststoff und Hohlräumen).

Bei Annahme einer linearen Adsorptionsisotherme lässt sich daraus die Beziehung

$$R_d = 1 + \frac{\rho}{\varepsilon} K_d = 1 + \rho_F \frac{1 - \varepsilon}{\varepsilon} K_d \tag{5}$$

ρ_F – Reindichte (Feststoffdichte)
herleiten.

Als Alternative zu Gleichung (3) kann die Ermittlung der Retardationsfaktoren auch durch eine Durchbruchskurvenmodellierung auf der Basis von Gleichung (4) erfolgen (Anpassungsrechnung unter Variation von R_d). Der Vorteil dabei ist, dass alle Messwerte der Durchbruchskurve zur Auswertung herangezogen und damit Fehler einzelner Messpunkte ausgeglichen werden. Allerdings benötigt man in diesem Falle den Dispersionskoeffizienten D bzw. die Dispersivität a. Zwischen diesen Größen besteht der Zusammenhang [4]:

$$D = av_c + \frac{D_L}{\varepsilon}$$ (6)

D_L – Diffusionskoeffizient des transportierten Stoffes in der freien Lösung.

Da D_L sehr klein ist (Größenordnung 10^{-9} m^2/s oder darunter), kann der zweite Term für Säulenversuche meist vernachlässigt werden. Ob diese Vereinfachung zulässig ist, lässt sich im Einzelfall unter Verwendung bekannter oder abgeschätzter D_L-Werte [5] leicht nachprüfen.

Die Dispersivität a und damit auch der Dispersionskoeffizient D lassen sich aus der Tracerdurchbruchskurve ermitteln, die bei Säulenversuchen ohnehin aufgenommen werden muss. Die Auswertung der Tracerdurchbruchskurve erfolgt ebenfalls mit dem Berechnungsmodell auf der Basis von Gleichung (4), in diesem Fall jedoch mit $R_d = 1$ ($v_c = v_W$) und mit der Dispersivität a als Anpassungsparameter.

3 Material und Methoden

3.1 Stoffauswahl

Für folgende aliphatische Amine wurden Untersuchungen zum Transport- bzw. Sorptionsverhalten durchgeführt:

Methylamin	Hexylamin	tert-Butylamin
Ethylamin	Heptylamin	Dipropylamin
Propylamin	Octylamin	Dibutylamin
Butylamin	Isobutylamin	Diisobutylamin
Pentylamin	sec-Butylamin	

3.2 Simulation der Untergrundpassage

Um das Transport- und Sorptionsverhalten aliphatischer Amine bei der Uferfiltration quantifizieren zu können, wurden Versuche mit einer Säule durchgeführt, die mit Aquifermaterial aus der Torgauer Elbaue gefüllt war. Die Säulenkenndaten sind in Tabelle 1 aufgelistet.

Tabelle 1. Kenndaten der verwendeten Säule.

Länge	2 m
Querschnittsfläche	44,2 cm^2
Siebfraktion	<1 mm
mineralische Hauptbestandteile	Quarz, Feldspat
Eisengehalt	1350 mg/kg
Mangangehalt	15 mg/kg
TOC-Gehalt	243 mg/kg
Feststoffreindichte	2,66 g/cm^3
Feststoffrohdichte	1,68 g/cm^3
Porenvolumen	3289 mL
effektive Porosität	0,37
Volumenstrom	0,93 L/h

Das Sediment zum Füllen der Säule wurde aus Bohrkernen entnommen. Auf Grund des geringen organischen Kohlenstoffgehaltes im eingesetzten Aquifermaterial kann angenommen werden, dass die Retardation der aliphatischen Amine hauptsächlich durch Wechselwirkungen mit den mineralischen Hauptbestandteilen des Sedimentmaterials (Quarz, Feldspat) bestimmt wird. Zur Durchführung der Säulenversuche wurden 10 L filtriertes Elbewasser (Glasfaserfilter, Rückhaltevermögen 0,5 μm) mit einem Stoffgemisch aus den 14 Aminen versetzt. Die Konzentration lag bei 70 μg/L je Amin. Mit einem Volumenstrom von ca. 0,93 L/h (Filtergeschwindigkeit: 0,21 m/h; Abstandsgeschwindigkeit: 0,57 m/h) wurde das Probenwasser durch die Säule gepumpt. Die Analyse der am Säulenausgang aufgefangenen Fraktionen erfolgte mit einem GC-MS-System nach Festphasenderivatisierung (zur Analytik vgl. Teil 1 [2]). Als Tracer wurde Natriumchlorid verwendet, das über Leitfähigkeitsmesszellen detektiert werden konnte.

Zur Auswertung der Durchbruchskurven nach Gl. (4) stand das selbst entwickelte Computerprogramm SV zur Verfügung. Aus den Tracerdurchbruchskurven wurde die Dispersivität für beide Versuche zu $a = 0,02$ m bestimmt. Unter Verwendung dieses Wertes erfolgte die Ermittlung der Retardationsfaktoren für die aliphatischen Amine.

4 Ergebnisse und Diskussion

4.1 Mobilität bei der Untergrundpassage

Tabelle 2 enthält die mit Hilfe der beschriebenen Versuchsanordnung in Parallelversuchen ermittelten Retardationsfaktoren R_d sowie die aus den Mittelwerten berechneten Sorptionskonstanten K_d. Wie die Ergebnisse der Parallelversuche zeigen, lassen sich die Retardationsfaktoren mit guter Reproduzierbarkeit bestimmen.

Bild 1 zeigt die Tracerdurchbruchskurve sowie Durchbruchskurven ausgewählter aliphatischer Amine aus dem Säulenversuch 1. Gegenübergestellt sind jeweils die Ergebnisse der Anpassungsrechnung und die experimentellen Daten. Die relativ gute Übereinstimmung zwischen Rechnung und Experiment zeigt, dass das verwendete Modell zur Auswertung der Säulenversuche geeignet ist. Insbesondere ist hervorzuheben, dass mit der aus dem Tracerversuch

Tabelle 2. Experimentell ermittelte Retardationsfaktoren und Sorptionskonstanten der aliphatischen Amine.

Verbindung	Retardationsfaktor R_d			K_d
	Versuch 1	Versuch 2	Mittelwert	in cm^3/g
tert-Butylamin	1,70	1,60	1,65	0,143
Propylamin	2,10	2,10	2,10	0,242
sec-Butylamin	1,88	1,90	1,89	0,196
Isobutylamin	1,85	1,90	1,88	0,194
Dipropylamin	2,05	2,05	2,05	0,231
Butylamin	1,95	1,95	1,95	0,209
Diisobutylamin	2,15	2,10	2,13	0,249
Pentylamin	2,05	2,17	2,11	0,244

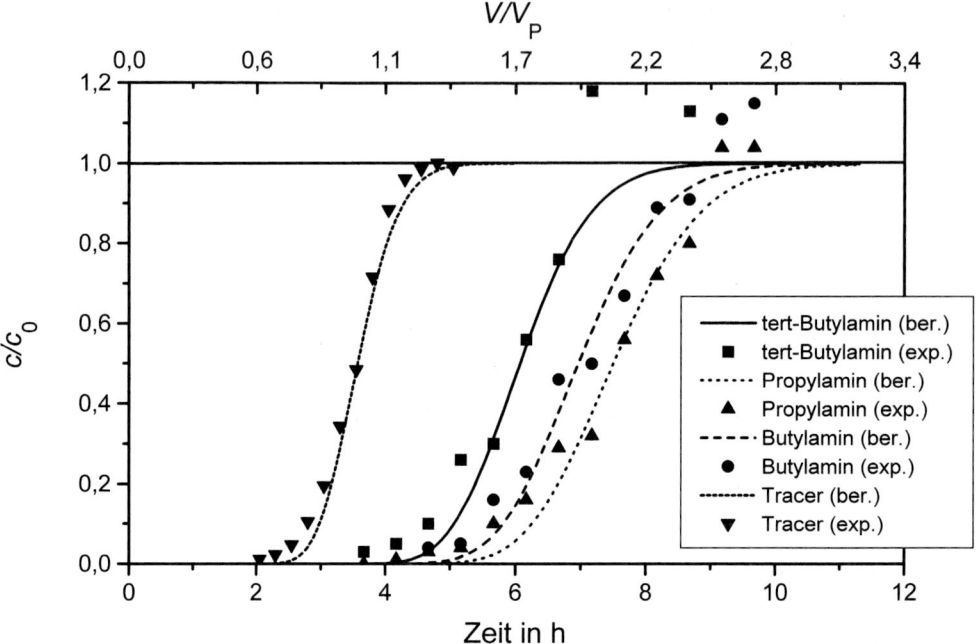

Bild 1. Experimentelle und berechnete Durchbruchskurven ausgewählter aliphatischer Amine.

ermittelten Dispersivität eine gute Beschreibung der Steilheit der Durchbruchskurven der Amine gelingt. Ein zusätzlicher Einfluss der Adsorptionskinetik ist im vorliegenden Fall also nicht zu verzeichnen.

Bei den Säulenversuchen wurden folgende Effekte beobachtet:

1. Sowohl im ersten als auch im zweiten Säulenversuch konnten die mit je 70 µg/L zugesetzten Verbindungen Methyl-, Heptyl-, Octyl- und Dibutylamin zu keinem Zeitpunkt am Säulenausgang nachgewiesen werden.

2. Ethyl- und Hexylamin erreichten am Säulenausgang Konzentrationswerte, die maximal 70 bzw. 50 % der eingesetzten Ausgangskonzentration betrugen. Zugleich wurden beide Verbindungen vergleichsweise stark retardiert.

3. Die Retardationsfaktoren (Tabelle 2) weisen eine relativ geringe Abstufung auf. tert-Butylamin zeigt unter den gegebenen Bedingungen die höchste Mobilität. Der Retardationsfaktor beträgt 1,65 und hebt sich etwas stärker von den anderen Werten, die alle um 2 liegen (1,88...2,13), ab.

4. Im Vergleich zum Tracer verlaufen die Durchbruchskurven der Amine deutlich abgeflacht.

Die unter Punkt 1 und 2 beschriebenen Effekte weisen auf biologische Abbauprozesse in der Säule hin. Diese Vermutung wird durch die Tatsache erhärtet, dass speziell die Amine Methyl-, Ethyl-, Hexyl-, Heptyl- und Octylamin vom Abbau betroffen sind. Für diese Verbindungen wurden in den Untersuchungen zum biologischen Abbau die kürzesten Halbwertszeiten gefunden (Teil 1 der Veröffentlichung [2]). Für Dibutylamin wurde eine derartige Übereinstimmung von Abbautest und Säulenversuch allerdings nicht festgestellt. Die Gründe für das abweichende Verhalten konnten nicht aufgeklärt werden.

Die R_d-Werte um 2,0 deuten auf eine relativ geringe Sorption der aliphatischen Amine hin, die jedoch höher ist als die Sorption vieler aromatischer Amine unter vergleichbaren Bedingungen [6]. So weist zum Beispiel Anilin für ähnliches Feststoffmaterial nur R_d-Werte zwischen 1 und 1,1 auf. Wegen der stark polaren Eigenschaften der aliphatischen Amine sollten die für hydrophobe Substanzen typischen Bindungsmechanismen (Adsorption am organischen Kohlenstoff, Adsorption an Mineraloberflächen durch sogenannte hydrophobe Wechselwirkungen) eine untergeordnete Rolle spielen. Tatsächlich ist die für diese Mechanismen typische Abhängigkeit des Sorptionskoeffizienten vom n-Octanol-Wasser-Verteilungskoeffizienten für die aliphatischen Amine im Vergleich zu den aromatischen Aminen kaum ausgeprägt (Bild 2). Der niedrige Regressionskoeffizient lässt zudem keine sichere Aussage darüber zu, ob eine solche Abhängigkeit überhaupt besteht. Die aliphatischen Amine weisen trotz deutlicher Strukturunterschiede (Verzweigung, C-Kettenlänge, Anzahl der N-Substituenten) nur eine geringe Mobilitätsabstufung auf.

Es ist anzunehmen, dass bei den aliphatischen Aminen elektrostatische Wechselwirkungen dominieren. Bei der Durchführung der Säulenversuche lag der pH-Wert des eingesetzten Elbewassers nach Aminzugabe zwischen 7 und 8. Wie bereits erwähnt, liegen die pK_S-Werte der protonierten aliphatischen Amine zwischen 10,4 und 11. Daraus folgt, dass die Amine unter den Versuchsbedingungen praktisch vollständig in protonierter Form vorlagen. Dagegen ist die Oberfläche des Säulenfüllmaterials bei diesen pH-Werten negativ geladen. Der isolek-

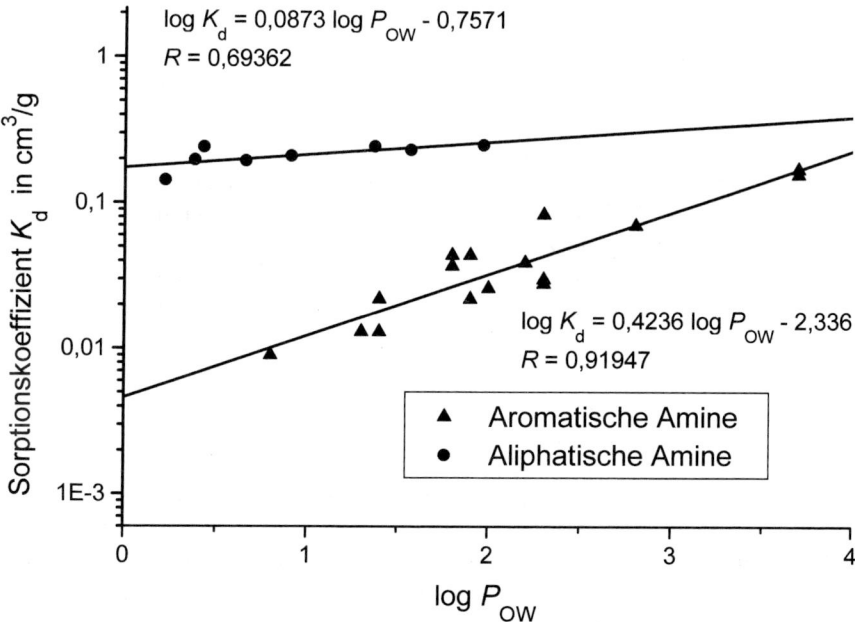

Bild 2. Abhängigkeit der Sorptionskoeffizienten aliphatischer und aromatischer Amine von den n-Octanol-Wasser-Verteilungskoeffizienten.

trische Punkt des SiO_2 liegt bei $pH = 2$ [3, 7], der von Feldspäten bei $pH = 2...2,4$ [8]. Die ebenfalls vorhandenen Eisenoxid- bzw. -hydroxidüberzüge der Quarzkörner dürften nur eine untergeordnete Rolle spielen, da der isoelektrische Punkt von $6,5...8,5$ [8, 9] im Bereich des pH-Werts der Lösung liegt.

Die im Vergleich zum Tracer flacheren Durchbruchskurven der Amine spiegeln den Einfluss des Retardationskoeffizienten auf die Steilheit der Durchbruchskurve wider, wie er in Gleichung (6) indirekt über $v_c (= v_W/R_d)$ zum Ausdruck kommt. Je größer R_d wird, um so kleiner wird v_c und damit – bei konstantem a – auch der Dispersionskoeffizient. Damit bestätigen die experimentellen Daten das vom Modell her zu erwartende Verhalten.

4.2 Bewertung der Wasserwerksrelevanz aliphatischer Amine

Grundlage der qualitativen Einschätzung der Wasserwerksrelevanz bilden die Untersuchungsergebnisse zum biologischen Abbau aliphatischer Amine (Teil 1 der Veröffentlichung) und zur hier diskutierten Mobilität im Material einer Uferfiltrationspassage in der Torgauer Elbaue.

Die untersuchten aliphatischen Amine sind mit Ausnahme des tert-Butylamins als nicht wasserwerksrelevant einzuschätzen. Diese Einschätzung ergibt sich aus der guten bis sehr guten biologischen Abbaubarkeit. Die unverzweigten Amine weisen Halbwertszeiten unter 20 min auf. Mit Halbwertszeiten unter 60 min werden die Amine mit verzweigter C-Kette sowie die sekundären Amine abgebaut. Aufgrund dieser Daten und einer üblichen Aufenthaltszeit des Uferfiltrats im Aquifer von mehr als 50 Tagen kann angenommen werden, dass diese Verbindungen keine Wasserwerksrelevanz besitzen. Die angegebenen Werte gelten für Versuche ohne Adaptation, sind also auf Stoßbelastungen in der Elbe übertragbar.

Soweit R_d-Werte bestimmt werden konnten, lagen diese um 2. Dies bedeutet einen gewissen zusätzlichen Rückhalt, wenngleich dieser nur gering ausgeprägt ist (in erster Näherung: Halbierung der Transportgeschwindigkeit gegenüber Wasser).

Die Verbindung tert-Butylamin verlangt eine zwischen Stoßbelastung und kontinuierlichem Eintrag differenzierte Betrachtung, da der biologische Abbau bei dieser Verbindung stark durch den Adaptationseffekt beeinflusst wird. Ohne Adaptation, z. B. im Fall einer Stoßbelastung, findet – im Gegensatz zu den anderen untersuchten Aminen – kein oder nur ein stark verzögerter biologischer Abbau statt. Der R_d-Wert des tert-Butylamin von 1,65 weist zudem auf eine relativ hohe Mobilität hin. Damit ist im Fall einer Stoßbelastung tert-Butylamin als wasserwerksrelevant zu bewerten. Bei einem kontinuierlichen oder mehrfach aufeinanderfolgenden Eintrag von tert-Butylamin erfolgt – wie im Teil 1 gezeigt wurde – die Adaptation der Mikroorganismen an diese Verbindung, der biologische Abbau verbessert sich und lässt die Wasserwerksrelevanz sinken.

Trotz des Modellcharakters der Testfilter- und Säulenversuche und vereinfachender Annahmen und Versuchsbedingungen stellt diese Art von Untersuchungen eine geeignete Methode zur Erstbewertung relevanter Schadstoffgruppen hinsichtlich ihres Verhaltens bei der Uferfiltration dar. Wie hier am Beispiel der aliphatischen Amine gezeigt wurde, lassen sich mit überschaubarem Aufwand qualitative und vergleichende Aussagen ableiten. Die Bedeutung derartiger Bewertungsverfahren resultiert auch aus der Tatsache, dass Feldversuche in der Regel nicht realisierbar sind.

Literatur

[1] Nestler, W. u. a.: Das Beschaffenheitsüberwachungssystem für das Uferfiltrat der sächsischen Elbe, Konzeption und Erfahrungen bei Entwurf, Bau und Betrieb. Wasser und Boden *9*, 707-728 (1993).

[2] Paul, S., Börnick, H. u. Worch, E.: Untersuchungen zur Wasserwerksrelevanz aliphatischer Amine bei der Trinkwassergewinnung aus Elbeuferfiltrat. Teil 1: Mikrobiologischer Abbau. Vom Wasser *96*, 29–42 (2001)

[3] Schwarzenbach, R. P., Gschwend, P. M. u. Imboden, D. M.: Environmental Organic Chemistry. John Wiley & Sons, New York, Chichester, Brisbane, Toronto, Singapore 1993.

[4] Ingebritsen, S. E. u. Sanford, W. E.: Groundwater in geologic processes. Cambridge University Press 1998

[5] Worch, E.: Eine neue Gleichung zur Berechnung von Diffusionskoeffizienten gelöster Stoffe. Vom Wasser *81*, 289–297 (1993)

[6] Börnick, H.; Hultsch, V.; Grischek, T.; Lienig, D. u. Worch, E.: Aromatische Amine in der Elbe – Analytik und Verhalten bei der Trinkwasseraufbereitung. Vom Wasser *87*, 305–326 (1996)

[7] Sigg, L. u. Stumm, W.: Aquatische Chemie. B. G. Teubner, Stuttgart 1994

[8] Matthess, G.: Die Beschaffenheit des Grundwassers. Lehrbuch der Hydrogeologie, Band 2, 3. Aufl., Gebr. Borntraeger, Stuttgart 1994

[9] Appelo, C. A. J. u. Postma, D.: Geochemistry, groundwater and pollution, Balkema, Rotterdam 1996

Einfluß aliphatischer Dicarbonsäuren auf die fotokatalytische Elimination von Naphthalin-1,5-disulfonsäure mit Titandioxid

Influence of Aliphatic Dicarboxylic Acids on the Photocatalytic Elimination of Naphtalene-1,5-disulfonic Acid with Titaniumdioxide

Ernst Gilbert, Silvia von Hodenberg*

Schlagwörter

Fotokatalyse, Titandioxid, Adsorption, Naphthalinsulfonsäure, aliphatische Dicarbonsäuren

Summary

The photocatalytic detoxification has been discussed as an alternative method for clean-up of polluted water in the scientific literature. However most results were achieved treating solutions of a single compound in pure water. But in water with complex matrices the presence of co-dissolved species that act as competitive sorbates can have a substantial influence on the rate of photocatalytic oxidations. In this paper the influence of dicarboxylic acids (oxalic and succinic acid 0,1–1 mmol/l) on the photocatalytic elimination of naphthalene-1,5-disulfonic acid (NSA) (1 mmol/l) in aqueous solutions was investigated. In a batch reactor (400 ml) suspensions (0,5 g/l TiO_2) were irradiated ($\lambda > 360$ nm) at pH 3 in presence of oxygen. The NSA elimination was reduced up to 70 % in presence of oxalic acid but not in presence of succinic acid. A relationship between adsorption and reaction rates could be shown following isotherms and Langmuir-Hinshelwood-kinetics.

Zusammenfassung

Zur Elimination von Schadstoffen in kontaminierten Wässern wird häufig die Anwendung der fotokatalytischen Oxidation diskutiert, da Untersuchungen in meist reinen Lösungen mit einem Inhaltsstoff positive Ergebnisse zeigen. Da die zu behandelnden kontaminierten Wässer meist eine komplexe Matrix aufweisen, können die Begleitstoffe einen Einfluß auf die Fotokatalyse ausüben. In dieser Arbeit wird der Einfluß von Dicarbonsäuren (Oxal- und Bernsteinsäure 0,1–1 mmol/) auf die fotokatalytische Elimination von Naphthalin-1,5-disulfonsäure (NSS) (1 mmol/l) in wässriger Lösung untersucht. In einem Satzreaktor (400 ml) wurden Suspensionen mit 0,5 g/l Titandioxid bei pH = 3 in Gegenwart von Sauerstoff belichtet ($\lambda > 360$ nm). Die NSS-Elimination wurde durch Oxalsäure aber nicht durch Bernsteinsäure bis zu 70 % reduziert. An Hand von Adsorptionsisothermen (Langmuir, Langmuir-Hinshelwood-Kinetik) konnte gezeigt werden, dass ein direkter Zusammenhang zwischen Abbauraten und Fähigkeit zur Adsorption besteht.

* Dr. E. Gilbert, S. von Hodenberg, Forschungszentrum Karlsruhe GmbH, Institut für Technische Chemie Bereich Wasser- und Geotechnologie, Postfach 3640, D-76021 Karlsruhe
Tel.: 07247-82 3593, e-mail: ernst.gilbert@itc-wgt.fzk.de

© WILEY-VCH Verlag GmbH, 69469 Weinheim, 2001   Vom Wasser, *97*, 135–144 (2001)

1 Einleitung

In Hinblick auf kostengünstige Verfahren zur Wasserreinigung ist die Fotokatalyse mit Titanoxid und UV-Licht ($\lambda < 400$ nm) nach wie vor Gegenstand aktueller Veröffentlichungen. Meist wird der Abbau einer organischen Modellsubstanz in reinem Wasser beschrieben. Die Elimination aromatischer Verbindungen nimmt dabei einen großen Raum der Veröffentlichungen ein, wobei zur Oxidation der Verbindungen (mmol/l) Belichtungszeiten im Stundenbereich angegeben werden [1]. Weniger Ergebnisse findet man dagegen zur fotokatalytischen Oxidation organischer Verbindungen im Wasser mit komplexeren Matrices. Die Anwesenheit von Chlorid bei niedrigen pH-Werten und Carbonat bei pH 8–9 wirkt sich z. B. negativ auf die Eliminationsraten organischer Inhaltsstoffe aus [2, 3]. Untersuchungen zum Einfluß von Huminsäuren zeigten, dass der Abbau von Tetrachlorethen gehemmt und die Ausbeute an Trichloressigsäure erhöht wird [4]. Allgemein werden bei der Oxidation von aromatischen Verbindungen als Zwischenprodukte aliphatische Carbonsäuren und als Endprodukt oft Oxalsäure gebildet. Da diese Säuren auch in Wechselwirkung mit Titandioxid treten können wurde in dieser Arbeit der Einfluß von aliphatischen Dicarbonsäuren (Oxalsäure, Bernsteinsäure) auf die fotokatalytische Oxidation von Naphthalin-1,5-dicarbonsäure untersucht.

2 Experimentelles

Die Experimente wurden in einem Satzreaktor (400 ml) mit Rührer, der von außen durch den Reaktorboden bestrahlt wurde, durchgeführt. Zur Fotokatalyse wurde eine UVAHAND – Lampe der F. Hönle Planegg (310 Watt Leistungsaufnahme, 420 mW/cm^2 UV-Meter Dr. Hönle) verwendet, wobei durch Einsatz eines Filters nur Wellenlängen > 360 nm genutzt wurden. Das Strahlungsaustrittsfenster des Strahlerteils hatte eine Fläche von 126 cm^2, das Strahlungseintrittsfenster des Reaktors jedoch nur 18,8 cm^2. Da der Rest der Strahlung durch Abdeckblenden zurückgehalten wurde, ergab sich für die ausgenutzte Leistungsaufnahme der UV-Lampe ein Wert von 46 W. Als Katalysator kam Titandioxid (P25 Degussa 75 % Anatas, 25 % Rutil, 0,5 bzw. 1 g/l) zum Einsatz. Die spezifische Oberfläche betrug 45,8 m^2/g. Der Durchmesser der Titandioxidpartikel wird meist mit 0,03 µm angegeben. In wässriger Lösung konnte mit Hilfe des Laserabschattungsverfahrens gezeigt werden, dass die Partikel agglomeriert vorliegen mit Durchmessern von 3,9 bei pH 3 und 4,7µm bei pH 7 [5]. Während der Belichtung wurde kontinuierlich Sauerstoff in die Lösung eingetragen. Der pH-Wert der Lösung wurde mit Schwefelsäure auf pH 3 gehalten.

Naphthalin-1,5-disulfonsäure Tetrahydrat wurde von Fa. Aldrich, Oxal- und Bernsteinsäure von Fa. Merck und Titandioxid P25 von Degussa Deutschland bezogen. Die quantitative Bestimmung aller Säuren wurde isotachophoretisch (EA 101 J + M Analytische Meß- und Regeltechnik) mit A$_3$ pH 3,5 als Leitelektrolyt und A$_2$ pH 6 als Endelektrolyt durchgeführt. Die Ausgangskonzentration der Naphthalinsulfonsäure lag bei 1 mmol/l und die der aliphatischen Dicarbonsäuren wurden von 0,1–1 mmol/l variiert. Die Naphthalinsulfonsäure konnte zusätzlich spektralphotometrisch bei 287 nm quantitativ erfasst werden, da weder ihre Oxidationsprodukte noch die zugesetzten Dicarbonsäuren störten. Der DOC-Wert der Lösungen wurde mit Dima-Toc 100 bestimmt. Die Anfangsabbaugeschwindigkeiten r$_0$ wurden aus der Abnahme nach den ersten 20 Minuten (lineare Regression) ermittelt. Die Adsorptionsversuche wurden im Dunkeln bei Zimmertemperatur und pH 3 durchgeführt. Um messbare

Effekte zu erzielen, wurden 6 g/l TiO$_2$ gewählt. Die Ausgangskonzentrationen der Säuren lagen zwischen 0,1 und 1 mmol/l. Die Proben wurden bis zur Erreichung der Gleichgewichtskonzentration geschüttelt. Daraus wurden die Beladungen (µmol/g TiO$_2$) in Abhängigkeit von den jeweiligen Ausgangskonzentrationen berechnet.

3 Fotokatalytische Mechanismen

Titandioxid besitzt bei ca. 400 nm eine Absorptionskante, d. h. Strahlung mit kleinerer Wellenlänge wird absorbiert. Es handelt sich nicht um scharfe Kanten sondern zwischen 400 und 340 nm steigt die Absorption auf 100 % an. Dies hängt wiederum von der Modifikation des Titandioxides ab. 50 % Absorption wird von Anatas bei 378 nm , von Rutil bei 410 nm und von P25 bei 385 nm erreicht. Da UVA auch zu ca. 3 % im Spektrum des Sonnenlichtes vorhanden ist, steht der Einsatz des Sonnenlichtes als billige Strahlungsquelle für die Fotokatalyse zur Diskussion. Fällt nun Licht mit diesen geeigneten Wellenlängen < 400 nm auf die Titandioxidoberfläche erfolgt eine Ladungstrennung. Es bilden sich Stellen mit Elektronen und solche mit „Defektelektronen" (Bild 1). Da diese Zustände der Ladungstrennung nur eine endliche Lebensdauer (im Nanosekundenbereich) besitzen und die Diffusion von Stoffen an die Titandioxidoberfläche langsamer verlaufen, sollte zur effektiven Reaktion von Stoffen mit Elektron bzw. positivem Loch zuvor eine Adsorption der Stoffe erfolgen.

Durch Abgabe eines Elektrons wird aus einem Wassermolekül ein Proton und ein OH-Radikal. Es könnte auch eine direkte Oxidation adsorbierter organischer Moleküle stattfinden. Neben diesem Schritt der Fotooxidation erfolgt durch Elektronenabgabe die Fotoreduktion, z. B. in Gegenwart von Sauerstoff wird ein Sauerstoffradikalanion gebildet (Bild 1). Meist führen erst die Folgereaktionen dieser Radikale mit den organischen Wasserinhaltsstoffen zu ihrer Oxidation. Dies sind mehr oder weniger unspezifisch ablaufende Reaktionen und erfassen die Mehrzahl organischer Stoffe in einem Gemisch. Da aber auch die Nähe der Stoffe zur Titandioxidoberfläche (Adsorption, Präassoziation) eine entscheidende Rolle spielt, kann es dann auch in einem Gemisch von Stoffen zu einer etwas selektiveren Oxidationsreaktion kommen. Dies soll im folgenden am Beispiel der Naphthalinsulfonsäure in Gegenwart von Dicarbonsäuren erläutert werden.

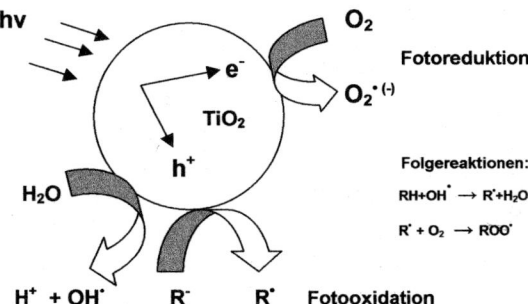

Bild 1. Mechanismen der Fotokatalyse.

4 Fotokatalyse von Naphthalin-1,5-disulfonsäure

4.1 Einfluß von Oxalsäure

Unter den experimentellen Bedingungen wird die Naphthalinsulfonsäure (NSS) nach 60 min Belichtungsdauer nur zu 32 % eliminiert. Dabei nimmt der DOC-Wert der Lösung von Beginn der Fotolyse an kontinuierlich ab (Bild 2). Dies spricht für eine weitergehende Oxidation der Folgeprodukte, da der Primärschritt nur sehr unwahrscheinlich zu einer Decarboxylierung führen kann. Eine messbare Adsorption von NSS findet in Gegenwart von 0,5 g/l TiO_2 nicht statt. Neben der NSS-Oxidation sollten somit mit den Folgeprodukten Konkurrenzreaktionen ablaufen.

Um dies zu demonstrieren, wird die NSS in Gegenwart von Oxalsäure (COOH-COOH) fotokatalytisch behandelt. In Bild 3 ist die Oxidation von NSS in Abhängigkeit von zugesetzter Oxalsäure dargestellt. Nach 60 min Belichtung wird der Abbau der NSS von 32 % auf 10 % in Anwesenheit von 1 mmol/l Oxalsäure reduziert (Bild 3). Die Oxalsäure hingegen nimmt in allen Fällen entsprechend ihrer eingesetzten Ausgangskonzentration kontinuierlich ab (Bild 4). Dabei wird die Oxalsäure ohne weitere messbare organische Produkte zu CO_2 oxidiert.

Ein Vergleich der Abbauraten von Oxalsäure (1 mmol/l) mit und ohne NSS (1 mmol/l) zeigen, dass die Anwesenheit von NSS unter den vorgegebenen Bedingungen keinen Einfluß auf die Oxalsäureoxidation ausübt (Bild 5).

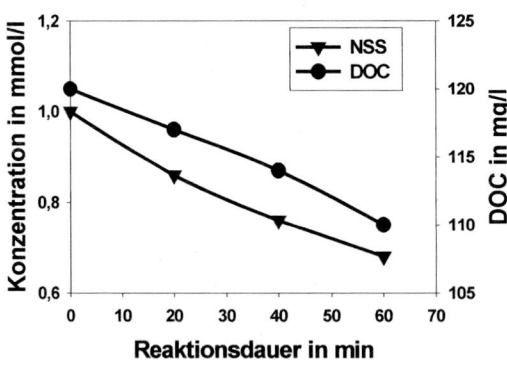

Bild 2. Fotokatalyse von Naphthalin-1,5-disulfonsäure (NSS), NSS- u. DOC-Abnahme. pH = 3; TiO_2 0,5 g / l.

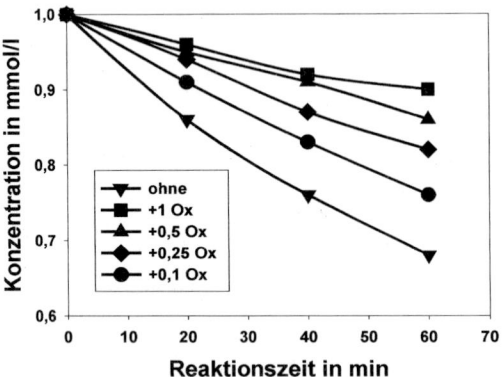

Bild 3. Fotokatalyse von Naphthalin-1,5-disulfonsäure, NSS Abnahme in Abhängigkeit von der Oxalsäurekonzentration (Ox) 1–0,1 mmol / l, pH = 3; TiO_2 0,5 g / l.

Daß die Anwesenheit der Oxalsäure eine Hemmung des NSS – Abbaus bewirkt, wird verdeutlicht, wenn man in einem Langzeitversuch den Verlauf der NSS-Elimination nach totaler Oxidation der zugesetzten Oxalsäure verfolgt. In Bild 6 wird ersichtlich, dass die Eliminationsrate für NSS nach 100 % Oxalsäureoxidation zunimmt.

Bild 4. Fotokatalyse von Oxalsäure 1–0,1 mmol/l in Gegenwart von Naphthalinsulfonsäure 1 mmol / l, Oxalsäureabbau, pH = 3; TiO_2 0,5 g / l.

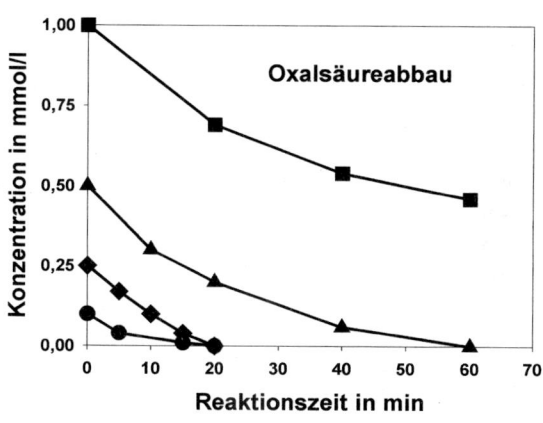

Bild 5. Fotokatalyse von Naphthalinsulfonsäure (NSS) und in Gegenwart von Oxalsäure (NSS+Ox), Fotokatalyse von Oxalsäure (Ox) und in Gegenwart von NSS (Ox+NSS), pH = 3; 0,5 g / l TiO_2.

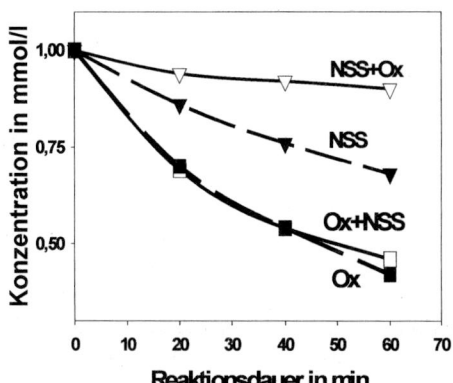

Bild 6. Fotokatalyse von Naphthalinsulfonsäure (NSS) 1 mmol / l in Gegenwart von Oxalsäure (Ox), 0,5 mmol / l, pH = 3; 0,5 g / l TiO_2.

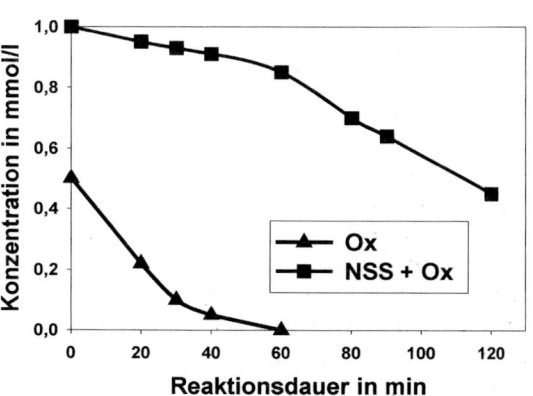

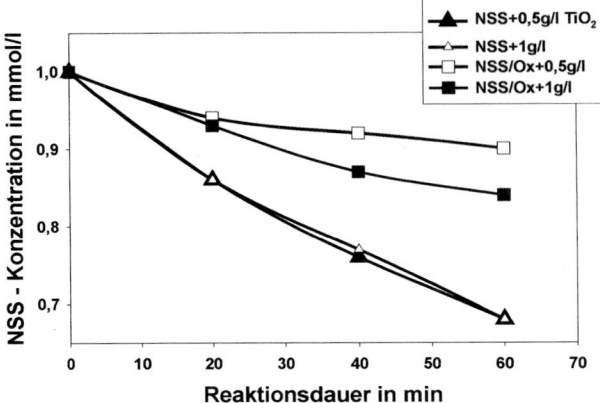

Bild 7. Fotokatalyse von Naphthalinsulfonsäure (NSS) 1 mmol/l in Gegenwart von Oxalsäure 1 mmol/l ; Abbau der NSS in Abhängigkeit von der Katalysatormenge 0,5 und 1 g / l, pH = 3.

4.2 Einfluß von der Titandioxidmenge

Die Erhöhung der Abbauraten durch Erhöhung der Titandioxidmenge und somit der Bereitstellung von mehr aktiven Zentren bzw. Adsorptionsstellen wird begrenzt durch die bei hohen Titandioxidkonzentrationen verminderte Eindringtiefe des Lichtes. Für die jeweilige Versuchsanordnung sollte somit ein optimales fotoaktives Volumen zu ermitteln sein. Bei niedrigen Substratkonzentrationen mit Überschuß an aktiven Zentren wird der Effekt durch Zunahme der Titandioxidkonzentration keine großen Auswirkungen zeigen. Umgekehrt wird bei hohen Substratkonzentrationen und niedrigen Titandioxidkonzentrationen ihre Erhöhung eine verbesserte Elimination bewirken.

Neben dem Einsatz von 0,5 g/l TiO_2 wurde für die Mischung NSS/Oxalsäure (je 1 mmol/l) auch ein Zusatz von 1 g/l TiO_2 getestet. In Bild 7 wird aufgezeigt, dass trotz der Verdoppelung der Katalysatormenge der NSS – Abbau in diesem Fall nicht erhöht wird. Allerdings wird eine Verbesserung des NSS-Abbaus in Gegenwart von Oxalsäure von 10 % auf 16 % erreicht. Offensichtlich stehen nun mehr aktive Zentren zur Verfügung, die nicht alle von der Oxalsäure in Anspruch genommen werden, sodaß in Konkurrenz auch mehr NSS eliminiert werden kann.

4.3 Einfluß von Bernsteinsäure

Ob die Hemmung des NSS-Abbaus generell durch Carbonsäuren und hier allein durch die Carbonsäurefunktion erklärt werden kann, soll durch Zusatz weiterer Carbonsäuren speziell Dicarbonsäuren geprüft werden. In dieser Arbeit wurde Bernsteinsäure ($COOHCH_2CH_2COOH$) ausgewählt. Entsprechend den Versuchen mit Oxalsäure wurde die Elimination von NSS in Abhängigkeit von der Bernsteinsäurekonzentration bei pH 3 und Zusatz von 0,5 g/l TiO_2 verfolgt. Aus Bild 8 wird im Vergleich zu Bild 3 ersichtlich, dass der Einfluß der Bernsteinsäure auf die NSS-Oxidation erheblich kleiner ausfällt als der der Oxalsäure. Auch die Bernsteinsäure selbst wird gegenüber Oxalsäure fotokatalytisch nur noch sehr langsam oxidiert.

Bild 8. Fotokatalyse von Naphthalinsulfonsäure (1 mmol/l) in Gegenwart von Bernsteinsäure (BS) 0,25–2 mmol/l, NSS – Abbau, pH = 3 ; 0,5 g / l TiO_2.

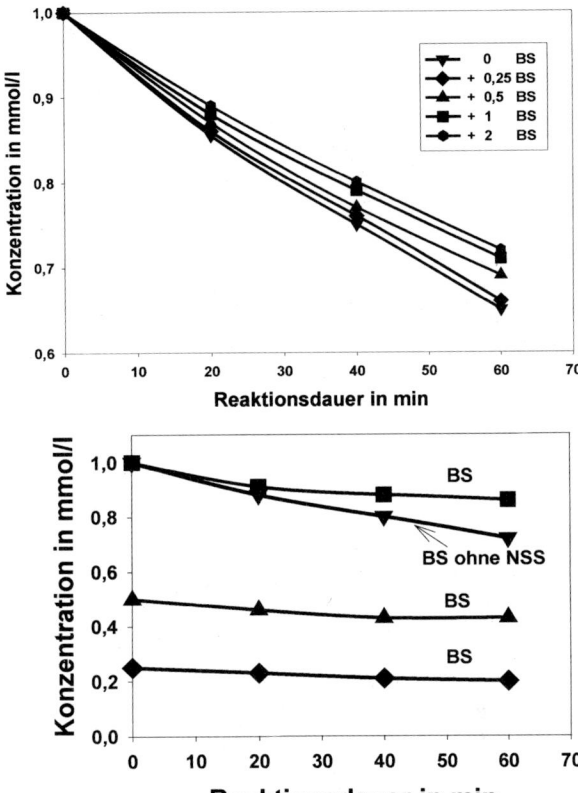

Bild 9. Fotokatalyse von Naphthalinsulfonsäure (NSS) (1 mmol/l) in Gegenwart von Bernsteinsäure (BS), Abnahme der Bernsteinsäure, pH = 3; 0,5 g / l TiO_2.

5 Diskussion

Unter gegebenen fotokatalytischen Bedingungen haben organische Verbindungen je nach Struktur und Dissoziationsgrad unterschiedliche Eliminationsraten. Da sich die fotokatalytischen Reaktionen (Elektronenabgabe bzw. Elektronenaufnahme) an der Oberfläche abspielen, sollten Substanzen, die adsorbiert bzw. durch Wasserstoffbrückenbindung an der Titandioxidoberfläche haften, bevorzugt abreagieren. Dies trifft vor allem für die Wassermoleküle bzw. für den gelösten Sauerstoff zu aber auch für die gelösten organischen Stoffe. Diese werden entweder direkt oxidiert bzw. reduziert oder sie reagieren mit den sich an der Oberfläche bildenden Radikalen aus den Reaktionen des Wassers bzw. des Sauerstoffs. Die Oxalsäure z. B. wird über die Foto-Kolbe-Reaktion durch Elektronenabgabe zu CO_2 und $CO_2^{\cdot-}$. Das Carbonatradikalanion wird dann weiter durch Elektronenabgabe an ein Loch h^+ bzw. an ein Sauerstoffmolekül unter Bildung eines weiteren CO_2 Moleküls stabilisiert [6, 7].

Von den drei ausgewählten Substanzen wird bei einer Ausgangskonzentration von 1 mmol/l Oxalsäure mit einer Anfangsreaktionsrate von $-r_0 = 16,7$ µmol/l min dagegen Naphthalinsulfonsäure bzw. Bernsteinsäure nur noch mit $-r_0 = 7$ bzw. 4 µmol / l min l eliminiert. Ähnliche Unterschiede wurden auch in Hinblick auf die Beladung von Titandioxid mit den eingesetzten Substanzen gefunden. Die maximale Beladung q_m und der K_L – Wert wurden aus den Langmuir-Isothermen (Bild 10) abgeleitet und in Tabelle 1 aufgelistet.

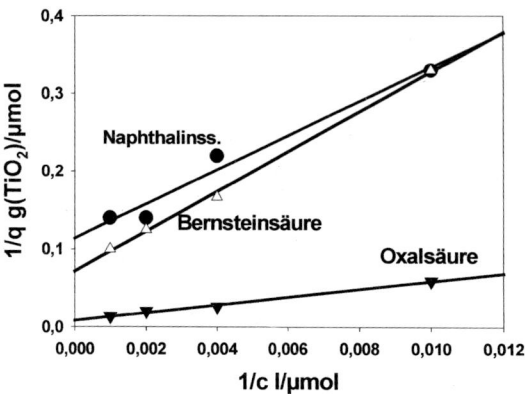

Bild 10. Linearisierte Langmuir-Isotherme für Oxalsäure, Bernsteinsäure und Naphthalin-1,5-disulfonsäure, pH = 3; 6 g / l TiO$_2$.

Tabelle 1. Langmuir-Isotherme, maximale Beladung q_m und K_L – Wert für Oxalsäure (Ox), Bernsteinsäure (BS) und Naphthalin-1,5-disulfonsäure (NSS), pH 3 und 6 g/l TiO$_2$ bei ZT.

	q_m µmol / g	K_L l / µmol
Oxalsäure	111	$1{,}3\ 10^{-3}$
Bernsteinsäure	14	$2{,}8\ 10^{-3}$
Naphthalinsulfonsäure	8,8	$5{,}2\ 10^{-3}$

Aufgrund dieser Befunde besteht somit ein Zusammenhang zwischen Reaktionsrate und Adsorptionsverhalten. Dieser Zusammenhang kann auch durch die Langmuir-Hinshelwood Kinetik [8, 9] beschrieben werden (Gleichung 1).

$$-r_0 = k_{rx} \frac{KC}{1 + KC} \tag{1}$$

und nach Umformung Gleichung 2:

$$\frac{1}{-r_0} = \frac{1}{k_{rx}\,K\,C} + \frac{1}{k_{rx}} \tag{2}$$

Bei der Auftragung der reziproken Ausgangskonzentration der gelösten Substanz (1/c) gegen die reziproke Anfangsreaktionsrate ($-1/r_0$) sollte sich eine Gerade ergeben, wie in Bild 11 ausgeführt. Der Koeffizient k_{rx} kann aus dem y-Achsenabschnitt und der Koeffizient K aus der Steigung der Geraden berechnet werden. Die Koeffizienten für die drei verwendeten Säuren sind in Tabelle 2 aufgeführt.

Für die Hemmung der Säuren auf den Abbau von NSS kann nach Hsiao [10] die Langmuir-Hinshelwood-Kinetik mit einem Hemmungsfaktor korrigiert werden (Gleichung 3)

$$-r_0 = k_{rx} \frac{K\,C_{NSS}}{1 + K\,C_{NSS} + K_{Säure}\,C_{Säure}} \tag{3}$$

Durch die Auftragung des reziproken Wertes der Anfangsabbaurate ($-1/r_0$) für NSS über die Konzentration der zugesetzten Carbonsäure ergibt sich eine Gerade (Bild 12) aus dessen Stei-

Bild 11. Linearisierte Langmuir-Hinshelwood-Kinetik, pH = 3; 0,5 g/l TiO$_2$; c$_0$ = Anfangskonzentration in µmol / l, –r$_0$ = Anfangsreaktionsrate in µmol / l min.

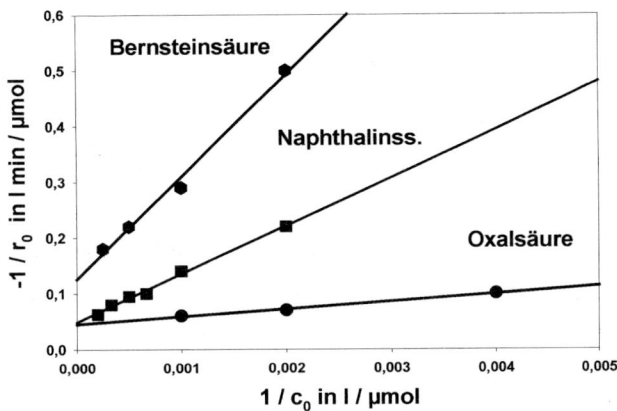

Tabelle 2. Koeffizienten der Langmuir-Hinshelwood-Kinetik, berechnet aus den Geraden Bild 11.

	K l / µmol	k$_{rx}$ µm / l min
Oxalsäure	3,3 10^{-3}	22,2
Naphthalin-1,5-disulfons.	0,6 10^{-3}	20
Bernsteinsäure	0,7 10^{-3}	8

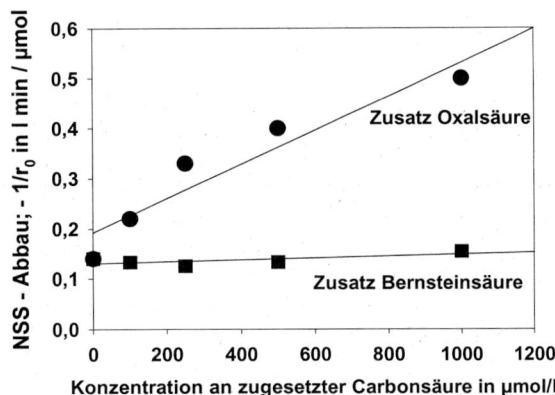

Bild 12. NSS – Abbau (–1/ r$_0$); Einfluß der zugesetzten Dicarbonsäuren in µmol/l Oxalsäure bzw. Bernsteinsäure.

gung mit den bekannten Werten für k$_{rx}$ und K der Koeffizient K$_{Säure}$ ermittelt werden kann. Er liegt für die gegebenen Bedingungen für Oxalsäure bei 4,1·10^{-3} l/µmol und für Bernsteinsäure bei 2,2·10^{-4} l/µmol.

Schlußbetrachtung

Da die Titandioxidoberfläche bekanntlich im sauren Bereich positiv und im basischen negativ geladen ist, können die vorliegenden Ergebnisse nicht unbedingt auf Wässer mit unterschiedlichen Matrices übertragen werden. In dieser Arbeit sollte lediglich aufgezeigt werden, dass Ergebnisse aus Versuchen in reinen Lösungen mit einzelnen Verbindungen im Gemisch mit weiteren Stoffen nicht immer im gleichem Maße zu erzielen sind. Viele fotokatalytische Arbeiten zum Abbau von Schadstoffen werden nur in reinen Lösungen durchgeführt. Es wäre wünschenswert die Versuche auch mit realen Wässern vorzunehmen, da es sicherlich je nach Inhaltstsoffen, auch natürliche Inhaltsstoffe, zu Konkurrenzreaktionen kommen kann, die den fotokatalytischen Schadstoffabbau beeinflussen können.

Literatur

[1] Gilbert, E.: Vergleich der fotokatalytischen Oxidation mit der Ozonisierung organischer Verbindungen. Vom Wasser *96*, 89–98 (2001).
[2] Schmelling, D. C.: The influence of solution matrix on the photocatalytic degradation of TNT in TiO$_2$-slurries. Wat. Res. *31*, 1439–1447 (1997).
[3] Chen, D.: Photodegradation kinetics of 4-nitrophenol in TiO$_2$ suspension. Wat. Res. *32*, 3223–3234 (1998).
[4] Selli, E.: Role of humic acids in the TiO$_2$-photocatayzed degradation of tetrachloroethene in water. Wat. Res. *33*, 1827–1836 (1999).
[5] Kopf, P.: Untersuchungen zur photokatalytischen Oxidation organischer Wasserinhaltsstoffe mit Titandioxid und Ozon. Forschungszentrum Karlsruhe, Wissentschaftliche Berichte, FZKA 6318 (1999).
[6] Mao, Y, Schöneich, C. u. Asmus, K. D.: Radical mediated degradation mechanisms of halogenated organic compounds as studied by photocatalysis at TiO$_2$ and by radiation chemistry. In „Photocatalytic Purification and Treatment of Water and Air" Editors: Ollis, D. F. Al-Ekabi, H. Elsivier, S. 49–66 (1993).
[7] Domenech, J. u. Costa, J. M.: Photoelectrochemical oxidation of oxalate ion in aqueous dispersions of zinc oxide. Photochem. and Photobiol. *44*, 675–677 (1986).
[8] El-Morsi, T. M. u. Budakowski, W. R.: Photocatalytic Degradation of 1,10-dichlorodecane in aqueous suspensions of TiO$_2$: A reaction of adsorbed chlorinated alkane with surface hydroxyl radicals. Environ. Sci. Technol. *34*, 1018–1022 (2000).
[9] Sun, Y. u. Pignatello, J. J.: Evidence for a surface dual role – radical mechanism in the TiO$_2$ photocatalytic oxidation of 2,4-dichlorophenoxyacetic acid. Environ. Sci. Technol. *29*, 2065–2072 (1995).
[10] Hsiao, C., Lee, C. u. Ollis, D.: Heterogeneous photocatalysis: Degradation of dilute solutions of dichloromethane, chloroform and carbon tetrachloride with illuminated TiO$_2$ photocatalyst. Journal of Catalysis *82*, 418–423 (1983).

Lösungsansätze zur Minderung der Umweltbelastung durch saure Grubenwässer: I. Maßnahmen zu deren Minimierung und Verfahren der aktiven Behandlung

Approaches for the Attenuation of Acid Mine Drainage: I.: Measures for the Mitigation and Active Treatment Processes

S. Willscher*

Schlagwörter

Saure Grubenwässer, Oberflächenabdeckungen, hydrologische Maßnahmen, Alkalisierung, Neutralisation, Sorptionsprozesse, Zementation, Sulfidfällung, Sulfatreduktion

Keywords

Acid mine drainage, caps and covers, hydrological measures, alkaline treatment, neutralization, sorption processes, zementation, metal sulfide precipitation, sulfate reduction

Summary

The emission of acid mine drainage (AMD) containing soluted toxic metals out of mine overburden and waste soils is a global environmental problem occuring in all mining or abandoned mining areas with sulphidic minerals. In the last decades, interdisciplinary approaches solving this problem were developed, using techniques of very different fields of knowledge.
This review gives a short overview about prevention and mitigation measures against the formation of AMD. These measures originally have been developed in the fields of geological engineering, hydrology and site treatment. Furthermore, there is given an overview about active technical processes for AMD treatment (end of pipe techniques), originating in waste water treatment and environmental biotechnology, with some international examples. 124 references are given.

Zusammenfassung

Die Freisetzung saurer, schwermetallhaltiger Grubenwässer aus noch aktiven oder ehemaligen Erz- und Kohlebergbaustandorten mit sulfidischen Mineralen stellt ein weltweit auftretendes, langfristiges Problem dar. In den letzten Jahrzehnten wurden sehr unterschiedliche, interdisziplinäre Lösungsansätze zur Vermeidung, Verminderung und Behandlung saurer Grubenwässer entwickelt. Der vorliegende Übersichtsbeitrag gibt einen kurzen Überblick über die Maßnahmen zur Verminderung und Vermeidung saurer Grubenwässer, die vor allem in den Bereichen der Ingenieurgeologie, der Hydrologie und der Altlastensanierung entwickelt wurden. Weiterhin wird ein Überblick über den internationalen Stand der Technik für nach-

* Dr. S. Willscher, TU Dresden, Fakultät für Forst-, Geo- und Hydrowissenschaften, Institut für Abfallwirtschaft und Altlasten, TU-Außenstelle Pirna, Pratzschwitzer Str. 15, D-01796 Pirna.

© WILEY-VCH Verlag GmbH, 69469 Weinheim, 2001   Vom Wasser, 97, 145–166 (2001)

geschaltete aktive Maßnahmen zur Behandlung saurer Grubenwässer, die Methoden der konventionellen Abwasserbehandlung sowie der Umweltbiotechnologie beinhalten, mit einigen ausgewählten Beispielen gegeben. Der Literaturteil enthält 124 Zitate.

1 Einführung

Innerhalb der terrestrischen Umwelt unterliegen die Elemente einem kontinuierlichen Zyklus, der außer den chemisch- physikalischen Prozessen auch von den Bedingungen der Biosphäre beeinflußt wird [1] – [3]. Bei der Solubilisation und Deposition der Minerale in der Umwelt spielen Mikroorganismen eine wichtige Rolle. Die mikrobielle Wandlung der Speziation der Metalle verändert nicht nur deren Mobilität in der Umwelt, sondern auch ihre Bioverfügbarkeit und Toxizität [4].

Ein weltweit auftretendes, über langfristige Zeiträume andauerndes Problem in vielen Bergbaugebieten ist die Freisetzung von sauren, schwermetallhaltigen Grubenwässern aus Abraum- und Rückstandshalden des Bergbaus, aus stillgelegten offenen Tagebauflächen sowie stillgelegten Untertagebergwerken, denen allen ein Gehalt an sulfidischen Mineralen (meist Pyrit oder Markasit FeS_2) gemeinsam ist [1, 5–24]. Dies trifft sowohl auf ehemalige Abbaugebiete sulfidischer Erze zu, als auch auf Abbaugebiete pyrithaltiger Kohlen. Durch den Bergbau kam bzw. kommt es zum Sauerstoffeintrag sowohl in ausgetragenes und abgelagertes Material als auch in tiefer gelegene geologische Schichten, in denen die Minerale normalerweise im reduzierten Zustand vorliegen [25].

Die mit den Oxidationsprodukten belasteten, austretenden sauren Wässer aus diesen Arealen werden in Deutschland als saure Grubenwässer, international als Acid Mine Drainage (AMD) oder Acid Rock Drainage (ARD) bezeichnet. Sie sind durch einen sehr niedrigen pH- Wert ($<$ 4 bis oftmals $<$ 3) gekennzeichnet und beeinträchtigen damit das benachbarte Grundwasser und umliegende Oberflächengewässer. Die austretenden Grubenwässer enthalten weiterhin stark erhöhte Sulfatkonzentrationen von $>$ 1 g/l bis $>$ 2 g/l, einen erhöhten Eisengehalt von $>$ 50 mg/l bis $>$ 250 mg/l und eine erhöhte Mangankonzentration von $>$ 10 mg/l. In Abhängigkeit vom Vorkommen weiterer Metalle in den Halden bzw. Gruben kommt es zu deren saurer Auslaugung; relevant ist dies vor allem für Zink, Kupfer, Cobalt, Nickel, Blei, Cadmium, aber auch für Uran und Arsen [23, 26–28]. Durch die salz- und metallhaltigen Effluenten werden Grund- und Oberflächenwasser der Umgebung kontaminiert, vor allem bei fehlendem Vorkommen puffernder (neutralisierender) Minerale, z. B. Kalkstein [29]. Die Kombination von niedrigem pH-Wert und der erhöhten Konzentration toxischer Metalle bzw. von Arsen führt zu einer erheblichen Beeinträchtigung bzw. Auslöschung der Biosphäre der angrenzenden Gewässer und deren Uferbereichen [21, 22, 30].

Ursache für die o. g. Prozesse ist die Oxidation von Metallsulfiden unter Zutritt von Luft und Wasser, bei der sowohl geochemische als auch mikrobiologische Prozesse stattfinden. Um wirksame Maßnahmen zur Vermeidung bzw. Behandlung saurer Grubenwässer ergreifen zu können, ist es von Bedeutung, diese ablaufenden Verwitterungsprozesse zu verstehen.

2 Geochemische und biologische Ursachen der Bildung saurer Grubenwässer

Die Verwitterung und Umwandlung sulfidischer Minerale in die oxidierten Formen ist ein Prozeß, der unter natürlichen Bedingungen, d. h. ohne anthropogene Eingriffe, über geologische Zeiträume abläuft [1, 8, 9, 31]. Durch die im Bergbau künstlich geschaffenen vergrößerten reaktiven Oberflächen findet hier eine beschleunigte Verwitterung im Vergleich zu natürlichen Systemen statt.

Bei der chemischen Oxidation der sulfidischen Minerale wird in einer Initialreaktion Pyrit durch Luft- und Wasserkontakt zu wasserlöslichem Sulfat oxidiert:

$$2\,FeS_2 + 7\,O_2 + 6\,H_2O \rightarrow 2\,Fe^{2+} + 4\,SO_4^{2-} + 4\,H_3O^+$$

In einem weiteren Reaktionsschritt wird Eisen(II) zu Eisen(III) oxidiert:

$$4\,Fe^{2+} + O_2 + 4\,H_3O^+ \rightarrow 4\,Fe^{3+} + 6\,H_2O$$

Die freigesetzten Eisen(III)-Ionen sind nun in der Lage, durch Redoxreaktionen weiteres Sulfid zu Sulfat zu oxidieren:

$$FeS_2 + 14\,Fe^{3+} + 24\,H_2O \rightarrow 15\,Fe^{2+} + 2\,SO_4^{2-} + 16\,H_3O^+$$

Diese Reaktion kann auch ohne die Anwesenheit von Sauerstoff ablaufen, d. h. also auch im tieferen Haldenkörper oder in den Gruben durch perkolierendes Sickerwasser, das Eisen(III)-Ionen enthält. Neben Sulfat als Produkt werden beträchtliche Mengen an Hydroniumionen freigesetzt, die durch die Herabsetzung des pH-Wertes zu einer Laugung weiterer Metallionen führen.

Treffen die Grubenwässer mit anderem Grund- oder Oberflächenwasser zusammen, kommt es zu einer sog. Verockerung unter Freisetzung weiterer Hydroniumionen [1, 8, 9, 31, 32]:

$$Fe^{3+} + 6\,H_2O \rightarrow Fe(OH)_3 \downarrow + 3\,H_3O^+$$

Die abiotische, chemische Oxidation der sulfidischen Minerale verläuft nur langsam. Durch ubiquitär vorkommende, chemolithoautotrophe Mikroorganismen v. a. der Gattungen *Acidithiobacillus* und *Leptospirillum* wird die Geschwindigkeit des Verwitterungsprozesses sulfidischer Minerale um 2 bis 6 Größenordnungen beschleunigt [8], [33] – [36].

Diese Bakterien sind acidophile Organismen, d. h. sie sind säureliebend und überleben noch bei extrem niedrigen pH-Werten [1, 35, 37–39]. Sie sind in der Lage, neben Pyrit eine Vielzahl von Metallsulfiden, Schwefel und Eisen(II) oxidieren zu können. Ein Schema der Wirkung derartiger Chemolithoautotropher zeigt Bild 1 [1, 34, 35, 38].

Als anorganische Kohlenstoffquelle dient CO_2, als Energiequelle die Oxidation von Mineralstoffen, hier Schwefel und Eisen in niedrigen Oxidationsstufen (vgl. Bild 1). Die dabei gebildeten laugungsaktiven Verbindungen sind Hydroniumionen und Sulfat, also Schwefelsäure. Durch die Oxidation der Sulfide kommt es zu einer Auflösung schwerlöslicher Verbindungen; die chemische Redoxreaktion der gebildeten Eisen(III)-Ionen mit weiterem Sulfid sowie die Einwirkung der freigesetzten Schwefelsäure führt zu einer Solubilisierung weiterer Schwermetallionen.

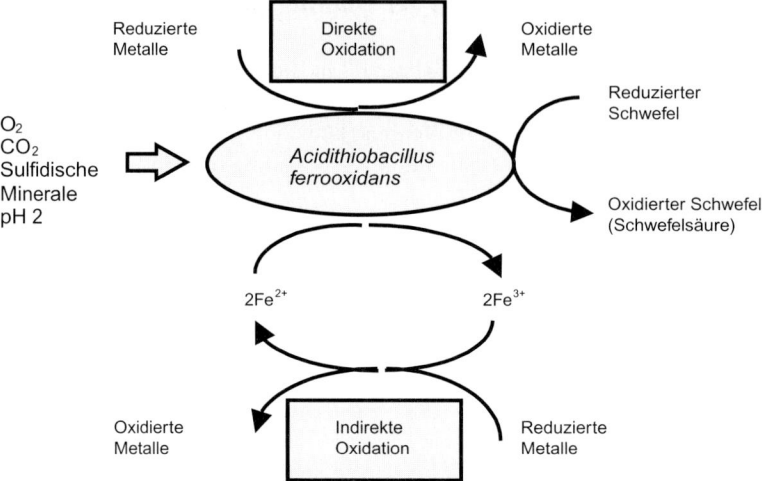

Bild 1. Direkte und indirekte Oxidation von Metallen aus sulfidischen Mineralen durch *Acidithiobacillus ferrooxidans.*

Unter für die biologischen Prozesse geeigneten Bedingungen kommt es zu großen Stoffumsätzen, und damit zu einer enormen Freisetzung von Schwefelsäure, Eisen(III)-Ionen und weiteren gelösten Schwermetallionen. Erst bei pH-Werten über 6 ist die Aktivität der Schwefel- und Eisenoxidierer kaum noch registrierbar [1, 7–9, 40, 41].

Aus den Erkenntnissen über die ablaufenden chemischen und mikrobiologischen Verwitterungsprozesse kann zusammenfassend gefolgert werden, welche grundlegenden Gegenmaßnahmen gegen saure Grubenwässer zu ergreifen sind:

– eine Vermeidung des Kontaktes der sulfidischen Minerale mit Luft
– die Vermeidung des Kontaktes der sulfidischen Minerale mit perkolierendem Wasser
– die Vermeidung großer Oberflächen des sulfidischen Materials
– die Vermeidung des Absinkens des pH-Wertes in den Porenwässern des sulfidischen Materials in für Schwefelbakterien physiologisch günstige niedrige Bereiche
– die Hemmung der Aktivität acidophiler Schwefelbakterien
– die Behandlung saurer Grubenwässer als nachgeschaltete Maßnahme mittels aktiver bzw. passiver Techniken.

3 Technische Lösungsansätze zur Verminderung, Vermeidung und Behandlung saurer Grubenwässer

In den letzten Jahrzehnten wurden sehr unterschiedliche Lösungsansätze zur Vermeidung, Verminderung und Behandlung saurer Grubenwässer entwickelt. Anfänglich wurde man v. a. aus fischereiwirtschaftlichen Gründen auf diese Problematik aufmerksam. Mit dem zunehmenden Umweltbewußtsein wurde dieses Problem weltweit verstärkt untersucht und Maßnahmen dagegen entwickelt und erprobt.

AMD – Sanierungstechniken

Maßnahmen zur Vermin- derung und Vermeidung	Behandlung von AMD
A) Kontrolle des Wasserzutritts	A) Aktive Behandlung
B) Kontrolle des Luftzutritts	B) Passive Behandlung
C) Zugabe reaktiver Materialien (Co- Treatment)	C) Semi- passive Behandlung
D) Hemmung der Aktivität der Schwefelbakterien	

Übersicht 1. Lösungsansätze zur Verminderung, Vermeidung und Behandlung saurer Grubenwässer (AMD).

Einen Überblick über mögliche Lösungsansätze zur Verminderung, Vermeidung und Behandlung von sauren Grubenwässern gibt Übersicht 1. Die Maßnahmen sollten so preiswert wie möglich sein, da es sich um große Feststoffmengen handelt, die über sehr lange Zeiträume saure Grubenwässer emittieren können. Die effektivste Lösung ist daher die Vermeidung der Entstehung solcher Wässer, sie verursacht langfristig die geringsten Kosten.

3.1 Maßnahmen zur Verminderung und Vermeidung der Entstehung saurer Grubenwässer

Für die ablaufenden biologischen und chemischen Verwitterungsprozesse bei der Entstehung saurer Grubenwässer sind sowohl Luft als auch Wasser notwendig. Zu den primären Vermeidungs- bzw. Verminderungsmaßnahmen zählt daher die Kontrolle des Zutritts von Luft bzw. Wasser in die Ablagerungen bzw. Schächte (vgl. Übersicht 1). Weiterhin wird das sulfidische Material mit alkalischen oder anderen reaktiven Zusätzen überschichtet und/oder vermischt, um die ablaufenden Reaktionen zu inhibieren bzw. initial gebildete Säure sofort zu neutralisieren. Versuche zur Hemmung der Aktivität der Schwefelbakterien wurden durch Zugabe von speziellen Inhibitoren unternommen.

Eine Vermeidung des Zutritts von Luft oder Wasser, geeignete Wasserführungsstrategien und eine alkalische bzw. sauerstoffarme Lagerung allein oder in Kombination miteinander können saure Grubenwässer bereits stark mindern oder vermeiden. Die Auswahl geeigneter Methoden erfolgt nach standortspezifischen Gesichtspunkten wie Geologie, Topographie, Hydrologie, Art des Bergwerkes, sowie nach ökonomischen Kriterien [9, 40–42].

3.1.1 Maßnahmen zur Kontrolle des Wasserkontaktes

3.1.1.1 Oberflächenabdeckungen

Durch die Verminderung der Infiltration von Wasser um mehrere Größenordnungen stellen Oberflächenabdeckungen (Übersicht 2) effektive Inhibitoren für die Bildung saurer Grubenwässer dar [9, 42–48]. Als Material für derartige Abdichtungen finden, auch in Kombination miteinander, Erde, synthetische Komponenten, organische Substanzen und Komposite Einsatz. Als Beispiele seien hier Ton, tonreiche Böden, Beton, Asphalt oder Plastikfolie genannt [42, 47]. Die Materialauswahl richtet sich dabei nach dem Ziel der Maßnahme, den Gegebenheiten des Standortes sowie ökonomischen Gesichtspunkten.

Ein Nachteil von Oberflächenabdeckungen und Versiegelungen ist die Unsicherheit für ihre Stabilität über lange Zeiträume. Sie können über längere Zeit erodieren und Risse bekommen, durch die Wasser und Luft eindringen. In Kombination mit anderen Maßnahmen (Einkapse-

Maßnahmen zur Verminderung und Vermeidung von AMD

Kontrolle des Wasserzutritts

- Oberflächenabdeckungen
- Ableitung des Oberflächenwassers
- Barrieren/ Dichtwände
- Permeable reaktive Wände

Kontrolle des Luftzutritts

- Oberflächenabdeckungen
- Flutung

Zugabe reaktiver Materialien

- Alkalisierung mit Kalk
- Zugabe bzw. Injektion anderer alkalischer Abfallmaterialien/ Reststoffe
- Zugabe bzw. Injektion biologischer Abfallprodukte

Hemmung der Aktivität der Bakterien

- Einbringen von Inhibitoren

Übersicht 2. Maßnahmen zur Verminderung und Vermeidung der Entstehung saurer Grubenwässer.

lung, Barrieren) zur Abdichtung von säurebildendem Material hilft diese Vorgehensweise jedoch weitgehend, das Eindringen von Wasser und Luft in die Halden bzw. Gruben zu vermindern [42, 45, 47, 49].

Auch das Kompaktieren des sulfidischen Materials selbst reduziert dessen Permeabilität sowie die reaktive Oberfläche, und damit die Bildung saurer Grubenwässer [15, 42].

3.1.1.2 Ableitung des Oberflächenwassers

Die Ableitung des Oberflächenwassers (vgl. Übersicht 2) erfolgt durch Drainage- und Sammelgräben, so daß es gar nicht erst mit säurebildendem Material in Kontakt tritt [42]. Diese Maßnahme hat sich für die Minderung des Eindringens von Oberflächenwasser in die Halden gut bewährt. Das primär abgeleitete Oberflächenwasser wird in Absetz- und ggf. Behandlungsteiche geleitet und schließlich in den Vorfluter abgegeben; hier ist vor allem auf die Dichtigkeit am Grund der Gräben und Teiche zur Vermeidung einer Infiltration zu achten [50].

3.1.1.3 Barrieren/Dichtwände

Eine Verminderung des Volumens saurer Grubenwässer gelingt durch die Umlenkung des unbelasteten Grundwasserstromes weg vom pyritischen Material, oder dessen Leitung durch alkalisches Material hindurch. Eine effektive und schnelle Ableitung kontaminierter Grubenwässer vor deren Kontakt mit unbelastetem Grundwasser senkt die Menge der gebildeten Säure, und das anschließend zu behandelnde Wasservolumen kann damit reduziert werden [13, 42]. Unterirdische Barrieren/Dichtwände (vgl. Übersicht 2) reduzieren die Permeabilität des Bodens, kontrollieren dessen hydraulische Durchlässigkeit und können zur Einkapselung, z. B. auch von gefährlichen Abfällen, genutzt werden. Diese Barrieren werden je nach örtlichen Gegebenheiten in vertikaler oder horizontaler Form in den Boden eingebracht; sie bestehen meist aus verdichteten und/oder ausgehärteten mineralischen Materialien (z. B. Zement, Flugasche), aber auch organische Materialien (z. B. auf Urethanbasis) können zum Einsatz kommen [48, 49, 51, 52]. Die Verwendung von Reststoffen (z. B. Flugasche) als Material ist kritisch zu sehen, da sie eine Schadstoffquelle darstellen und das Grundwasser erneut kontaminiert werden kann.

Die Technologie zur Ableitung des Grundwassers mit Hilfe reaktiver Barrieren (vgl. Übersicht 2) ist noch relativ neu [53]. Dabei reagieren z. B. benachbarte Schichten zweier reaktiver Ausgangsmaterialien zu einer unlöslichen, undurchlässigen unterirdischen Barriere, die das Einströmen von Grundwasser in den Halden-/Grubenbereich vermindert. Die Barriere setzt die Diffusion und die hydraulische Durchlässigkeit entlang ihrer Grenzfläche herab, und kann sich nach einer möglichen Perforation wieder regenerieren [49]. Das unterirdische Auftreffen von saurem Grubenwasser auf eine Barriere aus Löschkalk und Calcit führt z. B. zu einer Neutralisation des Wassers, sowie einer Bildung von Gips, Aluminiumhydroxid und Siderit, die sich als unlösliche Schicht auf dem Calcit absetzen und dessen Durchlässigkeit herabsetzen [54].

Derartige Barrieren könnten in Zukunft zur Abdichtung von Dämmen, zur Bedeckung von Abraum- und Tailinghalden, zur Abschirmung kontaminierter Grundwasserfahnen und zur Kontrolle des Grundwasserzu- und Abflusses in oder aus offenen Bergwerken angewandt werden. Zur Zeit ist noch Forschungsbedarf zur Erzeugung von Barrieren entsprechender Geometrie und Lage erforderlich [54].

3.1.1.4 Permeable reaktive Wände

Zur in-situ-Behandlung saurer Grund- und Oberflächenwässer stellen permeable reaktive Wände (vgl. Übersicht 2) eine der neuesten Entwicklungen dar. Der kontaminierte Grundwasserfluß wird durch ein Neutralisationsbett mit Kalk oder Magnesit geleitet. Auch organisches Material kann als Substrat für sulfatreduzierende Bakterien mit untergemischt sein. Die im Grubenwasser gelösten Metalle fallen als Hydroxide und Sulfide aus [42, 45, 55–60].

3.1.2 Maßnahmen zur Kontrolle des Sauerstoffkontaktes

Oberflächenabdeckungen und -versiegelungen können auch den Zutritt von Luft zu sulfidischen Minerale um Größenordnungen vermindern bzw. vermeiden und damit die Oxidationsgeschwindigkeit der sulfidischen Minerale minimieren (vgl. Übersicht 2). Eine kurze Beschreibung und Diskussion von Oberflächenabdeckungen erfolgte bereits im Abschnitt 3.1.1.1.

Eine der effektivsten Methoden ist die *Flutung* des Materials (vgl. Übersicht 2), die auch in Deutschland in großem Maße angewendet wurde und wird [15, 61, 62]. Zu beachten ist hierbei, daß über dem sulfidischen Material möglichst stagnierende Fließbedingungen herrschen, und daß die gesättigte Zone möglichst breit sein sollte, so daß die Diffusion von Luftsauerstoff zum mineralischen Untergrund weitgehend limitiert ist. Durch den Sauerstoffausschluß können sich anoxische Bedingungen am Boden des gefluteten Areals einstellen, und das bedeckte Abfallmaterial oder -gestein wird stabilisiert [42, 45, 49, 63, 64]. Die besten Erfolgsaussichten haben Flutungen bei offenen Bergbaustandorten in flachem Gelände mit niedrigen Grundwassergradienten, breiter gesättigter Zone und einem Aquifer von großer Ausdehnung. Zur Inhibierung der Pyritoxidation ist eine Wasserbedeckung notwendig, die den Sauerstoff-Partialdruck unter 1 % hält. In hügeligen bzw. bergigen Gebieten, in denen Gradienten und Fließgeschwindigkeit zu stark sind, um langanhaltende anoxische Bedingungen am Grund zu erzielen, sind Flutungsmaßnahmen kontraproduktiv, es kommt z. T. noch zu einer gesteigerten Bildung saurer Produkte [42].

In gefluteten Geländen kann nach mehreren Jahren ein Rückgang aktiver eisen- bzw. schwefeloxidierender Bakterien um mehrere Größenordnungen, z. B. von 10^6 auf 10^2 aktive Zellen pro Gramm oxidiertes Material beobachtet werden, sowie ein Anstieg der Zellzahlen sulfatreduzierender Bakterien um mehrere Größenordnungen [61, 65, 66]. Durch das Fehlen geeigneter Wachstumsbedingungen wie niedriger pH-Wert und Sauerstoffverfügbarkeit sinkt die eisenoxidierende Aktivität von *Acidithiobacillus ferrooxidans* und *Leptospirillum ferrooxidans*, und deren Überleben im gefluteten Habitat wird beträchtlich vermindert [65].

Unter extrem sauren Bedingungen in den entsprechenden gefluteten Gebieten wird jedoch bei einem fortschreitenden permanenten Eintrag saurer Verwitterungsprodukte in die Seen und dem Fehlen geeigneter Pufferungskapazität in den Seesedimenten keine natürliche Neutralisation und damit keine zunehmende biologische Aktivität von Sulfatreduzenten beobachtet [62, 67, 68].

Die Flutung wird auch auf Untertagebergwerke angewandt, deren Schächte unterhalb des Grubenwasseraustrittes liegen. Die komplette Flutung solcher Gruben eliminiert den Sauerstoffkontakt und stoppt die Säurebildung bzw. schränkt sie stark ein. Das enthaltene sulfidische Material wird gegen eine Oxidation stabilisiert. Die Flutung von Untertagebergwerken wird in Kombination mit Versiegelungen von Schächten und der Errichtung unterirdischer Barrieren durchgeführt [28, 42, 64].

3.1.3 Zugabe reaktiver Materialien

Das sulfidhaltige Material kann zur Vermeidung der Säurebildung bzw. zu deren primärer Neutralisation auch *Zwischenschichten aus Kalk* (vgl. Übersicht 2) erhalten, ober- und unterhalb der säurebildenden Zone mit alkalischem Material eingekapselt werden bzw. direkt mit Kalk vermischt werden. Die gemeinsame Lagerung mit Kalk dient der Inhibierung der Säurebildungsreaktion durch Erhalt eines neutralen bis basischen pH-Wertes, initial gebildete Säure kann sofort neutralisiert werden. Damit wird die Bildung saurer Grubenwässer inhibiert bzw. minimiert und bereits entstandene saure Wässer werden sofort neutralisiert [42, 44, 45, 60, 69, 70]. Im Osten Deutschlands wurde in den Kippböden stillgelegter Braunkohlestandorte neben Kalk auch Asche zur Minderung der Säurebildung eingesetzt [69, 70].

Auch eine „alkalische Nachdosierung" mittels Kalkgräben ist möglich. Durch diese Gräben mit alkalisch reagierendem Material, meist eine Kombination aus Soda und gemahlenem Kalk, wird Wasser geleitet, das anschließend auf dem säurebildenden Gelände versickert. Diese Kalkgräben sollten so plaziert sein, daß eine möglichst maximale Infiltration in die säureproduzierenden Zonen gewährleistet ist [42, 45].

Als *sauerstoffzehrende Abdeckungen und Beimengungen* zu sulfidischem Material (vgl. Übersicht 2) finden organischer Dünger und organische Schlämme Einsatz. Sie werden anfänglich aerob durch Mikroorganismen abgebaut, was zu einem Verbrauch des vorhandenen Sauerstoffs führt. Der weitere Abbau des organischen Materials findet schließlich unter sulfatreduzierenden Bedingungen statt, unter denen keine Pyritoxidation mehr abläuft. Die mikrobielle Sulfatreduktion führt zu einer Anhebung des pH-Wertes und einer Absenkung der gelösten Metallkonzentration in der wäßrigen Phase. Dies ist also insgesamt eine sehr effiziente Methode zur Vermeidung der Bildung saurer Grubenwässer. Das organische Material kann gemeinsam mit Ton kompaktiert und in den Boden eingepreßt werden, was zur Bildung reaktiver Schichten geringer Permeabilität um Abfallhalden oder Rückhaltebecken führt [15, 45, 47, 71, 72]. Kritisch ist auch hier der Einsatz von potentiell schadstoffbelastetem Material wie Klärschlamm zu sehen.

Ein eisenphosphathaltiger Überzug des pyritischen Materials als Oxidationsschutz wurde bereits ausgetestet [73]. Die Kosten liegen nach Angaben der Autoren niedriger als für eine konventionelle Behandlung mit Kalkstein.

3.1.4 Hemmung der Aktivität der Schwefelbakterien

Eine weitere Möglichkeit zur Vermeidung der Bildung saurer Grubenwässer stellt die Anwendung gekapselter, langsam an die Umgebung abgegebener Tenside und Detergenzien dar, die die Kolonisierung des sulfidischen Materials mit Schwefel- und Eisenoxidierern weitgehend vermeiden soll. Zur Hemmung des Wachstums säurebildender Bakterien wurden auch potentiell inhibierende Stoffe wie Tenside oder Benzoesäure verrieselt, mit z. T. kontroversen Ergebnissen [44, 48, 74–77].

Alle hier genannten Maßnahmen zur Verminderung bzw. Vermeidung können eine Bildung saurer Grubenwässer oft nicht vollständig und über lange Zeiträume verhindern. Aus diesem Grund ist eine Nachbehandlung der ablaufenden sauren Wässer notwendig. In den meisten Fällen werden diese Maßnahmen zur Vermeidung und zur Nachbehandlung der sauren Grubenwässer miteinander kombiniert.

3.2 Maßnahmen zur Behandlung saurer Grubenwässer

Die Methoden zur Behandlung saurer Grubenwässer zählen zu den nachgeschalteten Maßnahmen, da sie die Ursache dieser Wässer nicht eliminieren [48, 49].

Eine der Zielgrößen ist hierbei, die Behandlung der Wässer so kostensparend wie nur möglich durchzuführen. Bei der Auswahl einer geeigneten Methode spielen die zu behandelnden Volumina bzw. Volumenströme, der pH-Wert des Wassers, dessen Konzentration an Eisen(II) und Eisen(III), Mangan, an toxischen Metallen, der Sauerstoffgehalt sowie die Verfügbarkeit einer Infrastruktur eine wichtige Rolle. Von Bedeutung sind ebenfalls die klimatischen Verhältnisse, Topologie und Hydrologie des Standortes, sowie der geplante Behandlungszeitraum [49, 78].

Hierbei unterscheidet man zwischen aktiven und passiven Behandlungsmethoden, die zur Reduzierung des Säure- und Metallgehaltes saurer Grubenwässer auch miteinander kombiniert werden können (Übersicht 3).

Als aktive Maßnahmen bezeichnet man technische Behandlungverfahren, die entsprechend den Methoden der konventionellen Abwasserbehandlung durchgeführt werden, also eine entsprechende technische Anlage erfordern, sowie Personal, Energie und die kontinuierliche Zugabe von Chemikalien. Passive Maßnahmen sind dagegen nichtinvasive Techniken, die die Vorteile natürlich vorkommender chemischer und biologischer Prozesse zur Reinigung kontaminierter Wässer nutzen und sich gut in die Ökosysteme der Standorte einfügen. Im Unterschied zu den aktiven Behandlungsmethoden erfordern die passiven Methoden nur wenig Energie, eine geringe oder keine Wartung, keine ständige Kontrolle bzw. kontinuierli-

Behandlung von AMD

Aktive Behandlungsmethoden

- Chemische Neutralisation und Fällung
- Sorption toxischer Metalle
- Membrantrennverfahren
- Zementation/ elektrochemische
  Aufarbeitung
- Biogene Sulfidfällung
- Mikrobielle Sulfatreduktion

Passive Behandlungsmethoden

Semi- passive Behandlung

Übersicht 3. Maßnahmen zur Behandlung saurer Grubenwässer.

che Zugabe von Chemikalien. Sie stellen damit eine preiswerte, wartungsarme Alternative zu konventionellen, aktiven Behandlungsmethoden dar [45, 47, 79–83]. Passive Behandlungsmethoden werden daher vor allem an stillgelegten bzw. aufgegebenen Standorten eingesetzt, an denen kleine Grubenwassermengen anfallen.

Bei semi-passiven Behandlungsmethoden erfolgt eine kontinuierliche Zudosierung von Neutralisationsmitteln durch Systeme, die nur wenig Energie benötigen, bzw. durch passive Dosiersysteme (Antrieb durch Wasserkraft oder Sonnenenergie).

Aufgrund ihrer Vorteile wurden in den letzten Jahren umfangreiche Forschungsarbeiten auf dem Gebiet der passiven Behandlungsmethoden durchgeführt. Es wurde eine Vielfalt an Lösungsansätzen für jeweils unterschiedliche örtliche Gegebenheiten entwickelt, die auch miteinander kombinierbar sind. Da die passiven Behandlungsmethoden so vielfältig sind, sollen sie hier nur kurz genannt, und anschließend, gemeinsam mit den semi-passiven Methoden, in einem separaten Beitrag dargestellt werden [84].

Aktive Behandlungsverfahren

Die Anwendung aktiver Behandlungsverfahren erfolgt vor allem bei noch im Betrieb befindlichen Bergbauanlagen, die über genügend Mittel für die Kontrolle und Instandhaltung verfügen. Bei der Schließung von Anlagen oder in der Rehabilitationsphase werden derartige Verfahren dann angewandt, wenn große Wasservolumina zu behandeln sind, oder z. B. eine akute Gefährdung der Umwelt vorliegt (z. B. die Möglichkeit eines Dammbruches).

Zu den Vorteilen aktiver Behandlungsverfahren zählt die Flexibilität der Reagenzienzugabe entsprechend den aktuellen Anforderungen; ein Nachteil sind die hohen Kosten im Hinblick auf Investitionen, Chemikalien, Energie, Personal und Entsorgung [47, 63].

Eine der am häufigsten angewandten aktiven Behandlungsmethoden ist die Neutralisation der sauren Grubenwässer und die Fällung der darin gelösten Metallionen nach bekannten abwassertechnischen Verfahren. Am gebräuchlichsten ist dabei die Zugabe von Kalk oder Löschkalk, was zu einer Anhebung des pH-Wertes in neutrale Bereiche sowie die Fällung gelöster Eisen- und Aluminiumionen sowie weiterer Metallionen in nichttoxische Konzentrationsbereiche führt. Die gelösten Metallionen werden auch teilweise an die gebildeten Hydroxide adsorbiert, vor allem bei pH-Werten > 5 [49, 63, 78, 85].

Als weitere aktive Behandlungsverfahren saurer Grubenwässer sind noch Sorptionsverfahren, Membrantrennverfahren, die Zementation und elektrochemische Aufarbeitung, die biogene Sulfidfällung in Reaktorsystemen sowie die direkte mikrobielle Sulfatreduktion der sauren Grubenwässer in Bioreaktoren bekannt (s. Übersicht 3). Auf die einzelnen Verfahren soll im folgenden kurz eingegangen werden.

3.2.1 Chemische Neutralisation und Fällung

Kalk und *Löschkalk* als Neutralisations- und Fällungsmittel zählen zu den preiswertesten Zusätzen und sind einfach handhabbar, erfordern aber höhere Kosten durch die Investitionen für die Misch- und Dosiertechnik sowie für die Anlieferung großer Mengen. Die Neutralisationskapazität von Kalk ist begrenzt, bei hohen Sulfatkonzentrationen im Grubenwasser kommt es zu einer Passivierung der Partikeloberflächen [45, 47, 63]. Außerdem benötigt Kalk eine vergleichsweise lange Reaktionszeit zur Neutralisation. Probleme bestehen bei der Rückhaltung von Mangan und einem hohen Säuregehalt des Grubenwassers (> 50 mg/l). Ein Nachteil von Löschkalk besteht in der Bildung voluminöser, schlecht zu entwässernder Schlämme [78, 86]. Kalk und Magnesit benötigen auf Grund einer möglichen Passivierung der Oberflächen entsprechende Mischsysteme und eine erhöhte Scherinjektion [63]. Durch den Einsatz von Sandpartikeln kann die Passivierung der Kalkoberflächen vermindert werden, da sich Eisenhydroxide offensichtlich stärker an quarzreichen Oberflächen ablagern [87, 88].

Bild 2 zeigt die Skizze einer chemisch-physikalischen Behandlungsanlage für saure Grubenwässer aus dem (inzwischen stillgelegten) Kohlebergbau am Rausch-Creek in Pennsylvania. Die Anlage arbeitet bereits seit ca. 30 Jahren, die jährlichen Betriebskosten liegen bei ca. 400 000 $. Das gesamte Wasser des Flusses wird, außer bei Hochwasser, in der Anlage behandelt. Die Fällung erfolgt mit Kalkmilch, in den anschließenden Belüftungsbecken werden gelöstes Eisen(II) und Mangan(II) in die entsprechenden oxidierten Formen umgewandelt.

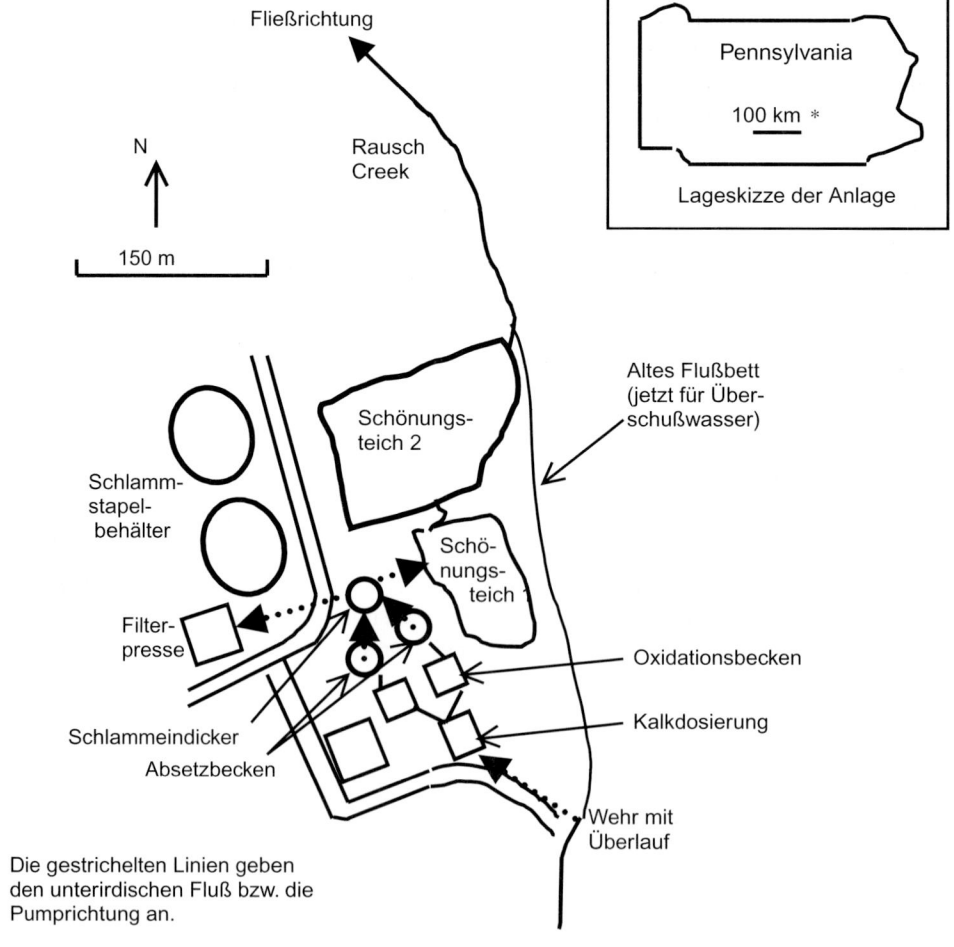

Bild 2. Skizze der chemisch-/physikalischen Behandlungsanlage für saure Grubenwässer am Rausch Creek in Pennsylvania (nach [89]).

Die gefällten Hydroxide und Oxide werden danach in den Absetzbecken abgetrennt, und schließlich im Eindicker und in der Filterpresse entwässert. Der gereinigte Überlauf passiert 2 Schönungsteiche zur Nachreinigung. Im zweiten Schönungsteich können Forellen gehalten werden [89].

Natronlauge kann ebenfalls zur Neutralisation eingesetzt werden, gut geeignet ist sie für kleine Abläufe in abgelegenen Gebieten, und zur Behandlung von Wässern mit hohem Mangangehalt. Sie ist aber wegen ihrer ätzenden Eigenschaften schwieriger handhabbar als Kalk oder Löschkalk, weitere Nachteile bestehen in ihren hohen Kosten und den schlechten Schlammeigenschaften [78]. *Magnesit* führt zu einer besseren Absetzgeschwindigkeit der Schlämme im Vergleich zu Kalkstein und Natronlauge, Sulfate werden jedoch nicht mitgefällt [63]. *Sodaaschebriketts* sind effektiv einsetzbar für kleine Grubenwasserabläufe auch in abgelegenen Gebieten. Zu ihren Nachteilen zählen die höheren Kosten im Vergleich zu Kalkstein sowie die schlechten Absetzeigenschaften des Schlammes [78]. Wasserfreies *Ammoniak* besitzt günstige Eigenschaften für die Behandlung von Grubenwässern mit hohem Gehalt an Eisen(II) und/oder Mangan. Es ist preiswerter als Natronlauge und besitzt die gleichen Vorteile. Nachteilig ist hier die schwierige Handhabung sowie ein möglicher nachteiliger Einfluß auf die Biologie des Vorfluters (Fischtoxizität, Eutrophierung). In einigen Ländern ist deshalb der Einsatz von Ammoniak zur Behandlung von Grubenwässern verboten [78].

In Tab.1 sind einige Standorte aufgeführt, an denen Verfahren der Neutralisation und Fällung zur Behandlung saurer Grubenwässer angewandt werden.

Ein Nachteil aller hier genannten Fällungsmittel ist die Produktion großer Schlammvolumina, deren Abtrennung, Nachbehandlung und Deponierung erneut Kosten verursacht. Aus den großen Schlammvolumina lassen sich Wertmetalle nur noch schlecht zurückgewinnen.

Tabelle 1. Beispiele für Standorte mit chemisch/physikalischer Behandlung saurer Grubenwässer.

Standort	Belastung	Lit.
Neutralisation/Fällung		
Elbingerode, Harz, D		
Schlema/Alberoda (Wismut GmbH), D	U, As, Ra, Mn, Fe, 430 m³/ h	[90]
Britannia Mine, British Columbia, Can.	Cu	[91]
Rausch Creek, Valley View, Pennsylv.		[89]
Berkeley Pit, Butte, Montana	Cu, Zn	[92]
Sorptionsverfahren		
Britannia Mine, British Columbia, Can.	Cu	[91]
Australien	Schwermetalle	[93]
Berkeley Pit, Butte, Montana	Cu, Zn	[92]
Membrantrennverfahren		
Freiberg, D (Versuchsanlagen)		[94]
Czerwionka-Leszczyny, Polen		
Debiensko, Polen		[95]
Berkeley Pit, Butte, Montana	Cu, Zn	[92]
Zementation/elektrochemische Aufbereitung		
Britannia Mine, British Columbia, Can.	Cu	[91]

Neuere Techniken befassen sich hier daher mit der Minimierung des produzierten Feststoff-volumens und der möglichen Produktion metallreicher Konzentrate, die metallurgisch wieder-aufgearbeitet werden können [63].

3.2.2 Sorptionsverfahren

Bei niedrigen Konzentrationen gelöster toxischer Metalle in den Grubenwässern können Sorptionsverfahren zum Einsatz kommen (s. Übersicht 3 u. Tab. 1). Sie vermeiden volu-minöse Fällungsschlämme und können zur Gewinnung metallreicher Konzentrate genutzt werden. Als Sorbentien sind dabei anorganische Materialien wie Ton oder Eisenhydroxide einsetzbar, aber auch biologische Komponenten wie Bakterien, Algen oder Pflanzen besitzen sorbierende Eigenschaften. Die Sorbentien sollten eine möglichst gute Stabilität bei niedrigen pH- Werten aufweisen, regenerierbar und preiswert sein [63].

Zur Zeit wird in Australien ein Verfahren unter dem Einsatz amorphen Kaolins zur Behand-lung saurer Grubenwässer entwickelt [93] (s. Tab. 1). Dieses KAD-Verfahren (Kaolin Amor-phous Derivatives) basiert auf der guten Sorptionsfähigkeit von Kaolin für Schwermetalle sowie seiner Fähigkeit der Anhebung des pH-Wertes. Die Konzentration toxischer Metalle kann damit bis in den ppb-Bereich abgesenkt werden.

In Forschungsarbeiten wird untersucht, inwieweit Metalle auch mit Hilfe von Biosorptions-verfahren aus belasteten sauren Grubenwässern entfernt werden können [96, 97].

3.2.3 Membrantrennverfahren

Bei der Umkehrosmose werden alle im Wasser gelösten Stoffe bis zu 99 % zurückgehalten. Die Nanofiltration erlaubt ein Passieren der Membran für einwertige Ionen, nur höherwertige Ionen werden abgetrennt. Beide Verfahren sind im Vergleich zu den anderen Verfahren sehr kostenaufwendig, daher finden sie im Moment im technischen Maßstab hier nur wenig Einsatz [92, 95] (s. Tab. 1).

3.2.4 Zementation/elektrochemische Aufbereitung

Eine Zementation und anschließende elektrochemische Aufbereitung von im Grubenwasser enthaltenen Wertmetallen (vgl. Übersicht 3) ist nur bei einer ensprechenden Konzentration dieser Metalle rentabel und wird daher auch nur in wenigen Fällen angewandt [91] (s. Tab. 1).

3.2.5 Biogene Sulfidfällung

Ein effektives Verfahren zur Fällung von gelösten Metallen wie Kupfer, Zink, Nickel und Cad-mium stellt die Sulfidfällung dar (vgl. Übersicht 3 u. Tab. 2). Der dabei verwendete Schwefel-wasserstoff wird in einem separaten anaeroben Bioreaktor erzeugt und in das erfaßte Gruben-wasser eingeleitet [98]. Durch stufenweise Erhöhung des pH-Wertes ist es möglich, die Metallsulfide, z. B. von Kupfer, Zink und Cobalt, in relativ reiner Form zu fällen und so einer metallurgischen Verwertung zuzuführen. Probleme können hier mit Verunreinigungen in den gewonnenen Metallkonzentraten auftreten, z. B. ein Gehalt von Cadmiumsulfid im gefällten Zinksulfid. Die Reinheit der erhaltenen Metallkonzentrate kann für ihre mögliche Verwertung entscheidend sein [63, 99–104].

Diese Technologie wird z. B. beim THIOPAQ-Prozeß genutzt; derzeit sind weltweit ca. 350 Anlagen in Betrieb [79, 99, 105]. Das Volumen der erzeugten Schlämme ist um das 6- bis 10-fache niedriger als bei der Kalkfällung, die Schlämme lassen sich wesentlich einfacher entwässern als die Schlämme aus der Kalkfällung [99]. Die Konzentration toxischer Metalle kann auf Konzentrationen von 1–100 ppb gesenkt werden. Gelöste toxische Komponenten wie Cadmium und Arsen werden mit diesem Verfahren noch effizient eliminiert, so daß die vorgeschriebenen Einleitungsbestimmungen eingehalten werden können [99].

In Tabelle 2 sind einige Standorte aufgeführt, an denen ein solches Verfahren der Sulfidfällung angewandt wird.

Im THIOPAQ-Prozeß erfolgt die biologische Behandlung in 2 Stufen, einer mikrobiellen H_2S-Produktion in einem UASB-Reaktor und in einem nachgeschalteten aeroben Tauchkörperreaktor für die Umwandlung von überschüssigem Schwefelwasserstoff zu elementarem Schwefel. Weitere Verfahrensstufen sind ein Reaktor zur Sulfidfällung, Absetzbehälter zur

Tabelle 2. Beispiele für die Behandlung saurer Grubenwässer durch Sulfidfällung mit biologisch erzeugtem H_2S (aktives Verfahren).

Standort	Belastung	Lit.
Fa. BUDELCO, Niederl. (THIOPAQ-Prozeß)	Zn, saurer Grundwasserstrom	[99]
Wheal Jane Mine, Cornwall, Großbrit. (THIOPAQ-Prozeß, Pilotanlage)	Zn, Cd, As	[99]
Kennecott Mine, Utah (THIOPAQ-Prozeß)	Cu	[99]
Britannia Mine, British Columbia, Can. (THIOPAQ-Prozeß)	Cu	[91]
Australien	Cu, Zn, Ni, Cd	[63]

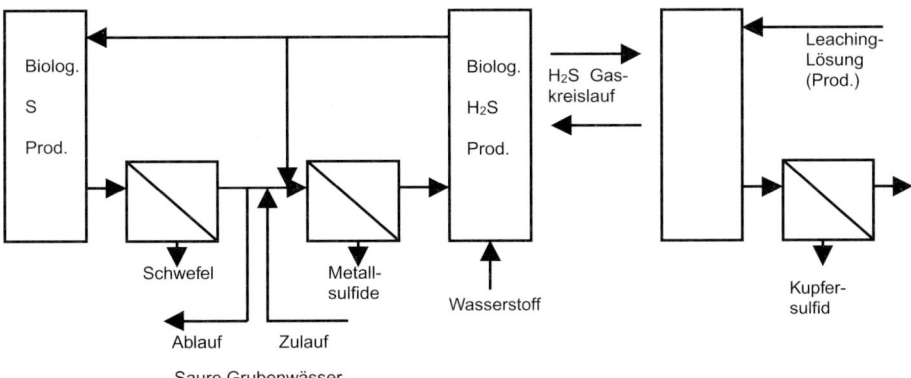

Bild 3. Vereinfachtes Fließschema der Pilotanlage zur biogenen Sulfidfällung an der Kennecott Utah Copper Mine (nach [99]).

Abtrennung der Feststoffe (z. B. Lamellenabscheider) und schließlich ein kontinuierlich gereinigter Sandbettfilter zur vollständigen Feststoffabtrennung aus dem Abwasserstrom (vgl. Bild 3).

Die Metallsulfide werden an entsprechende Raffinerien abgeführt, der abgetrennte Schwefel kann zur Produktion von Schwefelsäure, oder nach Raffination in elementarer Form weiter verwendet werden [99].

3.2.6 Mikrobielle Sulfatreduktion

Prozesse der dissimilatorischen Sulfatreduktion können zur Senkung der Acidität, des Sulfat-sowie des Schwermetallgehaltes saurer Grubenwässer genutzt werden (Übersicht 3) [33, 106–109]. Unter anaeroben Bedingungen wird dabei eine Netto-Alkalinität erzeugt; der gebildete Schwefelwasserstoff reagiert mit den gelösten Schwermetallionen zu unlöslichen Sulfiden [79, 110, 111]:

$$3 \ SO_4^{2-} + 2 \ C_2H_5OH \rightarrow 3 \ HS^- + 3 \ H_2O + 3 \ HCO_3^- + CO_2 \qquad [99]$$

Diese Reaktion ist damit eine Umkehrung der mikrobiellen Pyritoxidation sowie der Produktion saurer Grubenwässer.

Die Behandlung der Grubenwässer kann in anaeroben Bioreaktoren mit Sulfatreduzenten durchgeführt werden [110, 112–116]. Ein Problem bei der direkten Behandlung der sauren Wässer im Bioreaktor stellt jedoch die Empfindlichkeit neutrophiler Sulfatreduzenten bereits gegen moderate Acidität (pH < 6) dar [79]. Dazu werden verschiedene Problemlösungen entwickelt; so ist z. B. eine vorgeschaltete Neutralisation durch Kalk [79] oder auch durch hydratisiertes Calciumsilikat möglich [117]. Eine weitere Möglichkeit wird mit der Nutzung acidophiler Sulfatreduzenten in der ersten Verfahrensstufe untersucht [79]. Derartige acidophile Sulfatreduzenten werden im Direktkontakt mit sauren Grubenwässern nicht inhibiert oder eliminiert, sie sind auch weitgehend resistent gegen die enthaltenen Metallkonzentrationen.

Verfahren zur Behandlung saurer Grubenwässer mit Sulfatreduzenten befinden sich noch im Stadium der weiteren Erforschung; Schwerpunkte bilden dabei die Reaktorgestaltung [118], eine geeignete Immobilisierung der Mikroorganismen [119], die Suche nach preiswerten als auch effizienten Substraten [48, 79, 107, 110, 115, 118, 120–124] sowie die Untersuchung inhibierender Faktoren [79, 107, 110].

Eine zweistufige Pilotanlage unter Nutzung sulfatreduzierender Bakterien ist in Carnoules/Frankreich in Betrieb (s. Tab. 3). Dem anaeroben Bioreaktor ist eine Neutralisationsstufe mit hydratisiertem Calciumsilikat vorgeschaltet [117].

Tabelle 3. Behandlung saurer Grubenwässer in Bioreaktoren mit simultaner Sulfatreduktion.

Standort	Belastung	Lit.
Carnoules, Gard, Frankreich (Pilotanlage)	Fe, Pb, Zn, Mn, As	[117]

4 Schlußbemerkungen

In den letzten Jahren wurden verschiedene Maßnahmen zur Vermeidung und Behandlung saurer Grubenwässer entwickelt und geprüft. Dabei wird in Anbetracht der großen Mengen an zu behandelnden Feststoffen und Wassermassen sowie der geologischen Behandlungszeiträume darauf orientiert, die Maßnahmen möglichst kostensparend und wartungsarm zu konzipieren, und immer auf die individuellen Gegebenheiten des Standortes inklusive der ökologischen Gesichtspunkte anzupassen. Die Vermeidung der Entstehung dieser Wässer ist dabei grundsätzlich immer die bessere und kostengünstigere Variante.

Über die Langzeitwirkung der genannten Maßnahmen (Erfolg der Maßnahmen, Langzeitwechselwirkung mit der Umwelt) ist bisher nur sehr wenig bekannt [9] – dies wird sicherlich noch lange Gegenstand zahlreicher, interdisziplinär orientierter Arbeiten sein.

Danksagung

Der Autor dankt der Deutschen Bundesstiftung Umwelt für die Unterstützung der Arbeiten (FKZ 06000/693).

Literatur

[1] Ehrlich, H. L.: Geomicrobiology, M. Dekker Inc., New York 1990.
[2] Berthelin, J.: Diversity of environmental biogeochemistry, Elsevier, Amsterdam 1991.
[3] Trudinger P. A. u. Swaine, D. J.: Biogeochemical cycling of mineral- forming elements, Elsevier, Amsterdam 1979.
[4] Smith, L. A., Alleman, B. C. u. Copley- Graves, L.: Biological treatment options, in: Emerging Technology for Bioremediation of Metals, Hrsg: J. L. Means u. R. E. Hinchee, 1–12. CRC Press, Boca Raton, FL, 1994.
[5] Mills, A. L., Bell, P. E. u. Herlihy, A. T.: Microbes, sediments and acidified water: The importance of biological buffering, in: Acidic stress and aquatic microbial interactions, Hrsg: S. S. Rao, 1–19. CRC Press, Boca Raton, FL. 1998.
[6] Harris, J. R. u. Ritchie, A. I. M.: Runoff fraction and pollution levels in runoff from a waste rock dump undergoing pyritic oxidation. Water Air Soil Pollut. *19*, 155–70 (1983).
[7] Kleinman, R., Crerar, P. u. Pacelli, R.: Biogeochemistry of acid mine drainage and a method to control acid formation. Mining Eng. (3), 2–9 (1991).
[8] Nordstrom, P. K.: Aqueous pyrite oxidation and the consequent formation of secondary iron minerals in acid sulphate weathering, in: Soil science of America, Hrsg: J. A. Kittrick, D. S. Fenning u. L. R. Hossner, 37–56. Madison, WI 1982.
[9] Evangelou, V. P.: Pyrite oxidation and its control, CRC Press, Boca Raton, FL 1995.
[10] Karavaiko, G. I., Kuznetsov, G. I. u. Golomzik, S. A.: Roli mikroorganismov v vascelacivanii metallov iz rud, Nauka, Moskau 1972.
[11] Schippers, A., Hallmann, R., Wentzien, S. u. Sand, W.: Microbial diversity in uranium mine waste heaps. Appl. Environ. Microbiol. *61* (8), 2930–2935 (1995).
[12] Yu, J.-Y.: Pollution of Osheepcheon Creek by abandoned coal mine drainage in Dogyae area, eastern part of Samcheok coal field, Kagwon-Do, Korea. Environ. Geology, *27* (4), 286–299 (1996).
[13] Geldenhuis, S. u. Bell, F. G.: Acid mine drainage at a coal mine in the eastern Transvaal, South Africa. Environ. Geology *34* (2/3), 234–242 (1998).
[14] Gray, N. F.: Environmental impact and remediation of acid mine drainage: a management problem. Environ. Geology *30* (1/2), 62–71 (1997).

[15] Schüring, J., Kölling, M. u. Schulz, H. D.: The potential formation of acid mine drainage in pyrite-bearing hard-coal tailings under water-saturated conditions: an experimental approach. Environ. Geology *31* (1/2), 59–65 (1997).

[16] Allen, S. K., Allen, J. M. u. Lucas, S.: Concentrations of contaminants in surface water samples collected in west-central Indiana impacted by acidic mine drainage. Environ. Geology *27* (1), 34–37 (1996).

[17] Williams, T. M. u. Smith, B.: Hydrochemical characterization of acute acid mine drainage at Iron Duke mine, Mazowe, Zimbabwe. Environ. Geology *39* (3/4), 272–278 (2000).

[18] Booth, C. J., u. Bertsch, L. P.: Groundwater geochemistry in shallow aquifers above longwall mines in Illinois, USA. Hydrogeology J. *7* (6), 561–575 (1999).

[19] Cidu, R., Caboi, R., Fanfani, L. u. Frau, F.: Acid drainage from sulfides hosting gold mineralization (Furtei, Sardinia). Environ. Geology *30* (3/4), 231–237 (1997).

[20] Kwong, Y. T. J., Roots, C. F., Roach, P. u. Kettley, U. W.: Post-mine metal transport and attenuation in the Keno Hill mining district, central Yukon, Canada. Environ. Geology *30* (1/2), 98–107 (1997).

[21] Iribar, V., Izco, F., Tames, P., Antigüedad, I. u. da Silva, A.: Water contamination and remedial measures at the Troya abandoned Pb-Zn- mine (The Basque Country, Northern Spain). Environ. Geology *39* (7), 800–806 (2000).

[22] Bullock, S. E. T. u. Bell, F. G.: Some problems associated with past mining at a mine in the Witbank coalfield, South Africa. Environ. Geology *33* (1), 61–71 (1997).

[23] Zänker, H., Richter, W., Brendler, V. u. Nitsche, H.: A Chemistry of Actinides and Fission Products in Natural Aquatic Systems – A.4. Colloid Formation – Colloid-borne uranium and other heavy metals in the water of a mine drainage gallery. Radiochimica Acta *88* (9- 11), 619–624 (2000).

[24] Edwards, K. J., Bond, P. L., Druschel, G. K., McGuire, M. M., Hamers, R. J. u. Banfield, J. F.: Geochemical and biological aspects of sulfide mineral dissolution: lessons from Iron Mountain, California. Chem. Geology *169* (3–4), 383–397 (2000).

[25] Wakao, N., Takahashi, T., Sakurai, Y. u. Shiota, H.: A treatment of acid mine water using sulfate-reducing bacteria. J. Ferment. Technol. *57*, 445–452 (1979).

[26] Kappes, B. A.: Die Mobilisierbarkeit von Schwermetallen und Arsen durch saure Grubenabwässer aus Bergbaualtlasten einer Ag-Pb-Zn-Lagerstätte in Wiesloch. Karlsruher Geochem. Hefte *13*, Karlsruhe: IPG 1999.

[27] Martin, M., Beuge, P., Kluge, A. u. Hoppe, T.: Grubenwässer des Erzgebirges – Quellen von Schwermetallen in der Elbe. Spektr. d. Wiss. (5), 102–107 (1994).

[28] Wolkersdorfer, C.: Hydrochemische Verhältnisse im Flutungswasser eines Uranbergwerks – Die Lagerstätte Niederschlema/Alberoda. Diss. TU Clausthal – Zellerfeld 1995.

[29] Johnson, D. B.: Acidophilic microbial communities: candidates for bioremediation of acidic mine effluents. Int. Biodeter. Biodegradat. *35* (1-3), 41–58 (1995).

[30] Hellawell, J. M.: Biological indicators of freshwater pollution and environmental management. Appl. Sci. Publ., London 1986.

[31] Moses, C. O., Nordstrom, D. K. Herman, J. S. u. Mills, A. L.: Pyrite oxidation by dissolved oxygen and by ferric iron. Geochim. Cosmochim. Acta *51*, 1561–1571 (1987).

[32] Wisotzki, F.: Untersuchungen zur Pyritoxidation in Sedimenten des Rheinischen Braunkohlereviers und deren Auswirkungen auf die Chemie des Grundwassers. Besond. Mitt. z. Dtsch. Gewässerkundl. Jahrbuch *58* 1–153. Landesumweltamt Nordrhein- Westfalen (Hrsg.), Essen 1994.

[33] Johnson, D. B. u. Bridge, T. A. M.: Environmental biotechnology. Proc. Int. Symp., Hrsg: H. Verachtert, W. Verstraete, Part I 1997.

[34] Silverman, M. P. u. Ehrlich, H. L.: Microbial formation and degradation of minerals. Adv. Appl. Microbiol. *6*, 153–206 (1964).

[35] Bosecker, K.: Mikrobielle Laugung (Leaching), in: Handbuch der Biotechnologie, Hrsg: P. Präve, U. Faust, U. Sittig, D. A. Sukatsch, 835–58. Oldenbourg, München 1994.

[36] Singer, P. C. u. Stumm, W.: Acid mine drainage. The rate determining step. Science *167*, 1121–1123 (1970).

[37] Stanley, J. T., Bryant, M. P., Pfennig, M. P. u. Holt, J. G.: Bergey's manual of systematic bacteriology, Vol. 3. Williams and Wilkins, Baltimore, MD 1989.

[38] Schlegel, H. G.: Allgemeine Mikrobiologie, Thieme Verl. Stuttgart 1992.

[39] Colmer, A. R. u. Hinkle, B. E.: The role of microorganisms in acid mine drainage: a preliminary report. Science *106*, 253–156 (1947).

[40] Hüttl, R. F., Klem, D. u. Weber, E. (Hrsg.): Rekultivierung von Bergbaufolgelandschaften, De Gruyter, Berlin 1999.

[41] Geller, W., Klapper, H. u. Salomons, W. (Hrsg.): Acidic mining lakes – acid mine drainage, limnology and reclamation, Springer-Verl. Berlin, Heidelberg, New York 1998.

[42] Acid mine drainage prevention and mitigation techniques. http://www.osmre.gov/amdpvm.htm.

[43] Watzlaf, G. R.: Mine drainage and and surface mine reclamation, Eds. D. S. Brown, D. P. Hodel, Bureau of Mines, U. S. department of the Interior, IC *9183* 109 (1988).

[44] Jozsa, P. G., Schippers, A., Cosma, N., Säsäran, N., Kovacs, Z. M., Jelea, M., Michnea, A. M. u. Sand, W.: Large scale experiments for safe- guarding waste and preventing acid rock drainage. Process Metallurgy *9B*, 749–758. Elsevier, Amsterdam 1999.

[45] ICARD, Proc. of the 4th Internat. Conf. on Acid Rock Drainage, Vancouver, B. C., Vol. I – IV 1997.

[46] Agnew, M.: Hardpans and tailings dams, CSIRO Minesite Rehabilitation Research Program, http://www.ameef.com.au/publicat/groundwk/grnd998/gresadev.htm

[47] Skousen, J., Rose, A., Geidel, G., Foreman, J., Evans, R., Hellier, W. and Members of the Avoidance and Remediation Working Group of the Acid Drainage Technology Initiative (ADTI): A handbook of technologies for avoidance and remediation of acid mine drainage. The National Mine Land Reclamation Center, West Virginia University, Morgantown, West Virginia, Publishers, 1998.

[48] Banks, D., Younger, P. L., Arnesen, R. T., Iversen, E. R. u. Banks, S. B.: Mine-water chemistry: the good, the bad and the ugly. Environ. Geology *32* (3), 157–174 (1997).

[49] Remediation technologies of non-coal abandoned mine lands, http://www.crrel.usace.army.mil/web-lab/pamb/db_remediation.html

[50] Gardner, M.: Water management techniques on surface mining sites Coal Mine Drainage. Prediction and Pollution Prevention in Pennsylvania, Department of Environmental Protection, Greensburg, PA, http://www.dep.state.pa.us/dep/deputate/minres/Districts/CMDP/chap16.html

[51] Schippers, A., Jozsa, P.-G. u. Sand, W.: Evaluation of the efficiency of measures for sulphidic mine waste mitigation. Appl. Microbiol. Biotechnol. *49* (6), 698–701 (1998).

[52] Kipko, E. J., Spichak, Y. N., Polozov, Y. A., Kipko, A. E. u. Hepnar, P.: Grouting of old flooded workings at M. Mayerova Mine in Czechoslovakia. Mine Water and the Environ., *12*, 21–26 (1993).

[53] Remediation of Historical Mine Sites – Technical Summaries and Bibliography. Published by the Society for Mining, Metallurgy, and Exploration, Inc. in cooperation with American Geological Institute, 1998.

[54] Waring, C.: Neutral Barrier Technology. http://www.ameef.com.au/publicat/groundwk/grnd998/gresadev.htm

[55] Herbert, R.B, Benner, S. G. u. Blowes, D. W.: Solid phase iron-sulfur geochemistry of a reactive barrier for treatment of mine drainage. Appl. Geochemistry *15* (9), 1331–1343 (2000).

[56] Blowes, D. W., Ptacek, C. J., Benner, S. G., McRae, C. W. T., Bennett, T. A. u. Puls, R. W.: Treatment of inorganic contaminants using permeable reactive barriers. J. Contaminant Hydrology *45* (1-2), 123–137 (2000).

[57] Benner, S. G., Blowes, D. W. u. Ptacek, C. J.: A full-scale porous reactive wall for prevention of acid mine drainage. Ground Water Monit. Rem. *17* (4), 99–107 (1997).

[58] Benner, S. G., Herbert Jr., R. B., Blowes, D. W., Ptacek, C. J. u. Gould, D.: Geochemistry and microbiology of a permeable reactive barrier for acid mine drainage. Environ. Sci. Technol. *33*, 2793–2799 (1999).

[59] Waybrandt, K. R., Blowes, D. W. u. Ptacek, C. J.: Selection of reactive mixtures for use in permeable reactive walls for treatment of mine drainage. Environ. Sci. Technol. *32*, 1972–1979 (1998).

[60] Pearson, F. H. u. McDonnell, A. J.: Limestone barriers to neutralize acidic streams. J. Environ. Engin. Division, Am. Soc. Civil Engineers *101*, 425–440 [1975].

[61] Friese, K. (Hrsg.): Biologische und chemische Entwicklung von Bergbaurestseen : Statusbericht 1998/1999 ; Bestandsaufnahme, Methoden und Entwicklungen, UFZ-Bericht, Magdeburg 2000.

[62] Geller, W. u. Schultze, M.: Tagebaurestseen der Braunkohlengebiete. Schr.-R. d. Dtsch. Rates f. Landespflege *70*, 129–134 [1999].

[63] Jones, D.: AMD treatment: Dealing with an acid problem. http://www.ameef.com.au/publicat/groundwk/grnd998/gtreatm.htm

[64] Kim, A. G., Heisey, B., Kleinmann, R. u. Duel, M.: Acid mine drainage: Control and abatement research, Bureau of Mines Information Circular 8905, 1982.

[65] Guay, R., Cantin, P., Karam, A., Vezina, S. u. Paquet, A.: Effect of flooding of oxidized mine tailings on *T. ferrooxidans* and *T. thiooxidans* survival and acid mine drainage production: A 4 year restoration – environmental follow-up. Process metallurgy *9B*, 635–643. Elsevier, Amsterdam 1999.

[66] Pluta, I. u. Trembaczowski, A.: Changes of the chemical composition of discharged coal mine water in the Rontok Pond, Upper Silesia, Poland. Environ. Geology *40* (4/5), 454–457 (2001).

[67] Bozau, E. u. Strauch, G.: Hydrogeological aspects on biotechnological remediation of the acidic mining lake 111. Int. Symp. on Biotechnol. Remediation of Water Pollution by Acid Inorganic and Aromatic Chlorinated Compounds 2001, Leipzig.

[68] Knöller, K. u. Strauch, G.: The application of stable isotopes for the hydrological and sulfur balance of acidic mining lake ML 111 (Lausitz) as a basis for biotechnological remediation. Int. Symp. on Biotechnol. Remediation of Water Pollution by Acid Inorganic and Aromatic Chlorinated Compounds 2001, Leipzig.

[69] Illner, K. u. Lorenz, W. D.: Das Domsdorfer Verfahren zur Wiedernutzbarmachung von Kippen des Braunkohlebergbaus. Inst. f. Landschaftspflege, Humboldt- Universität, Berlin 1965.

[70] Drebenstedt, C.: 30jährige Erfahrungen beim Einsatz von Braunkohlenaschen zur Melioration von Kippenrohböden in der Lausitz. Braunkohle *7*, 40–45 (1994).

[71] Groudev, S. N.: Prevention of acid drainage generation from an ore dump by means of sulfate-reducing bacteria. Meded. – Fac. Landbouwkd. Toegepaste Biol. Wet. (Univ. Gent) *62*(4b), 1875–1877 (1997).

[72] Peppas, A., Komnitsas, K. u. Halikia, I.: Use of organic covers for acid mine drainage control. Minerals Engineering *13* (5), 563–574 (2000).

[73] Georgopoulou, Z. J., Fytas, K., Soto, H. u. Evangelou, B.: Feasibility and cost of creating an iron-phosphate coating on pyrrhotite to prevent oxidation. Environ. Geology *28* (2), 61–69 (1996).

[74] Glombitza, F. u. Ondruschka, J.: Blocking of leaching processes and dump restoration in mining regions. Altlastensanierung 93, 4. Int. KfK/ TNO- Kongreß, 1217–18. Hrsg. F. Arendt, BMFT, Bonn 1993.

[75] Dugan, P. R.: Prevention of formation of acid drainage from high-sulfur coal refuse by inhibition of iron- and sulfur-oxidizing microorganisms. I. Preliminary experiments in controlled shaken flasks. Biotechnol. Bioeng. *29* (1), 41–48 (1987).

[76] Dugan, P. R.: Prevention of formation of acid drainage from high-sulfur coal refuse by inhibition of iron- and sulfur-oxidizing microorganisms. II: Inhibition of „run of mine" refuse under simulated field conditions. Biotechnol. Bioeng. *29* (1), 49–54 (1987).

[77] Rastogi, V.: Water quality and reclamation management in mining using bactericides. Trans. Soc. Min., Metall., Explor. *300*, 71–76 (1997).

[78] Acid mine drainage treatment techniques and costs. http://www.osmre.gov/amdtcst.htm

[79] Sen, A. M. u. Johnson, D. B.: Acidophilic sulphate- reducing bacteria: Candidates for bioremediation of acid mine drainage. Process Metallurgy *9A*, 709–718, Elsevier, Amsterdam 1999.

[80] Neues EU-Projekt zur Sanierung von Grubenwässern. Wasser und Boden, Aktuelle Informationen *10* (2000).

[81] Gazea, B., Adam, K. u. Kontopoulos, A.: A review of passive systems for the treatment of acid mine drainage. Minerals Engineering *9* (1), 23–42 (1996).

[82] Satake, K.: Microbial sulphate reduction in a volcanic acid lake. Jap. J. Limnol. *38*, 33–35 (1977).

[83] Younger, P. L.: The adoption and adaptation of passive treatment technologies for mine waters in the United Kingdom. Mine Water and the Environ. *19*, 84–97 (2000).

[84] Willscher, S.: Lösungsansätze zur Minderung der Umweltbelastung durch saure Grubenwässer: II. Methoden der passiven und semi-passiven Behandlung. Beitrag in Vorb.

[85] Rothenhöfer, P., Sahin, H. u. Peiffer, S.: Attenuation of Heavy Metals and Sulfate by Aluminium Precipitates in Acid Mine Drainage?. Minerals Engineering *13* (5), 563–574 (2000).

[86] Bell, A. V., Phinney, K. D. u. Behie, S. W.: Some recent experiences in the treatment of acidic, metal-bearing mine drainages. CIM Bull. *68* (764), 39–46 (1975).

[87] Sasowsky, I. D., Foos, A. u. Miller, C. M.: Lithic controls on the removal of iron and remediation of acidic mine drainage. Water Res. *34* (10), 2742–2746 (2000).

[88] Xu, C., Schwartz, F. u. Traina, S.: Treatment of acid-mine water with calcite and quartz sand. Environ. Engin. Sci. *14*, 141–152 (1997).

[89] Rausch Creek Mine Drainage Treatment Facility near Valley View, PA. http://www.facstuff. bucknell.edu/kirby/RCr.html

[90] Thieme, G.: Zwickauer Mulde erhält Grubenwasser bester Güte. http://www.freiepresse.de/ TEXTE/NACHRICHTEN/SACHSEN/SACHSEN_THEMEN/TEXTE /23343.html 2001.

[91] Mills, C.: The former Britannia Mine, Mount Sheer/ Britannia Beach, British Columbia. http://www.infomine.com/technology/enviromine/ard/Case%20Studies/Britannia.htm

[92] The Berkeley Pit. http://www.octolig.com/mine.html

[93] Gault, G.: KAD technology. http://www.ameef.com.au/publicat/groundwk/grnd998/gresadev. htm

[94] Härtel, G.: Grubenwasseraufbereitung mittels Membranverfahren. http://www.mineral.tu-freiberg.de

[95] Pfeufer, J.: Praktizierter Umweltschutz durch Grubenwasserentsalzung auf dem Steinkohlen-bergwerk Debiensko. Glückauf (Essen) *132* (10), 695–696 (1996).

[96] Utgikar, V., Chen, B. Y., Tabak, H. H., Bishop, D. F. u. Govind, R.: Treatment of acid mine drai-nage: I. Equilibrium biosorption of zinc and copper on non-viable activated sludge. Int. Biode-terior. Biodegrad. *46* (1), 19–28 (2000).

[97] Glombitza, F. u. Karnatz, F.: Mikrobiologisches Verfahren zur Reinigung radioaktiv und chemisch belasteter Wässer des Sanierungsgebietes Ronneburg, Teilprojekt: Verfahrenstech-nische Untersuchungen: Abschlußbericht zum Verbundprojekt, Berichtszeitraum 01. 07. 1995–30.06.1998.

[98] Herricks, E. E.: Biological treatment of acid mine drainage. Report, W83-02231, OWRT-A-096-ILL(1); Order No. PB83–178111 (1982).

[99] Boonstra, J., van Lier, R., Janssen, G., Dijkman, H. u. Buisman, C. J. N.: Biological treatment of acid mine drainage. Process Metallurgy *9B*, 559–567, Elsevier, Amsterdam 1999.

[100] van Houten, R. T.: Biological sulfate reduction using gas lift reactors fed with hydrogen and carbon dioxide as energy and carbon source. Biotechnol. Bioeng. *44*, 586–594 (1994).

[101] Buisman, C., Post, R., Ijspeert, P., Geraats, G. u. Lettinga, G.: Biotechnological process for sulfide removal with sulfur reclamation. Acta Biotechnol. *9*, 255–267 (1989).

[102] Buisman, C., Ijspeert, P., Geraats, G. u. Lettinga, G.: Optimization of sulfur production in a biotechnological sulfide- removing reactor. Biotechnol. Bioeng. *35* (1), 50–56 (1990).

[103] Peters, R. W. u. Ku, Y.: Batch precipitation studies for heavy metal removal by sulfide precipi-tation. AIChE Symp. Ser. *81* (243), 9–27 (1985).

[104] Hammack, R. W., Dvorak, D. H. u. Edenborn, H. M.: Selective metal recovery using biogenic hydrogensulfide. Extraction and processing for treatment and minimization of wastes. The Minerals, Metals and Materials Society 1993.

[105] de Vegt, A. L., Krol, J. P., Buisman, C. u. Cees, J.: Environmental Biotechnology. Proc. Int. Symp., Eds. H. Verachtert, W. Verstraete, 1997.

[106] Benner, S. G., Gould, W. D. u. Blowes, D. W.: Microbial populations associated with the gene-ration and treatment of acid mine drainage. Chem. Geol. *169* (3-4), 435–448 (2000).

[107] Weijma, J., Gubbels, F. W. M., Hulshoff Pol, L. W. u. Lettinga, G.: Competition for H_2 between methanogens and sulfate reducers in a gas lift reactor. Int. Symp. on Biotechnol. Remediation of Water Pollution by Acid Inorganic and Aromatic Chlorinated Compounds 2001, Leipzig.

[108] Hammack, R. W., Edenborn, H. M. u. Dvorak, D. H.: Treatment of water from an open pit copper mine using biogenic sulfide and limestone: A feasibility study. Water Res. *28*, 2321–2329 (1994).

[109] Ueki, K., Kotama, K., Itoh, K. u. Ueki, A.: Potential availability of anaerobic treatment with digester slurry of animal waste for the reclamation of acid mine water containing sulphate and heavy metals. J. Ferment. Technol. *66*, 43–50 (1988).

[110] Moosa, S., Nemati, M. u. Harrison, S. T. L.: Kinetic studies on anaerobic reduction of sulphate. Process Metallurgy *9B*, 697–706, Elsevier, Amsterdam 1999.

[111] Middleton, A. C. u. Lawrence, A. W.: Kinetics of microbial sulfate reduction. J. Water Poll. Control Federation *49* (7), 1659–70 (1977).

[112] Steed, V. S., Suidan, M. T., Gupta, M., Miyahara, T., Acheson, C. M. u. Sayles, G. D.: Development of a sulfate-reducing biological process to remove heavy metals from acid mine drainage. Water Environ. Res. *72* (5), 530–535 (2000).

[113] Christensen, B., Laake, M. u. Lien, T.: Treatment of acid mine water by sulfate-reducing bacteria: Results from a bench-scale experiment. Water Res. *30* (7), 1617–1624 (1996).

[114] Dvorak, D. H., Hedin, R. S., Edenborn, H. M. u. McIntire, P. E.: Treatment of metal-contaminated water using bacterial sulfate reduction: Results from pilot-scale reactors. Biotechnol. Bioeng. *40* (5), 609–616 (1992).

[115] Hard, B. C., Friedrich, S. u. Babel, F. W.: Bioremediation of acid mine water using facultatively methylotrophic metal-tolerant sulfate-reducing bacteria. Microbiol. Res. *152* (1) 65–73 (1997).

[116] Lyew, D., Knowles, R. u. Sheppard, J.: The biological treatment of acid mine drainage under continuous flow conditions in a reactor. J. Trans. Inst. Chem. Eng. *72* (B1), 42–47 (1994).

[117] Estrada Rendon, C. M., Amara, G., Leonard, P., Tobin, J., Roussy, J. u. Degorce- Dumas, J. R.: Acid mine drainage (AMD) treatment by sulphate bacteria. Process Metallurgy *9B*, 577–585, Elsevier, Amsterdam 1999.

[118] Hoover, J., Jones, E. u. Swartzwelder, M.: Acid mine drainage: Ecological ramifications and treatment methods. http://www.personal.psu.edu/users/e/c/ecj107/abstract.htm

[119] Kolmert, A., Henrysson, T., Hallberg, R. u. Mattiasson, B.: Optimization of sulfide production in an anaerobic continuous biofilm process with sulfate-reducing bacteria. Biotechnol. Lett. *19* (10), 971–975 (1997).

[120] Tsukamoto, T. K. u. Miller, G. C.: Methanol as a carbon source for microbiological treatment of acid mine drainage. Water Res. *33* (6), 1365–1370 (1999).

[121] Chang, I. S., Shin, P. K. u. Kim, B. H.: Biological treatment of acid mine drainage under sulphate-reducing conditions with solid waste materials as substrate. Water Res. *34* (4), 1269–1277 (2000).

[122] Drury, W. J.: Treatment of acid mine drainage with anaerobic solid-substrate reactors. Water Environ. Res. *71* (6), 1244–1250 (1999).

[123] Harris, M. A. u. Ragusa, S.: Bacterial mitigation of pollutants in acid drainage using decomposable plant material and sludge. Environ. Geology *40* (1/2), 195–215 (2000).

[124] Küsel, K. u. Dorsch, T.: Effect of supplemental electron donors on the microbial reduction of Fe(III), sulfate, and CO_2 in coal mining-impacted freshwater lake sediments. Microbial Ecology *40* (3), 238–249 (2000)

Comparison and Differentiation of Heterotrophic Plate Count Communities in Raw and Drinking Water by Eubacterial 16S-rDNA Amplicon Profiling

Populationsanalyse der kultivierbaren Mikroorganismen (Koloniezahl) in Roh- und Trinkwasser mittels eubakterieller 16S-rDNA Amplikonprofile

Andreas H. Farnleitner*, Georg H. Reischer*, Franziska Zibuschka**, Gerhard Lindner**, and Robert L. Mach*

Keywords

Heterotrophic plate count; Genetic differentiation; 16S-rDNA; PCR; DGGE; Water quality

Zusammenfassung

Die quantitative Bestimmung der kultivierbaren Mikroorganismen (Koloniezahlbestimmung) ist ein normierter und in vielen Ländern gesetzlich verankerter Parameter bei der Analyse von Roh- und Trinkwasser. Während die einfache Quantifizierung der kultivierbaren Mikroorganismen in vielen Fällen ausreicht, treten immer wieder Problemstellungen auf (z. B. Nachverkeimung, bakterielle Kontaminationen) in denen eine differenzierende Populationsanalyse von Nutzen wäre. Um diesen Umstand Rechnung zu tragen wird hier ein genetisches Verfahren beschrieben, dass eine schnelle Analyse der Populationsstruktur der ermittelten Koloniezahl ermöglicht. Das Verfahren beruht auf mittels Polymerasekettenreaktion (PCR) generierter eubakterieller 16S-rDNA Fragmente die nachfolgend sequenzspezifisch mittels denaturierender Gradientengelelektrophorese (DGGE) aufgetrennt werden und dabei charakteristische Bandenprofile erzeugen. Die vorliegende Arbeit präsentiert die Adaptierung und Evaluierung dieses Verfahrens für die genetische Schnelldifferenzierung kultivierbarer Mikroorganismen aus Roh- und Trinkwasser. Die Resultate zeigen dabei dass 16S-rDNA Fragmentprofile einen effizienten Einblick in die Populationsstruktur kultivierbarer Mikroorganismen ermöglichen und eine wesentliche Hilfestellung bei diversen Fragestellungen des Wasserfaches sein können.

Summary

The heterotrophic plate count (HPC) is a frequently used approach to monitor microbial water quality in raw and drinking water. It is included in many national legal directives as well as approved by international guidelines. For routine monitoring HPC is investigated in a quantitative way. Nonetheless situations might occur which demand for a qualitative analysis of the HPC community composition and their respective spatial and temporal population changes. In order to provide a fast and efficient approach for HPC community analysis, we adapted a denaturing gradient gel electrophoresis (DGGE) polymerase chain reaction (PCR) based on

---

* Mag. Dr. Andreas H. Farnleitner (Korrespondenz), Georg II. Reischer und A. o. Univ. Prof. Mag. Dr. Robert L. Mach, Institut für Biochemische Technologie und Mikrobiologie 172/5, Technische Universität Wien, Getreidemarkt 9, A-1060 Wien, E-mail: a.farnleitner@aon.at
** Dr. Franziska Zibuschka und Gerhard Lindner, Institut für Wasservorsorge, Gewässerökologie und Abfallwirtschaft, Universität für Bodenkultur, Muthgasse 18, A-1190 Wien.

© WILEY-VCH Verlag GmbH, 69469 Weinheim, 2001   Vom Wasser, *97*, 167–180 (2001)

for the generation of specific 16S-rDNA HPC amplicon profiles. The genetic approach was evaluated and tested on different HPC communities from various ground waters, wells, and drinking water of differing conditions. The results suggests that the presented approach should provide a valuable tool for water management applications such as the analysis of regrowth activities or tracing of bacterial contamination events.

1 Introduction

The heterotrophic plate count (HPC) method is a frequently used approach to monitor microbial water quality [27], e. g. HPC pour plate procedures are approved standards by the European Committee for Standardisation and the U. S. Environmental Protection Agency [28], [32] as well as included in several national drinking water directives [3], [17]. Furthermore, techniques like HPC spread plate or membrane filtration are commonly applied in various routine investigations [1], [27]. HPC methods have provided significant information about the efficiency of drinking water treatment processes, assessing microbial water quality changes in finished water during distribution and storage, such as contamination by impure water, and detecting microbial regrowth and aftergrowth events [27]. Furthermore, availability of easily degradable organic material levels in water samples can be estimated by HPC procedures [11].

For routine monitoring, HPC techniques are applied in a quantitative way by enumerating all aerobic and facultative anaerobic heterotrophic microorganism which form colonies on simple organic compounds [27]. However, situations occur which demand to focus the primary interest on the analysis of the HPC community composition and their respective spatial and temporal population changes in the particular systems being investigated [8], [15], [22], [34], [35]. For this purpose, representative HPC colonies are selected from the agar plate, purified by re-plating, and the recovered pure cultures are subsequently characterised. Identification and characterisation can be done by different methods either based on phenotypic, genotypic or phylogenetic procedures [25]. Crucial information about the population structure is recovered by pure cultural based procedures, but the approach is highly laborious and thus it is often difficult to defray the expenses. A recent study for example identified 1400 pure cultures from HPC plates by fatty acid analyses in order to properly monitor HPC population dynamics in pilot drinking water systems [22].

Denaturing gradient gel electrophoresis (DGGE) of PCR-amplified rDNA fragments has been adapted as a non-cultivation based molecular approach for the analysis of natural microbial communities by generating a genetic fingerprint [19]. DGGE detects single base substitutions in DNA by separating fragments of identical length but differing in sequence [9]. Since its introduction, this approach has led to a significant gain of information about dynamics and diversity of natural genes and microbial communities in the environment [18], [20]. Besides investigating natural communities, the principle of PCR-DGGE can also efficiently be used for profiling microbial communities recovered by cultivation based procedures as previously demonstrated for *E. coli* populations [10]. Thus a PCR-DGGE based method seems to be a promising candidate for detailed HPC community analysis. Furthermore gained sequences can be used for 16S rDNA data base comparison.

The aim of this study was to (i) adapt 16S rDNA based PCR-DGGE profiling for a qualitative analysis of HPC communities, (ii) to check its applicability on different raw and drink-

Table 1. Sampling and water quality characteristics of analysed samples.

| | Sampling characteristics | | | Water quality[a] | | | | | | | | | |
| | | | | Chemophysical | | | | | | | Microbial | | |
Sample	Specification/Location[b]	Date	Treatment[c]	TEMP C°	pH	EC µS/cm	HARD °dH	COD mg O$_2$/l	TIN mg/l	Cl$^-$ mg/l	YEA CFU/ml	R2A CFU/ml	DC cells/ml
KA1/1	karst aquifer, Lower Austria	12. 1. 2000	unamended	6.0	8.2	250	6.9	4.4	3.6	<1.0	4.0×10^0	1.6×10^1	1.6×10^4
KA1/2	same as KA1/1	11. 4. 2000	unamended	6.6	8.2	230	6.8	3.9	3.8	<1.0	1.7×10^1	3.2×10^1	5.7×10^4
KA2/2	karst aquifer, Carynthia	11. 4. 2000	unamended	8.5	7.8	331	9.6	1.5	4.3	2.3	3.2×10^1	4.0×10^1	3.9×10^4
DWW1/1	deep well, Upper Austria	12. 1. 2000	unamended	16.0	8.4	418	1.0	1.6	4.2	2.4	3.3×10^1	1.4×10^2	1.6×10^4
DWW1/2	same as DWW1/1	11. 4. 2000	unamended	16.0	8.4	418	1.0	6.5	4.2	2.4	2.8×10^1	1.4×10^2	3.1×10^4
SWW1/2	shallow well, Vienna	11. 4. 2000	unamended	n.d.[d]	n.d.	n.d.	n.d.	n.d.	n.d.	n.d.	3.0×10^2	3.0×10^2	8.1×10^4
DW1/1	DWS, Lower Austria	12. 1. 2000	ACF	11	7.5	735	21	2.5	10	44	1.2×10^2	n.d.	3.7×10^5
DW1/2	same as DW1/1	11. 4. 2000	ACF	11	7.3	775	22	2.6	11	46	1.5×10^1	1.3×10^2	9.0×10^4
DW2/1	DWS, Lower Austria	12. 1. 2000	ClO$_2$	7.5	7.5	740	21	2.0	25	41	1.0×10^{-1}	5.2×10^2	7.1×10^4
DW2/2	same as DW2/1	11. 4. 2000	ClO$_2$	8.2	7.4	780	22	2.6	25	43	6.0×10^{-1}	n.d.	8.0×10^4
DW3/1	GWA, Lower Austria	12. 1. 2000	ISF	12	7.7	1210	33	3.0	24	86	1.5×10^1	9.0×10^1	3.1×10^5
DW3/2	same as DW3/1	11. 4. 2000	ISF	12	7.3	1270	33	2.7	39	79	1.4×10^1	1.9×10^1	2.2×10^5
DW4/2	DWS, Lower Austria	11. 4. 2000	UV	n.d.	n.d.	n.d.	n.d.	n.d.	n.d.	n.d.	1.5×10^1	8.2×10^1	4.0×10^4

[a] TEMP = temperature, EC = electrical conductivity, HARD = total hardness, COD = chemical oxygen demand by KMnO$_4$, TIN = total inorganic nitrogen (nitrate, nitrite, ammonia), YEA = yeast extract agar according ISO standards, R2A = R2A agar, DC = epifluorescence bacterial direct count.

[b] DWS = drinking water distribution system, GWA = groundwater aquifer.

[c] ACF = biological treatment by activated carbon filtration, ClO$_2$ = chlorine dioxide disinfection, ISF = biological treatment by in situ filtration in the groundwater aquifer itself, UV = UV radiation.

[d] n. d. = not determined.

ing water sources, and (iii) to discuss all gained results in terms of their potential value for investigation and tracing of HPC communities from different kinds of waters.

2 Materials and Methods

2.1 Sampling and characterisation of water samples

Various raw and drinking water samples from different origins, varying in their chemophysical and microbiological water quality (Table 1), were used for evaluating the HPC-16S-rDNA community analysis. Samples were recovered from karst aquifers, deep and shallow wells, and from drinking water distribution systems undergoing differing treatment activities. Sampling was carried out in sterile glass bottles, immediately placed into dark cooling boxes and processed within 6h after collection. Chlorinated sample were neutralised with sodium thiosulfate [1]. Chemophysical parameters were determined according to American Public Health Association standards [1].

2.2 HPC procedures

Cellulose nitrate membrane filters (45mm diameter, 0.45µm pore size, Sartorius, Vienna, Austria) were used for membrane filtration techniques [33]. It should be mentioned that the use of 0.45 µm filters as it is suggested for low turbidity and low count water according to A. P. H. A. [1] might loose some smaller bacterial size fractions, especially in oligotrophic water. If the emphasis is put onto these fractions filters with smaller pore sizes have to be applied.

A sample volume of 1 ml, 5 ml and 10 ml was used, except for the sample-volume experiment applying 10^{-2} ml, 10^{-1} ml, 1 ml, 5 ml, 10 ml, 50 ml, 100 ml, and 250 ml. Filters were subsequently placed on ISO Yeast Extract Agar (YEA, Merck, Darmstadt, Germany) and R2A Agar (R2A, Oxoid, Hampshire, U. K.) and incubated for 3 days at 22 °C and 7 days at 27 °C, respectively [26], [32]. CFU were determined according to the international standard guideline [33].

2.3 DNA extraction from HPC-membrane filters

Membrane filters after membrane filtration and incubation procedures (as described above) containing all grown HPC colonies were rolled and placed into sterile 5 ml Nunc vials (Nunc, Roskilde, Denmark) containing 2 ml of sterile filtered TE buffer (10 mM Tris/HCl, 1 mM EDTA, pH 8). The vials were closed immediately and incubated at room temperature for 2 h on a roll incubator (Multifix, Labin, Austria) at 20 rpm. Thereafter filters were examined visually for the removal of colonies; however the occurrence of non-removable rigid colonies should be overcome by the use of more harsh suspension techniques (e. g. beat beating). DNA was then extracted from an aliquot of the cell suspensions following the standard miniprep protocols of bacterial genomic DNA [2] but performing lysozym digestion (0.3 % w/v) as an initial step for 30 minutes at 37 °C. All DNA extractions were examined by agarose gel electrophoresis before subsequent PCR analysis [2]. DNA extracts derived from sample volumes 5 ml and 10 ml were combined for subsequent analysis, except for the sample-volume experiment using all sub-samples (see HPC procedures) separately. For all fingerprint analysis, DNA extracts from YEA HPC-membranes were used, except for the cultivation comparison where both, YEA and R2A agar extracts were used for analysis.

2.4 Generation of 16S-rDNA amplicons by PCR

Triplicate PCR reactions for each analysed sample were performed, using therefore 10^{-1}, 10^{-2}, 10^{-3} DNA template dilutions. The reaction volume was set to 100 µl including 1×PCR reaction buffer (Advanced Biotechnologies, Epsom, U. K.), 1,5 mM $MgCl_2$ (Advanced Biotechnologies), 100 µM of each deoxynucleoside triphosphate (Boehringer Mannheim, Vienna, Austria), 300 ng/µl BSA (Boehringer Mannheim), 100 µM of each primer, DNA templates and water; the reaction was overlaid with a drop of mineral oil (Sigma, Vienna, Austria); 0.5 U of Red Hot DNA polymerase (Advanced Biotechnologies) was used for PCR amplification in a Biometra Trio-Thermoblock (Biometra, Göttingen, FRG). After an initial denaturation step at 94 °C for 3 minutes and a hot start, 21 touch-down and 11 normal PCR cycles were applied, following a final extension at 74 °C for 7 minutes. Denaturation, annealing and elongation was set at 94 °C, 55 °C, and 74 °C for 1 minute, 1 minute, and 2 minutes, respectively; the touch-down was performed from 65 °C – 55 °C annealing temperature, showing a temperature decrease of 0.5 °C per cycle. Primers PRBA 338f carrying an additional 5' GC-clamp [24] and PRUN 518r were used as oligonucleotide-couples specific for eubacterial 16S-rDNA PCR as previously described [24].

2.5 16S-rDNA amplicon profiling by DGGE

The DGGE analysis was performed by a D GENE Denaturing Gel Electrophoresis System according to the manufactures instructions (Biorad, Vienna, Austria) using a 8 % polyacrylamide gel with a parallel chemical denaturing gradient adapted to 20 % – 80 % (10 % denaturant equals 4 ml formamide and 4.2 g urea per 100 ml solution). The running conditions were 200 V at 60 °C for 3 h, and applying 20 V for 15 minutes at the start of the DGGE analysis. For comparison of different DGGE gels, a DGGE-marker was used. Therefore, equivalent 16S-rDNA amplicon concentrations were mixed, which were obtained from *Methylomonas methanica* NCIMB 11130 (NCIMB, National Collection of Industrial and Marine Bacteria, Aberdeen, U. K.), *Methylobacter albus* NCIMB 11123, *Methylobacter capsulatus* NCIMB 11132, *Brevibacter sp.* (own isolate), *Flavibacter sp.* (own isolate), and *Methylosinus trichosporium* NCIMB 11131; sub-samples were stored at −80 °C till usage. The gels were visualised and photographed by 30 minutes staining in a 1:10000 final diluted SYBR Green I nucleic acid gel stain (Molecular Probes, Leiden, Netherlands) and 10 minutes destaining in water, followed by a subsequent analysis with a GelDOC 2000 System (Biorad). All bands being unambiguously visible at the DGGE gel were counted as positive results.

2.6 Sequencing

After DGGE analysis, selected bands were excised from the gel, and for extraction put into a vial, containing 20 µl of ultra-pure water, at 4 °C for overnight. 10 µl of a 10^{-1} dilution of each supernatant was thereafter used for the re-PCR run at the same conditions as described above, with the exception of using primers PRBA 338f and PRUN 518r having the tags T3 (5′-ATTAACCCTCACTAAAG-3′-) and STI2 (5′-CGATGAAGAACGCAGCG-3′-) attached to the 5′end to standard primers used throughout the study. The PCR products were sequenced as described previously [10]. The 11 recovered sequences are available at GenBank under accession numbers AF 303927 to AF 303937. Sequences were submitted to the Basic Local Alignment Search Tool (BLAST; http://www.ncbi.nlm.nih.gov) in order to allocate to available 16S rDNA sequences.

3 Results and discussion

3.1 Methodical background evaluation of HPC 16S-rDNA profiles

PCR-based techniques have proven a powerful approach, but nonetheless they should be checked carefully and optimised for the respective application to circumvent biased results [37]. This is of particular importance when using PCR for retrieving nucleic acid sequences. To evaluate for DNA-template dilution effects (e. g. preferential inhibition of templates) and copy errors caused by Taq DNA-polymerase, 10^{-1}, 10^{-2}, 10^{-3} DNA-template dilutions of samples KA1/1, DW1/1, DW3/1 were analysed separately on a DGGE gel. No template dilution effect could be detected, and only extreme weak bands visible at 10^{-1} template dilutions were prone being out-diluted at higher dilution steps. Furthermore, no DNA copy-error by Taq-DNA polymerase could be determined, since band patterns of all dilution steps corresponded well to each other, except the infrequent disappearance of extreme weak bands at higher DNA-template dilutions (data not shown). These results are in line with the general trend that random errors introduced by DNA polymerase are neglectable if initial DNA-template copy numbers are higher than 100 [16], and as a mixture of HPC-colonies were used for DNA- extraction throughout this study, this was the case for all samples tested. Results as stated above are in accordance with duplicate PCR-DGGE analysis of 8 different samples (Figure 3), resulting from DNA-template dilutions of 10^{-1} and a combination of 10^{-2} and 10^{-3} extract dilutions; all observed duplicate band patterns matched perfectly and hence proved the good reproducibility of the applied HPC-PCR-DGGE approach.

   Besides introducing DNA copy errors, PCR has been shown to produce chimeric amplicons due to *in vitro* recombination under particular conditions when using mixed templates [37]. Thus, we examined the selected PCR approach for its affinity for chimeric amplicon production. Pairs of HPC-DNA extracts from January samples DW1/1, DW3/1, DW4/1, and KA1/1 were mixed in ratios of 1:1, 1:10 and 10:1, respectively, and band patterns derived from PCR-DGGE analysis of mixed samples versus original samples were then compared. No newly formed chimeric band could be detected in the resulting DGGE gels, and band patterns of mixtures appeared as the additive result of the two original samples (data not shown). Consequently, the tendency for producing chimeric amplicons was therefore estimated to be low for the PCR conditions described above. These results are in accordance with literature data, where the probability for chimeric amplicon production should be decreased if short sequences and gentle DNA extraction procedures are used [37]. We based our analysis on a 160 bp fragment of the highly variable 16S-rDNA V3 region by avoiding a harsh DNA extraction procedure.

In order to evaluate the sample-volume influence on the established approach, a volume experiment was undertaken using 10^{-2} ml, 10^{-1} ml, 1 ml, 5 ml, 10 ml, 50 ml, 100 ml, and 250 ml from the sampling location shallow well on 12. 1. 2000 (Figure 1). The numbers of DGGE bands per lane steadily increased from a sample volume of 10^{-2} ml to 10 ml, thereafter remaining constant up to 250 ml. This observation can simply be explained by an increase in different HPC-populations with a concurrent increase of sampling volume until the minimal representative sampling volume (MRSV) is reached (i. e. where all existing population are recovered). In theory, the MRSV should be valid only for a particular system at a given time and space. Above the MRSV (i. e. 10 ml, 50 ml, 100 ml, 250 ml) all DGGE bands patterns corresponded well, again demonstrating the reproducibility of the established HPC 16S-rDNA-amplicon profiling. However, some bands changed in their strengths, which might have been caused by template competition effects due to differently abundant HPC-colonies at different sampling volumes; the 10 ml sample appeared to be the optimal sampling volume for fingerprinting the HPC community at the respective sampling location. However it is essential not to include HPC plates were significant growth-competition of the respective colonies (overgrowth) happened, which would lead to biased results.

To check if the used sampling volume (see methods) was appropriate for the comparison of the investigated sampling locations (Table 1), a scatter plot of the operational taxonomic units (OTU; i. e. this equals the distinct bands detected in the DGGE gel) versus the colony forming units were drawn (Figure 2). No relationship between the OTU and the CFU could be detected (Spearmann Rank Correlation $r_s = -0.16$; $p = 0.64$), proving that detected 16S-rDNA differences of the fingerprints (see below) were based on real differences of the HPC-community and were not caused by inadequate sampling-volumes. The DW2 samples were not included into the correlation because of its extreme low CFU (c. f. Table 1).

After using a 100 % parallel denaturing gradient for the first runs (data not shown), DGGE band patterns revealed a good resolution by applying a denaturing gradient of 20 % to 80 % for

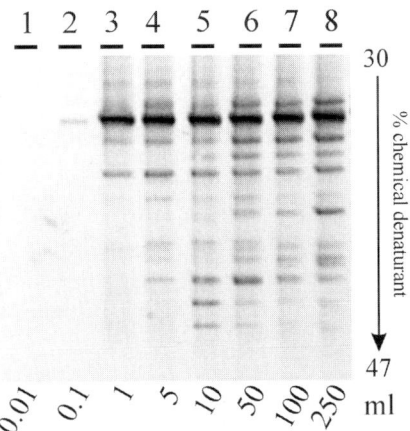

Figure 1. Negative image of HPC-16S-rDNA DGGE amplicon profiles generated from HPC of different filtration volumes of sampling location shallow well on 12. 1. 2000.

Vom Wasser, *97*, 167–180 (2001)

the different samples being analysed (e. g. Figure 1). However, for particular screening purposes a smaller denaturing gradient might be useful.

3.2 HPC-community fingerprints from raw and drinking water of different origin

To evaluate the applicability of eubacterial 16S-rDNA amplicon profiling for HPC-communities, a set of diverse raw and drinking water samples, differing in microbiological as well as chemophysical water quality parameters, were investigated (c. f. Table 1). In general, all fingerprints, irrespective of sample origin, led to easily distinguishable band patterns (Figure 3). Raw water sources from karst aquifers and the shallow well showed complex patterns, resulting from 10, 14, and 11 easily visible distinct bands for KA1/2, KA2/2, and SWW1/2, respectively (Figure 3, lanes 2-5, 8-9). In contrast, only 3 distinct bands from DWW1/2, the deep well HPC-community, were detected (Figure 3, lanes 6,7). This difference between HPC-communities of shallow and karst wells versus the deep well seems reasonable, taking the apparent differences in habitat structure into account. There was no relationship between the HPC-abundance (CFU) and the observed numbers of operational taxonomic units (OTU) discernible. For example, April samples taken from KA1/2, KA2/2, SWW1/2, and DWW1/2 revealed 17 CFU/ml, 32 CFU/ml, 300 CFU/ml, and 28 CFU/ml (example for YEA, cf. Table 1) corresponding to the above mentioned 10, 14 ,11, and 3 DGGE bands (Figure 3, lanes 2-9), respectively. HPC-community fingerprints from drinking water samples DW1/2, DW2/2, and DW4/2, originating from different locations of the distribution systems (Table 1), revealed DGGE band patterns of lower complexity (Figure 3, lanes 11-14, 17, 18) compared to the karst aquifers and shallow well KA1/2, KA2/2, and SWW1/2 (Figure 3, lanes 2-5, 8, 9). Lower numbers of OTU, showing 4, 2, and 6 distinct DGGE bands, from samples DW1/2, DW2/2, and DW4/2 (Figure 2, lanes 11-14, 17, 18) resulted from respective 15 CFU/ml, 0.6 CFU/ml, and 15 CFU/ml (YEA) colony abundance (Table 1). DW1/2 and DW2/2 represents samples taken before and after a disinfection step (Table 1), showing a decrease from 15 CFU/ml to 0.6 CFU/ml (YEA) and a decline from 5 to 2 OTU. As it can be seen in Fig. 3 (lanes 13, 14) the dominant bacterial population indicated by the intense band in the gel was already an established HPC-community member before disinfection (lane 11, 12) and remained culturable after the disinfecting process. This dominant DGGE band of DW2/2 were subsequently identified as *Pseudomonas sp* by DNA sequencing (see sequencing

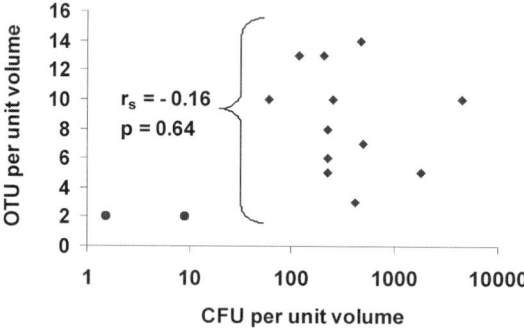

Figure 2. Scatter plot of the detected operational taxonomic units (OTU) per sampling volume determined by 16S-rDNA HPC profiles versus CFU per sampling volume determined by YEA agar of all analysed sampling locations throughout the study. Circles represent the excluded DW2 samples from statistical analysis.

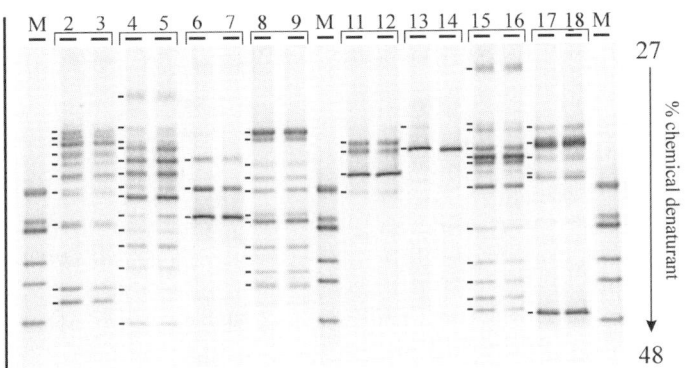

Figure 3. Negative image of duplicate HPC-16S-rDNA DGGE amplicon profiles from differing raw and drinking water sources. Duplicate DGGE profiles result from 10^{-1} and a combination of 10^{-2} and 10^{-3} template HPC DNA dilutions of samples KA1/2 (lanes 2, 3), KA2/2 (lanes 4, 5), DWW1/2 (lanes 6, 7), SWW1/2 (lanes 8, 9), DW1/2 (lanes 11, 12) DW2/2 (lanes 13, 14), DW3/2 (lanes 15, 16), and DW4/2 (lanes 17, 18), respectively; positively judged bands are marked by the added lines. M denominated lanes indicate the applied DGGE marker.

of selected DGGE bands). The HPC-fingerprint analysis of the drinking water sample DW3/2 (Figure 3, lanes 15, 16) resembled more the karst aquifers and the shallow well KA1/2, KA2/2, and SWW1/2, which seems reasonable, as DW3/2 were comprised of shallow ground water undergoing *in situ* treatment activities in the habitat itself.

3.3 Temporal and cultivation dependent HPC-community variations

To examine the detection ability for temporal HPC-community fluctuations by 16S-rDNA DGGE profiles, a comparison of pairs of samples (DW3/1, DW3/2), (DWW1/1, DWW 1/2), (DW2/1, DW 2/2), (DW1/1, DW1/2), and (KA1/1, KA1/2) taken in January and April was performed (Table 1). All analysed sampling locations showed temporal HPC-population fluctuations, observed by a shift of DGGE band patterns (marked by arrows, Figure 4A, lanes 2-11). Despite the shift of certain bands, the "basic sampling site character" of the HPC communities as indicated by the DGGE band patterns remained remarkably constant for the whole period of investigation. Higher diverse HPC-communities remained more complex populations (e. g. DW3 and KA1) (Figure 4A, lanes 2-3, 10-11) and lower diverse HPC-communities remained simpler structured (e. g. DW2, DW1, and DWW) (Figure 4A, lanes 4-9). Furthermore, some dominant bacterial populations, such as at sampling locations DW3 and KA1 (marked as lines, Figure 4A, lanes 2-3, 10-11), appeared to be very established as constant members of the HPC-community. Results clearly indicate the HPC-PCR-DGGE approach as a useful tool for monitoring temporal HPC-population dynamics in diverse water samples.

The effect of used cultivation methods on the grown bacterial community was examined by comparison of 16S-rDNA amplicon profiles from HPC recovered from YEA and R2A procedures. R2A technique, yielded generally in higher colony counts compared with YEA (Table 1). This trend was also followed by the observed numbers of OTU. R2A technique

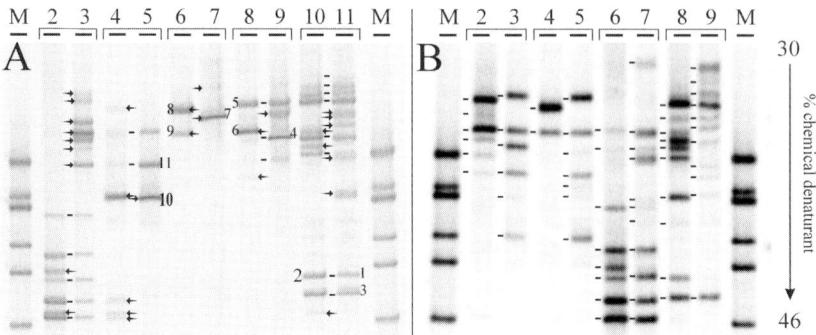

Figure 4. Negative images of temporal and cultivation dependent HPC-16S-rDNA DGGE amplicon profile variations. All profiles are the result of a combination of amplicons generated from 10^{-1}, 10^{-2}, and 10^{-3} DNA template dilutions (A) Temporal variations of profiles from January and April HPC samples of DW3/1,2 (lanes 2, 3), DWW1/1,2 (lanes 4, 5), DW2/1,2 (lanes 6, 7), DW1/1,2 (lanes 8, 9), and KA1/1,2 (lanes 10, 11). Stable and varying populations are indicated by lines and arrows, respectively. Numbers refer to sequenced bands and correspond to WP1 to WP13 sequences deposited in the BLAST date bank. (B) Cultivation dependent profile variations of HPC recovered from YEA vs. R2A media from samples DW1/1 (lanes 2, 3), DW2/1 (lanes 4, 5), DW3/1 (lanes 6, 7), and KA1/2 (lanes 8, 9), respectively; positively judged bands are marked by the added lines. M denominated lanes indicate the applied DGGE marker.

resulted in 6, 7, 11, and 11 distinct bands (Figure 4B, lanes 3, 5, 7, 9) compared to YEA which yielded 6, 2, 8, 10 DGGE bands (Figure 4B, lanes 2, 4, 6, 8) from January samples DW1/1, DW2/1, DW3/1, and KA1/1, respectively (Figure 4B). Some populations were apparently not effected by the used cultivation procedure such as the corresponding band pattern in the lower part of the gel of sample DW3 (Figure 4B, lanes 6-7), whereas for sample DW2, an almost different HPC community was selected by the two different cultivation methods used (Figure 4B, lanes 4-5). These results are in accordance with previous published data, where it has been demonstrated that the HPC results depend largely on the cultivation conditions (e. g. sample processing, media, incubation conditions and lengths of incubation) used [27].

3.4 Sequencing and generic identification of selected DGGE bands

Selected DGGE bands from temporal comparisons of HPC-communities (Figure 4A; bands 1-11) were sequenced in order to evaluate the resolution capacity of the used DGGE approach as well as for the different observed HPC populations recovered. All bands differing in migration lengths in the DGGE gel (i. e. bands 1, 3–11; Figure 4A), yielded differing DNA sequences. In contrast, designated bands 1 and 2, which displayed the same migration behaviour (Figure 4A), revealed identical sequence information. Those results are in accordance with previously published data, where DGGE was described to efficiently separate nearly all DNA amplicons differing in single base substitutions [21] and also multiple single base substitutions [9] indicating the resolution capacity of the eubacterial V3-16S-rDNA amplicon profiles applied to HPC communities. However, as shown for 16S-rDNA from methanotrophs, efficient DGGE separation of DNA fragments is not always possible [36].

Whilst partial 16S-rDNA sequence information can result in biased results if used to unravel their intrageneric phylogeny, fragments of 16S rDNA are useful in the rapid allocation of isolates to higher taxa [31]. However, it should be highlighted that phylogenetic investigations are not the ultimate aim of the presented technique. The main task is to provide a rapid HPC community screening approach in order to analyse the genetic population structure in terms of a phenetic comparison [25]. The selected hypervariable V3 Region of the 16S-rDNA provides therefore a very suitable diagnostic region [5], [18]. In order to check the allocation potential for respective generic taxonomic units, sequences from DGGE bands designated 1–11 (Figure 4A) were submitted to the BLAST. All submitted sequences resulted in significant BLAST alignments (expected E values ranged from 3×10^{-53} to 7×10^{-85}). Results of the BLAST search indicated that selected DGGE bands (band designation in brackets) belonged to *Aeromonas sp.* (1, 2, 3), *Pseudomonas sp.* (4, 5, 7, 8), *Acinetobacter sp.* (6, 9), *Bacillus sp.* (10), and *Acidovorax sp.* (11) taxa, showing sequence identities up to 99 %, 100 %, 96 %, 98 % and 99 %, respectively, for strains currently included in the BLAST sequence data bank. Identified genera are in accordance with previous published genera isolated and identified from HPC populations of various drinking water sources and represent frequently observed members of HPC in such systems [8], [22], [35]. Besides successfully allocating OTU to generic unites by sequencing (as demonstrated above), results showed that the resolution capacity of the used HPC profiling approach was higher than that of the generic level. This is for example demonstrated by the fact that all recovered *Pseudomonas sp.*, *Acinetobacter sp.*, and 2 of 3 *Aeromonas sp.* bands showed different sequences, hence representing distinct populations of the respective observed bacterial genera.

3.5 Potential applications of HPC-16S-rDNA amplicon profiles and further improvements

The discrimination ability of HPC-16S-rDNA amplicon profiles, shown for the analysed samples of different raw and drinking waters (e. g. Figure 3), suggests that this approach might be a useful tool in water management or water source protection, such as for the analysis, tracing and differentiation of pollution related issues. Possible applications, for example, could include the investigation of the origin of impurity water, the monitoring of bacterial regrowth and aftergrowth events in drinking water systems due to differing treatment conditions, or to allocate microbiological contamination sources in groundwater such as karst aquifers. Furthermore HPC-16S rDNA profiles could support microbial tracer injection and recovery experiments in groundwater [12] and/or molecular fingerprinting techniques in environmental hygiene [4]. However, future work will evaluate the proposed technique for its applicability and discriminatory power at such particular applications. Monitoring the temporal and spatial HPC community dynamics in diverse drinking water systems have until present almost fully relied on pure cultural based investigation procedures ([6], [22], [35] and references cited therein). HPC-16S-rDNA amplicon profiling offers a potential alternative for rapid qualitative investigations on HPC-communities. Furthermore, such investigations could easily be implicated in routine procedures, by simply freezing and long term storing the representative HPC populations, which are then available for further genetic analysis if necessary. For processing of large data sets, fingerprints cannot be simply compared by visible inspection of the gels as done in this study. HPC community fingerprints have to be scanned, digitised and subjected to cluster analysis, as demonstrated recently for *in situ* bacterial communities [38], additionally community diversity indexes may be calculated [13], [23], a derived database could then be managed by computational data banks. However, one has to keep in mind that standardisation of DGGE gels remains a critical step for gel to gel comparisons [18]. For example, comparison of amplicons analysis recovered from sample DW3 shown in Figure 4A (lane 2) and Figure 4B (lane 6) resulted in detection differences probably due to slightly different gel casting conditions, loaded sample volume, and/or dying procedures. Whereas the main band pattern perfectly corresponded, the 2 weak upper bands visible at lane 6 (Figure 4B) could not unambiguously be detected in lane 2 (Figure 4A). Thus, effort has to be undertaken to improve the standardisation of DGGE gel analysis, such as the recently suggested development of labelled intra lane standards [18]. It has been recognised for a long period that culturable bacteria can enter a viable but nonculturable (VBNC) state [7] and furthermore that HPC procedures significantly underestimates the number of viable heterotrophic bacteria in water [29] due to by the used cultivation conditions *per se* unculturable bacteria. 16S-rDNA amplicon profiling by DGGE provides excellent means for future investigations on the phenomenon of culturable HPC vs. nonculturable bacteria populations as previously shown by DGGE analysis for other bacterial communities [14], [30]. A recent study on drinking water biofilms applying *in situ* hybridisation revealed that most of the bacterial taxa present in the investigated drinking water system were in principle culturable by R2A, but about 65 % of bacterial cell abundance remained in the VBNC state [15]. Such aspects clearly call for further comparative examination, aiding HPC 16S-rDNA and *in situ* bacterial 16S-rDNA amplicon profile analysis.

4 Conclusions

The presented study demonstrates the use of HPC 16S-rDNA amplicon profiles generated by DGGE to compare and thereby efficiently distinguish HPC communities from different raw and drinking water sources. The results suggest that this approach provides an efficient means for qualitative HPC-community analysis in ground-, surface- and drinking water and awaits to be evaluated at various applications.

Literatur

[1] A. P. H. A.: Section 921 A and B. American Public Health Association, Washington D. C. 1995.
[2] Ausubel, R. B., R. Brent, R. E. Kingston, D. D. Moore, J. G. Seidman, J. A. Smith, and K. Struhl.: Current protocols in molecular biology. John Wiley and Sons 1994.
[3] Beschluss des Bundesrats zur Verordnung zur Novellierung der Trinkwasserverordnung: S.1-10. Bundesanzeiger Verlagsgesellschaft mbH, Bonn 2001.
[4] Beyer. W. and R. Böhm: Der Einsatz von molekularer Fingerprinttechniken in der Umwelthygiene. Berl. Münch. Tierärztl. Wschr. *112*, 435-443 (1999).
[5] Böttger, E. C.: Approaches for idendification of microorganisms. ASM News *62*, 247-250 (1996).

[6] Burlingame, G. A., I. H. Suffet, and W. O. Pipes: Predominant bacterial genera in granular activated carbon water treatment systems. Can. J. Microbiol. *32*, 226-230 (1986).

[7] Byrd, J. J., H.-S. Xu, and R. R. Colwell: Viable but nonculturable bacteria in drinking water. Appl. Environ. Microbiol. *57*, 875-878 (1991).

[8] Edberg, S. C., S. Kops, C. Kontnick, and M. Escarcaga: Analysis of cytotoxicity and invasiveness of heterotrophic plate count bacteria (HPC) isolated from drinking water on blood media. J. Appl. Microbiol. *82*, 455-461 (1997).

[9] Farnleitner, A. H., N. Kreuzinger, G. G. Kavka, S. Grillenberger, J. Rath, and R. L. Mach: Comparative analysis of denaturing gradient gel electrophoresis and temporal temperature gradient electrophoresis in separating *Escherichia coli uidA* amplicons differing in single base substitutions. Lett. Appl. Microbiol. *30*, 427-431 (2000).

[10] Farnleitner, A. H., N. Kreuzinger, G. G. Kavka, S. Grillenberger, J. Rath, and R. L. Mach: Simultaneous detection and differentiation of *Escherichia coli* populations from environmental freshwaters by means of sequence variations in a fragment of the ß-D-glucuronidase gene. Appl. Environ. Microbiol. *66*, 1340-1346 (2000).

[11] Feuerpfeil, I.: Bakteriologische Wasseruntersuchung: Koloniezahl. S. 33-36. in E. Schulze (Ed.) Hygienisch-mikrobiologische Wasseruntersuchung, Band 1. Gustav Fischer, Jena 1996.

[12] Harvey, R. W.: Microorganisms as tracers in groundwater injection and recovery experiments: a review. FEMS Microbiol. Rev. *20*, 461-472 (1997).

[13] Iwamoto, T., K. Tani, K. Nakamura, Y. Suzuki, M. Kitagawa, M. Eguchi, and M. Nasu: Monitoring impact of in situ biostimulation treatment on groundwater bacterial community by DGGE. FEMS Microbiol. Ecol. *32*, 129-141 (2000).

[14] Jackson, C. R., E. E. Roden, and P. F. Churchill: Changes in bacterial species composition in enrichment cultures with various dilutions of inoculum as monitored by denaturing gradient gel electrophoresis. Appl. Environ. Microbiol. *64*, 5046-5048 (1998).

[15] Kalmbach, S., W. Manz, and U. Szewzyk: Isolation of new bacterial species from drinking water biofilms and proof of their *in situ* dominance with highly specific 16S rRNA probes. Appl. Environ. Microbiol. *63*, 4164-4170 (1997).

[16] Kidd, K. K., and G. Ruano: Optimizing PCR, p. 1-21. in M. J. McPherson, B. D. Hames, and G. R. Taylor (ed.), PCR 2: a practical approach. Oxford University Press, Oxford 1995.

[17] Mascher, F., and R. Sommer: Das Österreichische Lebensmittelbuch – Kapitel B1 „Trinkwasser", S. 19-38, Die neue Trinkwasserverordnung, Landeshyg. f. Steiermark *20*, 20-38 (2001).

[18] Muyzer, G.: DGGE/TGGE a method for identifying genes from natural ecosystems. Curr. Opin. Microbiol. *2*, 317-22 (1999).

[19] Muyzer, G., E. C. de Waal, and A. G. Uitterlinden: Profiling of complex microbial populations by denaturing gradient gel electrophoresis analysis of polymerase chain reaction-amplified genes coding for 16S rRNA. Appl. Environ. Microbiol. *59*, 695-700 (1993).

[20] Muyzer, G., and K. Smalla: Application of denaturing gradient gel electrophoresis (DGGE) and temperature gradient gel electrophoresis (TGGE) in microbial ecology. Ant. van Leeuwenh. *73*, 127-41 (1998).

[21] Myers, R. M., S. G. Fischer, L. S. Lerman, and T. Maniatis: Nearly all single base substitutions in DNA fragments joined to a GC-clamp can be detected by denaturing gel electrophoresis. Nucleic. Acids. Res. *13*, 3131-3145 (1985).

[22] Norton, C. D., and M. W. LeChehallier: A pilot study of population changes through potable water treatment and distribution. Appl. Environ. Microbiol. *66*, 268-276 (2000).

[23] Nübel, U., F. Garcia-Pichel, M. Kühl, and G. Muyzer: Quantifying microbial diversity: morphotypes, 16S rRNA genes, and carotenoids of oxygenic phototrophs in microbial mats. Appl. Environ. Microbiol. *65*, 422-430 (1999).

[24] Ovreas, L., L. Forney, F. L. Daae, and V. Torsvik: Distribution of bacterioplankton in meromictic Lake Saelenvannet, as determined by denaturing gradient gel electrophoresis of PCR-amplified gene fragments coding for 16S rRNA. Appl. Environ. Microbiol. *63*, 3367-3373 (1997).

[25] Priest, F., and Austin B.: Modern bacterial taxonomy. second edition, Chapman & Hall, London 1993.

[26] Reasoner, D. J., and E. E. Geldreich: A new medium for the enumeration and subculture of bacteria from potable water. Appl. Environ. Microbiol. *49*, 1-7 (1985).

[27] Reasoner, J. D.: Monitoring heterotrophic bacteria in potable water. *in* G. A. McFeters (ed.), Drinking water microbiology: progress and recent developments. Springer Verlag, New York Inc., New York 1990.

[28] Regulations, C. o. F.: CFR 40 Part 141.73. USA (1994).

[29] Reynolds, D. T., and C. R. Fricker: Application of laser scanning for the rapid and automated detection of bacteria in water samples. J. Appl. Microbiol. *86*, 785-795 (1999).

[30] Santegoeds, C. M., S. C. Nold, and D. M. Ward: Denaturing gradient gel electrophoresis used to monitor the enrichment culture of aerobic chemoorganotrophic bacteria from a hot spring cyanobacterial mat. Appl. Environ. Microbiol. *62*, 3922-3928 (1996).

[31] Stackebrandt, E., and F. A. Rainey: Partial and complete 16S rDNA sequences, their use in generation of 16S rDNA phylogenetic trees and their implications in molecular ecological studies, p. 3.1.1/1-17. *in* A. D. L. Akkermans, J. D. Van Elsas, and F. J. Bruijn (ed.), Molecular Microbial Ecology Manual. Kluwer Academic Publishers, Dordrecht, 1995.

[32] Standard: Water quality – Enumeration of culturable micro-organism – Colony count by inoculation in a nutrient agar culture medium. European Committee for Standardisation; prEN ISO 6222, Brussels 1998.

[33] Standard: Water quality – general guide to the enumeration of micro-organism by culture. International Organisation for Standardisation; ISO 8199 E., Geneva, Switzerland 1988.

[34] Stewart, M. H., R. L. Wolfe, and E. G. Means: Assessment of the bacteriological activity associated with granular activated carbon treatment of drinking water. Appl. Environ. Microbiol. *56*, 3822-3829 (1990).

[35] Tall, B. D., H. N. Williams, K. S. George, R. T. Gray, and M. Walch: Bacterial succession within a biofilm in water supply lines of dental air-water syringes. Can. J. Microbiol. *41*, 647-654 (1995).

[36] Vallaeys, T., E. Topp, G. Muyzer, V. Macheret, G. Laguerre, A. Rigaud, and G. Soulas: Evaluation of denaturing gradient gel electrophoresis in the detection of 16S rDNA sequence variation in rhizobia and methanotrophs. FEMS Microbiol. Ecol. *24*, 279-285 (1997).

[37] Wintzingerode, F., U. B. Göbela, and E. Stackebrandt: Determination of microbial diversity in environmental samples: pitfalls of PCR-based rRNA analysis. FEMS Microbiol. Rev. *21*, 213-229 (1997).

[38] Zhang, T., and H. H. P. Fang: Digitization of DGGE profile and cluster analysis of microbial communities. Biotech. Lett. *22*, 399-405 (2000).

Optimierte Behandlung schwermetallkontaminierter Abwässer mit Eisen – Partikeln

Optimized Treatment of Heavy Metal Contaminated Waste Water with Iron Particles

Erwin Schmidbauer, Frank Buchheister und *Rainer Köster**

Schlagwörter

Schwermetallhaltige Abwässer, Eisen(0), Chromatreduktion, Kinetik der Chromatreduktion, Schwermetallabtrennung, Hydroxidfällung, Magnetseparation

Summary

The proposed concept for treatment of heavy metal containing wastewaters by using fine particular iron is suitable to solve problems of the conventional treatment of such wastewaters. Iron is available cost-effective as a technical product as well as in the form of iron scrab. To exlude influences of the quality and the composition of the iron surface, all used iron fractions were pretreated by a standardized method.

For the treatment of the acidic heavy metal containing wastewater a laboratory-scaled reactor was used. In the first step the reducible ingredients were reduced like Cr(VI) or cemented like Cu(II) whereas the iron(0) is resolved. The velocity of the reduction of Cr(VI) was studied at different pH values and a zero order kinetic regarding to chromate was developed. Further the catalytic effect of dissolved Fe(III) was investigated and it was shown that the velocity of the reduction of chromate increased at increasing initial concentrations of dissolved Fe(III).

In the second step the heavy metal ions were precipitated or co-precipitated as hydroxides by increasing the pH. Fe(III) and Cr(III) could be precipitated together at a pH of 6. For a quantitative co-precipitation of Ni(II) and Zn(II), an excess of Cr(III) regarding to the sum of two charged metal ions was necessary. Fe(II) originated by the resolution of iron(0) at low pH interfered the co-precipitation of Ni(II) and Zn(II).

During the precipitation, compound flocs of heavy metal hydroxides and iron(0) particles were generated in dependency on the iron(0) particle size which compressed the sludge. Otherwise the resolution of iron(0) at low pH causes a partly significant increase of the sludge amount. The optimum of both effects could be observed for a iron(0) particle size of 10 μm. In addition the compound flocs allowed a separation of the sludge by magnetic separation. The magnetic separation was also suitable for a separation of the iron(0) particles from the hydroxides whereby the particles could be reused.

Zusammenfassung

Mit dem vorgeschlagenen Konzept zur Behandlung schwermetallhaltiger Abwässer unter Verwendung von feinstpartikulärem Eisen(0) mit kombinierten Reduktions-, Fällungs- und Separationsschritten wird versucht, die Probleme bei der herkömmlichen Behandlung solcher

* Dipl. Chem. E. Schmidbauer, Dipl. Ing. F. Buchheister und Prof. Dr. habil. R. Köster; Forschungszentrum Karlsruhe, Institut für Technische Chemie, Bereich Wasser- und Geotechnologie, 76344 Leopoldshafen.
  Korrespondenzadresse: Prof. Dr. habil. R. Köster; Forschungszentrum Karlsruhe, Institut für Technische Chemie, Bereich Wasser- und Geotechnologie, Postfach 3640, 76201 Karlsruhe, E-Mail: rainer.koester@itc-wgt.fzk.de

© WILEY-VCH Verlag GmbH, 69469 Weinheim, 2001   Vom Wasser, 97, 181–192 (2001)

Abwässer zu lösen. Eisen ist als technisches Produkt kostengünstig erhältlich und außerdem in Form von feinpartikulärem Eisenschrott verwendbar.

Die sauren, schwermetallhaltigen Abwässer werden in einem Laborreaktor mit Eisen(0)-Partikeln behandelt. Im ersten Schritt werden die reduzierbaren Bestandteile wie Cr(VI) unter Auflösung des Eisen(0) reduziert bzw. wie Cu(II) als Metall zementiert. Es wurde die Geschwindigkeit der Chromatreduktion bei verschiedenen pH-Werten untersucht sowie eine Kinetik 0. Ordnung bezüglich Chromat abgeleitet. Ferner wurde der katalytische Effekt von gelöstem Fe(III) untersucht und gezeigt, daß die Geschwindigkeit der Chromatreduktion mit steigender Fe(III)-Konzentration in der Lösung ansteigt. Alle eingesetzten Eisenpartikel wurden einer standarisierten Vorbehandlung unterzogen um Einflüsse durch unterschiedliche Beschaffenheit oder Zusammensetzung der Oberfläche auszuschließen.

Im zweiten Schritt werden die in der Lösung vorhandenen Schwermetallionen durch Erhöhung des pH-Wertes als Hydroxide ausgefällt bzw. mitgefällt. Eisen(III) und Chrom(III) konnten gemeinsam bei einem pH-Wert von 6 als Mischhydroxid ausgefällt werden. Zur quantitativen Mitfällung von Nickel und Zink war ein Überschuß an Chrom(III) im Vergleich zur Summe der zweiwertigen Schwermetallionen von etwa 1,1 nötig, zusätzlich durch die Eisenauflösung in Lösung gebrachtes Eisen(II) behinderte diese Mitfällung.

Bei der Fällung bildeten sich in Abhängigkeit der Eisen(0)-Partikelgröße Verbundflocken aus Metallhydroxiden und den Eisenpartikeln, welche den Hydroxidschlamm komprimierten. Die Auflösung des Eisens bei niedrigen pH-Werten führte dagegen teils zu einer deutlichen Erhöhung der Hydroxid-Menge. Das Optimum aus beiden Effekten, d. h. das minimale Schlammvolumen, konnte bei einer Eisen(0)-Partikelgröße von 10 µm beobachtet werden.

Die Verbundflocken ermöglichten darüberhinaus eine Abtrennung mittels Magnetseparation. Die Magnetseparation war zudem geeignet, die unverbrauchten Eisenpartikel wieder aus dem Schlamm abzutrennen und dem System erneut zuzuführen.

1 Einleitung

Industrielle Abwässer, z. B. aus Galvanikbetrieben, enthalten oft hohe Konzentrationen an Schwermetallen wie Cu(II), Cr(VI), Zn(II) oder Cd(II). Um die geforderten Umweltauflagen einzuhalten, ist eine aufwendige Behandlung der meist sauren Abwässer notwendig. Es besteht daher Bedarf an kostengünstigen und wirkungsvollen Abwasserreinigungsprozessen. Für viele Prozesse der chemischen Abwasserreinigung werden außerdem teuere Chemikalien benötigt. Stand der Technik für die Reduktion von Cr(VI) ist z. B. die Verwendung von Natriumdisulfit ($Na_2S_2O_5$) oder von Fe(II)-Salze. Der Einsatz dieser Salze führt als weiteres Problem zur Aufsalzung des behandelten Abwassers [1, 2].

In den letzten Jahrzehnten sind im Bereich der Behandlung schwach kontaminierter Grundwässer große Fortschritte erreicht worden. Diese beziehen sich insbesondere auf die Verwendung metallischen Eisens, sowohl zur Reduktion chlorierter organischer Verbindungen, als auch zur reduktiven Entfernung einzelner Schwermetalle [3, 6, 7, 9, 10]. Das verschmutzte Grundwasser durchfließt dabei ohne weitere Behandlung Eisenschüttungen als „reaktive Wand" und wird so von den Kontaminationen gereinigt.

Diese Methode der Reduktion von kontaminierten Wässern kann auch prinzipiell in der industriellen Abwasserreinigung verwendet werden. Allerdings werden bei der Grundwasserbehandlung lange Reaktionszeiten benötigt, die in der industriellen Anwendung in der Regel nicht zur Verfügung stehen. Deshalb ist es wichtig, für diese Anwendungen hinreichende Informationen über die Reaktionsgeschwindigkeiten der beteiligten Reaktionen zu erarbeiten.

Zur vollständigen Reinigung der industriellen sauren Abwässer ist es nicht ausreichend, die Schwermetalle zu reduzieren, da sie im sauren Abwasser gelöst bleiben. Die reduzierten

Schwermetalle, wie z. B. Cr(III), müssen, zusammen mit Fe(III), durch Fällungsreaktionen, z. B. als Hydroxide ausgefällt werden [4, 5].

2 Optimiertes Behandlungskonzept

Mit dem vorgeschlagenen Behandlungskonzept (siehe Bild 1) wird versucht, die Probleme etablierter Behandlungsverfahren, wie hohe Chemikalienkosten und Aufsalzung der Wässer, durch eine integrierte und aufeinander abgestimmte Behandlung solcher schwermetallkontaminierter Abwässer zu lösen. Die wesentlichen Prozeßschritte konnten im Labor-Maßstab realisiert werden.

Die sauren, schwermetallhaltigen Abwässer werden in einem Reaktor mit Fe(0)-Partikeln behandelt. Die reduzierbaren Bestandteile wie z. B. Cr(VI) werden hierbei unter Auflösung des Eisens reduziert bzw. wie Cu(II) als Metall zementiert. Weitere Wasserinhaltsstoffe verursachen keine Probleme, halogenierte Kohlenwasserstoffe werden sogar reduktiv dehalogeniert [3]. Eisen ist toxikologisch unbedenklich, als technisches Produkt kostengünstig erhältlich und außerdem in Form von Eisenschrott verwendbar. Desweiteren findet keine zusätzliche Aufsalzung der behandelten Abwässer durch zusätzliche Chemikalien statt.

Die ausgefallenen Metalle, wie Cu, werden vom reduzierten Abwasser abgetrennt und zur weiteren Behandlung abgegeben. Ein kontrollierter Zusatz von Luftsauerstoff in das Abwasser überführt gelöstes Fe^{2+} in Fe^{3+}.

Durch Erhöhung des pH-Wertes, was vor der Einleitung in einen Vorfluter notwendig ist, wird das gelöste Fe^{3+} und die noch in der Lösung vorhandenen Schwermetallionen als Hydroxide ausgefällt bzw. mitgefällt [4, 5]. Die vorhandenen Eisenpartikel werden teilweise in diese Mischhydroxide eingeschlossen und bilden so Verbundflocken. Durch die sorptiven Eigenschaften insbesondere der dreiwertigen Schwermetall-Hydroxide werden auch schwer fällbare Ionen, etwa Zn(II), Ni (II), verstärkt in diesen Verbundflocken gebunden (z. B. [8, 11]).

Die gebildeten Verbundflocken erlauben durch die resultierende Dichteerhöhung eine verbesserte Trennung durch Sedimentation. Das überstehende, gereinigte Abwasser kann, gegebenenfalls nach Filtration, in einen Vorfluter geleitet werden. Durch die magnetischen Eigenschaften (Ferromagnetismus) des Eisens ist es ferner möglich, die Verbundflocken über eine Magnetseparation mit geringen Feldstärken abzutrennen und so das Abwasser zu reinigen.

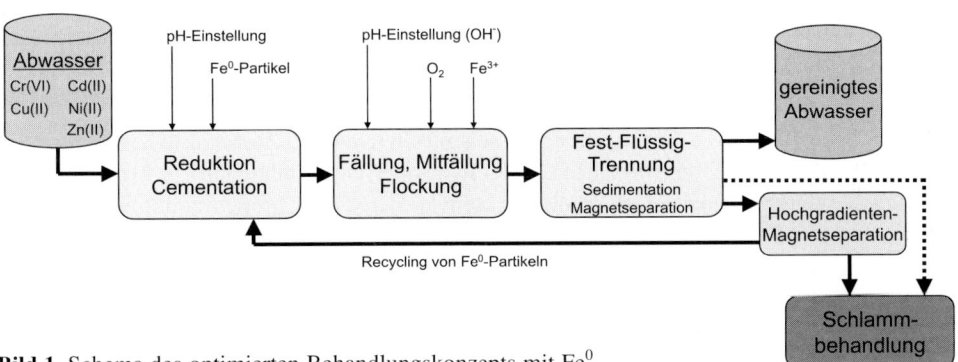

Bild 1. Schema des optimierten Behandlungskonzepts mit Fe^0.

Bisher wurden als magnetische Partikel für diese Trennungen Magnetit eingesetzt [12, 13]. Bei Verwendung von Eisen kann das Reduktionsmittel gleichzeitig für die Abtrennung des Schlammes genutzt werden. Dadurch ist die Herstellung und der Zusatz weiterer magnetischer Stoffe nicht mehr nötig.

Die aus Eisenkernen und Metallhydroxiden bestehenden Verbundflocken lassen sich durch ein stärkeres Magnetfeld mit Hilfe der Hochgradienten-Magnetseparation wieder voneinander trennen. Der Hydroxidschlamm ist zur Entsorgung oder Weiterbehandlung geeignet. Die abgetrennten Eisenpartikel werden zum Reduktionsschritt zurückgeführt. Die Eisenpartikel laufen folglich in einem Kreislauf, bis sie vollständig verbraucht werden, wodurch Reduktionsmittel eingespart werden kann.

3 Grundlagen zur Kinetik der Chromatreduktion

Um die vollständige Umsetzung der reduzierbaren Bestandteile im vorgeschlagenen Behandlungskonzept (Bild 1) zu gewährleisten, sind die Reaktionsumsätze und die Kinetiken der Reduktionsreaktionen, speziell der Bruttoreaktion, zu quantifizieren.

Die Kinetik der Kupferzementation mit Eisen ist hinreichend erforscht (z. B. [14]), während bei der widersprüchlichen Literatur [7, 15, 16] zur Reduktion von Cr(VI) zu Cr(III) noch erheblicher Forschungsbedarf besteht. Dies ist bedingt durch die Vielzahl der einfließenden Bruttoreaktionen:

a) Direkte Chromatreduktion (heterogene Reaktion an der Oberfläche des Eisens):

$$HCrO_4^- + Fe + 7\,H^+ \longrightarrow Cr^{3+} + Fe^{3+} + 4\,H_2O \qquad [2.1]$$

b) Indirekte Chromatreduktion mit Fe^{2+} (homogene Reaktion in Lösung)

● Zuerst heterogene Säurereaktion an der Eisenoberfläche:

$$Fe + 2\,H^+ \longrightarrow Fe^{2+} + H_2 \qquad [2.2]$$

● Daraufhin homogene Reaktion in Lösung [17]:

$$HCrO_4^- + 3\,Fe^{2+} + 7\,H^+ \longrightarrow Cr^{3+} + 3\,Fe^{3+} + 4\,H_2O \qquad [2.3]$$

Das jeweils gebildete Fe^{3+} kann durch heterogene Reaktion an der Eisenoberfläche wieder zu Fe^{2+} reduziert werden:

$$Fe + 2\,Fe^{3+} \longrightarrow 3\,Fe^{2+} \qquad [2.4]$$

Dieses neu gebildete Fe^{2+} reduziert entsprechend Gleichung [2.3] ebenfalls Chromat. Wird das Fe^{2+} durch die heterogene Reaktion an der Eisenoberfläche (Gleichung [2.2]) gebildet, so läßt sich dies durch einen dreifach erhöhten Eisenverbrauch der Chromatreduktion gegenüber der Bildung von Fe^{2+} durch Reaktion [2.4] feststellen.

4 Material und Methoden

Für die Versuche standen 4 Eisenpulver von GOODFELLOW bzw. MERCK und ein Strahlmittel der Firma WÜRTH zur Verfügung. Bei den Reineisenpulvern handelte es sich um GOODFELLOW Eisenpulver 60 µm (G 60), Reinheit > 99,0 %, GOODFELLOW Eisenpulver 6-8 µm (G 8), Reinheit > 99,0 %, GOODFELLOW Eisenpulver 4 µm (G 4), Reinheit 98 % und MERCK Eisenpulver 10 µm (M 10), Reinheit > 99,5 %. Bei den Eisenpartikeln der Firma WÜRTH handelte es sich um ein technisches Strahlmittel mit der Bezeichnung StD-Z (unlegierter Stahl, Fe > 98 %) mit zylindrischer Form und einer durchschnittlichen Partikelgröße von 0,4 mm.

Bei den Versuchen zur Chromatreduktion wurde festgestellt, daß die Oberflächenbeschaffenheit des Eisens, insbesondere eine Veränderung durch Vorbehandlung, einen bedeutenden Einfluß auf die Reaktionsgeschwindigkeit hat. Um die Reproduzierbarkeit der im Labor gewonnenen Ergebnisse sicherzustellen, wurden die verwendeten kommerziell erhältlichen Eisenpartikel vorbehandelt. Dazu wurden die Partikel mit 1 ml 1 M HCl je g Eisen(0) gespült, mit H_2O gewaschen, getrocknet und dann 2 h bei 300 °C unter H_2-Strom reduziert. Die erreichte Oberflächenqualität wurde mit Hilfe der Augerspektroskopie überprüft. Dieses so behandelte Eisen(0) wurde unter Inertgasbedingungen gelagert, wobei innerhalb mehrerer Wochen keine Veränderungen der Reaktivität bemerkbar waren. Der Transport fand ebenfalls unter Inertgas statt.

Zur Durchführung der Laborversuche wurde ein thermostatisierbarer Batch-Reaktor mit 2,5 l Fassungsvermögen verwendet, für die Thermostatisierung wurde ein Kryostat genutzt. Bei den Reduktionsversuchen wurde der festgelegte pH-Wert über eine automatische pH-Meß- und Regeleinheit möglichst konstant (±0.05) gehalten. Die für die einzelnen Reaktionen eingestellten pH-Werte variierten hierbei von 1,9 bis 2,5. Durch Zugabe von 40 mmol/l Na_2SO_4 („Grundelektrolyt") wurde die Ionenstärke des Systems näherungsweise konstant gehalten. Bei der Zugabe des Eisens läßt sich ein durch die Auflösung des Eisens bedingter, plötzlicher starker Abfall des Redoxpotentials (gemessen: Pt-Elektrode gegen Ag/AgCl) feststellen, der auch ein Zeichen der einsetzenden Reaktion ist. Die Lösung wurde mit einem einfachen Blattrührer mit 600 U/min gerührt. Zur besseren Verwirbelung wurde ein Strömungsbrecher verwendet. Für die Chromatkonzentration zu Beginn der Reaktion wurde eine Konzentration von 2 mmol/l CrO_4^{2-} = 104 mg/l Cr(VI) verwendet. Die gerührte Lösung wurde bis auf einen Versuch mit N_2 (Reinheit 4.6, < 5 ppm O_2) mit einem Volumenfluß von ca. 12 ml/s von Sauerstoff entgast.

Die Reaktion wurde gestartet, nachdem die O_2-Konzentration der Lösung unter 0,1 mg/l gefallen war. Dazu wurde das abgewogene, behandelte Eisen (in Mengen von üblicherweise 5 g, d. h. Konzentrationen von 2 g/l) aus einem Kolben unter N_2-Schicht über einen Trichter in den Reaktor möglichst schnell zugegeben.

Die Proben wurden über einen 0,45 µm-Membranfilter gezogen. Der Zeitpunkt der Probenahme wurde als der Zeitpunkt festgelegt, an dem die Probe abgefiltert wurde. Es ist nicht davon auszugehen, daß nach dem Filtrieren noch bedeutende Mengen an Chromat abreagieren können, da das vorhandene Fe^{2+} bereits im Becherglas schnell abreagiert und durch die stehende Lösung weitere Reaktionen unterdrückt werden. Die Chromatkonzentration der Probe wurde nach der gesamten Reaktion mit der Diphenylcarbazid-Methode bestimmt. Im Gegensatz zu den Chromat- und Eisenproben wurde der pH-Wert, das Redoxpotential und die O_2-Konzentration über eine mit einem A/D-Wandler ausgerüstete Meßeinheit kontinuierlich automatisch aufgezeichnet.

Vom Wasser, 97, 181–192 (2001)

5 Ergebnisse und Diskussion

5.1 Chromat-Reduktion

In Bild 2 ist die Reaktionsgeschwindigkeit der Chromatreduktion mit Eisen(0) bei verschiedenen pH-Werten dargestellt. Es ist zu erkennen, daß sich die Reaktion bei erhöhtem pH-Wert deutlich verlangsamt. In der Literatur [7, 15, 16] finden sich widersprüchliche Angaben über die Reaktionsordnung der Bruttoreaktion. Bei niedrigen pH-Werten ist, in Übereinstimmung mit [16], eine Beschreibung der Bruttoreaktion nach folgender Kinetik 0. Ordnung für Chromat möglich:

$$\frac{d[Cr(VI)]}{dt} = -k^* A_{Fe}\, f([H^+]) \qquad [2.5]$$

Ab einem pH-Wert von 2,5 läßt sich der Verlauf der Reaktion nur noch schlecht durch Gleichung 2.5 beschreiben. Es ist keine einfache, lineare Abhängigkeit der Kinetik von der H^+-Konzentration festzustellen, die Angaben der Literatur [16] für den Bereich pH 2,0 bis 3,0 lassen sich nicht bestätigen. Weiterhin wird in allen Literaturstellen [7, 15, 16] der katalytische Einfluß des Fe^{3+}, entsprechend Gleichung [2.4], vernachlässigt.

Der Eisenbedarf der Reduktion (theoretischer Wert aus der Stöchiometrie = 1) steigt von 1,3 bei pH 2,2 über 1,8 bei pH 2,5 bis auf ca. 3 bei pH 3, was auf einen Wechsel des Mechanismus hinweist.

In Bild 3 ist die Reaktionsgeschwindigkeit der Chromatreduktion mit Eisen(0) bei verschiedenen Anfangskonzentrationen an gelöstem Fe(III) dargestellt. Es ist zu erkennen, daß die Reaktionsgeschwindigkeit mit zunehmender Menge an Fe(III) in der Lösung deutlich zunimmt. Dieser katalytische Effekt des Fe(III) wirkt sich auch auf die Gesamtkinetik aus, da die Eisen(III)-Konzentration während der Reaktion entsprechend Gl. 2.1–2.4 permanent

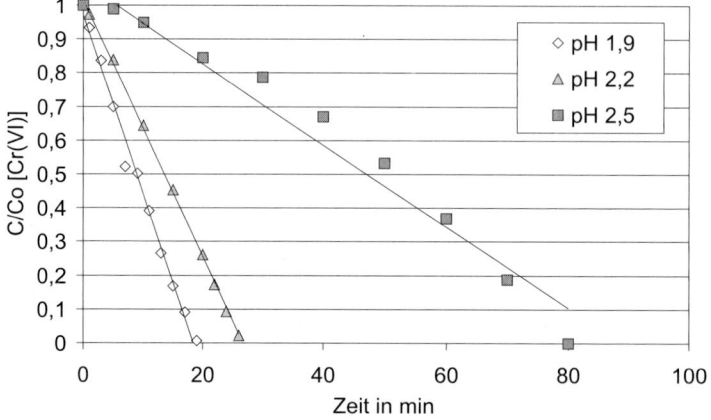

Bild 2. Chromatreduktion mit Fe^0 bei verschiedenen pH-Werten; Parameter: C_0 [Cr(VI)] = 2 mmol/l, C_0 [Fe^0] = 2 g/l, 38 cm^2/l Fe-Oberfläche (geometrisch).

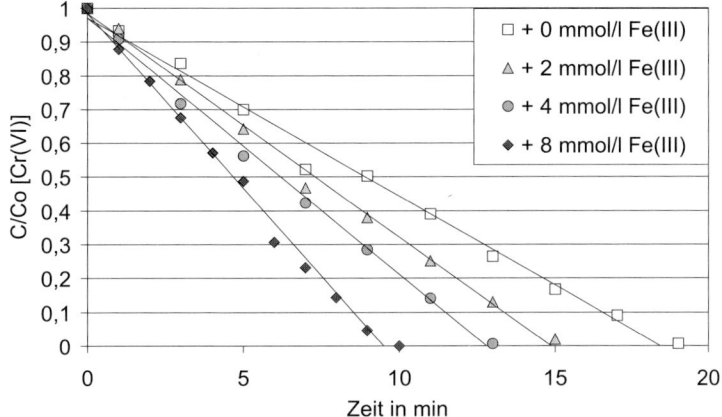

Bild 3. Reaktionsgeschwindigkeit der Chromatreduktion mit Eisen(0) bei verschiedenen Anfangskonzentrationen an Fe(III), Parameter: C_0 [Cr(VI)] = 2 mmol/l, C_0 [Fe^0] = 2 g/l, 38 cm^2/l Fe-Oberfläche (geometrisch).

zunimmt. Der *k**-Wert in Gleichung 2.5 ist komplex aus den Einzelreaktionen 2.1 bis 2.4 zusammengesetzt. Eine Detaillierung der Kinetiken der einzelnen Teilreaktionen ist aus den vorhandenen Daten nicht möglich. Die Bruttoreaktionskinetik in Gl. 2.5 ist aber ausreichend, um die technische Auslegung des Behandlungskonzeptes zu ermöglichen.

5.2 Fällung, Mitfällung

Nach Abschluß des Reduktions- und Zementationsschrittes wurden die noch in der Lösung vorhandenen Schwermetallionen durch Erhöhung des pH-Wertes gefällt (Hydroxidfällung). Das in der Lösung vorhandene dreiwertige Eisen und dreiwertige Chrom konnte gemeinsam bei einem pH-Wert von etwa 6 ausgefällt werden. Diese Ausbildung von Eisen(III)-Chrom(III)-Mischhydroxiden ist bereits in der Literatur beschrieben worden [4].

Zusätzlich zu Eisen(III) und Chrom(III) wurde die (Mit-) Fällung der zweiwertigen Schwermetalle Nickel und Zink untersucht (siehe Bild 4a). Dabei konnte beobachtet werden, daß Zink fast vollständig mit dem Eisen(III)-Chrom(III)-Mischhydroxid mitgefällt werden konnte, während Nickel nur etwa zur Hälfte mitgefällt wurde. Weitergehende Untersuchungen hatten gezeigt, daß die zweiwertigen Schwermetalle Nickel und Zink mit Chrom(III)-Hydroxid fast vollständig mitgefällt werden konnten, nicht aber mit Eisen(III)-Hydroxid. Zur quantitativen Mitfällung von Nickel und Zink war ein Überschuß an Chrom(III) im Vergleich zur Summe der zweiwertigen Schwermetall-Ionen von etwa 1,1 notwendig.

Weiterhin wurde bei der Fällung der Einfluß der Eisen(0)-Partikel untersucht (siehe Bild 4b). Durch die Auflösung des Eisen(0) im sauren pH-Bereich gemäß Gleichung 2.2 konnte eine deutlich erhöhte Konzentration an Eisen in der Lösung nachgewiesen werden. Etwa bei pH 6 fiel dann der Anteil des dreiwertigen Eisens aus der Lösung zusammen mit dem Chrom(III) aus, der restliche Anteil des (zweiwertigen) Eisens konnte erst ab einem pH-Wert

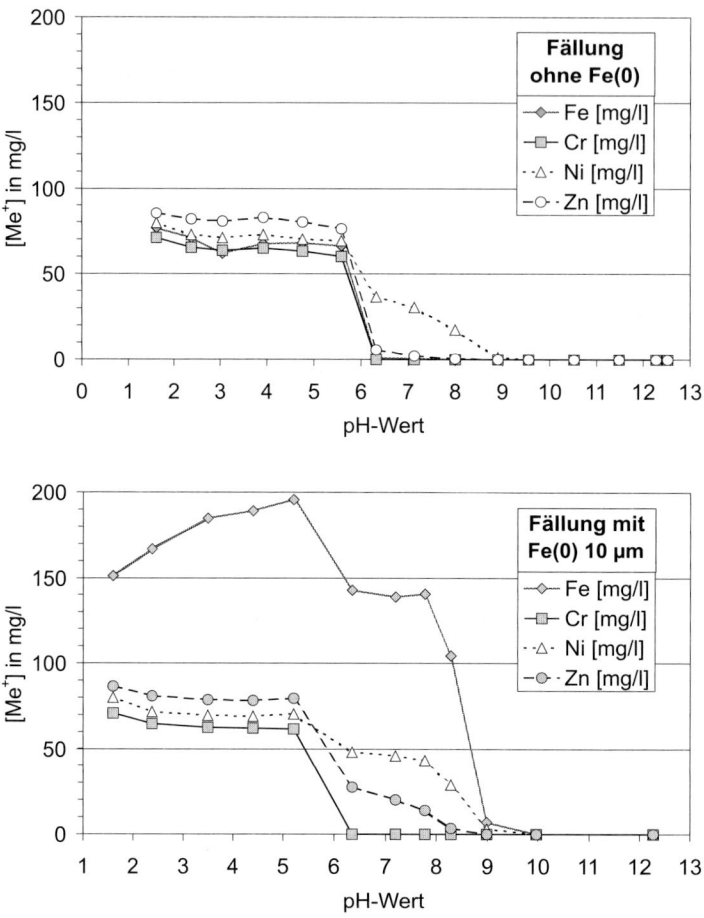

Bild 4a und **b.** Schwermetall-Konzentration in der Lösung über dem pH-Wert für die Fällung einer Eisen-, Chrom-, Nickel- und Zinksalzhaltigen Lösung ohne Eisen(0) (oben) und mit Eisen(0) 10 μm mittlere Partikelgröße (unten); C_0 [Me^+] = 1,4 mM, T = 25 °C, C[O_2] = 0–0,04 mg/l.

von etwa 9 gefällt werden. Weiterhin konnte beobachtet werden, daß die Mitfällung von Nickel(II) und Zink(II) bei pH 6 deutlich behindert wurde.

Bei der Fällung bildeten sich Verbundflocken aus Metallhydroxiden und den Eisenpartikeln (siehe Bild 5). Bei kleineren Eisenpartikeln (4 μm) waren diese feiner und gleichmäßiger in den Metallhydroxidflocken verteilt, die Menge an zusätzlich aufgelöstem Eisen war hier jedoch 5 bis 8 mal so hoch wie bei 10 μm-Partikeln. Bei größeren Eisenpartikeln (60 μm) waren nur noch wenige Partikeln ungleichmäßig in den Hydroxidflocken verteilt, der Großteil der Partikel war getrennt von den Hydroxidflocken zu Boden sedimentiert.

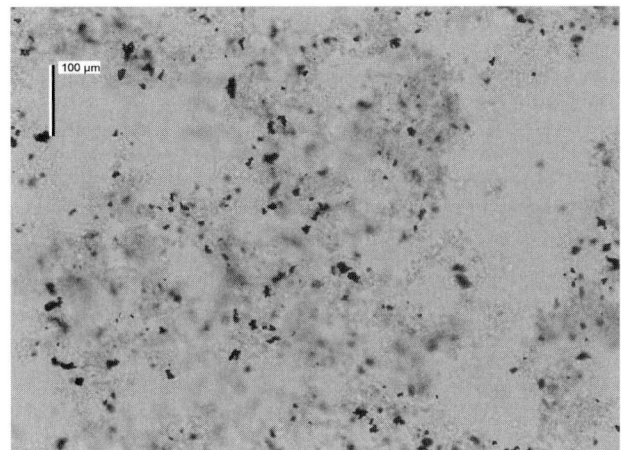

Bild 5. Verbundflocken aus Metallhydroxiden und Eisenpartikeln nach der Fällung einer Eisen(III)-, Chrom(III)-, Nickel(II)- und Zink(II)-Salz-Lösung mit Eisen (0) 10 µm Partikelgröße; C_0 [Me$^+$] = 1,4 mM, C_0 [Fe^0] = 2,8 g/l, T = 25 ^{0}C, C [O$_2$] = 0-0,05 mg/l.

5.3 Separation

Zunächst wurde die Sedimentation der gebildeten Eisen(0)-Metallhydroxid-Verbundflocken untersucht. Dabei konnte eine deutliche Kompression des Schlammes durch die Eisenpartikel beobachtete werden. Diese war umso stärker, je kleiner die Eisenpartikel waren. Andererseits kam es durch die bereits beschriebene Auflösung der Eisenpartikel in der Lösung zu einer Erhöhung der Hydroxid-Menge. Die Überlagerung dieser beiden Effekte führte zu einem Optimum, d. h. einem minimalen Schlammvolumen, bei einer Eisen(0)-Partikelgröße von 10 µm (siehe Bild 6). Bei größeren Partikeln war die Kompression wesentlich geringer, bei kleineren Partikeln wurde die bessere Kompression durch die große zusätzlich in Lösung gebrachte Hydroxidmenge überlagert.

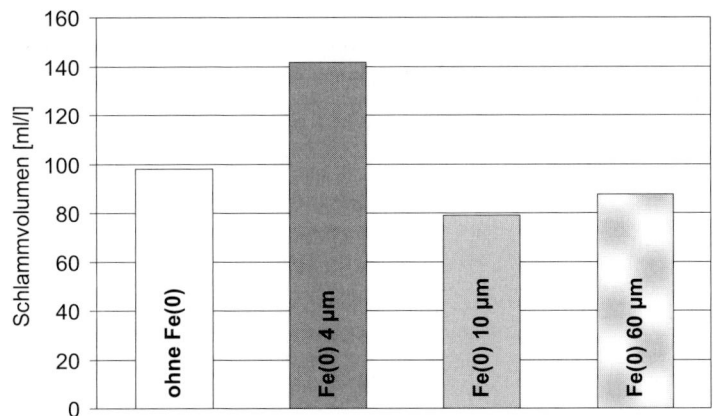

Bild 6. Schlammvolumen nach 2 Stunden Sedimentation nach der Fällung einer Eisen(III)-, Chrom(III)-, Nickel(II)- und Zink(II)-Salz-Lösung mit und ohne Eisen (0); C_0 [Me$^+$] = 1,4 mM, C_0 [Fe^0] = 2,8 g/l.

Darüber hinaus ermöglichten die in den Hydroxidflocken eingebundenen Eisenpartikel eine Abtrennung mittels Magnetseparation. Der Trennprozeß war dabei stark abhängig von der gesamten Menge an Schwermetall-Hydroxiden sowie der Menge an eingesetztem Eisen(0). Die besten Ergebnisse konnten bei hohen Feldstärken (2,0 Tesla) und bei deutlichem Überschuß an Eisen(0)-Partikeln erzielt werden. Hier konnten 300 bis 400 ml Schlamm in 22 ml Filtervolumen abgetrennt werden. Da es jedoch beim Rückspülen des Filters wieder zu einer Verdünnung des Schlammes kommt, kann hier keine wesentlich bessere Aufkonzentrierung erzielt werden als bei der Sedimentation, man kann nur von einer „beschleunigten Sedimentation" sprechen.

Gut geeignet ist die Magnetseparation allerdings zur Abtrennung der Eisenpartikel aus dem Hydroxid-Schlamm. Hier sind hohe Durchsätze bei geringen Feldstärken möglich und die zurückgewonnenen unbenutzten Eisenpartikel können dem Prozeß wieder zugeführt werden.

Literatur

[1]   Kunz, R. G. Hess, T. C.; Yen, A. F.; Arsenaux, A. A., Kinetic model for chromate reduction in cooling tower blowdown. Journal WPCF 52: 2327-2339; 1980.

[2]   Hartinger, L. (Schriftl.): Lehr- und Handbuch der Abwassertechnik, Band VII: Industrieabwässer mit anorganischen Inhaltsstoffen, 3. Auflage, Berlin 1985.

[3]   Warren, K. D., Arnold, R. G., Bishop, T. L., Lindholm, L. C., Betterton, E. A., Kinetics and mechanism of reductive dehalogenation of carbon tetrachloride using zero-valence metals, Journal of Hazardous Materials 41: 217-227; 1995.

[4]   Sass, B. M., Rai, D., Solubility of amorphous chromium(III)-iron(III) hydroxide solid solution. Inorganic Chemistry, 26: 2228-2232; 1987.

[5]   Rai, D., Sass, B. M.; Moore, D. A., Chromium(III) hydrolysis constants and solubility of chromium(III) hydroxide. Inorganic Chemistry. 26: 345-349; 1987.

[6]   Blowes, D. W., Ptacek, C. J.; Jambor, J. L. In-situ remediation of Cr(VI)-contaminated groundwater using permeable reactive walls: Laboratory Studies. Environmental Science and Technology. 31: 3348-3357; 1997.

[7]   Cantrell, K. J., Kaplan, D. I., Wietsma, T. W., Zero-valent iron for the in situ remediation of selected metals in groundwater, Journal of Hazardous Materials 42: 201-212; 1995.

[8]   Crawford, R. J., Harding, I. H., Mainwaring, D. E., Adsorption and coprecipitation of single heavy metal ions onto the hydrated oxides of iron and chromium, Langmuir 9: 3050-3056; 1993.

[9]   Puls, R. W., Paul, C. J.; Powell, R. M., The application of in situ permeable reactive (zero-valent iron) barrier technology for the remediation of chromate-contaminated groundwater: a field test. Applied Geochemistry 14: 989-1000; 1999.

[10] Blowes, D. W., Ptacek, C. J., Geochemical remediation of groundwater by permeable reactive walls: Removal of chromate by reaction with iron-bearing solids. Subsurface Restoration Conference: International Conference on Ground Water Quality Research, Dallas, Tex., June 21-24, 1992 214-216; 1992.

[11] Benjamin, M. M., Adsorption and surface precipitation of metals on amorphous iron oxyhydroxide. Environmental Science and Technology 17: 686-692; 1983.

[12] Anderson, N. J., Bolto, B. A., Pawlowski. L., A method for chromate removal from cooling tower blowdown water. Nuclear and Chemical Waste Management 5: 125-129; 1984.

[13] Terashima, Y., Ozaki, H., Sekine, M., Removal of dissolved heavy metals by chemical coagulation, magnetic seeding and high gradient magnetic filtration. Water Research 20: 537-545; 1986.

[14] Annimalai, V., Murr, L. E., Influence of deposit morphology on the kinetics of copper cementation on pure iron, Hydrometallurgy 4: 57-82; 1979.

[15] Gould, J. P., The kinetics of hexavalent chromium reduction by metallic iron, Water Research 16: 871-877; 1982.

[16] Bowers, A. R., Ortiz, C. A., Cardozo. R. J., Iron process for treatment of Cr(VI) wastewaters, Metal Finishing, 37-41; Nov. 1986.

[17] Sedlak, D. L., Chan, P. G., Reduction of hexavalent chromium by ferrous iron, Geochimica et Cosmochimica Acta 61(11): 2185-2192; 1997.

Studie zum Eintrag synthetischer Komplexbildner und Substanzen mit komplexbildenden Eigenschaften in die Gewässer

Study on the Entry of Synthetic Chelating Agents and Compounds Exhibiting Complexing Properties into the Aquatic Environment

*Thomas P. Knepper** und *Heike Weil*

Schlagwörter

Komplexbildner, Phosphonate, Gewässer, Analytik, Umweltrelevanz, Produktion

Summary

Synthetic chelating agents are utilized in many industrial applications due to their capability to bind and mask metal ions. A review was conducted in Germany for twenty main compounds, including chelating agents as well as such compounds binding metal ions and thus exhibiting some complexing properties such as the phosphonates or polycarboxylates. Focus of the study was to gather data about production, use, entry into the aquatic environment, fate and environmental behavior. Metal mobilisation as well as toxicity of all components has been studied indicating a low order for the measured or predicted environmental concentrations. However, most of the investigated synthetic complexing agents such as e. g. ethylenediaminetetra acetate (EDTA), can be classified as environmentally relevant, since they are microbial poorly degradable and exhibit an excellent water solubility. Thus they can not or only partially be removed during drinking water treatment utilizing filtration and biodegradation steps. For other compounds binding metal ions, such as the phosphonates, adsorption is an important route of elimination in the environment. Therefore an investigation of these compounds is under progress in order to check the applicability by better degradable substitutes for several industrial features. The actual status about the concentrations of the synthetic complexing agents in the aquatic environment has up to now in Germany almost exclusively been focussed upon the aminocarboxylates. EDTA and nitrilotri acetate (NTA), which are present in almost all investigated German surface waters in a concentration range between 5 to 20 and 1 to 2 µg/L, respectively. Concentration data of diethylenetriaminepenta acetate (DTPA) and 1,3-propylenediaminepenta acetate (PDTA) are quite scarce. Reported values of these compounds are mostly in the range of the detection limit between 1 and 2 µg/L. Since DTPA is mainly used in paper and pulp mills, the concentrations found in the sewage effluents are in the mg/L-range. Maximum concentrations reported for surface waters are up to 72 µg/L. The predicted concentrations in surface waters for most of the investigated compounds are in the lower µg/L-range, e. g. for the phosphonates between 0,25 and 2.5 µg/L. But up to now, except for the aminocarboxylates, analytical methods are missing for their quantification at these low concentrations. The entry of chelating and metal binding agents into the water phase is recommended to be minimized by applying various steps. All industrial processes and productions dealing with poorly degradable chelating agents and those binding metal ions have to aim upon lowest use as well as lowest emission into the aquatic phase. If possible, a substitution by better degradable compounds is recommended.

* Dr. rer. nat. Th. P. Knepper, Dipl. Biol. Heike Weil, ESWE-Institut für Wasserforschung und Wassertechnologie GmbH, Söhnleinstraße 158, 65201 Wiesbaden.
Korrespondenz: Dr. Th. P. Knepper, Tel.: ++49-611-780 4358; FAX: ++49-611-780 4375;
e-mail: thomas.knepper@eswe.com

© WILEY-VCH Verlag GmbH, 69469 Weinheim, 2001   Vom Wasser, 97, 193–232 (2001)

Zusammenfassung

Synthetische Komplexbildner, wie z. B. Ethylendiamintetraacetat (EDTA) und Substanzen mit komplexierenden Eigenschaften, wie z. B. die Phosphonate, werden in vielen industriellen Prozessen eingesetzt, da sie Metallionen binden und maskieren können. Für die 20 wichtigsten Vertreter dieser Klassen wurden Zahlen und Informationen zu Produktion, Anwendung, Toxizität und Einträge in die Gewässer recherchiert. Die Toxizitäten der Komplexbildner und der Phosphonate in der aquatischen Umwelt sind gering und auch die Metallmobilisierung spielt in dem zu erwartenden Konzentrationsbereich im unteren µg/L-Bereich nur eine geringe Rolle. Die Umweltrelevanz einer Vielzahl der synthetischen Komplexbildner ist jedoch dadurch gegeben, dass sie, wie z. B. EDTA, mikrobiologisch schwer abbaubar, oder wie die Phosphonate, sehr gut an Klärschlamm adsorbiert werden. Die derzeitige Datenlage über Komplexbildner und Verbindungen mit komplexbildenden Eigenschaften in Gewässern ist lückenhaft. Im Rahmen der Trinkwasserversorgung wurden fast ausschließlich Aminopolycarboxylate, für deren Nachweis in Gewässerproben bereits ein DIN-Entwurf vorliegt, untersucht. So gibt es für EDTA und Nitrilotriacetat (NTA) umfangreiche Erkenntnisse. NTA tritt in den grösseren deutschen Flüssen im Konzentrationsbereich von 1-2 µg/L auf, EDTA von 5-20 µg/L. Diethylentriaminpentaessigsäure (DTPA) und 1,3-Propylendiaminpentaessigsäure (PDTA) sind in Deutschland in einige Messprogramme mit aufgenommen, wobei die Befunde oft im Bereich oberhalb und unterhalb der Bestimmungsgrenzen zwischen 1 und 2 µg/L liegen, so dass keine exakte Bilanzierung durchgeführt werden kann. Da DTPA überwiegend in der Papierindustrie eingesetzt wird, ist es auch in deren Abwässern in höheren Konzentrationen zu finden. In von diesen Abwässern beeinflussten Oberflächengewässern wurden Spitzenkonzentrationen bis 72 µg/L gemessen. Für die Komplexbildnerklasse der Hydroxycarboxylate sowie den Substanzen mit komplexierenden Eigenschaften, wie die Polycarboxylate und Phosphonate existieren noch keine analytischen Messmethoden im unteren µg/L – Konzentrationsbereich für deren Nachweis in Oberflächenwässern. Auf der Basis von Modellrechnungen liegen die zu erwartenden Konzentrationen an Phosphonaten in Oberflächengewässern zwischen 0,25 und 2,5 µg/L. Der Eintrag von Komplexbildnern in die Gewässer kann über verschiedenste Maßnahmen vermindert werden. Biologisch schwer abbaubare und gut wasserlösliche Komplexbildner werden auch während den unterschiedlichen Filtrations- und mikrobiologischen Verfahren der Trinkwasseraufbereitung nicht entfernt. Auch vor allem deshalb wird momentan der Einsatz von biologisch besser abbaubaren Verbindungen als Ersatzprodukte für schwerer abbaubare Komplexbildner in vielen industriellen Verfahren geprüft. Zusätzlich sollten von Beginn an alle Prozesse und Produktionen auf minimalen Einsatz und minimale Emission aller Komplexbildner in die Gewässer ausgerichtet werden.

2 Einleitung

In nahezu allen Prozessen, die im wässrigen Milieu stattfinden, stellen Störungen durch Metallionen ein großes Problem dar. Hiervon betroffen sind z. B. industrielle Produktionen, Wasch- und Reinigungsvorgänge in der Industrie und im Haushalt. Die Ursache liegt häufig in der Bildung eines schwerlöslichen Niederschlages von Erdalkali- oder Schwermetallsalzen. Diese wird durch die stöchiometrische Komplexierung der entsprechenden Störionen verhindert. **Komplexbildner**, wie z. B. Ethylendiamintetraacetat (**EDTA**), sind in der Lage, Metallionen zu binden und zu maskieren, wodurch die Metallionen ihre ursprünglichen chemischen Eigenschaften verlieren.

Phosphonate, welche man als **Substanzen mit komplexierenden Eigenschaften** bezeichnen kann, werden überwiegend unterstöchiometrisch eingesetzt und blockieren das Kristallwachstum unerwünschter Kristalle.

Anforderungen an einsetzbare Komplexbildner und Substanzen mit komplexierenden Eigenschaften sind ihr inertes Verhalten gegenüber den Bestandteilen einer jeweiligen Formulierung, z. B. Säuren, Alkalien, oxidierenden und reduzierenden Agenzien und eine hohe Stabilität gegenüber mikrobiologischen und thermischen Einflüssen. Die Stabilität des gebildeten Komplexes hängt vom Metallion, dem Komplexbildner, dem pH-Wert und der Temperatur ab. Nicht jeder Komplexbildner ist in der Lage, alle Metallionen gleichermaßen zu komplexieren.

Eine besondere Stellung nehmen solche Komplexe ein, bei denen ein mehrwertiges Metallion zusammen mit einem organischen Komplexbildner unter der Ausbildung eines Ringes reagiert. Solche Komplexe werden Chelate und die dazu fähigen Komplexbildner **Chelatbildner** genannt. Chlorophyll, Hämoglobin oder auch Hämocyanin sind natürliche Beispiele für Chelatkomplexe.

Als erster großtechnisch hergestellter Komplexbildner wurde 1936 Nitrilotriacetat (**NTA**) synthetisiert, ab 1939 auch **EDTA**. Durch die Suche nach geeigneten Ersatzstoffen für das biologisch schwer abbaubare **EDTA** hat das Angebot an Komplexbildnern in den vergangenen Jahren deutlich zugenommen. Obwohl der Einsatz von Komplexbildnern und Substanzen mit komplexierenden Eigenschaften viele chemische und industrielle Prozesse verbessert oder überhaupt erst ermöglicht hat, bringen sie jedoch auch eine Reihe von Umweltproblemen mit sich:

- Aufgrund ihrer hohen Stabilität lassen sie sich nur schwer aus den Produktionsabwässern entfernen. Die schwer abbaubaren Komplexbildner mit geringer Adsorptionsneigung passieren nahezu vollständig biologische Kläranlagen und gelangen in die Gewässer. Ihre hohe Polarität verhindert eine effiziente Abtrennung bei der Trinkwassergewinnung.
- Phosphonate können aufgrund ihrer hohen Adsorptionsneigung mit dem Klärschlamm in die Umwelt gebracht werden.
- Die Mobilität von Schwermetallen in der aquatischen Umwelt kann durch Komplexbildner erhöht werden, so dass eine Elimination der Schwermetalle in Abwasserbehandlungsanlagen nicht mehr gegeben ist. Außerdem kann es durch Komplexbildner unter speziellen Bedingungen zu einer Remobilisierung von Schwermetallen aus Gewässersedimenten und Belebtschlämmen in Kläranlagen kommen.

Bei industriellen Prozessen werden große Mengen an Komplexbildnern, insbesondere **EDTA**, mit einem europaweiten Umsatz von ca. 34.550 t in 1999 [1] eingesetzt. In der „EDTA-Erklärung" von 1991 hatten sich der Verband der Chemischen Industrie, die BASF AG, mehrere Verbände der Wasserversorgung sowie die Ministerien für Gesundheit (BMG), für Bildung und Forschung (BMBF) und für Umwelt (BMU) darauf verständigt, die EDTA-Frachten in deutschen Gewässern bis Ende 1996 zu halbieren. Dieses anspruchsvolle Ziel konnte mit einer Reduktion von 30–35 % zum Teil erreicht werden [2]. 1998 gab die Photoindustrie als einer der Hauptemittenten gewässerrelevanter schwer abbaubarer Komplexbildner eine Selbstverpflichtungserklärung ab. Insgesamt sollte in dieser Branche eine Verminderung der Einträge in die Gewässer von ca. 60 % (von 1991 bis 2000) erreicht werden [3].

Die zum Einsatz kommenden Komplexbildner und Substanzen mit komplexierenden Eigenschaften lassen sich grob in die Gruppen der **Aminopolycarboxylate, Hydroxycarboxylate, Phosphonate** und **weitere relevante Verbindungen** untergliedern. Die Strukturformeln der wichtigsten Substanzen sind in Bild 1 und 2 dargestellt. Im Folgenden werden diese Gruppen getrennt beschrieben.

Vom Wasser, *97*, 193–232 (2001)

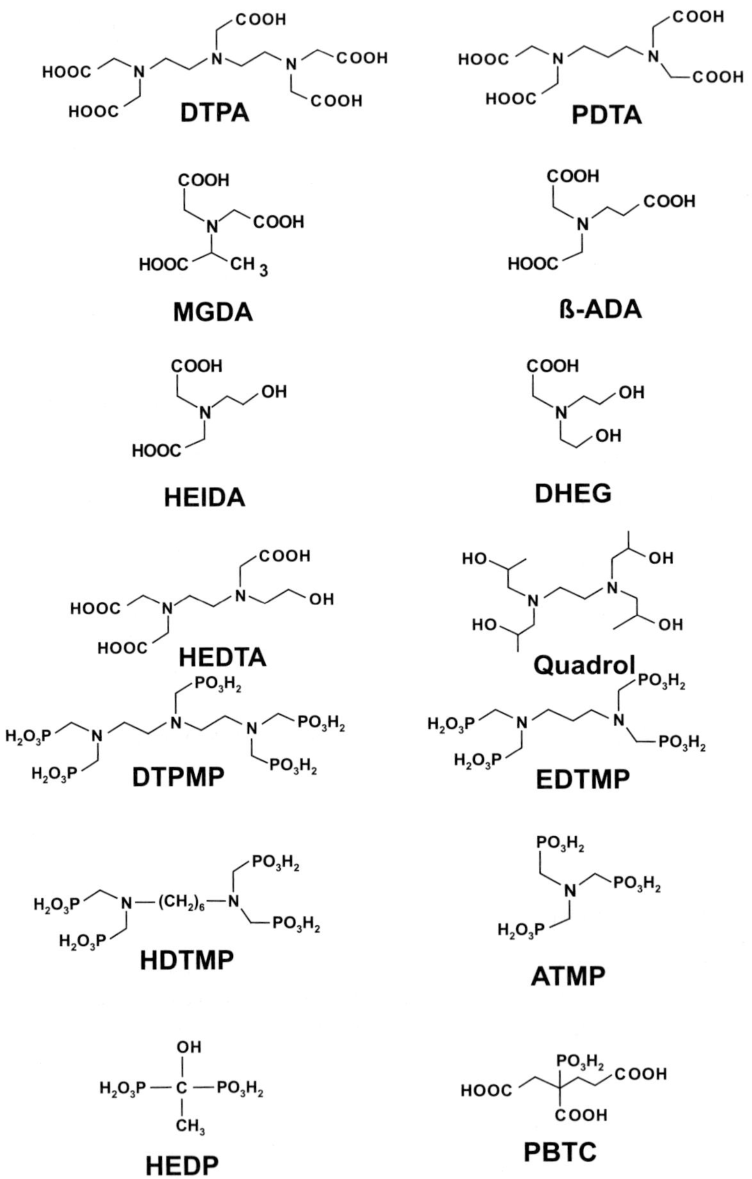

Bild 1. Strukturformeln der Komplexbildner und Substanzen mit komplexbildenden Eigenschaften der Gruppen Aminopolycarboxylate: DTPA (Diethylen-triaminpentaessigsäure), PDTA (1,3-Propylendiaminpentaessigsäure), MGDA (Methylglycindiessigsäure), β-ADA (β-Alanindiessigsäure); Hydroxycarboxylate: Quadrol (N,N,N',N'-Tetrakis-2-hydroxyisopropyl-ethylendiamin), HEDTA (Hydroxy-ethyl-ethylendiamintriessigsäure), HEIDA (N-(2-Hydroxyethyl)iminodiessigsäure), DHEG (N,N-Di (hydroxyethyl)glycin); und Phosphonate: ATMP (Aminotri-methylenphosphonsäure), EDTMP (Ethylendiamintetra(methylenphosphonsäure)), PBTC (2-Phosphonobutan-1,2,4-tricarbonsäure), HDTMP (Hexamethylen-diamintetra(methylenphosphonsäure)) und DTPMP (Diethylentriaminpenta(methylenphosphonsäure)), HEDP (Hydroxyethandiphosphonat).

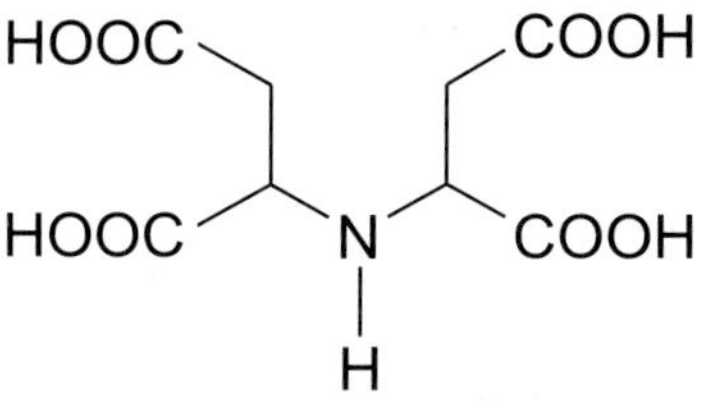

IDS

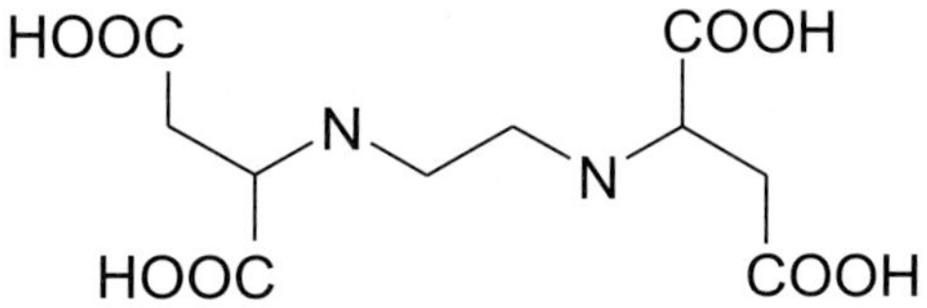

EDDS

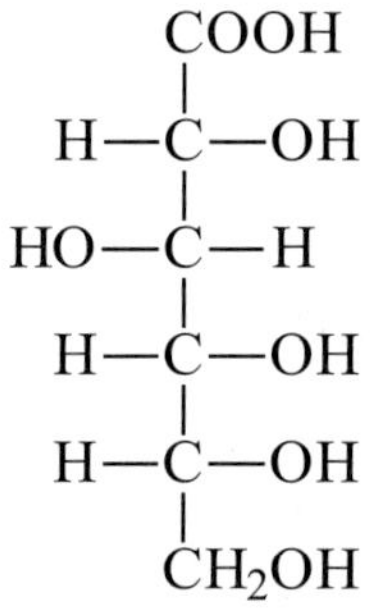

COOH
H—C—OH
HO—C—H
H—C—OH
H—C—OH
CH₂OH

Gluconsäure

COOH
H—C—OH
HO—C—H
H—C—OH
H—C—OH
H—C—OH
CH₂OH

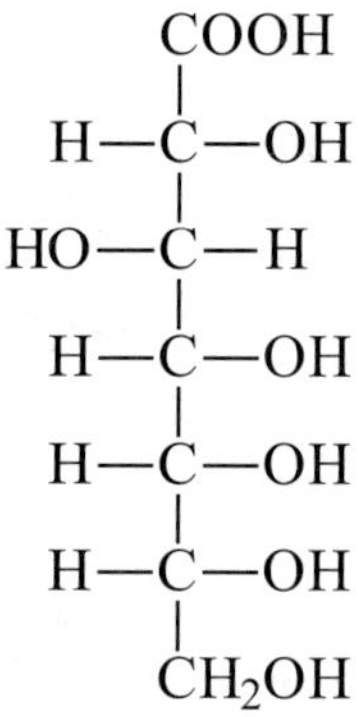

Glucoheptonsäure

Bild 2. Strukturformeln der Komplexbildner IDS (Iminodisuccinat), EDDS (Ethylendiamindisuccinat), Gluconsäure, Glucoheptonsäure.

3 Produktion und Anwendungen

Um Aussagen über Einträge aller genannten Komplexbildner und Substanzen mit komplexierenden Eigenschaften in die aquatische Umwelt machen zu können, ist es erforderlich, genaue Angaben über deren Herstellung, Anwendung und Verbreitung zu ermitteln.

3.1 Hersteller

In Europa gibt es eine überschaubare Anzahl bedeutender Hersteller von Komplexbildnern und Substanzen mit komplexierenden Eigenschaften, wobei sich diese weniger mit der Synthese der Säureform beschäftigen, als mit der Synthese ihrer Salze und deren Formulierungen. Es handelt sich oft um Großfirmen, die weitere Unternehmen beliefern und ihre Produkte direkt an Händler und Anwender verkaufen [4, 5]. Viele andere Firmen stellen, z. B. für den photochemischen, pharmazeutischen oder analytischen Gebrauch, Metallsalze aus den angekauften Säuren oder dem korrespondierenden Natriumsalz her.

3.2 Anwendungsgebiete

Aminopolycarboxylate und Hydroxycarboxylate

Komplexbildner finden aufgrund ihrer Eigenschaft, Metallionen maskieren zu können, ein breites Anwendungsgebiet bei jeglicher Art von chemischen Prozessen. **Aminopolycarboxylate** (s. Bild 1) werden aufgrund ihrer hohen Stabilität als Komplexbildner in vielen Anwendungsgebieten, hauptsächlich jedoch zusammen mit den **Hydroxycarboxylaten** (s. Bild 1), zur Komplexierung von Ca^{2+} und Mg^{2+} eingesetzt [6].

- Als Zusatz in **Wasch- und Reinigungsmitteln** (Tabelle 1) dienen sie zur Bindung von Ca- und Mg-Ionen aus Schmutz oder Textilien sowie zur Stabilisierung des Bleichmittels bei Lagerung und Waschprozess.
- In der **Textilindustrie** sowie **Papier- und Zellstoffindustrie** werden sie zur Maskierung von Schwermetallionen eingesetzt [5, 7].
- In der **Photoindustrie** werden die Komplexbildner als Oxidationsmittel verwendet. Zunehmend werden β-ADA und PDTA als Ersatzstoffe für EDTA eingesetzt [5].
- In **galvanischen Betrieben** dienen sie als Inhibitoren bei der Elimination von Nickel aus Galvanikabwässern, der Maskierung von Härtebildnern und zur Lösung von Metallen und ihren Oxiden. Quadrol wird bei der Kupferabscheidung eingesetzt [8].
- In der **Oberflächentechnik** und in Vorbehandlungsbädern dienen sie als Lösungsvermittler für Schwermetalle, Metalle und ihre Oxide [9].
- In **Molkereien und milchverarbeitenden Betrieben** ermöglichen Komplexbildner die Entfernung bzw. verhindern die Entstehung von Milchstein-Belägen (Fette, die zu 70 % aus Ca-Phosphat bestehen) [10]. Als Ersatz für das hauptsächlich verwendete EDTA werden u. a. NTA und MGDA vorgeschlagen [11].
- Auch zur Behandlung von Vergiftungen und zur Beseitigung von **Kontaminationen**, z. B. in verunreinigten Böden oder Schlämmen [9], werden Komplexbildner eingesetzt.
- In der **Landwirtschaft** dienen Komplexbildner als Düngemittelhilfsstoffe und Stickstoffquelle.
- In der **Arzneimittel-,** der **Kosmetik-** und in der **Lebensmittelindustrie** werden Komplexbildner als Stabilisatoren für Formulierungen und als Antioxidantien eingesetzt.

Phosphonate

Phosphonate werden im Gegensatz zu den Komplexbildnern **hauptsächlich zur Verhinderung von Ablagerungen** eingesetzt, wobei bereits wenige Phosphonat-Moleküle viele der sich ablagernden Moleküle binden, vermutlich durch Adsorption der Phosphonate auf den Seiten des Ablagerungskristalls. Diesen Prozess bezeichnet man auch als unterstöchiometrische Steininhibierung. Weitere Anwendungen sind wie folgt:

- Die Bildung wasserlöslicher Metallkomplexe führt zur **Entfernung von Ablagerungen** (Metalloxide von Kupfer und Eisen sowie Kesselstein). Daher werden Phosphonate auch im Bereich der **Dispersion und Korrosionsinhibition** eingesetzt.
- Als Zusatz in **Wasch- und Reinigungsmitteln** dienen Phosphonate der Bleichmittelstabilisierung und dem Entkrusten bei hohen Carbonat-Konzentrationen, insbesondere bei phosphatfreien Waschmitteln.

- Im Bereich der **Metallreinigung,** der **Metallfertigstellung** und bei der **Entfernung von Rost** und sonstigen Oxiden, der Entfernung von $CaCO_3$/Metalloxid-Gemischen von Stahl sowie der Passivierung von Metallen werden Phosphonate eingesetzt.
- Bei der **Membranfiltration** verhindern Phosphonate die Bildung von Ablagerungen.
- In der **Textilindustrie, dem Papierrecycling und der Papierbleichung** werden Phosphonate zur Bindung von Ionen, die beim Bleichen, Färben etc. stören können (Cu, Fe, Ca, Mg), eingesetzt.
- Im Bereich **Sequestrierung** werden Phosphonate in Ausnahmefällen eingesetzt, um geringe Konzentrationen unerwünschter Metalle in Lösung zu halten. Hierbei wird das Sequestriermittel im Verhältnis 1:1 zu den Metallionen eingesetzt. Für Schwermetalle wird vor allem DTPMP verwendet, für hohe Calcium-Konzentrationen ist es HEDP.
- In **Zement-Modifikationen** bewirken Phosphonate eine Verzögerung des Aushärtens bei Verwendung in sehr heißer Umgebung.

Die verschiedenen Phosphonate und ihre Einsatzgebiete sind in Bild 3 dargestellt [12].

Weitere relevante Komplexbildner und Substanzen mit komplexierenden Eigenschaften

Als Anwendungsgebiete für den Komplexbildner *Iminodibernsteinsäure (IDS), Na-Salz,* kommen in Frage:

- Der Einsatz in der oxidativen **Baumwollbleiche** zur Stabilisierung des Bleichmittels H_2O_2 durch Komplexierung von Eisen- und Kupferionen.
- Die Verwendung in der **Membranreinigung.** Hierbei werden vor allem in Kombination mit Polyasparginsäure Na-Salz gute Ergebnisse erzielt.

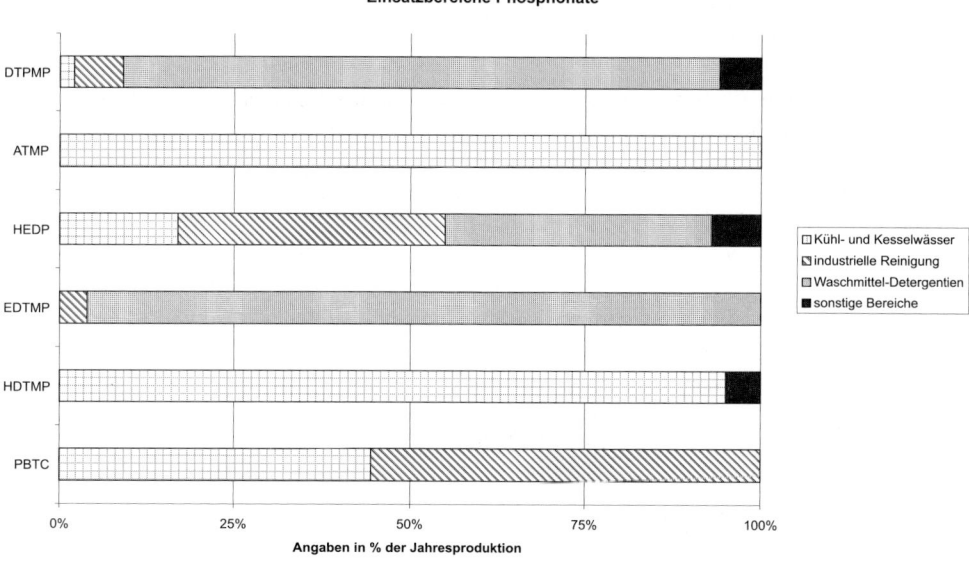

Bild 3. Produktionsmengen von Phosphonaten in Europa (t/a) 1992 [13].

● Eine weitere Anwendung ist der Einsatz in maschinellen **Geschirrspülmitteln.** Hierbei wird IDS hauptsächlich als Substitut für NTA verwendet, in einzelnen Fällen ist es auch als Ersatzstoff für EDTA tauglich.

Das Hauptanwendungsgebiet für den vollständig biologisch abbaubaren Komplexbildner *Ethylendiamindisuccinat (S,S-EDDS)* waren bislang die **Waschmittel** [13] (Tabelle 1). S,S-EDDS lässt sich jedoch auch in vielen weiteren, ganz unterschiedlichen Anwendungen, bei denen eine Komplexierung von Metallen erforderlich ist, einsetzen. **Weitere Anwendungsgebiete** wären z. B. in der Textil-, Photo- und Kosmetikindustrie oder der Galvanotechnik [14]. Hierzu wurden in den letzten Jahren eine Reihe von Patenten eingereicht [15, 16, 17].

Die Haupteinsatzgebiete für die *Gluconsäure und ihre Salze* liegen in der **Zement- und Metallverarbeitung** sowie bei der Verwendung in Reingungsmitteln. Natrium- und Kaliumgluconat dienen als **Lebensmittelzusatzstoffe** zur Maskierung des bitteren Nachgeschmacks von Süßstoffen.

Tabelle 1. Die im Melderegister WRMG des Umweltbundesamtes gemeldeten Wasch- und Reinigungsmittel (WRM) und die darin enthaltenen Komplexbildner und Substanzen mit komplexierenden Eigenschaften (Stand 6/2001).

Stoff	Anzahl der gemeldeten Produkte	Einsatzmenge (t/a) aus WRM
DTPA	27	18,5
1,3-PDTA	0	
MGDA	50	126
β-ADA	1	0,15
DHEG	4	0,2
HEDTA	15	5,9
HEIDA	5	0,8
Quadrol	9	59
DTPMP	770	1702
ATMP	691	1639
HEDP	1117	5485
EDTMP	161	877
HDTMP	4	3,8
PBTC	981	1401
S,S-EDDS	28	289
IDS Na-Salz	69	55
Gluconsäure	302	1181
Glucoheptonsäure	1	0,1

Die hauptsächlich eingesetzte Form der *Glucoheptonsäure* ist das Natrium-Glucoheptonat. Es findet vorwiegend in der **pharmazeutischen Industrie** seinen Einsatz. Für technische Applikationen kann zwischen der α-Form (kristallin) und der β-Form (flüssig) gewählt werden. Die Reinheit des technischen Produktes liegt laut Herstellerangaben bei 25-50 %. **Weitere Anwendungen** erfolgen bei der Flaschenreinigung, der Metallreinigung und -fertigstellung, der Entwicklung von Farben auf Wasserbasis, der Textilindustrie zur Maskierung von Eisen und in der Zement-Modifikation.

Als **Lebensmittelzusatzstoffe** leisten *Citrate, Lactate, Tartrate und Phosphate* einen Beitrag zur Stabilisierung von Farbe, Aroma und Textur. Weiterhin gelten sie als Trägerstoffe und die Salze auch als Schmelzsalze.

Als *Polycarboxylate* bezeichnet man die wasserlöslichen Salze der langkettigen Polycarbonsäuren. Sie werden in phosphatfreien **Waschmitteln** in Verbindung mit Zeolith A als Co-Builder (Gerüststoffe) eingesetzt, um die Fällung schwerlöslicher Erdalkalisalze zu verhindern. Darüberhinaus verbessern sie als Vergrauungsinhibitoren die Farbbrillanz der Wäsche.

3.3 Produktions- und Einsatzmengen

Die Zahlen über Produktion, Verkauf und Einsatz von Komplexbildnern und Substanzen mit komplexierenden Eigenschaften in Deutschland und Europa sind lückenhaft und zum Teil nur Schätzwerte.

● **Aminopolycarboxylate**

Der Verbrauch von Aminopolycarboxylaten (außer NTA) in *Westeuropa* belief sich 1998 auf insgesamt 64.000 t [4]. Davon lag alleine für **EDTA** die Verkaufsmenge im Jahr 1999 für *Westeuropa* bei 34.546 t. 1999 wurden in Deutschland 3.894 t **EDTA** verkauft (1996: 3.686 t, 1997: 3.822 t; 1998: 3.458 t) [13]. Demgegenüber steht eine in die Gewässer eingeleitete Menge, ermittelt für 1999, von ca. 860 t EDTA [1]. Diese Menge bezieht sich auf den gewässerrelevanten Anteil im Produkt und was nach Anwendung mit dem Abwasser eingeleitet wird.

Die Mengen an in *Westeuropa* verkauftem **NTA** lagen 1999 bei 19.885 t, wobei *Großbritannien/Irland* ca. ¼ der Gesamtmenge ausmachen. In *Deutschland* wurden 1999 2.545 t (1997: 2.699 t, 1998: 2.528 t) eingesetzt [31]. Die Mengen an in *Deutschland* verkauftem **DTPA** beliefen sich 1999 auf rund 1.382 t (1996: 754 t, 1997: 1.216 t; 1998: 1.260 t,) [13] und somit ca. 30 % des in *Deutschland* 1999 verkauften EDTAs. Für *Westeuropa* insgesamt ergab die Summe im Jahr 1999 rund 14.357 t (1996: 12.164 t, 1997: 13.998 t, 1998: 14.736 t) [13], wobei allein der Verbrauch in *Schweden, Finnland* und *Deutschland* 2/3 der Gesamtmenge ausmachen. Vergleicht man diese Zahl mit denen der Jahre davor, so ist ein Anstieg zu verzeichnen. Dies liegt vermutlich darin begründet, dass aufgrund der „freiwilligen Selbstverpflichtung zur Reduzierung von EDTA" aus dem Jahre 1991 vermehrt Ersatz- bzw. Alternativstoffe eingesetzt werden. Laut Angabe der CEFIC [1] werden mittlerweile ca. 19 t an DTPA (Vergleich EDTA ca. 49 t) in Textilhilfsmitteln eingesetzt, in Lederhilfsmitteln erfolgt keine Anwendung von DTPA. In beiden Bereichen werden PDTA, MGDA und β-ADA nicht oder nur in vernachlässigbaren Mengen eingesetzt. 1999 wurden laut Angaben des Fachverbandes der Photochemischen Industrie e. V. 26,4 t **1,3-PDTA** eingesetzt, also 15,5 t weniger als in 1997 (im Vergleich: 1995/96: 39,6 t; 1997: 41,9 t; 1998: 29,7 t) [18]. Die Mengen der beiden EDTA-Ersatzstoffe **MGDA** und **β-ADA (Fe-Salz)** lassen sich nicht genau beziffern, da beide Verbindungen zur Zeit von nur je einem Hersteller produziert werden und diese ihre genauen Zahlen nicht angeben. Die Einsatzmengen von MGDA sollen im Bereich unterhalb einer Tonne pro Jahr liegen, da es nur von sehr wenigen Anwendern für spezielle Prozesse eingesetzt wird. Von β-ADA ist bekannt, dass ab Mitte 2001 ein weiterer Anbieter auf den Markt kommt, so dass ab 2002 Maßnahmen technischer Art zur Reduzierung der Anwendung von β-ADA im Bereich der Bleichfixierbäder gemäß der Selbstverpflichtung der Photoindustrie in die Wege geleitet werden sollen.

● **Hydroxycarboxylate**

Für die **Hydroxycarboxylate** existieren nur Schätzwerte von 1981 für deren Verbrauch in *Europa*, der bereits zu diesem Zeitpunkt bei 15.000 t lag [19]. Vom Einsatz der Hydroxycarboxylate in Deutschland gibt es keine exakten Zahlen. Beim Einsatz dieser Komplexbildnergruppe in der Textil-, Leder- und Papierhilfsmittelindustrie ist lediglich **HEDTA** mit ca. 13 t in 1999 nennenswert; **DHEG** und **HEIDA** werden in vernachlässigbaren Kleinstmengen eingesetzt [13].

● **Phosphonate**

Die Einsatzmenge der Phosphonate in *Europa* bewegte sich 1999 in einem Bereich von ca. 16.000 t [20]. Die jährlichen Produktionsmengen einzelner Verbindungen für 1992 sind in Bild 4 dargestellt. **PBTC** wird in einer Menge zwischen 10^3 und 10^4 t in *Deutschland* hergestellt [21]. Da hierfür keine Jahresangabe vorliegt, wurde es in Bild 4 nicht berücksichtigt. Der geschätzte Verbrauch von **PBTC** in Europa beträgt zwischen 1.000 und 3.000 t/a und in Deutschland zwischen 500 und 1.000 t/a. In Deutschland wurden 1999 in Textil-, Leder- und Papierhilfsmitteln die folgenden Phosphonate angewendet: DTPMP: ca. 190 t; HEDP: ca. 145 t; ATMP: ca. 72 t; EDTMP: ca. 37 t und PBTC: ca. 28 t; HDTMP findet hier keine Anwendung [13].

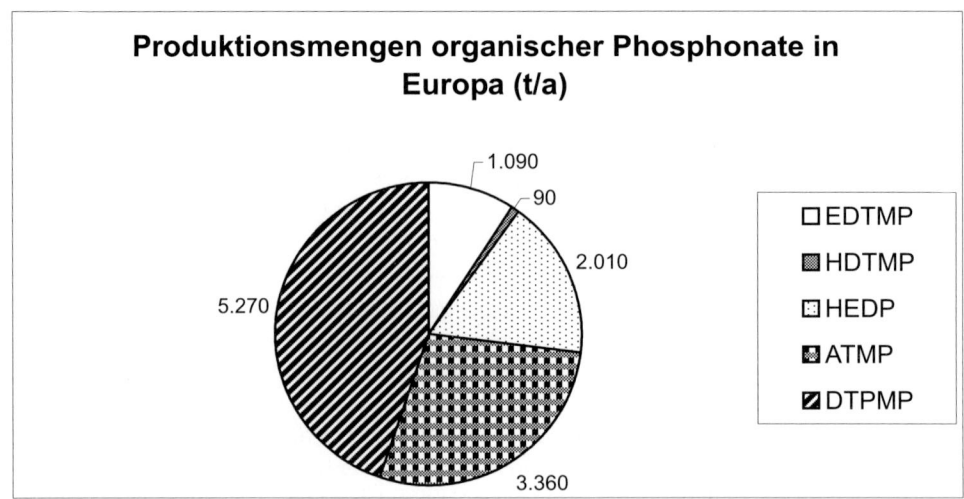

Bild 4. Verschiedene Phosphonate und ihre Einsatzbereiche in Europa (Angaben in % der Jahresproduktion 1992) [13].

● **Weitere relevante Komplexbildner und Substanzen mit komplexierenden Eigenschaften**

Für *S,S-EDDS* und *IDS* liegen zur Zeit keine Verbrauchszahlen in *Europa* vor. Es bestehen Tendenzen, S,S-EDDS in der Photoindustrie einzusetzen [18].

Gluconsäure wird sowohl als trockenes Natrium-Gluconat, wie auch als 50%ige Gluconsäurelösung angeboten. Im Jahr 1999 wurden in *Europa* rund 40.000 Tonnen der Substanz (Summe Salz und Säure) produziert [4]. Seit 1997 ist die Produktion und der Absatz von Gluconat mengenmäßig von Bedeutung, ca. 50-60% der Produktion wird nach außerhalb Europas exportiert [4]. Der Verbrauch an Gluconsäure in *Westeuropa* lag 1998 bei 17.000 t (je 5.100 t in der Zementverarbeitung, Metallverarbeitung und in Reinigungsmitteln; 1.700 t in weiteren Anwendungen). In Deutschland wurden 1999 in Textil-, Leder- und Papierhilfsmitteln keine Gluconate eingesetzt.

Der Verbrauch an *Glucoheptonsäure und ihren Salzen* ist in *Europa* nur gering und liegt bei etwa 1.500 t [4].

Polycarboxylate werden in *Deutschland* jährlich in einer Größenordnung von ca. 20.000 t in Waschmitteln eingesetzt.

Eine Statistik für den Einsatz von Komplexbildnern und Substanzen mit komplexierenden Eigenschaften in Wasch- und Reinigungsmitteln (WRM) lässt sich aus dem nach §9 WRMG im Umweltbundesamt geführten Melderegister ermitteln. In Tabelle 1 ist die Anzahl der gemeldeten Reinigungsmittel mit den jeweils darin enthaltenen Komplexbildnern aufgeführt. Es ist erkennbar, dass die Phosphonate mit Einsatzmengen bis über 5000 t/a die höchste Relevanz aufzeigen. In **industriellen Reinigern,** besonders in den Bereichen Nahrungsmittelindustrie und -service, Textilien, Fahrzeugreinigung und Gesundheitsfürsorge, dienen Phosphonate als Ersatz für EDTA, NTA, Phosphate und Polyphosphate.

4 Physikalisch-chemische Eigenschaften und Umweltverhalten

4.1 Allgemeine Eigenschaften und Synthese

● **Aminopolycarboxylate**

Bei den Aminopolycarboxylaten befinden sich tertiäre Stickstoffatome an zentraler Position im Molekül und die Säuregruppen sind gebunden an Alkylresten um sie gruppiert (Bild 1). Mindestens vier funktionelle Gruppen, die Donoreigenschaften besitzen, sind räumlich so angeordnet, dass sie mit mehrwertigen Metallionen in der Regel unter Ausbildung von fünf- oder sechsgliedrige Ringen 1:1-Komplexe bilden können.

Die kommerzielle Synthese der Aminopolycarboxylate erfolgt in allen Variationen der Umwandlung von Ethylendiamin zu einem Cyanomethyl-Derivat und nachfolgender Hydrolyse.

● **Hydroxypolycarboxylate**

Die Hydroxycarboxylate HEDTA und HEIDA sind den Aminocarboxylaten EDTA und NTA chemisch sehr verwandt, da lediglich eine Carboxylat-Gruppe durch eine Hydroxy-Gruppe ersetzt wurde. Die zum Teil höhere Wasserlöslichkeit ihrer Salze unter sauren Bedingungen gegenüber EDTA und NTA kann bei manchen Anwendungen von Vorteil sein.

● **Phosphonate**

Ein oder mehrere Stickstoffatome im Molekül der Aminopolyphosphonate können ein Proton aufnehmen. Dies führt zu einer Ladungstrennung zwischen den Stickstoffatomen und den Carboxyl- bzw. Phosphonsäuregruppen und damit zu einer Betainstruktur. Die meisten Phosphonate mit mehr als einer Phosphonat-Gruppe binden zweiwertige Metallionen ähnlich oder besser als NTA (Tabelle 2). Neben den Aminopolyphosphonaten haben noch Polyphosphonate eine gewisse Bedeutung erlangt. Ihre Struktur ist ähnlich den Aminophosphonaten, doch fehlen ihnen die zentralen Stickstoffatome. Bild 1 zeigt die zwei wichtigsten Polyphosphonate, HEDP und PBTC.

Die Synthese der meisten Phosphonate erfolgt über eine Reaktion von Phosphonsäure, Formaldehyd und entweder Ammoniumionen zu ATMP oder Aminen zu EDTMP, HDTMP, DTPMP. HEDP wird direkt aus PCl_3 und Essigsäure hergestellt [20]. In den Handel kommen Phosphonate in Form von 25-60 %igen wässrigen Lösungen oder aber auch in fester Form [12].

● **Weitere relevante Substanzen mit komplexierenden Eigenschaften**

Die Herstellung von *IDS Na-Salz* erfolgt aus Maleinsäureanhydrid, Wasser, Natronlauge und Ammoniak [22].

S,S-EDDS ist ein Konstitutionsisomer von EDTA. Das biologisch sehr gut abbaubare S,S-EDDS wird in der Natur von dem Actinomycetenstamm *Acymolatopsis japonicum* produziert. Die im Rahmen der chemischen Synthese erhaltene R,R-Form, wie auch die beiden meso-Formen R,S und S,R sind im Gegensatz zur S,S-Form weniger leicht abbaubar.

Bei der herkömmlichen Produktion aus Dibromethan und L-Aspartat fallen erhebliche Mengen Brom an. Zur Lösung des Entsorgungsproblems wird ein kostengünstigeres biotechnologisches Produktionsverfahren für S,S-EDDS angestrebt.

Gluconsäure und Glucoheptonsäure, besonders aber ihre Natriumsalze, sind gute Komplexiermittel für 2- und 3-wertige Ionen (z. B. Eisen-, Kupfer-, Calcium-, Zink- und Aluminiumionen), sogar in stark alkalischen Lösungen. Dies ist wichtig für viele industrielle Anwendungen.

Gluconsäure wird industriell durch eine bakterielle, fermentative Oxidation mit z. B. *Aspergillus niger* aus Glucose hergestellt, während Glucoheptonate durch Reaktion von NaCN mit Glucose synthetisiert werden.

Polycarboxylate sind überwiegend Copolymerisate aus 70 Gew.-% Acrylsäure und 3 Gew.-% Maleinsäure mit einer mittleren Molmasse von 70.000 Da.

4.2 Komplexierung

In der Umwelt liegen die Komplexbildner nicht, wie in Bild 1 und 2 gezeigt, in freier Form, sondern in der Regel als Komplexe vor. Die Komplexe halten das Metallion in ihrem Zentrum; es ist koordinativ an Stickstoff- und Sauerstoffatome gebunden. Es sind Koordinationszahlen bis 10 möglich, obwohl oft nur 8 Koordinationsstellen ausgenutzt werden [23]. An Ligandenpositionen des Metallions, die nicht besetzt sind, befinden sich Wassermoleküle.

Wenn ein mehrwertiges Metallion mit einem der organischen Komplexbildner unter Ringbildung reagiert, spricht man von einem Chelatkomplex. Diese Komplexe nehmen eine Son-

Tabelle 2. Komplexbildungskonstanten (log K) synthetischer Komplexbildner und Substanzen mit komplexierenden Eigenschaften bei 0,1 M und 25 °C (aus [13, 20, 22, 23, 25, 26, 27, 28, 29]).

	Ca^{2+}	Mg^{2+}	Fe^{3+}	Mn^{2+}	Ni^{2+}	Zn^{2+}	Cu^{2+}	Fe^{2+}	Gd^{3+}	Al^{3+}	Cd^{2+}
EDTA	10,6	8,8	25,0	13,8	18,5	16,4	18,8	14,3		16,5	16,4
NTA	6,4	5,5	15,9	7,5	11,5	10,7	12,9	8,3		11,4	9,8
DTPA	10,8	9,3	28,0	15,5	20,2	18,3	21,4	16,4	23,0	18,7	19,0
PDTA	7,1	6,0	21,4	10,0	18,2	15,2	18,9	13,4			13,5
β-ADA	5,0	5,3	16,1	7,3	11,4	10,0	12,6	8,9			8,2
MGDA	7,0	5,8	16,5	8,4	12,0	10,9	13,9	8,1			10,6
ATMP	7,5	7,2	14,6	–	11,1	16,4	–				
HEDP	6,1	6,6	16,2	–	9,2	10,7	–				
EDTMP	10,2	9,3	–	14,6	–	19,2	21,7				
DTPMP	10,7	10,8	–	17,3	–	20,1	25,3				
PBTC	4,4	5,6	13,3	8,5	8,0	8,3	10,1	11,4		6,1	5,8
S,S-EDDS	4,7ᵃ	5,8	22,0ᵃ	9,0ᵃ	16,8	13,0	17,0	12,0			10,8ᵃ
IDS	6,7	6,0	16,1	7,3		13,0	14,3	8,2			

Dunkelgrau unterlegt sind die stabilsten Komplexe eines Kations; Hellgrau unterlegt sind die schwächsten Komplexe eines Kations;
ᵃ⁾ Komplexbildungskonstante (log K) bei 20 °C

derstellung ein, da der Chelateffekt, also das scherenartige Umschließen des Zentralions durch den Komplexbildner, die Ursache für die meist sehr hohe Stabilität ist. Nicht nur der Chelateffekt, sondern auch die Größe des Chelatringes spielen eine Rolle bei der Stabilität des Komplexes. Fünf bzw. sechs Ringglieder, wie im Fall von EDTA, führen im Allgemeinen zu sehr stabilen Komplexen. Als Zentralion kommen für diese Liganden zwei- und dreiwertige Metallionen, wie Mg^{2+}, Ca^{2+}, Zn^{2+}, Ni^{2+}, Cu^{2+} oder Fe^{3+}, in Frage (Tabelle 2).

Die Stabilität der verschiedenen Metallkomplexe ist stark abhängig vom pH-Wert. Bei niedrigeren pH-Werten sind die Eisenkomplexe der Aminopolycarboxylate generell stabiler als die Calcium- und Magnesiumkomplexe [23].

Nach Schowanek et al. [24] können Komplexbildner in Abhängigkeit von ihrer Komplexbildungskonstante in drei Kategorien aufgeteilt werden: schwach, moderat und stark. Substanzen mit schwach komplexierenden Eigenschaften, wie z. B. Zeolithe, Polycarboxylate und Citrat werden in der Regel zur Wasserenthärtung verwendet. Sie haben eine hohe Affinitätskonstante zu Calcium und Magnesium. Starke Komplexbildner hingegen wie z. B. DTPA, EDTA, EDTMP und DTPMP (Tabelle 2), haben eine relativ schwache Affinität zu Calcium- und Magnesium-Ionen, jedoch eine höhere Affinität zu Eisen, Mangan, Kupfer, Cadmium, und Zink.

Die Komplexstabilitäten von PBTC und IDS sind für die untersuchten Kationen um viele Größenordnungen schwächer. So ist beispielsweise der DTPA- Fe^{3+}-Komplex ca. 10^{15} mal so stabil wie der von PBTC.

4.3 Metallmobilisierung

In geringen Konzentrationen vorkommende Komplexbildner und Substanzen mit komplexierenden Eigenschaften sind nicht in der Lage, Schwermetallionen aus Sedimenten herauszulösen. Sie bilden gelöste Metallkomplexe mit Nickel-, Kupfer- oder Zinkionen und sind somit inaktiviert. Ein Austausch der Schwermetallionen aus dem Sediment ist unwahrscheinlich und konnte unter Praxisbedingungen experimentell nicht nachgewiesen werden [23].

In einem gezielten Experiment wurde die Rücklösung von Blei aus kontaminierten Böden u. a. mit Hilfe von **DTPA**, **HEDTA** und **HEIDA** untersucht [30]. Dabei zeigte sich, dass HEDTA wesentlich effektiver als HEIDA und DTPA war, wobei ca. 400 mg/kg HEDTA ca. 1000 mg/kg Blei remobilisieren konnte.

Als niedrigster Wert wurde bei einer zugegebenen Konzentration von 0,05 mg/L Phosphonat eine Mobilisierung von Metallen aus Sedimenten beobachtet [20]. In weiteren Experimenten wurde die Remobilisierung von Kupfer, Blei und Cadmium durch **EDTA** und **ATMP** untersucht [31]. Dabei zeigte sich eine Remobilisierung erst ab einer Konzentration von 4–400 mg/L, wobei die Rücklösung für ATMP etwas geringer als bei EDTA war.

In einem weiteren Versuch zur Remobilisierung von Schwermetallen, wie Cu, Cr, Zn, Cd, Pb und Fe, aus Flusssediment durch jeweils 1 mg/L **EDTA, PBTC, HEDP** und **Polyacrylat** wurde gefunden, dass PBTC, HEDP und Polyacrylat nicht in der Lage sind, Metallionen zu remobilisieren. Im Gegensatz dazu wurde Cu und Zn durch EDTA in signifikantem Maße in die wässrige Phase überführt [32]. Es zeigte sich auch, dass eine hohe Komplexstabilitätskonstante nicht die einzige Voraussetzung für die Remobilisierung eines Schwermetalls ist, sondern dass auch die Löslichkeit der im Sediment vorliegenden Metallverbindungen (z. B.

Oxide) eine wichtige Rolle spielt. So wurde Cr^{3+} auch von EDTA trotz des sehr hohen log-K-Wertes von 23,4 unter den Versuchsbedingungen nicht in die wässrige Phase überführt.

Polycarboxylate mit zu erwartenden Maximalkonzentrationen von 9 mg/kg Boden tragen nicht zur Schwermetallmobilisierung bei.

4.4 Toxizität

Alle recherchierten Komplexbildner und Substanzen mit komplexierenden Eigenschaften zeigen eine geringe Ökotoxizität, wobei die einzelnen Testergebnisse jedoch sehr stark von den Messbedingungen abhängig sind. Vor allem die Wasserhärte bzw. die Form, in der die Komplexbildner vorliegen, aber auch der pH-Wert des Mediums, spielen eine entscheidende Rolle. Die LC_{50}−Werte der Natriumsalze bezüglich der Fischtoxizität von NTA, EDTA und DTPA für den Sonnenbarsch liegen zwischen 350 mg/L und 450 mg/L [33, 34]. Unter den gleichen

Tabelle 3. Toxizitäten ausgewählter Komplexbildner und Substanzen mit komplexierenden Eigenschaften; Angaben in mg/L nach [22, 35, 36, 37, 38, 39, 40, 41, 42, 43, 44, 45, 46, 47]

Stoff	Fisch 96h LC_{50}	Daphnien 48h EC_{50}	Algen EC_{50}
DTPA, Na	>100 (SB, Poecilia) >1000 (SB, Poecilia)	>100	1-10 (72 h)
MGDA, Na	>100 (Brachydanio)	>100	
β-ADA, Na	>100 (Brachydanio)	>100	
1,3-PDTA	>180 (Brachydanio)	>88	
ATMP	>330 EC_{50} (RF)	297	20 (96 h)
DTPMP	180-225 (RF) 758 (SB) 5377 (Bra)	242	2 (96 h)
EDTMP	>164 (SB/RF) 1513 (Bra)	510	0,4 (96 h)
HDTMP	954-1670 (Bra)	574	
HEDP	368 (RF) 868 (SB) 2189 (Bra)	527	3,0 (96 h)
PBTC	>100 (o. A.)	265 (24 h)	140 (72 h)
[S,S]-EDDS	> 1000 (Brachydanio) [a]	> 1000 [b]	> 100
IDS	> 83	> 84	> 94,5

SB: Blauer Sonnenbarsch (Lepomis macrochirus)
RF: Regenbogenforelle (Oncorhynchus mykiss)
Brachydanio rerio
Poecilia reticulata
Bra: Schafskopfbrasse (Cyprinodon variegatus)/Meerwasser
o. A.: ohne Angabe
a) OECD 203
b) OECD 202

Bedingungen hat freies EDTA ein LC_{50} von 100 mg/L und Calcium-gebundenes EDTA ein LC_{50} von über 2000 mg/L. Grund für die weitaus geringere Toxizität des Calciumkomplexes ist die Tatsache, dass durch Zugabe des Komplexbildners die Wasserhärte im Testsystem nicht verändert wird. Da die Versuchsbedingungen bezüglich der zu untersuchenden Salze nicht standardisiert sind, ist es schwierig, Literaturdaten zur Toxizität von Komplexbildnern miteinander zu vergleichen. Tabelle 3 gibt Toxizitäten der ausgewählten Komplexbildner und Substanzen mit komplexierenden Eigenschaften für Fische, Daphnien und Algen wieder. Bezüglich der Toxizität von NTA gibt es widersprüchliche Ergebnisse. Zum einen wurden bei längerer Aufnahme von hohen Konzentrationen Störungen im Stoffwechsel beobachtet sowie eine kanzerogene Wirkung auf Nieren festgestellt. Zum anderen konnte bei neueren, noch nicht veröffentlichten Versuchen, eine kanzerogene Wirkung nicht bestätigt werden.

4.5 Bioakkumulation

Die Biokonzentrationsfaktoren für **ATMP** und **HEDP** in Fischen von 17,7 und 17,9 sind, stellvertretend für alle **Phosphonate**, sehr niedrig, so dass von einer geringen Neigung zur Bioakkumulation ausgegangen werden muss [20]. Das Gleiche gilt auf Grund der hohen Wasserlöslichkeit auch für die **Aminopolycarboxylate**, bzw. kann teilweise sogar ganz ausgeschlossen werden [23]. Für die **Hydroxycarboxylate** sind keine Untersuchungen in der Literatur beschrieben.

4.6 Elimination und mikrobiologischer Abbau in Kläranlagen, Abwässern, Oberflächengewässern und Böden

● **Aminopolycarboxylate**

Eine überzeugende Erklärung für das unterschiedliche mikrobiologische Abbauverhalten der Aminopolycarboxylate gibt es bisher nicht (Tabelle 4) [23]. So kann in Kläranlagen von keinem oder nur einem geringen Abbau von **DTPA** ausgegangen werden [19, 48], während im Boden durchaus ein Abbau nachvollzogen werden konnte. Es wurde gezeigt, dass eine Konzentrationsabnahme abhängig vom Bodenhorizont sowohl durch Abbau als auch durch Sorption erfolgen kann. Die Sorption konnte dadurch bewiesen werden, dass bei Schüttelversuchen mit einem feldfrischen Boden trotz Konzentrationsabnahme keine DTPA-Metabolite nachweisbar waren. Zusätzlich konnte durch spätere Zugabe von Kaliumhydrogenphosphat und weiterem Schütteln das eingesetzte DTPA nahezu vollständig desorbiert werden. Im Gegensatz dazu fand bei der Verwendung von Aquifermaterial ein mikrobiologischer Abbau unter Bildung der entsprechenden DTPA-Metabolite statt [49].

Der mikrobiologische Abbau der Komplexbildner **EDTA**, **NTA** und **β-ADA** wurde in Konzentrationen von 10 µg/L auf eingearbeiteten Testfiltern untersucht [50], welche mit frisch entnommenem Rheinwasser befüllt waren. NTA wurde in den Testfiltern in etwa 10 Tagen vollständig abgebaut. Nach 5 bis 6 Tagen lagen noch etwa 50 % der Ausgangskonzentration vor. Das ebenfalls untersuchte EDTA erwies sich dagegen in allen Filtern als nicht abbaubar. Als schwer abbaubar muss nach diesen Versuchen auch der synthetische Komplexbildner β-ADA eingestuft werden. Dies konnte auch durch Untersuchungen an Industrietestfiltern bestätigt

Tabelle 4. Eliminationsraten und biologische Abbaubarkeit ausgewählter Komplexbildner und Substanzen mit komplexierenden Eigenschaften [19, 20, 35, 36, 37, 38, 39, 40, 41, 42, 43, 44, 45, 46, 48, 49, 50, 52, 57, 58, 60, 61, 63, 64, 102].

Stoff	Elimination in Kläranlage	Biologischer Abbau	Abiotischer Abbau
NTA	> 98 %	leicht nach OECD	
EDTA	schwer; ~ 80 % bei Adaptation	potentiell nachweisbar schwer nach OECD	
DTPA	teilweise < 5 %	potentiell nachweisbar schwer nach OECD	durch UV-Bestrahlung zu EDTA, NTA
1,3-PDTA	keine Angaben	nicht nach OECD	
MGDA	> 90 %	leicht	
β-ADA	> 80 %	leicht nach OECD schwer mit Testfilter	
DHEG	keine Angaben	leicht	
HEDTA	< 20 %, schwer	schwer nach OECD	
HEIDA	keine Angaben	keine Angaben	
Quadrol	< 20 %	schwer	
DTPMP	Adsorption	langsam/nicht leicht	photochemischer Abbau zu Orthophosphat
ATMP	Adsorption	langsam/nicht leicht	langsamer photochemischer Abbau zu Orthophosphat
HEDP	Adsorption	langsam/nicht leicht	photochemischer Abbau zu Orthophosphat
EDTMP	Adsorption	langsam/nicht leicht	langsamer photochemischer Abbau zu Orthophosphat
HDTMP	keine Angaben	keine Angaben	keine Angaben
PBTC	Adsorption	abbaubar	photochemischer Abbau
S,S-EDDS	> 96 %	leicht nach OECD	
Glucoheptonsäure	> 90 %	leicht	
IDS Na-Salz	~ 90 %	leicht nach OECD	

werden, wobei Konzentrationen im Ablauf der Kläranlage bis zu 480 µg/L detektiert wurden [51].

MGDA ist in Kläranlagen zu mehr als 90 % eliminierbar, während für **PDTA** keine Angaben existieren (Tabelle 4) [52].

Die Eliminierung dieser Komplexbildnerklasse kann prinzipiell in den Gewässern auch durch photochemischen Abbau erfolgen, wobei sich vor allem deren Eisenkomplexe schnell zersetzen [23]. Da jedoch das Eindringen von Licht durch die Oberfläche eines Gewässers von sehr vielen, schwer messbaren Faktoren abhängt, ist der prozentuale Anteil des Photoabbaus für die Praxis nur schwer abzuschätzen.

● **Hydroxycarboxylate**

Es ist anzunehmen, dass sich die Hydroxycarboxylate **HEIDA** und **HEDTA** in Abwässern analog NTA und EDTA verhalten werden; exakte Literatur wurde hierzu nicht gefunden.

DHEG ist biologisch gut abbaubar, HEDTA nicht und für HEIDA liegen keine Angaben vor (Tabelle 4) [52].

● **Phosphonate**

Phosphonate haben eine hohe Hydrolysestabilität und sind mikrobiologisch schwer abbaubar. Für **ATMP, EDTMP** und **DTPMP** wurden Halbwertszeiten für die Hydrolyse zwischen 50 und 200 Tagen festgestellt. Trotz dieser geringen Hydrolyserate kann dies der Haupteliminierungsweg für Phosphonate im Porenwasser von Böden und Sedimenten sein [20]. **PBTC** wird im pH-Bereich zwischen 5 und 10 nicht hydrolisiert [52].

Alle Phosphonate werden durch Mikroorganismen langsam aerob abgebaut, während kaum etwas über den anaeroben Abbau bekannt ist [20]. Der mikrobiologische Abbau von **ATMP** und **HEDP** ist sehr langsam – in einigen Studien wurde überhaupt kein Abbau beobachtet [20, 53]. In standardisierten Abbautests wird in der Regel lediglich ein unvollständiger Abbau erzielt. Aufgrund von hauptsächlich adsorptiven Effekten ist die Elimination von ATMP während der aktivierten Klärschlammbehandlung hoch [54]. Eine zweimonatige Studie zeigte keinen ATMP-Abbau in einer Laborkläranlage [55].

Die Adsorption ist eine wichtige Stufe der Eliminierung von Phosphonaten in der Umwelt [20]. Die Elimination von ATMP war geringer als die des HEDP in Versuchen mit aktiviertem Klärschlamm. Das Sorptionsverhalten hängt von der Wasserhärte und der Phosphonat-Konzentration ab. Die Affinität gegenüber Flusssedimenten und aktiviertem Schlamm ist im Allgemeinen größer als bei Böden [20].

Auch von **PBTC** kann kein substanzieller Abbau in Kläranlagen erwartet werden. In Modellstudien wurden 95 % des PBTC im Klärschlamm wiedergefunden [52]. In einem Abbauversuch von PBTC in natürlichem Wassern waren nach 56 Tagen noch 64 % und nach 132 Tagen noch 9 % der ursprünglichen PBTC-Konzentration von 1 mg/L messbar [56].

Der Photoabbau von Phosphonaten wird durch Zusatz geringer Eisenkonzentrationen stark beschleunigt. Der Photoabbau von PBTC liegt unter Versuchsbedingungen um einen Faktor von etwa 10 über der von HEDP. Als Endprodukte des Abbaus von PBTC durch Licht konnte ausser Orthophosohat als Hauptbestandteil die biologisch gut abbaubare Lävulinsäure identifiziert werden [103]. Der Photoabbau von Fe-**EDTMP** in natürlichem Wasser ergab relativ kurze Halbwertszeiten dieses Komplexes mit einem Mittelwert von 10 h in den oberen Millimetern des Wasserkörpers und die Bildung von N-Methylaminomethylenphosphonat als Hauptmetaboliten [57]. Der Photoabbau von Fe-**ATMP** und Fe-**DTPMP** resultierte in nicht abbaubaren Metaboliten und zeigt damit aus Umweltsicht ein schlechteres Verhalten als Fe-EDTA, womit die ökologische Unbedenklichkeit dieser Phosphonate in Frage gestellt werden muß [29]. In einer anderen Studie wurden beim Photoabbau für HEDP und EDTMP Halbwertszeiten, je nach gewählten Bedingungen, zwischen Stunden und Tagen erreicht [4].

Um Probleme bei phosphonathaltigen Rohwässern zu vermeiden, eignet sich als beste Entfernung der Phosphonate aus wässrigem Medium die Fällung in Flockungsreaktoren durch $FeCl_3*H_2O$ und $Al(SO_4)_3*16\ H_2O$ bei pH 7 [30].

● **Weitere Substanzen mit komplexbildenden Eigenschaften**

IDS wurde als biologisch leicht abbaubar eingestuft, da im OECD 301 E-Test nach 28 Tagen eine DOC-Abnahme von 79 % und im OECD 302 B-Test nach 28 Tagen eine DOC-Abnahme von 89 % erreicht werden konnte. In beiden Tests wurde ein nicht nur sehr weitgehender, sondern auch schneller Bioabbau erreicht [22]. Auch konnten bereits drei Bakterienstämme isoliert werden, welche IDS als Kohlenstoffquelle verwerten können [60].

Für **S,S-EDDS** wurde ebenfalls ein fast kompletter und rascher Bioabbau in allen Umweltkompartimenten beobachtet [32]. Die Eliminierung während eines kontinuierlichen Schlammtests (OECD 303 A) bei einer Ausgangskonzentration von 20 mg/L lag bei 96 %. Bei einem Abbauversuch in nicht akklimatisiertem Flusswasser wurde ein biologischer Abbau nach 40 Tagen zu 75 % erreicht.

Glucoheptonsäure und ihre Salze sind leicht biologisch abbaubar [61]

Die in Wasch- und Waschhilfsmitteln eingesetzten **Polycarboxylate** sind biologisch schwer abbaubar, werden aber in Kläranlagen durch Fällung und Adsorption zu über 90 % entfernt. Im Boden werden sie durch Sorption dauerhaft immobilisiert und zwar vorzugsweise durch positive Bindungsstellen von Tonmineralien. Da mangels Bioabbau von einer Bodenanreicherung auszugehen ist, stellt sich trotz der bisher unterstellten toxikologischen Unbedenklichkeit die Frage eines langfristigen Risikos im Falle mehrfacher Klärschlammaufbringung.

In Tabelle 4 sind Eliminationsraten und biologische Abbaubarkeit einiger Komplexbildner tabellarisch angegeben. Die Bereitschaft zur biologischen Abbaubarkeit verringert sich in der Reihe der folgenden Substituenten:

-COCH$_3$, -CH$_3$, -C$_2$H$_5$, -CH$_2$CH$_2$OH, -CH$_2$COOH. Am stabilsten sind Komplexbildner, die zwei oder mehr tertiäre Stickstoffatome und vier oder mehr Carboxymethyl-Gruppen als Substituenten aufweisen, z. B. EDTA, DTPA, HEDTA, PDTA. Im Fall einer biologischen Wasserbehandlung oder einer Selbstreinigung von Oberflächengewässern gelten diese Komponenten als schwer abbaubar [62].

4.7 Verhalten während der Trinkwassergewinnung

Wie schon beschrieben, sind die Komplexbildner und Substanzen mit komplexbildenden Eigenschaften bzw. ihre Salze und Metallkomplexe gut wasserlösliche Verbindungen und verfügen mit Ausnahme der Phosphonate über eine geringe Adsorptionsneigung. Da sie nach ihrer Anwendung direkt ins Abwasser gelangen, erfolgt bei den schlecht abbaubaren Komplexbildnern auch ein Eintrag in die Oberflächengewässer und von dort in Grundwässer. Die Eliminierung der Komplexbildner ist während der Trinkwasseraufbereitung aus solch belasteten Wässern, auch nach dem heutigen Stand der Technik, sehr gering. EDTA ist das Paradebeispiel einer trinkwasserrelevanten Substanz [50].

● **Uferfiltration/Bodenpassage**

Aufgrund des schlechten biologischen Abbaus und der guten Wasserlöslichkeit ist der Eintrag von Komplexbildnern in Oberflächengewässer und Rohwasser von Oberflächen- und Uferfiltratwasserwerken möglich [65]. Ausführliche Untersuchungen hierzu gibt es ausschließlich zu den Aminocarboxylaten NTA und EDTA. Untersuchungen zum Verhalten von **DTPA** zeigten, das DTPA nach der Bodenpassage nicht mehr nachweisbar war [49, 66].

● **Ozonung**

DTPA-Komplexe können als leicht abbaubar durch eine konventionelle Ozonung eingestuft werden. Hierbei ist aber auch eine pH-Wert-Abhängigkeit festzustellen. Der Abbau ist in höheren pH-Bereichen effektiver, da dann auch der sonst sehr stabile Fe-(III)-DTPA-Komplex mit erfasst wird. Da die Reaktivität sehr stark abhängig ist von der Komplexgeometrie ist, lässt sich diese Einstufung nicht ohne weiteres auf andere Aminocarboxylate übertragen [67].

Phosphonate werden bei der Ozonung vollständig umgesetzt. Als Metabolite entstehen Phosphomethylglycin (Glyphosat; Herbizid) und Aminomethylenphosphonsäure (AMPA) [59, 68]. Phosphonate werden nur langsam zu weiteren phosphorhaltigen Oxidationsprodukten umgesetzt, von denen ein Teil bisher nicht identifizierbar ist. Beim Abbau von ATMP entstehen entsprechend der Ozonung von Aminen die AMPA, Phosphonoformaldehyd und Phosphonoameisensäure (PFA) sowie weitere, bisher nicht identifizierte Oxidationsprodukte.

● **Oxidation**

Eine UV/H_2O_2-Behandlung mit Hg-Mitteldruckstrahlern ist geeignet, sowohl **DTPA** als auch die Abbauprodukte **NTA** und **EDTA** aus dem Wasser effektiv zu eliminieren, ohne dass bei einer nachfolgenden Chlordioxid-Behandlung vermehrt halogenierte Desinfektionsnebenprodukte entstehen. Der Abbau erfolgt bei höherem Calcium- bzw. Carbonatgehalt schneller [69]. Dass erhöhte Konzentrationen an HCO_3^--Ionen zu einem effektiveren Abbau mit UV/H_2O_2 führen können, wurde bereits von *Sörensen und Frimmel* [70, 71] für EDTA beobachtet.

● **Aktivkohlefiltration**

Die Adsorption von Aminopolycarboxylaten an Aktivkohle ist schlecht [72]. Komplexbildner wie **NTA** oder **EDTA**, die in der Wasserwerkspraxis bekanntermaßen schlecht durch Aktivkohle entfernt werden, besitzen m/L-Werte (den Quotienten L/m bezeichnet ein Flüssigkeits-Feststoff-Verhältnis, auch spezifischer Durchsatz; nach Berechnung des Quotienten m/L erhält man einen Wert für einen gegebenen Stoff, der um so größer ist, je schlechter der Stoff an Aktivkohle adsorbierbar ist), die weit über 1000 mg/L liegen. Aus diesem Grund erscheint es sinnvoll, die Grenze für sehr schlecht adsorbierbare Verbindungen bei $m/L = 200$ mg/L zu ziehen.

Auch mit den Phosphonaten lassen sich nur niedrige Aktivkohlebeladungen erzielen, so dass davon ausgegangen werden kann, dass auch die Phosphonate während der Trinkwasseraufbereitung mittels Aktivkohle nicht vollständig entfernt werden [59, 68].

5 Analytik

● **Aminopolycarboxylate**

Aminopolycarboxylate lassen sich durch Ionenpaarchromatographie und Nachsäulenderivatisierung durch Zugabe von Fe^{3+}-Ionen zur Bildung eines Eisenkomplexes spektrometrisch nachweisen [73]. Trotz vorangehender Anreicherung ist diese Methode zu unempfindlich, um die in Oberflächenwässern zu erwartenden Konzentrationen zu bestimmen. Hierfür erfolgt nach dem DIN-Norm-Entwurf 38413-10 [74] die Analytik der Aminopolycarboxylate mit Hilfe der Elektronenstoß-Ionisations-Massenspektrometrie (EI-MS) nach Anreicherung durch Eindampfen, Überführung in den n-Butylester durch eine Acetylchlorid/n-Butanol-Mischung und anschließender gaschromatographischer (GC) Trennung. Eine Detektion mittels Massenspektrometer ist von Vorteil, da z. B. die Trennung von MGDA und NTA auf üblichen GC-Kapillarsäulen nur unvollständig erfolgt.

Weiterhin ist bei der Analytik von Wasserproben auf Aminopolycarboxylate die Anreicherung an Anionenaustauschersäulen möglich. Die Desorption wird mit Ameisensäure durchgeführt. Die Veresterung erfolgt mittels einer Acetylchlorid/iso-Propanol-Mischung zu den entsprechenden Isopropylestern [75]. Die Bestimmung von DTPA, β-ADA, MGDA, 1,3-PDTA aus Oberflächengewässern ist nach dieser Methode bis zu einer Konzentration von etwa 1–2 µg/L durchführbar [6].

Soßdorf et al. haben ^{13}C-markierten Referenzverbindungen für NTA, EDTA, DTPA, MGDA, β-ADA und PDTA synthetisiert [76, 77]. Mit diesen internen Standards konnten in allen untersuchten wässrigen Matrizes wesentlich bessere Wiederfindungsraten von annähernd 100 % bei sehr geringen Standardabweichungen erzielt werden, während die herkömmlichen internen Standards zur Bestimmung der Aminocarboxylate bis auf wenige Ausnahmen Über- oder Unterbestimmungen mit hohen Standardabweichungen lieferten.

• Hydroxycarboxylate

Auch die Anreicherung der Hydroxycarboxylate kann auf stark basischem Anionenaustauscher mit nachfolgender Elution mittels Ameisensäure durchgeführt werden. Durch anschließende Derivatisierung mit wässriger Trimethylanilinium-hydroxydlösung (TMAH) können die Carbonsäuregruppen in die entsprechenden Methylester sowie die Hydroxygruppen in die entsprechenden Methylether überführt werden. Die analytische Bestimmung der Derivate erfolgt mittels GC/MS. Mit dieser Methode ist laut Literatur eine Bestimmung von DHEG, HEDTA, HEIDA bis zu einer Konzentration von 5 µg/L möglich [6]. Jedoch sind sowohl die Reproduzierbarkeit der Anreicherung als auch der Derivatisierung mit TMAH für quantitative Untersuchungen zu gering.

Auch die Verwendung von matrixunterstützter Laserdesorptions-Ionisation-Flugzeit-Massenspektrometrie (MALDI/TOF-MS) zur Analyse von Hydroxycarboxylaten brachte sowohl im positiv- als auch im negativ-Modus keine befriedigenden Ergebnisse, die Ionisierung wurde durch zu hohe Salzkonzentrationen in den Proben unterdrückt [78]. Weitere Literatur zum Nachweis der Hydroxycarboxylate in Realproben beschränkt sich lediglich auf die Bestimmung von HEDTA in Militärabfall unter Verwendung von reverser Polaritäts-Kapillarelektrophorese [79].

Die Bestimmung von Quadrol aus wässrigen Proben ist bisher nicht möglich, da keine Anreicherungsmethode existiert.

• Phosphonate

Aufgrund der geringen Reaktivität der meisten Phosphonate, ihrer geringen Selektivität auf Trennsäulen und dem Fehlen charakteristischer UV- und IR- Signale ist die Analyse der Phosphonate schwierig [20]. So lassen sich nur einzelne Phosphonate photometrisch bestimmen und die Trennung der Säuren erfolgt mit Polarographie [80]. An Stelle der Detektion als Fe-Komplexe ist auch eine phosphorspezifische Detektion möglich, da die Reaktion durch andere Komplexbildner oder Ionen wie z. B. Cl$^-$ leicht gestört wird und außerdem unspezifisch in Bezug auf Phosphonate ist. Die phosphorspezifische Detektion basiert auf der photometrischen Bestimmung von Phosphorvanadomolybdänsäure [81].

Diese Methoden lassen sich jedoch nicht auf die Bestimmung von Phosphonaten in Umweltproben anwenden [20]. Eine Methode, welche von *Schowanek et. al* bereits 1990 beschrieben wurde, erlaubt leider nicht die Unterscheidung zwischen Phosphonaten und anderen organischen P-Quellen, weshalb auch diese Methode nur im Labor, jedoch nicht zur Untersuchung von Umweltproben geeignet ist [82].

Vielversprechend hingegen ist die Bestimmung von Phosphonaten durch Ionenpaar-HPLC und UV-Detektion nach Komplexierung mit Eisen-(III)-Ionen [83]. Diese Methode eignet sich prinzipiell zur Bestimmung von Phosphonaten in Zu- und Abläufen von Kläranlagen bis zu einem Konzentrationsbereich von 5×10^{-8} M für ATMP und 1×10^{-7} M für DTPMP. Damit gelang es, Phosphonate in Zu- und Abläufen von Kläranlagen, nach einem vorgeschalteten Anreicherungsschritt um den Faktor 10, durch Ausfällung mit $CaCO_3$ in einem Konzentrationsbereich von 30 bis 980 µg/L zu bestimmen [84]. Entscheidender Nachteil dieser Methode ist jedoch, dass die Identifizierung und Quantifizierung unspezifisch ist, da sie lediglich über die Retentionszeit bei der UV-HPLC erfolgt.

Klinger hat sich mit der Entwicklung von HPLC-MS-Methoden zur Bestimmung von Phosphonaten in Umweltmatrizes beschäftigt [68], konnte aber mit den gewählten massenspektrometrischen Methoden nur eine Bestimmungsmethode für Phosphonate in demineralisiertem Wasser entwickeln.

Eine Anwendung der in der Literatur beschriebenen Methoden auf Oberflächenwässer ist bisher aufgrund der zuvor beschriebenen Nachteile noch nicht erfolgt. Aber auch bereits bei der Analytik von Kläranlagenwässern, wo man es mit stark matrixbehafteten Proben zu tun hat, ist die Anwendung der LC, wie oben beschrieben, problematisch.

Zur Bestimmung polarer und ionischer organischer Spurenstoffe hat sich mittlerweile auch in der Abwasseranalytik zunehmend der Einsatz der LC-Electrospray (ES) – MS durchgesetzt. Die massenspektrometrische Detektion ist wegen der erhöhten Nachweisempfindlichkeit besser geeignet als z. B. die Leitfähigkeits- oder die UV-Detektion. Ein zusätzlicher Vorteil wird dadurch erzielt, dass detaillierte Strukturaussagen über bisher unbekannte Substanzen gemacht werden können. Aufgrund der komplexbildenden Eigenschaften der Phosphonate bietet sich zur Analytik dieser Verbindungen das Verfahren der Suppressor (SUP)-LC-MS an [85, 86]. Hierbei wird zum Austausch der in der Probe oder Eluenten enthaltenen Kationen gegen H^+-Ionen zwischen Trennsäule und MS ein Suppressormodul geschaltet. Durch den Austausch der Kationen gegen H^+ wird das Untergrundrauschen im Massenspektrometer stark reduziert. Das verbesserte Signal/Rausch-Verhältnis führt zu niedrigeren Nachweisgrenzen. Bei Verwendung von Anionenaustauschersäulen kann man von Ionenchromatographie-(IC)-MS sprechen. Die Brauchbarkeit dieser Methode wurde an einer Reihe von Substanzen, wie EDTA, Glyphosat und dessen Metaboliten AMPA, überprüft. Abwasserproben können ohne Probenvorbereitung direkt mittels IC-MS untersucht werden.

Eine Trennung der Phosphonate auf einer Anionenaustauschersäule ist nicht gelungen. Die Verbindungen konnten nicht mehr von der Säule eluiert werden. Deshalb wurde analog *Knepper und Kruse* [86] die Trennung auf einer RP-C-18 Säule unter Zugabe von 10 mmol/L Tetraethylammoniumacetat (TEAAc) und anschließender Abtrennung des schwerflüchtigen Ionenpaarreagenz durch Suppressor durchgeführt (SUP-LC-MS) [5, 87].

Das SUP-LC-MS-Spektrum von EDTMP, welches nach Direktinjektion einer Lösung von 20 µg/L über den Suppressor aufgenommen wurde, ist in Bild 5 aufgeführt. Man erkennt, dass keine Salzaddukte des Molekülions auftreten und die einfach und doppelt negativ geladenen Molekülionen die intensivsten Signale im Massenspektrum darstellen. Unter optimierten HPLC-Bedingungen wurden die ausgewählten 6 Phosphonate analog den in Tabelle 5 aufgeführten Messionen in Rheinwasser mittels SUP-LC-MS untersucht. In dem Chromatogramm war jedoch kein Phosphonat-Signal erkennbar (Daten nicht aufgeführt). Dies kann

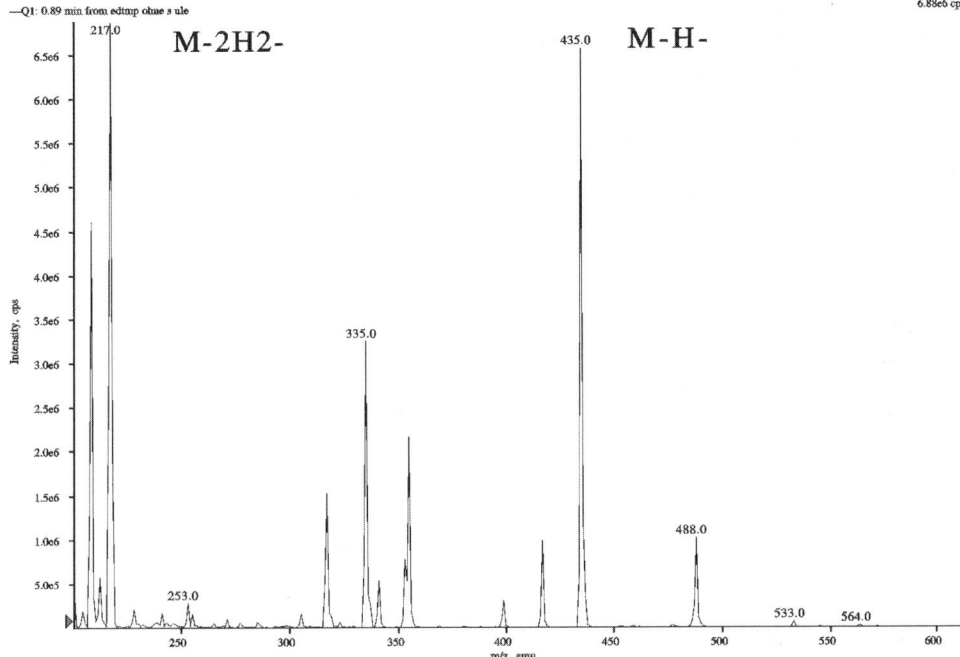

Bild 5. (-)-SUP-MS-Spektrum von EDTMP nach Direktinjektion.

Tabelle 5. Molmassen und ausgewählte Messionen der Phosphonate.

Substanzen	M	[M-H]$^-$	[M-2H]$^{2-}$	Mession1	Mession2
ATMP	299	298	148	298	148
DTPMP	573	572	285	572	285
EDTMP	436	435	217	435	217
HDTMP	492	491	245	491	245
HEDP	206	205	101	205	101
PBTC	270	269		269	251

nur auf Suppressionseffekte durch die Matrix Rheinwasser, und hier hauptsächlich auf Huminstoffe, zurückgeführt werden. Deshalb wurde die mit den Phosphonaten aufdotierte Rheinwasserprobe vor der erneuten SUP-LC-MS-Messung über mit 0,25 g gefüllte RP-C18-Kartuschen gereinigt. Die Abtrennung der Huminstoffe bewirkte eine fast vergleichbare Qualität des Chromatogramms wie in MilliQ-Wasser erhalten (Daten nicht aufgeführt). Durch Etablierung dieser matrixunabhängigen Methode war es möglich, die zur Messung gewässerrelevanter Phosphonatkonzentration notwendigen, in der Literatur beschriebenen Anreicherungsversuche durchzuführen [88].

Weder die Anreicherung über Anionenaustauscher und anschließende Elution mit Ameisensäure, noch die Anreicherung durch Einengung im Rotationsverdampfer oder im Glas-
bzw. im Polyethylengefäß bei 90 °C von in MilliQ-Wasser zudotierten Phosphonaten war
erfolgsversprechend. Erst die schonende Einengung in Polyethylengefäßen bei 60 °C um
den Faktor 10 war erfolgreich. Hingegen konnten auch mit dieser Anreicherungsmethode
keine in Rheinwasser zudotierten Phosphonate wiedergefunden werden, unabhängig davon,
ob eine Reinigung über RP-C18-Material stattgefunden hat. Dies spiegelt die starke Adsorptionsneigung und Chelateigenschaft der Phosphonate wieder. Es ist anzunehmen, dass
bereits kleinste Mengen an Huminstoffen oder Härte-Ionen zur Fällung der Phosphonate führen. Hier würde nur eine Rücklösung der Komplexe mittels HCl, wie in der Literatur beschrieben [83], helfen.

● **S,S-EDDS**

Die Analytik von S,S-EDDS erwies sich als unproblematisch und wurde analog der DIN-
Vorschrift für die Aminopolycarbonsäuren durchgeführt [74]. S,S-EDDS verhält sich sowohl
im Kalibrierbereich als auch während der GC/MS-Messung analog dem EDTA (gleiche
Retentionszeit, gleiche Massenspuren, jedoch unterschiedliche Fragmentionen).

6 Gewässerkonzentrationen und Bilanzierung

In Umweltmonitoring-Programmen wurden die Wege einiger ausgewählter Komplexbildner,
wie z. B. EDTA und NTA, in Oberflächengewässern analysiert. Die Ergebnisse führten schon
in den 80er Jahren zu Empfehlungen über Höchstmengenbegrenzungen bei Verwendung von
Komplexbildnern in Waschmitteln [22]. Durch die geringe biologische Abbaubarkeit der
meisten klassischen Komplexbildner können diese auch in Flüsse und Seen gelangen. Ein
zusätzlicher Nachteil ist die relativ geringe Adsorption an Oberflächen, wie z. B. Klärschlamm oder Bodensedimente – mit Ausnahme der Phosphonate –, so dass sie auch im Trinkwasser nachgewiesen werden. Aufgrund der nachgewiesenen Trinkwasserrelevanz einiger
Komplexbildner [50] sind im Rheinmemorandum der *Internationalen Arbeitsgemeinschaft
der Wasserwerke im Rheineinzugsgebiet* (IAWR) für die IAWR-Qualitätsanforderungen für
den Rhein explizit die synthetischen Komplexbildner aufgeführt [89]. Für den Rhein betragen
die höchstzulässigen Werte als 90-Perzentile 10 µg/L für gut abbaubare Komplexbildner wie
z. B. NTA und 5 µg/L für schlecht abbaubare Komplexbildner, wie z. B. EDTA. Von der *Internationalen Kommission zum Schutz des Rheins* (IKSR) wird bisher nur EDTA als rheinrelevant
eingestuft, es existieren aber keine Zielvorgaben.

Die Komplexbildner EDTA und NTA wurden schon seit Ende der 80er Jahre in viele Messprogramme aufgenommen, so dass eine große Anzahl von Messwerten vorliegt. Anders ist
dies bei den neuerdings zum Einsatz kommenden synthetischen Komplexbildnern. Das Wis-
sen über deren Konzentrationen in der aquatischen Umwelt ist sehr gering. Dies beruht zum
Teil auf analytischen Schwierigkeiten für deren Quantifizierung, zum Teil auf Unwissen
über das zu erwartende Vorkommen, aber auch auf mangelnden Messprogrammen. Letzteres
liegt zum Teil darin begründet, dass die Toxizität und Bioakkumulation aller Komplexbildner
gering ist und die Relevanz fast ausschließlich in der schlechten Bioabbaubarkeit vieler Komplexbildner liegt.

Aufgrund der Produktions- und Anwendungsmengen ist auch für einige weitere Komplexbildner zu erwarten, dass ihre Konzentrationen in Abwässern aus Industriekläranlagen bis im mg/L-Bereich liegen können und je nach Verdünnung in Oberflächengewässern im höheren bis unteren µg/L-Bereich vorkommen.

6.1 Kläranlagen

● **Aminopolycarboxylate**

Das Vorkommen der Aminopolycarboxylate, auch von EDTA und NTA, in deutschen und europäischen Klärwässern ist in der Literatur kaum beschrieben. Auf **β-ADA** wurde lediglich im Abwasser eines deutschen Chemieunternehmens von September 1994 bis November 1995 monatlich stichprobenartig untersucht. Dabei war β-ADA in 6 von 11 Proben nicht oberhalb der Bestimmungsgrenze von 10 µg/L nachweisbar. In vier Proben schwankten die Werte zwischen 14 und 65 µg/L, während in einer Probe ein Spitzenwert von 480 µg/L gemessen wurde [51] .

In einer weiteren Studie wurden jeweils 8 verschiedene kanadische Kläranlagenabläufe auf **DTPA** untersucht [90]. Die Konzentrationen von DTPA im Primärablauf schwankten zwischen 1 und 35 µg/L und wurden kaum merklich während der weiteren Abwasseraufbereitung eliminiert. Die Eintragspfade für DTPA in diese kommunalen Kläranlagen konnten nicht erklärt werden. In den untersuchten 8 Kläranlagenabläufen von Papierrecyclingfabriken wurden DTPA-Konzentrationen zwischen 2 und 2880 µg/L gemessen. Dieser Konzentrationsbereich deckt sich auch mit Daten eines Auslaufs einer Papierfabrik in Karlsruhe (s. unten). In 10 zusätzlich untersuchten Proben von anderen, nicht wiederverwertenden Papierfabriken war DTPA nie nachweisbar.

Im Fabrik-Auslauf der Firma Holzmann in Karlsruhe wurde DTPA über einen Zeitraum von August 1997 bis April 2000 bestimmt [91]. Die gemessenen Konzentrationen schwankten zwischen 1 und 3 mg/L.

Zur Aufklärung der Herkunft der hohen DTPA-Konzentrationen in der Ruhr (Kap. 6.2) wurden auch Untersuchungen im Emissionsbereich durchgeführt. Auch hier konnten die Immissionen sicher mit der Papierindustrie in Verbindungen gebracht werden [92]. Von über 90 beprobten kommunalen Kläranlagenabläufen wiesen lediglich zwei DTPA-Gehalte über der analytischen Bestimmungsgrenze (BG) von 10 µg/L auf. Somit sind bis auf die Papierindustrie weitere größere Einleiter auszuschließen [92].

Im Rahmen dieser Studie wurden insgesamt 9 kommunale Kläranlagen und 7 industrielle Kläranlagen in Deutschland im Oktober 2000 stichprobenartig auf die Komplexbildner **NTA, EDTA, MGDA, β-ADA, DTPA** und **PDTA** untersucht (Tabelle 6). Man erkennt, dass weder MGDA, noch β-ADA und PDTA in irgendeiner der untersuchten Proben nachgewiesen werden konnte. Lediglich DTPA war in je einer Probe der untersuchten kommunalen und industriellen Kläranlagen mit 11,7 und 18,3 µg/L nachweisbar. Dies deckt sich mit den in Kapitel 6.1 aufgeführten Literaturdaten von Kläranlagenabläufen ohne Einfluss von Abwasser aus Papierfabriken. NTA war in fast jeder Probe der kommunalen Kläranlagenausläufe in Konzentrationen bis 9,1 µg/L, jedoch lediglich im Ablauf einer Industriekläranlage nachweisbar. EDTA hingegen war in allen Proben nachweisbar, mit Spitzenkonzentrationen im Auslauf

Tabelle 6. Untersuchung kommunaler und industrieller Kläranlagenabläufe auf Aminopolycarboxy-late; Stichproben Oktober 2000; (Daten der HLUG, Wiesbaden).

Probe	NTA (µg/L)	EDTA (µg/L)	MGDA (µg/L)	ADA (µg/L)	DTPA (µg/L)	PDTA (µg/L)
Kommunale Kläranlagen						
1	9,1	53,2	n. n.	n. n.	<BG	n. n.
2	4,5	109	n. n.	n. n.	<BG	n. n.
3	n. n.	16,5	n. n.	n. n.	n. n.	n. n.
4	<BG	24,5	n. n.	n. n.	11,7	n. n.
5	3,3	350	n. n.	n. n.	<BG	n. n.
6 (n=2)	3,7	98,3	n. n.	n. n.	<BG	n. n.
7	<BG	58,6	n. n.	n. n.	<BG	n. n.
8 (n= 4)	4,5	187	n. n.	n. n.	<BG	n. n.
9	n. n.	65,1	n. n.	n. n.	n. n.	n. n.
Industrielle Kläranlagen						
1 (n=2)	n. a.	13,3	n. a.	n. a.	<BG	n. n.
2	n. n.	8,9	n. n.	n. n.	18,3	n. n.
3	n. a.	700	n. a.	n. a.	n. a.	n. n.
4	n. a.	24,4	n. a.	n. a.	n. n.	n. n.
5	5	108	n. n.	n. n.	n. n.	n. n.
6	n. a.	54,5	n. a.	n. a.	n. a.	n. a.
7	n. a.	50,1	n. a.	n. a.	n. a.	n. n.

Bestimmungsgrenze (BG) = 3 µg/L (10 µg/L für DTPA)
n. n. = nicht nachweisbar; n. a. = nicht analysiert

der untersuchten kommunalen Kläranlagen bis zu ca. 350 µg/L und im Auslauf industrieller Kläranlagen bis zu 700 µg/L.

● **Hydroxycarboxylate**

Es konnten keine Daten in der Literatur gefunden werden.

● **Phosphonate**

Basierend auf einem jährlichen **ATMP**-Verbrauch von 6300 t wurden zu erwartende maxi-male Konzentrationen von 170 bis 235 µg/L in Kläranlagenzuläufen und kleiner 30 µg/L in Kläranlagenabläufen errechnet [93]. **ATMP, EDTMP** und **DTPMP** konnten in der Schweiz im Zu- und Ablauf kommunaler Kläranlagen nachgewiesen werden [84]. Der Konzentrations-bereich für DTPMP im Zulauf schwankte zwischen 74 und 974 µg/L; für ATMP zwischen 21 und 254 µg/L und für EDTMP zwischen 30 und 65 µg/L. Lediglich **DTPMP** konnte auch im Ablauf mit einer Konzentration von 80 µg/L detektiert werden, während die Konzentrationen von ATMP und EDTMP im Ablauf unterhalb der Bestimmungsgrenze von 15 µg/L lagen.

6.2 Oberflächengewässer und Trinkwässer

● Aminopolycarboxylate

Aufgrund ihrer Bedeutung für die Gewässer werden bereits seit Mitte der achtziger Jahre EDTA und NTA in deutschen Oberflächengewässern gemessen. Seit Beginn der neunziger Jahre hat die Konzentration von EDTA im Rhein bei Düsseldorf von durchschnittlich 15 μg/L auf mittlerweile 7 μg/L abgenommen [94]. Auch die Frachten haben sich an dieser Rhein-Messstelle von 1990 von ca. 870 t/a auf ca. 450 t/a in 1999 fast halbiert. Gleichzeitig sind die NTA-Frachten im Rhein von ca. 320 t/a auf 100 t/a zurückgegangen [94].

Nachdem *Wanke* und *Eberle* bereits 1992 **DTPA** in Oberflächengewässern nachgewiesen haben [95], wurde DTPA in einige, bereits existierende Messprogramme zur Untersuchung von NTA und EDTA in deutschen Oberflächengewässern integriert. Aufgrund der gegenüber EDTA zusätzlichen Carboxylatgruppe erwies sich jedoch die Analytik von DTPA schwieriger als bei NTA und EDTA, so dass lediglich eine Bestimmungsgrenze (BG) von 2 μg/L erreicht wurde. Diese BG reicht jedoch nicht aus, da DTPA im Vergleich zu EDTA in geringeren Mengen angewandt wird.

Viele der seit diesem Zeitpunkt gemessenen Werte von DTPA liegen unterhalb oder im Bereich der BG. Dies macht eine Bilanzierung von DTPA über die Jahre schwierig. Im Folgenden sind deshalb hauptsächlich Analysenwerte der letzten Jahre angegeben, welche größtenteils mit einer BG von 1 μg/L bestimmt wurden.

Tabelle 7. DTPA, NTA und EDTA in verschiedenen deutschen Flüssen in 1999, aus [13, 92, 96].

Messstelle	90-Perzentil (μg/L)		
Rhein	DTPA	NTA	EDTA
Au-Lustenau (Alpenrhein)	<1		
Schaffhausen (Rhein)	<1		
Basel-Birsfelden (Rhein)	1,0		
Karlsruhe	1,0		
Ludwigshafen (Rhein)	1,5	0,8	4,6
Mainz (Rhein)	2,2	1,5	7,1
Koblenz (Rhein)	2,1	0,8	7,5
Köln (Rhein)	2,3	1,1	7,6
Düsseldorf-Flehe (Rhein)	1,8	1,5	8,0
Wittlaer (Rhein)	1,9	1,2	7,7
Nebenflüsse			
Neckartailfingen (Neckar km 218)	<1		
Heilbronn (Neckar km 113)	3,9		
Frankfurt (Main 30,3 km)	7,3	0,9	19
Bischofsheim (Main 4,5 km)	5,8	1,5	19
Ruhr	40,0 a)		
Weitere Flüsse			
Leipheim (Donau)	<1		
Bern-Schönau (Aare)	<1		

a) 1998: 24,8 μg/L; 1997: 25,5 μg/L;

In Tabelle 7 sind die 90-Perzentile für **DTPA, NTA** und **EDTA** in verschiedenen deutschen Flüssen für das Jahr 1999 aufgeführt [13, 92, 96]. Für den Rhein erkennt man, dass die gemessenen Konzentrationen an DTPA oberhalb von Basel unter der BG von 1 µg/L liegen und ab Basel bis Karlsruhe 1 µg/L betragen. Dieser Wert verdoppelt sich auf ca. 2 µg/L an der Messstelle Mainz und bleibt im Verlauf des Rheins bis hin zur holländischen Grenze konstant. Auch für NTA und EDTA erhöhen sich die Gehalte an dieser Messstelle auf ca. 1,5 µg/L bzw. 7 µg/L. In den Nebenflüssen Neckar und Main wurden an den zu den Rheinmündungen nächstgelegenen Probenahmestellen signifikant höhere 90-Perzentile mit 3,9 und 7,3 µg/L bestimmt. Der Gehalt von NTA im Main gleicht dem im Rhein, während für EDTA Gehalte im Main von 19 µg/L angegeben werden. Der für die Ruhr 1999 errechnete 90-Perzentil-Wert für DTPA lag bei 40 µg/L und somit signifikant höher als in den Jahren 1998 und 1997 mit jeweils ca. 25 µg/L. Der Spitzeneinzelwert lag 1999 in der Ruhr bei 72 µg/L.

Die Werte für **β-ADA** und **PDTA** lagen bei der gleichen Beprobung sowohl im Rhein als auch im Main unterhalb der BG von 1 µg/L. Auch in der Ruhr wurde 1999 auf **MGDA**, **β-ADA** und **PDTA** analysiert, wobei diese Komplexbildner jedoch nicht nachgewiesen wurden [92]. Bei der Untersuchung auf **DTPA** und **PDTA** im Neckar im Jahr 1996 [6] konnte DTPA (Mittelwerte) analog den Messwerten von 1999 erst unterhalb der Messstelle Poppenweiler (Neckar km 165) in Konzentrationen oberhalb der BG bestimmt werden. Die Messwerte für DTPA und PTDA waren an den Messstellen Kochendorf und Mannheim mit jeweils ca. 2,2 und 1,4 µg/L ungefähr gleich.

Bei der Bestimmung von **DTPA** im Rhein bei Köln in 2000 [97] fällt auf, dass sich die analysierten Werte kaum von denen in 1999 unterscheiden. Schwankungen zwischen Werten kleiner BG und 2,6 µg/L im April 2000 sind wohl wiederum abflussbedingt zu erklären. Auffällig ist lediglich der hohe Monatsmittelwert für Dezember 2000, der mit 3,4 µg/L signifikant höher ist als in den Monaten zuvor. In diesem Monat wurde auch ein Spitzeneinzelwert von 10,6 µg/L (07. 12. 2000) gemessen [97]. Eine Erklärung hierfür gibt es bis jetzt nicht. Für **β-ADA** lagen alle im Rhein bei Köln in 2000 gemessenen Werte unter der BG von 0,7 µg/L [97].

Auch in den 8 in Deutschland im Januar und Februar 2001 stichprobenartig auf die Komplexbildner **NTA, EDTA, MGDA, β-ADA, DTPA** und **PDTA** untersuchten Oberflächengewässern (Tabelle 8) konnte erneut weder MGDA, noch β-ADA und PDTA in den untersuchten Proben nachgewiesen werden [5]. Lediglich DTPA war bis auf die Proben von Donau, Main und den stromaufwärts gelegenen Probenahmestellen des Rheins und des Neckars nachweisbar. Die gemessenen Konzentrationen lagen im Bereich zwischen 1 und 3,2 µg/L. Hingegen waren EDTA und NTA in allen untersuchten Oberflächengewässerproben nachweisbar. Die NTA-Konzentrationen lagen im Bereich von 1 µg/L, während EDTA bis zu 12,3 µg/L im Neckar bei Poppenweiler gemessen werden konnte.

In den beiden, aus Oberflächenwasser produzierten Trinkwässern konnte lediglich in einer Probe EDTA mit 1,9 µg/L quantifiziert und DTPA qualitativ nachgewiesen werden (Tabelle 8).

Beim Screening von Fließgewässern auf Metabolite von DTPA und EDTA waren diese in Proben von Rhein, Main, Ruhr, Neckar und Mosel nachweisbar [45]. Dominierend waren die Abbauprodukte Ethylendiamintriacetat (ED3A) und Ketopiperazindiacetat (KPDA).

Während der Bodenpassage nimmt die Konzentration an DTPA ab, ED3A und KPDA-Konzentrationen gehen nach den Aktivkohlefiltern zurück, steigen aber nach der Grundwasser-Passage bis zur Trinkwassergewinnung wieder an [66].

Tabelle 8. Untersuchung verschiedener deutscher Flüsse auf Aminopolycarboxylate; Stichproben 2001; alle Angaben in µg/L.

Probe (Datum Probenahme)	NTA	EDTA	MGDA	β-ADA	DTPA	PDTA
Rhein (Basel) [a]	1,0	1,7	n. n.	n. n.	n. n.	n. n.
Rhein (Wiesbaden) [b]	1,3	6,6	n. n.	n. n.	2,7	n. n.
Neckar, km 104 [c]	1,0	8,8	n. n.	n. n.	3,2	n. n.
Neckar, km 165 [d]	1,2	12,3	n. n.	n. n.	<1	<1
Neckar, km 200 [d]	< 1	7,0	n. n.	n. n.	<1	n. n.
Main, Bischofsheim [b]	< 1	6,3	n. n.	n. n.	n. n.	n. n.
Donau, km 902 [d]	< 1	3,8	n. n.	n. n.	n. n.	n. n.
Wickerbach [b]	<1	1,7	n. n.	n. n.	1,2	n. n.
Trinkwasser 1 [b]	n. n.	n. n.	n. n.	n. n.	n. a.	n. n.
Trinkwasser 2 [b]	n. n.	1,9	n. n.	n. n.	< 1	n. n.

Bestimmungsgrenze (BG) = 1 µg/L

n. n. = nicht nachweisbar; n. a. = nicht analysiert

a) Stichprobe 17.02.01

b) Stichprobe 19.02.01

c) Stichprobe 03.01.01

d) Stichprobe 02.01.01

● **Hydroxycarboxylate**

DHEG, **HEDTA** und **HEIDA** wurden in Rhein, Main, Donau und Elbe analysiert. Bei stichprobenartigen Beprobungen an Rhein, Main und Donau in den Jahren 1996 und 1997 waren diese Verbindungen nicht nachweisbar [6]. In der Elbe traten in den ersten drei Monaten von 1996 ebenfalls keine Befunde auf. Im Februar 1997 wurden jedoch in der Elbe bei Torgau 42 µg/L HEDTA und bei Wittenberg 38 µg/L HEDTA gefunden. Bei einer weiteren Beprobung dieser beiden Messstellen im März 1997 wurden etwa 20 µg/L detektiert. DHEG und HEIDA konnten bei diesen Untersuchungen nicht nachgewiesen werden [6]. Gründe für diese sehr schwankenden Konzentrationen in der Elbe wurden in der Literatur nicht angegeben.

● **Phosphonate**

Aufgrund fehlender bzw. zu unempfindlicher analytischer Methoden sind zur Zeit in der Literatur keine Messwerte vorhanden. Es können lediglich Modellwerte für einzelne Phosphonate aus Produktionsmengen, Eliminationsraten in Kläranlagen sowie Daten über den Photoabbau abgeschätzt werden [98]. So liegt die zu erwartende mittlere Konzentration für **ATMP** in Oberflächengewässern ohne Berücksichtigung von Photoabbau und Bindung an Sediment bei 2,5 µg/L, mit Sorption und Photoabbau bei 0,25 µg/L [12].

Bei einer Berechnung der zu erwartenden Umweltkonzentrationen („Predicted Environmental Concentrations"; PEC) von **HEDP**, **EDTMP**, **DTPMP** und **ATMP** für die Niederlande in 1995 wurden für alle Verbindungen Werte unterhalb 2,1 µg/L Oberflächengewässer, unterhalb 8,3 µg/kg Boden und unterhalb 3,9 mg/kg Sediment errechnet [20]. Aber auch hier wird darauf hingewiesen, dass es notwendig wäre, die realen Umweltkonzentrationen zu kennen, um die PEC's damit vergleichen zu können.

7 Bilanzierung

● **Aminopolycarboxylate**

Vom Umweltbundesamt in Berlin wird seit 1991 eine EDTA-Verkaufsbilanz sowie eine Frachtberechnung für die Bundesrepublik Deutschland erstellt [1]. Seit 1999 erfolgt auch eine Eintragsbilanz in die Oberflächengewässer anhand der Angaben der EDTA-Anwender. Demnach sind 1999 in Deutschland 837 t EDTA in Oberflächengewässer gelangt. 1999 hat gegenüber 1991 die EDTA-Fracht, berechnet als Summe der Frachten an sechs zur Verfügung stehenden Messstellen, um ca. 27 % abgenommen.

β-ADA wurde bisher nur in Batch-Verfahren synthetisiert, und sein Nachweis in den untersuchten Gewässern korrelierte mit seiner Herstellung. Eine exakte Bilanzierung ist deshalb nicht möglich.

MGDA konnte bisher in keiner der untersuchten Proben nachgewiesen werden.

PDTA wurde in einigen Gewässern im Bereich der Nachweisgrenze bestimmt, auch hier ist es nicht möglich eine Bilanzierung durchzuführen.

DTPA erreicht im Vergleich zu den übrigen Komplexbildnern mit steigender Tendenz erheblich höhere Konzentrationen. Eine Bilanzierung ist aufgrund der wenigen vorhandenen Analysenwerte nur ungenau durchzuführen. Eine DTPA-Bilanz von *M. Fleig, TZW Karlsruhe* [99] ergibt eine DTPA-Fracht im Rhein von ca. 112 t für das Jahr 1999 (Tabelle 9). Dies stimmt sehr gut mit den Frachten, welche für die Rheinmessstelle Wittlaer bestimmt wurden, überein. Bezüglich der in 1999 in Deutschland eingesetzten Menge an DTPA von rund 1.382 t [13] sind dies jedoch nur ca. 8 %.

Laut Auskunft des Verbandes Deutscher Papierfabriken e. V. vom 22. Mai 2000 beträgt die Einsatzmenge von DTPA in der Papier- und Zellstoffindustrie in Deutschland bereits 810 t/a [18]. Über den Eintrag und die Bilanz von DTPA über Klärwässer von Papierfabriken liegen nur wenig Angaben vor. In einer finnischen Studie bei zwei Papierfabriken und einer Zell-

Tabelle 9. DTPA-Bilanz ausgewählter Flüsse im Rheineinzugsgebiet 1999, aus [99].

Schussen (Bodensee)	ca. 11 t/a (1995 ca. 5 t/a)
Oberrhein Karlsruhe-Mannheim	ca. 40 t/a (1999/2000)
Neckar	ca. 5,4 t/a
Main	ca. 28 t/a
Mosel	nicht nachweisbar
Ruhr	ca. 39 t/a [a]
Summe der DTPA-Frachten	ca. 112 t/a
Vergleich Wittlaer/Rhein	ca. 105 t/a

[a] Die Jahresfracht in der Ruhr betrug laut AWWR Ruhrverband „Ruhrwassergüte 99": 19 t in 1997; 35 t in 1998 und 32 t in 1999.

stofffabrik enthielten die in den Vorfluter einzuleitenden Abwässer 5–20 % der Komplexbild-nermenge, die diese Betriebe im Durchschnitt einsetzen, während bei einer Bilanzierung im Abwasser einer Magazinfabrik 90 % der eingesetzten DTPA-Menge in die Kläranlage einge-leitet wurden [100].

Für die Schwierigkeiten bei der DTPA-Bilanzierung kann nicht allein der grosse Analysen- und Frachtberechnungsfehler bei der Messung von Werten im Bereich der Bestimmungs-grenze verantwortlich sein. Auch der gewässerrelevante Anteil von DTPA ist nicht bekannt. Eine weitere Korrelation erschwert sich auch dadurch, dass beim DTPA eine Adsorption im Schlamm, Boden und Sediment sowie der mikrobiologische Abbau herangezogen werden muss. So ist DTPA nach der Bodenpassage und im Trinkwasser, welches aus DTPA-belaste-tem Oberflächenwasser produziert wurde, nicht oder nur im Bereich der BG nachweisbar. Trotz hoher Werte in der Ruhr von bis zu 72 µg/L waren die Konzentrationen von DTPA im Trinkwasser fast immer unterhalb der Bestimmungsgrenze von 2 µg/L (Mittelwerte 1999 und 2000: 2 µg/L) [13].

● **Hydroxycarboxylate**

Eine Bilanzierung ist wegen zu geringer Datenlage bei der produzierten Menge und den Umweltmessdaten nicht sinnvoll.

● **Phosphonate**

Aufgrund fehlender Analysenwerte für Oberflächengewässer ist eine Bilanzierung nicht möglich.

Zuvor berechnete „zu erwartende Umweltkonzentrationen" (PEC) decken sich mit den in Kläranlagenzuläufen gemessenen Konzentrationen, welche auch ungefähr in ihrem Verhältnis mit der Produktionsmenge der jeweiligen Phosphonate korrelieren. Aus den recherchierten physikalisch-chemischen Eigenschaften kann auch erklärt werden, warum die bisher unter-suchten Phosphonate bis auf eine Ausnahme nicht in den untersuchten Kläranlagenabläufen nachzuweisen waren.

Unter Berücksichtigung von Adsorption in der Kläranlage, Photoabbau und Adsorption an Sedimente im Gewässer kann von einer zu erwartenden Konzentration im Gewässer zwischen 0,25 und 2,5 µg/L ausgegangen werden [93].

● **Gluconate, Glucoheptonate, S,S-EDDS und IDS**

Unter Berücksichtigung der guten und vollständigen biologischen Abbaubarkeit dieser Stoffe ist im Kläranlagenauslauf und den Oberflächengewässern mit geringen Konzentratio-nen zu rechnen. So liegen beispielsweise die erwarteten Umweltkonzentrationen für S,S-EDDS bei 1 µg/L [46].

8 Vermeidungs- und Verminderungsmaßnahmen

Zum Schutz der Trinkwasserversorgung ist es von hoher Priorität, dass naturfremde, biolo-gisch schwer abbaubare oder gesundheitlich bedenkliche Stoffe, die bis ins Trinkwasser gelangen können, den Gewässern fernzuhalten sind [89]. Wie zuvor beschrieben, sind ein Teil der in dieser Publikation behandelten synthetischen Komplexbildner schwer abbaubar und können bis ins Trinkwasser gelangen. Sie sind somit trinkwasserrelevant. Auch wenn die Komplexbildner nicht zu den gesundheitlich bedenklichen Stoffen gehören, verlangt der mengenmäßig hohe Eintrag in die Gewässer zusammen mit der gegebenen Trinkwasserrelevanz nach Vermeidungs- und Verminderungsmaßnahmen zum Eintrag von schwer abbaubaren, synthetischen Komplexbildnern in die Gewässer. Wie zuvor beschrieben, führte dies bereits 1991 zur Unterzeichnung der „EDTA-Erklärung". Das Ziel dieser Vereinbarung, eine 50 %ige Frachtreduzierung von EDTA in deutschen Gewässern, wurde bisher nicht erreicht, so dass eine weitere Reduzierung von Seiten der Wasserwerke und des Umweltbundesamtes wünschenswert ist.

Erreicht werden kann eine Verminderung des Eintrags aller schwer abbaubaren Komplexbildner nur dann, wenn von Beginn an alle industriellen Prozesse und Produktionen auf minimalen Einsatz und minimale Emission in die Gewässer ausgerichtet werden. Dies kann z. B. durch **Umstellung von Produktionslinien** und/oder einer **Substitution** schwer abbaubarer Komplexbildner durch gut abbaubare Verbindungen erfolgen. Zusätzlich sollte exakt überprüft werden, wo eine **Entfernung direkt vor Ort,** z. B. durch Teilstrombehandlung, durchgeführt werden kann oder ein **Anwendungsverzicht** für Komplexbildner bei verschiedenen industriellen Prozessen machbar erscheint.

Andere Substanzen mit komplexierenden Eigenschaften, wie die biologisch schwer abbaubaren Phosphonate, werden am Klärschlamm oder Sediment adsorbiert und besitzen dadurch eine Umweltrelevanz.

● **Umstellung von Produktionslinien und Substitution**

In den letzten Jahren wurden zahlreiche potentielle Substitute für EDTA von der Industrie entwickelt, wobei bisher keine Verbindung gefunden wurde, die ähnlich gute Komplexiereigenschaften wie EDTA aufweist, aber biologisch abbaubar ist. Die sehr gut abbaubaren Verbindungen, wie Gluconate, Zitrate oder Tartrate, sind als Komplexbildner oft nicht effektiv genug. PDTA und das biologisch leicht abbaubare MGDA scheinen sich aufgrund ihrer chemischen Eigenschaften nur für ganz spezielle Anwendungen zu eignen.

Einen Durchbruch scheint die Industrie jedoch mit der Entwicklung der biologisch gut abbaubaren und gering toxischen Komplexbildner [S,S]-EDDS, IDS und β-ADA erreicht zu haben. Zum Teil werden diese Substitute schon erfolgreich in verschiedenen industriellen Prozessen eingesetzt. Hinderlich für viele Umstellungen in den Industriebetrieben sind anwendungstechnische Umstellungen, die großer Investitionen bedürfen. Zum Teil muss die Gesamtrezeptur bezüglich der Beachtung der Wasserhärte, des optimalen pH-Bereiches für den Einsatz und den daraus resultierenden Komplexbildungskonstanten geändert werden.

Im Januar 1998 wurde von dem Fachverband der Photochemischen Industrie, dem Bundesverband der Photo-Großlaboratorien und dem Verband der Photofachlabore eine Selbstverpflichtung eingegangen mit dem Ziel, den Eintrag von biologisch schwer abbaubaren Komplexbildnern bis zum Ende des Jahres 2000 um weitere 30 % zu verringern [22]. Zwar wurde das Gesamtziel noch nicht erreicht, jedoch ist die erste Stufe, nämlich der Ersatz von EDTA durch besser abbaubare Verbindungen, wie z. B. Propionat oder β-ADA in Bleichbädern, erfüllt worden. Das Erreichen der zweiten Stufe, die Substitution von EDTA in Bleichfixierbädern durch [S,S]-EDDS und β-ADA, ist von der Herstellerseite für Ende Juli 2001 geplant.

Als verwendungsfähige Ersatzprodukte für DTPA als Bleichzusatz in der Papierindustrie könnten sich hier – ähnlich wie in der Photoindustrie – die mittelstarken Komplexbildner IDS und [S,S]-EDDS erweisen.

Dass es jedoch sehr schwierig ist, Komplexbildner in bestehenden Prozesse auszutauschen, zeigte sich z. B. bei der Umstellung von EDTA auf IDS in der Milchwirtschaft. Trotz anfänglicher Erfolge stellte sich mit der Zeit ein deutlicher Produktverlust ein, so dass sich IDS als doch nicht geeignet erwies [13].

● **Entfernung über Abwasserbehandlungsmaßnahmen**

Ein Ansatz für die Verminderung des Eintrags schwer abbaubarer Komplexbildner über die Kläranlage sind *biotechnologische Verfahrensschritte*, die den Abbau über spezielle, adaptierte Mikroorganismen ermöglichen. Hier wurden bisher jedoch nur in Modellanlagen Erfolge erzielt, während der Erfolg in der Realität ausblieb [101]. Neuere Erkenntnisse aus einer umfunktionierten Kläranlage (Langzeit oxidativer Aktivschlamm) einer schwedischen Papierfabrik zeigen jedoch erste Erfolge auch im Abbau von EDTA [102]. Mit Hilfe von adaptierten Mikroorganismen können Abbauraten von mittlerweile über 80 % erzielt werden.

Recycling-Verfahren sind eine weitere Möglichkeit für die Entfernung schwer abbaubarer Verbindungen. Für DTPA, das sich in der Papierindustrie als Bleichzusatz etabliert hat, wäre ein Recycling-Verfahren für den Bleichprozess erforderlich.

Photochemische Oxidationsmethoden können auch mikrobiologisch schwer abbaubare Komplexbildner mit einer hohen Effizienz abbauen [71]. Jedoch ist gerade bei Kläranlagenabläufen, wo ein Großteil des DOC Huminstoffe sind, mit langsameren Abbaugeschwindigkeiten zu rechnen.

Photoabbau ist auch ein wesentlicher Schritt in der Eliminierung von Phosphonaten. Dieser Abbau wird, wie bei den Aminopolycarboxylaten durch die Anwesenheit von Fe^{3+}- und Cu^{2+}-Ionen, beschleunigt. Auch TiO_2 katalysiert die Photolyse von Phosphonaten. Zum Teil kann aber der Photoabbau, wie z. B. beim HEDP durch Adsorptionsprozesse, inhibiert werden.

● **Anwendungsverzicht**

Eine weitere Reduzierung der Einträge von schwer abbaubaren Komplexbildnern durch die Papier- und Waschmittelindustrie sowie durch die Verwendung in Kühl- und Kesselwässern, bei der sie ohne Klärung in die Oberflächengewässer gelangen, ist wünschenswert. Eine Verminderung des Eintrags ist für viele Anwendungsprozesse nur über Anwendungsverzicht oder über eine weitere Optimierung der Anwendung zu erreichen.

9 Bewertung und Ausblick

Obwohl EDTA zu den in Deutschland sehr gut untersuchten Verbindung zählt, ist bereits dessen Bewertung aus Umweltsicht aufgrund der Themenkomplexizität enorm schwierig. Die Bewertung für so vielfältig industriell eingesetzte und weitaus weniger gut untersuchte Komplexbildner und Substanzen mit komplexbildenden Eigenschaften kann nur sehr allgemein gefasst werden und nicht den Anspruch der Vollständigkeit erheben.

Da bereits viele der in der Literatur beschriebenen Daten für Abbau und Analytik auf nicht standardisierten Versuchs- und Messbedingungen beruhen, können Literaturdaten nicht ohne weiteres miteinander verglichen werden. Auch sind die Bedingungen, unter denen Toxizitätsuntersuchungen für Komplexbildner durchgeführt wurden, z. B. bei der Auswahl des untersuchten Komplexes, variabel und führen somit zu unterschiedlichen Ergebnissen.

Auch ist es nicht leicht, aktuelle Produktions- und Anwendungszahlen zu erhalten, welche als Grundlage für eine Bewertung dienen könnten. Trotz der eingeschränkten Datenlage können jedoch einige prinzipielle Aussagen getroffen werden:

- Die meisten klassischen Komplexbildner gelangen wegen ihrer geringen biologischen Abbaubarkeit in Flüsse und Seen. Die Kombination mit einer relativ geringen Adsorption an Oberflächen, wie z. B. Aktivkohle, macht die schwer abbaubaren Komplexbildner auch trinkwassergängig.
- Phosphonate und Polycarboxylate als Substanzen mit komplexierenden Eigenschaften werden größtenteils an Klärschlamm und Sedimente gebunden. Über ihren Eintrag in die Umwelt über die landwirtschaftliche Verwendung von Klärschlämmen ist zur Zeit nichts bekannt.
- Bezüglich ihrer Toxizität, der Bioakkumulierbarkeit und der Fähigkeit zur Metallmobilisierung sind die aufgeführten Komplexbildner und Substanzen mit komplexbildenden Eigenschaften als weniger relevant einzustufen, sie sind weder mutagen, teratogen, noch karzinogen.
- Für viele Anwendungen von schwer abbaubaren synthetischen Komplexbildnern sind die gut abbaubaren Komplexbildner NTA, S,S-EDDS, IDS und β-ADA geeignete Ersatzstoffe. Für NTA steht jedoch noch der Abschluss der Untersuchungen zur Nicht-Kanzerogenität aus.

Eine weitere Verminderung des Eintrags schwer abbaubarer Komplexbildner in die Oberflächengewässer ist wünschenswert. Selbstverpflichtungen wie in der Photoindustrie sollten auch in anderen Industriezweigen erreicht werden.

Für die einzelnen Substanzklassen kann zusammengefasst werden:

Aminocarboxylate lassen sich mit GC-MS-Methoden relativ gut bis in den unteren µg/L-Bereich auch in komplexen Proben, wie Kläranlagenabwässern, bestimmen. Von den in Gewässern detektierten Aminocarboxylaten weist EDTA sowohl in der Häufigkeit als auch den Konzentrationen die mit Abstand höchsten Gehalte auf.

Bezüglich der weiteren untersuchten Aminopolycarboxylate bleibt abzuwarten, ob Auswirkungen durch die zum Teil ansteigenden DTPA-Gehalte in den Oberflächengewässern, wie z. B. der Ruhr, auf die Wassergewinnung festzustellen sind. Da DTPA beim mikrobiologischen Abbau auch schwer abbaubare Metabolite bildet, sollten auch diese einer Risikoabschätzung unterworfen werden.

Die weiteren synthetischen Aminopolycarboxylate wie MGDA und PDTA scheinen bisher nur eine untergeordnete Rolle zu spielen. Durch den erhöhten Einsatz von β-ADA in der Photoindustrie sollte dessen Vorkommen in Gewässerproben zukünftig verstärkt beobachtet werden.

Eine Substitution von EDTA durch [S,S]-EDDS, β-ADA oder IDS wird aufgrund der besseren Abbaubarkeit und der geringeren Toxizität als positiv angesehen. Die dafür notwendigen betrieblichen Umstellungen sind mit erhöhten Kosten verbunden. Stellt sich NTA bei den neueren, umfangreich durchgeführten Untersuchungen als nicht kanzerogen dar, so wäre dies in vielen Anwendungsbereichen der geeignetste Ersatzstoff für EDTA.

Eine Bewertung der untersuchten **Hydroxycarboxylate** kann aufgrund der unzureichenden Datenlage nicht durchgeführt werden. Dies ist auch auf den Mangel empfindlicher und reproduzierbarer Analyseverfahren zurückzuführen. Hierzu ist es deshalb dringend erforderlich, weiter zu recherchieren und Analyseverfahren für die in der Umwelt zu erwartenden Konzentrationen zu entwickeln und anzuwenden.

Phosphonate werden trotz ihrer zum Teil sehr starken Komplexstabilität überwiegend nicht als Komplexbildner eingesetzt. Die Löslichkeit von z. B. Ca- und Fe-Salzen ist gering. Phosphonate werden fast ausschließlich unterstöchiometrisch eingesetzt, z. B. in der Steininhibierung. Eine Datenlücke besteht bezüglich der Häufigkeit ihrer Anwendung und der Verwendung in formulierten Produkten.

Phosphonate lassen sich bisher nur sehr unempfindlich und mit geringer Reproduzierbarkeit in Gewässerproben nachweisen. Die Ursache hierfür liegt hauptsächlich bei dem starken Adsorptionsverhalten dieser Substanzklasse. Letzteres bedingt auch, dass Phosphonate sehr stark und schnell an Sediment und Klärschlamm gebunden werden. Die berechneten und zu erwartenden Konzentrationen von Phosphonaten in Oberflächengewässern liegen bis zu 2,5 µg/L. Phosphonate werden nur sehr langsam hydrolisiert und sind größtenteils mikrobiologisch schwer abbaubar. Ein abiotischer Photoabbau ist jedoch möglich. Eine Risikoabschätzung zum Eintrag von Phosphonaten in die Umwelt über Klärschlamm steht aus, es ist jedoch von einer geringen Bioverfügbarkeit auszugehen.

Danksagung

Wir danken dem Umweltbundesamt, Berlin, für die finanzielle Förderung des Forschungsvorhabens: Einträge synthetischer Komplexbildner in die Gewässer, FKZ 29924284. Frau Kraus und Herrn Mehlhorn, UBA, danken wir für die fachliche Diskussion. Den beteiligten Industrieunternehmen und Fachverbänden danken wir für die Bereitstellung von Literatur und Datenmaterial.

Literatur

[1] Einladungsunterlagen zum 14. EDTA-Fachgespräch „Verringerung der Gewässerbelastung durch EDTA" am 23. 11. 2000 beim Umweltbundesamt, Berlin, Info CEFIC.
[2] Ergebnisprotokoll zum 11. EDTA-Fachgespräch „Verringerung der Gewässerbelastung durch EDTA" am 6. 11. 1997 beim Umweltbundesamt, Berlin.
[3] Der Rat von Sachverständigen für Umweltfragen, Umweltgutachten 2000 – Schritte ins nächste Jahrtausend. Februar 2000.
[4] Chemical Economics Handbook – SRI International, März 2000.
[5] Knepper, T. P., Driemler, J., Maes, A., Müller, J., Soßdorf, D.: Einträge synthetischer Komplexbildner in die Gewässer. Abschlussbericht, Umweltbundesamt Berlin, FKZ 29924284 (2001).
[6] Sacher, F., Lochow, E. u. Brauch, H.-J.: Synthetische organische Komplexbildner- Analytik und Vorkommen in Oberflächenwässern. Vom Wasser *90*, 33 ff. (1998).
[7] Engbers, B. J. u.. Diekes, G: Sequestriermittel und Ionenaustauscher für die Textilveredelung. Textil Praxis Int. *5*, 557-560 (1992).
[8] Wiaux, J. P. u. Nguyen, T.: Anode reactions and metal recycling by electrophoresis: complementary processes in waste management. Proc. AESF Annual Tech. Conf. *76*, 7-12 (1989).
[9] Höll, W. H.: Spaltung von Schwermetallkomplexbildnern an Anionenaustauschern. Vom Wasser *77*, 35-45 (1992).
[10] Potthoff-Karl, B., Greindl, T. u. Oftring, A.: Synthese abbaubarer Komplexbildner und ihre Anwendung in Waschmittel- und Reinigerformulierungen. SÖFW-Journal *6*, 394 (1996).

[11] Grasshoff, A. u. Potthoff-Karl, B.: Complex forming compounds in alkaline cleaners. Tenside, Surf., Deter. *33*(4), 278-288 (1996).

[12] Gledhill, W. u. Feijtel, T. C. J.: Environmental properties and safety assessment of organic phosphonates used for detergent and water treatment application. In: Hutzinger, O. The Handbook of Environmental Chemistry, Band 3, Springer Verlag, 261-285, 1992.

[13] Einladungsunterlagen zum 14. EDTA-Fachgespräch „Verringerung der Gewässerbelastung durch EDTA" am 23. 11. 2000 beim Umweltbundesamt, Berlin, Anlagen 4; 5; 6; 8.1

[14] Ein mikrobiologisch hergestellter Komplexbildner – eine Alternative zu EDTA? GIT Laborfachzeitschrift *10*, 1044 (1999).

[15] Renvall, I., Aksela, R. u. Paren, A.: Process for the treatment of chemical pulp. Patent Cooperation Treaty WO 97/30208 (1997).

[16] Baillely, G., Scialla, S., Sorrie, G. A. u. Ersolmaz, S.: Peroxy leaching composition stabilized with EDDS. Patent Cooperation Treaty WO 94/03553 (1994).

[17] Potthoff-Karl, B., Lorencak, P.: Verwendung von Komplexbildner für die Zellstoff- und Holzstoffbleiche, die Papierherstellung sowie das Deinking von Altpapier. Patent Cooperation Treaty WO 98/04775 (1998).

[18] Info Fachverband der Photochemischen Industrie.

[19] Bucheli-Witschel, M. u. Egli, T.: Environmental fate and microbial degradation of aminopolycarboxylic acids. FEMS Microbiol. Rev. *21*, 69-106 (2001).

[20] Phosphonates in Domestic Laundry- and Cleaning Agents – Environmental fate, behaviour, ecotoxicology and environmental risk assessment, Overleggroep Deskundigen Wasmiddelen-Milieu, 1997.

[21] Anonymous: Identifiers, Physical and Chemical properties of PBTC, UNEP Chemicals; UN Screening Information Data Set SIDS for High Production Volume Chemicals/IRPTC Data Profile, Vol. 3/1, pp 459-523, March 1996. Firmen-homepage: http://irptc.unep.ch/irptc, Mai 2001.

[22] Bayer AG: Iminodibernsteinsäure Natriumsalz: Eine neue umweltfreundliche Alternative zu klassischen Komplexiermitteln; CH 201202, Ausgabe 4.99.

[23] Komplexbildner Trilon, Firmenschrift BASF Ludwigshafen.

[24] Schowanek, D., McAvoy, D. C., Versteeg, D. J. u. Hansveit, A.: Effects of nutrient trace metal speciation on algalgrowth in the presence of the chelator [S,S]-EDDS. Aquat. Tox. *36*, 253-275 (1996).

[25] Daten Fachverband der Photochemischen Industrie (AGFA-Gevaert).

[26] Bier, A.: Dissertation Universität Düsseldorf, Lehrstuhl für Allgemeine und Anorganische Chemie I, 1993.

[27] Majer, J. u. a.: New Comlexones XIII: Potentiometric and electrophoretic study of ethylenediamine-N,N'-disuccinic acid and ist metal chelates. Chemicke Zvesti, *22*, 415-422 (1968).

[28] Gorelov, I. P. u. Babich, V. A.: Complex formation by alkaline earth elements with ehtylenediamine disuccinic acid. Russ. J. Inorg. Chem. *16*, 481 (1971).

[29] Martell, A. E. u. Smith, R. M.: Critical Stability Constants Vol. 1, 1974.

[30] Cooper, EM., Sims, JT., Cunningham, SD., Huang, JW. u. Berti, WR.: Chelate-assisted phytoextraction of lead from contaminated soils. J. Environ. Qual. *28*(6), 1709-1719 (1999).

[31] Bordas, F. u. Bourg, A. C. M.: Effect of complexing agents (EDTA and ATMP) on the remobilization of heavy metals from a polluted river sediment. Aquatic Geochemistry *4*(2), 201-214 (1998).

[32] Spaniol, A.: Versuche zur Remobilisierung von Schwermetallen durch Bayhibit AM aus Flusssediment. Internal Report No.: SP-IOW-W-0559/98/1, Bayer AG, 1997.

[33] Anderson, R. L., Bishop, W. E. u. Campbell, R. L.: CRC Critical Reviews in Toxicology *15*, 1 (1985).

[34] Batchelder, T. L., Alexander, H. C. u. McCarthy, W. M.: Bull. Eviron Contam. Toxicol. *24*, 543 (1980).

[35] Sicherheitsdatenblatt Trilon C flüssig, BASF AG, ES 00549-A (D/D), Version 8.03 vom 17. 08. 1999.

[36] EEC Safety Data Sheet, S. A. Dabeer, Doc.N° ID.01.1010, vom 01. 04. 1997.

[37] Sicherheitsdatenblatt Trilon M flüssig, BASF AG, ES 01235-A (D/D), Version 9.02 vom 17. 08. 1999.

[38] Sicherheitsdatenblatt Trilon G flüssig, BASF AG, ES 01039-A-TS (D/D), Version 10.03 vom 16. 06. 1999.

[39] Safety Data Sheet Dissolvine PDZ, AKZO Nobel Chemicals bv, Product code 480941 vom 25. 07. 1996.

[40] Material Safety Data Sheet DEQUEST 2000, Solutia Europa S. A./N. V., 1060/D/5 vom 02. 08. 1999.

[41] Material Safety Data Sheet DEQUEST 2060S, Solutia Europa S. A./N. V., 1077/D/2 vom 22. 08. 1995.

[42] Material Safety Data Sheet DEQUEST 2041, Solutia Europa S. A./N. V., 1067/D/1 vom 10. 08. 1995.

[43] Material Safety Data Sheet DEQUEST 2054, Solutia Europa S. A./N. V., 1074/D/1 vom 04. 06. 1996.

[44] Material Safety Data Sheet DEQUEST 2010, Solutia Europa S. A./N. V., 1062/D/4 vom 22. 08. 1995.

[45] Material Safety Data Sheet DEQUEST 7000, Solutia Europa S. A./N. V., 1098/D/1 vom 03. 09. 1999.

[46] Jaworska, J. S., Schowoanek, D. u. Feijtel, T. C. J.: Environmental risk assessment for [S,S]-EDDS, a biodegradable chelator used in detergent applications. Chemosphere *38*, 3597-3625 (1999).

[47] Gallenkamp, B., Hofer, W., Krüger, B. W., Maurer, F. u. Pfister, T.: Phosphonsäuren und ihre Derivate. Methoden der Organischen Chemie, Houben-Weyl, Band 12/1, 4. Auflage, Thieme Verlag, Stuttgart, 300-308, 1963.

[48] Lee, H.-B., Peart, T. E. u. Kaiser, K. L. E.: Determination of nitrilotriacetic, ethylendiaminetetraacetic and diethylenepentaacetic acids in sewage treatment plant and paper mill effluents. J. Chromatogr. A *738*, 91-99 (1996).

[49] Ternes, T. A., Knepper, T. P. u. Haberer, K.: Verhalten trinkwassergängiger organischer Stoffe bei der Wassergewinnung, Abschlußbericht des Forschungsvorhabens Länderarbeitsgemeinschaft Wasser, F 6.2, ESWE-Institut für Wasserforschung und Wassertechnologie GmbH, Wiesbaden 1996.

[50] Lindner, K., Knepper, T. P., Müller, J., Karrenbrock., F., Rörden, O., Brauch, H.-J. u. Sacher, F.: Entwicklung von Verfahren zur Bestimmung und Beurteilung der Trinkwassergängigkeit von organischen Einzelstoffen. IAWR-Schriftenreihe Rheinthemen 3. ISBN: 90-70671-26-3, 2001.

[51] Knepper, T. P., Sacher, F., Lange, F. T., Brauch, H. J., Karrenbrock, F., Roerden, O. u. Lindner, K.: Detection of polar organic substances relevant for drinking water. Waste Management *19*, 77-99 (1999).

[52] Wischer, D., Sicius, H. u. Kleinstück, R.: Phosphobutane Tricarboxylic Acid (PBTC) as an Environmentally Friendly Additive to Cooling Water and Cleaning Agents. G. I. T. Verlag GmbH, Darmstadt, UTA International *1*, S. 28-33 (1998).

[53] Horstmann, B. u. Grohmann, A.: Untersuchungen zur biologischen Abbaubarkeit von Phosphonaten. Vom Wasser *70*, 163-178 (1988).

[54] Steber, J. u. Wierich, P.: Chemistry, Biology and Toxicology as related to Environmental problems. Chemosphere *16*, 1323-1337 (1987).

[55] Annonymous: Identifiers, Physical and Chemical properties of ATMP, UNEP Chemicals; UN Screening information Data Set SIDS for High Production Volume Chemicals/IRPTC Data Profile, Vol. 1/2, pp 301-367, Firmen-homepage: http://irptc.unep.ch/irptc, Mai 2001.

[56] Hellpointer, E.: Abbau von PBTC in natürlichem Wasser unter aeroben Bedingungen. Bayer AG, Studie No.: M 151 0591-2, 1995.

[57] Andrianirnaharivelo, S., Mailhot, G. u. Bolte, M.: Photodegradation of organic pollutants induced by complexation with transition metals (Fe^{3+} and Cu^{2+}) present in natural waters. Solar Energy Materials and Solar Cells *38*, 459-474 (1995).

[58] Nowack, B. u. Baumann, U.: Biodegradation of photolysis products of Fe(III)EDTA Acta Hydrochem. et Hydrobiol. *26*(2), 104-108 (1998).

[59] Klinger, J., Sacher, F., Brauch, H.-F., Maier, D. u. Worch, E.: Verhalten organischer Phosphonsäuren bei der Trinkwasseraufbereitung. Vom Wasser *91*, 15-27 (1998).

[60] Reinecke, F., Groth, T., Heise, KP., Joentgen, W., Muller, N. u. Steinbuchel, A.: Isolation and characterization of an Achromobacter xylosoxidans strain B3 and other bacteria capable to degrade the synthetic chelating agent iminodisuccinate. FEMS Microbiology Letters *188*, 41-46 (2000).

[61] EEC Safety Data Sheet, S. A. Dabeer- Division: Sequesting Agents, Dabeersen 284 LC vom 18. 12. 1998.

[62] Sýkora, V., Pitter, P., Bittnerová, I. u. Lederer, T.: Biodegradability of ethylendiamine-based complexing agents. Wat. Res. *35*, 2010-2016 (2001).

[63] Sicherheitsdatenblatt Trilon A 92, BASF AG, ES 00539-A-TS (D/D), Version 12.04 vom 20. 10. 1999.

[64] Sicherheitsdatenblatt Trilon B Pulver, BASF AG, ES 00543-A (D/D), Version 13.03 vom 26. 10. 1999.

[65] Haberer, K. u. Knepper, T. P.: Verhalten polarer organischer Stoffe bei der Trinkwassergewinnung aus Rheinwasser. GWF *134*, 526-532 (1993).

[66] Ternes, T. A., Stumpf, M., Steinbrecher, T., Brenner-Weiß, G. u. Haberer, K.: Identifizierung und Nachweis neuer Metabolite des DTPA in Fließgewässern und Trinkwasser. Vom Wasser *87*, 275 ff. (1996).

[67] Stemmler, K., Glod, G. u. von Gunten, U.: Oxidation of metal-diethylentriamine-pentaacetate (DTPA)-complexes during drinking water ozonation. Wat. Res. *35*, 1877-1886 (2001).

[68] Klinger, J.: Analytische Bestimmung organischer Phosphonsäuren und deren Verhalten im Prozess der Trinkwasseraufbereitung. Dissertation TU Dresden, 1997.

[69] Ternes, T. A., Stolte, K. u. Haberer, K.: Abbau von DTPA in der Trinkwasseraufbereitung durch UV/H_2O_2. Vom Wasser *88*, 243-256 (1997).

[70] Sörensen, M. u. Frimmel, F. H.: Photochemical degradation of hydrophilic xenobiotics in the UV/ H_2O_2-process. Influence of humic matter on the degradation rate of 2-Amino-1-naphtalenesulfonate and Ehtylendiaminetetraacetate. Acta Hydrochim. Hydrobiol. *24*, 132-136 (1996).

[71] Sörensen, M. u. Frimmel, F. H.: Abbau anthropogener Wasserinhaltsstoffe mit photochemischen Methoden: Bestimmung und Bilanzierung der Abbauprodukte. Poster auf der GDCh-Tagung der Fachgruppen Analytischen Chemie, Wasserchemie sowie Umweltchemie und Ökotoxikologie, Ulm, 1996.

[72] Sacher, F., Karrenbrock, F., Knepper, T. P. u. Lindner, K.: Untersuchungen zur Adsorbierbarkeit von organischen Einzelstoffen als Kriterium ihrer Trinkwasserrelevanz. Vom Wasser *96*, 173-192 (2001).

[73] Huber, W.: Über die Bestimmung von Aminopolycarbonsäuren durch Ionenpaarchromatographie. Acta Hydrochim. Hydrobiol. *20*, 6-8 (1992).

[74] DIN-Norm-Entwurf 38413-10: Bestimmung von sechs organischen Komplexbildnern durch Gaschromatographie mit stickstoffsensitiver und massenspektrometrischer Detektion (P10).

[75] Lindner, K., Knepper, T. P., Karrenbrock, F., Rörden, O., Brauch, H.-J., Lange, F. T. u. Sacher, F.: Erfassung und Identifizierung von trinkwassergängigen Einzelsubstanzen in Abwässern und im Rhein, Abschlußbericht zum ARW/VCI-Forschungsvorhaben, IARW- Schriftenreihe, Rheinthemen 1, ISBN: 90-6683-080-8, 53, 1996.

[76] Soßdorf, D., Brenner-Weiß, G. B., Kreckel, P., Ternes, T. A. u. Wilken, R.-D.: ^{13}C-isotopenmarkierte Standards zur GC/MS-Bestimmung der Komplexbildner NTA, EDTA und DTPA. Vom Wasser *94*, 121-134 (2000).

[77] Dürner, B.: Neue Methoden zur Analyse von organischen Komplexbildnern aus wässriger Matrix. Diplomarbeit ESWE/FH-Fresenius, Juni 2000.

[78] Goheen, S. C., Wahl, K. L., Campbell, J. A. u. Hess, W. P.: Mass spectrometry of low molecular mass solids by matrix-assisted laser desorption/ionization. J. Mass Spec. *32*, 820-828 (1997).

[79] Okembgo, A. A., Hill, H. H., Metcalf, S. G. u. Bachelor, M.: Reverse polarity capillary zone electrophoretic determination of ethylenediaminetetraacetic acid and N-hydroxyethyl ethylendiaminetriacetic acid in Hanford defense waste. J. Microcolumn Separations *12*, 48-56 (2000).

[80] Tschäbunin, G., Fischer, P. u. Schwedt, G.: Zur Analytik von Polymethylenphosphonsäuren. Analytische Chemie *333*, 111 ff (1989).

[81] Vaeth, E., Sladek, P. u. Kenar, K.: Ionen-Chromatographie von Polyphosphaten und Phosphonaten. Analytische Chemie *329*, 584-589 (1987).

[82] Schowanek, D. u. Verstaete, W.: Improved auto-analyzer method for the determination of phosphonates (total phosphorous) in a broad range media. Biotech. Techn. *4*, 429-434 (1999).

[83] Nowack, B.: Determination of phosphonates in natural waters by ion-pair high-performance liquid chromatography. J. Chromatogr. A *773*, 139-146 (1997).

[84] Nowack, B.: The behavior of phosphonates in wastewater treatments plants of switzerland. Wat. Res. *32*, 1271-1279 (1998).

[85] Bauer, K.-H., Knepper, T. P., Maes, A., Schatz, V. u. Voihsel, M.: Analysis of polar organic micropollutants in water with ion chromatography-electrospray mass spectrometry. J. Chromatogr A *837*, 117-128 (1999).

[86] Knepper, T. P. u. Kruse, M.: Investigations on the formation of sulfophenylcarboxylic acids (SPC) out of linear alkylbenzenesulfonates (LAS) by means of liquid chromatography/mass spectrometry. Tenside. Surf. Det. *37*, 41-47 (2000).

[87] Knepper, T. P.: Richtig gemessen oder falsch geschätzt: Ergebnisse und Erkenntnisse von quantitativen Untersuchungen mit LC-MS. In: Reemstma, T. and Kornmüller, A. (Ed.): Schriftenreihe Applications of LC-MS in Water Analysis, Biological Waste Water Treatment, Technical University Berlin *16*, 145-156 (2001)

[88] Klinger, J. et al: Determination of organic phosphonates in aqueous samples using liquid chromatography/particle-beam mass spectrometry. Acta Hydrochim. Hydrobiol. *15*, 79-86 (1997).

[89] Internationale Arbeitsgemeinschaft der Rheinwasserwerke, IAWR Rheinmemorandum, 1995.

[90] Lee, H.-B., Peart, T. E. u. Kaiser, K. L. E.: Determination of NTA, EDTA and DTPA in sewage treatment plants and paper mill effluents. J. Chromatogr. A. *738*, 91-96 (1996).

[91] Fleig, M. u. Brauch, H.-J.: Ergebnisse der AWBR-Untersuchungen im Jahr 1999, AWBR-Jahresbericht 1999, 56-57, 2000.

[92] Arbeitsgemeinschaft der Wasserwerke an der Ruhr und Ruhrverband, Ruhrwassergüte, S. 58-59, 1999.

[93] Anonymous: Identifiers, Physical and Chemical properties of ATMP, UNEP Chemicals; UN Screening Information Data Set SIDS for High Production Volume Chemicals/IRPTC Data Profile, Vol. 3/1, p 311. Firmen-homepage: http://irptc.unep.ch/irptc, Mai 2001.

[94] Brauch, H.-J., Fleig, M., Hambsch, B. u. Kühn, W.: Der Rhein im Jahr 1999. ARW-Jahresbericht, 56. Bericht, S. 28-31, Eigenverlag Karlsruhe ISSN 0343-0391, 1999.

[95] Wanke, T. u. Eberle, S. H.: Die gaschromatographische Bestimmung von DTPA in Oberflächengewässer. Acta Hydrochim. Hydrobiol. *20*, 192-196 (1992).

[96] AWBR-Jahresbericht, 31. Bericht, S. 50, S. 56-57, Schnelldruckerei Ernst Grässer, ISSN 0179-7867, 1999.

[97] Karrenbrock, F.: Bisher unveröffentlichte Daten des Labors der GEW Köln, Köln, 2001.

[98] OECD/SIDS. Screening Information Data Set (SIDS) of OECD High Production Volume Chemicals Programme, 1993.

[99] Fleig, M.: Bisher unveröffentlichte Daten des DVGW Technologiezentrums Wasser, Karlsruhe 2001.

[100] Langi, A., Priha, M., Tapanila, T. u. Talka, E.: Die Umweltauswirkungen der in der Zellstoff- und Papierindustrie eingesetzten Komplexbildner, Papier Suppl. *52*, 10 A, V28-V34 (1998).

[101] Conrad, J.: Environmental Policy Regulation by Voluntary Agreements: Technical Innovations for Reducing Use and Emission of EDTA. FBU-report 00-04, Forschungsstelle für Umweltpolitik, FU Berlin, FB Politik- und Sozialwissenschaften, Otto-Suhr-Institut für Politikwissenschaft, 2000.

[102] Carlson, B. L., Ericsson, T., Lövblad, R., Persson, S. u. Simon, O.: The reconstruction of an aerated lagoon to a long-term aerated activated sludge plant at Södra Cell, Mönsteras Kraft Pulp Mill. TAPPI 2000 International Environmental Conference (May 6-10, 2000, Denver, CO), Proceedings Volume 1, page 363-370 (2000).

[103] Kleinstück, R.: Abbau von Phosphonsäuren in wässriger Lösung durch Licht. Internal Report No.: AC-6-1252/21. 3. 1990, Bayer AG, 1990

Vorkommen von Nonylphenolmonoethoxylat, Nonylphenol diethoxylat und 4-Nonylphenol in österreichischen Klärschlämmen

Occurrence of Nonylphenolmonoethoxylate, Nonylphenoldiethoxylate and 4-Nonylphenol in Austrian Sewage Sludges

Sigrid Scharf*, Oliver Gans*, Marion Stefanie Gangl*

Schlagwörter

Klärschlamm, Xenohormone, Nonylphenolmonoethoxylat, Nonylphenoldiethoxylat, Nonylphenol

Summary

In this study nonylphenolmonoethoxylate, nonylphenoldiethoxylate and 4-nonylphenol were analysed in sewage sludges of Austrian sewage treatment plants. Wet, dewatered and composted sewage sludge were examined and their substance concentrations were compared. NP1EO and Nonylphenol were detected in all sludges (highest value: 23 mg/kg TM and 70 mg/kg TM). In the composted sludge a clear decrease of these substances was observed compared to the non-composted sludge.

Zusammenfassung

Verschiedene Klärschlammarten (Nassschlamm, entwässerter Klärschlamm, kompostierter Klärschlamm) wurden erstmalig in Österreich auf ihre Gehalte an Nonylphenolmonoethoxylat, Nonylphenoldiethoxylat und 4-Nonylphenol techn. untersucht und die Substanzkonzentrationen dieser ausgewählten endokrin wirksamen Substanzen verglichen. NP1EO konnte in allen analysierten Klärschlammproben über der Bestimmungsgrenze von 0,065 mg/kg TM (Maximalwert: 23 mg/kg TM) nachgewiesen werden. NP2EO wurde ebenfalls in fast allen Proben quantifiziert. Im Vergleich zur internationalen Literatur sind die Ergebnisse für 4-Nonylphenol techn. geringer (Maximalwert: 70 mg/kg TM). In den kompostierten Klärschlammproben war eine deutliche Abnahme dieser drei Substanzen festzustellen.

---

* Mag. Dr. S. Scharf, Dipl.-Ing. Dr. O. Gans, Mag. M. Gangl, Umweltbundesamt Wien, Spittelauer Lände 5, A-1090 Wien.

Vom Wasser, *97*, 233–242 (2001)

1 Einleitung

Nonylphenolmonoethoxylat (NP1EO), Nonylphenoldiethoxylat (NP2EO) und 4-Nonylphenol techn. (4-NP techn.) zählen zu den Xenohormonen. Als Xenohormone werden endokrin wirksame Industriechemikalien bezeichnet, die im Verdacht stehen, das hormonelle System von Mensch und Tier zu beeinflussen.

Frühere Untersuchungen von 17 Kläranlagenzu- und abläufen sowie den betroffenen Vorflutern [1,2] zeigten auf, dass auch in Österreich – trotz Reinigung der kommunalen und industriellen Abwässer in den Kläranlagen – Vorfluterbelastungen mit hormonell wirksamen Substanzen auftreten können. Einige Substanzen, die im Verdacht stehen, hormonelle Wirkungen zu haben, wurden auch in österreichischen Fließgewässern nachgewiesen. Zu diesen Substanzen zählen u. a. Abbauprodukte der Alkylphenolethoxylate (APEO), welche zu den weitest verbreiteten Tensiden gehören. An den insgesamt weltweit produzierten Alkylphenolethoxylaten haben Nonylphenolverbindungen einen Anteil von 82 % [3].

Die weltweite Produktion an APEO lag 1996 bei etwa 500 Kilotonnen [4]. In Österreich werden ca. 470 Tonnen Alkylphenole und Alkylphenolethoxylate pro Jahr verbraucht [5]. Als Ausgangsstoff für die Herstellung von Nonylphenolethoxylaten dient technisches Nonylphenol.

Während der aeroben Abwasserbehandlung im Belebtschlammbecken einer Kläranlage werden die Ethoxylatketten durch hydrolytische Abspaltung der Ethoxygruppen verkürzt. Die wesentlichen Hauptabbauprodukte sind unter diesen Bedingungen Nonylphenolmonoethoxylat (NP1EO) und Nonylphenoldiethoxylat (NP2EO). Ein weiterer Teil dieser niedrig ethoxylierten Verbindungen wird zu Nonylphenoxyessigsäure (NP1EC) bzw. Nonylphenoxyethoxyessigsäure (NP2EC) carboxyliert [6].

Eine völlige Deethoxylierung zum 4-Nonylphenol (NP) erfolgt nur unter anaeroben Bedingungen [7], wobei der weitere Abbau des 4-Nonylphenols wieder unter aeroben Bedingungen erfolgen kann. Aus Untersuchungen von Ahel et al. [6] ist bekannt, daß das lipophile Nonylphenol überwiegend über den Klärschlamm in die Umwelt gelangt.

Das Fraunhofer-Institut für Umweltchemie und Ökotoxikologie in Bergholz-Rehbrücke (Braunschweig, Deutschland) schlägt einen Normwert von 60 mg/kg TM für Nonylphenol im Klärschlamm vor [8]. Zur Förderung des aeroben Abbaus von Nonylphenol sollte möglichst eine Wartezeit von mindestens drei Monaten zwischen dem Anfall des Klärschlamms und der landwirtschaftlichen Ausbringung eingehalten werden.

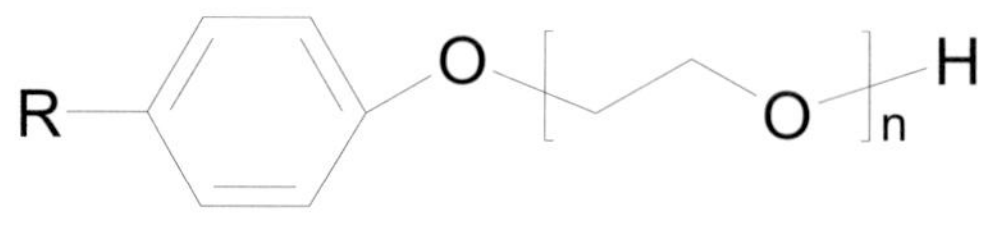

$R = C_9H_{19}$ Nonylphenol

n=0   Nonylphenol

n=1   Monoethoxylat

n=2   Diethoxylat

Bild 1. Struktur von NP, NP1EO und NP2EO.

Vom Wasser, 97, 233–242 (2001)

NP1EO, NP2EO und 4-NP sollen schwach östrogen wirksame Substanzen sein [3]. In einer österreichweiten Studie wurden nun erstmalig entwässerte Klärschlämme von 17 Kläranlagen, wovon 14 kommunale Abwässer reinigen und 3 industrieller Herkunft sind, auf ihre Gehalte an NP1EO, NP2EO, 4-NP techn. und anderen endokrin wirksamen Substanzen [9] untersucht. Bei den ausgewählten Kläranlagen erfolgt meist eine anaerobe Schlammstabilisierung.

Diese Klärschlämme werden meist zur landwirtschaftlichen Verwertung, zur Rekultivierung oder im Landschaftsbau herangezogen.

Zeitgleich wurde, wenn es möglich war, auch Nassschlamm oder kompostierter Klärschlamm genommen und ebenfalls auf die oben genannten Substanzen analysiert.

2 Analytik

2.1 Probenahme und Probevorbereitung

Glasgebinde wurden spezialgereinigt (auswaschen mit Acetonitril, 12 Stunden ausheizen, mit Isooktan nachspülen) und mit der Post zur Probenahme verschickt. Die Probenahme erfolgte durch die Kläranlagenbetreiber. Innerhalb von 24 Stunden wurden die Proben an das Umweltbundesamt Wien retourniert. Nach dem Erhalt der Proben wurden diese bis zur Gewichtskonstanz lyophilisiert und anschließend in der Planetenmühle analysenfein vermahlen. Bis zur Analyse wurden sie bei $-18\,^{\circ}C$ gelagert.

2.2 Analytik von Nonylphenolmono- und diethoxylat (NP1EO, NP2EO)

Als Referenzsubstanz wird Marlophen NP 3 (Fa. CONDEA Chemie GmbH, BRD) eingesetzt. Es handelt sich dabei um ein technisches Gemisch, das eine Ethoxylatverteilung (mit NP1EO und NP2EO zu 8 % bzw. 22 %) gemäß einer Gauß'schen Kurve darstellt. Es wurde eine Methode entwickelt, bei der NP1EO und NP2EO in festen Proben durch Hochleistungsflüssigchromatographie (HPLC) mit Fluoreszenz-Detektion bestimmt werden kann [10].

Grundzüge des Verfahrens:

Die Klärschlämme werden nach der Gefriertrocknung im Soxhlet Extraktor 8 Stunden mit Dichlormethan extrahiert. Der Extrakt wird im Stickstoffstrom im Abzug eingeengt, danach erfolgt ein Lösungsmittelwechsel auf n-Hexan. Die Analyten wurden mittels Normalphasen HPLC getrennt und mittels Fluoreszenzdetektor bestimmt.

Messgeräte:

HPLC-Vorsäule:	LiChrospher Hypersil APS 3 µm
HPLC-Trennsäule:	Hypersil APS 3 µm, 250 mm x 4,0 mm ID
HPLC-System:	Waters Pumpe 510, Scanning Fluoreszenz Detektor Waters 474
Fluoreszenzdetektion:	Fluoreszenz Ex: 225 nm; Em: 304 nm
Flussrate:	1,5 ml/min.

Tabelle 1. Mittlere Wiederfindungsraten, verfahrensangepasste Bestimmungsgrenzen (BG) und Nachweisgrenzen (NG bei Probenvorbereitung von 1 g Probe (TM)/ NP1EO und NP2EO).

Substanz	MWFR [%] (n=10)	NG (µg/kg)	BG (µg/kg)
Nonylphenol -1- ethoxylat	97	18	65
Nonylphenol -2- ethoxylat	88	53	180

2.2.1 Verfahrenskenndaten

Die Ermittlung der Bestimmungs- und Nachweisgrenzen für die einzelnen Analyte erfolgte mittels der Qualitätssicherungssoftware SQS 98 der Fa. Perkin Elmer[©] 1998. Die von der Software erhaltenen Daten (Basisvalidierung) wurden für die Berechnung der verfahrensangepassten Bestimmungsgrenzen mit den jeweiligen Wiederfindungsraten umgerechnet. Um den Streubereich der Wiederfindung sicher abzudecken, wird zumindest mit der im Verfahren kleinsten ermittelten Wiederfindung (MWDF-2s) umgerechnet.

2.3 Analytik von Nonylphenol techn.

Bei der Analytik von 4-Nonylphenol wurde als Standard technisches Nonylphenol eingesetzt, das zu ca. 9 Teilen aus 4-Nonylphenol und einem Teil aus 2-Nonylphenol besteht.

Grundzüge des Verfahrens:

Die Klärschlämme werden nach der Gefriertrocknung im Soxhlet Extraktor 8 Stunden mit Dichlormethan extrahiert. Der Extrakt wird im Stickstoffstrom im Abzug eingeengt, danach erfolgt ein Lösungsmittelwechsel auf Acetonitril. Nach Zugabe des Internen Standards (4-n-Nonylphenol) wird das techn. Nonylphenol mittels HPLC mit Massen-Detektion (Detektion im ESI neg. Modus) bestimmt.

Messgeräte:

HPLC-Vorsäule:	THE UNIVERSAL Security Guard (Phenomenex) 4 x 2 mm C18, 5 µm
HPLC-Trennsäule:	Luna (Phenomenex) 100 x 2 mm C18, 5 µm
HPLC-System:	Agilent 1100
Massendetektor:	Micromass Quattro LC ultima
Flussrate:	0,25 ml/min.

MRM-Übergänge

Substanz	Molekülion	Fragmention	Dwell time	Cone Volt.	Col. Energy
techn. Nonylphenol	219,3	133,2	0,2	60	20
4-n-Nonylphenol	219,3	106,0	0,2	60	20

Tabelle 2. Mittlere Wiederfindungsraten, verfahrensangepasste Bestimmungsgrenze (BG) und Nachweisgrenze (NG) bei Probenvorbereitung von 1 g Probe.

	MWFR [%] (n=10)	NG (µg/kg)	BG (µg/kg)
4-Nonylphenol techn.	96	0,9	3,1

2.3.1 Verfahrenskenndaten

Die Ermittlung der Bestimmungs- und Nachweisgrenzen für die einzelnen Analyte erfolgte mittels der Qualitätssicherungssoftware SQS 98 der Fa. Perkin Elmer[©] 1998. Die von der Software erhaltenen Daten (Basisvalidierung) wurden für die Berechnung der verfahrensangepassten Bestimmungsgrenzen mit den jeweiligen Wiederfindungsraten umgerechnet. Um den Streubereich der Wiederfindung sicher abzudecken, wird zumindest mit der im Verfahren kleinsten ermittelten Wiederfindung (MWDF-2s) umgerechnet.

3 Untersuchungsergebnisse

3.1 Nonylphenolethoxylate

NP1EO konnte in allen 23 analysierten Proben über der Bestimmungsgrenze von 0,065 mg/kg Trockensubstanz (TM) nachgewiesen werden. Das Maximum lag bei 23 mg/kg TM und das Minimum bei 0,12 mg/kg TM.

Die NP2EO – Gehalte waren etwas geringer. NP2EO wurde in 15 von 17 entwässerten Schlammproben über der Bestimmungsgrenze von 0,180 mg/kg TM ermittelt.

Tabelle 3. Minima und Maxima von NP1EO und NP2EO.

Substanz	Dim.	entw. Schlamm Min. – Max.	Nassschlamm Min. – Max.	komp. Schlamm Min. – Max.
		17 Proben	4 Proben	2 Proben
NP1EO	mg/kg TM	0,15–23	1,4–10	0,12–0,25
NP2EO	mg/kg TM	<BG – 13	0,40–10	n.n.–<BG

Während NP1EO in den beiden kompostierten Klärschlammproben quantifiziert werden konnte (Maximalwert: 0,25 mg/kg TM), wurde NP2EO hingegen nicht über der Bestimmungsgrenze erfasst. Im Vergleich zu den Nassschlämmen bzw. entwässerten Schlämmen ist eine deutliche Konzentrationsabnahme bei den kompostierten Klärschlämmen festzustellen (siehe auch Kapitel 3.3).

3.1.1 Vergleich mit Literaturdaten

Tabelle 4. Nonylphenolethoxylate im Klärschlamm (Angaben in mg/kg TM).

Land	NP1EO	NP2EO	Literatur
Deutschland	5–40	≤ 3	[11]
Spanien	20–190	1–50	[12]
Schweiz	70	n. n.	[13]
Schweiz	340–410	–	[14]
Schweiz	220	30	[15]
Schweiz	90–680	20–220	[16]; [17]
Kanada	3,9–437	1,5–297	[22]

Im Vergleich zu den Literaturdaten sind die bei diesen Untersuchungen im Klärschlamm gefundenen NP1EO – und NP2EO-Gehalte gering (siehe Tabelle 4).

3.2 4-Nonylphenol techn.

In allen Klärschlammproben konnte 4-Nonylphenol techn. quantifiziert werden, wobei der Maximalwert 70 mg/kg TM betrug (siehe Tabelle 5).

Tabelle 5. Minima und Maxima von 4-Nonylphenol techn.

Substanz	Dim.	entw. Schlamm Min. – Max.	Nassschlamm Min. – Max.	komp. Schlamm Min. – Max.
4-NP techn.	mg/kg TM	17 Proben 0,46–65	4 Proben 0,37–70	2 Proben 2,5–7,5

Tabelle 6. Nonylphenol im Klärschlamm.

Land	Dim.	NP	Literatur
Spanien	mg/kg TM	400–1.200	[12]
Schweiz	mg/kg TM	176	[13]
Deutschland	mg/kg TM	22,1–1.193	[18]
Deutschland	mg/kg TM	90–1.300	[19]
Italien	mg/kg TM	210	[20]
Kanada	mg/kg TM	8,4-850	[22]

3.2.1 Vergleich mit Literaturdaten

Im Vergleich mit der internationalen Literatur zeigt sich, dass die untersuchten Klärschlammproben geringe Konzentrationen an 4-Nonylphenol techn. aufweisen (siehe Tabelle 6). Der vorgeschlagene Normwert von 60 mg/kg TM [7] wurde in zwei Fällen überschritten. 1996 wurden vom Umweltbundesamt Wien bereits Klärschlammproben (Faulschlämme) auf Nonylphenol untersucht. Der kleinste gefundene Wert lag bei 13 mg/kg TM der Maximalwert bei 57 mg/kg TM [21].

3.3 Vergleich der Schadstoffbelastung verschiedener Klärschlammarten

Die Substanzkonzentrationen im entwässerten Schlamm entsprachen ungefähr den Gehalten (bezogen auf die Trockensubstanz) im Nassschlamm (siehe Tabelle 7). Ein Grund für geringfügige Unterschiede der Untersuchungsergebnisse könnte sein, dass die Schlammproben zum gleichen Zeitpunkt, dadurch aber nicht von der gleichen Klärschlamm – Charge genommen wurden.

Beim Vergleich der Konzentrationen im entwässerten Schlamm bzw. im Nassschlamm mit den Konzentrationen im kompostierten Klärschlamm konnten eindeutig geringere Gehalte dieser endokrin wirksamen Substanzen in den kompostierten Proben festgestellt werden. Dies ist zumindest teilweise auf die Vermischung des Klärschlamms mit Strukturmaterial wie z. B. Baum- und Strauchschnitt, Rinde, Holzwolle oder Häckselgut zurückzuführen.

Tabelle 7. anlagenbezogener Vergleich verschiedener Klärschlammarten.

Parameter (in mg/kg TM)	Nass-schlamm	entw. Schlamm	kompost. Schlamm	Nass-schlamm	entw. Schlamm	kompost. Schlamm
	Anlage 1			Anlage 2		
NP1EO	4,0	4,5	0,12	5,0	4,1	0,25
NP2EO	0,40	0,42	<BG	10	13	n. n.
4-NP techn.	56	50	2,5	70	49	7,5

Der Klärschlammanteil der in Tabelle 7 angeführten kompostierten Klärschlammproben beträgt 60 % bzw. 35 %.

4 Schlussfolgerung und Ausblick

Die vorliegende Untersuchung zeigt klar auf, dass sich im Klärschlamm Nonylphenolmono-ethoxylat, Nonylphenoldiethoxylat und 4-Nonylphenol techn. anreichern. Durch genau definierte Untersuchungen ist noch abzuklären, ob durch gezielte Klärschlammaufbereitung ein wirksamer Abbau der endokrin wirksamen Substanzen NP1EO, NP2EO und 4-NP techn. möglich ist. Für zukünftige Studien wird eine geeignete Methode für die Bestimmung der Nonylphenolethoxylate mittels LC-MS ausgearbeitet.

Um die aus dieser Studie gewonnenen Erkenntnisse zu bestätigen und eine umfassende ökologische Risikoabschätzung von hormonell wirksamen Substanzen abgeben zu können, sind weitere Untersuchungen erforderlich. Anschliessend wäre zu überlegen, ob gesetzliche Regelungen für die Begrenzung der Emissionen und Immissionen dieser endokrin wirksamen Substanzen angebracht wären.

Literatur

[1] Scharf, S., Sattelberger, R. u. Lorbeer, G.: Hormonell wirksame Substanzen im Zu- und Ablauf von Kläranlagen. *Datenbericht UBA-BE-151*. Hrsg. vom Umweltbundesamt GmbH Wien. (1999).

[2] Sattelberger, R., Scharf, S. u. Lorbeer, G.: Hormonell wirksame Substanzen in Fließgewässern. *Datenbericht UBA-BE-150*. Hrsg. vom Umweltbundesamt GmbH Wien. (1999).

[3] Gülden, M., Turan, A. u. Seibert, H.: Substanzen mit endokriner Wirkung in Oberflächengewässern. Texte 68/97. Umweltforschungsplan des Bundesministeriums für Umwelt, Naturschutz und Reaktorsicherheit. Wasserwirtschaft. Hrsg. vom Umweltbundesamt Berlin. (1997).

[4] Naylor, C. G. et al. Proceedings of the CESIO 4th World Surfactants Congress, Barcelona, Spain; European Committee on Surfactants and Detergents: Brussels, Belgium, 378-91 (1996).

[5] Janssen, I., Fellinger, R. u. Schramm, C.: Ökologische Relevanz von hormonell wirksamen Substanzen in Österreich. *Im Auftrag des BMUJF. Bd. 44.* (1998).

[6] Ahel, M.; Giger W. & Schaffner, C.: Behaviour of alkylphenol polyethoxlate surfactants in the aquatic environment – 1. Occurence and transformation in sewage treatment. Wat. Res., *28*, 1131-1142 (1994)

[7] Giger, W.; Brunner, P. H.; Schaffner, C.: 4-Nonylphenol in sewagw sludge: Accumulation of toxic metabolites from non ionic surfactnats. Science, *225*, 623-25, (1984).

[8] Schnaak, W. u. a.: Untersuchungen zum Vorkommen von ausgewählten organischen Schadstoffen im Klärschlamm und deren ökotoxikologische Bewertung bei der Aufbringung von Klärschlamm auf Böden sowie Ableitung von Empfehlungen für Normwerte. Im Auftrag des Landesumweltamtes Brandenburg. Fraunhofer Institut. Bergholz-Rehbrücke. (1995).

[9] Gangl, M., Kreuzinger N., Sattelberger R. u. Scharf S.: Hormonell wirksame Substanzen in Klärschlämmen. *Monographie M-136*. Hrsg. vom Umweltbundesamt GmbH Wien (2001).

[10] Bennie, D. T., Sullivan, C. A., Lee, H.-B., Peart, T. E. u. Maguire R. J.: Occurrence of alkylphenols and alkylphenol mono- and diethoxylates in natural waters of the Laurentian Great Lakes basin and the upper St. Lawrence River. The Science of the Total Environment *193*, 263-275, (1997).

[11] Kunkel, E.: Tenside Surfactants Detergents *24*, 280 (1987) in Thiele, B., Günther, K. u. Schwuger, M. J.: Alkylphenol ethoxylates: Trace analysis and environmental behaviour. Chemical Reviews 97 Nr. 8, 3247-3272, (1997).

[12] Wahlberg, C. , Renberg, L. u. Wideqvist, U.: Determination of nonylphenol and nonylphenol ethoxylates as their pentafluorobenzoates in water, sewage sludge and biota. Chemosphere *20 Nr.1/2*, S. 179-195, (1990).

[13] BUWAL/EAWAG: Stoffe mit endokriner Wirkung in der Umwelt. Schriftenreihe Umwelt des Bundesamtes für Umwelt, Wald und Landschaft, *Nr. 308*. Bern (1999).

[14] Tschui, M. u. Brunner, P. H.: Die Bildung von 4-Nonylphenol aus 4-Nonylphenolmono- und diethoxylat bei der Schlammfaulung. Vom Wasser *65*, S. 9-19, (1985).

[15] Marcomini, A, Giger, W. u. Capel, P. D.: Determination of linear alkylbenzenesulfonates, alkylphenol polyethoxylates and nonylphenol in waste water by high-performance liquid chromatography. Journal of Chromatography *403*, S. 243-252, (1987).

[16] Brunner, P. H., Capri, S., Marcomini, A. u. Giger, W.: Occurrence and behaviour of linear alkylbenzenesulphonates, nonylphenol, nonylphenol mono- and nonylphenol diethoxylates in sewage and sewage sludge treatment. Wat. Res. *22, Nr. 12*, S.1465-1472, (1988).

[17] Marcomini, A., Mcevoy, J., Brunner, P. H. u. Giger, W.: In Recycling International; Thome-Kozmiensky, K. J., Ed.; EF/Verlag für Energie und Umwelttechnik. Berlin, 2 (1986) S. 917 in Thiele, B., Günther, K. u. Schwuger, M. J.: Alkylphenol ethoxylates: Trace analysis and environmental behaviour. Chemical Reviews *97, Nr. 8*, S. 3247-3272, (1997).

[18] Jobst, H.: Chlorophenols and Nonylphenols in sewage sludges. 1.Occurence in sewage sludges of western German treatment plants from 1987-1989. Acta Hydrochim. Hydrobiol. *23*, S. 20-25, (1995).

[19] Zellner, A. u. Kalbfus, W.: Belastung bayrischer Gewässer durch Nonylphenole. In: Stoffe mit endokriner Wirkung im Wasser. Münchener Beiträge zur Abwasser-, Fischerei- und Flussbiologie. Band 50. Hrsg. vom Bayerisches Landesamt für Wasserwirtschaft, Institut für Wasserforschung. München: Oldenbourg Verlag 1997.

[20] Marcomini, A., Tortato, C., Capri, S. u. Liberatori, A.: Ann. Chim. 83 (1993) 461 in Thiele, B.; Günther, K.; Schwuger, M. J.: Alkylphenol ethoxylates: Trace analysis and environmental behaviour. Chemical Reviews *97, Nr. 8*, S. 3247-3272, (1997).

[21] Scharf, S., Sattelberger, R. u. Pichler, W.: Nonylphenole in der Umwelt – Übersicht und erste Analysenergebnisse. *Datenbericht UBA-BE-121*. Hrsg. vom Umweltbundesamt GmbH Wien. (1998).

[22] D. T. Bennie, C. A. Sullivan, H.-B. Lee and R. J. Maguire: Alkylphenol Polyethoxylate Metabolites in Canadian Sewage Treatment Plant Waste Streams. Water Quality Res. J. Canada, *33(2)*: 231-252 (1998).

Richtlinien für die Autoren der Schriftenreihe VOM WASSER

Notice to Authors of VOM WASSER

1 Allgemeines

Zur Veröffentlichung in der Schriftenreihe VOM WASSER werden folgende Beiträge in deutscher (vorzugsweise) und englischer Sprache angenommen:

- Wissenschaftliche Originalbeiträge, die andernorts noch nicht veröffentlicht wurden. Diese werden in einem Referee-System bewertet.
- Übersichtsbeiträge, die länger sein können und ein Forschungsgebiet umfassender darstellen als eine Originalarbeit und vom Redaktionskollegium (RK) bearbeitet werden. Sie werden ebenfalls dem Referee-System unterzogen.
- Praxisbeiträge, die aus laufenden Arbeiten von Behörden, Wasserlabors, Wasserwerken, Abwasserverbänden u. ä. berichten (Bearbeitung vom RK).
- Kurzbeiträge, mit max. 10 Manuskriptseiten, wie „Ausführliche Abstracts" oder Zusammenfassungen von Dissertationen, Forschungsvorhaben oder von Tagungen (Bearbeitung vom RK).

Die Manuskripte (zweifach auf Papier: Original und Kopie; einfach auf Datenträger Diskette mit MS-WORD-Versionen) sind an den Obmann des Redaktionskollegiums zu senden, der die Manuskripteingänge bestätigt.

Die Anschrift des Obmanns lautet:

Prof. Dr.-Ing. Martin Jekel

TU Berlin, Sekr. KF 4

Fachgebiet Wasserreinhaltung

Strasse des 17. Juni 135

10623 Berlin

Tel.:030-314-25058/23339 oder 25480 (Fr. Dr. Putschew)

Fax: 030-314-23313

e-mail: <vomwasser@TU-Berlin.DE>

Die *Manuskripte* sollen in einer für die Publikation geeigneten straffen Form abgefaßt sein. Zu ausführliche Einführungen oder historische Überblicke sind zu vermeiden. Auf bekannte Tatsachen ist nur kurz, z. B. durch Literaturzitate, hinzuweisen. Experimentelle Details sollen in besonderen Abschnitten „Experimentelles" oder „Arbeitsvorschrift" zusammengefaßt werden. Der Text ist durch Zwischenüberschriften sinnvoll zu gliedern. Empfohlen wird die Anwendung der DIN 1421, „Gliederung und Benummerung in Texten".

Tabellen und *Bilder* dienen der übersichtlichen Darstellung und sollen zur Texterklärung beitragen. Eine Mehrfachwiedergabe gleicher Sachverhalte durch Tabellen *und* Bilder muß unterbleiben.

Die Autorenrichtlinien sind unbedingt zu beachten. Sie werden in jedem Band publiziert.

2   Terminierung

Redaktionskollegium und Verlag streben an, die beiden jährlich erscheinenden Bände im April bzw. November auszuliefern. Der Umfang der Bände ist begrenzt. Der Zeitpunkt des Eintreffens eines Manuskriptes beim Obmann und das Ausmaß der erforderlichen Bearbeitung ist maßgebend dafür, in welchem Band die Arbeit erscheinen wird. *Letzter Abgabetermin für die Manuskripte beim Obmann des Redaktionskollegiums ist für den November-Band der 15. Juni, für den April-Band der 1. Oktober.*

3   Äußere Form und Umfang des Manuskripts

Alle Manuskripte sollen auf Blättern im A4-Format einseitig mit doppeltem Zeilenabstand mit Schriftgröße 12 geschrieben werden; linker Rand zum Heften 2 cm breit, rechter Rand zur redaktionellen Bearbeitung 6 cm breit. Die Manuskriptseiten sind fortlaufend zu numerieren.

Der Umfang der Manuskripte (ohne Bilder in der Anlage) darf folgende Seitenzahlen nicht überschreiten:

- wissenschaftliche Originalbeiträge und Praxisbeiträge: max. 30 Seiten
- Übersichtsbeiträge: max. 50 Seiten
- Kurzbeiträge: max. 10 Seiten

4   Titel des Beitrags

Der deutsche und – darunter der englische – Titel des Beitrages ist möglichst prägnant und kurz zu halten; bei Manuskripten in englischer Sprache ist die Reihenfolge umzukehren. Der englische Titel hat große Anfangsbuchstaben.

5   Name und Anschrift des Autors

Der Überschrift folgen: Ausgeschriebene Vor- und Zunamen der Autoren, ohne Titel. Ein hochgestelltes * hinter den Autorennamen verweist auf die unten auf der ersten Seite angeführten vollständigen Anschriften aller Autoren (Titel, abgekürzter Vorname und Name). Unter den Namen der Autoren kann ggf. eine Widmung folgen.

6   Schlagwörter

Etwa 5 bis 8 Schlagwörter sollen dem rasch Lesenden eine Einschätzung der Arbeit ermöglichen. Sie sollen aussagekräftig sein. (Nicht: Wasseranalyse, Gewässer, Trinkwasseraufbereitung u. ä.) Treffende Schlagworte sind auch zum Auffinden des Beitrags bei Datenbankrecherchen sehr wichtig.

7   Zusammenfassung

Die dem Text vorangestellten „Summary" und „Zusammenfassung" (bei englischsprachigen Arbeiten in umgekehrter Reihenfolge) berichten im Sinne einer Kurzinformation über Aufgabenstellung, Lösungsweg, wichtigste Ergebnisse, Nutzanwendung u. ä.. Der Umfang beider, die grundsätzlich die gleiche Information vermitteln, darf zusammen 60 Zeilen, siehe Punkt 3, auf keinen Fall überschreiten.

8 Text

Bei der Abfassung des Manuskripts ist zu beachten:

8.1 Es gilt die neue Rechtschreibung einschließlich Abkürzungen nach Duden; mit Bindestrichen sparsam umgehen.

8.2 Für technisches und chemisches Vokabular – außer Element- und Verbindungsnamen – siehe Jansen/Mackensen: „Rechtschreibung der technischen und chemischen Fremdwörter" (VDI-Verlag).

8.3 Für die Schreibweise chemischer Elemente sowie die *Nomenklatur* und Schreibweise von Verbindungen sind maßgebend DIN 32 640 sowie „Internationale Regeln für die chemische Nomenklatur und Terminologie" (VCH Verlagsgesellschaft).

8.4 Abkürzungen und Symbole: Begriffe, die in der Arbeit häufig vorkommen, können abgekürzt werden, müssen aber, wenn sie zum ersten Mal verwendet werden, durch einen Klammerausdruck erläutert werden. Symbole für Größen und Einheiten sollen möglichst gemäß den IUPAC-Regeln bzw. DIN-gerecht (DIN 1301 Teil 1 bis 3, DIN 1304 Teil 1, DIN 1313, DIN 1310) gewählt werden. Das Größensymbol c ist der Größe „Stoffmengenkonzentration" vorbehalten, für die Größe „Massenkonzentration" empfiehlt die DIN 1310 das Symbol β, die IUPAC die Symbole γ, oder ρ. Nähere Erläuterungen zu einer quantitativen Angabe gehören als Kennzeichnung ans Größensymbol, aber nicht in die Einheit. Nicht zulässig sind z. B. Angaben wie mg_{O2}/g_{TS} oder mg TS/L. Als Symbol für die Einheit „Liter" wird in VOM WASSER der Großbuchstabe (L) bevorzugt. Für die Angabe von Erstreckungsbereichen physikalischer Größen soll nach DIN 1338 die Schreibweise mit Dreifachpunkt gewählt werden (z. B. statt „3–5 m": „3...5 m" oder „3 bis 5 m").

8.5 *Formeln und Gleichungen* sind deutlich zu schreiben und ggf. von Hand ins Manuskript einzusetzen. Strukturformeln auf gesondertem Blatt ausführen. Alle verwendeten Formelzeichen und ggf. deren Einheiten unbedingt erläutern! Besonders wichtige oder mehrfach erwähnte Gleichungen sind am rechten Rand durch arabische Zahlen in runden Klammern fortlaufend zu numerieren und ggf. auf sie im weiteren Text mit Gl. (X) hinzuweisen.
Ziffer 1 und Buchstabe „*l*" müssen ebenso wie Buchstabe O und Ziffer 0 leicht zu unterscheiden sein. Bei Indizes sind Groß- oder Kleinbuchstaben deutlich kenntlich zu machen. Bei Verwendung einzelner Zeichen aus Spezialschriften ist dies durch Hinweise am Rand zu verdeutlichen, z. B. α.

8.6 Eine *Berechnungsmethode* ist so vollständig darzustellen, dass man sie nachrechnen kann.

8.7 Hinweise für den Setzer sollen mit normalem Schreibgerät (ausgenommen Bleistift), keinesfalls aber farbig gegeben werden. Die Anmerkungen sind in doppelte Klammern zu setzen, z. B. α.

8.8 Hervorhebungen, z. B. einzelner Wörter, erfolgen durch *Kursivschrift* (bitte sparsam verwenden).
Autorennamen und Namen von Organismen werden im Text kursiv geschrieben.

9   Bilder (<u>nicht</u>: Abbildungen!)

Vgl. hierzu Merkblatt, *Anhang 1:* Formale Anforderungen an Bilder.
Ihre Zahl ist auf das notwendige Maß zu beschränken. Alle Bilder sind *einfarbig* darzustellen und fortlaufend zu numerieren. Auf jedes Bild ist im Text hinzuweisen. Die Bilder nicht in den Text einkleben, sondern mit Autorennamen und Bildnummer versehen dem Manuskript separat beilegen.
Durch *Farbpfeile* mit der Nummer ist am Rand des Manuskriptes auf den Bildhinweis aufmerksam zu machen. Zu jedem Bild gehört eine Bildunterschrift. Unterschriften ggf. mit Legenden sind auf einem *separaten* Blatt zusammenzustellen.
In *Diagrammen* die Achsen mit Größen und Einheiten *parallel* zur Abszisse und möglichst auch zur Ordinate kennzeichnen. Wichtig: Die Einheit steht nicht in Klammern. Richtig ist z. B.: DOC, mg/L oder DOC in mg/L.

10   Tabellen

Tabellen sind fortlaufend zu numerieren. Im Text ist auf jede Tabelle mit ihrer Nummer hinzuweisen. Kleinere Tabellen können direkt in den Text eingearbeitet, größere sollen auf einem gesonderten Blatt aufgeführt werden. Zu jeder Tabelle gehört eine *Überschrift*. Für alle in der Tabelle enthaltenen Größen deren Einheit – üblicherweise im Kopf der Tabelle – anführen; Symbole ggf. erläutern.

11   Schlußbetrachtung

Falls es für erforderlich gehalten wird, die Ergebnisse der Arbeit abschließend zu diskutieren oder auch mit einem Ausblick zu verbinden, kann dies in einer Schlußbetrachtung geschehen. Sie soll sich jedoch von der *Zusammenfassung* deutlich unterscheiden.

12   Literatur

Hinweise sind durch auf Zeile gestellte Zahlen in eckigen Klammern ([.]) oder auch in Schrägstrichen (/./), in aufsteigender Reihenfolge in den laufenden Text einzufügen. Bei mehreren Hinweisen zu einer Textstelle z. B. die Schreibweise /1,2,3/ verwenden. Das Verzeichnis der Literatur ist am Ende des Beitrages unter der Überschrift Literatur anzufügen. Die Titel der Zeitschriften sind nach „International Serials Catalogue" oder „Chemical Abstracts Service Source Index" abzukürzen, Auswahl siehe *Anhang 2*. Bitte auf *Eindeutigkeit* achten, z. B. Angabe der Heftnummer, wenn Seitennummerierung mit jedem Heft neu beginnt.

Beispiel für Zeitschriftenzitat:

[1] Halme, E.: Kanzerogene Wirkung von zinkhaltigem Trinkwasser. Städtehygiene *20*, 174-175 (1969).   (*Kursivsatz* für die Band-Nr.!)

Beispiel für Buchzitat:

[3] Fieser, L. F. u. Fieser, M.: Organische Chemie, 2. Aufl., S. 357. Verlag Chemie, Weinheim 1968.   (Erscheinungsjahr ohne Klammer!)

Bei zwei Autoren „u." zwischen die Namen setzen, bei mehreren mit Komma trennen und vor dem letzten Namen „u." setzen. Bei mehr als drei Autoren nur den Ersten nennen und „u. a." anfügen; „u." und „u. a." auch bei fremdsprachigen Zitaten benutzen, jedoch den Titel der Arbeit nicht übersetzen.

In fremdsprachigen Literaturzitaten werden sowohl die Buchtitel als auch die Titel von fremdsprachigen Zeitschriftenbeiträgen klein geschrieben.

13 Fußnoten

Erläuterungen zum Text (z. B. Hinweise auf Herstellerfirma) sind als Fußnoten, z. B. [1] fortlaufend zu numerieren und jeweils auf der Manuskriptseite anzubringen, zu der die Erläuterung gehört.

14 Korrekturen

Korrekturen in Manuskript und im Korrekturabzug (Umbruch) sind nach Duden bzw. nach DIN 16511 als Randkorrekturen mit Korrekturzeichen vorzunehmen. Im Umbruch sollten sich Korrekturen *nur noch auf Druckfehler* beschränken.

Der Umbruch soll innerhalb von einer Woche nach Erhalt korrigiert an den Bearbeiter weitergeleitet werden.

15 Sonderdrucke

Je Beitrag erhalten die Autoren 30 kostenlose Sonderdrucke, die an den federführenden Autor verschickt werden. Weitere Sonderdrucke können bestellt werden. Dazu liegt den Korrekturabzügen ein Bestellformular und eine Preisliste bei.

16 Manuskript-Begleitblatt

Dem Manuskript ist in **doppelter Ausführung separat** ein *A4-Begleitblatt* nach folgendem Muster beizufügen. Es begleitet den Beitrag in jeder Bearbeitungsphase.

Manuskript-Begleitblatt

- Titel des Aufsatzes
- Autor(en)

- Korrespondenzadresse einschließlich Telefon- und Fax-Nr. sowie E-Mail-Adresse
- Adresse eines Vertreters für den Fall der Nichterreichbarkeit des Korrespondenzautors
- Jahr und Nr. des Vortrags oder Posters auf der Jahrestagung der WG
- Seitenanzahl des Manuskriptes
- Anzahl der Bilder
- Anzahl der Tabellen
- Rücksendungen von Bildoriginalen erwünscht?

- Postalische Bewegungen:
  (Hier soll mindestens das untere Drittel des Blattes als Raumreserve freigehalten werden)

17   Überprüfung des Manuskripts

Es wird dringend empfohlen, das Manuskript vor der Abgabe nochmals zu überprüfen, um Verzögerungen in der Bearbeitung zu vermeiden.

Bei Manuskripten (1 1/2- bis 2-zeilig, 60 Anschläge je Zeile, rechter Korrekturrand (6 cm) ist unbedingt folgende Reihenfolge zu beachten:

- Deutscher Titel*
- Englischer Titel mit großen Anfangsbuchstaben*
- Vor- und Zuname der Autoren ausgeschrieben mit Verweis auf die Fußnote
- Als Fußnote Anschriften der Autoren mit akademischen Titeln, Initialen der Vornamen, Zuname, Anschrift, Stadt mit PLZ und Länderkennzeichen (bei deutschen Orten D vorgesetzt)
- Schlagwörter (etwa 5 bis maximal 8)
- Summary in englisch (maximal 30 Zeilen)*
- Zusammenfassung (maximal 30 Zeilen)*
- Text gut gegliedert mit Dezimalklassifikation (nach der letzten Ziffer kommt **kein Punkt**); Überschriften und Zwischenüberschriften keinesfalls versal (in Großbuchstaben) schreiben oder unterstreichen; Literaturhinweise im Text und beim Verzeichnis sind in eckige Klammern [.] oder Schrägstriche /./ einzufassen.
- Literaturverzeichnis
  Die Überschrift „Literatur" erhält keine Vorziffer.
  Zitierhinweise beachten: Name der Autoren mit nachgestellten Initialen, Titel der Arbeit (bei englischen Zitaten in Zeitschriften kleine, Buchzitate große Buchstaben am Wortanfang). Zeitschriften abgekürztes (Abkürzungen s. Anhang), Jahrgang kursiv oder unterstrichen, Seitenzahlen, (ohne S.) Erscheinungsjahr.
  Bei Büchern Seitenzahlen mit S., Erscheinungsort und Jahr (ohne Klammern).
- Tabellen mit Überschriften, möglichst auf getrennten Blättern.
- Verzeichnis der Bilder, die im Text erwähnt sein müssen (am Manuskriptrand ist anzumerken, wo etwa die Bilder eingefügt werden sollen).
- Bilder (**nicht** Abbildungen) mit ausreichend großer Achsenbeschriftung. Einheiten **nicht** in eckige Klammern, sondern durch Komma oder das Wort „in" von der Achsenbezeichnung abtrennen (also z. B. „Konzentration c, mmol/L" oder „Konzentra-

tion c in mmol/L"). Jedes Bild mit den Autorennamen und der Bildnummer am Rande versehen, da die Bilder zum Scannen vom Manuskript getrennt werden.

● Das Manuskript *und* das Manuskriptbegleitblatt jeweils in *doppelter* Ausfertigung.

* Bei Aufsätzen in englischer Sprache gilt eine andere Reihenfolge: Englischer Titel – deutscher Titel – Autorennamen mit Sterne als Verweis auf Fußnote – Keywords (in englisch), – deutsche „Zusammenfassung", – englische „Summary" – Text usw.

Anhang 1: Formale Anforderungen an Bilder

Um ein sowohl in technischer als auch in formaler Hinsicht einwandfreies Reproduktions-ergebnis zu erhalten, sind folgende Prämissen zu beachten:

Die *Größe der Beschriftung* ist so zu wählen, dass die Buchstabenhöhe von Versalien nach dem Verkleinern die zum Druck und nach DIN erforderliche Größe von 1,5 bis 2 mm hat. Beispiel: Bei einem Maßstab von 50 % müssen die Versalien der kleinsten verwendeten Schrift mindestens 3. die der größten mindestens 4 mm groß sein. Strichzeichnungen sind als Zeichnungs-originale oder als Laser-, nicht als Nadeldrucke oder als Kopien zu liefern; dies würde die Qualität der gedruckten Bilder erheblich mindern. Die Striche müssen tiefschwarz sein. Bitte achten Sie bei Vorlagen mit großem Reproduktionsmaßstab darauf, dass nach der Ver-kleinerung eine einwandfreie Trennung der einzelnen Elemente gewährleistet ist.
Zur Reduzierung der hohen Fixkosten sollen die Bilder so geliefert werden, dass sie als Tableau aufgenommen, also mit einheitlichem Maßstab reproduziert werden können.
Fotos (z.B. von Apparaturen) bitte als Hochglanzabzüge liefern, möglichst einfarbig.
Fotos sind auf der Rückseite, alle anderen Bilder auf der Vorderseite am Rand mit Bleistift zu beschriften mit Bildnummer, Name des Autors, Kurztitel.
Der Verlag (Herr Maier, telefonisch zu erreichen unter der Nr. 0 62 01/6 06-2 64) berät Sie gerne.

Anhang 2: Abkürzungen der im Wasserfach gängigen Zeitschriften und Serien

Appendix: Abbreviations of Journals according to „International Serials Catalogue"

Abwassertechnik	Abwassertechnik
Acta Hydrobiologica	Acta Hydrobiol.
Acta hydrochimica et hydrobiologica	Acta hydrochim. hydrobiol.
Agua	Agua
Allgemeine Fischerei-Zeitung	Allg. Fisch. Ztg.
American Journal of Public Health	Am. J. Public Health
Analyst (London)	Analyst (London)
Analytical Chemistry	Anal. Chem.
Angewandte Chemie	Angew. Chem.
Aqua	Aqua
Archiv für Hydrobiologie	Arch. Hydrobiol.
Atomwirtschaft, Atomtechnik	Atomwirtsch. Atomtechn.
Berichte der Dortmunder Stadtwerke AG	Ber. Dortmunder Stadtwerke AG
Berichte der Abwassertechnischen Vereinigung	Ber. Abwassertech. Ver.
Binnengewässer	Binnengewässer
Biotechnology and Bioengineering	Biotechnol. Bioeng.
Bundesgesundheitsblatt	Bundesgesundheitsblatt
Chemical Abstracts	Chem. Abstr.
Chemical Engineering New York	Chem. Eng. (N. Y.)

Chemie-Ingenieur-Technik	Chem.-Ing.-Tech.
Chemie für Labor und Betrieb	Chem. Labor. Betr.
Chemie-Technik (Heidelberg)	Chem.-Tech. (Heidelberg)
Deutsche Fischerei Zeitung	Dtsch. Fisch. Ztg.
Deutsche Gewässer-Kundliche Mitteilungen	Dtsch. Gewässer-Kd. Mitt.
DIN Mitteilungen	DIN Mitt.
Environmental Research	Environ. Res.
Environmental Science and Technology	Environ. Sci. Technol.
Fette, Seifen, Anstrichmittel	Fette, Seifen, Anstrichm.
Fischereiforschung	Fischereiforschung
Fischwirt	Fischwirt
Fresenius'Zeitschrift für Analytische Chemie	Fresenius Z. Anal. Chem.
Fortschritte der Wasserchemie und ihrer Grenzgebiete	Fortschr. Wasserchem. ihrer Grenzgeb.
Forum Umwelthygiene	Forum Umw. Hyg.
Gas- und Wasserfach, Wasser-Abwasser	Gas-Wasserfach, Wasser-Abwasser
Gas, Wasser, Abwasser	Gas, Wasser, Abwasser
Gesundheits-Ingenieur	Gesund.-Ing.
Gesundheitstechnik	Gesundheitstechnik
Hydrobiologia	Hydrobiologia
Industrial Wastes (Chicago)	Ind. Wastes (Chicago)
Industrial Water Engineering	Ind. Water Eng.
Industrieabwässer	Industrieabwässer
Informationsblatt, Föderation Europäischer Gewässerschutz	Informationsbl., Foed, Eur. Gewässerschutz
International Water Supply Association Congress	Int. Water Supply Assoc. Congr.
Journal of Chromatographie Science	J. Chromatogr. Sci.
Journal of Chromatograhpie	J. Chromatogr.
Journal of the American Water Works Association	J. Am. Water Works Assoc.
Journal of the Water Pollution Control Federation	J. Water Pollut. Control Fed.
Korrespondenz Abwasser	Korr. Abw.
Mitteilungen der Vereinigung der Großkesselbetreiber	Mitt. Ver. Großkesselbetr.
Münchener Beiträge zur Abwasser-, Fischerei- und Flußbiologie	Muenchener Beitr. Abwasser-, Fisch-, Flußbiol.
Oesterreichische Abwasser-Rundschau	Oesterr. Abwasser-Rundsch.
Oesterreichische Wasserwirtschaft	Oesterr. Wasserwirtsch.
Schweizerische Zeitschrift für Hydrologie	Schweiz. Z. Hydrol.
Tenside	Tenside
Vom Wasser	Vom Wasser
Wasser, Luft und Betrieb	Wasser, Luft, Betr.
Wasser und Boden	Wasser, Boden
Wasserwirtschaft	Wasserwirtschaft
Wasserwirtschaft-Wassertechnik	Wasserwirtsch.-Wassertechn.
Water	Water
Water, Air and Soil Pollution	Water, Air, Soil Pollut.
Water and Wasters Engineering	Water Wastes Eng.

Water and Waste Treatment	Water Waste Treat.
Water and Water Engineering	Water Water Eng.
Water, Bodem, Lucht	Water, Bodem, Lucht
Water Pollution Abstracts	Water Pollut. Abstr.
Water Pollution Control	Water Pollut. Control
Water Pollution Control Research Series	Water Pollut. Control Res. Ser.
Water Pollution Research	Water Pollut. Res.
Water Research	Water Res.
Water & Sewage Works	Water Sew. Works
Water Treatment and Examination	Water Treat. Exam.
Werkstoffe und Korrosion	Werkst. Korros.
WHO Pesticide Residues Series	WHO Pestic. Residues Ser.
Wiener Mitteilungen: Wasser – Abwasser – Gewässer	Wien. Mitt.
Zeitschrift für Anorganische und Allgemeine Chemie	Z. Anorg. Allg. Chem.
Zeitschrift für die Gesamte Hygiene und ihre Grenzgebiete	Z. Gesamte Hyg. ihre Grenzgeb.
Zeitschrift für Wasser und Abwasser Forschung	Z. Wasser Abwasser Forsch.

Falls hier nicht aufgeführte Zeitschriften-Kurzbezeichnungen bei Literaturangaben benötigt werden, kann man versuchen, diese sinngemäß zu bilden, wobei folgende Abkürzungen anzuwenden sind:

Abstracts	Abstr.	Journal	J.
Acta	Acta	Marine	Mar.
Advances	Adv.	Mitteilungen	Mitt.
American	Am.	Proceedings	Proc.
Angewandte	Ang.	Progress	Prog.
Annalen	Ann.	Research	Res.
Archiv	Arch.	Report	Rep.
Association	Assoc.	Review	Rev.
Beitraege	Beitr.	Revue	Rev.
Bulletin	Bull	Schriftenreihe	Schriftenr.
Deutsche	Dtsch.	Science	Sci.
Environment	Environ.	Technical	Tech.
Fortschritte	Fortschr.	United States	U.S.
Institut	Inst.	Universität	Univ.
International	Int.	Zeitschriften	Z.
Jahrbuch	Jahrb.		

Register

Vorabdruck neuer „Deutscher Einheitsverfahren zur Wasser-, Abwasser- und Schlammuntersuchung"

Prepublication of New Standard Methods for the Examination of Water, Waste Water and Sludge

Deutsche Einheitsverfahren zur Wasser-, Abwasser- und Schlammuntersuchung

Anionen (Gruppe D)
Teil 35: Bestimmung von Arsen
mittels Graphitrohr-Atomabsorptionsspektrometrie (D 35)

$\overline{\text{DIN}}$
38405-35

ICS 13.060.50

Einsprüche bis 2001-07-31

German standard methods for the examination of water, waste water and sludge — Anions (group D) — Part 35: Determination of arsenic by atomic absorption spectrometry after electrothermal atomisation (D 35)

Méthodes normalisées allemandes pour l'analyse des eaux, des eaux résiduaires et des boues — Anions (groupe D) — Partie 35: Dosage de l'arsenic par spectrométrie d'absorption atomique utilisant le tube de graphite (D 35)

Anwendungswarnvermerk

Dieser Norm-Entwurf wird der Öffentlichkeit zur Prüfung und Stellungnahme vorgelegt.

Weil die beabsichtigte Norm von der vorliegenden Fassung abweichen kann, ist die Anwendung dieses Entwurfes besonders zu vereinbaren.

Stellungnahmen werden erbeten an den Normenausschuss Wasserwesen (NAW) im DIN Deutsches Institut für Normung e.V., 10772 Berlin (Hausanschrift: Burggrafenstraße 6, 10787 Berlin).

Vorwort

Diese Norm wurde gemeinsam mit der Wasserchemischen Gesellschaft – eine Fachgruppe in der Gesellschaft Deutscher Chemiker – aufgestellt (siehe Anhang C).

Es ist erforderlich, bei den Untersuchungen nach dieser Norm Fachleute oder Facheinrichtungen einzuschalten und bestehende Sicherheitsvorschriften zu beachten.

Bei Anwendung der Norm ist im Einzelfall je nach Aufgabenstellung zu prüfen, ob und inwieweit die Festlegung zusätzlicher Randbedingungen erforderlich ist.

Zu DIN 38405 "Deutsche Einheitsverfahren zur Wasser-, Abwasser- und Schlammuntersuchung — Anionen (Gruppe D)" gehören weitere Teile. Eine Übersicht der Gruppen A bis T der "Deutschen Einheitsverfahren" enthält Anhang C.

Die Anhänge A bis C sind informativ.

Fortsetzung Seite 2 bis 16

Normenausschuss Wasserwesen (NAW) im DIN Deutsches Institut für Normung e.V.

Ref. Nr. E DIN 38405-35:2001-04
Preisgr. 09   Vertr.-Nr. 0009

Warnhinweis – Anwender dieser Norm sollten mit der üblichen Laborpraxis vertraut sein. Diese Norm gibt nicht vor, alle unter Umständen mit der Anwendung des Verfahrens verbundenen Sicherheitsaspekte anzusprechen. Es liegt in der Verantwortung des Anwenders, angemessene Sicherheits- und Schutzmaßnahmen zu treffen und sicherzustellen, daß diese mit nationalen Festlegungen übereinstimmen.

Einleitung

Arsen kann in den Wertigkeitsstufen -3, 0, +3 und +5 vorliegen. In Wasser kommt Arsen in organischen und anorganischen Verbindungen vor.

1 Anwendungsbereich

Diese Norm legt ein Verfahren zur Bestimmung von Arsen in Wasser im Konzentrationsbereich von 2 µg/l bis 100 µg/l bei einem Dosiervolumen von 20 µl fest. Die Bestimmungsgrenze liegt oft niedriger und muss aus Kalibrierexperimenten laborspezifisch ermittelt werden. Durch Verdünnen oder durch Wahl kleinerer Probenvolumina können auch höhere Konzentrationen bestimmt werden. In Schlämmen und Sedimenten kann das Arsen nach entsprechenden Aufschlussverfahren bestimmt werden (siehe DIN 38414-7).

2 Normative Verweisungen

Diese Norm enthält durch datierte oder undatierte Verweisungen Festlegungen aus anderen Publikationen. Diese normativen Verweisungen sind an den jeweiligen Stellen im Text zitiert, und die Publikationen sind nachstehend aufgeführt. Bei datierten Verweisungen gehören spätere Änderungen oder Überarbeitungen dieser Publikationen nur zu dieser Norm, falls sie durch Änderung oder Überarbeitung eingearbeitet sind. Bei undatierten Verweisungen gilt die letzte Ausgabe der in Bezug genommenen Publikation (einschließlich Änderungen).

DIN 12691, *Laborgeräte aus Glas — Vollpipetten mit einer Marke, schnellablaufend, Wartezeit 15 Sekunden, Klasse AS.*

DIN 32645, *Chemische Analytik — Nachweis-, Erfassungs- und Bestimmungsgrenze; Ermittlung unter Wiederholbedingungen — Begriffe, Verfahren, Auswertung.*

DIN 38402-11, *Deutsche Einheitsverfahren zur Wasser-, Abwasser- und Schlammuntersuchung — Allgemeine Angaben (Gruppe A) — Teil 11: Probenahme von Abwasser (A 11).*

DIN 38402-12, *Deutsche Einheitsverfahren zur Wasser-, Abwasser- und Schlammuntersuchung — Allgemeine Angaben (Gruppe A) — Probenahme aus stehenden Gewässern (A 12).*

DIN 38402-13, *Deutsche Einheitsverfahren zur Wasser-, Abwasser- und Schlammuntersuchung — Allgemeine Angaben (Gruppe A) — Probenahme aus Grundwasserleitern (A 13).*

DIN 38402-14, *Deutsche Einheitsverfahren zur Wasser-, Abwasser- und Schlammuntersuchung — Allgemeine Angaben (Gruppe A) — Probenahme von Rohwasser und Trinkwasser (A 14).*

DIN 38402-15, *Deutsche Einheitsverfahren zur Wasser-, Abwasser- und Schlammuntersuchung — Allgemeine Angaben (Gruppe A) — Probenahme aus Fließgewässern (A 15).*

DIN 38402-51, *Deutsche Einheitsverfahren zur Wasser-, Abwasser und Schlammuntersuchung — Allgemeine Angaben (Gruppe A) — Kalibrierung von Analysenverfahren, Auswertung von Analysenergebnissen und lineare Kalibrierfunktionen für die Bestimmung von Verfahrenskenngrößen (A 51).*

DIN 38414-1, *Deutsche Einheitsverfahren zur Wasser-, Abwasser- und Schlammuntersuchung — Schlamm und Sedimente (Gruppe S) — Probenahme von Schlämmen (S 1).*

DIN 38414-7, *Deutsche Einheitsverfahren zur Wasser-, Abwasser- und Schlammuntersuchung — Schlamm und Sedimente (Gruppe S) — Aufschluss mit Königswasser zur nachfolgenden Bestimmung des säurelöslichen Anteils von Metallen (S 7).*

DIN 51401-1, *Atomabsorptionsspektrometrie (AAS) — Begriffe.*

DIN 51401-2, *Atomabsorptionsspektrometrie (AAS) — Aufbau von Atomabsorptionsspektrometern.*

DIN EN ISO 1042, *Laborgeräte aus Glas — Messkolben (ISO 1042 : 1998); Deutsche Fassung EN ISO 1042 : 1999.*

DIN EN ISO 5667-3, *Wasserbeschaffenheit — Probenahme — Teil 3: Anleitung zur Konservierung und Handhabung von Proben (ISO 5667-3 : 1994); Deutsche Fassung EN ISO 5667-3 : 1995.*

DIN ISO 3696, *Wasser für analytische Zwecke — Anforderungen und Prüfungen; Identisch mit ISO 3696 : 1987.*

DIN ISO 8466-2, *Wasserbeschaffenheit — Kalibrierung und Auswertung analytischer Verfahren und Beurteilung von Verfahrenskenndaten — Teil 2: Kalibrierstrategie für nichtlineare Kalibrierfunktionen zweiten Grades (ISO 8466-2 : 1993) (A 44).*

3 Begriffe

Für die Anwendung dieser Norm gelten die in DIN 51401-1 angegebenen Begriffe.

4 Grundlage des Verfahrens

Die Messlösung und ein Modifier (8.7) werden in ein elektrisch aufheizbares Graphitrohr eines im Atomabsorptionsspektrometer eingebauten Graphitrohrofens injiziert, thermisch vorbehandelt und atomisiert.

Die zeitintegrierte Extinktion (Peakfläche) wird bei einer Wellenlänge von 193,7 nm und einer Spaltbreite < 1 nm gemessen.

5 Störungen

Störungen durch unspezifische Absorption lassen sich durch Einsatz eines Untergrundkompensators unter Ausnutzung des Zeeman-Effekts oder unter Verwendung eines Kontinuumstrahlers weitgehend vermeiden.

Folgende Ionen stören je nach Art der Untergrundkorrektur die Bestimmung nicht, sofern die in der Tabelle 1 dargestellten Massenkonzentrationen nicht überschritten werden:

D6

Entwurf DIN 38405-35 : 2001-04

Seite 4
E DIN 38405-35:2001-04

**Tabelle 1 — Maximale Massenkonzentrationen einzelner Ionen, die unter Messbedingungen keine
signifikanten Störungen hervorrufen**

Störion	Zeeman-Untergrund-korrektur (mg/l)	Kontinuumstrahler-Untergrundkorrektur (mg/l)
Calcium	1 000	1 000
Chlorid	1 000	1 000
Kalium	1 000	1 000
Kupfer	1 000	1 000
Magnesium	1 000	1 000
Natrium	1 000	1 000
Sulfat	1 000	1 000
Zink	1 000	1 000
Chrom	500	100
Cobalt	500	100
Eisen	500	100
Nickel	500	100
Phosphat	500	100
Aluminium	50	10

Kombinationen der genannten Ionen können bereits bei niedrigeren Massenkonzentrationen zu Störungen führen.

Bei Proben, deren Matrixeinfluss nicht genau bekannt ist, muss das Additionsverfahren (11.3) angewendet werden.

ANMERKUNG   Spektrale Störungen, z. B. durch Chrom, Cobalt, Eisen, Nickel, Phosphat und Aluminium lassen sich auch durch das Additionsverfahren nicht beseitigen, wenn zur Untergrundkorrektur ein Kontinuumstrahler eingesetzt wird. Die Störung durch Aluminium lässt sich durch eine Messung bei einer anderen Wellenlänge und mit einem anderen Modifier umgehen (siehe Anhang B).

6 Bezeichnung

Bezeichnung des Verfahrens zur Bestimmung von Arsen mittels Graphitrohr-Atomabsorptionsspektrometrie (D 35):

Verfahren DIN 38405 — D 35

7 Geräte

7.1 Allgemeines

Die Glasgeräte unmittelbar vor Gebrauch mit warmer, verdünnter Salpetersäure (8.4), reinigen und anschließend mit Wasser (8.1) spülen.

7.2 Atomabsorptionsspektrometer mit Untergrundkorrektur und Strahlungsquelle für die Arsenbestimmung

ANMERKUNG   Die Verwendung einer Untergrundkorrektur unter Ausnutzung des Zeeman-Effekts wird empfohlen.

7.3 Graphitrohrofen mit Steuergerät

7.4 Pyrolytisch beschichtetes Graphitrohr mit Plattform

7.5 Gasversorgung mit Argon

7.6 Messkolben, Nennvolumen 10 ml, 100 ml, 1 000 ml, z. B. Messkolben ISO 1042 — A 100 — C

7.7 Vollpipetten, Nennvolumen 1 ml, 2 ml, 3 ml, 4 ml, 5 ml, 10 ml, 20 ml und 50 ml, z. B. Pipetten DIN 12691 — VPAS 1

7.8 Mikroliterpipetten oder Verdünnungsautomaten (Diluter) für Volumenbereiche von 100 µl bis 10 ml

7.9 Reaktionsbehälter, geeignete für offene bzw. geschlossene Aufschlüsse aus inertem Material (z. B. Perfluoralkanen), Nennvolumen 250 ml bzw. 100 ml, geeignet für eine sichere Verwendung im Temperaturbereich

7.10 Magnetrührstäbe, Siedesteinchen, PTFE-ummantelt (PTFE: Polytetrafluorethen)

7.11 Heizquelle, z. B. elektrische Heizplatte, Sandbad

7.12 mikrowellenunterstütztes Heizsystem, (als Alternative) entweder temperatur- oder energie-kontrolliert, ausgerüstet mit einer Druckmesseinrichtung. Die Genauigkeit der Druck- und Temperatur-messung muss sicherstellen, dass das Gerät im angegeben Bereich zuverlässig betrieben werden kann. Dies schließt auch die Rückführbarkeit der Messwerte auf nationale oder internationale Standards für den Druck oder die Temperatur ein.

Die Mikrowelleneinheit muss eine gleichmäßige Energieverteilung auf die Proben sicherstellen.

Das Mikrowellengerät muss gut ventiliert und korrosionsgeschützt sein. Zusätzlich muss die Luftzirkulation in druckgesteuerten Systemen so hoch sein, dass im Gerät die Raumtemperatur beibehalten wird.

8 Reagenzien

8.1 Allgemeine Angaben

Für die Probenvorbereitung sowie den Ansatz von Lösungen nur Reagenzien mit dem Reinheitsgrad "zur Analyse" und nur Wasser nach DIN ISO 3696, Qualität 1 verwenden.

Der Arsen-Gehalt des Wassers und der Reagenzien muss im Vergleich zur geringsten zu bestimmenden Konzentration vernachlässigbar klein sein.

Seite 6
E DIN 38405-35:2001-04

8.2 Salzsäure, •(HCl) = 1,16 g/ml

8.3 Salpetersäure, •(HNO$_3$) = 1,40 g/ml

8.4 Salpetersäure, c(HNO$_3$) = 0,2 mol/l

8.5 Wasserstoffperoxid (Dihydrogendioxid), w(H$_2$O$_2$) = 30 %

8.6 Natriumhydroxid, NaOH

8.7 Modifier

8.7.1 Palladiumnitrat-Lösung

— 300 mg Palladium, Pd, Metallpulver, in 1 ml Salpetersäure (8.3) und 10 µl Salzsäure (8.2) unter vorsichtigem Erwärmen lösen und mit Wasser (8.1) auf 100 ml auffüllen.

8.7.2 Magnesiumnitrat-Lösung

— 200 mg Magnesiumnitrat, Mg(NO$_3$)$_2$, in Wasser lösen und mit Wasser (8.1) auf 100 ml auffüllen.

8.7.3 Gebrauchsfertiger Modifier

— Den gebrauchsfertigen Modifier durch Mischen gleicher Volumina der Palladiumnitrat- (8.7.1) und Magnesiumnitrat-Lösung (8.7.2) herstellen.

10 µl dieser Lösung enthalten 15 µg Palladium und 10 µg Magnesiumnitrat.

Dieser Modifier kann auch unter Verwendung handelsüblicher Konzentrate hergestellt werden.

ANMERKUNG   Je nach Art des Graphitrohrofens können erheblich geringere Massen an Modifierreagenzien verwendet werden. Die Angaben des Geräteherstellers sind zu beachten.

8.8 Arsen-Stammlösung I, •(As) = 1 000 mg/l

— Den Inhalt einer zu verdünnenden Ampulle eines handelsüblichen Arsen-Standards (Endkonzentration: 1,000 g/l ± 0,002 g/l Arsen) quantitativ in einen 1 000-ml-Messkolben überführen, mit 5 ml Salzsäure (8.2) versetzen und mit Wasser (8.1) bis zur Marke auffüllen. Die Lösung anschließend in einer Polyethen- oder Borosilicatflasche aufbewahren.

Sie ist mindestens 1 Jahr haltbar.

Handelsübliche gebrauchsfertige Arsen-Standards (1,000 g/l ± 0,002 g/l Arsen) dürfen ebenfalls verwendet werden. Die Angaben des Herstellers zur Haltbarkeit der Lösungen sind in beiden Fällen zu beachten.

Die Arsen-Stammlösung kann auch unter Verwendung von Arsenoxid hergestellt werden.

— 1,534 g Diarsenpentoxid (As$_2$O$_5$) oder 1,320 g Diarsentrioxid (As$_2$O$_3$) in einen 1 000-ml-Messkolben geben und unter Zusatz von 2 g Natriumhydroxid (8.6) in Wasser lösen und mit Wasser (8.1) bis zur Marke auffüllen. Die Lösung in einer Polyethen- oder Borosilicatflasche aufbewahren.

Sie ist mindestens 1 Jahr haltbar.

8.9   Arsen-Stammlösung II, •(As) = 100 mg/l

— 10 ml der Arsen-Stammlösung I (8.8) in einen 100-ml-Messkolben pipettieren.

— 1 ml Salzsäure (8.2) zufügen und mit Wasser (8.1) bis zur Marke auffüllen.

Die Verwendung kleinerer Volumina ist ebenfalls zulässig. Die Lösung ist einige Wochen haltbar.

8.10 Arsen-Standardlösung I, •(As) = 1 000 µg/l

— 1 ml der Arsen-Stammlösung II (8.9) in einen 100-ml-Messkolben pipettieren.

— 1 ml Salzsäure (8.2) zufügen und mit Wasser (8.1) bis zur Marke auffüllen.

Die Verwendung kleinerer Volumina ist ebenfalls zulässig. Die Lösung ist für einige Wochen haltbar.

8.11 Arsen-Standardlösung II, •(As) = 200 µg/l

— 20 ml der Arsen-Standardlösung I (8.10) in einen 100-ml-Messkolben pipettieren.

— 1 ml Salzsäure (8.2) zugeben und mit Wasser (8.1) bis zur Marke auffüllen.

Die Verwendung kleinerer Volumina ist ebenfalls zulässig. Diese Lösung ist nur einige Tage haltbar.

8.12 Arsen-Bezugslösungen

Entsprechend der zu erwartenden Arsen-Konzentration in den Messlösungen aus der Arsen-Standardlösung I (8.10) mindestens fünf Bezugslösungen herstellen.

Für einen Messbereich von 10 µg/l bis 50 µg/l z. B. wie folgt vorgehen:

— In fünf 100-ml-Messkolben jeweils 1 ml, 2 ml, 3 ml, 4 ml bzw. 5 ml der Arsen-Standardlösung I (8.10) pipettieren.

— Jeder Lösung 1 ml Salpetersäure (8.3) zusetzen.

— Die Lösungen mit Wasser (8.1) bis zur Marke auffüllen und durchmischen.

Diese Bezugslösungen enthalten 10 µg/l, 20 µg/l, 30 µg/l, 40 µg/l bzw. 50 µg/l Arsen; sie werden unmittelbar vor Gebrauch frisch angesetzt.

8.13 Probenblindwertlösung

— In einen 100-ml-Messkolben 1 ml Salpetersäure (8.3) pipettieren und mit Wasser (8.1) bis zur Marke auffüllen.

Wird die Probe aufgeschlossen, so ist auch für die Probenblindwertlösung die gleiche Vorbehandlung notwendig (siehe Abschnitt 10).

9   Probenahme

Bei der Probenahme von Wasser sind die Festlegungen nach DIN 38402-11 bis DIN 38402-15 sowie nach DIN EN ISO 5667-3 zu berücksichtigen.

— Probe in Glas-, Quarz- oder Kunststoffbehälter nehmen.

Bei der Probenahme von Schlamm und Sediment die Festlegungen nach DIN 38414-1 beachten.

Seite 8
E DIN 38405-35:2001-04

10 Probenvorbehandlung

10.1 Vorbehandlung bei der Bestimmung des Gehalts an gelöstem Arsen

— Die Wasserprobe möglichst bald nach der Probenahme (siehe Abschnitt 9) durch ein Membranfilter mit einem effektiven Porendurchmesser von 0,45 µm filtrieren. Bei einem erhöhten Eisengehalt direkt bei der Probenahme filtrieren.

— Zur Stabilisierung das Filtrat mit 10 ml Salpetersäure (8.3) je 1 000 ml Wasserprobe ansäuern.

— Der pH-Wert muss < 1 sein, gegebenenfalls die Säurezugabe erhöhen.

10.2 Vorbehandlung bei der Bestimmung des Gesamtgehalts an Arsen

10.2.1 Allgemeines

— Die Wasserprobe möglichst bald nach der Probenahme mit 10 ml Salpetersäure (8.3) je 1 000 ml Probe versetzen.

— Der pH-Wert muss < 1 sein, gegebenenfalls die Säurezugabe erhöhen.

10.2.2 Aufschluss im offenen System

— 100 ml der homogenisierten Probe nach 10.2.1 in einem 250-ml-Reaktionsbehälter mit 1 ml Salpetersäure (8.3) und 1 ml Wasserstoffperoxid (8.5) versetzen.

— Das Gemisch durch konvektiven Wärmetransport (z. B. auf der Heizplatte) oder mikrowellenunterstützt erhitzen und bis zu einem noch feuchten Rückstand einengen.

— Eine vollständige Trocknung vermeiden, da sie zu Minderbefunden führen kann.

Bei starker organischer Belastung der Wasserprobe kann eine Wiederholung der Zugabe von Wasserstoffperoxid (8.5) erforderlich sein.

— Rückstand zur Vermeidung einer Hydrolyse mit verdünnter Salpetersäure (8.4) aufnehmen und mit dieser auf 100 ml auffüllen.

10.2.3 Aufschluss im geschlossenen, mikrowellenunterstützten Heizsystem

10.2.3.1 Grundlagen des mikrowellenunterstützten Druckaufschlusses

Die Probe wird in Abhängigkeit von der Reaktivität des Probenmaterials und unter Berücksichtigung der Betriebshinweise des Herstellers in ein druckbeständiges Aufschlussgefäß aus geeigneten Fluorpolymeren (z. B. Polytetrafluorethen-Copolymerisate, FEP; Perfluor-Alkoxy-Alkane, PFA)[1] oder Quarz gefüllt, und es wird eine Mineralsäure bzw. eine Mineralsäuremischung zugegeben. In bestimmten Fällen werden zusätzliche Reagenzien zugesetzt (z. B. Oxidationsmittel). Nach einer gründlichen Durchmischung der Probe mit der Säure und den sonstigen Reagenzien werden die Aufschlussgefäße gasdicht verschlossen, um Aufschlusstemperaturen oberhalb des atmosphärischen Siedepunkts erzielen zu können. Anschließend wird die Probe einem geeigneten Aufschlussprogramm unterworfen. Dabei wird eine definierte Aufschlusstemperatur über eine oder mehrere Rampen angesteuert und dann für eine festgelegte Verweilzeit gehalten.

---

1) Handelsnamen siehe Anhang A

10.2.3.2 Warnhinweise und Sicherheitsaspekte

Organische Bestandteile einer Wasser- oder Abwasserprobe zeichnen sich beim Druckaufschluss durch ein kritisches Reaktionsverhalten aus. Einerseits können sie schwer aufschliessbar sein, andererseits können sie unter den Bedingungen eines Säureaufschlusses stark exotherm reagieren bzw. große Mengen an gasförmigen Reaktionsprodukten bilden, die zu einem heftigen Druckstoß führen können. Deshalb muss die verwendete Ausrüstung für die entstehenden Reaktionsdrucke geeignet sein. Mikrowellenunterstützte Druckaufschluss-Systeme sollten in der Lage sein, mindestens 15 bar geregeltem Arbeitsdruck zu widerstehen. Die Behälter sollten aus Sicherheitsgründen derart konstruiert sein, dass sie mindestens 30 bar als Spitzenbelastung Stand halten. Ferner müssen Sollbruchstellen z. B. in Form von Berstscheiben für unvorhergesehene Fälle als Sicherheitseinrichtung enthalten sein. Es dürfen auf keinen Fall Mikrowellen-Haushaltsgeräte oder artverwandte Gastronomiegeräte mit externer Steuerung verwendet werden. Zum kontrollierten und sicheren Aufschließen sollten Mikrowellengeräte mit ungepulster Leistung eingesetzt werden.

ANMERKUNG   Die Sicherheitshinweise und Betriebsanweisungen des Geräteherstellers sind zu beachten.

10.2.3.3 Durchführung

— 40 ml der nach 10.2 homogenisierten Probe in einem 100-ml-Reaktionsbehälter mit 0,5 ml Salpetersäure (8.3) und 0,5 ml Wasserstoffperoxid (8.5) versetzen.

— Das Probengut, die Salpetersäure und das Wasserstoffperoxid durch Schwenken oder gegebenenfalls durch etwa zweiminütiges Einsetzen in ein Ultraschallbad vermischen, so dass eine homogene Mischung entsteht.

Falls der Reaktionsansatz im Ultraschallbad homogenisiert wurde, muss das Reaktionsgefäß von außen sorgfältig getrocknet werden.

ANMERKUNG 1 Falls sich trotz Homogenisierung zwei Phasen ausbilden, wird zur bestmöglichen Vermischung der Probe mit den Reagenzien der Einsatz eines Magnetrührstabs empfohlen, vorausgesetzt, das Mikrowellensystem verfügt über eine Rühreinrichtung.

— Zur Vermeidung von Siedeverzügen in jedes Aufschlussgefäß ein Siedesteinchen oder einen Magnetrührstab geben.

— Das Probengefäß nach Angaben des Herstellers verschließen und auf den Drehteller des Aufschluss-Systems stellen.

— Den Aufschluss in einem geeigneten mikrowellenunterstützten Aufschluss-System durchführen. Bei energiekontrollierten Mikrowellensystemen immer alle Positionen besetzen.

Alle gerätespezifischen Sicherheitseinrichtungen (z. B. Temperaturkontrolle, Druckkontrolle, Berstscheiben, Abluftsystem) müssen wegen der Möglichkeit spontaner Reaktionen regelmäßig auf ihre Funktionstüchtigkeit geprüft werden.

ANMERKUNG 2 Aus Sicherheitsgründen wird neben der Temperatur- auch eine Druckkontrolle empfohlen.

Das Aufschlussprogramm beinhaltet unter Berücksichtigung der Betriebshinweise des Herstellers das Ansteuern der maximalen Aufschlusstemperatur über mehrere Stufen (Rampen) bis auf 170 °C. Die Haltezeit bei der Endtemperatur von 170 °C sollte 20 min betragen.

— Während des Aufschlusses für geeignete Kühlung des Druckbehälters sorgen.

Durch diese Kühlung wird der Rückflusseffekt verstärkt und eine bessere Vermischung von Probengut und Dampfraum erzielt, was zu einer besseren Qualität des Aufschlusses führt.

— Nach Abkühlen der aufgeschlossenen Proben die Gefäße zum Öffnen vorsichtig entlüften, da üblicherweise ein hoher Restdruck im Aufschlussgefäß vorhanden ist.

Dieses Entspannen der Behälter kann sowohl im Mikrowellensystem erfolgen, wo die Gase mit dem Abluftsystem abgeführt werden oder nach der Entnahme aus dem Mikrowellensystem in einem Abzug. Dabei ist auf einen Splitterschutz zu achten.

— Den Ansatz quantitativ in einen 50-ml-Messkolben überführen und mit verdünnter Salpetersäure (8.4) bis zur Marke auffüllen.

— Bei Anwendung anderer Probenvolumina die Geräte und die Reagenzien den Volumenverhältnissen anpassen.

ANMERKUNG 3 Die Verwendung von geschlossenen Aufschlusssystemen, die mittels konvektivem Wärmetransport erhitzt werden (Autoklaven) ist ebenfalls zulässig.

Die Vorgehensweise bei der Durchführung dann entsprechend anpassen.

Auf einen Aufschluss kann verzichtet werden, wenn auch ohne diese Vorbehandlung Arsen vollständig erfasst wird. Die Wasserprobe muss dann lediglich angesäuert werden.

11 Durchführung

11.1 Allgemeines

Vor Beginn der Messung die apparativen Parameter nach der Betriebsanleitung des Geräteherstellers einstellen. Den Nullpunkt des Gerätes ohne Dosierung von Lösungen und ohne Aufheizen abgleichen.

11.2 Messung nach dem Standardkalibrierverfahren

Die Messung nach dem Standardkalibrierverfahren ist nur zulässig, wenn die unter Abschnitt 5 genannten Matrixeinflüsse ausgeschlossen werden können. Anderenfalls ist nach dem Additionsverfahren nach 11.33 vorzugehen.

— Zuerst gebrauchsfertigen Modifier (8.7.3) (z. B. 10 µl), anschließend 20 µl Messlösung (siehe Abschnitt 10) in das Graphitrohr injizieren. Alternativ den gebrauchsfertigen Modifier und die Messlösung vor der Messung im gleichen Verhältnis, wie angegeben, mischen und dann injizieren.

— Die zeitintegrierten Extinktionen der Bezugslösungen (8.12) der Probenblindwertlösung (8.13) und der Messlösung (siehe Abschnitt 10) nach den vom Gerätehersteller angegebenen Bedingungen messen.

— Jede Lösung mindestens zweimal messen.

11.3 Messung nach dem Standardadditionsverfahren

Mit diesem Verfahren können in vielen Fällen Matrixeinflüsse kompensiert werden, sofern keine additiven Fehler auftreten und sich die Arsengehalte auch in den aufgestockten Messlösungen im linearen Arbeitsbereich befinden.

Die bei Verwendung einer Untergrundkorrektur mit einem Kontinuumstrahler auftretenden spektralen Störungen lassen sich durch dieses Additionsverfahren nicht beseitigen.

— Die Messlösung (vorbehandelte Wasserprobe nach Abschnitt 10), die Probenblindwertlösung (8.13), die Arsen-Standardlösung II (8.11), das Wasser (8.1) und den gebrauchsfertigen Modifier (8.7.3) auf dem Autosampler positionieren.

— Die Programmierung nach der Betriebsanleitung des Geräteherstellers so vornehmen, dass z. B. jeweils folgende Lösungen in das Graphitrohr eingegeben werden (siehe Tabelle 2).

Tabelle 2 — Beispiel für ein Pipettierschema zur Durchführung des Standardadditionsverfahrens

Pipettier-lösung	Messlösung µl	Arsen-Standard-Lösung II µl	Wasser µl	Modifier µl	dotierte Arsen-konzentration µg/l
Lösung 1	10	0	10	10	0
Lösung 2	10	2	8	10	40
Lösung 3	10	4	6	10	80
Lösung 4	10	6	4	10	120

— Mit der Probenblindwertlösung (8.13) wie mit der Messlösung verfahren.

Die ermittelte Massenkonzentration der Messlösung an Arsen wird in der Regel vom Analysensystem berechnet und direkt angegeben.

Die Aufstockung kann bei entsprechender Anpassung der absoluten Volumina unter Beibehaltung der in Tabelle 2 angegebenen Volumenverhältnisse auch manuell durchgeführt werden.

ANMERKUNG   Bei einer Massenkonzentration an Arsen > 80 µg/l in der Messlösung überschreitet die Massenkonzentration an Arsen in der höchsten aufgestockten Messlösung 100 µg/l. In diesem Fall wird ein entsprechend kleineres Volumen genommen. Dieses wird bei der Auswertung berücksichtigt.

12 Auswertung

12.1 Auswertung nach dem Standardkalibrierverfahren

Die Bezugsfunktion kann z. B. durch lineare Regressionsrechnung aus den Messdaten der Bezugslösungen nach DIN 38402-51 ermittelt werden. Wenn keine lineare Funktion vorliegt, ist eine Auswertung der Daten mit nichtlinearen Kalibrierfunktionen zweiten Grades nach DIN ISO 8466-2 ebenfalls zulässig.

Die Massenkonzentration an Arsen in der Wasserprobe kann anhand der zeitintegrierten Extinktion beispielsweise aus der linearen Bezugsfunktion nach Gleichung (1) berechnet werden:

$$\rho(\text{As}) = \frac{(A_S - A_{SO})\, V_m}{b \cdot V_p} \tag{1}$$

Dabei ist

•(As)   die Massenkonzentration der Wasserprobe an Arsen, in Mikrogramm je Liter (µg/l);

A_S die zeitintegrierte Extinktion der Messlösung;

A_{SO} die zeitintegrierte Extinktion der Probenblindwertlösung;

b die Steigung der Bezugsfunktion, in Liter je Mikrogramm (l/µg);

V_m das Volumen der Messlösung, in Milliliter (ml);

V_p das angewendete Volumen der Wasserprobe zur Herstellung der Messlösung, in Milliliter (ml);

Andere Verdünnungsschritte als hier angegeben sind in der Berechnung entsprechend zu berücksichtigen.

Die Berechnung kann in geeigneter Weise auch durch das Gerät erfolgen.

12.2 Auswertung nach dem Additionsverfahren

In einem Diagramm mit der Konzentration als Abszisse und dem erhaltenen Signal als Ordinate die Messpunkte für die Messlösung und die mit abgestuften Massenkonzentrationen an Arsen aufgestockten Messlösungen eintragen.

Die durch diese Punkte gelegte Regressionsgerade schneidet die Abszisse auf der negativen Seite. Der Schnittpunkt ergibt die Massenkonzentration an Arsen in der Messlösung. Von dieser die auf gleiche Weise ermittelte Massenkonzentration an Arsen in der Probenblindwertlösung abziehen.

Die Differenz ergibt die Massenkonzentration an Arsen in der Wasserprobe.

Die Auswertung kann auch durch eine geeignete EDV-gestützte Regressionsrechnung erfolgen.

13 Angabe des Ergebnisses

Alle Messergebnisse sind mit einer gewissen Unschärfe behaftet; diese relative Unschärfe ist häufig im unteren Anwendungsbereich des Verfahrens am größten.

In der vorliegenden Norm wurde zur Ermittlung der Messergebnisunschärfe (ausgedrückt als Vergleichvariationskoeffizient V_R) der Konzentrationsbereich von ## mg/l bis ## mg/l gewählt. Wie aus den Werten der Tabelle 3 zu ersehen ist, beträgt die Messergebnisunschärfe zwischen ## % und ## %.[2]

Die Messergebnisunschärfe in einem anderen Konzentrationsbereich kann im Einzelfall aus der Dokumentation der Qualitätssicherungsdaten eines Laboratoriums (z. B. Range-Kontrollkarten bei Doppelbestimmungen) abgeschätzt werden. Eine weitere Möglichkeit zur Abschätzung ist mit der externen analytischen Qualitätssicherung gegeben, bei der durch Ringversuche die Messergebnisunschärfe im Vergleich der Messwerte mehrerer Laboratorien erfasst werden kann.

Matrixeinflüsse können die Messergebnisunschärfe erheblich verändern.

Es werden auf 1 µg/l gerundete Werte angegeben, jedoch nicht mehr als zwei signifikante Stellen.

BEISPIEL

Arsen (As)   18 µg/l

Arsen (As)   2 µg/l

14 Analysenbericht

Der Bericht muss sich auf diese Norm beziehen und folgende Einzelheiten enthalten:

a) Bezeichnung des Verfahrens;

b) Identität der Probe;

c) Angabe des Ergebnisses nach Abschnitt 13;

d) Probenvorbehandlung, sofern eine solche durchgeführt wurde;

e) jede Abweichung von diesem Verfahren und Angabe aller Umstände, die das Ergebnis beeinflusst haben können.

---

[2] Verfahrenskenndaten werden zur Norm nachgereicht

15 Verfahrenskenndaten

Ein Ringversuch wurde im ### durchgeführt. Die Verfahrenskenndaten aus diesem Ringversuch sind in der Tabelle 3 enthalten. Weitere Angaben zum Ringversuch enthält das Validierungsdokument.

Tabelle 3 — Verfahrenskenndaten[2)]

Parameter	L	N	NAP %	$X\,Soll$ µg/l	$\overline{\overline{X}}$ µg/l	WFR %	SR µg/l	VR %	SI µg/l	VI %
A										
B										
C										

Es bedeuten:

L	Anzahl der Laboratorien	WFR	Wiederfindungsrate
N	Anzahl der Messwerte	SR	Vergleichstandardabweichung
NAP	Anzahl der Ausreißerwerte	VR	Vergleichvariationskoeffizient
$X\,Soll$	Konventionell richtiger Wert (Sollwert)	SI	Wiederholstandardabweichung
$\overline{\overline{X}}$	Gesamtmittelwert	VI	Wiederholvariationskoeffizient

Parameter:

A	Trinkwasser
B	Oberflächenwasser
C	Abwasser

[2)] Verfahrenskenndaten werden zur Norm nachgereicht

Anhang A
(informativ)

Handelsnamen geeigneter Materialien für Druckaufschlussgefäße nach 10.2.2

1. Hostaflon® TFM

2. Teflon® PFA

Anhang B
(informativ)

Messwellenlänge und Modifier für die Messung von Arsen mittels Graphitrohr-AAS bei Anwesenheit von Aluminium in Massenkonzentrationen > 50 mg/l (siehe Tabelle 1)

1. Die zeitintegrierte Extinktion (Peakfläche) wird bei einer Wellenlänge von ### nm und einer Spaltbreite < 1 nm gemessen (siehe Abschnitt 4).

2. Modifier: ###

Seite 15
E DIN 38405-35:2001-04

Anhang C
(informativ)

Erläuterungen

Die vorliegende Norm enthält das vom Normenausschuss Wasserwesen (NAW) im DIN und von der Wasserchemischen Gesellschaft - eine Fachgruppe in der Gesellschaft Deutscher Chemiker - gemeinsam erarbeitete Deutsche Einheitsverfahren

"Bestimmung von Arsen mittels Graphitrohr-Atomabsorptionsspektrometrie (D 35)".

Die als DIN-Normen veröffentlichten Einheitsverfahren sind beim Beuth Verlag GmbH einzeln oder zusammengefasst erhältlich. Außerdem werden die genormten Einheitsverfahren in der Loseblatt-Sammlung "Deutsche Einheitsverfahren zur Wasser-, Abwasser- und Schlammuntersuchung" gemeinsam vom Beuth Verlag GmbH und dem Wiley-VCH Verlag publiziert.

Alle für die Abwasserverordnung (AbwV) - enthalten in der neuen Verordnung zu § 7a des Gesetzes zur Ordnung des Wasserhaushaltes (WHG) über "Anforderungen an das Einleiten von Abwasser in Gewässer und zur Anpassung des Abwasserabgabengesetzes" - relevanten Einheitsverfahren sind zusammen mit der AbwV und dem WHG und allen noch fortgeltenden Abwasserverwaltungsvorschriften als Loseblattsammlung "Analysenverfahren in der Abwasserverordnung - Rechtsvorschriften und Normen" mit dem Ergänzungsband 1 (DIN-Normen) und dem Ergänzungsband 2 (DIN-EN- und DIN-EN-ISO-Normen) herausgegeben worden.

Normen oder Norm-Entwürfe mit dem Gruppentitel "Deutsche Einheitsverfahren zur Wasser-, Abwasser- und Schlammuntersuchung" sind in folgende Gebiete (Haupttitel) aufgeteilt:

Allgemeine Angaben (Gruppe A)	(DIN 38402)
Sensorische Verfahren (Gruppe B)	(DIN 38403)
Physikalische und physikalisch-chemische Kenngrößen (Gruppe C)	(DIN 38404)
Anionen (Gruppe D)	(DIN 38405)
Kationen (Gruppe E)	(DIN 38406)
Gemeinsam erfassbare Stoffgruppen (Gruppe F)	(DIN 38407)
Gasförmige Bestandteile (Gruppe G)	(DIN 38408)
Summarische Wirkungs- und Stoffkenngrößen (Gruppe H)	(DIN 38409)
Biologisch-ökologische Gewässeruntersuchung (Gruppe M)	(DIN 38410)
Mikrobiologische Verfahren (Gruppe K)	(DIN 38411)
Testverfahren mit Wasserorganismen (Gruppe L)	(DIN 38412)
Einzelkomponenten (Gruppe P)	(DIN 38413)
Schlamm und Sedimente (Gruppe S)	(DIN 38414)
Suborganismische Testverfahren (Gruppe T)	(DIN 38415)

Außer den in der Reihe DIN 38402 bis DIN 38415 genormten Untersuchungsverfahren liegen eine Reihe Europäischer und Internationaler Normen als DIN-EN-, DIN-EN ISO- und DIN-ISO-Normen vor, die ebenfalls Bestandteil der "Deutschen Einheitsverfahren" sind.

Über die bisher erschienenen Teile dieser Normen gibt die Geschäftsstelle des Normenausschusses Wasserwesen (NAW) im DIN Deutsches Institut für Normung e. V., Telefon (030) 26 01 – 25 49, oder der Beuth Verlag GmbH, 10772 Berlin (Hausanschrift: Burggrafenstr. 6, 10787 Berlin), Auskunft.

Literaturhinweise

[1]   Welz, B.; Sperling, M.: Atomabsorptionsspektrometrie, 4. Auflage Verlag Wiley-VCH, Weinheim
        1997

[2]   Schlemmer, G.; Radziuk, B.: Analytical Graphite Furnace Atomic Absorption Spectrometry, A
        Laboratory Guide, Birkhäuser Verlag, Basel 1999

	Wasserbeschaffenheit	
	Nachweis und Zählung von Bakteriophagen	**DIN**
	Teil 1: Zählung von F-spezifischen RNA-Bakteriophagen (ISO 10705-1:1995) Deutsche Fassung prEN ISO 10705-1:2000	EN ISO 10705-1

ICS 07.100.20   Einsprüche bis 2001-04-30

Water quality — Detection and enumeration of bacteriophages — Part 1:
Enumeration of F-specific RNA bacteriophages (ISO 10705-1:1995);
German version prEN ISO 10705-1:2000

Qualité de l'eau — Détection et dénombrement des bactériophages —
Partie 1: Dénombrement des bactériophages ARN F spécifiques (ISO
10705-1:1995); Version allemande prEN ISO 10705-1:2000

Anwendungswarnvermerk

Dieser Norm-Entwurf wird der Öffentlichkeit zur Prüfung und Stellungnahme vorgelegt.

Weil die beabsichtigte Norm von der vorliegenden Fassung abweichen kann, ist die Anwendung dieses Entwurfes besonders zu vereinbaren.

Stellungnahmen werden erbeten an den Normenausschuss Wasserwesen (NAW) im DIN Deutsches Institut für Normung e. V., 10772 Berlin (Hausanschrift: Burggrafenstraße 6, 10787 Berlin).

Nationales Vorwort

Der hiermit der Öffentlichkeit zur Stellungnahme vorgelegte Europäische Norm-Entwurf ist die Deutsche Fassung des vom Technischen Komitee TC 230 "Wasseranalytik" (Sekretariat DIN) des Europäischen Komitees für Normung (CEN) ausgearbeiteten Entwurfes prEN ISO 10705-1, der nach einem positiven Abstimmungsergebnis innerhalb der CEN-Mitglieder als Europäische Norm EN ISO 10705-1 in deutsch, englisch und französisch herausgegeben wird.

Die nationalen Normenorganisationen sind verpflichtet, diese EN dann vollständig und unverändert in ihr nationales Normenwerk zu übernehmen.

Die vorbereitenden Arbeiten wurden von der Arbeitsgruppe "Mikrobiologische Verfahren" (WG 3) des CEN/TC 230 durchgeführt, deren Federführung beim DIN lag. Für Deutschland war der Arbeitsausschuss NAW I 3 "Wasseruntersuchung" an der Bearbeitung beteiligt.

Nach einem im CEN mit positivem Ergebnis durchgeführten Einstufigen Annahmeverfahren (UAP) wird dieses Bestimmungsverfahren als Europäische Norm in das DIN-Normenwerk übernommen.

Fortsetzung Seite 2
und 18 Seiten prEN

Normenausschuss Wasserwesen (NAW) im DIN Deutsches Institut für Normung e.V.

Ref. Nr. E DIN EN ISO 10705-1:2001-03
Preisgr. 11   *Vertr.-Nr. 2311*

Seite 2
E DIN EN ISO 10705-1:2001-03

Die als DIN-Normen veröffentlichten Einheitsverfahren sind beim Beuth Verlag einzeln oder zusammengefasst erhältlich. Außerdem werden die genormten Einheitsverfahren in der Loseblatt-Sammlung "Deutsche Einheitsverfahren zur Wasser-, Abwasser- und Schlammuntersuchung" gemeinsam vom Beuth Verlag GmbH und von dem Wiley-VCH Verlag publiziert. Die für das Wasserhaushaltsgesetz (WHG) und allen bisher erschienenen Abwasserverwaltungsvorschriften als DIN-Taschenbuch (DIN-TAB 230) herausgegeben worden.

Normen oder Norm-Entwürfe mit dem Gruppentitel "Deutsche Einheitsverfahren zur Wasser-, Abwasser- und Schlammuntersuchung" sind in folgende Gebiete (Haupttitel) aufgeteilt:

Allgemeine Angaben (Gruppe A)   (DIN 38402)

Sensorische Verfahren (Gruppe B)   (DIN 38403)

Physikalische und physikalisch-chemische Kenngrößen (Gruppe C)   (DIN 38404)

Anionen (Gruppe D)   (DIN 38405)

Kationen (Gruppe E)   (DIN 38406)

Gemeinsam erfassbare Stoffgruppen (Gruppe F)   (DIN 38407)

Gasförmige Bestandteile (Gruppe G)   (DIN 38408)

Summarische Wirkungs- und Stoffkenngrößen (Gruppe H)   (DIN 38409)

Biologisch-ökologische Gewässeruntersuchung (Gruppe M)   (DIN 38410)

Mikrobiologische Verfahren (Gruppe K)   (DIN 38411)

Testverfahren mit Wasserorganismen (Gruppe L)   (DIN 38412)

Einzelkomponenten (Gruppe P)   (DIN 38413)

Schlamm und Sedimente (Gruppe S)   (DIN 38414)

Suborganismische Testverfahren (Gruppe T)   (DIN 38415).

Außer den in der Reihe DIN 38402 bis DIN 38415 genormten Untersuchungsverfahren liegen eine Reihe Internationaler und Europäischer Normen als DIN-EN-, DIN-EN-ISO- und DIN-ISO-Normen vor, die ebenfalls Bestandteil der "Deutschen Einheitsverfahren" sind.

Über die bisher erschienenen Teile dieser Normen gibt die Geschäftsstelle des Normenausschusses Wasserwesen (NAW) im DIN Deutsches Institut für Normung e. V., Telefon (0 30) 26 01 – 25 49, oder der Beuth Verlag GmbH, 10772 Berlin (Hausanschrift: Burggrafenstraße 6, 10787 Berlin), Auskunft.

EUROPÄISCHE NORM

EUROPEAN STANDARD

NORME EUROPÉENNE

SCHLUSS-ENTWURF
prEN ISO 10705-1

November 2000

ICS 07.100.20

Deutsche Fassung

Wasserbeschaffenheit - Nachweis und Zählung von Bakteriophagen - Teil 1: Zählung von F-spezifischen RNA-Bakteriophagen (ISO 10705-1:1995)

Water quality - Detection and enumeration of bacteriophages - Part 1: Enumeration of F-specific RNA bacteriophages (ISO 10705-1:1995)

Qualité de l'eau - Détection et dénombrement des bactériophages - Partie 1: Dénombrement des bactériophages ARN F spécifiques (ISO 10705-1:1995)

Dieser Europäische Norm-Entwurf wird den CEN-Mitgliedern zum einstufigen Annahmeverfahren vorgelegt. Er wurde vom Technischen Komitee CEN/TC 230 erstellt.

Wenn aus diesem Norm-Entwurf eine Europäische Norm wird, sind die CEN-Mitglieder gehalten, die CEN/CENELEC-Geschäftsordnung zu erfüllen, in der die Bedingungen festgelegt sind, unter denen dieser Europäischen Norm ohne jede Änderung der Status einer nationalen Norm zu geben ist.

Dieser Europäische Norm-Entwurf wurde vom CEN in drei offiziellen Fassungen (Deutsch, Englisch, Französisch) erstellt. Eine Fassung in einer anderen Sprache, die von einem CEN-Mitglied in eigener Verantwortung durch Übersetzung in seine Landessprache gemacht und dem Management-Zentrum mitgeteilt worden ist, hat den gleichen Status wie die offiziellen Fassungen.

CEN-Mitglieder sind die nationalen Normungsinstitute von Belgien, Dänemark, Deutschland, Finnland, Frankreich, Griechenland, Irland, Island, Italien, Luxemburg, Niederlande, Norwegen, Österreich, Portugal, Schweden, Schweiz, Spanien, der Tschechischen Republik und dem Vereinigten Königreich.

Warnvermerk : Dieses Schriftstück hat noch nicht den Status einer Europäischen Norm. Es wird zur Prüfung und Stellungnahme vorgelegt. Es kann sich noch ohne Ankündigung ändern und darf nicht als Europäische Norm in Bezug genommen werden.

EUROPÄISCHES KOMITEE FÜR NORMUNG
EUROPEAN COMMITTEE FOR STANDARDIZATION
COMITÉ EUROPÉEN DE NORMALISATION

Management-Zentrum: rue de Stassart, 36   B-1050 Brüssel

Ref. Nr. prEN ISO 10705-1:2000 D

Seite 2
prEN ISO 10705-1:2000

Inhalt

Seite 3
prEN ISO 10705-1:2000

Vorwort

Der Text der Internationalen Norm vom Technischen Komitee ISO/TC 147 "Water quality" der "International Organization for Standardization" (ISO) wurde als Europäische Norm durch das Technische Komitee CEN/TC 230 "Wasseranalytik" übernommen, dessen Sekretariat vom DIN gehalten wird.

Dieses Dokument ist derzeit zum einstufigen Annahmeverfahren vorgelegt.

Anerkennungsnotiz

Der Text der Internationalen Norm ISO 10705-1:1995 wurde von CEN als Europäische Norm ohne irgendeine Abänderung genehmigt.

ANMERKUNG: Die normativen Verweisungen auf Internationale Normen sind im Anhang ZA (normativ) aufgeführt.

1 Anwendungsbereich

Dieser Teil von ISO 10705 legt ein Verfahren zum Nachweis und zur Zählung von F-spezifischen Ribonucleinsäure (RNA)-Bakteriophagen durch Bebrütung der Probe mit einem geeigneten Wirtsstamm fest. Das Verfahren kann für alle Arten von Wasser, Sedimenten und Schlämmen angewandt werden, wenn notwendig nach Verdünnung. Im Falle von geringen Anzahlen kann eine Aufkonzentration erforderlich sein, für die ein gesonderter Teil von ISO 10705 entwickelt werden wird. Das Verfahren kann auch für Schalentierextrakte angewandt werden. In Abhängigkeit von der relativen Häufigkeit der F-spezifischen RNA-Bakteriophagen gegenüber Hintergrundorganismen können zusätzliche Bestätigungstests notwendig sein, die ebenfalls in diesem Teil von ISO 10705 festgelegt werden.

Das Vorhandensein von F-spezifischen RNA-Bakteriophagen in einer Wasserprobe zeigt im allgemeinen eine Verunreinigung durch Abwasser an, das mit menschlichem oder tierischem Fäkalien kontaminiert ist. Ihr Überleben in der Umwelt, die Entfernung durch gängige Wasseraufbereitungsprozesse und die Anreicherung oder Zurückhaltung in Schalentieren ähneln denen von nahrungs- und wasserbürtigen enteralen Viren des Menschen, z. B. Enteroviren, Hepatitis A Virus und Rotaviren.

2 Normative Verweisungen

Die folgenden normativen Dokumente enthalten Festlegungen, die durch Verweisung in diesem Text Bestandteil dieser Internationalen Norm sind. Zum Zeitpunkt der Veröffentlichung waren die angegebenen Ausgaben gültig. Alle normativen Dokumente unterliegen der Überarbeitung. Vertragspartner, deren Vereinbarungen auf dieser Internationalen Norm basieren, werden gebeten, die Möglichkeit zu prüfen, ob die jeweils neuesten Ausgaben der nachfolgend genannten Normen angewendet werden können. Die Mitglieder von IEC und ISO führen Verzeichnisse der gegenwärtig gültigen Internationalen Normen.

ISO 3696:1987, *Water for analytical laboratory use — Specification and test methods.*

ISO 5667-1:1980, *Water quality — Sampling — Part 1: Guidance on the design of sampling programmes.*

ISO 5667-2:1991, *Water quality — Sampling — Part 2: Guidance on sampling techniques.*

ISO 6887:1983, *Microbiology — General guidance for the preparation of dilutions for microbiological examination.*

ISO 8199:1988, *Water quality — General guide to the enumeration of micro-organisms by culture.*

Seite 4
prEN ISO 10705-1:2000

3   Begriffe

Für die Anwendung dieses Teils der ISO 10705 gilt der folgende Begriff:

3.1
F-spezifische RNA-Bakteriophagen
bakterielle Viren, die in der Lage sind, einen bestimmten Wirtsstamm mit F-Pili oder Sex-Pili zu infizieren und sichtbare Plaques (lichte Zonen) in einem konfluenten Bakterienrasen, der unter geeigneten Bedingungen gewachsen ist, zu produzieren, wobei der infektiöse Prozess durch eine Konzentration von 40 (gelegentlich 400) µg/ml RNase im Plattierungsmedium gehemmt wird.

4   Grundlagen des Verfahrens

Die Probe wird mit einem kleinen Volumen halbfestem Nährmedium gemischt. Eine Kultur des Wirtsstammes wird hinzugefügt und auf einem festem Nährmedium ausplattiert. Im Anschluss erfolgt die Bebrütung und die Ablesung der Platten im Hinblick auf sichtbare Plaques. Wenn notwendig, wird gleichzeitig eine Untersuchung von parallelen Plattenansätzen mit hinzugefügter RNase durchgeführt, um eine Bestätigung durch differentielle Auszählung zu erhalten. Die Ergebnisse werden als Teilchenkonzentration Plaque-formender Partikel (C_{pfp}) je Volumeneinheit angegeben.

5   Sicherheitsvorkehrungen

Bei dem verwendeten Wirtsstamm handelt es sich um eine *Salmonella typhimurium*-Mutante von geringer Pathogenität. Der Umgang sollte gemäß dem entsprechenden nationalen oder internationalen Sicherheitsverfahren für diese Bakterienart erfolgen. F-spezifische RNA-Bakteriophagen sind für den Menschen und Tiere nicht pathogen, jedoch sehr austrocknungsresistent. Es sollten daher geeignete Vorsichtsmaßnahmen getroffen werden, um eine Kreuzkontamination von Testmaterialien zu verhindern, insbesondere bei der Untersuchung und dem Umgang mit Kulturen, die einen hohen Titer aufweisen, oder beim Animpfen der Wirtsstammkulturen. Solche Verfahren müssen unter einer Sicherheitswerkbank oder in einem abgetrenntem Bereich des Laboratoriums durchgeführt werden.

6   Verdünnungslösung, Kulturmedien, Reagenzien

6.1   Allgemeine Angaben

Zur Herstellung von Kulturmedien und Reagenzien Komponenten einheitlicher Qualität und Chemikalien des Reinheitsgrades „zur Analyse" verwenden und die Anweisungen in Anhang A befolgen. Für Informationen zur Lagerung siehe ISO 8199, sofern nicht in diesem Teil von ISO 10705 darauf hingewiesen wird. Ersatzweise Trockenvollmedien verwenden und die Angaben des Herstellers genau befolgen.

Für die Herstellung der Medien Glas-destilliertes Wasser deionisiertes Wasser verwenden, das frei von Substanzen ist, welche das bakterielle Wachstum unter den Versuchsbedingungen hemmen könnten und nach ISO 3696 hergestellt wurde.

6.2   Verdünnungslösung

Zur Herstellung der Probenverdünnungen Pepton-Salzlösung, wie unter A.8 angegeben, verwenden.

6.3 Reagenzien

6.3.1 RNase aus Rinderpankreas, spezifische Aktivität ungefähr 50 U/mg (Kunitz).

6.3.2 Antibiotikaplättchen, zur Empfindlichkeitsprüfung mit Nalidixinsäure (130 µg; 9 mm) und Kanamycin (100 µg; 9 mm).

6.3.3 Glycerol, 870 g/l.

6.4 Mikrobiologische Referenzkulturen

Salmonella typhimurium Stamm WG49, Phagentyp 3 Nal^r (F`42 lac: Tn5), NCTC 12484.

Bakteriophage MS2, NCTC 12487 oder ATCC 15597-B1.

Escherichia coli K-12 Hfr aus geeigneter Stammkultursammlung, z.B. NCTC 12486 oder ATCC 23631.

ANMERKUNG 1 Die NCTC Stämme sind bei der National Collection of Type Cultures, 61 Colindale Avenue, London NW9 6HAT, England erhältlich. Die ATCC Stämme sind bei der American Type Culture Collection, 12301 Parklawn Drive, Rockville, Maryland, U.S.A bezogen erhältlich.

7 Geräte und Glasgeräte

Übliche mikrobiologische Laborausstattung, insbesondere:

7.1 Heißluftofen zur Sterilisation durch trockene Hitze und ein Autoklav. Mit Ausnahme der steril gelieferten Materialien, müssen Glaswaren und anderes Zubehör nach den Angaben in ISO 8199 sterilisiert werden.

7.2 Temperaturgeregelter Brutschrank oder Wasserbad, eingestellt auf (37 ± 1) °C.

7.3 Temperaturgeregelter Brutschrank oder Wasserbad, eingestellt auf (37 ± 1) °C und mit einem Schüttler, (100 ± 10) min^{-1}, ausgestattet.

7.4 Temperaturgeregeltes Wasserbad, eingestellt auf (45 ± 1) °C.

7.5 Wasserbad oder gleichwertiges Gerät, zum Schmelzen von Agarmedien.

7.6 pH-Messgerät

7.7 Zählgerät, beleuchtet mit indirektem, schräg einfallendem Licht.

7.8 Temperaturgeregelter Tiefkühlschrank, eingestellt auf (-20 ± 5) °C.

7.9 Temperaturgeregelter Tiefkühlschrank, eingestellt auf (-70 ± 10) °C.

7.10 Spektrometer, mit der Möglichkeit, 1 cm Küvetten oder für den Seitenarm eines nephelometrischen Erlenmeyerkolbens (7.17) zu halten, ausgestattet mit einem Filter für den Bereich zwischen 500 nm und 650 nm mit einer maximalen Bandbreite von ± 10 nm.

Herkömmliche, sterile, mikrobiologische Laborglasgeräte oder Einweg-Plastikartikel nach ISO 8199, darunter folgende:

Seite 6
prEN ISO 10705-1:2000

7.11 Petrischalen, 9 cm oder 15 cm Durchmesser.

7.12 Messpipetten, 1 ml, 5 ml und 10 ml Volumen.

7.13 Glasflaschen, mit geeignetem Volumen.

7.14 Kulturröhrchen, mit Kappen.

7.15 Messzylinder, mit geeignetem Volumen.

7.16 Erlenmeyerkolben, 250 ml bis 300 ml Volumen, mit Baumwollstopfen oder geeigneten Alternativen.

7.17 Küvetten, 1 cm Schichtdicke oder **nephelometrische Erlenmeyerkolben,** 250 ml bis 300 ml Volumen, mit zylindrischem Seitenarm, der ins Spektrometer eingesetzt werden kann (7.10), mit Baumwollstopfen oder geeigneten Alternativen (siehe Bild 1).

7.18 Membranfilter, zur Sterilisation, 0,2 µm Porenweite.

7.19 Reaktionsgefäße aus Plastik (Eppendorfgefäße), mit Deckel, 1,5 ml bis 2 ml Volumen.

Seite 7
prEN ISO 10705-1:2000

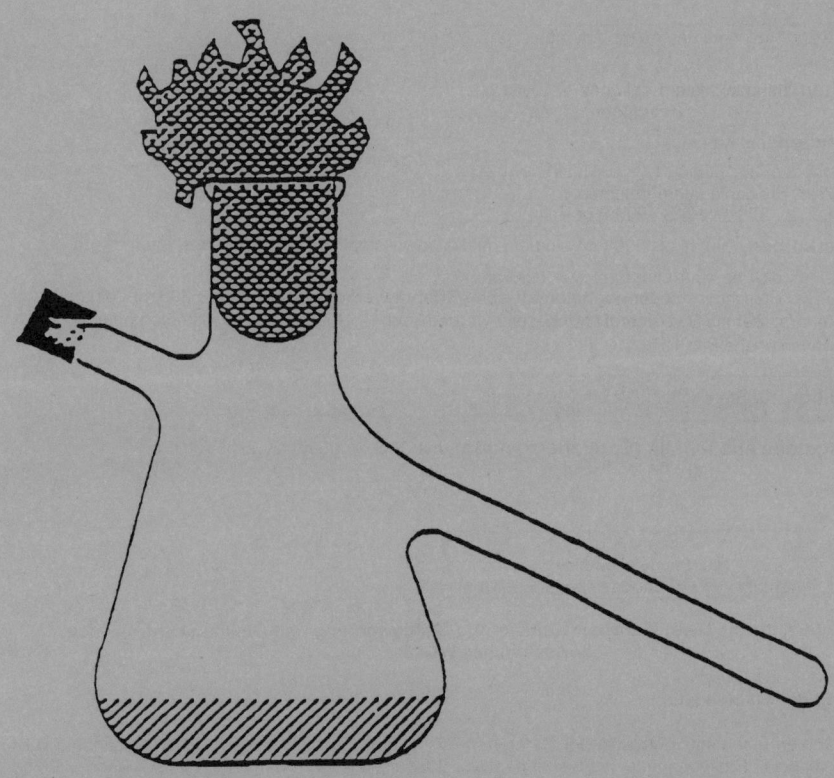

Bild 1 — Nephelometrischer Erlenmeyerkolben zur Kultivierung des Wirtstammes

8 Probenahme

Die Probenahme und den Transport der Proben zum Labor nach ISO 8199, ISO 5667-1, ISO 5667-2 und ISO 5667-3 durchführen.

9 Herstellung der Testmaterialien

9.1 Kultivierung und Aufbewahrung der Wirtsstämme WG49 und *E.coli* K12 Hfr

Die Kultivierung und Aufbewahrung der Wirtsstämme erfordert mehrere Schritte, die in Bild 2 zusammengefasst sind. Das Bild zeigt auch das Stadium an, in dem die Qualitätskontrolle des Wirtsstammes durchgeführt wird.

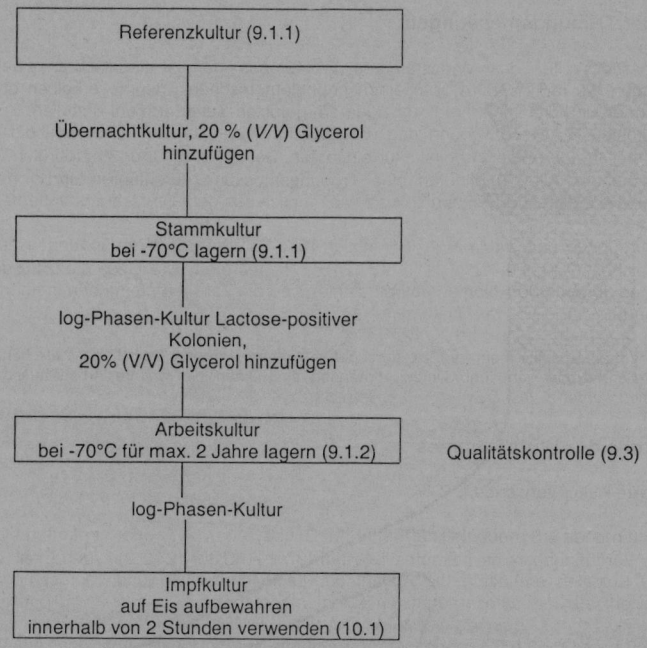

Bild 2 — Schematische Darstellung der Kultivierung, Aufbewahrung und Qualitätskontrolle des Wirtsstammes WG49

9.1.1 Herstellung der Stammkultur

Den gefriergetrockneten Inhalt einer Ampulle der Referenz-Wirtsstammkulturen in einem kleinen Volumen TYGB (A.1) lösen, dazu eine Pasteurpipette verwenden. Die Suspension zu 50 ml TYGB in einen 300 ml Erlenmeyerkolben überführen (7.16). Für (18 ± 2) h bei (37 ± 1) °C bebrüten, währenddessen bei (100 ± 10) min^{-1} schütteln. 10 ml Glycerol (A.6) hinzufügen und gut mischen. 1,2 ml-Aliquots auf Reaktionsgefäße (7.19) verteilen und bei (-70 ± 10) °C lagern.

ANMERKUNG 2 Die erste Kultur des Wirtsstammes sollte als Referenzkultur im Labor aufbewahrt werden.

9.1.2 Herstellung der Arbeitskulturen

Ein Reaktionsgefäß mit der Stammkultur (9.1.1) bei Raumtemperatur auftauen und eine Platte McConkey-Agar (A.7) oder ein anderes Lactose-haltiges Medium so beimpfen, dass Einzelkolonien erhalten werden. Bei (37 ± 1) °C für (18 ± 2) h bebrüten. 50 ml TYGB (A.1) in einen 300 ml Erlenmeyerkolben geben (7.16) und auf Raumtemperatur erwärmen. Kulturmaterial von drei bis fünf Lactose-positive Kolonien vom McConkey-Agar abnehmen und in den Kolben mit TYGB einimpfen. Für (5 ± 1) h bei (37 ± 1) °C bebrüten, währenddessen bei (100 ± 10) min^{-1} schütteln. 10 ml Glycerol (A.6) hinzufügen und gut mischen. 1,2 ml-Aliquots auf Reaktionsgefäße (7.19) verteilen und bei (-70 ± 10) °C maximal 2 Jahre lagern. Die Qualität der Arbeitskultur laut 9.3 kontrollieren.

ANMERKUNGEN

3   Wenn eine große Testanzahl angestrebt wird, können mehrere Erlenmeyerkolben gleichzeitig beimpft werden.

4   Wenn die Qualitätskontrolle versagt, die Stammkultur neu animpfen. Nach wiederholten Misserfolgen, oder wenn die Stammkultur aufgebraucht ist, eine neue Ampulle mit der gefriergetrockneten Referenzkultur beschaffen. Keine wiederholten Subkulturen im Labor anlegen.

9.2 Kalibrierung der Trübungsmessungen

Ein Gefäß mit der Arbeitskultur des Wirtsstammes WG49 aus dem Tiefkühlschrank nehmen und bei Raumtemperatur auftauen. 50 ml TYGB (A.1) in einen nephelometrischen Erlenmeyerkolben geben (7.17), auf Raumtemperatur erwärmen und die Spektrometeranzeige am gefüllten Seitenarm auf 0 stellen. Ersatzweise einen einfachen Erlenmeyerkolben (7.16) verwenden und die Spektrometeranzeige mit Bouillon, die in eine Küvette überführt wurde, auf 0 stellen. 0,5 ml der Arbeitskultur einimpfen. Bei (37 ± 1) °C für 3 h bebrüten, währenddessen bei (100 ± 10) min^{-1} schütteln. Alle 30 Minuten eine Trübungsmessung durchführen und 1 ml Probe für die Lebendzählung entnehmen, dabei den Kolben so kurz wie möglich aus dem Brutschrank entfernen.

Die Proben bis 10^{-6} verdünnen und zweimal je 0,1 ml der 10^{-4}, 10^{-5} und 10^{-6} Verdünnungen auf TYGA-Platten (Doppelansatz) ausstreichen (A.2); bei (37 ± 1) °C für (24 ± 2) h bebrüten. Die Gesamtanzahl der Kolonien auf jeder Platte, die zwischen 30 und 300 Kolonien enthält, zählen und die Zahl der cfp/ml berechnen (falls notwendig, ISO 8199 zu Rate ziehen).

ANMERKUNG 5 Dieses Verfahren sollte mehrere Male durchgeführt werden, um eine Beziehung zwischen der Trübung und der Koloniezahl herzustellen. Wenn genügend Daten vorhanden sind, kann die weitere Arbeit ausschließlich auf den Trübungsmessungen basiert werden.

9.3 Qualitätskontrolle des Wirtsstammes

Eine nach 9.2 hergestellte Kultur verwenden.

Zu den Zeitpunkten t = 0 h und t = 3 h ebenfalls 2 Platten McConkey-Agar (A.7) oder ein anderes Lactose-haltiges Medium mit derselben Verdünnungsreihe beimpfen und bei (37 ± 1) °C für (24 ± 2) h bebrüten. Von Platten, die zwischen 30 und 300 Kolonien enthalten, die Anzahl der Lactose-positiven und Lactose-negativen Kolonien auszählen und den Prozentsatz der Lactose-negativen Kolonien berechnen.

Zu den Zeitpunkten t = 0 h und t = 3 h 0,1 ml der 10^{-2} Verdünnung auf McConkey-Agar oder ein Alternativmedium ausstreichen, je ein Plättchen mit Nalidixinsäure (Nal) und Kanamycin (Km) auf die Platte legen und für (24 ± 2) h bei (37 ± 1) °C bebrüten.

Die Hemmhöfe um die Antibiotikaplättchen messen.

Der Wirtsstamm kann verwendet werden, wenn die folgenden Kriterien erfüllt sind:

Ergebnis der TYGA-Plattenzählung (9.2) nach 0 h: 0,5 bis 3 x 10^{7} cfp/ml;

Ergebnis der TYGA-Plattenzählung (9.2) nach 3 h: 7 bis 40 x 10^{7} cfp/ml;

Lactose-negative Kolonien (Plasmid-Segregation) < 8%;

Hemmhof um das Nalidixinsäureplättchen: nicht vorhanden;

Hemmhofdurchmesser um das Kanamycinplättchen: < 20 mm.

ANMERKUNG 6 Antibiotikaplättchen mit anderem Durchmesser oder anderer Konzentration können verwendet werden, es sollte dann ein anderer Grenzwert für den Kanamycin-Hemmhof festgelegt werden.

Die Empfindlichkeit des Wirtsstammes gegenüber F-spezifischen RNA-Bakteriophagen wie folgt überprüfen:

Eine Stammkultur des Bakteriophagen MS2, wie in Anhang C beschrieben, anlegen und bei (4 ± 2) °C lagern. Eine Verdünnungsreihe in 10er Schritten herstellen und laut 10.1 ausplattieren, aber den Wirtsstamm *E. coli* K-12 Hfr verwenden. Die Verdünnungsreihe über Nacht bei (4 ± 2) °C aufbewahren. Die Anzahl der Plaques jeder Verdünnungsstufe zählen und 100 ml bis 1 000 ml einer MS2-Suspension in Pepton-Salzlösung herstellen (A.8), die etwa 100 pfp/ml enthalten sollte. Glycerol hinzufügen (5 g/l).

1,2-ml-Aliquots auf Reaktionsgefäße (7.19) verteilen und bei (-20 ± 5) °C oder (-70 ± 5) °C lagern.

Vier Reaktionsgefäße bei Raumtemperatur auftauen, den Inhalt in einem Röhrchen vereinigen und je 2 x 1 ml auf die Stämme *E.coli* K-12 Hfr und WG49 laut 10.1 ausplattieren (Doppelansatz). Die Anzahl der Plaques auf jeder Platte zählen und die Wiederfindungsrate auf WG49, bezogen auf den *E.coli* Stamm, berechnen. WG49 akzeptieren, wenn die Wiederfindungsrate mehr als 80% beträgt.

10 Durchführung

10.1 Standardverfahren

Ein Reaktionsgefäß mit der Arbeitskultur aus dem Tiefkühlschrank nehmen und bei Raumtemperatur auftauen. 50 ml TYGB (A.1) in einen nephelometrischen (7.17) oder einfachen (7.16) Erlenmeyerkolben geben. Die Spektrometeranzeige wie in 9.2 beschrieben auf 0 stellen und auf Raumtemperatur vorwärmen. 0,5 ml der Arbeitskultur einimpfen. Bei (37 ± 1) °C bebrüten, währendessen bei (100 ± 10) $rmin^{-1}$ schütteln. Die Trübung alle je 30 min messen. Bei einer Trübung, die einer Zelldichte von nahezu 10^8 cfu/ml entspricht (basierend auf den Daten aus 9.2), die Impfkultur aus dem Brutschrank nehmen und sofort in Eiswasser kühlen. Innerhalb von 2 h verwenden.

ANMERKUNG 7 Es ist unbedingt erforderlich, die Kultur schnell abzukühlen, um einem Verlust der F-Pili der Zellen vorzubeugen, was die Wiederfindung negativ beeinflussen würde.

Den ssTYGA in den Flaschen zum Schmelzen bringen (A.3), auf 44 °C bis 50 °C abkühlen, Calcium-Glucose-Lösung (A.1) unter aseptischen Bedingungen hinzufügen (0,5 ml/50 ml) und 2,5 ml-Aliquots auf Kulturröhrchen mit Kappen verteilen, die sich in einem Wasserbad bei (45 ± 1) °C befinden. Zu jedem Röhrchen 1 ml der Probe (oder der Verdünnung oder des Konzentrats) geben. Jedes Volumen bzw. jede Verdünnungsstufe mindestens in doppelter Ausführung untersuchen.

1 ml der Impfkultur hinzufügen, sorgfältig mischen und den Inhalt über die Oberfläche einer 9 cm TYGA Platte gießen (A.2). Gleichmäßig verteilen, auf einer vollkommen horizontalen, kalten Fläche erstarren lassen und die Platten mit der Oberseite nach unten bei (37 ± 1) °C für (18 ± 2) h bebrüten.

ANMERKUNGEN

8   Nicht mehr als 6 (vorzugsweise 4) Platten stapeln.

9   Die Zugabe einer eiskalten Probe und der Wirtskultur zum Topagar führt möglicherweise zu einem deutlichen Temperaturabfall und zur Erstarrung des Mediums. Um eine Wiedererwärmung zu ermöglichen, ein ausreichendes Zeitintervall zwischen diesen beiden Schritten gewährleisten. Die beimpften Röhrchen jedoch nicht länger als 10 min im Wasserbad verbleiben lassen.

Die Anzahl der Plaques auf jeder Platte innerhalb von 4 h unter Verwendung von indirektem, schräg einfallenden Licht zählen.

10.2 Verfahren für Proben mit hoher bakterieller Hintergrundflora

Nalidixinsäure in einer Endkonzentration von 100 µg/ml zu ssTYGA (A.3) hinzufügen.

ANMERKUNG 10   Nalidixinsäure ist hitzestabil. Sie kann entweder aus einer sterilfiltrierten Lösung (A.4) nach dem Schmelzen von ssTYGA hinzugegeben werden (0,2 ml/50 ml) oder vor dem Autoklavieren von TYGA.

10.3 Bestätigungstest

Parallel zu den Plattenansätzen, die unter 10.1 beschrieben sind, Plattenansätze mit RNase-Lösung (A.5) zubereiten, die zu den Röhrchen mit ssTYGA in einer Endkonzentration von 40 µg/ml hinzugefügt wird (z.B. 100 µl RNase-Lösung zu 2,5 ml ssTYGA im Röhrchen).

ANMERKUNGEN

11   Bestätigungstests sollten mindestens dann ausgeführt werden

a)   wenn neue Probenahmestellen untersucht werden;

b)   regelmäßig bei fixen Probenahmestellen, wenn N_{RNase}/N (siehe Abschnitt 11) gewöhnlich weniger als 10% beträgt;

c)   immer bei fixen Probenahmestellen, wenn N_{RNase}/N gewöhnlich > 10% beträgt;

d)   wenn große, kreisförmige, klare Plaques mit glatten Rändern (vermutlich somatische *Salmonella* Phagen) regelmäßig gesehen werden.

12   In seltenen Fällen werden die RNA-Phagen nicht durch eine RNase-Konzentration von 40 µg/ml gehemmt und es kann notwendig sein, die Konzentration an RNase auf 400 µg/ml zu erhöhen.

10.4 Proben mit geringen Phagenzahlen

Verfahrensweise nach 10.1, jedoch mit folgenden Abänderungen:

—   10 ml ssTYGA, 1 ml Wirtskultur und 5 ml Probe, Doppelansatz je Verdünnungsstufe;

—   50 ml TYGA in eine 14 cm Petrischale gießen.

ANMERKUNG 13   Dieses Verfahren ermöglicht den Nachweis von bis zu 1 pfu/50 ml oder je 100 ml, wenn 10 oder 20 Platten gleichzeitig beimpft werden. Wegen des hohen Verbrauchs an Kulturmedien, dürfte es ratsam sein, Konzentrationsmethoden anzuwenden; diese auch notwendig sind bei noch geringeren Anzahlen.

10.5 Qualitätskontrolle

Mit jeder Probenreihe einen Verfahrensleerwert testen; dabei steriles Verdünnungsmittel als Probe und eine Standardzubereitung von MS2 (siehe 9.3) verwenden. Die Ergebnisse in eine Kontrollkarte einzeichnen.

Optional zusätzlich eine natürlich verunreinigte Standardprobe verwenden, die von Abwasser oder Oberflächenwasser entnommen, auf nahezu 100 pfp/ml in Pepton-Salzlösung und Glycerol (5 g/l) verdünnt und bei (-20 ± 5) °C oder (-70 ± 5) °C gelagert wurde. Die Standardproben verwerfen, wenn die Konzentration an RNA-Phagen abnimmt.

ANMERKUNG 14   In Ermangelung leicht erhältlicher, standardisierter Referenzmaterialien, sollte jedes Programm für den Austausch von Standardproben zwischen Laboratorien unterstützt werden.

Wenn die Sensitivität gegenüber den Phagen verloren geht (dies ist ungewöhnlich, kann aber sehr plötzlich und vollständig geschehen), einen neuen Satz an Impfgut nach 9.1.2 zubereiten.

11 Angabe der Ergebnisse

Platten mit 30 bis 300 Plaques auswählen. Anhand der Anzahl der gezählten Plaques und unter Berücksichtigung der Ergebnisse aus den vorhergehenden Bestätigungstests die Teilchenkonzentration der (plaqueformenden Partikel der) F-spezifischen RNA-Bakteriophagen in 1 ml der Probe wie folgt berechnen:

$$C_{pfp} = \frac{N - N_{RNase}}{n} xF$$

Dabei ist

C_{pfp} die bestätigte Teilchenkonzentration von F-spezifischen RNA-Bakteriophagen je Milliliter;

N die Gesamtanzahl von gezählten Plaques auf WG49-Platten nach 10.1, 10.2 oder 10.4;

N_{RNase} die Gesamtanzahl von gezählten Plaques auf WG49-Platten mit RNase nach 10.3;

n die Anzahl der Parallelbestimmungen;

F der Verdünnungs-(oder Konzentrations-)faktor (1/5 im Falle von 10.4).

12 Analysenbericht

Der Analysenbericht muss die folgenden Informationen enthalten:

a)   einen Verweis auf diesen Teil von ISO 10705;

b)   alle Details, die für die vollständige Identifikation der Probe notwendig sind;

c)   ob ein Bestätigungstest durchgeführt wurde und das prozentuale Verhältnis von N_{RNase} zu N;

d)   die Ergebnisse, angegeben nach Abschnitt 11;

e)   jede weitere Information, die für das Verfahren wichtig ist.

Anhang A
(normativ)

Kulturmedien, Reagenzien und Verdünnungslösungen

A.1 Trypton-Hefeextrakt-Glucose-Bouillon (TYGB)

Grundmedium

Trypticase Pepton	10	g
Hefeextrakt	1	g
NaCl	8	g
destilliertes Wasser	1 000	ml

Die Substanzen in heißem Wasser lösen. Den pH-Wert so einstellen, dass er nach der Sterilisation 7,2 ± 0,1 bei 25 °C beträgt. Je 200 ml des Mediums auf Flaschen verteilen und im Autoklaven bei (121 ± 1) °C für 15 min sterilisieren. Im Dunkeln bei (4 ± 2) °C nicht länger als 6 Monate aufbewahren.

Calcium-Glucose-Lösung

$CaCl_2 \cdot 2H_2O$	3	g
Glucose	10	g
destilliertes Wasser	100	ml

Die Substanzen unter vorsichtigem Erhitzen in Wasser lösen. Auf Raumtemperatur abkühlen und durch einen 0,22 µm-Membranfilter sterilfiltrieren. Im Dunkeln bei (4 ± 2) °C nicht länger als 6 Monate aufbewahren.

Vollmedium

Grundmedium	200	ml
Calcium-Glucose Lösung	2	ml

Calcium-Glucose-Lösung unter aseptischen Bedingungen zum Grundmedium geben und gut mischen. Falls nicht unmittelbar benötigt, im Dunkeln bei (4 ± 2) °C nicht länger als 6 Monate aufbewahren

A.2 Trypton-Hefeextrakt-Glucose-Agar (TYGA)

Grundmedium

Trypticase Pepton	10	g
Hefeextrakt	1	g
NaCL	8	g
Agar	12 g bis 20 g	[1]
destilliertes Wasser	1 000	ml
1) in Abhängigkeit von der Gelierfähigkeit des Agars		

Die Substanzen in kochendem Wasser lösen. Den pH-Wert so einstellen, dass er nach der Sterilisation $7,2 \pm 0,1$ bei 25 °C beträgt. Je 200 ml des Mediums auf Flaschen verteilen und im Autoklaven bei (121 ± 1) °C für 15 min sterilisieren. Im Dunkeln bei (4 ± 2) °C nicht länger als 6 Monate aufbewahren.

Vollmedium

Grundmedium	200	ml
Calcium-Glucose Lösung (A.1)	2	ml

Das Grundmedium schmelzen und auf 45 °C bis 50 °C abkühlen. Calcium-Glucose-Lösung steril hinzufügen, gut mischen und in Petrischalen gießen wie folgt:

— 20 ml in Petrischalen mit einem Durchmesser von 9 cm;

— 50 ml in Petrischalen mit einem Durchmesser von 14 cm.

Erstarren lassen und im Dunkeln bei (4 ± 2) °C nicht länger als 6 Monate aufbewahren, sofern die Platten gut vor Austrocknung geschützt sind.

A.3 Trypton-Hefeextrakt-Glucose Weichagar (ssTYGA)

Grundmedium nach A.2 herstellen, jedoch nur die halbe Menge Agar (6 g bis 10 g), je nach Gelierfähigkeit, einsetzen; die Gelierfähigkeit von ssTYGA ist für den Erhalt guter Ergebnisse entscheidend und wenn möglich sollten unterschiedliche Konzentrationen getestet werden. Je 50 ml auf Flaschen verteilen.

A.4 Nalidixinsäurelösung

Nalidixinsäure	250	mg
NaOH (1 mol/l)	2	ml
destilliertes Wasser	8	ml

Nalidixinsäure in NaOH lösen, destilliertes Wasser hinzufügen und gut mischen. Durch einen 0,22 μm-Membranfilter sterilfiltrieren. Bei (4 ± 2) °C nicht länger als 8 h oder bei (-20 ± 2) °C maximal 6 Monate aufbewahren.

A.5 RNase Lösung

RNase	100	mg
destilliertes Wasser	100	ml

RNase in Wasser unter 10 minütigem Erhitzen bei 100 °C lösen. Je 0,5 ml auf Plastikgefäße verteilen und bei –20 °C maximal 1 Jahr aufbewahren. Vor Gebrauch bei Raumtemperatur auftauen.

A.6 Glycerol (steril)

Glycerol (870 g/l)	100	ml

Je 20 ml auf Flaschen verteilen und im Autoklaven bei (121 ± 1) °C für 15 min sterilisieren. Im Dunkeln maximal 1 Jahr aufbewahren.

A.7 McConkey Agar

Pepton	20,0	g
Lactose	10,0	g
Gallensalze	5,0	g
Neutralrot	75	mg
Agar	12 g bis 20	g
destilliertes Wasser	1 000	ml

Die Komponenten im kochenden Wasser lösen. Den pH-Wert so einstellen, dass er nach der Sterilisation 7,4 ± 0,1 bei 25 °C beträgt. Je 200 ml des Mediums auf Flaschen verteilen und im Autoklaven bei (121 ± 1) °C für 15 min sterilisieren. Auf 45 °C bis 50 °C abkühlen und 20 ml in Petrischalen mit einem Durchmesser von 9 cm gießen. Erstarren lassen und im Dunkeln bei (4 ± 2) °C nicht länger als 6 Monate lagern.

A.8 Pepton-Salzlösung

Pepton	1,0	g
Natriumchlorid	8,5	g
destilliertes Wasser	1 000	ml

Seite 16
prEN ISO 10705-1:2000

Die Substanzen in ca. 950 ml des Wassers unter Kochen lösen. Den pH-Wert mit Natronlauge oder Salzsäure (1 mol/l) so einstellen, dass er nach der Sterilisation 7,0 ± 0,1 beträgt. Das Volumen auf 1 000 ml mit Wasser auffüllen. Geeignete Volumina abfüllen und bei (121 ± 1) °C für 15 min autoklavieren. Im Dunkeln nicht länger als 6 Monate lagern.

Anhang B
(informativ)

Allgemeine Beschreibung von F-spezifischen RNA-Bakteriophagen

F-spezifische RNA-Bakteriophagen sind Bakteriophagen (bakterielle Viren), die aus einem einfachen Kapsid mit kubischer Symmetrie und einem Durchmesser von 21 nm bis 30 nm bestehen und als Genom einzelsträngige RNA enthalten. Sie gehören der morphologischen Gruppe E an und werden der Familie *Leviviridae* zugeordnet. Die Familie besteht derzeitig aus zwei Gattungen: *Levivirus*, mit dem Phagen MS2 als Arttypus und *Allelovirus*, mit dem Phagen Qβ als Arttypus. Sie infizieren Bakterien, die das F-Plasmid oder sex-Plasmid besitzen, welches ursprünglich in *Escherichia coli* K12 nachgewiesen wurde und lagern sich an die Oberfläche der F-Pili oder Sex-Pili, die durch dieses Plasmid codiert werden. Das F-Plasmid kann auf eine ganze Reihe Gram-negativer Bakterien übertragen werden.

Der infektiöse Prozess wird in Gegenwart von RNase im Wachstumsmedium gehemmt, was ausgenutzt werden kann, um zwischen den F-spezifischen RNA-Bakteriophagen und den stabförmigen F-spezifischen DNA-Bakteriophagen der Familie der *Inoviridae* zu unterscheiden.

Anhang C
(informativ)

Kultivierung des Bakteriophagen MS2

Für die Phagenvermehrung Standardverfahren, wie in der Literatur beschrieben, anwenden. Im Folgenden ist ein Beispiel für ein Verfahren angegeben, das erwiesenermaßen gute Ergebnisse liefert.

25 ml TYGB in einen 300-ml-Erlenmeyerkolben geben und mit einem geeigneten Wirtsstamm (z.B. *E. coli* K-12 Hfr, NCTC 12486) beimpfen. Für (18 ± 2) h bei (37 ± 1) °C bebrüten, währenddessen bei (100 ± 10) rmin^{-1} schütteln.

25 ml TYGB in einem 300 ml-Erlenmeyerkolben auf 35 °C bis 37 °C vorwärmen und mit 0,25 ml der Übernacht-kultur beimpfen.

Für 90 min, wie oben angegeben, bebrüten. MS2 aus einer Stammlösung in einer Endkonzentration von ungefähr 10^7 pfp/ml hinzugeben.

Für 4 h bis 5 h, wie oben angegeben, bebrüten. 2,5 ml Chloroform ($CHCl_3$) hinzugeben, gut mischen und über Nacht bei (4 ± 2) °C aufbewahren. Die wässrige Phase in Zentrifugenröhrchen abgießen und bei mindestens 3 000 g für 20 min zentrifugieren.

Den Überstand vorsichtig abpipettieren und bei (4 ± 2) °C lagern.

Sicherheitsvorkehrungen

Chloroform ist eine karzinogene Substanz. Angemessene Sicherheitsvorkehrungen treffen oder eine geeignete Alternative verwenden.

ANMERKUNGEN

15   Der Titer der Phagensuspension sollte über 10^{10} pfp/ml liegen und kann bis zu 10^{13} pfp/ml erreichen. In einigen Fällen kann es notwendig sein, den Zyklus zu wiederholen, um ausreichend hohe Titer zu erhalten; höhere Phagenausgangs-konzentrationen können dann verwendet werden.

16   Der Titer der Phagen-Stammlösung wird mit der Zeit langsam abnehmen.

Anhang ZA
(normativ)

Normative Verweisungen auf internationale Publikationen mit ihren entsprechenden europäischen Publikationen

Diese Europäische Norm enthält durch datierte oder undatierte Verweisungen Festlegungen aus anderen Publikationen. Diese normativen Verweisungen sind an den jeweiligen Stellen im Text zitiert, und die Publikationen sind nachstehend aufgeführt. Bei datierten Verweisungen gehören spätere Änderungen oder Überarbeitungen dieser Publikationen nur zu dieser Europäischen Norm; falls sie durch Änderung oder Überarbeitung eingearbeitet sind. Bei undatierten Verweisungen gilt die letzte Ausgabe der in Bezug genommenen Publikation (einschließlich Änderungen).

ANMERKUNG   Ist eine internationale Publikation durch gemeinsame Abweichungen modifiziert worden, gekennzeichnet durch (mod.), dann gilt die entsprechende EN/HD.

Publikation	Jahr	Titel	EN/HD	Jahr
ISO 3696	1987	Water for analytical laboratory use — Specification and test methods	EN ISO 3696x	1995
ISO 5667-1	1980	Water quality — Sampling — Part 1: Guidance on the design of sampling programmes	EN 25667-1	1993
ISO 5667-2	1991	Water quality — Sampling — Part 2: Guidance on sampling techniques	EN 25667-2	1993

Wasserbeschaffenheit

Nachweis und Zählung von Bakteriophagen

Teil 2: Zählung von somatischen Coliphagen (ISO 10705-2:2000)
Deutsche Fassung prEN ISO 10705-2:2000

DIN
EN ISO 10705-2

ICS 07.100.20   Einsprüche bis 2001-04-30

Water quality — Detection and enumeration of bacteriophages — Part 2:
Enumeration of somatic coliphages (ISO 10705-2:2000); German version
prEN ISO 10705-2:2000

Qualité de l'eau — Détection et dénombrement des bactériophages —
Partie 2: Dénombrement des coliphages somatiques (ISO 10705-2:2000);
Version allemande prEN ISO 10705-2:2000

Anwendungswarnvermerk

Dieser Norm-Entwurf wird der Öffentlichkeit zur Prüfung und Stellungnahme vorgelegt.

Weil die beabsichtigte Norm von der vorliegenden Fassung abweichen kann, ist die Anwendung dieses Entwurfes besonders zu vereinbaren.

Stellungnahmen werden erbeten an den Normenausschuss Wasserwesen (NAW) im DIN Deutsches Institut für Normung e. V., 10772 Berlin (Hausanschrift: Burggrafenstraße 6, 10787 Berlin).

Nationales Vorwort

Der hiermit der Öffentlichkeit zur Stellungnahme vorgelegte Europäische Norm-Entwurf ist die Deutsche Fassung des vom Technischen Komitee TC 230 "Wasseranalytik" (Sekretariat DIN) des Europäischen Komitees für Normung (CEN) ausgearbeiteten Entwurfes prEN ISO 10705-2, der nach einem positiven Abstimmungsergebnis innerhalb der CEN-Mitglieder als Europäische Norm EN ISO 10705-2 in deutsch, englisch und französisch herausgegeben wird.

Die nationalen Normenorganisationen sind verpflichtet, diese EN dann vollständig und unverändert in ihr nationales Normenwerk zu übernehmen.

Die vorbereitenden Arbeiten wurden von der Arbeitsgruppe "Mikrobiologische Verfahren" (WG 3) des CEN/TC 230 durchgeführt, deren Federführung beim DIN lag. Für Deutschland war der Arbeitsausschuss NAW I 3 "Wasseruntersuchung" an der Bearbeitung beteiligt.

Nach einem im CEN mit positivem Ergebnis durchgeführten Einstufigen Annahmeverfahren (UAP) wird dieses Bestimmungsverfahren als Europäische Norm in das DIN-Normenwerk übernommen.

Fortsetzung Seite 2
und 21 Seiten prEN

Normenausschuss Wasserwesen (NAW) im DIN Deutsches Institut für Normung e. V.

Ref. Nr. E DIN EN ISO 10705-2:2001-03
Preisgr. 12   Vertr.-Nr. 2312

Seite 2
E DIN EN ISO 10705-2:2001-03

Die als DIN-Normen veröffentlichten Einheitsverfahren sind beim Beuth Verlag einzeln oder zusammengefasst erhältlich. Außerdem werden die genormten Einheitsverfahren in der Loseblatt-Sammlung "Deutsche Einheitsverfahren zur Wasser-, Abwasser- und Schlammuntersuchung" gemeinsam vom Beuth Verlag GmbH und von dem Wiley-VCH Verlag publiziert. Die für das Wasserhaushaltsgesetz (WHG) und allen bisher erschienenen Abwasserverwaltungsvorschriften als DIN-Taschenbuch (DIN-TAB 230) herausgegeben worden.

Normen oder Norm-Entwürfe mit dem Gruppentitel "Deutsche Einheitsverfahren zur Wasser-, Abwasser- und Schlammuntersuchung" sind in folgende Gebiete (Haupttitel) aufgeteilt:

Allgemeine Angaben (Gruppe A)   (DIN 38402)

Sensorische Verfahren (Gruppe B)   (DIN 38403)

Physikalische und physikalisch-chemische Kenngrößen (Gruppe C)   (DIN 38404)

Anionen (Gruppe D)   (DIN 38405)

Kationen (Gruppe E)   (DIN 38406)

Gemeinsam erfassbare Stoffgruppen (Gruppe F)   (DIN 38407)

Gasförmige Bestandteile (Gruppe G)   (DIN 38408)

Summarische Wirkungs- und Stoffkenngrößen (Gruppe H)   (DIN 38409)

Biologisch-ökologische Gewässeruntersuchung (Gruppe M)   (DIN 38410)

Mikrobiologische Verfahren (Gruppe K)   (DIN 38411)

Testverfahren mit Wasserorganismen (Gruppe L)   (DIN 38412)

Einzelkomponenten (Gruppe P)   (DIN 38413)

Schlamm und Sedimente (Gruppe S)   (DIN 38414)

Suborganismische Testverfahren (Gruppe T)   (DIN 38415).

Außer den in der Reihe DIN 38402 bis DIN 38415 genormten Untersuchungsverfahren liegen eine Reihe Internationaler und Europäischer Normen als DIN-EN-, DIN-EN-ISO- und DIN-ISO-Normen vor, die ebenfalls Bestandteil der "Deutschen Einheitsverfahren" sind.

Über die bisher erschienenen Teile dieser Normen gibt die Geschäftsstelle des Normenausschusses Wasserwesen (NAW) im DIN Deutsches Institut für Normung e. V., Telefon (0 30) 26 01 – 25 49, oder der Beuth Verlag GmbH, 10772 Berlin (Hausanschrift: Burggrafenstraße 6, 10787 Berlin), Auskunft.

SCHLUSS-ENTWURF
prEN ISO 10705-2

EUROPÄISCHE NORM

EUROPEAN STANDARD

NORME EUROPÉENNE

Oktober 2000

ICS 07.100.20

Deutsche Fassung

Wasserbeschaffenheit — Nachweis und Zählung von Bakteriophagen — Teil 2: Zählung von somatischen Coliphagen (ISO 10705-2:2000)

Water quality - Detection and enumeration of bacteriophages - Part 2: Enumeration of somatic coliphages (ISO 10705-2:2000)

Qualité de l'eau - Détection et dénombrement des bactériophages - Partie 2: Dénombrement des coliphages somatiques (ISO 10705-2:2000)

Dieser Europäische Norm-Entwurf wird den CEN-Mitgliedern zum einstufigen Annahmeverfahren vorgelegt. Er wurde vom Technischen Komitee CEN/TC 230 erstellt.

Wenn aus diesem Norm-Entwurf eine Europäische Norm wird, sind die CEN-Mitglieder gehalten, die CEN/CENELEC-Geschäftsordnung zu erfüllen, in der die Bedingungen festgelegt sind, unter denen dieser Europäischen Norm ohne jede Änderung der Status einer nationalen Norm zu geben ist.

Dieser Europäische Norm-Entwurf wurde vom CEN in drei offiziellen Fassungen (Deutsch, Englisch, Französisch) erstellt. Eine Fassung in einer anderen Sprache, die von einem CEN-Mitglied in eigener Verantwortung durch Übersetzung in seine Landessprache gemacht und dem Management-Zentrum mitgeteilt worden ist, hat den gleichen Status wie die offiziellen Fassungen.

CEN-Mitglieder sind die nationalen Normungsinstitute von Belgien, Dänemark, Deutschland, Finnland, Frankreich, Griechenland, Irland, Island, Italien, Luxemburg, Niederlande, Norwegen, Österreich, Portugal, Schweden, Schweiz, Spanien, der Tschechischen Republik und dem Vereinigten Königreich.

Warnvermerk : Dieses Schriftstück hat noch nicht den Status einer Europäischen Norm. Es wird zur Prüfung und Stellungnahme vorgelegt. Es kann sich noch ohne Ankündigung ändern und darf nicht als Europäische Norm in Bezug genommen werden.

EUROPÄISCHES KOMITEE FÜR NORMUNG
EUROPEAN COMMITTEE FOR STANDARDIZATION
COMITÉ EUROPÉEN DE NORMALISATION

Management-Zentrum: rue de Stassart, 36   B-1050 Brüssel

Ref. Nr. prEN ISO 10705-2:2000 D

Seite 2
prEN ISO 10705-2:2000

Inhalt

Vorwort

Der Text der Internationalen Norm vom Technischen Komitee ISO/TC 147 "Water quality" der "International Organization for Standardization" (ISO) wurde als Europäische Norm durch das Technische Komitee CEN/TC 230 "Wasseranalytik" übernommen, dessen Sekretariat vom DIN gehalten wird.

Dieses Dokument ist derzeit zum einstufigen Annahmeverfahren vorgelegt.

Anerkennungsnotiz

Der Text der Internationalen Norm ISO 10705-2: wurde von CEN als Europäische Norm ohne irgendeine Abänderung genehmigt.

ANMERKUNG: Die normativen Verweisungen auf Internationale Normen sind im Anhang ZA (normativ) aufgeführt.

1   Anwendungsbereich

Dieser Teil von ISO 10705 legt ein Verfahren zum Nachweis und zur Zählung von somatischen Coliphagen durch Bebrütung der Probe mit einem geeigneten Wirtsstamm fest. Das Verfahren kann für alle Arten von Wasser, Sedimenten und Schlämmen angewandt werden, wenn notwendig nach Verdünnung. Das Verfahren kann auch für Schalentierextrakte angewandt werden.

Bei geringer Phagenanzahl kann eine Aufkonzentration notwendig sein, für die eine gesonderte internationale Norm entwickelt werden wird.

ANMERKUNG   Es ist wünschenswert, dass so weit wie möglich nach Internationalen Normen verfahren wird. Dieser Teil von ISO 10705 beinhaltet einen Verweis auf alternative Verfahren, die keine teuren Materialien oder Zubehör erfordern, welche in Entwicklungsländern möglicherweise nicht ohne weiteres verfügbar sind. Die Anwendung dieser Alternativen wird keinen Einfluss auf die Durchführung dieses Verfahrens haben.

2   Normative Verweisungen

Die folgenden normativen Dokumente enthalten Festlegungen, die durch Verweisung in diesem Text Bestandteil dieser Internationalen Norm sind. Zum Zeitpunkt der Veröffentlichung waren die angegebenen Ausgaben gültig. Alle normativen Dokumente unterliegen der Überarbeitung. Vertragspartner, deren Vereinbarungen auf dieser Internationalen Norm basieren, werden gebeten, die Möglichkeit zu prüfen, ob die jeweils neuesten Ausgaben der nachfolgend genannten Normen angewendet werden können. Die Mitglieder von IEC und ISO führen Verzeichnisse der gegenwärtig gültigen Internationalen Normen.

ISO 31-0:1992, *Quantities and units — Part 0: General principles.*

ISO 3696:1987, *Water for analytical laboratory use — Specification and test methods.*

ISO 5667-1:1980, *Water quality — Sampling — Part 1: Guidance on the design of sampling programmes.*

ISO 5667-2:1991, *Water quality — Sampling — Part 2: Guidance on sampling techniques.*

ISO 6887:1983, *Microbiology — General guidance for the preparation of dilutions for microbiological examination.*

ISO 8199:1988, *Water quality — General guide to the enumeration of micro-organisms by culture.*

ISO/IEC Guide 2, *Standardization and related activities — General vocabulary.*

3   Begriffe

Für die Anwendung dieses Teils von ISO 10705 gelten die Begriffe und Definitionen im ISO/IEC Guide 2 und die folgenden:

3.1
somatischer Coliphage
bakterieller Virus, der in der Lage ist, ausgewählte *Escherichia coli*-Wirtsstämme (und verwandte Stämme) durch Anheftung an die bakterielle Zellwand als ersten Schritt des infektiösen Prozesses zu infizieren

ANMERKUNG   Somatische Coliphagen produzieren sichtbare Plaques (lichte Zonen) in einem konfluenten Rasen des Bakterienwirts, der unter geeigneten Kulturbedingungen gewachsen ist.

4   Sicherheitsvorkehrungen

Der in dieser Norm verwendete Wirtsstamm ist für den Menschen und die Tiere nicht pathogen, der Umgang sollte nach der normalen (nationalen oder internationalen) Sicherheitsvorschrift für bakteriologische Laboratorien erfolgen. Somatische Coliphagen sind ebenfalls nicht menschen- und tierpathogen, aber einige Typen sind sehr resistent gegenüber Austrocknung. Es sollten daher geeignete Vorsichtsmaßnahmen getroffen werden, um einer Kreuzkontamination von Testmaterialien vorzubeugen, insbesondere bei der Untersuchung und dem Umgang mit Kulturen, die einen hohen Titer aufweisen, oder beim Animpfen der Wirtsstammkulturen. Solche Verfahren müssen in einer Sicherheitswerkbank oder einem abgetrenntem Bereich des Laboratoriums durchgeführt werden.

Chloroform ist eine karzinogene Substanz. Entsprechende Sicherheitsvorkehrungen treffen oder ein alternatives Verfahren gleicher Wirksamkeit anwenden.

5   Grundlagen des Verfahrens

Die Probe wird mit einem kleinen Volumen halbfestem Nährmedium vermischt. Eine Kultur des Wirtsstammes wird hinzugefügt und auf einem festen Nährmedium ausplattiert. Im Anschluss erfolgt die Bebrütung und Ablesung der Platten im Hinblick auf sichtbare Plaques. Die Ergebnisse werden als Anzahl plaque-formender Partikel, pfp (auch plaque-formende Einheiten, pfu, genannt), je Volumeneinheit der Probe angegeben.

6   Verdünnungsmittel, Kulturmedien, Reagenzien

6.1   Allgemeine Angaben

Zur Herstellung von Kulturmedien und Reagenzien Komponenten einheitlicher Qualität und Chemikalien des Reinheitsgrades „zur Analyse" verwenden und die Anweisungen in Anhang A befolgen. Für Informationen zur Lagerung siehe ISO 8199, sofern nicht in diesem Teil von ISO 10705 darauf hingewiesen wird. Ersatzweise Trockenvollmedien verwenden und die Angaben des Herstellers streng befolgen.

Für die Herstellung der Medien Glas-destilliertes oder deionisiertes Wasser verwenden, das frei von Substanzen ist, welche das bakterielle Wachstum unter den Versuchsbedingungen hemmen könnten und nach ISO 3696 hergestellt wurde.

ANMERKUNG   Die Anwendung von Chemikalien anderer Reinheitsgrade ist möglich, vorausgesetzt es wurde gezeigt, dass sie vergleichbare Ergebnisse liefern.

6.2   Verdünnungslösung

Zur Herstellung der Probenverdünnungen Pepton-Salzlösung (A.7) oder ein anderes Verdünnungslösung nach ISO 6887 verwenden.

Seite 5
prEN ISO 10705-2:2000

7 Geräte und Glasgeräte

Übliche mikrobiologische Laborausstattung, insbesondere:

7.1 Heißluftofen zur Sterilisation durch trockene Hitze und ein Autoklav. Mit Ausnahme der steril gelieferten Materialien, müssen Glaswaren und anderes Zubehör nach den Angaben in ISO 8199 sterilisiert werden.

7.2 Temperaturgeregelter Brutschrank oder Wasserbad, eingestellt auf (36 ± 2) °C.

7.3 Temperaturgeregelter Brutschrank oder Wasserbad, eingestellt auf (36 ± 2) °C und mit einem Schüttler, (100 ± 10) r min-1, ausgestattet.

7.4 Temperaturgeregeltes Wasserbad oder Heizblock, eingestellt auf (45 ± 1) °C.

7.5 Wasserbad oder gleichwertiges Gerät zum Schmelzen von Agarmedium.

7.6 pH-Messgerät

7.7 Zählgerät, beleuchtet mit indirektem, schräg einfallendem Licht.

7.8 Temperaturgeregelter Tiefkühlschrank, eingestellt auf (-20 ± 5) °C.

7.9 Temperaturgeregelter Tiefkühlschrank, eingestellt auf (-70 ± 10) °C oder Flüssigstickstoffbehälter.

7.10 Spektralphotometer, mit der Möglichkeit, Küvetten mit 1 cm Schichtdicke oder den Seitenarm eines nephelometrischen Erlenmeyerkolbens (7.17) zu halten, ausgestattet mit einem Filter für den Bereich zwischen 500 nm und 650 nm mit einer maximalen Bandbreite von ± 10 nm.

Herkömmliche, sterile, mikrobiologische Laborglasgeräte oder Einweg-Plastikartikel nach ISO 8199, darunter folgende:

Seite 6
prEN ISO 10705-2:2000

7.11 Petrischalen, 9 cm oder 14 cm - 15 cm Durchmesser, mit Öffnung.

7.12 Messpipetten, 0,1 ml, 1 ml, 5 ml und 10 ml Volumen und **Pasteurpipetten.**

7.13 Glasflaschen, mit geeignetem Volumen.

7.14 Kulturröhrchen, mit Kappen oder geeigneten Alternativen.

7.15 Messzylinder, mit geeignetem Volumen.

7.16 Erlenmeyerkolben, 250 ml bis 300 ml Volumen, mit Baumwollstopfen oder geeigneten Alternativen.

7.17 Küvetten, 1 cm Schichtdicke oder **nephelometrischer Erlenmeyerkolben,** mit zylindrischem Seitenarm, der ins Spektralphotometer (7.10) eingesetzt werden kann (siehe Bild 1); 250 ml bis 300 ml Volumen, mit Baumwollstopfen oder geeigneten Alternativen.

7.18 Membranfilter zur Dekontamination, 0,2 µm Porenweite.

7.19 Reaktionsgefäße aus Plastik (Eppendorfgefäße), mit Deckel, 1,5 ml bis 3 ml Volumen.

7.20 Kühlschrank, Temperatureinstellung (5 ± 3) °C.

Seite 7
prEN ISO 10705-2:2000

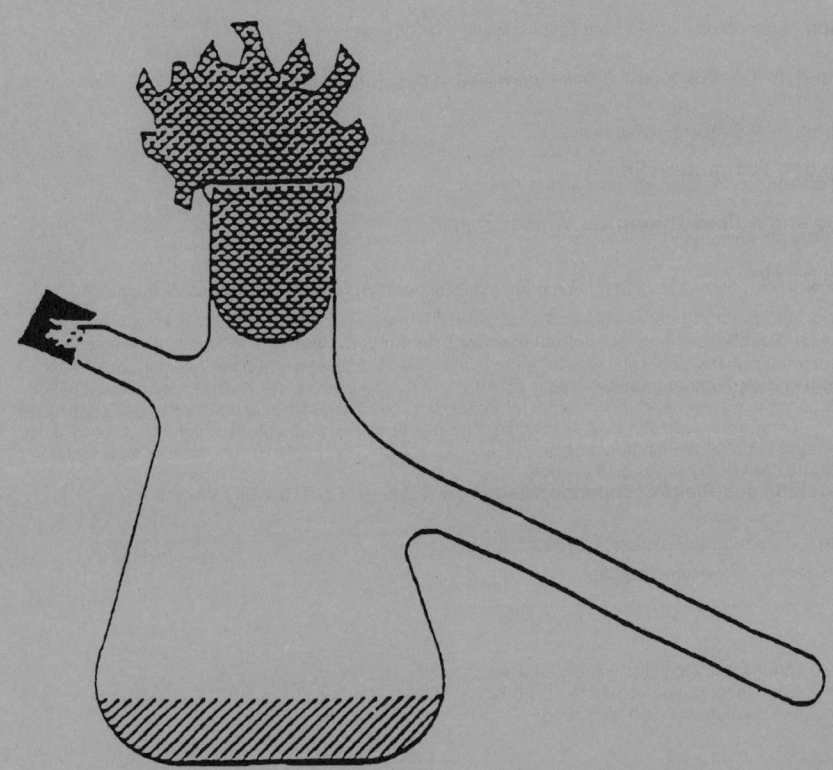

Bild 1 — Nephelometrischer Erlenmeyerkolben zur Kultivierung des Wirtstammes

8 Mikrobiologische Referenzkulturen

Für Proben mit geringem Bakteriengehalt (Trinkwasser, unverschmutztes , natürliches Wasser) den *Escherichia coli* Stamm C, ATCC 13706, verwenden.

Für Proben, die eine große Anzahl Bakterien enthalten (verschmutztes natürliches Wasser, Abwasser), sollte die Nalidixinsäure-resistente Mutante *E. coli* Stamm CN (ATCC 700078 [1]), auch bekannt als WG5 [2], verwendet werden.

Den Bakteriophagen ΦX174 (ATCC 13706-B1) für die Herstellung von Referenzmaterial (11.6.1) verwenden.

ANMERKUNG   Die ATCC Stämme sind erhältlich bei der American Type Culture Collection, 10801 University Boulevard, Manassas, VA 20110.

Seite 8
prEN ISO 10705-2:2000

9   Probenahme

Die Probenahme und den Transport der Proben zum Labor nach ISO 8199, ISO 5667-1, ISO 5667-2 und ISO 5667-3 durchführen.

10 Herstellung der Testmaterialien

10.1 Kultivierung und Aufbewahrung der Wirtsstämme

10.1.1 Allgemeine Angaben

Die Kultivierung und Aufbewahrung der Wirtsstämme erfordert mehrere Schritte, die in Bild 2 zusammengefasst sind.

Für die Kultivierung der Wirtsstämme in den einzelnen Stadien ist es am besten, die Kulturen leicht zu schütteln. Zusätzlich zur Steigerung der bakteriellen Wachstumsrate garantiert das Schütteln, dass sich alle Bakterienzellen in der aktiven Wachstumsphase befinden und sich keine Zellen, die in der stationären Phase sind, entwickeln, welche die Plattierungseffizienz vermindern könnten. Deshalb sollten die Impfkulturen, sofern kein Schüttler vorhanden ist, wiederholt per Hand geschüttelt werden.

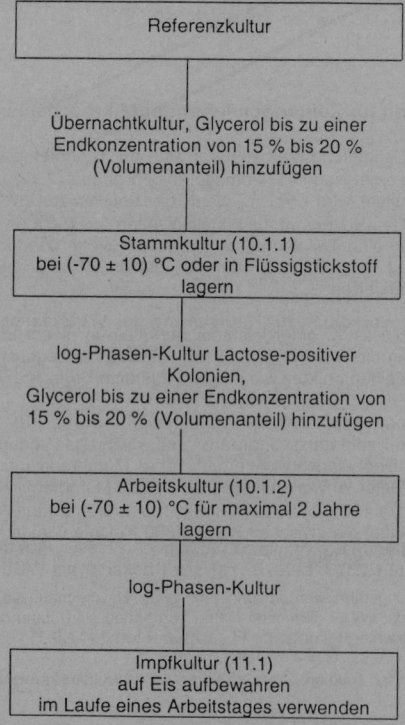

Bild 2 — Schematische Darstellung der Kultivierung, Aufbewahrung und Qualitätskontrolle des Wirtsstammes WG49

10.1.2 Herstellung der Stammkulturen

Den lyophilisierten Inhalt einer Ampulle der Referenz-Wirtsstammkulturen in einer kleinen Menge (etwa 3 ml) modifizierter Scholtens Bouillon (M.S.B) mit Hilfe einer Pasteurpipette (7.12) lösen (A.1). Die Suspension in einen 300 ml-Erlenmeyerkolben (7.16) überführen, der (50 ± 5) ml MSB enthält. Für (20 ± 4) h bei (36 ± 2) °C unter leichtem Schütteln im Brutschrank oder Wasserbad (7.3) bebrüten. 10 ml [d.h. eine Endkonzentration von 15 % bis 20 % Volumenanteil] steriles Glycerol (A.5) hinzufügen und gut mischen. Ca. 0,5 ml-Aliquots auf Plastikreaktionsgefäße (7.19) verteilen und bei (-70 ± 10) °C oder in Flüssigstickstoff aufbewahren.

ANMERKUNG   Diese erste Passage der Wirtsstämme sollte als eine Referenz im Labor gelagert werden.

10.1.3 Herstellung der Arbeitskulturen

Ein Reaktionsgefäß mit der Stammkultur (10.1.2) aus der Tiefkühllagerung nehmen, auf Raumtemperatur (15 °C bis 30 °C) erwärmen lassen und auf einer Platte McConkey-Agar (A.6) oder einem anderen Lactose-haltigen Medium so animpfen, dass Einzelkolonien entstehen. Bei (36 ± 2) °C für (20 ± 4) h bebrüten. Der verbleibende Inhalt des Stammkulturgefäßes kann am gleichen Arbeitstag zum Beimpfen weiterer Platten verwendet werden (falls notwendig), andernfalls sollte er als kontaminierter Abfall entsorgt werden.

(50 ± 5) ml MSB in einen 300 ml-Erlenmeyerkolben geben (7.16) und mindestens auf Raumtemperatur erwärmen (schnelleres Wachstum wird erreicht, wenn die Bouillon auf 37°C vorgewärmt wird). Kulturmaterial von drei bis fünf Lactose-positive Kolonien vom McConkey-Agar abnehmen und in den Kolben mit MSB einimpfen. Für (5 ± 1) h bei (36 ± 2) °C unter leichtem Schütteln im Brutschrank oder Wasserbad (7.3) bebrüten. 10 ml sterilen Glycerol (A.5) hinzufügen und gut mischen. Ca. 1,2 ml Aliquots auf Reaktionsgefäße (7.19) verteilen und im Tiefkühlschrank bei (-70 ± 10) °C (7.9) für maximal 2 Jahre lagern.

ANMERKUNG   Bei großer Testanzahl können mehere Erlenmeyerkolben gleichzeitig beimpft werden.

10.2 Kalibrierung der Absorptionsmessungen für Zählungen lebender Mikroorganismen

Ein Reaktionsgefäß mit der Arbeitskultur aus der Tiefkühlung (7.9) nehmen und auf Raumtemperatur (15 °C bis 30 °C) erwärmen. (50 ± 5) ml MSB in einen nephelometrischen Erlenmeyerkolben geben (7.17) und mindestens auf Raumtemperatur erwärmen (schnelleres Wachstum wird erreicht, wenn die Bouillon auf 37 °C vorgewärmt wird). Die Spektralphotometeranzeige mit dem gefüllten Seitenarm auf 0 stellen. Alternativ (50 ± 5) ml MSB (A.1) in einen einfachen Erlenmeyerkolben (7.16) geben und eine Teilmenge steril in eine Küvette überführen (7.17). Die Spektralphotometeranzeige unter Verwendung dieser Küvette auf 0 stellen. Die Bouillon, die zur Absorptionsmessung in Küvetten überführt wurde, verwerfen.

MSB mit 0,5 ml der Arbeitskultur beimpfen. Bei (36 ± 2) °C unter leichtem Schütteln in einem Brutschrank oder Wasserbad (7.3) bis zu 3,5 h bebrüten. Alle 30 min die Absorption messen wie oben angegeben und ein 1 ml-Aliquot für die Lebendzählung abziehen, dabei den Kolben so kurz wie möglich aus dem Brutschrank entfernen.

Die Aliquots bis 10^{-7} verdünnen und die kolonieformenden Einheiten (cfu) in je 1 ml der 10^{-5}, 10^{-6} und 10^{-7} Verdünnungen unter Anwendung des Standard-Plattengussverfahrens auf Nähragar oder modifiziertem Scholtens`Agar (MSA) (A.2.1) zählen, jeweils als Doppelansatz. Alternativ eine Membranfiltration mit je 1 ml derselben Verdünnungen durchführen und die cfu unter Anwendung des Strandard-Membranfilterverfahrens auf Nähragar oder MSA (A.2.1) zählen (Doppelansatz). Bei (36 ± 2) °C für (20 ± 4) h bebrüten (unter Verwendung von 7.2). Die Gesamtanzahl der Kolonien in/auf jeder Platte, die zwischen 30 und 300 Kolonien liefert, zählen und die Anzahl der cfu/ml berechnen (falls notwendig ISO 8199 zu Rate ziehen).

ANMERKUNG 1 Dieses Verfahren sollte mehrmals durchgeführt werden (ungefähr zwei- bis dreimal), um eine Beziehung zwischen der Absorption und der Koloniezahl herzustellen. Wenn genügend Daten vorhanden sind, kann die weitere Arbeit ausschließlich auf den Absorptionsmessungen basiert werden.

ANMERKUNG 2 Wenn innerhalb der Inkubationszeit von 3,5 h keine Zelldichte von etwa 108 cfu/ml erreicht wird, kann 1 ml der Arbeitskultur anstelle von 0,5 ml eingeimpft werden.

11 Durchführung

11.1 Herstellung der Impfkulturen

Ein Reaktionsgefäß mit der Arbeitskultur aus der Tiefkühlung (7.9) entfernen und auf Raumtemperatur (15 °C bis 30 °C) erwärmen. (50 ± 5) ml MSB in einen nephelometrischen (7.17) oder einfachen (7.16) Erlenmeyerkolben geben und mindestens auf Raumtemperatur vorwärmen (schnelleres Wachstum wird erreicht, wenn die Bouillon auf 37°C vorgewärmt wird). Die Spektralphotometeranzeige wie in 10.2 beschrieben auf 0 stellen.

0,5 ml der Arbeitskultur in MSB einimpfen. Bei (36 ± 2) °C unter leichtem Schütteln im Brutschrank oder Wasserbad (7.3) bebrüten. Die Absorption alle 30 min, wie in 10.2 angegeben, messen. Bei einer Absorption, die einer Zelldichte von etwa 108 cfu/ml entspricht (basierend auf den Daten aus 10.2), die Impfkultur aus dem Brutschrank nehmen und rasch auf Eis kühlen. Die Impfkultur an demselben Arbeitstag verwenden.

ANMERKUNG   Im folgenden wird ein alternatives (aber weniger kontrolliertes) Verfahren zur Herstellung der Impfkultur beschrieben:

0,5 ml der Arbeitskultur, die wie oben angegeben aufgetaut wurde, in (50 ± 5) ml auf Raumtemperatur vorgewärmte MSB einimpfen. Für (3 ± 1) h bei (36 ± 2) °C unter leichtem Schütteln bebrüten. Alternativ, typische Kolonien von einer Agarplatte oder eine volle Öse von einem bewachsenen Schrägagar [nicht länger als (20 ± 4) h bei (36 ± 2) °C bebrütet und bei (5 ± 3) °C nicht länger als einen Arbeitstag aufbewahrt] in (50 ± 5) ml MSB, die bei Raumtemperatur vorgewärmt wurde, einimpfen und für (3 ± 1) h bei (36 ± 2) °C unter leichtem Schütteln bebrüten. Unverzüglich verwenden oder die Impfkultur aus dem Brutschrank nehmen und rasch auf 5 °C bis 10 °C abkühlen, vorzugsweise in Eiswasser. Diese Impfkultur an demselben Arbeitstag verwenden. Unabhängig vom Herstellungsverfahren sollte die Impfkultur im Idealfall etwa 108 cfu/ml enthalten.

11.2 Standardverfahren

Eine Impfkultur, wie in 11.1 beschrieben, herstellen.

50 ml modifizierten Scholtens`Weichagar (ssMSA) (A.3) in Flaschen in einem kochenden Wasserbad (7.5) zum Schmelzen bringen und in ein Wasserbad bei (45 ± 1) °C stellen. 300 μl einer Calciumchlorid-Lösung (A.2.2.), die bei Raumtemperatur vorgewärmt wurde, unter aseptischen Bedingungen hinzufügen und 2,5 ml-Aliquots auf Kulturröhrchen (7.14) mit Kappen, die in einem Wasserbad bei (45 ± 1) °C stehen, verteilen.

Zu jedem Kulturröhrchen 1 ml der Originalprobe (oder der verdünnten bzw. der konzentrierten Probe), auf Raumtemperatur vorgewärmt, hinzufügen. Jedes Aliquot mindestens als Doppelansatz untersuchen.

1 ml der Impfkultur zu jedem Kulturröhrchen, das die Aliquots der Probe und des ssMSA enthält, zusetzen, unter Vermeidung von Luftblasen sorgfältig mischen und den Inhalt über eine Schicht MSA-Vollmedium (A.2.3) in einer 9 cm Petrischale, die auf Raumtemperatur vorgewärmt wurde, gießen. Gleichmäßig verteilen und auf einer horizontalen, kalten Fläche erstarren lassen. Die Platten durch Bebrütung mit leicht geöffnetem Deckel trocknen, dann die Platten verschließen und mit der Oberseite nach unten bei (36 ± 2) °C für (18 ± 2) h bebrüten. Nicht mehr als 6 Platten stapeln.

Die Anzahl der Plaques auf jeder Platte innerhalb von 4 h nach Beendung der Inkubation unter Verwendung von indirektem, schräg einfallenden Licht zählen.

ANMERKUNG 1 Wenn eine große Testanzahl angestrebt wird, können mehrere Erlenmeyerkolben gleichzeitig beimpft werden. In diesem Falle sollte der Inhalt verschiedener Kolben vor der Analyse gemischt und homogenisiert werden oder alternativ eine Vergleichskontrolle von ΦX174 für jeden Kolben oder jede Impfkultur angelegt werden.

ANMERKUNG 2 Wenn notwendig können die Platten nach 6 h Bebrütung abgelesen werden. Dies kann nützlich sein, wenn eine vorläufige Auswertung erforderlich ist und auch, wenn eine große Hintergrunddichte an kontaminierenden Bakterienkolonien erwartet wird. Wenn eine Ablesung nach 6 h erfolgt, sollte dies bei der Angabe der Ergebnisse in Abschnitt 12 vermerkt werden.

ANMERKUNG 3 Frisch hergestellte Triphenyltetrazoliumchlorid-Lösung (A.3) kann zu ssMSA zugesetzt werden, um den Kontrast zum Zählen der Plaques zu erhöhen.

Seite 11
prEN ISO 10705-2:2000

ANMERKUNG 4 Die Zugabe der Probe und der eiskalten Wirtskultur zum Weichagar führt möglicherweise zu einem deutlichen Temperaturabfall und zur Erstarrung des Mediums. Um eine Wiedererwärmung zu ermöglichen, ein ausreichendes Zeitintervall zwischen diesen beiden Schritten gewährleisten. Die beimpften Röhrchen jedoch nicht länger als 10 min im Wasserbad (45 ± 1) °C verbleiben lassen.

11.3 Verfahren für Proben mit großer, bakterieller Hintergrundflora

Verfahrensweise nach 11.2.

Nalidixinsäure in einer Endkonzentration von 250 µg/ml zu ssMSA (A.3) zusetzen. *E.coli* CN als Impfkultur verwenden.

ANMERKUNG   Nalidixinsäure ist hitzestabil. Sie kann entweder aus einer sterilfiltrierten Lösung nach dem Schmelzen des Weichagars hinzugegeben werden oder vor dem Autoklavieren.

11.4 Proben mit geringen Phagenzahlen

Verfahrensweise nach 11.2, jedoch mit folgenden Abänderungen:

—   10 ml ssMSA, 60 µl Calciumchlorid-Lösung, 1 ml Stammkultur und 5 ml Probe, Doppelansatz;

—   50 ml des vollständigen MSA in eine Petrischale mit 14 cm oder 15 cm Durchmesser gießen (oder zwei Petrischalen mit 9 cm Durchmesser verwenden, die je 20 ml MSA beinhalten) .

ANMERKUNG   Dieses Verfahren ermöglicht den Nachweis von einem plaque-formenden Partikel in 50 ml oder in 100 ml, wenn 10 oder 20 Platten gleichzeitig beimpft werden. Wegen des hohen Verbrauchs an Kulturmedien, dürfte es ratsam sein, Konzentrationsmethoden anzuwenden, die auch notwendig sind bei noch geringeren Anzahlen.

11.5 Test auf Anwesenheit/Abwesenheit

Für den Test auf Anwesenheit/Abwesenheit in 1 ml der Probe wie folgt verfahren:

Ein Reaktionsgefäß mit der Arbeitskultur aus der Tiefkühlung (7.9) nehmen und auf Raumtemperatur (15 bis 30) °C erwärmen lassen. (25 ± 2,5) ml MSB (A.1) in einen einfachen Erlenmeyerkolben (7.16) geben und mindestens auf Raumtemperatur vorwärmen (schnelleres Wachstum wird erreicht, wenn die Bouillon auf 37 °C vorgewärmt wird). 150 µl einer auf Raumtemperatur vorgewärmten Calciumchlorid-Lösung (A.2.2) und 0,25 ml der Arbeitskultur (10.1.3) unter aseptischen Bedingungen hinzufügen. Bei (36 ± 2) °C unter leichtem Schütteln für ungefähr 3 h bebrüten. 1 ml der Probe oder einer Verdünnung derselben (auf Raumtemperatur vorgewärmt) zusetzen und die Bebrütung für (18 ± 2) h fortsetzen.

1 ml der Kultur in ein Zentrifugenröhrchen überführen, 0,4 ml Chloroform zusetzen, gut mischen und bei 3 000 *g* für 5 min zentrifugieren.

Eine Impfkultur, wie in 11.1 beschrieben, herstellen.

50 ml ssMSA (A.3) in Flaschen in einem kochenden Wasserbad (7.5) zum Schmelzen bringen und in ein Wasserbad bei (45 ± 1) °C stellen. 300 µl einer bei Raumtemperatur vorgewärmten Calciumchlorid-Lösung (A.2.) unter aseptischen Bedingungen hinzufügen und 2,5 ml-Aliquots auf Kulturröhrchen (7.14) mit Kappen, die in einem Wasserbad bei (45 ± 1) °C stehen, verteilen. Zu jedem Kulturröhrchen 1 ml der Impfkultur zusetzen, unter Vermeidung von Luftblasen sorgfältig mischen und den Inhalt über eine Schicht MSA-Vollmedium (A.2.) in einer 9 cm Petrischale, die bei Raumtemperatur vorgewärmt wurde, gießen. Gleichmäßig verteilen, auf einer horizontalen, kalten Fläche erstarren lassen und unter einer Sterilwerkbank oder in einem Brutschrank bei (36 ± 2) °C für 30 min trocknen, wobei die Platten ohne Deckel mit der Oberseite nach unten liegen.

Einen Tropfen der mit Chloroform behandelten Kultur mit Hilfe einer feinen Kapillare oder Pipette auf die beimpfte Platte geben. Die Topagar-Schicht nicht beschädigen. Den Tropfen antrocknen lassen und die Platten mit der Oberseite nach unten bei (36 ± 2) °C für (18 ± 2) h bebrüten.

Die Platte auf eine klare Zone innerhalb der betropften Fläche untersuchen, welche das Vorhandensein von somatischen Coliphagen in der Originalprobe anzeigt.

ANMERKUNG 1 Das Verfahren kann auch in einem MPN Format (ISO 8199) angewandt werden oder um größere Probenvolumina zu untersuchen. Im letzteren Fall doppelt-konzentrierte MSB (die doppelte Substanzmenge in der gleichen Menge Wasser, die für die einfach-konzentrierte MSB verwendet wurde, lösen und ein proportionales Volumen an Calciumchlorid-Lösung zusetzen) im gleichen Volumenverhältnis zur Probe verwenden. Um eine ausreichende Belüftung während der Anreicherung zu gewährleisten, sollte das Volumen der Probe und Bouillon nicht mehr als 20 % des Nennvolumens des Erlenmeyerkolbens betragen.

ANMERKUNG 2 Es kann mehr als ein Tropfen (Spot) auf die Oberfläche einer beimpften Platte aufgetragen werden.

Dieses Verfahren erzeugt Phagensuspensionen mit hohem Titer. Geeignete Vorkehrungen treffen, wie das Arbeiten unter einer Sicherheitswerkbank oder in einem abgetrennten Bereich des Labors, um eine Kreuzkontamination der Proben oder der Stammkultur zu verhindern.

11.6 Qualitätskontrolle

11.6.1 Plaque-Zählverfahren (11.2 bis 11.4)

Mit jeder Probenserie einen Verfahrensleerwert mit sterilem Verdünnungsmittel als Probe und ΦX174 als Referenzkontrolle testen; Herstellung wie folgt:

Von einer Phagenkultur mit hohem Titer (z.B. wie in Anhang C beschrieben) eine dezimale Verdünnungsreihe herstellen und laut 11.2 ausplattieren. Die Verdünnungsreihe über Nacht im Kühlschrank aufbewahren. Die Anzahl der Plaques in den Verdünnungsstufen zählen und 100 ml bis 1 000 ml einer Suspension herstellen, die eine Konzentration von ungefähr 100 plaque-formenden Partikeln/ml von ΦX174 erwarten lässt. 5 % (Volumenanteil) Glycerol (A5) hinzufügen. 2,4 ml-Aliquots auf Plastikreaktionsgefäße verteilen und bei (-70 ± 10) °C lagern. Reaktionsgefäße mit der Referenzkontrolle von ΦX174 vor Gebrauch auftauen und entsprechend dem verwendeten Verfahren (11.2 oder 11.4) ausplattieren. Die Ergebnisse in ein Kontrollkarte einzeichnen. Wenn die mittlere Anzahl der pfp/ml abnimmt, die Referenzkontrollen verwerfen.

Optional, zusätzlich eine natürlich verunreinigte Referenzkontrolle verwenden, die von Abwasser oder Oberflächenwasser entnommen, in Pepton-Salzlösung und 5 % (Volumenanteil) Glycerol bis zu einer Konzentration von nahezu 100 plaque-formenden Partikeln/ml verdünnt und bei (-70 ± 10) °C gelagert wurde. Die Referenzkontrollen verwerfen, wenn die Konzentration der somatischen Coliphagen abnimmt und auch nach einem erneuten Test verringert bleibt.

11.6.2 Anwesenheits/Abwesenheitstest (11.5)

Eine Kontrollprobe mit einer Konzentration von ungefähr 5 plaque-formenden Partikeln/ ml von ΦX174 laut 11.6.1 herstellen. Mindestens eine Kontrollprobe, von der ein positives Testergebnis erwartet wird, parallel zu jeder getesteten Probenserie untersuchen. Um mögliche, störende Effekte der Proben festzustellen, kann die Kontrollprobe zu einer zweiten Anreicherungskultur, die die aktuelle Probe enthält, zugesetzt werden.

ANMERKUNG   In Ermangelung leicht erhältlicher, standardisierter Referenzmaterialien, sollte jedes Programm für den Austausch von Referenzproben oder anderer Tests zwischen den Laboratorien unterstützt werden.

12 Angabe der Ergebnisse

12.1 Plaque-Zählverfahren (11.2 bis 11.4)

Sofern vorhanden, Platten mit vorzugsweise mehr als 30, gut voneinander getrennten Plaques auswählen. Wenn die Anzahl stets unter 30 je Platte beträgt, solche Platten auswählen, die mit dem größten Probenvolumen beimpft wurden. Anhand der Anzahl der gezählten Plaques die Anzahl X der plaqueformenden Partikel somatischer Coliphagen in 1 ml der Probe wie folgt berechnen:

$$X = \frac{N}{(n_1 V_1 F_1) + (n_2 V_2 F_2)}$$

Dabei ist

X die Anzahl plaque-formender Partikel somatischer Coliphagen je Milliliter (pfp/ml);

N die Gesamtanzahl von gezählten Plaques auf Platten, Verfahren nach 11.2, 11.3 oder 11.4;

n_1, n_2 die Anzahl der Parallelbestimmungen bezogen auf jede Verdünnung F1, F2;

V_1, V_2 die im Test eingesetztes Probenvolumen in Millilitern, bezogen auf F1, F2;

F_1, F_2 der Verdünnungs-(oder Konzentrations-)faktor bezogen auf V1, V2 (F = 1 für eine unverdünnte Probe, F = 0,1 für eine zehnfache Verdünnung, F = 10 für eine zehnfache Konzentration, usw.).

Wenn nur eine Verdünnung/Konzentration ausgezählt wird, vereinfacht sich die Formel zu:

$$X = \frac{N}{nVF}$$

Siehe ISO 8199 für weitere Details.

12.2 Anwesenheits-/Abwesenheitstest (11.5)

Die Ergebnisse werden angegeben als „(kein) Nachweis von somatischen Coliphagen in V ml "; dabei ist V das untersuchte Probenvolumen.

13 Analysenbericht

Der Analysenbericht muss die folgenden Informationen enthalten:

a)   einen Verweis auf diesen Teil von ISO 10705;

b)   alle Details, die für die vollständige Identifikation der Probe notwendig sind;

c)   das verwendete Impfverfahren;

d)   die Bebrütungsdauer, falls von der Standardzeit in Abschnitt 11 abweichend;

e)   die Ergebnisse, angegeben nach Abschnitt 12;

f)   jede weitere Information, die für das Verfahren wichtig ist.

Seite 14
prEN ISO 10705-2:2000

Anhang A
(normativ)

Kulturmedien, Reagenzien und Verdünnungslösungen

A.1 Modifizierte Scholtens'Bouillon (MSB)

Pepton	10 g
Hefeextrakt	3 g
Fleischextrakt	12 g
NaCl	3 g
Na_2CO_3 Lösung (150 g/l)	5 ml
$MgCl_2$ Lösung (100 g $MgCl_2 \cdot 6H_2O$ in 50 ml Wasser)	0,3 ml
destilliertes Wasser	1 000 ml

a)   Herstellung der Bouillon

Die Substanzen in heißem Wasser lösen. Den pH-Wert auf 7,2 ± 0,2 bei (45 ± 3) °C einstellen, so dass er nach der Sterilisation 7,2 ± 0,5 beträgt. Je 200 ml des Mediums auf Flaschen verteilen und im Autoklaven bei (121 ± 3) °C für 15 min sterilisieren. Im Dunkeln bei (5 ± 3) °C nicht länger als 6 Monate aufbewahren.

b)   Herstellung der $MgCl_2$ Lösung für die Bouillon

$MgCl_2 \cdot 6H_2O$ ist sehr hygroskopisch und darf nicht in der kristallinen Form gelagert werden, sobald der Behälter geöffnet wurde. Daher den gesamten Inhalt des Behälters in einer angemessenen Menge Wasser lösen, z.B. 100 g $MgCl_2 \cdot 6H_2O$ zu 50 ml Wasser geben. Die Endkonzentration von Mg 2+ in dieser Lösung wird 4,14 mol/l betragen. Sterilisieren durch Autoklavieren und bei Raumtemperatur im Dunkeln aufbewahren.

A.2 Modifizierter Scholtens 'Agar (MSA)

A.2.1 Grundmedium

Pepton	10 g
Hefeextrakt	3 g
Fleischextrakt	12 g
NaCl	3 g
Na_2CO_3 Lösung (150 g/l)	5 ml
Agar	10 g bis 20 g [a]
$MgCl_2$ Lösung (100 g $MgCl_2 \cdot 6H_2O$ in 50 ml Wasser)	0,3 ml
destilliertes Wasser	1 000 ml
[a] in Abhängigkeit von der Gelierfähigkeit des Agars	

Die Substanzen in kochendem Wasser lösen. Den pH Wert auf 7,2 ± 0,2 bei (55 ± 3) °C einstellen, so dass er nach der Sterilisation 7,2 ± 0,5 beträgt. Je 200 ml des Mediums auf Flaschen verteilen und im Autoklaven bei (121 ± 3) °C für 15 min sterilisieren. Im Dunkeln bei (5 ± 3) °C nicht länger als 6 Monate aufbewahren.

Die $MgCl_2$-Lösung nach A.1 b) herstellen.

A.2.2 Calciumchlorid-Lösung (*c* = 1 mol/l)

$CaCl_2 \cdot 2H_2O$	14,6 g
destilliertes Wasser	100 ml

Calciumchlorid im Wasser unter vorsichtigem Erhitzen lösen. Auf Raumtemperatur abkühlen und durch einen Membranfilter mit 0,2 µm Porenweite sterilfiltrieren. Im Dunkeln bei (5 ± 3) °C nicht länger als 6 Monate aufbewahren.

A.2.3 Vollmedium

Grundmedium	200 ml
Calciumchlorid-Lösung	1,2 ml

Das Grundmedium schmelzen und auf 45 °C bis 50 °C abkühlen. Die Calciumchlorid-Lösung unter aseptischen Bedingungen hinzufügen, gut mischen und in Petrischalen gießen wie folgt:

— 20 ml in Petrischalen mit einem Durchmesser von 9 cm;

— 50 ml in Petrischalen mit einem Durchmesser von 14 cm bis 15 cm.

Erstarren lassen und im Dunkeln bei (5 ± 3) °C nicht länger als 1 Monat aufbewahren, sofern die Platten gut vor Austrocknung geschützt sind.

A.3 Modifizierter Scholtens'Weichagar (ssMSA)

Grundmedium laut A.2 herstellen, jedoch nur die halbe Menge Agar einsetzen (6 g bis 10 g), je nach Gelierfähigkeit; die Gelierfähigkeit von ssMSA ist für den Erhalt guter Ergebnisse entscheidend und wenn möglich sollten unterschiedliche Konzentrationen getestet werden. Diejenige Agarkonzentration wählen, die die höchste Plaquezählung ergibt, aber auch die Plaquegröße kontrolliert und so das Zusammenfließen reduziert. Je 50 ml auf Flaschen verteilen.

ANMERKUNG   Triphenyltetrazoliumchlorid (1 ml einer Lösung von 1 g in 100 ml 96%igem Ethanol je 100 ml ssMSA) kann hinzugefügt werden, um den Kontrast für die Plaquezählung zu erhöhen.

A.4 Nalidixinsäurelösung

Nalidixinsäure	250 mg
NaOH-Lösung (1 mol/l)	2 ml
destilliertes Wasser	8 ml

Nalidixinsäure in NaOH lösen, destilliertes Wasser hinzufügen und gut mischen. Durch einen Membranfilter mit 0,2 µm Porenweite filtrieren oder im Autoklaven bei (121 ± 3) °C für 15 min sterilisieren. Bei (5 ± 3) °C nicht länger als 8 h oder bei (-20 ± 3) °C maximal 6 Monate aufbewahren.

A.5 Glycerol (steril)

Glycerol (870 g/l)	100 ml

Je 20 ml auf Flaschen verteilen und im Autoklaven bei (121 ± 3) °C für 15 min sterilisieren. Im Dunkeln maximal 1 Jahr aufbewahren.

A.6 McConkey Agar

Pepton	20 g
Lactose	10 g
Gallensalze	5 g
Neutralrot	75 mg
Agar	12 g bis 20 g
destilliertes Wasser	1 000 ml

Die Substanzen in kochendem Wasser lösen. Den pH-Wert so einstellen, dass er nach der Sterilisation 7,4 ± 0,1 bei (25 ± 3) °C beträgt. Je 200 ml des Mediums auf Flaschen verteilen und im Autoklaven bei (121 ± 3) °C für 15 min sterilisieren. Auf 45 °C bis 50 °C abkühlen und 20 ml in Petrischalen mit einem Durchmesser von 9 cm gießen. Erstarren lassen und im Dunkeln bei (5 ± 3) °C nicht länger als 6 Monate lagern.

A.7 Pepton-Salzlösung

Pepton	1,0 g
NaCl	8,5 g
destilliertes Wasser	1 000 ml

Die Substanzen in heißem Wasser lösen. Den pH Wert auf 7,2 ± 0,2 bei (45 ± 3) °C einstellen, so dass er nach der Sterilisation 7,2 ± 0,5 beträgt. In angemessene Volumina aufteilen und im Autoklaven bei (121 ± 3) °C für 15 min sterilisieren. Im Dunkeln nicht länger als 6 Monate aufbewahren.

Seite 18
prEN ISO 10705-2:2000

Anhang B
(informativ)

Allgemeine Beschreibung von somatischen Bakteriophagen

Somatische Coliphagen sind Bakteriophagen (bakterielle Viren), die aus einem Kapsid bestehen, das einzel- oder doppelsträngige DNA (ss oder ds DNA)(als Genom enthält. Die Kapside sind entweder von einfacher, kubischer Symmetrie oder komplexe Strukturen mit Virusköpfen, Schwänzen, Schwanzfasern etc. Sie gehören den morphologischen Gruppen A bis D an und sind in folgende Familien eingeteilt: *Myoviridae* (ds DNA, lange, kontraktile Schwänze, Kapside bis zu 100 nm), *Siphoviridae* (ds DNA , lange, nicht-kontraktile Schwänze, Kapside 50 nm), *Podoviridae* (ds DNA, kurze, nicht-kontraktile Schwänze, Kapside 50 nm) und *Microviridae* (ss DNA, kein Schwanz, Kapsid 30 nm). Somatische Coliphagen sind virulente Phagen, welche sich an die Lipopolysaccharid- oder Proteinrezeptoren in der bakteriellen Zellwand anheften und die Wirtszelle unter optimalen Bedingungen in 20 min bis 30 min lysieren können. Sie erzeugen Plaques sehr unterschiedlicher Größe und Gestalt.

Die Anwesenheit somatischer Coliphagen in einer Wasserprobe zeigt gewöhnlich eine Verunreinigung mit menschlichen oder tierischen Fäkalien oder mit Abwasser, das diese Exkrete enthält, an. Sie ermöglichen daher einen relativ schnellen und einfachen Nachweis von fäkaler Verunreinigung, und ihre Resistenz in Wasser und Nahrung ähnelt der von menschlichen, enterale Viren stärker als von fäkalen Bakterien, die im allgemeinen als Qualitätsindikatoren verwendet werden. Natürliche Wirtsstämme der somatischen Coliphagen schließen zusätzlich zu *Escherichia coli*, andere nah verwandte Bakterienarten ein, von denen einige in nicht verunreinigtem Wasser vorkommen können, so dass sich somatische Coliphagen ausnahmsweise auch in dieser Umgebung vermehren können.

Anhang C
(informativ)

Kultivierung des Bakteriophagen □ X174

Für die Phagenvermehrung Standardverfahren anwenden, die in der gängigen Literatur beschrieben sind. Im folgenden ist ein Beispiel für ein Verfahren angegeben, welches gute Ergebnisse geliefert hat.

25 ml MSB in einen 300 ml-Erlenmeyerkolben geben und mit *E. coli* oder einer Nalidixinsäure-resistenten Mutante beimpfen (siehe Abschnitt 8). Für (20 ± 4) h bei (36 ± 2) °C bebrüten, währenddessen bei (100 ± 10) r/min schütteln.

25 ml MSB in einem 300 ml-Erlenmeyerkolben auf Raumtemperatur vorwärmen und mit 0,25 ml der Wirtskultur beimpfen.

Für 90 min, wie oben angegeben, bebrüten. Φ X174 aus einer Stammlösung hinzugeben, so dass eine Endkonzentration an plaque-formenden Partikeln von ungefähr 107 /ml erreicht wird.

Für 4 h bis 5 h, wie oben angegeben, bebrüten. 2,5 ml Chloroform ($CHCl_3$) hinzugeben, gut mischen und über Nacht bei (5 ± 3) °C aufbewahren.

Die wässrige Phase in Zentrifugenröhrchen abgießen und bei mindestens 3 000 g für 20 min zentrifugieren.

Den Überstand vorsichtig abpipettieren und bei (5 ± 3) °C lagern.

ANMERKUNG 1 Der Titer der Phagensuspension sollte über 109 ml-1 betragen. In einigen Fällen kann es notwendig sein, den Zyklus zu wiederholen, um ausreichend hohe Titer zu erhalten; höhere   Phagenausgangskonzentrationen können dann verwendet werden.

ANMERKUNG 2 Der Titer der Phagenstammlösung wird mit der Zeit langsam abnehmen.

Seite 20
prEN ISO 10705-2:2000

Literaturhinweise

[1]   HAVELAAR A. H. and HOGEBOOM W. M., *Antonie van Leeuwenhoek*, **49**, 1982, pp. 387-397.

[2]   GRABOW W. O. K. and COUBOROUGH P., *Appl. Environ. Microbiol.*, **52**, 1986, pp. 430-433.

Anhang ZA
(normativ)

Normative Verweisungen auf internationale Publikationen mit ihren entsprechenden europäischen Publikationen

Diese Europäische Norm enthält durch datierte oder undatierte Verweisungen Festlegungen aus anderen Publikationen. Diese normativen Verweisungen sind an den jeweiligen Stellen im Text zitiert, und die Publikationen sind nachstehend aufgeführt. Bei datierten Verweisungen gehören spätere Änderungen oder Überarbeitungen dieser Publikationen nur zu dieser Europäischen Norm, falls sie durch Änderung oder Überarbeitung eingearbeitet sind. Bei undatierten Verweisungen gilt die letzte Ausgabe der in Bezug genommenen Publikation (einschließlich Änderungen).

ANMERKUNG   Ist eine internationale Publikation durch gemeinsame Abweichungen modifiziert worden, gekennzeichnet durch (mod.), dann gilt die entsprechende EN/HD.

Publikation	Jahr	Titel	EN/HD	Jahr
ISO 3696	1987	Water for analytical laboratory use — Specification and test methods	EN ISO 3696x	1995
ISO 5667-1	1980	Water quality — Sampling — Part 1: Guidance on the design of sampling programmes	EN 25667-1	1993
ISO 5667-2	1991	Water quality — Sampling — Part 2: Guidance on sampling techniques	EN 25667-2	1993

	Wasserbeschaffenheit Richtlinie für die Untersuchung aquatischer Makrophyten in Fließgewässern Deutsche Fassung prEN 14184:2001	$\overline{\text{DIN}}$ EN 14184

ICS 13.060.70   Einsprüche bis 2001-10-31

Water quality— Guidance standard for the surveying of aquatic macrophytes in running waters; German version prEN 14184:2001

Qualité de l'eau — Guide pour l'étude des macrophytes aquatiques dans les cours d'eaux; Version allemande prEN 14184:2001

Anwendungswarnvermerk

Dieser Norm-Entwurf wird der Öffentlichkeit zur Prüfung und Stellungnahme vorgelegt.

Weil die beabsichtigte Norm von der vorliegenden Fassung abweichen kann, ist die Anwendung dieses Entwurfes besonders zu vereinbaren.

Stellungnahmen werden erbeten an den Normenausschuss Wasserwesen (NAW) im DIN Deutsches Institut für Normung e.V., 10772 Berlin (Hausanschrift: Burggrafenstraße 6, 10787 Berlin).

Nationales Vorwort

Der hiermit der Öffentlichkeit zur Stellungnahme vorgelegte europäische Norm-Entwurf ist die Deutsche Fassung des vom Technischen Komitee TC 230 "Wasseranalytik" (Sekretariat DIN) des Europäischen Komitees für Normung (CEN) ausgearbeiteten Entwurfes prEN 14184, der nach einem positiven Abstimmungsergebnis innerhalb der CEN-Mitglieder als Europäische Norm EN 14184 in deutsch, englisch und französisch herausgegeben wird.

Die nationalen Normenorganisationen sind verpflichtet, diese EN dann vollständig und unverändert in ihr nationales Normenwerk zu übernehmen.

Die vorbereitenden Arbeiten wurden von der Arbeitsgruppe "Biologische Verfahren" (WG 2) des CEN/TC 230 durchgeführt, deren Federführung beim DIN lag. Für Deutschland war der Arbeitsausschuss NAW I 3 "Wasseruntersuchung" an der Bearbeitung beteiligt.

Fortsetzung Seite 2
und 12 Seiten prEN

Normenausschuss Wasserwesen (NAW) im DIN Deutsches Institut für Normung e.V.

Ref. Nr. E DIN EN 14184:2001-09
Preisgr. 09   Vertr.-Nr. 2309

Seite 2
E DIN EN 14184:2001-09

Die als DIN-Normen veröffentlichten Einheitsverfahren sind beim Beuth Verlag einzeln oder zusammengefasst erhältlich. Außerdem werden die genormten Einheitsverfahren in der Loseblatt-Sammlung "Deutsche Einheitsverfahren zur Wasser-, Abwasser- und Schlammuntersuchung" gemeinsam vom Beuth Verlag GmbH und von dem Wiley-VCH Verlag publiziert.

Alle für die Abwasserverordnung (AbwV) — enthalten in der neuen Verordnung zu § 7a des Gesetzes zur Ordnung des Wasserhaushaltes (WHG) über "Anforderungen an das Einleiten von Abwasser in Gewässer und zur Anpassung des Abwasserabgabegesetzes" — relevanten Einheitsverfahren sind zusammen mit der AbwV und dem WHG und allen noch fortgeltenden Abwasserverwaltungsvorschriften als Loseblattsammlung "Analysenverfahren in der Abwasserverordnung — Rechtsvorschriften und Normen" mit dem Ergänzungsband 1 (DIN-Normen) und dem Ergänzungsband 2 (DIN-EN- und DIN-EN-ISO-Normen) herausgegeben worden.

Normen oder Norm-Entwürfe mit dem Gruppentitel "Deutsche Einheitsverfahren zur Wasser-, Abwasser- und Schlammuntersuchung" sind in folgende Gebiete (Haupttitel) aufgeteilt:

Allgemeine Angaben (Gruppe A)   (DIN 38402)

Sensorische Verfahren (Gruppe B)   (DIN 38403)

Physikalische und physikalisch-chemische Kenngrößen (Gruppe C)   (DIN 38404)

Anionen (Gruppe D)   (DIN 38405)

Kationen (Gruppe E)   (DIN 38406)

Gemeinsam erfassbare Stoffgruppen (Gruppe F)   (DIN 38407)

Gasförmige Bestandteile (Gruppe G)   (DIN 38408)

Summarische Wirkungs- und Stoffkenngrößen (Gruppe H)   (DIN 38409)

Biologisch-ökologische Gewässeruntersuchung (Gruppe M)   (DIN 38410)

Mikrobiologische Verfahren (Gruppe K)   (DIN 38411)

Testverfahren mit Wasserorganismen (Gruppe L)   (DIN 38412)

Einzelkomponenten (Gruppe P)   (DIN 38413)

Schlamm und Sedimente (Gruppe S)   (DIN 38414)

Suborganismische Testverfahren (Gruppe T)   (DIN 38415).

Außer den in der Reihe DIN 38402 bis DIN 38415 genormten Untersuchungsverfahren liegen eine Reihe Internationaler und Europäischer Normen als DIN-EN-, DIN-EN-ISO- und DIN-ISO-Normen vor, die ebenfalls Bestandteil der "Deutschen Einheitsverfahren" sind.

Über die bisher erschienenen Teile dieser Normen gibt die Geschäftsstelle des Normenausschusses Wasserwesen (NAW) im DIN Deutsches Institut für Normung e. V., Telefon (0 30) 26 01 – 25 49, oder der Beuth Verlag GmbH, 10772 Berlin (Hausanschrift: Burggrafenstraße 6, 10787 Berlin), Auskunft.

EUROPÄISCHE NORM

EUROPEAN STANDARD

NORME EUROPÉENNE

ENTWURF
prEN 14184

April 2001

ICS

Deutsche Fassung

Wasserbeschaffenheit - Richtlinie für die Untersuchung aquatischer Makrophyten in Fließgewässern

Water quality - Guidance standard for the surveying of
aquatic macrophytes in running waters

Qualité de l'eau - Guide pour l'étude des macrophytes
aquatiques dans les cours d'eaux

Dieser Europäische Norm-Entwurf wird den CEN-Mitgliedern zur Umfrage vorgelegt. Er wurde vom Technischen Komitee CEN/TC 230 erstellt.

Wenn aus diesem Norm-Entwurf eine Europäische Norm wird, sind die CEN-Mitglieder gehalten, die CEN/CENELEC-Geschäftsordnung zu erfüllen, in der die Bedingungen festgelegt sind, unter denen dieser Europäischen Norm ohne jede Änderung der Status einer nationalen Norm zu geben ist.

Dieser Europäische Norm-Entwurf wurde vom CEN in drei offiziellen Fassungen (Deutsch, Englisch, Französisch) erstellt. Eine Fassung in einer anderen Sprache, die von einem CEN-Mitglied in eigener Verantwortung durch Übersetzung in seine Landessprache gemacht und dem Management-Zentrum mitgeteilt worden ist, hat den gleichen Status wie die offiziellen Fassungen.

CEN-Mitglieder sind die nationalen Normungsinstitute von Belgien, Dänemark, Deutschland, Finnland, Frankreich, Griechenland, Irland, Island, Italien, Luxemburg, Niederlande, Norwegen, Österreich, Portugal, Schweden, Schweiz, Spanien, der Tschechischen Republik und dem Vereinigten Königreich.

Warnvermerk : Dieses Schriftstück hat noch nicht den Status einer Europäischen Norm. Es wird zur Prüfung und Stellungnahme vorgelegt. Es kann sich noch ohne Ankündigung ändern und darf nicht als Europäische Norm in Bezug genommen werden.

EUROPÄISCHES KOMITEE FÜR NORMUNG
EUROPEAN COMMITTEE FOR STANDARDIZATION
COMITÉ EUROPÉEN DE NORMALISATION

Management-Zentrum: rue de Stassart, 36   B-1050 Brüssel

Seite 2
prEN 14184:2001

Inhalt

Vorwort

Diese Europäische Norm wurde vom Technischen Komitee CEN/TC 230 "Wasseranalytik" erarbeitet, dessen Sekretariat vom DIN gehalten wird.

Dieses Dokument ist derzeit zur CEN-Umfrage vorgelegt.

Einleitung

Makrophyten sind ein wichtiger Bestandteil aquatischer Ökosysteme, die eine Abschätzung der allgemeinen ökologischen Qualität und die Überwachung des ökologischen Zustands erleichtern. DerEinsatz von Makrophyten in der Überwachung ist in einer Reihe Europäischer und nationaler Richtlinien (z. B. Richtlinie 2000/60/EG des Europäischen Parlaments und des Rates zur Schaffung eines Ordnungsrahmens für Maßnahmen der Gemeinschaft im Bereich der Wasserpolitik [„Wasser Rahmen-Richtlinie"], Urban Waste Water Treatment Directive (91/271/EEC), Nitrates Directive (91/676/EEC), Austrian Standard ÖNORM M6232, la Loi française sur l'eau de 1992 (KKK), Système d'Evaluation de la Qualité des Milieux aquatiques (SEQ), etc. festgeschrieben.

Der Einsatz von Makrophyten als Indikatoren für die ökologische Beschaffenheit beruht auf der Tatsache, dass bestimmte Makrophytenarten und Artengruppen Indikatoren für spezielle Fließgewässertypen sind und durch menschliche Einwirkung nachteilig beeinflusst werden können. In tieferen Flüssen charakterisieren den Lebensraum begrenzende Bedingungen wie die Wassertiefe, die Fließgeschwindigkeit im Gewässer, die Trübung usw. spezielle Eigenschaften von Flussstrecken, in denen diese Bedingungen vorherrschend sind. Aus diesem Grund ist auch das Fehlen von Makrophyten charakteristisch für bestimmte Formen von Lebensräumen in Fließgewässern.

Für spezielle Anwendungszwecke wurden zahlreiche Probenahme- und Untersuchungsverfahren entwickelt, welche die Erhaltung, den Einfluss von Entwässerungen, die Wasserwirtschaft, ökologische Lebensräume, die Gewässerverbesserung usw. zum Ziel haben. Die Anwendung dieser Norm wird speziell für die Überwachung von Makrophyten in natürlichen, veränderten und künstlichen Fließgewässern empfohlen.

In Übereinstimmung mit der Notwendigkeit, diese Norm präzise anzuwenden, ist es für Anwender und Taxonomen unerläßlich, vor Beginn der Arbeiten gegenseitiges Einverständnis über jede notwendige Abweichung oder nicht verbindlich vorgeschriebene verfahrenstechnische Einzelheiten zu erzielen.

WARNHINWEIS — Anwender dieser Norm sollten mit der üblichen Laborpraxis vertraut sein. Diese Norm gibt nicht vor, alle unter Umständen mit der Anwendung des Verfahrens verbundenen Sicherheitsaspekte anzusprechen. Es liegt in der Verantwortung des Anwenders, angemessene Sicherheits- und Schutzmaßnahmen zu treffen und sicherzustellen, dass diese mit nationalen Festlegungen übereinstimmen.

1   Anwendungsbereich

Diese Norm legt ein Verfahren zur Untersuchung aquatischer Makrophyten in Fließgewässern mit dem Ziel fest, den ökologischen Zustand von Gewässern mit Hilfe dieser Organismen abzuschätzen, indem diese als Qualitätselemente verwendet werden. Diese allgemeine Information muss die Zusammensetzung und Häufigkeitsverteilung der aquatischen Makrophytenflora berücksichtigen.

2   Grundlage des Verfahrens

Diese Norm beschreibt die Vorgehensweise zur Bestimmung des ökologischen Zustandes von Gewässerabschnitten in Fließgewässern unter Verwendung aquatischer Makrophyten. Der jeweilige Ökotyp des Flusses oder Flussabschnittes bildet den Hintergrund für die Abschätzung des ökologischen Zustandes. Der Zustand eines durch menschliche Einflüsse beeinträchtigten Fließgewässerabschnittes wird durch dessen Abweichung vom natürlichen Zustand gemessen. Wenn als Hintergrund oder Referenzstrecke (RefS) dienende natürliche Zustände in Flussabschnitten nicht mehr vorhanden sind, ist es notwendig, diesen Hintergrund auf Basis aller verfügbarer Daten zu rekonstruieren. Repräsentative Strecken (RepS) können innerhalb ökologischer Typen

Seite 4
prEN 14184:2001

eines Flussabschnittes ausgewählt werden, um das Vorhandensein oder Fehlen menschlicher Einwirkungen zu dokumentieren.

Das Vorhandensein aquatischer Makrophyten-Taxa wird im Flussbett eines definierten Flussabschnittes protokolliert. Die Charakteristika der Vegetation, die räumliche Ausdehnung entweder der Taxa oder der Makrophyten-Polster, die Häufigkeitsverteilung, das Volumen oder die Biomasse werden mit verschiedenen Verfahren abgeschätzt, die Umfang und Zweck der Untersuchung angepasst sind.

Quantitative Beschreibungen unter Berücksichtigung der untersuchten Flusslänge (zahlenmäßige Ableitungen) können zur Identifizierung der Abweichung von typspezifischen "natürlichen" Bedingungen dienen.

Tabelle 1 — Beziehung zwischen Untersuchungszielen und -verfahren

ZIELE	Verfahren	MAßSTAB	BEMERKUNGEN
Florenliste	Floristische Untersuchungen von: ausgewählten Fließgewässerabschnitten, angrenzenden Fließgewässerabschnitten, Phytosoziologie	10 m bis 5 000 m Homogene Mindestfläche abhängig von Pflanzengesellschaftstypen	Schnell, hängt von der Erfahrung des Untersuchenden ab; Angemessener Kostenaufwand, aber oft ungenau; zeit- und kostenintensiv; Einige Wissenschaftler sind der Auffassung, dass Zusammenhänge nicht existieren.
Allgemeine Verbreitungs-Karte	Feld- oder Luftuntersuchungen + GIS Ausgewählte Fließgewässerabschnitte --> Verallgemeinerung angrenzende Fließgewässerabschnitte –> Übertragung	Großer Maßstab Möglicherweise großer Maßstab Kleiner bis mittlerer Maßstab, zeitliche Veränderungen können erfasst werden	Technologieeinsatz notwendig, Luftaufnahmen sind ungenau; Problem der Verallgemeinerung, zeitaufwendig
Messung / Abschätzung des Bedeckungsgrades	Pin-point Methode + Transekte Quadrate (+ Transekte) Lichtabschwächung	100 to 500 Punkte innerhalb eines Abschnittes Sub-mersive Lichtsensoren	Zeitaufwendig, genau für häufig vorkommende, ungenau für seltener vorkommende Arten; Genauer als die Pin-point Methode, allerdings leicht erhöhter Aufwand; Technologieeinsatz notwendig; Genau, allerdings Problem von Algenaufwuchs
Messung / Abschätzung des Volumens	Pin-point Methode, Felduntersuchungen	Tiefenangabe, Pflanzenschichtdicke Angabe jedes einzelnen Makrophyten-Vorkommens	Zeitaufwendig, für funktionelle Ökologie; Zeitaufwendig, für funktionelle Ökologie;
Regionale Kartierung/ DGPS	Transekt + Feld Zeichnung	von 5 m bis 10 m Gürteltransekt bis zu	Zeitaufwendig, für funktionelle Ökologie;
Biomasse	Ernte/Entnahme	sehr kleinen Flächen DGPS großmaßstablich	Pflanzenmaterial muss sortiert werden, Pflanzenbestand wird zerstört.

Seite 5
prEN 14184:2001

3   Begriffe

3.1
Aquatische Makrophyten
jede Pflanze, die mit bloßem Auge erkenn- und bestimmbar ist. Eingeschlossen sind Gefäßpflanzen, Wassermoose, Characeen (Armleuchteralgengewächse) und sichtbar wachsende Algen.

3.2
Ufer
Teil eines Flussrandes oder einer Insel, der nur während Hochwasserperioden mit Wasser bedeckt ist. Makrophyten in diesem Bereich können in das Flussbett hineinragen, wurzeln aber nur selten in diesem Gebiet.

3.3
Flussbett
Flussabschnitt, der in der Regel mit Wasser bedeckt ist, obwohl es unter Niedrigwasserbedingungen zum zeitweiligen Trockenfallen kommen kann. Makrophyten in diesem Bereich sind in den meisten Fällen selbst während zeitlich befristeter Niedrigwasserführung teilweise oder vollständig untergetaucht (submers). Unter bestimmten natürlichen klimatischen und geologischen Bedingungen kann das Flussbett zeitweise trocken fallen.

3.4
Gürteltransekt
ein festgelegter Bereich im rechten Winkel zum Ufer quer über einen Fluss oder Bach, der mit dem Auge abgeschätzt oder vermessen werden kann und innerhalb dessen die aquatische Vegetation analysiert wird (Artenzusammensetzung, Häufigkeitsverteilung, Bedeckungsgrad).

3.5
Linientransekt
eine Linie im rechten Winkel zum Ufer eines Flusses oder Baches, entlang der die aquatische Makrophyten-Vegetation analysiert wird.

3.6
Littoral
Mit Wasser bedeckter (submerser) Teil der Uferzone.

3.7
Referenzstrecke (RefS)
Der Längenabschnitt eines Flusses, charakterisiert durch die Artenzusammensetzung und Artenhäufigkeitsverteilung, die für einen genau beschriebenen natürlichen Qualitätszustand typisch ist. Daher wird für jeden Ökotyp eines Flusses oder Flussabschnittes und für jeden natürlichen Qualitätszustand mindestens eine RefS benötigt.

3.8
Repräsentative Strecke (RepS)
Länge eines Flussabschnittes, der für den dort herrschenden ökologischen Zustand repräsentativ ist. RepS sollen in geeigneten Abständen festgelegt werden, besonders dann, wenn erhebliche Veränderungen in Flussverlauf auftreten.

3.9
Flussabschnitt
Teil eines Flusses oder Fluss-Systems, für den der ökologische Zustand abgeschätzt wird.

3.10
Fließgewässer-Untersuchungsstrecke, Untersuchungsabschnitt
kurze Strecke eines Flusses, für die Zusammensetzung der Lebensgemeinschaft und Häufigkeitsverteilung aquatischer Arten, gewöhnlich mit Hilfe semi-quantitativer Verfahren zur Abschätzung der Wasserbeschaffenheit und/oder für andere Zwecke auf der Basis quantitativer Verfahren, bestimmt wird.

Seite 6
prEN 14184:2001

4   Ausrüstung

— Fernglas;

— Landkarten, deren Maßstäbe dem Untersuchungszweck entsprechen;

— Wasserfeste Protokollblätter, wasserfeste Stifte/Bleistifte und Klemmbrett in Klarsichthülle;

— Kunststoffbeutel, kleine Probengefäße und wasserfeste Etiketten;

— Maßband mit Metereinteilung, Markierungspfähle und Holzhammer;

— Handlupe, 10-fach Vergrößerung;

— Bestimmungsschlüssel und regionale Karte;

— Wathosen;

— Sonnenbrille mit polarisierten Gläsern;

— GPS-Gerät (Global Positioning System);

— Harke;

— Mikroskop;

— Aqua-scope (Eimer mit Kunstglasboden, besonders in Flüssen mit turbulenter Strömung);

— Weiße Plastiktabletts.

4.1   Tiefere Gewässer (optional):

— Fernglas;

— Boot mit der erforderlichen Sicherheitsausrüstung;

— Dregganker mit Tiefenmarkierungen auf dem Seil (Meter);

— Unterwasser-Sichthilfe wie Sichtrohr mit Kunstglasboden, Glasbodenbehälter;

— Neoprenanzug, Taucher-Ausrüstung.

5   Ausgangsbedingungen

Vor Beginn der Untersuchung müssen die den zu untersuchenden Flussabschnitt charakterisierenden Angaben, geographische Regionen, die Flussklasse und die entsprechende RefS, definiert werden.

5.1   Wahl des Zeitpunktes für erste und nachfolgende Untersuchungen

Soweit möglich, sollten Makrophyten-Untersuchungen zwischen spätem Frühling und frühem Herbst vorgenommen werden (z. B. Mai bis später September, abhängig vom Klima), wenn das Makrophytenwachstum optimal ist.

ANMERKUNG 1 Der gewählte Zeitraum ist nicht notwendigerweise auch die optimale Wachstumsperiode für makroskopische Algen und Untersuchungen dürfen in den mehr nördlichen Gebieten der Europäischen Union möglicherweise zu späteren Zeitpunkten im Jahr durchgeführt werdenVorzugsweise sollten Feldstudien im Anschluss an eine mehrtägige Niedrigwasserphase durchgeführt werden, wenn eine größtmögliche Klarheit des Wassers erreicht ist und die Wassertiefen einigermaßen niedrig sind, wodurch die Sichttiefe erhöht wird. Informationen hinsichtlich des zeitlichen Ablaufes von Bewirtschaftungsmaßnahmen (Schneiden oder Mähen) sind von wesentlicher Bedeutung und sollten vor Beginn der Untersuchungen eingeholt werden, wenn dies eine bekannte, übliche Bewirtschaftungspraxis ist.

ANMERKUNG 2 Wenn infolge eines Hochwassers die Wassertiefe erhöht und die Sichttiefe erniedrigt ist, ist die Beobachtung kleinerer Arten schwierig und die Protokollierung der Häufigkeitsverteilung kann ungenau werden. Dies wiederum verringert die Zuverlässigkeit der Daten.

Makrophytenarten wachsen und pflanzen sich innerhalb der Sommerperiode zu unterschiedlichen Zeiten fort. Aus diesem Grund sollten, wenn Vergleichsdaten erforderlich sind, Untersuchungen in Gebieten des gleichen Flusssystems in sehr engen zeitlichen Abständen durchgeführt werden.

Beruhend auf unterschiedlichen Wachstumsraten der Makrophytenarten, die verschiedene Verteilungsmuster von Daten aus Früh- und Spätsommeruntersuchungen ergeben können, wird empfohlen, dass jedes Beprobungsgebiet innerhalb eines Beprobungsjahres zu zwei getrennten Zeitpunkten untersucht wird, wenn es die Ressourcen erlauben. Vorzugsweise soll die erste Studie zu einem frühen Zeitpunkt innerhalb der Untersuchungsperiode (z.B. Mai/Juni) durchgeführt werden. Die zweite Untersuchung sollte einige Monate später stattfinden (z. B. August oder September). Um die regionalen klimatischen Einflüsse zu berücksichtigen, kann es notwendig sein, die Untersuchungen in den nördlichen Teilen Europas zu späteren Zeitpunkten durchzuführen.

Um sicherzustellen, dass Änderungen aufgrund unterschiedlicher saisonaler Wachstumsmuster minimiert werden, sollten vergleichende Untersuchungen in aufeinander folgenden Jahren zum gleichen Zeitpunkt wie die vorhergegangenen Studien durchgeführt werden. Die Entwicklung des Makrophytenwachstums im Frühling kann jahresabhängig variieren, weil es in hohem Maße von der Wassertiefe, physikalischen Störungen, vom Strömungsregime, der Sonneneinstrahlung (photosynthetisch aktive Strahlung, *engl.* PAR) und der Wassertemperatur abhängt, die ihrerseits in verschiedenen Jahren beträchtlichen Schwankungen unterworfen sein können. Aus diesen Gründen sind in den Untersuchungsgebieten Voruntersuchungen notwendig, um den Entwicklungszustand abzuschätzen.

5.2 Untersuchungsverfahren

Makrophytenuntersuchungen können auf unterschiedlichen Stufen der Genauigkeit bzw. des Aufwandes durchgeführt werden. Eingeschlossen sein können (i) die Untersuchung kurzer Strecken von Flüssen, die Repräsentative Strecken (RepS) sind, (ii) längere Flussstrecken im Verlauf der Festlegung am besten geeigneter Bereiche für eine RepS, oder (iii) in Sonderfällen die Untersuchung der gesamten Länge, um eine Bestandsaufnahme für den vollständigen Flusslauf zu erhalten.

Die erste Stufe erfordert relativ wenig Zeit. Zwar kann dann nur eine kurze Strecke einer RepS beschrieben werden, doch kann diese für die räumliche und zeitliche Überwachung eingesetzt werden. Die zweite Stufe sollte angewendet werden, wenn eine RepS definiert wird. In diesen Fällen muss eine längere Strecke eines Flusses untersucht werden, um unter Einschluss a) physikalischer und b) biologischer Variablen die „Gleichmäßigkeit" innerhalb der Strecke zu prüfen.

Die letztgenannte Stufe erfüllt eher die Anforderung spezieller Fragestellungen. So kann es z. B. Bestandteil der Untersuchungen sein, Referenzstrecken (RefS) für verschiedene Qualitätszustände zu finden. Es ist eine arbeitsintensive Vorgehensweise, die nicht für Routineuntersuchungen angewendet werden kann, die jedoch in besonderen Fällen, z. B. zur Langzeitüberwachung von einzelnen Flüssen, für Erhaltungszwecke und detaillierte Hintergrundinformationen zur ökologischen Klassifizierung sehr gut geeignet ist. Diese Vorgehensweise ist ebenfalls für die Beschreibung der Artenzusammensetzung und Häufigkeitsverteilung in Referenzstrecken (RefS) für jede Stufe der „ökologischen Qualität" notwendig.

5.3 Auswahl eines repräsentativen Flussabschnittes

Für die Überwachung des ökologischen Zustandes entlang eines Fließgewässersystems, zur Bestimmung natürlicher Variationen im Gewässerverlauf und anthropogen bedingter Veränderungen müssen ausreichend lange Fließgewässerstrecken untersucht werden, um solche Variabilitäten festzustellen, die sich als Ergebnis von Änderungen der Flussklasse, des ökologischen Flusstyps (z. B. flussaufwärts/flussabwärts gelegene Abschnitte), aus wesentlichen Punktquellen wie große kommunale Abwasserbehandlungsanlagen sowie aus Änderungen der Landnutzung, des geologischen Hintergrundes, des trophischen Zustandes usw. ergeben.

ANMERKUNG 1 Für eine spezielle Überwachung des Einsflusses einer Punktquelle sollte die Kontrolllänge so nah wie möglich flussaufwärts und dennoch, was die geomorphologischen Bedingungen betrifft, so vergleichbar wie möglich ausgewählt werden. Die flussabwärts gelegene Stelle sollte unterhalb der vorausberechneten Vermischungszone des Einleiters im Fluss- oder Bachbereich liegen. Der Bereich der Vermischungszone kann durch Farbstoffmarkierungsexperimente oder ähnliche Untersuchungen bestimmt werden. Derartige Untersuchungen sollten unter verschiedenen Abflussbedingungen durchgeführt werden, weil diese die Ausdehnung der Vermischungszone in der Einleitungsstrecke des Flussabschnittes beeinflussen.

Der ökologische Zustand der Repräsentativen Strecke (RepS) entspricht der Abweichung vom Zustand der ökologischen Qualitätsparameter, die von den Referenzbedingungen bekannt sind. Dies entspricht dem Zustand der Qualitätsparameter, wie er in der Referenzstrecke (RefS) festgestellt wurde. Um die Abschätzung der Gewässergüte zu erleichtern - damit ist der Vergleich der Repräsentativen Strecke (RepS) mit der entsprechenden Referenzstrecke (RefS) gemeint - muss die Zahl und die Lage der Probenahmestellen anthropogene Einwirkungen innerhalb eines Flussabschnittes berücksichtigen. Unter Berücksichtigung des ökologischen Typs eines Flussabschnittes sollten natürliche Substratbedingungen, Wassertiefe, Uferbeschattung, Strömungstyp usw. üblicherweise den Bedingungen in der Referenzstrecke ähnlich sein, wodurch das Problem der Überdeckung anthropogener Störungen verringert wird.

Die Auswahl der zu untersuchenden Flussabschnitte sollte durch Faktoren entschieden werden, die die Ziele der Untersuchungen, die Anforderung an die Datenqualität und -sicherheit, die verfügbaren Ressourcen und Erfahrungen usw. berücksichtigen. Diese Entscheidungen sollten vor Beginn der Untersuchungen vor Ort getroffen werden.

Konstruktionen wie Brücken, Messstellen, Wehre, Schleusen, verbaute Strecken usw. können den Substrattyp, das Strömungsmuster und andere physikalische Parameter beeinflussen, die auf die aquatische Makrophyten-Besiedlung einwirken können und aus diesem Grund Hinweise anthropogen bedingter Verteilungsmuster von Pflanzengesellschaften verursachen. Angrenzende Flussabschnitte ohne solche Konstruktionen sollten ebenfalls untersucht werden - verursacht durch fehlende Uferbeschattung oberhalb und unterhalb der genannten Konstruktionen sind dies oftmals Bereiche mit höheren Makrophytendichten -, um die Abweichung von naturnahen Bedingungen der Referenzstrecke abschätzen zu können.

Wenn beschattete Strecken charakteristisch für ökologische Typen von Flussabschnitten sind, muss das spärliche Wachstum oder sogar das vollständige Fehlen aquatischer Vegetation kartiert werden. Flussstrecken ohne aquatische Vegetation sind charakteristisch für bestimmte ökologische Typen und werden oft in den Referenzstrecken bestimmter Flussklassen gefunden, obwohl diese das Wachstum von Rot- und Blaualgen fördern.

Flussabschnitte mit dichtem Baumwuchs in den Uferbereichen werden oft als Referenzstrecken für die Bewertung hydromorphologischer Qualitätsparameter verwendet, und es scheint vernünftig, Repräsentative Strecken (RepS) zur Bestimmung so vieler Klassen von Qualitätsparametern wie möglich in der gleichen Strecke eines Flusses festzulegen.

Die tatsächlich untersuchte Flussstrecke, die Repräsentative Strecke (RepS), sollte ausreichend lang sein, um die für den ökologischen Typ des Flussabschnittes charakteristische Vielfalt der Pflanzenarten angemessen widerzuspiegeln.

Die Längen individueller Untersuchungsstrecken muss nicht notwendigerweise gleich sein, weil Datensätze durch mathematische Standardisierung direkt verglichen werden können. Untersuchende sollten darauf achten, dass die protokollierte Anzahl der Arten mit zunehmender Untersuchungsstrecke steigt. Es wird empfohlen, für Untersuchungsgebiete in einem Fluss oder wenigstens für jede Flussklasse eines Flusses gleiche Streckenlängen zu verwenden. Werden Gürteltransekte untersucht, soll die Gürtelbreite jeweils gleich sein.

Jede zahlenmäßige Ableitung von Felddaten sollte auf eine Einheitslänge (z. B. Meter oder Kilometer) standardisiert oder auf die tatsächliche Länge der Untersuchungsstrecke (in Meter) bezogen werden.

ANMERKUNG 2 Es wird dringend empfohlen, die zu untersuchenden Fließgewässerabschnitte vor der Untersuchung abzulaufen, um sicherzustellen, dass sie die genannten Kriterien erfüllen. Diese Gelegenheit kann für Pilotstudien genutzt werden, in denen Verfahren einsetzbar sind, die auf der Untersuchung einiger benachbarter Untersuchungsstrecken beruhen und die gesamte Länge einer RepS abdecken. Im Vorwege durchgeführte Begehungen liefern darüber hinaus Informationen über saisonale Veränderungen der aquatischen Vegetation.

Für aufeinanderfolgende Untersuchungen ist es wichtig, die festgelegten Untersuchungsgebiete wiederzufinden bzw. eindeutig zu erkennen. Dabei kann es hilfreich sein, Markierungen oder dauerhafte Landmarken wie Feldgrenzen, Bäume usw. zu verwenden. Entsprechend dem technischen Fortschritt sollten die Markierungen von Untersuchungsstrecken und RefS GPS-gestützt (vorzugsweise Differenzierendes GPS –DGPS) erfolgen, was eine einfache Weiterverarbeitung der Daten mit Hilfe Geographischer Informations Systeme (Geographic Information Systems - GIS) erleichtert. Besonders für Langzeit - Trendüberwachungen werden sowohl durch Datentransfer und zentrale Datenerfassung als auch durch die Erstellung von Gewässergüte-Karten erleichtert.

6 Durchführung

Vor der Auswahl von Flussabschnitten, in denen Repräsentative Strecken (RepS) festgelegt werden sollen, müssen Referenzstrecken (RefS) für jede Stufe des ökologischen Zustandes und des ökologischen Gewässertyps ausgewählt werden. Referenzstrecken müssen unter Berücksichtigung ihrer Artenzusammensetzung und Häufigkeitsverteilung, der Zusammensetzung chemischer und physikalischer Parameter und des hydromorphologischen Hintergrundes so nah wie möglich natürlichen Bedingungen entsprechen. Üblicherweise wird die Lage der Referenzstrecken auf der Basis regionaler oder nationaler Untersuchungen ausgewählt, die so umfassend wie möglich Artenzusammensetzungen, -verteilung und -vielfalt der aquatischen Vegetation beinhalten. Zur zahlenmäßigen Differenzierung (Unterscheidung) von Referenzstrecken in verschiedene Flussabschnitte entsprechend den natürlich und kontinuierlich aufeinanderfolgenden Veränderungen von Fluss-Ökosystemen von der Quelle bis zur Mündung eines Fließgewässersystems können geeignete statistische Methoden angewendet werden. Der Einsatz von statistischen Methoden zur Multivarianzanalyse wird empfohlen.

Falls erforderlich, wird eine ähnliche Vorgehensweise für die Überwachung von Gewässern in flussartigen Passagen eines Flusssystems, wie Nebengewässer, Altwässer, Auen oder Überschwemmungsseen empfohlen.

6.1 Untersuchungsvorbereitung

Unterschiedliche Flussabschnitte auswählen: naturnah, oder durch anthropogene Einwirkung in unterschiedlichem Ausmaß beeinflusst. Die Auswahl der Flussabschnitte ist von der speziellen Zielsetzung der Überwachung abhängig.

Mögliche Belastungsquellen wie Abwasserbehandlungsanlagen, Fischzucht-Anlagen, Zentren mit hoher Bevölkerungsdichte usw. identifizieren. Die Landnutzung innerhalb des Einzugsgebietes/Teil-Einzugsgebietes des zu untersuchenden Flusses ermitteln . Bereiche erfassen, in denen Änderungen der Nutzungen im Einzugsgebiet und möglicherweise der Wasserqualität im Sinne von Nährstoffbelastungen wahrscheinlich auftreten werden.

Geomorphologische Kriterien wie „solid and drift geology" sollten aufgestellt werden.

Aller technischen Hindernisse wie Stauseen, Wehre, beschiffbare Flussbetten und andere technische Behinderungen lokalisieren, die möglicherweise die aquatischen Makrophyten-Gesellschaften im Flussbett beeinflussen. Repräsentative Strecken (RepS) innerhalb dieser Flussabschnitte, welche die zu untersuchenden Flusslängen darstellen, auswählen.

Es wird dringend empfohlen, vor Beginn jeder Felduntersuchung den zu untersuchenden Bereich zu Fuß abzugehen, detaillierte Landkarten und entsprechende Fotografien zu studieren und jede andere mögliche Quelle relevanter Informationen, wie z. B. Datensätze der Gewässergüte, zu recherchieren.

Sicherstellen, dass eine ausreichende Zahl von Fließgewässerabschnitten untersucht wird, um die möglichen Veränderungen der Gewässergüte zu erfassen, die durch Veränderungen von Faktoren wie Geologie, Gefälle, Flussklasse, Landnutzung usw. verursacht werden und das Makrophyten-Vorkommen im Fluss beeinflussen.

ANMERKUNG 1 Eine detaillierte Abfrage der Gewässergüte-Datenbasis, sofern verfügbar, kann in diesem Zusammenhang wichtig sein. Ist diese nicht verfügbar, sollten wasserchemische Untersuchungen parallel zu den Makrophyten-Untersuchungen im gleichen Fließgewässerabschnitt durchgeführt werden, allerdings haben umfangreichere Datensätze natürlich beträchtlich größere Aussagekraft.

Sicherstellen, dass in jedem ausgewählten Flußabschnitt genügend RepS überwacht werden, damit alle relevanten anthropogenen Einwirkungen, einschließlich beschatteter und unbeschatteter Strecken (unter Berücksichtigung der zur Verfügung stehenden Ressourcen) erfasst werden.

ANMERKUNG 2 Es wird empfohlen, die gesammelten Hintergrundinformationen auf Karten zu übertragen, um eine sofortige Identifizierung geeigneter Untersuchungsgebiete zu erleichtern. Dabei sollte berücksichtigt werden, dass Berichte zur Qualitäts-Zustands-Überwachung in vielen Fällen eine GPS-bezogene und GIS-bearbeitete Datenbasis erfordern, besonders dann, wenn die Daten an zentrale nationale Organisationen und/oder zur Weitergabe auf EU-Ebene weitergegeben werden sollen.

Protokollblätter für jede untersuchte RefS und RepS mit detaillierter Gewässerbezeichnung, individueller Identifizierungs-Nummer, Position auf der Landkarte und jeder weiteren relevanten Information vorbereiten. Sofern möglich, eine Checkliste aquatischer Makrophyten-Arten , die dort vermutlich auftreten können, verwenden, um die Protokollierung vor Ort zu erleichtern. Diese Checklisten müssen auf nationalen Untersuchungen beruhen, die sich für jeden ökologischen Flusstyp in den europäischen Ländern unterscheiden.

Seite 10
prEN 14184:2001

Unter Berücksichtigung der Bedingungen in den Repräsentativ- und Referenzstrecken festlegen, ob für die Untersuchung tieferer Flüsse Boote notwendig sind oder nicht. Zu berücksichtigen sind auch alternative Techniken, wie der Gebrauch von Dreggankern, Rechen, Unterwasser-Sichthilfen, Tauchen, oder direkte Beobachtung von beiden Flussufern aus.

Die notwendige Ausrüstung zusammenstellen.

6.2   Untersuchungstechniken

Angemessene Untersuchungstechniken, die den Gegenstand der Untersuchung, die Erfassung des Qualitäts-Zustandes des Flussabschnittes unter der Verwendung der aquatischen Vegetation als Qualitäts-Element abdecken, sind üblicherweise halb-quantitativ und basieren auf Häufigkeitsklassen und visueller Abschätzung der Arten-Zusammensetzung und Häufigkeitsverteilung. Im Hinblick auf den effizienten Nutzen der Ressourcen wird diese Vorgehensweise für Kurz- und Langzeitüberwachung der Wasserqualität empfohlen.

Untersuchungen sollten besondere Wuchsformen berücksichtigen (<u>submerse</u> Helophyten, <u>emerse</u> Hydrophyten usw.). Das Vorhandensein oder Fehlen von Indikator-Arten ist besonders hilfreich.

Wenn eine Wiederholung von Untersuchungen vorgenommen wird, die bereits in vorangegangenen Jahren durchgeführt wurde, z. B. als Teil eines regelmäßigen Überwachungsprogramms, sicherstellen, dass die Zeitpunkte der Untersuchungen vergleichbar sind, um die saisonalen Schwankungen zwischen den Untersuchungen zu begrenzen, da dies die nachfolgenden Datenvergleiche beeinflusst.

Für jede Untersuchung muss eine ausreichende Zeit aufgewendet werden, um die notwendige Sorgfältigkeit bei der Datenerhebung sicherzustellen.

6.3   Protokollierung und Quantifizierungsmaßstäbe für Makrophyten

Verfahren, die sich für Überwachungsprogramme eignen, müssen effizient sein. Die Erhebung von Felddaten sollte nicht zeitaufwendig sein. Gute Reproduzierbarkeit und eine große Genauigkeit der Felddaten sind unerlässlich und es sollte keine großen Abweichungen geben, die auf den Einfluss des jeweiligen Bearbeiters zurückzuführen sind. Artenbezogene Abschätzungen in einer Häufigkeitsklassifizierung sollten nicht zu viele Abstufungen haben, weil diese deutlich reproduzierbarer sind, als Häufigkeitsklassifizierungen mit einer großen Zahl von Abstufungen. Letztere kann künstlich eine größere Genauigkeit vorspiegeln.

Untersuchungsstrecken in breiteren Flussbereichen von größerer Länge verursachen bei Häufigkeitsklassifizierungen mit vielen Abstufungen eine extrem hohe Fehleranfälligkeit. Aus diesem Grund sind Klasseneinteilungen mit etwa fünf Abstufungen in den meisten Fällen im Hinblick auf die differenzierte Artenerfassung ausreichend und sehr gut reproduzierbar. Wenn Klasseneinteilungen mit einer großen Zahl von Abstufungen für besondere Zwecke verwendet werden, ist es sinnvoll, (i) Ringtests/Laborvergleichstests für die Untersuchenden zu organisieren und (ii) praktische Beispiele quantitativer Abschätzungen vorzuführen. Dies sind ebenfalls wichtige Maßnahmen zur Qualitätssicherung, wenn eine 5-stufige Klasseneinteilung verwendet wird.

Sehr gute Ergebnisse mit einer 5-stufigen Klasseneinteilung werden mit verbalen Beschreibungen von Bedeckungsgrad oder Volumen-/Zahlenangaben für die jeweiligen Arten erzielt. Häufigkeitsklassen, die in der Vergangenheit mit guten Ergebnissen verwendet wurden (z. B. in England und einigen anderen europäischen Ländern) weisen den Häufigkeiten der jeweiligen Arten folgende Häufigkeitsklassen zu:

Häufigkeit	Häufigkeitsklasse
selten	1
gelegentlich	2
regelmäßig	3
häufig	4
sehr häufig	5

Andere Häufigkeitsklassen, wie die Pflanzensoziologische Einteilung (Braun-Blanquet 1951) oder ein 10-stufiger Maßstab (+, 1 bis 9), können verwendet werden.

Verschiedene Bearbeiter haben gezeigt, dass Abschätzungen mit Hilfe der Häufigkeitsklassen deutlich reproduzierbarer und weniger fehlerbehaftet sind als prozentuale Abschätzungen. Letztere suggerieren eine höhere räumliche Unterscheidbarkeit, die jedoch in vielen Flussabschnitten nicht den tatsächlichen Verhältnissen entspricht.

Für jede Untersuchungsstrecke innerhalb einer RepS kann entweder die Fläche/der Bedeckungsgrad oder, dreidimensional, die Entwicklung/das Volumen/die Zahl einer Art bestimmt werden.

6.4 Felduntersuchung

6.4.1 Halb-quantitative Abschätzung

Repräsentative Strecken (RepS) befinden sich innerhalb eines Flussabschnittes. Die aquatische Vegetation einer RepS kann auf unterschiedliche Weise abgeschätzt werden. Entweder durch Verwendung einzelner Untersuchungsstrecken innerhalb der Grenzen einer RepS, wo immer dies durchführbar ist, durch Abschätzung einer benachbarten Reihe von Untersuchungsstrecken über die gesamte Länge eines Flusses, die als RepS definiert ist oder durch Gürteltransekte innerhalb einer RepS. Untersuchungen einzelner Strecken und Gürteltransekte innerhalb der RepS müssen wiederholt werden, um die Homogenität der Artenzusammensetzung und Häufigkeitsverteilung der Arten für die gesamte Länge der RepS nachzuweisen. Benachbarte Untersuchungsstrecken erfüllen diese Bedingungen, weil sie die gesamte Länge der RepS abdecken.

Um die charakteristische Zusammensetzung der makrophytischen Qualitätsparameter zu beschreiben, sind innerhalb eines Flussabschnittes so viele Repräsentative Strecken wie nötig festzulegen. Die Verwendung einer Landkarte geeigneten Maßstabes und wenn möglich, eine GPS, bilden die Grundlage für eine GIS als geologischer Bezug. .Die oberhalb und unterhalb gelegenen Bereiche der zu untersuchenden Strecken/Teilstrecken definieren und die geographische Lage auf dem Datenblatt für diesen Bereich protokollieren. Wenn Gürteltransekte bearbeitet werden, sollten sich in diesem Bereich keine technische Bauwerke wie Brücken, Wehre usw. befinden. Falls erforderlich, muss der Gürteltransekt in einen geeigneteren Bereich verlegt werden.

Um zukünftige Untersuchungen zu unterstützen, das Datum der Untersuchung, die Initialen des Untersuchenden und andere wichtige Informationen protokollieren.

Alle für die Untersuchungsstrecke relevanten Beobachtungen wie Flussbreite, Tiefe, Wassertrübung, Sedimenttyp, Strömungsverhältnisse, Uferstruktur, Beschattung, Nutzung des umgebenden Landes usw., protokollieren. Wo dazugehörige zeitnahe Probenahmen von Wasser und Sediment für die nachfolgende chemische Analyse durchgeführt werden können, sollten diese – wenn verfügbar – entsprechend den CEN- oder ISO-Standards untersucht werden.

In flachen Bereichen im Zick-Zack durch das Flussbett waten, um die vorhandenen Makrophytenarten aufzunehmen. Flussaufwärts waten, damit aufgewühltes Sediment nicht die Aufnahme und Identifizierung der Makrophyten beeinträchtigt. Alle im Flussbett vorhandenen Makrophytenarten innerhalb der Untersuchungsstrecke/des –bereiches protokollieren. Zur späteren Bestimmung Proben von Bryophyten, Algen, *Ranunculus* Arten, *Callitriche* Arten, wenig beblätterte *Potamogeton* Arten und Charales sammeln. Die Proben sollten in Belegsammlungen aufbewahrt werden. Gegebenenfalls sollten Exemplare nach der Bestimmung von seltenen oder schwierigen Arten in nationalen Sammlungen aufbewahrt werden.

Alle Untersuchungsstrecken oder Gürteltransekte innerhalb einer RepS, die als Indikator für die ökologische Qualität eines Flussabschnittes verwendet werden, wiederholt durchwaten. Dabei können Arten festgestellt werden, die bei der ersten Begehung nicht protokolliert wurden. Wo immer es möglich ist, können Abschätzungen des Bedeckungsgrades oder der Menge für die einzelnen Arten ebenfalls durch Beobachtung vom Ufer aus vorgenommen werden. Jeden Parameter als Häufigkeit protokollieren. Diese Abschätzungen auf einem Untersuchungsprotokollblatt mit wasserfestem Stift festhalten. Wenn zusätzliche Arten bestimmt werden, die nicht auf der Checkliste des Protokolls auftauchen, diese an einer geeigneten Stelle des Protokollblattes notieren.

ANMERKUNG   Uferlebende Arten können für Biotopuntersuchungen und Erhaltungsmaßnahmen getrennt protokolliert werden, allerdings sollten die Daten unabhängig von den flusslebenden Arten aufgenommen werden, weil sie nachfolgende Bewertung der ökologischen Qualität beeinflussen können. Supra-aquatische Arten können in einer zweiten Spalte protokolliert und zur Abschätzung der ökologischen Integrität verwendet werden.

Seite 12
prEN 14184:2001

Wenn die Untersuchungen vom Boot aus durchgeführt werden, ist die gleiche Vorgehensweise für die Erfassung und Protokollierung anzuwenden, wie beim Waten in einer flachen Strecke. In großen Flüssen ist der angemessene Einsatz eines Motors üblicherweise notwendig.

Für die Bewertung von Gürteltransekten einen Streifen bekannter Breite quer über den Fluss abgrenzen. Weil wiederholende Untersuchungen der aquatische Vegetation an genau den gleichen Stellen durchgeführt werden müssen, sollten nicht nur visuelle Bezüge zu festen Punkten an beiden Seiten des Ufers und technische Skizzen unter Verwendung von Markierungsstangen hergestellt werden, vielmehr wird der Einsatz eines GPS empfohlen. In flachen und langsam fließenden Gewässern, wo die Strömungsgeschwindigkeit nicht gefährlich hoch ist, denTransekt entlang der flussabwärts gerichteten Grenze eines Transekts durchwaten und alle Makrophytenarten innerhalb der abgegrenzten Fläche bestimmen. Die Häufigkeit der einzelnen Arten innerhalb des Gürteltransekts durch wiederholtes Durchwaten bestimmen. Für andere Transekte ist diesen Prozess wiederholen, bis eine repräsentative Artenliste und ähnliche Häufigkeitswerte/Volumen-Gewichtswerte für die RepS erzeugt worden sind. Die Daten standardisieren, um ausgewogene Ergebnisse für die gesamte RepS zu erhalten.

6.4.2 Bestimmung aquatischer Makrophyten

Geeignet ausgebildetes und erfahrenes Personal sollte im Feld unter Verwendung von Bestimmungsschlüsseln und Handbücher für die jeweiligen Mitgliedsstaaten in der Lage sein, die meisten Makrophyten und Makroalgen bis zur Art zu bestimmen. Wo die Bestimmung einer Art nicht im Verlauf der Untersuchung durchgeführt werden kann, sollten Proben zur Bestätigung mit zurück ins Labor genommen werden. Es soll nur das Material gesammelt werden, welches eine eindeutige Bestimmung ermöglicht. Den Transport in voretikettierten Plastikbehältern oder anderen geeigneten abgedichteten Behältern durchführen.

Falls notwendig, sollte die Bestätigung eines nationalen/regionalen Experten eingeholt werden.

ANMERKUNG   Nationale und Europäische Gesetzgebungen schützen seltene und gefährdete Arten aquatischer Makrophyten. Bearbeiter sollten mit der Bestimmung dieser Arten sehr vertraut sein.

Als Bestandteil zur Qualitätssicherung der Artbestimmung sollten Proben in den Belegsammlungen entweder gepresst oder konserviert aufbewahrt werden. Es wird empfohlen, Freiland-Fotodokumentationen der in RefS und RepS vorhandenen Arten anzulegen.

	Wasserbeschaffenheit **Bestimmung von Epichlorhydrin** Deutsche Fassung prEN 14207:2001	**DIN** **EN 14207**

ICS 13.060.50   Einsprüche bis 2001-10-31

Water quality — Determination of epichlorohydrin;
German version prEN 14207:2001

Qualité de l'eau — Dosage de l'épichlorhydrine;
Version allemande prEN 14207:2001

Anwendungswarnvermerk

Dieser Norm-Entwurf wird der Öffentlichkeit zur Prüfung und Stellungnahme vorgelegt.

Weil die beabsichtigte Norm von der vorliegenden Fassung abweichen kann, ist die Anwendung dieses Entwurfes besonders zu vereinbaren.

Stellungnahmen werden erbeten an Normenausschuss Wasserwesen (NAW) im DIN Deutsches Institut für Normung e. V., 10772 Berlin (Hausanschrift: Burggrafenstraße 6, 10787 Berlin).

Nationales Vorwort

Der hiermit der Öffentlichkeit zur Stellungnahme vorgelegte europäische Norm-Entwurf ist die Deutsche Fassung des vom Technischen Komitee TC 230 "Wasseranalytik" (Sekretariat DIN) des Europäischen Komitees für Normung (CEN) ausgearbeiteten Entwurfes prEN 14207, der nach einem positiven Abstimmungsergebnis innerhalb der CEN-Mitglieder als Europäische Norm EN 14207 in deutsch, englisch und französisch herausgegeben wird.

Die nationalen Normenorganisationen sind verpflichtet, diese EN dann vollständig und unverändert in ihr nationales Normenwerk zu übernehmen.

Die vorbereitenden Arbeiten wurden von der Arbeitsgruppe "Physikalische und chemische Verfahren" (WG 1) des CEN/TC 230 durchgeführt, deren Federführung beim DIN lag. Für Deutschland war der Arbeitsausschuss NAW I 3 "Wasseruntersuchung" an der Bearbeitung beteiligt.

Fortsetzung Seite 2
und 17 Seiten prEN

Normenausschuss Wasserwesen (NAW) im DIN Deutsches Institut für Normung e. V.

Ref. Nr. E DIN EN 14207:2001:09
Preisgr. 10   *Vertr.-Nr. 2310*

Seite 2
E DIN EN 14207:2001-09

Die als DIN-Normen veröffentlichten Einheitsverfahren sind beim Beuth Verlag einzeln oder zusammengefasst erhältlich. Außerdem werden die genormten Einheitsverfahren in der Loseblatt-Sammlung "Deutsche Einheitsverfahren zur Wasser-, Abwasser- und Schlammuntersuchung" gemeinsam vom Beuth Verlag GmbH und von dem Wiley-VCH Verlag publiziert.

Alle für die Abwasserverordnung (AbwV) — enthalten in der neuen Verordnung zu § 7a des Gesetzes zur Ordnung des Wasserhaushaltes (WHG) über "Anforderungen an das Einleiten von Abwasser in Gewässer und zur Anpassung des Abwasserabgabengesetzes" — relevanten Einheitsverfahren sind zusammen mit der AbwV und dem WHG und allen noch fortgeltenden Abwasserverwaltungsvorschriften als Loseblattsammlung "Analysenverfahren in der Abwasserverordnung — Rechtsvorschriften und Normen" mit dem Ergänzungsband 1 (DIN-Normen) und dem Ergänzungsband 2 (DIN-EN- und DIN-EN-ISO-Normen) herausgegeben worden.

Normen oder Norm-Entwürfe mit dem Gruppentitel "Deutsche Einheitsverfahren zur Wasser-, Abwasser- und Schlammuntersuchung" sind in folgende Gebiete (Haupttitel) aufgeteilt:

Allgemeine Angaben (Gruppe A)   (DIN 38402)

Sensorische Verfahren (Gruppe B)   (DIN 38403)

Physikalische und physikalisch-chemische Kenngrößen (Gruppe C)   (DIN 38404)

Anionen (Gruppe D)   (DIN 38405)

Kationen (Gruppe E)   (DIN 38406)

Gemeinsam erfassbare Stoffgruppen (Gruppe F)   (DIN 38407)

Gasförmige Bestandteile (Gruppe G)   (DIN 38408)

Summarische Wirkungs- und Stoffkenngrößen (Gruppe H)   (DIN 38409)

Biologisch-ökologische Gewässeruntersuchung (Gruppe M)   (DIN 38410)

Mikrobiologische Verfahren (Gruppe K)   (DIN 38411)

Testverfahren mit Wasserorganismen (Gruppe L)   (DIN 38412)

Einzelkomponenten (Gruppe P)   (DIN 38413)

Schlamm und Sedimente (Gruppe S)   (DIN 38414)

Suborganismische Testverfahren (Gruppe T)   (DIN 38415).

Außer den in der Reihe DIN 38402 bis DIN 38415 genormten Untersuchungsverfahren liegen eine Reihe Internationaler und Europäischer Normen als DIN-EN-, DIN-EN-ISO- und DIN-ISO-Normen vor, die ebenfalls Bestandteil der "Deutschen Einheitsverfahren" sind.

Über die bisher erschienenen Teile dieser Normen gibt die Geschäftsstelle des Normenausschusses Wasserwesen (NAW) im DIN Deutsches Institut für Normung e. V., Telefon (0 30) 26 01 – 25 49, oder der Beuth Verlag GmbH, 10772 Berlin (Hausanschrift: Burggrafenstraße 6, 10787 Berlin), Auskunft.

CEN TC 230

Datum: 2001-07

prEN 14207

CEN TC 230

Sekretariat: DIN

Wasserbeschaffenheit — Bestimmung von Epichlorhydrin

Qualité de l'eau — Dosage de l'épichlorohydrine

Water quality — Determination of epichlorohydrin

ICS:

Deskriptoren

Dokument-Typ: Europäische Norm
Dokument-Untertyp:
Dokument-Stage: CEN-Umfrage
Dokument-Sprache: D

prEN 14207:2001 (D)

Inhalt

prEN 14207:2001 (D)

Vorwort

Dieses Europäische Dokument wurde vom CEN /TC 230 "Wasseranalytik" erarbeitet, dessen Sekretariat vom DIN gehalten wird.

Dieses Dokument ist derzeit zur CEN-Umfrage vorgelegt.

WARNUNG — Anwender dieser Norm sollten mit der üblichen Laborpraxis vertraut sein. Diese Norm gibt nicht vor, alle unter Umständen mit der Anwendung des Verfahrens verbundenen Sicherheitsaspekte anzusprechen. Es liegt in der Verantwortung des Anwenders, angemessene Sicherheits- und Schutzmaßnahmen zu treffen und sicherzustellen, dass diese mit nationalen Festlegungen übereinstimmen.

Einleitung

Es ist erforderlich, bei den Untersuchungen nach dieser Norm Fachleute oder Facheinrichtungen einzuschalten.

Bei Anwendung der Norm sollte im Einzelfall je nach Aufgabenstellung geprüft werden, ob und inwieweit die Festlegung zusätzlicher Randbedingungen notwendig ist.

prEN 14207:2001 (D)

1 Anwendungsbereich

Diese Europäische Norm legt ein Verfahren zur Bestimmung von Epichlorhydrin in Trinkwasser und Rohwasser für die Trinkwasseraufbereitung fest. Nach dem hier beschriebenen Verfahren beträgt die Bestimmungsgrenze etwa 0,5 µg/l [1]. Die Bestimmungsgrenze kann erniedrigt werden, so dass die Überwachung eines Werts von 0,1 µg/l möglich ist.

2 Normative Verweisungen

Diese Europäische Norm enthält durch datierte oder undatierte Verweisungen Festlegungen aus anderen Publikationen. Diese normativen Verweisungen sind an den jeweiligen Stellen im Text zitiert, und die Publikationen sind nachstehend aufgeführt. Bei datierten Verweisungen gehören spätere Änderungen oder Überarbeitungen nur zu dieser Europäischen Norm, falls sie durch Änderung oder Überarbeitung eingearbeitet sind. Bei undatierten Verweisungen gilt die letzte Ausgabe der in Bezug genommenen Publikation (einschließlich Änderungen).

EN 25667-1:1993, *Wasserbeschaffenheit — Probenahme — Teil 1: Anleitung und Aufstellung von Probenahme-programmen (ISO 5667-1:1980).*

EN 25667-2:1993, *Wasserbeschaffenheit — Probenahme — Teil 2: Anleitung zur Probenahmetechnik (ISO 5667-2:1991).*

EN ISO 5667-3:1995, *Wasserbeschaffenheit — Probenahme — Teil 3: Anleitung zur Konservierung und Hand-habung von Proben (ISO 5667-3:1994).*

ISO 5667-5:1991, *Water quality — Sampling — Part 5: Guidance on sampling of drinking water and water used for food and beverage processing.*

ISO 8466-1:1990, *Water quality — Calibration and evaluation of analytical methods and estimation of performance characteristics — Part 1: Statistical evaluation of the linear calibration function.*

3 Grundlage des Verfahrens

Epichlorhydrin wird mit einer Festphasenextraktion aus einer Trinkwasserprobe abgetrennt und gaschromato-graphisch mit massenspektrometrischer (MS) Detektion bestimmt. Alternativ kann ein Elektroneneinfangdetektor (ECD) eingesetzt werden.

4 Störungen / Verluste

4.1 Störungen während der Probenahme

Um Störungen zu vermeiden, die Probe nach Abschnitt 7 entnehmen und die Informationen aus ISO 5667-1, ISO 5667-2 und ISO 5667-3 berücksichtigen.

Um Verluste an Epichlorhydrin, bedingt durch seine leichte Zersetzung, zu minimieren, unnötige Lagerung vermeiden und die Probe so bald als möglich nach der Probenahme untersuchen. Ist eine Aufbewahrung unumgänglich, die Probe bis zur Vorbereitung zwischen 2 °C und 5 °C lagern.

4.2 Störungen während der Anreicherung

Das im Handel erhältliche Sorbensmaterial ist häufig von unterschiedlicher Qualität. Von Charge zu Charge können beachtliche Schwankungen hinsichtlich Qualität und Selektivität auftreten. Die Kalibrierung und Analyse stets mit Material aus einer Charge durchführen. Sicherstellen, dass Verluste während der Abtrennung von restlichem Wasser aus dem Sorbensmaterial (8.1.2) vermieden werden.

---

1) Dieser Wert wird in einem Ringversuch geprüft..

4.3 Störungen während der Gaschromatographie und Massenspektrometrie

Die Geräte nach den Anweisungen des Herstellers in Betrieb nehmen. Die Einstellungen regelmäßig kontrollieren.

Allgemeine Störungen, die durch das Injektionssystem verursacht werden, können aufgrund der Laborerfahrung und den Bedienungsanweisungen vermieden werden.

Die Stabilität des Analysensystems sollte geprüft werden (z. B. durch Verwendung eines Messstandards).

5 Reagenzien

Reagenzien des Reinheitsgrades "zur Rückstandsanalyse" oder gleichwertigen Reinheitsgrades verwenden. Verunreinigungen in den Reagenzien oder im Wasser, die zum Blindwert beitragen, müssen im Vergleich zur geringsten zu bestimmenden Konzentration vernachlässigbar sein. Den Blindwert regelmäßig prüfen, vor allem bei Verwendung einer neuen Charge.

5.1 Wasser

Doppelt-destilliertes Wasser oder Wasser vergleichbarer Reinheit verwenden.

5.2 Betriebsgase für die Gaschromatographie/Massenspektrometrie/ECD, entsprechend den
Herstelleranweisungen. Die Betriebsgase müssen hochrein sein.

5.3 Stickstoff, hochrein, mindestens 99,996 % (v/v), um Wasser von der Sorbenspackung nach der
Probenextraktion zu entfernen.

5.4 Lösemittel

5.4.1 Diisopropylether, $C_6H_{14}O$.

5.4.2 Methanol, CH_3OH, als Konditionierungsmittel.

5.5 Reduktionsmittel, z. B. Natriumthiosulfat ($Na_2S_2O_3$).

5.6 Epichlorohydrin-Stammlösung

50 mg Epichlorhydrin (C_3H_5ClO) in einen 100-ml-Messkolben, der Diisopropylether (5.4.1) enthält, einwiegen und bis zur Marke mit Diisopropylether (5.4.1) auffüllen. Die Lösung im Kühlschrank zwischen 2 °C und 5 °C aufbewahren. Die Lösung ist nur begrenzt haltbar (etwa 6 Monate). Vor der Analyse die Konzentration prüfen, um sicherzustellen, dass keine signifikanten Unterschiede auftreten.

5.7 Interne Standard-Stammlösung

Der interne Standard darf in der Probe nicht enthalten sein.

5.7.1 $^{13}C_3$-Epichlorhydrin-Stammlösung für GC-MS

Diese Lösung ist als zertifizierter Standard im Handel erhältlich (z. B. 100 µg/ml in Nonan) oder sie kann als reine Standardlösung nach 5.6 hergestellt werden. Niemals mehr als 100 µl einer verdünnten internen Standardlösung in Diisopropylether (5.4.1) je 100 ml Wasserprobe zufügen, da ein größeres Volumen eine niedrige Wiederfindung verursachen kann.

ANMERKUNG   Die Peakfläche des internen Standards sollte etwa 1 µg/l Analyt entsprechen. Z. B.: Wenn die Konzentration der Stammlösung 100 µg/ml $^{13}C_3$-Epichlorhydrin in Nonan beträgt, so sind 100 µl, gelöst in 1 ml Diisopropylether (5.4.1) notwendig, um eine 10 µg/ml Dotierlösung herzustellen. Von dieser kann ein Volumen von 10 µl direkt in 100 ml Wasser (5.1) injiziert werden.

prEN 14207:2001 (D)

5.7.2 Ethyl 2-chloropropionat ($C_5H_9ClO_2$) - Stammlösung für GC-ECD (siehe 5.6)

5.8 Epichlorhydrin-Dotierlösungen

In mit Diisopropylether (5.4.1) gefüllten 100-ml-Messkolben aus der Stammlösung (5.6) Dotierlösungen durch entsprechende Verdünnung herstellen. Die Konzentrationen so wählen, dass die wässrigen Bezugslösungen (5.9) den Arbeitsbereich des Analysensystems abdecken. Die Dotierlösungen im Kühlschrank zwischen 2 °C und 5 °C aufbewahren. Vor dem Herstellen der Bezugslösungen die Dotierlösungen auf Raumtemperatur bringen. Die Aufbewahrungszeit darf einen Monat nicht überschreiten.

5.9 Epichlorohydrin-Bezugslösungen für die Mehrtpunktkalibrierung

Aus den Dotierlösungen (5.8) wässrige Bezugslösungen herstellen, indem ein entsprechendes Volumen (z. B. 10 µl) in 100 ml Wasser (5.1) injiziert werden. Für die Herstellung der Bezugslösungen nicht mehr als 100 µl der Dotierlösung verwenden. Die wässrigen Lösungen durch mehrmaliges Umdrehen des Messkolbens sorgfältig mischen. Fünf verschiedene Konzentrationen herstellen. Die Bezugslösungen täglich frisch zubereiten.

Tabelle 1 enthält ein Beispiel für ein Verdünnungsschema.

Tabelle 1 — Verdünnungsschema

Milliliter 5.6 zu 100 ml 5.4.1	Analyt-Konzentration in der Dotierlösung in Milligramm je Milliliter	Konzentration (in Mikrogramm je Liter) in der Bezugslösung (10 µl Dotierlösung zu 100 ml Wasser)
0	0	0
0,2	0,001	0,1
0,6	0,003	0,3
1,0	0,005	0,5
1,4	0,007	0,7
1,8	0,009	0,9

Wenn der erwünschte Messbereich von dem in Tabelle 1 abweicht, sollten andere Verdünnungsraten gewählt werden.

5.10 Festphasenmaterial

Üblicherweise wird als Festphasenmaterial ein Styrol-Divinylbenzol-Copolymer verwendet, z. B. im Handel erhältliche Kartuschen oder Glassäulen mit einer Packung von mindestens 200 mg Sorbens (siehe Anhang A). Eine Wiederfindungsrate von ≥ 80 % muss erreicht werden.

6 Geräte

6.1 Allgemeine Anforderungen

Das Gerät oder Geräteteile, die mit der Wasserprobe in Berührung kommen können, sollten frei von störenden Komponenten sein.

6.2 Probenahmeflaschen, vorzugsweise Braunglas , 500 ml, mit Glasstopfen oder PTFE-kaschiertem (PTFE = Polytetrafluorethen) Schraubverschluss.

6.3 Festphasenkartuschen, siehe 5.10.

6.4   Vakuum oder Druckvorrichtung, für den Extraktionsschritt.

6.5   Messkolben mit inertem Verschluss.

6.6   Probenvials, geeignet für automatische oder manuelle Aufgabe, vorzugsweise Braunglas, mit PTFE-kaschiertem Septum.

6.7   Kapillargaschromatograph, ausgerüstet mit einem Massenspektrometer als Detektor oder einem ECD. Vorzugsweise einen Autosampler einsetzen. Zur Inbetriebnahme des Geräts sollten die Anweisungen des Herstellers beachtet werden.

6.8   Kapillarinjektor, für Aufgabe mit und ohne Split, Kaltdampftechnik oder temperaturprogrammierter (PTV) Injektion.

6.9   Kapillarsäulen für die Gaschromatographie, Beispiele siehe Anhang B.

6.10 Injektionsspritzen, Volumen 5 µl oder 10 µl.

7   Probenahme

Proben entsprechend ISO 5667-1, 5667-2, 5667-3 und 5667-5 nehmen.

Zur Probenahme sorgfältig gereinigte, vorzugsweise braune 500-ml-Glasflaschen verwenden. Die Flaschen vollständig mit dem zu untersuchenden Wasser füllen. Die Wasserproben so bald als möglich nach der Probenahme aufarbeiten und analysieren. Wenn eine Aufbewahrung unumgänglich ist, die Probe vor der Analyse im Kühlschrank zwischen 2 °C und 5 °C aufbewahren.

Proben, von denen vermutet wird, oder von denen bekannt ist, dass sie Chlor oder andere Oxidantien enthalten, müssen mit einem Reduktionsmittel vorbehandelt werden. In diesem Fall etwa 100 mg/l Natriumthiosulfat (5.5) oder ein anderes Reduktionsmittel in die Probenahmeflasche geben, bevor diese mit dem zu untersuchenden Wasser aufgefüllt werden. Nach dem Füllen die Flaschen verschließen und von Hand schütteln, bis das Reagenz sich aufgelöst hat.

8   Durchführung

8.1   Festphasenextraktion

8.1.1   Konditionierung des Sorbens

Die nachfolgende Verfahrensweise wird für kommerziell erhältliche 3-ml- und 6-ml-Kartuschen (Sorbensmasse etwa 200 mg) beschrieben:

Die Kartusche mit 5 ml Diisopropylether (5.4.1) spülen. Die Kartusche leer laufen lassen. Dann die Kartusche mit 5 ml Methanol (5.4.2) spülen, erneut leerlaufen lassen. Das Sorbens sollte zwischen diesen Schritten nicht trockenlaufen. Ist dies doch der Fall, erneut mit Methanol spülen. 5 ml Wasser (5.1) durchlaufen lassen und sicherstellen, dass die Kartusche nicht trockenläuft. Das Wasser in den Kartuschen stehen lassen (Meniskus knapp oberhalb der Packung) damit das Sorbens aktiviert bleibt.

8.1.2   Probenextraktion

Unmittelbar nach der Konditionierung mit der Extraktion beginnen. Sicherstellen, dass in der Packung keine Luftblasen entstehen, wenn von der Konditionierung zur Extraktion übergegangen wird. Das Sorbens in den Kartuschen jederzeit mit Wasser bedeckt halten.

prEN 14207:2001 (D)

Einen 100-ml-Messkolben bis zur Marke mit der Probe füllen. Den internen Standard (5.7) zufügen und gründlich mischen. Die Proben mit einer Flussrate von 1 ml/min bis 3 ml/min auf die nach 8.1.1 vorbereitete Kartusche geben; dabei darauf achten, dass die Flussrate konstant bleibt. Ein Probenvolumen von 100 ml darf nicht überschritten werden, um zu vermeiden, dass Epichlorhydrin durchbricht.

Nach der Extraktion die Hauptmenge an Wasser entfernen, indem 5 min Stickstoff mit einer Flußrate von 1 l/min bis 2 l/min übergeleitet wird. Um Verluste an Epichlorhydrin zu vermeiden, sicherstellen, dass die verbleibende Masse Wasser in der Sorbenspackung etwa 250 mg bis 350 mg beträgt.

ANMERKUNG   Das feuchte Sorbens ist braun, das trockene hellorange. Daher kann die Entfernung von Wasser von der Säule üblicherweise durch die Farbaufhellung an der Sorbensoberfläche der Packung erkannt werden.

8.1.3 Elution

2 ml Diisopropylether (5.4.1) auf die Kartusche geben, warten, z. B. 10 min, bis sich das Gleichgewicht eingestellt hat, und die Kartusche eluieren. Das Eluat in einer kleinen Flasche oder einem Probenvial auffangen.

ANMERKUNG   Der kleine Wasseranteil, der in der Packung verblieben ist, bildet im Eluat eine eigene Phase aus.

8.2 Gaschromatographie

Geeignet sind Kapillarsäulen mit stationären Phasen auf Dimethylpolysiloxan-Basis (siehe Anhang B).

Zur Detektion ein Massenspektrometer verwenden. Alternativ kann ein Elektroneneinfang-Detektor (ECD) eingesetzt werden.

Chromatogramme siehe Anhang C.

8.3 Blindwertüberwachung

Vor der Analyse von realen Proben sollte mindestens eine Blindprobe untersucht werden, um eine etwaige Kontamination durch Reagenzien, Gerät oder anderer Herkunft zu erkennen. Hierzu eine 100-ml-Probe Wasser (5.1) nach genau der gleichen Verfahrensweise wie für ein reale Probe untersuchen. Wird mit der Blindprobe ein Peak innerhalb der Retentionszeit von Epichlorhydrin gefunden, diesen identifizieren und die Kontaminationsquelle beseitigen.

8.4 Identifizierung von Epichlorohydrin

Die Komponenten in der Probe werden identifiziert, indem die Retentionszeiten und Spektren der Probe mit denen von Epichlorhydrin-Standardlösung verglichen werden.

Epichlorhydrin ist identifiziert, wenn:

— Die Retentionszeit der Probenkomponente mit der im gesamten Ionenstrom- oder dem ausgewählten Ionenstromdiagramm mit der von Epichlorhydrin innerhalb von ± 0,08 min (4,8 s) in dem unter gleichen Bedingungen gemessenen Bezugsstandard übereinstimmt;

und wenn

— alle Ionen oberhalb 10 % relative Abundanz im Massenspektrum von Epichlorohydrin im Massenspektrum der Probenkomponente auftauchen (nach Untergrundbereinigung) und mit ± 20 % (absolut) übereinstimmen. Z. B., hat ein Ion eine relative Abundanz von 30 % im Spektrum des Standards, so sollte die Abundanz der Probenkomponente im Bereich von 10 % bis 50 % liegen.

Oder wenn

— die relativen Intensitäten der beiden ausgewählten diagnostischen Massen   m/z 49 und m/z 51 der Probenkomponente (nach Untergrundbereinigung) im gewählten Ionenstromdiagramm innerhalb ± 13 % der relativen Intensitäten dieser Massen in einem Referenzspektrum, gewonnen mit einem Epichlorhydrin-Bezugsstandard in einem GC/MS-System, unter identischen Bedingungen untersucht, übereinstimmt.

ANMERKUNG   Das Spektrum von Epichlorhydrin zeigt zwei Isotopenmuster bei m/z 49/51 $(CH_2Cl)^+$ und 62/64 $(M - CH_2O)^+$, entsprechend den Isotopen ^{35}Cl und ^{37}Cl in einem relativen Abundanzverhältnis von etwa 3:1. Wird $^{13}C_3$-markiertes Epichlorohydrin als interner Standard verwendet, ist das Isotopenmuster m/z 62/64 der Zielverbindung durch das Isotopenmuster m/z 64/66 des internen Standards (siehe Spektren im Anhang) gestört. Daher sind nur die Ionen des Paars bei m/z 49/51 als diagnostische Ionen für die Identifizierung geeignet. Aufgrund der thermodynamischen Instabilität von Epichlorhydron wird kein Molekülion gebildet. Der Basispeak bei m/z 57 ist nicht spezifisch, da zahlreiche andere Verbindungen (n-Alkane, Substanzen mit n-Alkan-Liganden) ebenfalls Fragmente bei m/z 57 bilden. Daher führen diese Verbindungen bereits in geringen Konzentrationen zu Störungen.

Wird zur Identifizierung ein ECD verwendet, sollte im Fall positiver Befunde eine Bestimmung auf zwei Kapillarsäulen unterschiedlicher Polarität in Betracht gezogen werden, um das Risiko eines etwaigen falsch-positiven Befunds durch Peaküberlappungen zu verringern. Die Retentionszeiten auf beiden Säulen sollten mit denen in der Bezugslösung übereinstimmen.

9 Kalibrierung

9.1 Allgemeine Anforderungen

Sicherstellen, dass eine lineare Abhängigkeit von Konzentration zu Peakintensität gegeben ist.

Den linearen Arbeitsbereich mit mindestens fünf Messpunkten verschiedener Konzentration (siehe ISO 8466-1) festlegen.

Die Bezugsfunktion ist nur für den Messbereich gültig. Zusätzlich hängt die Bezugsfunktion vom Zustand des Gaschromatographen ab und muss regelmäßig geprüft werden. Im Routinebetrieb ist die Bestimmung der Bezugsfunktion mit nur zwei Messpunkten zulässig.

9.2 Kalibrierung mit internem Standard

Wird ein interner Standard verwendet, so ist die Konzentrationsbestimmung von möglichen Dosierfehlern unabhängig. Außerdem können Fehler, verursacht durch Verluste während der Aufarbeitung oder bedingt durch die Einstellung eines (kleinen) Probenvolumens, verhindert werden. Zusätzlich ist die Konzentrationsbestimmung unabhängig von Matrixeffekten in der Probe, vorausgesetzt, die Wiederfindung der Zielverbindung und des internen Standard sind etwa gleich. Der interne Standard darf in der Originalprobe nicht vorhanden sein.

Entsprechend 5.9 mindestens fünf wässrige Bezugslösungen herstellen. Jeder Bezugslösung eine bekannte Konzentration des internen Standards (5.7) zufügen. Die niedrigste Bezugslösung sollte der Analytkonzentration nahe oder gering oberhalb der Bestimmungsgrenze entsprechen. Die übrigen Bezugslösungen sollten die erwarteten Analytkonzentration in der Wasserprobe abdecken.

Die Bezugslösungen nach den Angaben in Abschnitt 8 vorbereiten und analysieren. Dabei die gleiche Probenzusammensetzung und Konzentration an internem Standard verwenden und extrahieren.

Für die im folgenden verwendeten Indizes siehe Tabelle 2.

Die Werte y_{ieg} / y_{Ieg} (Peakflächen, Peakhöhen oder Integrationseinheiten) für die Substanz i (i = Epichlorhydrin) auf der Ordinate und die zugehörigen Massenkonzentrationen ρ_{ieg} / ρ_{Ieg} auf der Abszisse auftragen. Entsprechend Gleichung 1 die lineare Funktion für die Wertepaare y_{ieg}/y_{Ieg} und ρ_{ieg}/ρ_{Ieg} ermitteln.

Tabelle 2 — Bedeutung der Indizes

Index	Bedeutung
i	Identität der Substanz i
e	Messgröße bei Kalibrierung
g	Gesamtverfahren
I	Interner Standard

prEN 14207:2001 (D)

$$\frac{y_{\text{ieg}}}{y_{\text{leg}}} = m_{\text{ilg}} \cdot \frac{\rho_{\text{ieg}}}{\rho_{\text{leg}}} + b_{\text{ilg}} \tag{1}$$

Dabei ist

i \quad Epichlorhydrin;

y_{ieg} \quad der Messwert für Epichlorhydrin aus der Bezugsfunktion in Abhängigkeit von ρ_{ieg}; Einheit auswertungsabhängig, z. B. Flächenwert;

y_{leg} \quad der Messwert für den internen Standard I aus der Kalibrierung, in Abhängigkeit von ρ_{leg}; Einheit auswertungsabhängig, z. B. Flächenwert;

ρ_{ieg} \quad die Massenkonzentration an Epichlorhydrin der Bezugslösung, in Mikrogramm je Liter, µg/l;

ρ_{leg} \quad die Massenkonzentration an internem Standard I, in Mikrogramm je Liter, µg/l;

m_{ilg} \quad die Steigung der Bezugsgeraden $y_{\text{ieg}} / y_{\text{leg}}$ als Funktion des Massenkonzentrationsverhältnisses $\rho_{\text{ieg}} / \rho_{\text{leg}}$, oft Responsfaktor genannt;

b_{ilg} \quad der Achsenabschnitt der Bezugsgeraden auf der Ordinate.

10 Berechnung der Ergebnisse

Die Massenkonzentration ρ_{ig} an Epichlorhydrin nach Gleichung (2) wird nach Umformen von Gleichung (1) erhalten:

$$\rho_{\text{ig}} = \frac{\dfrac{y_{\text{ig}}}{y_{\text{lg}}} - b_{\text{ilg}}}{m_{\text{ilg}}} \cdot \rho_{\text{lg}} \tag{2}$$

Dabei ist

y_{ig} \quad der Messwert der Substanz i (Epichlorhydrin) in der Wasserprobe; Einheit auswertungsabhängig z. B. Flächenwert;

y_{lg} \quad der Messwert für den internen Standard I in der Wasserprobe; Einheit auswertungsabhängig, z. B. Flächenwert ;

ρ_{ig} \quad die Massenkonzentration der Substanz i (Epichlorhydrin) in der Wasserprobe, in Mikrogramm je Liter, µg/l;

ρ_{lg} \quad die Massenkonzentration des internen Standards I, in Mikrogramm je Liter, µg/l;

b_{ilg} \quad siehe Gleichung (1);

m_{ilg} \quad siehe Gleichung (1).

11 Angabe der Ergebnisse

Die Massenkonzentration an Epichlorhydrin in Mikrogramm je Liter (µg/l) auf zwei signifikante Stellen, bei einer Massenkonzentration unter 0,1 µg/l, auf nur eine signifikante Stelle angeben.

BEISPIEL

Epichlorhydrin \quad 1,8 µg/l

\qquad\qquad\qquad 0,54 µg/l

12 Analysenbericht

Der Bericht muss sich auf diese Europäische Norm beziehen und folgende Einzelheiten enthalten:

a) Identität der Probe;

b) Angabe des Ergebnisses nach Abschnitt 11;

c) Jede Abweichung von diesem Verfahren und Angabe aller Umstände, die das Ergebnis beeinflusst haben können;

d) Interner Standard;

e) Art der Detektion.

13 Verfahrenskenndaten

Folgen nach Abschluss des Ringversuchs.

Anhang A
(informativ)

Beispiele für Adsorbermaterial

**Tabelle A.1 — Beispiele geeigneter Sorbentien für die
Festphasenextraktion von Epichlorhydrin**

Sorbens	Produktbezeichnung (Hersteller)
Styrol-Divinylbenzol Copolymer	SDB 1 (Mallinckrodt Baker)
	LiChrolut EN (Merck)

prEN 14207:2001 (D)

Anhang B
(informativ)

Beispiel für empfohlene Kapillarsäulen

30 m HP- 1ms × 0,25 mm × 0,25 µm

30 m RT- 1ms × 0,25 mm × 0,25 µm

30 m HP- 5ms × 0,25 mm × 0,25 µm

30 m DB- 5ms × 0,25 mm × 0,25 µm

30 m DB 624 × 0,32 mm × 1,8 µm

Anhang C
(informativ)

Beispiele für Chromatogramme und Spektren

Bild C.1 — Spektrum von Epichlorhydrin

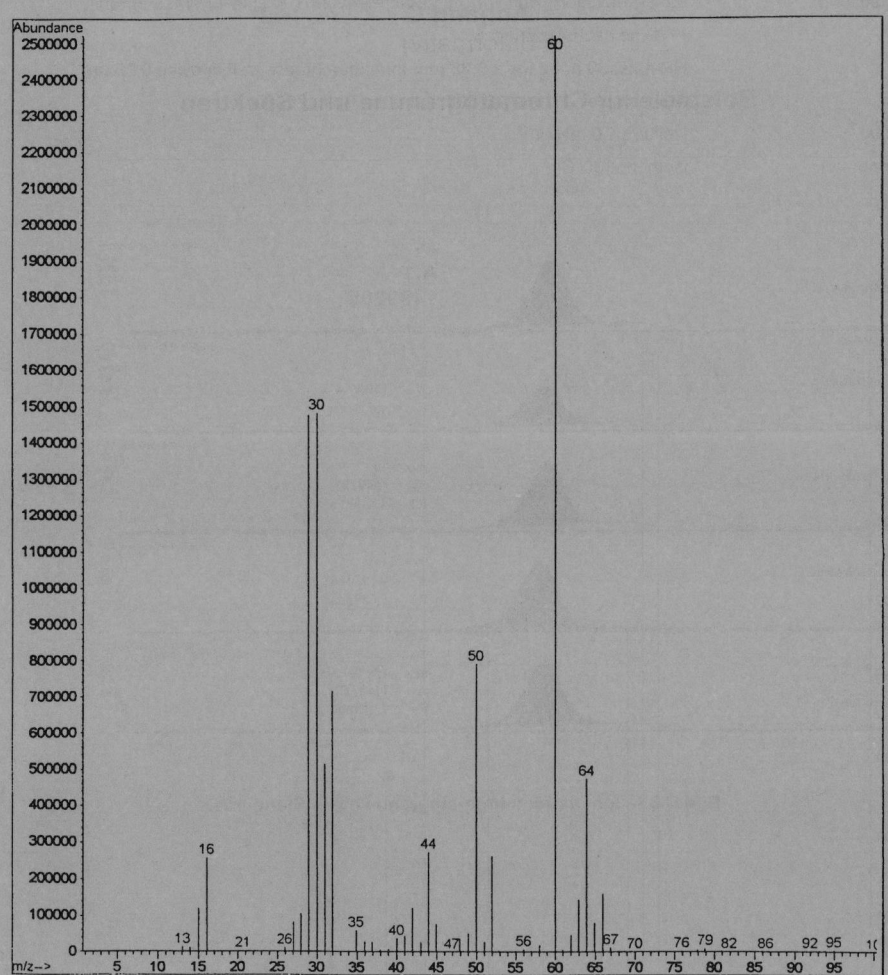

Bild C.2 — Spektrum von $^{13}C_3$-Epichlorhydrin

prEN 14207:2001 (D)

Standardlösung:	0,6 µg Epichlorhydrin + 1,0 µg Epichlorhydrin ($^{13}C_3$) in 1 l Wasserprobe, Analyse nach Abschnitt 8
Säule:	HP-1ms; 30 m Länge x 0,25 mm Innendurchmesser; Filmdicke 0,25 µm
Injektion:	Autosampler: Fisons AS 800; 1µl ohne Split; 250°C
Trägergas:	Helium; 1,0 ml/min
Ofentemperatur:	isotherm; 30°C

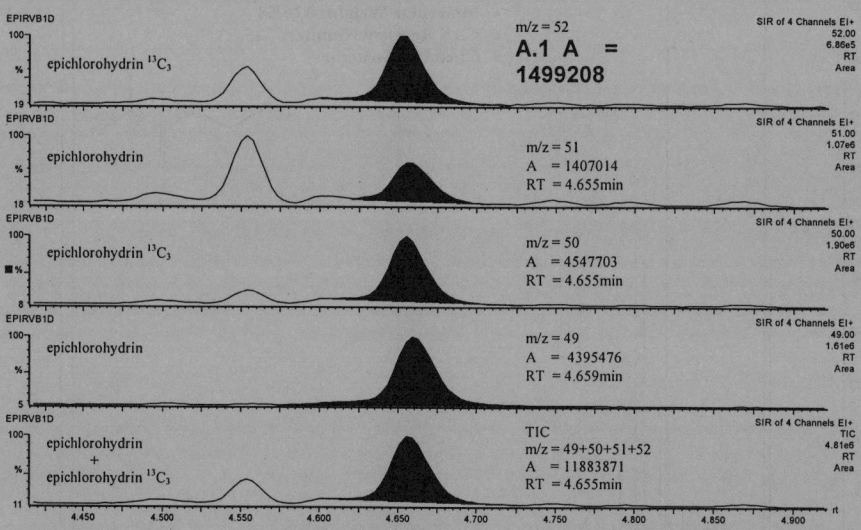

Bild C.3 — Ionenstromchromatogramm eines Standards

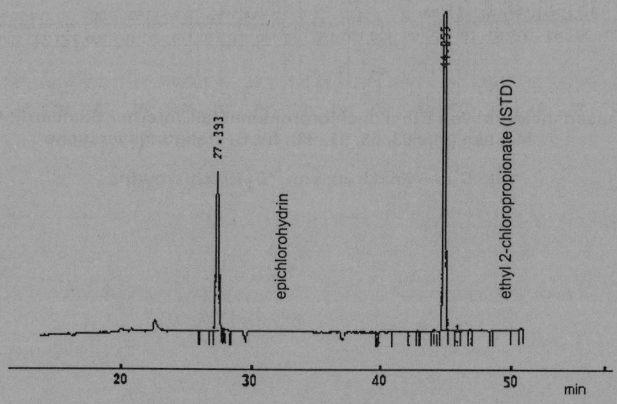

Bild C.4 — GC-ECD Chromatogramm von Epichlorhydrin und Ethyl 2-chlorpropionat (interner Standard, ISTD)

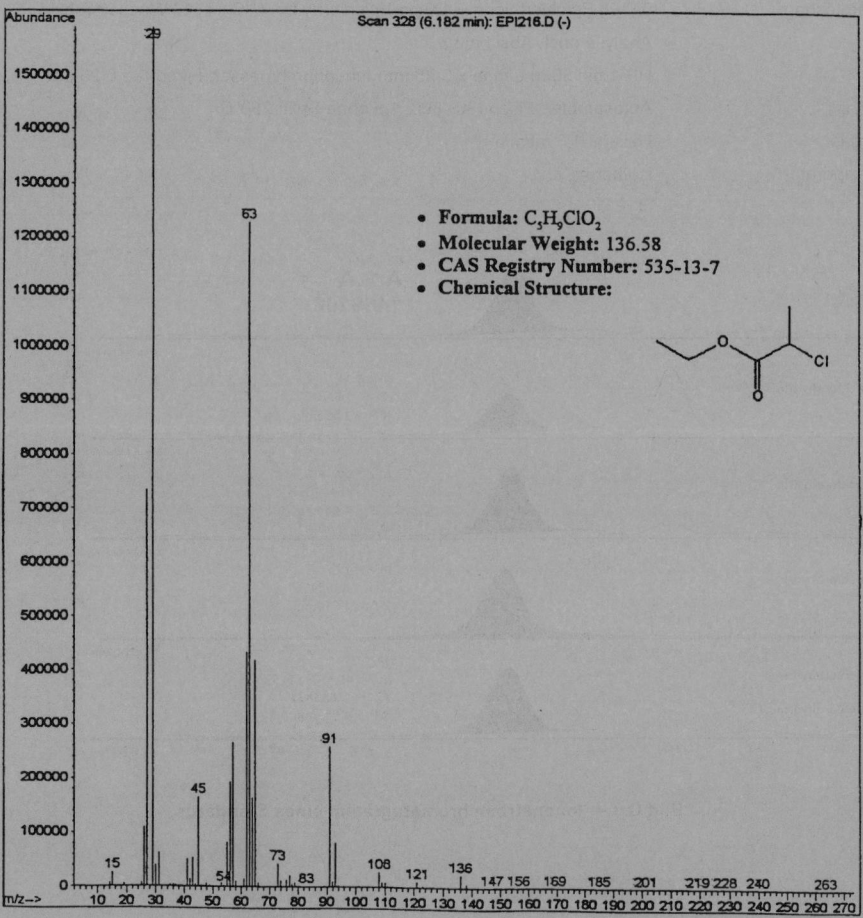

Bild C.5 — Massenspektrum von Ethyl -2-chlorpropionat (als interner Standard); Charakteristische
Massen (m/z 63, 65, 91, 93); für Bestätigungsversuche

DEUTSCHE NORM   *Entwurf*   Oktober 2001

	Wasserbeschaffenheit Bestimmung von Spurenelementen mittels Atomabsorptionsspektrometrie mit dem Graphitrohr-Verfahren (ISO/DIS 15586:2001) Deutsche Fassung prEN ISO 15586:2001	$\underline{\text{DIN}}$ EN ISO 15586

ICS 13.060.50   Einsprüche bis 2001-11-30

Water quality — Determination of trace elements by atomic absorption
spectrometry with graphite furnace (ISO/DIS 15586:2001);
German version prEN ISO 15586:2001

Qualité de l'eau — Dosage des oligo-éléments par spectrométrie
d'absorption atomique avec four en graphite (ISO/DIS 15586:2001);
Version allemande prEN ISO 15586:2001

Anwendungswarnvermerk

Dieser Norm-Entwurf wird der Öffentlichkeit zur Prüfung und Stellungnahme vorgelegt.

Weil die beabsichtigte Norm von der vorliegenden Fassung abweichen kann, ist die Anwendung dieses
Entwurfes besonders zu vereinbaren.

Stellungnahmen werden erbeten an den Normenausschuss Wasserwesen (NAW) im DIN Deutsches
Institut für Normung e. V., 10772 Berlin (Hausanschrift: Burggrafenstraße 6, 10787 Berlin).

Nationales Vorwort

Der hiermit der Öffentlichkeit zur Stellungnahme vorgelegte europäische Norm-Entwurf ist die Deutsche
Fassung des vom Technischen Komitee TC 230 "Wasseranalytik" (Sekretariat DIN) des Europäischen
Komitees für Normung (CEN) ausgearbeiteten Entwurfes prEN ISO 15586, der nach einem positiven
Abstimmungsergebnis innerhalb der CEN-Mitglieder als Europäische Norm EN ISO 15586 in deutsch,
englisch und französisch herausgegeben wird.

Die nationalen Normenorganisationen sind verpflichtet, diese EN dann vollständig und unverändert in ihr
nationales Normenwerk zu übernehmen.

Die vorbereitenden Arbeiten wurden von der Arbeitsgruppe "Physikalische und chemische Verfahren"
(WG 1) des CEN/TC 230 durchgeführt, deren Federführung beim DIN lag. Für Deutschland war der
Arbeitsausschuss NAW I 3 "Wasseruntersuchung" an der Bearbeitung beteiligt.

Nach einer auf Basis der Wiener Vereinbarung durchgeführten Parallelabstimmung in ISO und CEN wird
dieses Bestimmungsverfahren als Europäische Norm in das DIN-Normenwerk übernommen.

Fortsetzung Seite 2
und 22 Seiten prEN

Normenausschuss Wasserwesen (NAW) im DIN Deutsches Institut für Normung e. V.

Ref. Nr. E DIN EN ISO 15586:2001-10
Preisgr. 12   Vertr.-Nr. 2312

E DIN EN ISO 15586:2001-10

Die als DIN-Normen veröffentlichten Einheitsverfahren sind beim Beuth Verlag einzeln oder zusammengefasst erhältlich. Außerdem werden die genormten Einheitsverfahren in der Loseblatt-Sammlung "Deutsche Einheitsverfahren zur Wasser-, Abwasser- und Schlammuntersuchung" gemeinsam vom Beuth Verlag GmbH und von dem Wiley-VCH Verlag publiziert.

Alle für die Abwasserverordnung (AbwV) — enthalten in der neuen Verordnung zu § 7a des Gesetzes zur Ordnung des Wasserhaushaltes (WHG) über "Anforderungen an das Einleiten von Abwasser in Gewässer und zur Anpassung des Abwasserabgabengesetzes" — relevanten Einheitsverfahren sind zusammen mit der AbwV und dem WHG und allen noch fortgeltenden Abwasserverwaltungsvorschriften als Loseblattsammlung "Analysenverfahren in der Abwasserverordnung — Rechtsvorschriften und Normen" mit dem Ergänzungsband 1 (DIN-Normen) und dem Ergänzungsband 2 (DIN-EN- und DIN-EN-ISO-Normen) herausgegeben worden.

Normen oder Norm-Entwürfe mit dem Gruppentitel "Deutsche Einheitsverfahren zur Wasser-, Abwasser- und Schlammuntersuchung" sind in folgende Gebiete (Haupttitel) aufgeteilt:

Allgemeine Angaben (Gruppe A)	(DIN 38402)
Sensorische Verfahren (Gruppe B)	(DIN 38403)
Physikalische und physikalisch-chemische Kenngrößen (Gruppe C)	(DIN 38404)
Anionen (Gruppe D)	(DIN 38405)
Kationen (Gruppe E)	(DIN 38406)
Gemeinsam erfassbare Stoffgruppen (Gruppe F)	(DIN 38407)
Gasförmige Bestandteile (Gruppe G)	(DIN 38408)
Summarische Wirkungs- und Stoffkenngrößen (Gruppe H)	(DIN 38409)
Biologisch-ökologische Gewässeruntersuchung (Gruppe M)	(DIN 38410)
Mikrobiologische Verfahren (Gruppe K)	(DIN 38411)
Testverfahren mit Wasserorganismen (Gruppe L)	(DIN 38412)
Einzelkomponenten (Gruppe P)	(DIN 38413)
Schlamm und Sedimente (Gruppe S)	(DIN 38414)
Suborganismische Testverfahren (Gruppe T)	(DIN 38415).

Außer den in der Reihe DIN 38402 bis DIN 38415 genormten Untersuchungsverfahren liegen eine Reihe Internationaler und Europäischer Normen als DIN-EN-, DIN-EN-ISO- und DIN-ISO-Normen vor, die ebenfalls Bestandteil der "Deutschen Einheitsverfahren" sind.

Über die bisher erschienenen Teile dieser Normen gibt die Geschäftsstelle des Normenausschusses Wasserwesen (NAW) im DIN Deutsches Institut für Normung e. V., Telefon (0 30) 26 01 – 25 49, oder der Beuth Verlag GmbH, 10772 Berlin (Hausanschrift: Burggrafenstraße 6, 10787 Berlin), Auskunft.

CEN TC 230

Datum: 2001-05

prEN ISO 15586

CEN TC 230

Sekretariat: DIN

Wasserbeschaffenheit — Bestimmung von Spurenelementen mittels Atomabsorptionsspektrometrie mit dem Graphitrohr-Verfahren (ISO/DIS 15586:2001)

Qualité de l'eau — Dosage des oligo-éléments par spectrométrie d'absorption atomique avec four en graphite (ISO/DIS 15586:2001)

Water quality — Determination of trace elements by atomic absorption spectrometry with graphite furnace (ISO/DIS 15586:2001)

ICS:

Deskriptoren

Dokument-Typ: Europäische Norm
Dokument-Untertyp:
Dokument-Stage: Parallele Umfrage
Dokument-Sprache: D

prEN ISO 15586:2001 (D)

Inhalt

Vorwort

Dieses Europäische Dokument wurde vom CEN /TC 230 "Wasseranalytik" erarbeitet.

Dieses Dokument ist derzeit zur parallelen Umfrage vorgelegt.

WARNUNG — Anwender dieser Norm sollten mit der üblichen Laborpraxis vertraut sein. Diese Norm gibt nicht vor, alle unter Umständen mit der Anwendung des Verfahrens verbundenen Sicherheitsaspekte anzusprechen. Es liegt in der Verantwortung des Anwenders, angemessene Sicherheits- und Schutzmaßnahmen zu treffen und sicherzustellen, dass diese mit nationalen Festlegungen übereinstimmen.

1 Anwendungsbereich

Diese Internationale Norm enthält Grundlagen und Verfahrensweisen für die Bestimmung von: Ag, Al, As, Cd, Co, Cr, Cu, Fe, Mn, Mo, Ni, Pb, Sb, Se, Tl, V, und Zn in Oberflächenwasser, Grundwasser, Trinkwasser, Abwasser und Sedimenten durch Atomabsorption mit elektrothermischer Atomisierung im Graphitrohrofen fest. Das Verfahren ist anwendbar für die Bestimmung niedriger Element-Konzentrationen.

Die methodische Nachweisgrenze hängt für jedes Element von der Probenmatrix, dem Gerät, dem Zerstäubertyp und den Modifikationslösungen ab. Für Wasserproben mit sehr geringer Matrixbelastung wird die Nachweisgrenze in der Nähe der instrumentellen Nachweisgrenze liegen. Bei Verwendung eines Probenvolumens von 20 µl sollten die in der Tabelle 1 angegebenen Werte mindestens erreicht werden.

ANMERKUNG   Die Nachweisgrenzen können in Wasserproben durch Aufkonzentrierung (z. B. Anreicherung der Elemente durch Komplexierung und Extraktion oder durch Verdampfung, vorzugsweise im Gefriertrockner, oder durch Verwendung eines größeren Probenvolumens (z. B. durch Mehrfachinjektion mit wiederholten Trocknungs- und Pyrolyseschritten vor der Atomisierung der injizierten Gesamtmenge) herabgesetzt werden.

prEN ISO 15586:2001 (D)

Tabelle 1 — Charakteristische Massen (Näherungswerte), instrumentelle Nachweisgrenzen und optimale
Arbeitsbereiche für 20-µl- Wasserproben

Element	Charakteristische Masse (m_0) [a]	Nachweisgrenze [b]	Optimaler Arbeitsbereich [c]
	pg	µg/l	µg/l
Ag	1,5	0,2	1 bis 10
Al	10	1	6 bis 60
As	15	1	10 bis 100
Cd	0,7	0,1	0,4 bis 4
Co	10	1	6 bis 60
Cr	3	0,5	2 bis 20
Cu	5 [d]	0,5	3 bis 30
Fe	5	1	3 bis 30
Mn	2,5	0,5	1,5 bis 15
Mo	10	1	6 bis 60
Ni	13	1	7 bis 70
Pb	15	1	10 bis 100
Sb	20	1	10 bis 100
Se	25	2	15 bis 150
Tl	10 [d]	1	6 bis 60
V	35	2	20 bis 200
Zn	0,8	0,5	0,5 bis 5

[a] Die charakteristische Masse (m_0) eines Elements ist die Masse, in Pikogramm, die einem Signal von 0,0044 Sekunden (s) entspricht, wenn für die Auswertung die integrierte Extinktion (Peakfläche) verwendet wird.

[b] Die Nachweisgrenzen werden berechnet als die dreifache Standardabweichung von Wiederholmessungen an einer Blindprobe.

[c] Der optimale Arbeitsbereich ist definiert als der Konzentrationsbereich, der einer Ablesung der integrierten Extinktion zwischen 0,05 s und 0,5 s entspricht.

[d] Bei Verwendung einer Zeeman –Untergrundkompensation sind die m_0-Werte höher.

2 Normative Verweisungen

Die folgenden normativen Dokumente enthalten Festlegungen, die durch Verweisung in diesem Text Bestandteil dieser Internationalen Norm sind. Bei datierten Verweisungen gelten spätere Änderungen oder Überarbeitungen dieser Publikation nicht. Anwender dieser Internationalen Norm werden jedoch gebeten, die Möglichkeit zu prüfen, die jeweils neuesten Ausgaben der nachfolgend angegebenen normativen Dokumente anzuwenden. Bei undatierten Verweisungen gilt die letzte Ausgabe des in Bezug genommenen normativen Dokuments. Mitglieder von ISO und IEC führen Verzeichnisse der gültigen Internationalen Normen.

ISO 3696:1987, *Water for analytical laboratory use — Specification and test methods.*

ISO 5667-1:1980, *Water quality — Sampling — Part 1: Guidance on the design of sampling programmes.*

ISO 5667-2:1991, *Water quality — Sampling — Part 2: Guidance on sampling techniques.*

ISO 5667-3:1994, *Water quality — Sampling — Part 3: Guidance on the preservation and handling of samples.*

ISO 15587-1[1]), *Water quality — Digestion for the determination of elements in water — Part 1: Aqua regia digestion.*

ISO 15587-2[1]), *Water quality — Digestion for the determination of elements in water — Part 2: Nitric acid digestion.*

3 Grundlage des Verfahrens

Wasserproben werden säurestabilisiert, filtriert und säurestabilisiert, oder aufgeschlossen. Sedimentproben werden aufgeschlossen. Ein Teilvolumen der Probe wird in den Graphitrohrofen eines Atomabsorptionsspektrometers injiziert. Der Ofen wird elektrisch beheizt. Durch schrittweise Erhöhung der Temperatur wird die Probe getrocknet, pyrolysiert und atomisiert. Die Atomabsorption beruht auf der Fähigkeit freier Atome, Licht zu absorbieren. Eine Lichtquelle emitiert für das Element oder für mehrere Elemente spezifisches Licht. Wenn der Lichtstrahl in dem aufgeheizten Graphitrohr die Atomhülle durchdringt, wird das Licht durch die Atome selektiv absorbiert. Die Abnahme der Lichtintensität wird bei einer festgelegten Wellenlänge mit einem Detektor gemessen. Die Konzentration eines Elements in einer Probe wird bestimmt, indem die Absorption der Probe mit der Absorption von Bezugslösungen verglichen wird. Wenn nötig, können Störungen durch die Zugabe von Matrixmodifikationslösungen vor der Analyse beseitigt werden, oder indem die Kalibrierung mit einem Standard-Additionsverfahren durchgeführt wird.

Die Ergebnisse werden in Analyt-Massen (Mikrogramm oder Milligramm) je Liter Wasser angegeben; bei Sedimenten je Kilogramm Trockenmasse.

4 Störungen

Einige Probenlösungen, speziell Abwässer oder Sediment-Aufschlusslösungen, können höhere Konzentrationen an Verbindungen enthalten, die das Ergebnis beeinflussen. Hohe Chloridkonzentrationen sind oft problematisch, da die Flüchtigkeit vieler Elemente erhöht wird und hierdurch Minderbefunde während des Pyrolyseschritts auftreten können. Matrixeffekte können teilweise oder gänzlich durch Optimierung des Temperaturprogramms, durch Verwendung von pyrolytisch beschichteten Rohren oder Plattformen, durch die Verwendung von Matrixmodifikatoren oder durch Anwendung der Standard-Additionstechnik oder Verwendung einer Untergrundkorrektur kompensiert werden.

5 Reagenzien

Wenn nicht anders angegeben, sollten bei der Probenvorbereitung und der Herstellung von Lösungen nur Chemikalien und Lösungen größtmöglicher Reinheit verwendet werden.

5.1 Wasser

Zur Herstellung von Lösungen Wasser der Qualität 1 nach ISO 3696 ($\leq$ 0,01 mS/m) oder besser verwenden. Die Qualität des Wassers vor seiner Verwendung prüfen.

5.2 Salpetersäure, konzentriert, $c(HNO_3)$ = 14,4 mol/l, $\rho \approx$ 1,40 kg/l (65 %).

Enthält die konzentrierte Salpetersäure nennenswerte Konzentrationen der zu bestimmenden Elemente, diese durch Destillation in einer Quarz-Apparatur unter einem Abzug reinigen.

5.3 Salpetersäure, $c(HNO_3) \approx$ 7 mol/l.

Ein Volumenteil konzentrierte Salpetersäure (5.2) unter Rühren zu einem Volumenteil Wasser (5.1) geben.

---

1) In Vorbereitung.

prEN ISO 15586:2001 (D)

5.4   Salpetersäure, $c(HNO_3) \approx 1$ mol/l.

Zu etwa 500 ml Wasser (5.1) 70 ml konzentrierte Salpetersäure (5.2) geben und mit Wasser (5.1) auf 1 000 ml verdünnen.

5.5   Salpetersäure, $c(HNO_3) \approx 0,1$ mol/l

Zu etwa 500 ml Wasser (5.1) 7 ml konzentrierte Salpetersäure (5.2) geben und mit Wasser (5.1) auf 1 000 ml verdünnen.

5.6   Salpetersäure, $c(HNO_3) \approx 0,05$ mol/l.

Zu etwa 500 ml Wasser (5.1) 3,5 ml konzentrierte Salpetersäure (5.2) geben und mit Wasser (5.1) auf 1 000 ml verdünnen.

5.7   Salzsäure, konzentriert, $c(HCl) = 12,1$ mol/l, $\rho \approx 1,19$ kg/l (37 %).

Enthält die konzentrierte Salzsäure nennenswerte Konzentrationen der zu bestimmenden Elemente, diese durch Destillation in einer Quarz-Apparatur unter einem Abzug reinigen. Die Destillation sollte im Abzug durchgeführt werden.

5.8   Salzsäure, $c(HCl) \approx 6$ mol/l.

Ein Volumenteil konzentrierte Salzsäure (5.8) unter Rühren zu einem Volumenteil Wasser (5.1) geben.

5.9   Salzsäure, $c(HCl) \approx 1$ mol/l.

Zu etwa 500 ml Wasser (5.1) 83 ml konzentrierte Salzsäure (5.8) geben und mit Wasser (5.1) auf 1 000 ml verdünnen.

5.10   Stammlösungen, 1 000 mg/l.

Stammlösungen können im Handel bezogen werden.

Vorzugsweise Elementnitrate verwenden. Die Herstellung der Stammlösungen aus Metallen oder Metallsalzen ist im Anhang A beschrieben. Stammlösungen in Übereinstimmung mit den Herstellerempfehlungen etwa 1 Jahr aufbewahren.

5.11   Standardlösung, 10 mg/l.

1 000 µl Stammlösung (5.10) in einen 100-ml-Messkolben pipettieren, 0,5 ml konzentrierte Salpetersäure (5.2) zufügen und die Lösung mit Wasser (5.1) bis zur Marke verdünnen.

Die Lösung darf 6 Monate aufbewahrt werden.

5.12   Standardlösung, 1 mg/l.

100 µl Stammlösung (5.10) in einen 100-ml-Messkolben pipettieren, 0,5 ml konzentrierte Salpetersäure (5.2) zufügen und die Lösung mit Wasser (5.1) bis zur Marke verdünnen.

Die Lösung darf 6 Monate aufbewahrt werden.

5.13   Standardlösung, 100 µg/l.

1 000 µl der 10-mg/l-Standardlösung (5.11) in einen 100-ml-Messkolben pipettieren, 0,5 ml konzentrierte Salpetersäure (5.2) zufügen und die Lösung mit Wasser (5.1) bis zur Marke verdünnen.

5.14 Bezugslösungen

Die Bezugslösungen aus den Standardlösungen (5.11 bis 5.13) herstellen.

Die folgende Verfahrensweise kann als Beispiel dienen:

Um eine Reihe von Bezugslösungen mit Analytkonzentrationen von 2 µg/l; 4 µg/l; 6 µg/l; 8 µg/l und 10 µg/l herzustellen, 200 µl, 400 µl, 600 µl, 800 µl bzw. 1 000 µl der 1-mg/l - Standardlösung (5.12) in einen 100-ml-Messkolben pipettieren. Soviel Säure zufügen, dass die Säurekonzentration der Bezugslösungen der Säurekonzentration in den Proben entspricht, die analysiert werden sollen. Wenn nötig, kühlen und mit Wasser (5.1) bis zur Marke verdünnen.

Bezugslösungen mit Konzentrationen unter 1 mg/l sollten nicht länger als einen Monat und solche mit Konzentrationen unter 100 µg/l nicht länger als 1 Tag verwendet werden.

5.15 Blindwertlösung

In der gleichen Weise wie die Bezugslösungen eine Blindwertlösung herstellen, jedoch keine Standardlösung zufügen. Einen 100-ml-Messkolben verwenden. Soviel Säure zufügen, dass die Konzentration den zu analysierenden Proben entspricht (5.14). Wenn nötig, kühlen und mit Wasser (5.1) bis zur Marke verdünnen.

5.16 Palladiumnitrat-/Magnesiumnitrat-Matrixmodifikationslösung

$Pd(NO_3)_2$ –Lösung ist im Handel erhältlich (10 g/l). 0,259 g $Mg(NO_3)_2 \cdot 6\ H_2O$ in 100 ml Wasser (5.1) lösen. Die Pd-Nitrat-Lösung mit dem doppelten Volumen der Mg-Nitrat-Lösung mischen. 10 µl dieser Lösung enthalten 15 µg Pd und 10 µg $Mg(NO_3)_2$.

Diese Lösung nicht länger als 1 Woche verwenden.

5.17 Magnesiumnitrat-Matrixmodifikationslösung

0,865 g $Mg(NO_3)_2 \cdot 6\ H_2O$ in 100 ml Wasser (5.1) lösen. 10 µl dieser Lösung enthalten 50 µg $Mg(NO_3)_2$.

5.18 Ammoniumdihydrogenphosphat-Matrixmodifikationslösung

2,0 g $NH_4H_2PO_4$ in 100 ml Wasser (5.1) lösen. 10 µl dieser Lösung enthalten 200 µg $NH_4H_2PO_4$.

5.19 Ammoniumdihydrogenphosphat/Magnesiumnitrat-Matrixmodifikationslösung

2,0 g $NH_4H_2PO_4$ und 0,173 g $Mg(NO_3)_2 \cdot 6\ H_2O$ in 100 ml Wasser (5.1) lösen. 10 µl dieser Lösung enthalten 200 µg $NH_4H_2PO_4$ und 10 µg $Mg(NO_3)_2$.

5.20 Nickel-Matrixmodifikationslösung

0,200 g Nickel-Pulver in 1 ml konzentrierter Salpetersäure (5.2) auflösen und mit Wasser (5.1) auf 100 ml auffüllen. 10 µl dieser Lösung enthalten 20 µg Ni. $Ni(NO_3)_2$ –Lösungen sind auch im Handel erhältlich.

5.21 Purge- und Schutz-Gas

Argon, Ar ($\geq$ 99,99 %).

6 Geräte

6.1 Allgemeine Reinigungsvorschrift

Die folgende Reinigungsvorschrift ist eine Mindestanforderung für Glas- und Kunststoffgefäße und wird angewendet, wenn keine anderen Vorkehrungen angegeben werden.

prEN ISO 15586:2001 (D)

— Die Geräte vor der Verwendung mindestens 1 Tag in Salpetersäure, $c \approx 1$ mol/l (5.4), oder Salzsäure, $c \approx 1$ mol/l (5.9), legen.

— Mit Wasser (5.1) mindestens dreimal spülen.

Geräteteile aus Polyamid (z. B. Schraubverschlüsse oder Gewinde an Probenahmegeräten) vor dem Einweichen in der Säure entfernen.

Entsprechende Vorkehrungen treffen, damit Geräteteile, die mit hohen Metallkonzentrationen in Berührung gekommen sind, in Zukunft nicht bei Spurenelement-Bestimmungen verwendet werden.

6.2 Probengefäße für Wasserproben

Flaschen aus Polypropen, Polyethen, Teflon (FEP) oder chemisch resistentem Glas (z. B. Borosilicat-Glas). Das Material der Flaschen und der Verschlüsse sollte weder Analyten enthalten noch freisetzen, und sollte vorzugsweise aus farblosem Material bestehen.

Für Bestimmungen im Ultraspurenbereich (< 0,1 µg/l) wird die Verwendung von Kunststoffgefäßen empfohlen, und es ist notwendig, ein sehr genaues Reinigungsverfahren einzuhalten.

BEISPIEL

1) Neue Flaschen mit Aceton spülen, um Fettrückstände zu entfernen. Alternativ darf maschinell gereinigt werden.

2) Mit Wasser (5.1) spülen.

3) In Salzsäure, $c \approx 6$ mol/l (5.8) eine Woche einweichen, oder 24 h bei 45 °C bis 50 °C.

4) Mit Wasser (5.1) spülen.

5) In Salpetersäure, $c \approx 7$ mol/l (5.3) eine Woche einweichen, oder 24 h bei 45 °C bis 50 °C.

6) Mit Wasser (5.1) spülen und in das saubere Laboratorium bringen.

7) In Salpetersäure $c \approx 0,05$ mol/l (5.6) eine Woche einweichen.

8) Mit Wasser (5.1) mehrmals spülen.

9) Wenn nötig, unter gefilterter Luftzufuhr (clean bench) trocknen.

10) Die gereinigten Flaschen in verschlossenen Kunststoffbeuteln aufbewahren.

Wenn keine anderen Erkenntnisse vorliegen, kann auf Schritt 5 oder alternativ Schritt 3 verzichtet werden. In diesen Fällen hat sich gezeigt, dass Salzsäure für Polypropen und Polyethen wirksamer ist, während Salpetersäure vorzugsweise für Teflon (FEP) und Glasgeräte eingesetzt werden sollte.

6.3 Probenahmegefäße für Sedimente

Gefäße aus Kunststoff oder Glas mit einer weiten Öffnung verwenden.

Zur Reinigung der Gefäße ist eine Säurebehandlung unter Umständen nicht nötig; eine maschinelle Reinigung darf vorgenommen werden.

6.4 Filterausrüstung

Filterausrüstung aus Glas oder Kunststoff ohne Metallteile. Zur Reinigung siehe 6.1.

6.5 Filter

Membranfilter oder Kapillarfilter mit einer nominalen Porenweite von 0,45 µm bzw. 0,4 µm. Das Material sollte Substanzen weder freisetzen noch absorbieren. Die Filter mit Salpetersäure, $c \approx 0,1$ mol/l (5.5), reinigen und mehrmals mit Wasser (5.1) spülen.

6.6 Achatmörser

Um das Sediment zu einem feinen Pulver zu zerkleinern.

6.7 Pipetten

Pipetten mit Nennvolumina von 100 µl bis 1 000 µl. Pipettenspitzen sollten vorzugsweise aus farblosem Kunststoff bestehen, der die Analyten weder enthält noch freisetzt. Es ist wichtig zu kontrollieren, dass die Pipettenspitzen nicht zur Kontamination der Probe führen. Pipettenspitzen vor Verwendung stets mit der Lösung, die anschließend verwendet wird, spülen.

Wenn nötig, dürfen die Pipetten mit verdünnter Säure, z. B. mit Salpetersäure, $c \approx 1$ mol/l (5.5), gereinigt und anschließend mit Wasser (5.1) gespült werden.

6.8 Graphitrohr-Atomabsorptionsspektrometer

Atomabsorptionsspektrometer ausgestattet mit einem Graphitrohr, einer Untergrundkorrekturausrüstung und den notwendigen Hohlkathodenlampen. Ersatzweise dürfen auch Entladungslampen ohne Elektroden verwendet werden.

Es ist notwendig, ein Abzugssystem über dem Brenner zu installieren, um etwaige schädliche Dämpfe oder Rauch zu entfernen.

6.9 Autosampler

Die Präzision der Bestimmung kann mit einem Autosampler-System erhöht werden.

Wenn nötig, können die Autosampler-Gefäße mit verdünnter Säure; z. B. mit Salpetersäure, $c \approx 1$ mol/l (5.5) gereinigt und mit Wasser (5.1) gespült werden. Wenn sie für den Ultraspurenbereich eingesetzt werden, kann ein weiterer Reinigungsschritt notwendig sein, indem die Gefäße vor ihrer Verwendung mit der gleichen Säure in der gleichen Konzentration gefüllt werden, die auch bei der Analyse verwendet wird. Mindestens 2 h stehenlassen. Anschließend mehrmals mit Wasser (5.1) spülen.

6.10 Graphitrohre

Pyrolytisch beschichtete Graphitrohre mit Plattformen werden vorzugsweise für besonders leichtflüchtige und mäßig flüchtige Elemente eingesetzt, während Elemente geringer Flüchtigkeit gegebenenfalls von den Wänden atomisiert werden sollten. Bezüglich der Verwendung von Graphitrohren und Plattformen sollte den Empfehlungen der Hersteller gefolgt werden, vorausgesetzt, es werden zufriedenstellende Ergebnisse erzielt.

7 Probenahme und Probenvorbehandlung

7.1 Probenahme

Die Probenahme nach ISO 5667-1, ISO 5667-2 und ISO 5667-3 durchführen.

Die Probenahme-Ausrüstung für Wasser sollte so beschaffen sein, dass die Proben nicht mit Metallteilen in Berührung kommen. Sie sollte aus Kunststoff bestehen und keine Analyten an die Probe abgeben, und sie sollte zur Reinigung in verdünnter Salzsäure geeignet sein.

7.2   Vorbehandlung von Wasserproben

7.2.1   Allgemeines

Die Vorbehandlung und Analyse von Proben mit besonders geringen Elementkonzentrationen sollte unter „Reinraumbedingungen" durchgeführt werden. „Reinraumbedingungen" bedeutet, dass das Labor mit Reinluftzufuhr ausgestattet ist, und dass die Proben stets vor einer möglichen Verunreinigung verschiedener Art geschützt sind. In manchen Fällen sind „clean benches" mit laminarer Reinluftzufuhr unter geringem Überdruck eine geeignete Alternative.

Spurenelemente könnten nach folgender Vorbehandlung analysiert werden:

1)   Säurestabilisiert (unfiltriert). Die Probe durch Salpetersäure-Zusatz stabilisieren; Feststoffe vor der Analyse absetzen lassen.

2)   Filtriert (gelöst). Die Probe durch ein Membranfilter oder ein Kapillarfilter filtrieren und das Filtrat durch Salpetersäure-Zusatz konservieren.

3)   Säureauszug. Die stabilisierte Probe mit Salpetersäure oder Königswasser aufschließen.

Konservierte Proben sollten bis zur Analyse kühl (+ 4 °C) und dunkel gelagert werden.

7.2.2   Konservierung

Die Proben wie in ISO 5667-3 angegeben konservieren. Um einen pH-Wert < 2 zu erreichen, je 100 ml Probe 0,5 ml konzentrierte Salpetersäure (5.2) zufügen. Bei der Konservierung von Wasserproben hoher Alkalinität kann es notwendig sein, die Säurezugabe zu erhöhen. Es ist wichtig, dass genügend Säure zugegeben wird, um Elementverluste durch Adsorption zu vermeiden. Die zugegebene Menge Säure angeben.

Die Proben vorzugsweise im Labor unter Reinluftbedingungen lagern, um eine mögliche Kontamination zu verhindern. Für die Reagenzienblindwertlösung Wasser (5.1) in gleicher Weise wie die Untersuchungsproben behandeln.

7.2.3   Filtration

Vor der Konservierung die Probe unmittelbar nach der Probenahme filtrieren. Keine Ausrüstung verwenden, bei der die Probe mit Metallteilen in Berührung kommt. Um das Kontaminationsrisiko zu verringern, ist eine Druckfiltration der Vakuumfiltration vorzuziehen.

Mindestens eine Blindwertlösung herstellen, indem in gleicher Weise wie bei der Probenbehandlung Wasser (5.1) filtriert (und konserviert) wird.

7.2.4   Aufschluss von Wasserproben

Verfahren zum Aufschluss von Wasserproben mit Salpetersäure und Königswasser sind in ISO 15587-1 bzw. ISO 15587-2 beschrieben. Da Chlorid in der Graphitrohrtechnik beträchtliche Störungen verursachen kann, wird ein Aufschluss mit Salpetersäure empfohlen. Für einige Elemente (z. B. Sb nach dieser Internationalen Norm) ist Salpetersäure nicht geeignet und die Verwendung von Königswasser kann notwendig sein.

Mindestens eine Blindwertlösung durch Aufschluss von Wasser (5.1) in der gleichen Weise wie die Wasserprobe herstellen.

Vor der Analyse die Aufschlusslösungen mit Wasser (5.1) bis zur Marke auffüllen.

7.3   Vorbehandlung von Sedimentproben

7.3.1   Aufbewahren von Sedimentproben

Nach der Probenahme die Sedimentproben in den Originalbehältern (6.3) im Kühlschrank aufbewahren, oder bis zur weiteren Behandlung tiefgefrieren.

Wird die Untersuchung an einer getrockneten Probe vorgenommen, die Proben vorzugsweise gefriertrocknen, oder alternativ bei 105 °C 24 h behandeln. Die getrocknete Probe in einem Achatmörser (6.6) homogenisieren und, wenn nötig, sieben.

ANMERKUNG   Getrocknete Sedimente sind hygroskopisch und ziehen bei der Lagerung Feuchtigkeit an. Gefriergetrocknete Proben enthalten einige Prozent Wasser. Daher muss der Wassergehalt kontrolliert werden, indem eine Teilprobe vor dem Aufschluss und der Analyse bei 105 °C getrocknet wird.

7.3.2 Aufschluss von Sedimentproben

Siehe Anhang B.

8 Matrixmodifikation

Matrixmodifikationslösungen werden verwendet, um spektrale und/oder nicht-spektrale Störungen in einer Probe (Matrixeffekte) zu kompensieren.

Durch Messung einer Probe mit und ohne Analyt und Vergleich der Analyt-Wiederfindung mit einem Bezugsstandard wird das Auftreten nicht-spektraler Störungen oft erkannt. Das gleiche Verfahren wird nach Zufügen einer Matrixmodifikationslösung wiederholt, um sicherzustellen, dass die Modifizierung wirksam ist.

Zweck der Matrixmodifikation ist meistens, genügend hohe Pyrolysetemperaturen zu erzielen, damit Begleitstoffe vor der Atomisierung entfernt werden. Die Kombination von Pd und $Mg(NO_3)_2$ wird als "universale" Matrixmodifikation betrachtet, die für viele Elemente verwendet wird. Die Kombination von Pd mit einem Reduktionsmittel wie Ascorbinsäure wird manchmal anstelle von Pd/ $Mg(NO_3)_2$ eingesetzt. Bei Verwendung von $Mg(NO_3)_2$ ist die Untergrundabsorption tendenziell hoch. Andere Matrixmodifikationen werden ebenfalls verwendet. Einige von ihnen, (z. B. Ni-Verbindungen) können nachteilig sein, weil sie Elemente enthalten, die häufig mit der gleichen Ausrüstung gemessen werden und die eine Kontamination im Brenner verursachen. In Tabelle 2 werden einige Empfehlungen zur Verwendung von Matrixmodifikationen für nach dieser Norm zu bestimmende Elemente gegeben. Andere Matrixmodifikationen dürfen angewendet werden, vorausgesetzt, sie liefern entsprechende Ergebnisse.

Werden Matrixmodifikationslösungen verwendet, diese sowohl den Untersuchungsproben, den Reagenzienblindwertlösungen, den Blindwerttestlösungen, den Bezugslösungen und den Blindwertlösungen für die Kalibrierung zusetzen. Vorzugsweise 10 µl Matrixmodifikationslösung unmittelbar nach der Probeneingabe von dem Autosampler in die Atomisierung injizieren.

Table 2 — Recommended chemical modifiers

Element	Chemical modifiers (5.17 bis 5.21)	Amounts µg [a]
Ag	$Pd + Mg(NO_3)_2$ oder	15 + 10
	$NH_4H_2PO_4$	200
Al	$Pd + Mg(NO_3)_2$ oder	15 + 10
	$Mg(NO_3)_2$	50
As	$Pd + Mg(NO_3)_2$ oder	15 + 10
	Ni (as nitrate)	20
Cd	$Pd + Mg(NO_3)_2$ oder	15 + 10
	$NH_4H_2PO_4 + Mg(NO_3)_2$	200 + 10
Co	$Mg(NO_3)_2$	50
Cr	$Mg(NO_3)_2$	50
Cu	$Pd + Mg(NO_3)_2$	15 + 10
Fe	$Mg(NO_3)_2$	50
Mn	$Pd + Mg(NO_3)_2$ or	15 + 10
	$Mg(NO_3)_2$	50
Mo	Matrixmodifikation nicht notwendig	
Ni	$Mg(NO_3)_2$	50
Pb	$Pd + Mg(NO_3)_2$ oder	15 + 10
	$NH_4H_2PO_4 + Mg(NO_3)_2$	200 + 10
Sb	$Pd + Mg(NO_3)_2$ oder	15 + 10
	Ni (as nitrate)	20
Se	$Pd + Mg(NO_3)_2$ oder	15 + 10
	Ni (as nitrate)	20
Tl	$Pd + Mg(NO_3)_2$	15 + 10
V	Matrixmodifikation nicht notwendig	
Zn	$Pd + Mg(NO_3)_2$ oder	15 + 10
	$Mg(NO_3)_2$	6

[a] Diese Massen sind lediglich Empfehlungen. In einigen Geräten können deutlich geringere Massen erforderlich sein. Siehe auch die Empfehlungen der Gerätehersteller.

9 Bestimmung

Anleitungen für die Programmierung des Graphitrohrofens siehe Anhang C.

Üblicherweise besteht das Temperaturprogramm für den Graphitrohrofen aus vier Teilschritten: Trocknung, Pyrolyse, Atomisierung und Reinigung. Es ist empfehlenswert, zu Beginn die Temperaturen und Zeiteinstellungen wie vom Hersteller empfohlen zu wählen. Während der Atomisierung den Argon-Fluss unterbrechen.

Stets eine Untergrundkorrektur vornehmen.

Es dürfen verschiedene Wellenlängen (mit unterschiedlichen Empfindlichkeiten) verwendet werden. Z. B. kann für Blei eine Wellenlänge von 217,0 nm gewählt werden; hier ist die Empfindlichkeit doppelt so groß wie bei 283,3 nm. Jedoch sind hier das Rauschen und die Störempfindlichkeit stärker.

Zur Peakauswertung wird die integrierte Extinktion (Peakfläche) empfohlen.

10 Kalibrierung

10.1 Standard-Kalibrierverfahren

Im entsprechenden Konzentrationsbereich mit einer Blindwertlösung (5.15) und mindestens fünf äquidistanten Bezugslösungen (5.14) kalibrieren. Es sollte betont werden, dass die Linearität der Kalibrierkurve häufig begrenzt ist.

Die Extinktionswerte der Bezugslösungen nach Subtraktion des Abundanzwerts der Blindwertlösung ermitteln. Mit Hilfe der so erhaltenen Werte und den Werten der Analytkonzentrationen eine Kalibriergerade entweder auftragen oder berechnen.

10.2 Standard-Additionsverfahren

Um den Einfluss nichtspektraler Störungen zu vermindern, darf, wenn eine Matrixmodifikation zur Eliminierung von Matrixeffekten nicht vorgenommen wird, das Standardadditionsverfahren verwendet werden, jedoch nur, wenn die Kalibriergerade im betrachteten Extinktionsbereich linear ist. Das Standardadditionsverfahren kann nicht zur Korrektur von spektralen Störungen, wie unspezifische Untergrundextinktion verwendet werden, oder wenn die Störungen einen Peak um mehr als das Dreifache verändern.

Gleiche Volumina Untersuchungsprobe in drei Gefäße (z. B. Autosampler-Röhrchen) geben. In zwei der Gefäße ein kleines Volumen Standardlösung geben, wobei die Konzentration so berechnet wird, dass die dabei erhaltene Konzentration 100 % bzw. 200 % über der in der Originalprobe erwarteten liegt. In das dritte Gefäß ein entsprechendes Volumen Wasser (5.1) geben. Die Lösungen gut mischen. Die integrierte Extinktion jeder Lösung messen und dann in ein Diagramm auftragen, in der die Massenkonzentration entlang der Abszisse und die gemessene Extinktion entlang der Ordinate aufgetragen wird, wie in Bild 1 dargestellt. Die Analytkonzentration in der Blindwertprobe genauso bestimmen werden. In Bild 1 beträgt die Analytkonzentration der Untersuchungsprobe 6,67 µg/l und die der Blindwertprobe 0,36 µg/l.

prEN ISO 15586:2001 (D)

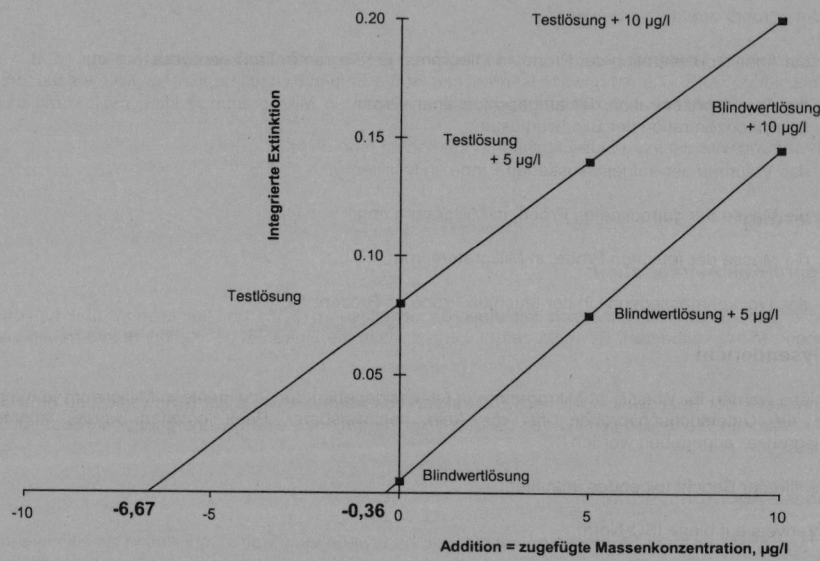

Bild 1 — Beispiel für eine Kalibrierfunktion im Standardadditionsverfahren

11 Ergebnisse

11.1 Berechnung für die Matrix Wasser

Die Analytkonzentrationen der Untersuchungsproben, der Reagenzienblindwertprobe und der Blindwertprobe aus der Kalibriergeraden ablesen oder aus der Kalibrierfunktion berechnen. Die Analytkonzentrationen der Untersuchungsproben durch Subtraktion der Analytkonzentration der Blindwertprobe oder der Reagenzienblindwertprobe korrigieren.

Für etwaige Verdünnungschritte eine Volumenkorrektur vornehmen

11.2 Berechnung für die Matrix Sedimente

Die Analytkonzentrationen der Untersuchungsproben und der Blindwertprobe aus der Kalibriergeraden ablesen oder aus der Kalibrierfunktion berechnen. Die Analytkonzentrationen der Untersuchungsproben durch Subtraktion der Analytkonzentrationen der Blindwertprobe korrigieren.

Wird die Untersuchung an getrockneten Proben vorgenommen, die Analytkonzentrationen nach folgender Gleichung berechnen:

$$e = f \cdot V / h$$

oder, wenn die Bestimmung an der feuchten Probe vorgenommen wird:

$$e = f \cdot V \cdot 100 / (i \cdot k)$$

Dabei ist

e   die Analytkonzentration der Probe, in Milligramm je Kilogramm Trockenmasse, mg/kg;

f   die Analytkonzentration der aufgeschlossenen Probe, in Mikrogramm je Liter, mg/l; korrigiert um die Analytkonzentration der Blindwertlösung;

V   das Volumen der aufgeschlossenen Probe, in Milliliter, ml;

h   die Masse der getrockneten Probe, in Milligramm, mg;

i   die Masse der feuchten Probe, in Milligramm, mg;

k   der Trockenmassegehalt in der feuchten Probe, in Prozent, %.

11.3 Analysenbericht

Die Ergebnisse werden für Wasser in Mikrogramm je Liter angegeben, für Sedimente in Milligramm je Kilogramm. Ergebnisse für Untersuchungsproben, für die kein nachweisbarer Peak erhalten wurde, könnten als „< Nachweisgrenze" angegeben werden.

Zusätzlich sollte der Bericht folgendes enthalten:

a)   einen Verweis auf diese ISO-Norm;

b)   vollständige Identität der Probe;

c)   Information zur Probenvorbehandlung (z. B. säurestabilisiert (nicht filtriert), filtriert (gelöst), oder säureaufgeschlossen);

d)   Menge der zur Konservierung zugesetzten Säure, wenn mehr als 0,5 ml je 100 ml Probe eingesetzt wurde;

e)   Information über den verwendeten Aufschluss;

f)   Datum der Probenahme und der Bestimmung;

g)   Information über andere Einzelheiten, die das Ergebnis beeinflusst haben können.

11.4 Genauigkeit (Richtigkeit und Präzision)

(Verfahrenskenndaten werden angegeben, sobald der Ringversuch im Herbst 2001 stattgefunden hat.

Anhang A
(informativ)

Herstellung von Stammlösungen, 1 000 mg/l

Die folgenden Verfahren zur Herstellung von Stammlösungen sind Nr. 200.9 der U.S. Environmental Protection Agency, Method - Determination of Trace Elements by Stabilized Temperature Graphite Furnace Atomic Absorption, Rev. 2.2, 1994, und 200.7 - Determination of Metals and Trace Elements in Water and Wastes by Inductively Coupled Plasma-Atomic Emission Spectrometry, Rev. 4.4, 1994 (Mo, V and Zn) entnommen.

Alle Salze sollten, wenn nicht anders angegeben, 1 h bei 105 °C getrocknet werden.

WARNUNG — Viele Metallsalze sind extrem toxisch, wenn sie eingeatmet oder geschluckt werden. Nach der Handhabung Hände sorgfältig waschen.

Massen und verwendete Metallsalze zur Herstellung der Stammlösungen siehe Tabelle A.1.

Tabelle A.1 — Massen und Metallsalze zur Herstellung von Stammlösungen

Element	Verbindung	Formel	Masse g
Ag	Metall	Ag	1,000
Al	Metall	Al	1,000
As	Arsentrioxid	As_2O_3	1,320
Cd	Metall [a]	Cd	1,000
Co	Metall [a]	Co	1,000
Cr	Chromtrioxid	CrO_3	1,923
Cu	Metall [b]	Cu	1,000
Fe	Metall [b]	Fe	1,000
Mn	Metall	Mn	1,000
Mo	Molybdäntrioxid	MoO_3	1,500
Ni	Metall	Ni	1,000
Pb	Bleinitrat	$Pb(NO_3)_2$	1,599
Sb	Metallpulver	Sb	1,000
Se	Selendioxid	SeO_2	1,405
Tl	Thalliumnitrat	$TlNO_3$	1,303
V	Metall [a]	V	1,000
Zn	Metall [a]	Zn	1,000

[a] Säuregereinigt mit (1+9) HNO_3.

[b] Säuregereinigt mit (1+1) HCl.

<u>*Ag Stammlösung*</u>. Das Metall in 80 ml (1+1) HNO_3 unter Erwärmen lösen. Abkühlen lassen und in einem 1 000-ml-Messkolben mit Wasser bis zur Marke auffüllen. In einer dunklen Flasche aufbewahren oder die Flasche zum Schutz vor Licht vollständig in Aluminiumfolie einwickeln.

<u>*Al Stammlösung*</u>. Das Metall in einem Becher in 4 ml (1+1) HCl und 1 ml konzentrierter HNO_3 auflösen, dabei den Becher langsam erwärmen. Die Lösung vollständig in einen 1 000-ml-Messkolben überführen, 10 ml (1+1) HCl zufügen und mit Wasser bis zur Marke auffüllen.

<u>*As und Mo Stammlösungen*</u>. Die Verbindungen in 100 ml Wasser und 10 ml konzentrierter NH_4OH –Lösung lösen und dabei erwärmen, soweit notwendig. Die As-Stammlösung mit 20 ml konzentrierter HNO_3 versetzen. Abkühlen und im 1 000-ml-Messkolben mit Wasser bis zur Marke auffüllen.

<u>*Cd, Co, Cu, Mn, V und Zn Stammlösungen*</u>. Die Metalle in 50 ml (1+1) HNO_3, wenn nötig, unter Erwärmen, lösen. Abkühlen und im 1 000-ml-Messkolben mit Wasser bis zur Marke auffüllen.

<u>*Cr Stammlösung*</u>. Die Verbindung in 120 ml (1+5) HNO_3 auflösen. In einem 1 000-ml-Messkolben mit Wasser bis zur Marke auffüllen.

<u>*Fe Stammlösung*</u>. Das Metall in 100 ml (1+1) HCl unter Erwärmen lösen. Abkühlen und im 1 000-ml-Messkolben mit Wasser bis zur Marke auffüllen.

<u>*Ni Stammlösung*</u>. Das Metall in 20 ml heißer, konzentrierter HNO_3 auflösen. Abkühlen und im 1 000-ml-Messkolben mit Wasser bis zur Marke auffüllen.

<u>*Pb Stammlösung*</u>. Die Verbindung in möglichst wenig (1+1) HNO_3 auflösen. 20 ml (1+1) HNO_3 zufügen und im 1 000-ml-Messkolben mit Wasser bis zur Marke auffüllen.

<u>*Sb Stammlösung*</u>. Das Metallpulver in 20 ml (1+1) HNO_3 und 10 ml konzentrierter HCl auflösen. 100 ml Wasser und 1,50 g Weinsäure zufügen, leicht erwärmen. Abkühlen und im 1 000-ml-Messkolben mit Wasser bis zur Marke auffüllen.

<u>*Se Stammlösung*</u>. Die Verbindung in 200 ml Wasser auflösen und im 1 000-ml-Messkolben mit Wasser bis zur Marke auffüllen.

<u>*Tl Stammlösung*</u>. Das Metall in Wasser auflösen. 10 ml konzentrierte HNO_3 zufügen und im 1 000-ml-Messkolben mit Wasser bis zur Marke auffüllen.

Die Stammlösungen sollten getrennt hergestellt und getrennt aufbewahrt werden. Im allgemeinen dürfen die Stammlösungen etwa 1 Jahr aufbewahrt werden.

prEN ISO 15586:2001 (D)

Anhang B
(normativ)

Aufschluss von Sedimentproben

B.1 Reagenzien

B.1.1 Wasser

Das Wasser zur Herstellung aller Lösungen sollte mindestens der Qualität 1 nach ISO 3696 ($\leq$ 0,01 mS/m) entsprechen. Es ist wichtig, dass die Qualität des Wassers vor der Verwendung geprüft wird.

B.1.2 Salpetersäure, konzentriert, $c(HNO_3)$ = 14,4 mol/l, $\rho \approx$ 1,40 kg/l (65 %).

Wenn die konzentrierte Salpetersäure nennenswerte Konzentrationen der Analyten enthält, könnte sie durch Destillation in einer Quarzapparatur gereinigt werden. Die Destillation sollte unter einem Abzug vorgenommen werden.

B.1.3 Salpetersäure, $c(HNO_3) \approx$ 7 mol/l.

Ein Volumenteil konzentrierte Salpetersäure (B.1.2) unter Rühren zu einem Volumenteil Wasser (B.1.1) geben.

B.1.4 Salzsäure, konzentriert, $c(HCl)$ = 12,1 mol/l, $\rho \approx$ 1,19 kg/l (37 %).

Enthält die konzentrierte Salzsäure nennenswerte Konzentrationen der Analyten, könnte sie durch Destillieren in einer Quarzapparatur gereinigt werden. Die Destillation sollte in einem Abzug vorgenommen werden.

B.1.5 Salzsäure, $c(HCl) \approx$ 6 mol/l.

Ein Volumenteil konzentrierte Salzsäure (B.1.4) unter Rühren zu einem Volumenteil Wasser (B.1.1) geben.

B.2 Geräte

B.2.1 Aufschlussgeräte

Farblose Flaschen aus Borosilicatglas oder einem Glas vergleichbarer Qualität, Volumen etwa 100 ml. Die Flaschen und Verschlüsse müssen einem Druck von 200 kPa (120 °C) widerstehen.

B.2.2 Autoklav

Autoklaven für Drücke von 200 kPa (120 °C).

B.3 Aufschluss

B.3.1 Allgemeines

Sediment-Teilmengen in nassem oder trockenem Zustand wägen, Salpetersäure oder eine Mischung von Salzsäure und Salpetersäure (Königswasser) zufügen und die Proben unter Druck in geschlossenen Gefäßen (bei 120 °C) aufschließen. Die Bestimmung wird aus der flüssigen Phase vorgenommen.

Da Chlorid in der Graphitrohrtechnik zu erheblichen Störungen führen kann, wird ein Aufschluss mit Salpetersäure empfohlen. Für einige Elemente (z. B. Antimon in dieser Norm) ist Salpetersäure nicht geeignet und Königswasser kann angewendet werden

B.3.2 Aufschluss mit Salpetersäure

Eine genau gewogene Teilprobe in das Aufschlussgefäß (B.2.1) geben. Die größtmögliche Probe enthält 1 g Trockenmasse, oder die äquivalente Masse in feuchtem Zustand einsetzen. 20 ml Salpetersäure, $c \approx 7$ mol/l (B.1.3), zufügen. Das Aufschlussgefäß fest verschließen und nach den Anweisungen des Geräteherstellers 1 h auf 120 °C (200 kPa) einstellen. Auf Raumtemperatur abkühlen lassen. Jedes Aufschlussgefäß unter dem Abzug öffnen und Druckausgleich herstellen. Die Lösung quantitativ in einen 100-ml-Messkolben überführen und mit Wasser (B.1.1) bis zur Marke auffüllen. Nachdem sich das ungelöste Material abgesetzt hat, die Bestimmung an der klaren Lösung vornehmen. Manchmal ist es notwendig, die Aufschlusslösungen zu filtrieren oder zu zentrifugieren.

Der Aufschluss kann auch im geschlossenen Gefäß im Mikrowellengerät unter Druck aufgeschlossen werden, wenn die Aufschlusszeit und der angewandte Druck zu dem gleichen Ergebnis wie oben führt.

Mindestens eine Blindwertlösung in der gleichen Weise wie die Untersuchungsproben herstellen, indem auf das Endvolumen verdünnt wird, jedoch ohne Hinzufügung der Probenlösung.

B.3.3 Aufschluss mit Königswasser

Eine genau gewogene Proben in das Aufschlussgefäß (B.2.1) geben. Die größte Probenmasse beträgt 1 g Trockenmasse, oder eine entsprechende Masse der feuchten Probe einsetzen. 15 ml Salzsäure, $c \approx 6$ mol/l (B.1.5), und anschließend 5 ml Salpetersäure, $c \approx 7$ mol/l (B.1.3) zufügen. Die Probe stehen lassen, bis die sichtbare Reaktion abgeklungen ist. Das Aufschlussgefäß dicht verschließen und nach den Anweisungen des Geräteherstellers 1 h auf 120 °C (200 kPa) erhitzen. Auf Raumtemperatur abkühlen lassen. Jedes Aufschlussgefäß unter dem Abzug öffnen und Druckausgleich herstellen. Den Inhalt vollständig in einen 100-ml-Messkolben überführen und mit Wasser (B.1.1) bis zur Marke auffüllen. Nachdem sich das ungelöste Material abgesetzt hat, die Bestimmung an der klaren Lösung vornehmen. Manchmal kann eine Filtration oder Zentrifugation notwendig sein.

Der Aufschluss könnte auch in geschlossenen Gefäßen im Mikrowellengerät unter Druck vorgenommen werden, vorausgesetzt, es werden die gleichen Ergebnisse wie oben erzielt.

Mindestens eine Blindwertlösung unter Einbeziehung der verwendeten Reagenzien herstellen, die genauso wie die Probe hergestellt und auf das Endvolumen verdünnt wird, jedoch ohne Probenzusatz.

prEN ISO 15586:2001 (D)

Anhang C
(informativ)

Anleitungen für die Einstellung der Geräteparameter

Diese Anleitungen sind nur allgemein. Es kann, je nach Hersteller und Alter der Geräte, große Unterschiede geben. Es wird empfohlen, zu Beginn der Messungen die vom Hersteller vorgeschlagenen Temperaturen zu verwenden.

Tabelle C.1 — Geräteparameter-Einstellungen

Element	Wellen-länge	Spalt-breite	Pyrolysetemperatur		Atomisierungstemperatur	
	nm	nm	°C	°C		
			ohne Matrixmodi-fikation	mit Matrixmodi-fikation [a]	ohne Matrixmodi-fikation	mit Matrixmodi-fikation [a]
Ag	328,1	0,7	650	1000/650	1600	2200/2200
Al	309,3	0,7	1400	1700/1700	2500	2350/2400
As	193,7	0,7	300	1400/1300	1900	2200/2500
Cd	228,8	0,7	300	900/900	1250	1100/1800
Co	240,7	0,2	1100	1400	2200	2400
Cr	357,9	0,7	1050	1650	2300	2600
Cu	324,7	0,7	1100	1100	2300	2600
Fe	248,3	0,2	1000	1400	1900	2400
Mn	279,5	0,2	1100	1400/1400	2100	2300/2200
Mo	313,3	0,7	1800	-	2700	-
Ni	232,0	0,2	1100	1400	2400	2400
Pb	283,3	0,7	600	1200/600	1500	2000/1900
Sb	217,6	0,7	900	1200/1100	1900	1900/2400
Se	196,0	2,0	200	1000/900	2100	2100/2000
Tl	276,8	0,7	600	1000	1350	1650
V	318,4	0,7	1400	-	2650	-
Zn	213,9	0,7	600	1000/600	1300	2000

[a]   Die alternativen Temperaturangaben gelten für die Fälle, in denen zwei Matrixmodifikationen empfohlen werden.

prEN ISO 15586:2001 (D)

Literaturhinweise

[1]   MATOUSEK, J.P.: Interference in Electrothermal Atomic Absorption Spectrometry. Their Elimination and Control. Prog. Analyt. Atom. Spectrosc. 1981,4,247-310.

[2]   MOODY, J.R., LINDSTRØM, R.M.: Selection and Cleaning of Plastic Containers for Storage of Trace Element Samples. Anal. Chem. 1977, 49,2264-67.

[3]   LAXEN, D.P.H., HARRISON, R.M.: Cleaning Methods for Polythene Containers Prior to the Determination of Trace Metals in Freshwater Samples. Anal. Chem. 1981,53,345-50.

[4]   WELZ, B and SPERLING, M.: Atomic Absorption Spectrometry, 3rd edn., Wiley-VCH, 1998.

[5]   WELZ, B, SCHLEMMER, G. and MUDAKAVI, J.R.: Palladium Nitrate-Magnesium Nitrate Modifier for Electrothermal Atomic Absorption Spectrometry Part 5. Performance for the Determination of 21 elements. J. Anal. At. Spectrom. 1992,7,1257-71.

[6]   SLAVIN, W. Graphite Furnace - A Source Book. (1984). The Perkin-Elmer Corporation.

[7]   XIAO-QUAN, S. and BEI, W.: Is Palladium or Palladium-Ascorbic Acid or Palladium-Magnesium Nitrate a More Universal Chemical Modifier for Electrothermal Atomic Absorption Spectrometry. J. Anal. At. Spectrom. 1995,10,791-98.

prEN ISO 15586:2001 (D)

Anhang ZA
(normativ)

Normative Verweisungen auf internationale Publikationen mit ihren entsprechenden europäischen Publikationen

Diese Europäische Norm enthält durch datierte oder undatierte Verweisungen Festlegungen aus anderen Publikationen. Diese normativen Verweisungen sind an den jeweiligen Stellen im Text zitiert, und die Publikationen sind nachstehend aufgeführt. Bei datierten Verweisungen gehören spätere Änderungen oder Überarbeitungen dieser Publikationen nur zu dieser Europäischen Norm, falls sie durch Änderung oder Überarbeitung eingearbeitet sind. Bei undatierten Verweisungen gilt die letzte Ausgabe der in Bezug genommenen Publikation (einschließlich Änderungen).

ANMERKUNG   Ist eine internationale Publikation durch gemeinsame Abweichungen modifiziert worden, gekennzeichnet durch (mod.), dann gilt die entsprechende EN/HD.

Publikation	Jahr	Titel	EN/HD	Jahr
ISO 3696	1987	Water for analytical and laboratory use — Specification and test methods	EN ISO 3696	1995
ISO 5667-1	1980	Water quality — Sampling — Part 1: Guidance on the design of sampling programmes	EN 25667-1	1993
ISO 5667-2	1991	Water quality — Sampling — Part 2: Guidance on sampling techniques	EN 25667-2	1993
ISO 5667-3	1994	Water quality — Sampling — Part 3: Guidance on the preservation and handling of samples	EN ISO 5667-3	1995

Wasserbeschaffenheit Gaschromatographische Bestimmung einer Anzahl von monocyclischen aromatischen Kohlenwasserstoffen, Naphthalen und einiger chlorierter Bestandteile mittels Purge und Trap und thermischer Desorption (ISO/DIS 15680:2001) Deutsche Fassung prEN ISO 15680:2001	**DIN** **EN ISO 15680**

ICS 13.060.50   Einsprüche bis 2001-10-31

Water quality — Gas chromatographic determination of a number of
monocyclic aromatic hydrocarbons, naphthalene and several chlorinated
compounds using purge and trap and thermal desorption
(ISO/DIS 15680:2001);
German version prEN ISO 15680:2001

Qualité de l'eau — Détermination par chromatographie en phase gazeuse
d'un nombre d'hydrocarbures aromatiques monocycliques, naphthalène et
divers composés chlorés par épuration et piégeage et désorption
thermique
(ISO/DIS 15680:2001);
Version allemande prEN ISO 15680:2001

Anwendungswarnvermerk

Dieser Norm-Entwurf wird der Öffentlichkeit zur Prüfung und Stellungnahme vorgelegt.

Weil die beabsichtigte Norm von der vorliegenden Fassung abweichen kann, ist die Anwendung dieses Entwurfes besonders zu vereinbaren.

Stellungnahmen werden erbeten an den Normenausschuss Wasserwesen (NAW) im DIN Deutsches Institut für Normung e. V., 10772 Berlin (Hausanschrift: Burggrafenstraße 6, 10787 Berlin).

Nationales Vorwort

Der hiermit der Öffentlichkeit zur Stellungnahme vorgelegte europäische Norm-Entwurf ist die Deutsche Fassung des vom Technischen Komitee TC 230 „Wasseranalytik" (Sekretariat DIN) des Europäischen Komitees für Normung (CEN) ausgearbeiteten Entwurfes prEN ISO 15680, der nach einem positiven Abstimmungsergebnis innerhalb der CEN-Mitglieder als Europäische Norm EN ISO 15680 in deutsch, englisch und französisch herausgegeben wird.

Die nationalen Normenorganisationen sind verpflichtet, diese EN dann vollständig und unverändert in ihr nationales Normenwerk zu übernehmen.

Die vorbereitenden Arbeiten wurden von der Arbeitsgruppe „Physikalische und chemische Verfahren" (WG 1) des CEN/TC 230 durchgeführt, deren Federführung beim DIN lag. Für Deutschland war der Arbeitsausschuss NAW I 3 „Wasseruntersuchung" an der Bearbeitung beteiligt.

Nach einer auf Basis der Wiener Vereinbarung durchgeführten Parallelabstimmung in ISO und CEN wird dieses Bestimmungsverfahren als Europäische Norm in das DIN-Normenwerk übernommen.

Fortsetzung Seite 2
und 35 Seiten prEN

Normenausschuss Wasserwesen (NAW) im DIN Deutsches Institut für Normung e. V.

Ref. Nr. E DIN EN ISO 15680:2001-09
Preisgr. 13   Vertr.-Nr. 2313

Seite 2
E DIN EN ISO 15680:2001-09

Die als DIN-Normen veröffentlichten Einheitsverfahren sind beim Beuth Verlag GmbH einzeln oder zusammengefasst erhältlich. Außerdem werden die genormten Einheitsverfahren in der Loseblatt-Sammlung „Deutsche Einheitsverfahren zur Wasser-, Abwasser- und Schlammuntersuchung" gemeinsam vom Beuth Verlag GmbH und von dem Wiley-VCH Verlag publiziert.

Alle für die Abwasserverordnung (AbwV) — enthalten in der neuen Verordnung zu § 7a des Gesetzes zur Ordnung des Wasserhaushaltes (WHG) über "Anforderungen an das Einleiten von Abwasser in Gewässer und zur Anpassung des Abwasserabgabengesetzes" — relevanten Einheitsverfahren sind zusammen mit der AbwV und dem WHG und allen noch fortgeltenden Abwasserverwaltungsvorschriften als Loseblattsammlung "Analysenverfahren in der Abwasserverordnung — Rechtsvorschriften und Normen" mit dem Ergänzungsband 1 (DIN-Normen) und dem Ergänzungsband 2 (DIN-EN- und DIN-EN-ISO-Normen) herausgegeben worden.

Normen oder Norm-Entwürfe mit dem Gruppentitel "Deutsche Einheitsverfahren zur Wasser-, Abwasser- und Schlammuntersuchung" sind in folgende Gebiete (Haupttitel) aufgeteilt:

Allgemeine Angaben (Gruppe A)	(DIN 38402)
Sensorische Verfahren (Gruppe B)	(DIN 38403)
Physikalische und physikalisch-chemische Kenngrößen (Gruppe C)	(DIN 38404)
Anionen (Gruppe D)	(DIN 38405)
Kationen (Gruppe E)	(DIN 38406)
Gemeinsam erfassbare Stoffgruppen (Gruppe F)	(DIN 38407)
Gasförmige Bestandteile (Gruppe G)	(DIN 38408)
Summarische Wirkungs- und Stoffkenngrößen (Gruppe H)	(DIN 38409)
Biologisch-ökologische Gewässeruntersuchung (Gruppe M)	(DIN 38410)
Mikrobiologische Verfahren (Gruppe K)	(DIN 38411)
Testverfahren mit Wasserorganismen (Gruppe L)	(DIN 38412)
Einzelkomponenten (Gruppe P)	(DIN 38413)
Schlamm und Sedimente (Gruppe S)	(DIN 38414)
Suborganismische Testverfahren (Gruppe T)	(DIN 38415).

Außer den in der Reihe DIN 38402 bis DIN 38415 genormten Untersuchungsverfahren liegen eine Reihe Internationaler und Europäischer Normen als DIN-EN-, DIN-EN-ISO- und DIN-ISO-Normen vor, die ebenfalls Bestandteil der "Deutschen Einheitsverfahren" sind.

Über die bisher erschienenen Teile dieser Normen gibt die Geschäftsstelle des Normenausschusses Wasserwesen (NAW) im DIN Deutsches Institut für Normung e. V., Telefon (0 30) 26 01 – 25 49, oder der Beuth Verlag GmbH, 10772 Berlin (Hausanschrift: Burggrafenstraße 6, 10787 Berlin), Auskunft.

CEN TC 230

Datum: 2001-07

prEN ISO 15680

CEN TC 230

Sekretariat: DIN

Wasserbeschaffenheit — Gaschromatische Bestimmung einer Anzahl von monocyclischen aromatischen Kohlenwasserstoffen, Naphthalen und einiger chlorierter Bestandteile mittels Purge und Trap und thermischer Desorption (ISO/DIS 15680:2001)

Qualité de l'eau — Détermination par chromatographie en phase gazeuse d'un nombre d'hydrocarbures aromatiques monocycliques, naphthalène et divers composés chlorés par épuration et piégeage et désorption thermique (ISO/DIS 15680:2001)

Water quality — Gas chromatographic determination of a number of monocyclic aromatic hydrocarbons, naphthalene and several chlorinated compounds using purge and trap and thermal desorption (ISO/DIS 15680:2001)

ICS:

Deskriptoren

Dokument-Typ: Europäische Norm
Dokument-Untertyp:
Dokument-Stage: CEN-Umfrage
Dokument-Sprache: D

prEN ISO 15680:2001 (D)

Inhalt

Vorwort

Dieses Dokument ist derzeit zur CEN-Umfrage vorgelegt.

Anerkennungsnotiz

Der Text der Internationalen Norm ISO 15680: wurde von CEN als Europäische Norm ohne irgendeine Abänderung genehmigt.

ANMERKUNG: Die normativen Verweisungen auf Internationalen Normen sind im Anhang ZA (normativ) aufgeführt.

WARNUNG — Anwender dieser Norm sollten mit der üblichen Laborpraxis vertraut sein. Diese Norm gibt nicht vor, alle unter Umständen mit der Anwendung des Verfahrens verbundenen Sicherheitsaspekte anzusprechen. Es liegt in der Verantwortung des Anwenders, angemessene Sicherheits- und Schutzmaßnahmen zu treffen und sicherzustellen, dass diese mit nationalen Festlegungen übereinstimmen.

Hautkontakt oder Einatmen der in diesem Verfahren angegebenen Reagenzien und Lösungen sollte vermieden werden. Methanol ist giftig, betäubend und brennbar. Einige halogenierte Kohlenwasserstoffe werden als vermutlich krebserregend eingestuft. Standardlösungen sollten stets unter dem Abzug hergestellt werden. Stets sicherstellen, dass eine ausreichende Belüftung herrscht und in einem flammen- und funkensicheren Raum arbeiten. Zur Lagerung der Reagenzien sollten funkensichere Kühlschränke eingesetzt werden. Adäquate Sicherheitsvorkehrungen sollten beachtet werden.

prEN ISO 15680:2001 (D)

1 Anwendungsbereich

Diese Internationale Norm legt ein allgemeines Verfahren zur Bestimmung flüchtiger organischer Verbindungen (VOC) in Wasser nach Purge- und Trap-Anreicherung und Gaschromatographie (GC) fest. Die Anhänge D, E und F enthalten Beispiele für Analyten, die nach diesem Verfahren bestimmbar sind. Das Verfahren umfasst alle nicht-polaren organischen Verbindungen, deren Flüchtigkeit zwischen Difluordichlormethan (R-12) und Trichlorbenzol liegt.

Die Substanzen werden vorzugsweise massenspektrometrisch im Elektronenstop (electron impact (EI)) – Modus nachgewiesen; andere Detektoren können ebenfalls verwendet werden.

Die Nachweisgrenze hängt weitgehend vom Detektor und den Betriebsbedingungen ab. In der Regel können Nachweisgrenzen von 10 ng/l erreicht werden. Der Arbeitsbereich beträgt üblicherweise bis 100 µg/l.

Diese Norm kann auf Trinkwasser, Grundwasser, Oberflächenwasser, Meerwasser und (verdünntes) Abwasser angewendet werden.

2 Normative Verweisungen

Die folgenden normativen Dokumente enthalten Festlegungen, die durch Verweisung in diesem Text Bestandteil dieser Internationalen Norm sind. Zum Zeitpunkt der Veröffentlichung dieser Internationalen Norm waren die angegebenen Ausgaben gültig. Alle normativen Dokumente unterliegen der Überarbeitung. Vertragspartner, deren Vereinbarungen auf dieser Internationalen Norm basieren, werden gebeten, die Möglichkeit zu prüfen, ob die jeweils neuesten Ausgaben der im folgenden genannten Normen angewendet werden können. Die Mitglieder von IEC und ISO führen Verzeichnisse der gegenwärtig gültigen Internationalen Normen.

ISO 3696, *Water for analytical laboratory use — Specifications and test methods.*

ISO 5667-3, *Water quality — Sampling — Part 3: Guidance on the preservation and handling of samples.*

ISO 8466-1, *Water quality — Kalibrierung and evaluation of analytical methods and estimation of performance characteristics — Part 1: Statistical evaluation of the linear Kalibrierung function.*

ISO 10301, *Water quality — Determination of highly volatile halogenated hydrocarbons — Gaschromatographic methods.*

3 Begriffe

Für die Anwendung dieser Internationalen Norm gelten die folgenden Begriffe.

3.1
Adsorbtionssäule
eine kurze Säule aus Glas oder nichtrostendem Stahl (übliche Abmessungen: innerer Durchmesser 4 mm, Länge 100 mm) gepackt mit einem geeigneten Adsorbens. Dieses Adsorbens ist in der Lage, die ausgeblasenen Verbindungen quantitativ zu adsorbieren und beim Aufheizen wieder freizusetzen. Das Adsorbens selbst darf beim Erhitzen keine störenden Substanzen in messbarer Konzentration freisetzen

3.2
Kryofalle
ein kurzer Abschnitt der GC-Kapillarsäule vor der analytischen GC-Säule, das auf Temperaturen unterhalb der Raumtemperatur (z.B. zur Kryofokussierung) abgekühlt wird und der rasch auf Temperaturen um die Elutionstemperatur der am wenigsten flüchtigen Verbindungen erhitzt werden kann

3.3
Flüchtige organische Verbindungen (VOC)
(im allgemeinen unpolare) organische Verbindungen mit Siedepunkten zwischen – 30 °C und 220 °C.

4 Grundlage des Verfahrens

Ein festgelegtes Probenvolumen wird mit einem festgelegten Volumen eines inerten Gases durchströmt, um die flüchtigen Verbindungen auszublasen und anschließend einzufangen. Dies kann vorgenommen werden:

a) Auf einer mit Adsorptionsmittel gepackten Säule (vorzugsweise kombiniert mit einem Kryofokussierungssystem), oder

b) direkt in einer Kapillar-Kryofalle (cold-trap).

Nach dem Ausblasen wird die Kryofalle erhitzt, um die flüchtigen Komponenten zu desorbieren, die dann mit dem GC-Trägergas auf die GC-Kapillarsäule gebracht werden. Dies kann on-line oder off-line geschehen. Um schmale Injektionsbandbreiten zu erhalten, wird eine Kryofokussierung bei Verwendung einer gepackten Säule empfohlen (a) oder es wird ein Split-Injektor eingesetzt, eingestellt auf ein Split-Verhältnis von etwa 20:1, sofern die Empfindlichkeit des Analysensystems dies zulässt.

Die Komponenten werden gaschromatographisch unter Verwendung eines Temperaturprogramms getrennt und mit Hilfe eines Massenspektrometers detektiert. Die Messung erfolgt durch Aufnahme ganzer Massenspektren (full scan) oder mit einer ausreichenden Anzahl spezifischer Fragmente, die einen Abgleich gegen jene des Standards erlauben. Eine Verbindung gilt als nachgewiesen, wenn die Kriterien im Anhang A erfüllt sind (Identifizierung bzw. Indikation). Zur Quantifizierung werden ausgewählte charakteristische Fragmente jedes Analyten herangezogen.

5 Störungen

5.1 Allgemeines

Grundsätzlich stört jede ausblasbare Verbindung, die die gleiche Retentionszeit und ein identisches oder sehr ähnliches Massenspektrum wie die zu untersuchenden Verbindung aufweist. In der Praxis ist dies unwahrscheinlich, da die meisten Analyten charakteristische Spektren zeigen. Mit den Retentionszeiten und den Massenspektren über einen weiten Massenbereich ist die Möglichkeit einer falschen Zuordnung/Identifizierung ziemlich klein. Peaks von Ionen mit nicht spezifischen m/z-Werten können stören, jedoch können die Quantifizierungs-Ionen so gewählt werden, dass dies ausgeschlossen wird.

Eine etwaige Kontamination, eingeschleppt während des Analysengangs wird durch die Bestimmung von Blindwerten (9.3) überwacht.

5.2 Störungen während der Probenahme

VOC's können während der Probenahme, dem Transport, der Lagerung und der Probenvorbereitung verdampfen oder ausgeblasen werden. Dies kann zu Minderbefunden führen. VOC's können auch aus der Umgebungsluft oder der Kühlschrank-Atmosphäre eingeschleppt werden. Hierdurch werden höhere Konzentrationen vorgetäuscht.

5.3 Störungen durch das Purge-Gas oder das GC-Trägergas

Ungenügende Reinheit dieser Gase kann zu Störungen führen.

5.4 Störungen während des purge und Kühlfalle - Schritts

Eine der Hauptursachen für eine Probenkontamination während des Probentransports ist verunreinigte Laborluft in dem Ausblas-Gefäß oder im Probenbehälter. Daher sollte die Laborluft frei von Lösemitteln und konzentrierten Standardlösungen sein.

Auch die Laborkleidung kann eine mögliche Verunreinigungsquelle sein, vor allem an leichtflüchtigen halogenierten Kohlenwasserstoffen.

Um Störungen zu vermeiden, sollten alle Geräte (Schläuche, Verschlüsse, Ventile, usw.) aus nichtrostendem Stahl oder Glas bestehen. Die Verwendung von Kunststoffmaterialien sollte vermieden werden. Glasgerät, das direkt mit der Probe oder den ausgeblasenen Verbindungen in Kontakt kommt, sollte gründlich gereinigt werden (siehe Anhang B). Vor allem nach der Messung von hochbelasteten Proben besteht ein hohes Risiko des Mitführens.

prEN ISO 15680:2001 (D)

Mit einer Fritte versehene Ausblas-Gefäße können leicht die Ursache für eine Verunreinigung sein (siehe auch 7.2).

Beim Ausblasen von Wasserproben, die Tenside enthalten, kann sich Schaum bilden, der direkt auf das Adsorbens gelangen kann. Ist dies der Fall, sollte der Ausblas-Vorgang sofort beendet werden.

5.5 Störungen während der thermischen Desorption

Während der thermischen Desorption können Stoffe abgebaut werden.

Die Verbindungsleitungen zwischen der Adsorptionsfalle und dem gaschromatographischen Injektionssystem sollte keine "kalten" Stellen haben, die zur Adsorption führen und damit zu einem Verlust an VOC.

Bei Anwendung einer Kryofokussierung und bei ungenügender Trocknung des Adsorbens nach dem Ausblasen kann die Kapillare durch Eisbildung verstopfen. Dies führt zu einer unvollständigen Desorption; der Probenlauf ist dann nicht auswertbar.

Im Purge- und Trap-System (P & T) eingesetzte Adsorbentien können altern (Verunreinigung, thermische Belastung); hierdurch können sich Wirksamkeit und Blindwerte verändern.

5.6 Störungen in dem automatischen Probenaufgabesystemen (Autosamplern)

Die Proben in den Autosamplern müssen lichtgeschützt sein (braune Glasvials).

Bei Einsatz von Autosamplern sollten die unter 5.4 gegebenen Hinweise beachtet werden.

6   Reagenzien

6.1 Allgemeines

Reagenzien von ausreichender Reinheit verwenden, die keine störenden Peaks im Gaschromatogramm verursachen. Frisch hergestellte Standardlösungen mit solchen älteren Datums vergleichen, um sicherzustellen, dass keine Fehler eingeschleppt werden. Diese Blindwertuntersuchungen sollten immer vorgenommen werden, wenn eine neue Charge eingesetzt wird. Lösemittel hoher Analysenqualität verwenden, die keine störenden Verbindungen enthalten, ferner, falls vorhanden, Reagenzien des Reinheitsgrades zur Analyse. Reagenzien können im Kontakt mit Luft und/oder anderen Materialien, insbesondere Kunststoff, oder durch Abbau durch Lichteinfluss verunreinigt werden. Die Reagenzien sollten in Ganzglas-Behältern oder anderen geeigneten Behältern und, wenn nötig, im Dunkeln aufbewahrt werden.

6.2 Wasser

Wasser für Blindwertbestimmungen, für Verdünnungen oder für die Herstellung von Bezugslösungen sollte frei von Verunreinigungen sein (siehe Anhang B). Im Vergleich mit der geringsten zu bestimmenden Konzentration sollten die Störungen vernachlässigbar sein.

Ein ausreichender Vorrat an Wasser derselben Charge sollte für einen Analysenserie, einschließlich der Vorbereitungsschritte, vorhanden sein.

6.3 Methanol, CH_3OH

Als Lösemittel und für die Herstellung der Standard-Stammlösungen. Andere, in Wasser leicht lösliche Lösemittel, die den Analysengang nicht stören, können ebenfalls verwendet werden. Dies schließt Dimethylformamid, (DMF; C_3H_7NO), Dimethylsulfoxid (DMSO; C_2H_6SO) und Aceton (C_3H_6O) ein.

6.4 Natriumthiosulfat-Pentahydrat, $Na_2S_2O_3 \cdot 5H_2O$

Wenn nötig, den Proben Natriumthiosulfat zusetzen, um Oxidationsmittel wie Chlor oder Ozon zu zerstören. Andere, nicht-störende Substanzen können für diesen Zweck ebenfalls eingesetzt werden (z.B. Natriumsulfit).

ANMERKUNG   Bereits gebildete Oxidations-Zwischenprodukte wie halogenierte Essigsäuren können immer noch Trihalogenmethane bilden, unabhängig von der in diesem Abschnitt beschriebenen Konservierung.

6.5   Natriumhydrogensulfat, NaHSO₄

Zur Konservierung die Proben auf pH = 2 ansäuern. Andere geeignete verdünnte Säuren dürfen ebenfalls verwendet werden.

6.6   Purge-Gas

Für das Ausblasen Helium oder Stickstoff hoher Qualität, frei von störenden Stoffen, verwenden. Verunreinigungen können, wenn nötig, durch Einsatz einer Reinigungs-Kartusche beseitigt werden.

6.7   Standardlösungen

Aufgrund der hohen Flüchtigkeit der Gase und der z. T. großen Flüchtigkeit der zu untersuchenden Verbindungen ist große Sorgfalt bei der Herstellung der Standardlösungen erforderlich; Verluste können im Dampfraum der Gefäße, die zur Herstellung der Standardlösungen verwendet werden, auftreten. Zur genauen Beschreibung der Herstellung von Standardlösungen flüchtiger Stoffe siehe Anhang C. Es ist ratsam und angemessen, im Handel erhältliche Standardlösungen zu verwenden. Zwischen-Standardlösungen bei etwa 4 °C aufbewahren und die Lösungen vor dem Einsatz auf Raumtemperatur bringen.

Die nachstehende Durchführung ist als Beispiel gedacht. Anwender werden gegebenenfalls ihre eigenen Standardlösungen nach einem anderen Verfahren herstellen wollen oder im Handel erhältliche Stammlösungen verdünnen, von denen bekannt ist, dass sie zu einem vergleichbaren Ergebnis führen.

6.7.1   Stamm-Bezugslösung (2 mg/ml)

Definierte Massen von etwa 200 mg jedes VOC in einen 100-ml-Messkolben geben, der teilweise mit dem Lösemittel (6.3) gefüllt ist; mit dem gleichen Lösemittel (6.3) bis zur Marke auffüllen und gut mischen. Siehe auch Anhang C.

6.7.2   Stammlösungen von internen Standards (2 mg/ml)

Entsprechend 6.7.1 Stammlösungen der internen Standardlösung(en) herstellen.

Es sollte mindestens ein interner Standard für die Quantifizierung verwendet werden. Zusätzliche interne Standardverbindungen können als mögliche Ergänzung verwendet werden. Geeignete Verbindungen siehe Tabelle 1. Nur für die Analyse mit GC/MS deuterierte Standards verwenden. Für die mit (*) gekennzeichneten Standards der Tabelle 1 ist im Anhang D der Bereich der zugehörigen Analyten beispielhaft angegeben (Tabelle D.2).

prEN ISO 15680:2001 (D)

Tabelle 1 — Interne Standardverbindungen

CAS Nummer	Verbindung	Formel
462-06-6	* Fluorbenzol	C_6H_5F
3114-55-4	* Chlorbenzol-d_5	C_6ClD_5
3855-82-1	* 1,4-Dichlorbenzol-d_4	$C_6Cl_2D_4$
540-36-3	* 1,4-Difluorbenzol	$C_6H_4F_2$
460-00-4	4-Bromfluorbenzol	C_6H_4BrF
2037-26-5	Toluol-d_8	C_7D_8
1868-53-7	Dibromfluormethan	$CHBr_2F$
109-70-6	1-Brom-3-chlorpropan	C_3H_6BrCl
107-04-0	1-Brom-2-chlorethan	C_2H_4BrCl
75-62-7	Bromtrichlormethan	$CBrCl_3$
363-72-4	Pentafluorbenzol	C_6HF_5
1076-43-3	Benzol-d_6	C_6D_6
17060-07-0	1,2-Dichlorethan-d_4	$C_2Cl_2D_4$
20302-26-5	Ethylbenzol-d_5	$C_8H_5D_5$
74-97-5	Bromchlormethan	CH_2BrCl
3017-95-6	2-Brom-1-chlorpropan	C_3H_6BrCl
110-56-5	1,4-Dichlorbutan	$C_4H_8Cl_2$
56004-61-6	o-Xylol-d_{10}	C_8D_{10}

6.7.3 Dotierlösungen

Aus den Lösungen 6.7.1 und 6.7.2 durch entsprechende Verdünnung in einem Messkolben, der das gleiche Lösemittel (6.3) enthält, Dotierlösungen herstellen. Tabelle 2 enthält als Beispiel ein Verdünnungsschema, bezogen auf 100 ml Lösemittel für das nachfolgende Dotieren von 5 µl zu 100 ml Wasser. In diesem Beispiel betragen die Analytkonzentrationen von 0 µg/l bis 5 µg/l im Wasser.

Wenn der gewünschte Messbereich von dem in der Tabelle 2 abweicht, sollten andere Verdünnungsverhältnisse gewählt werden oder das Dotiervolumen entsprechend abgeändert werden.

Tabelle 2 — Verdünnungsschema in 100 ml Lösemittel

Dotierlösung (100 ml Lösemittel)	ml 6.7.2 (zugefügt zu 100 ml Lösemittel) [a]	ml 6.7.1 (zugefügt zu 100 ml Lösemittel)	Analyt-Konzentration in der Dotierlösung (in mg/l Lösemittel)	Konzentration (in µg/l) in der Bezugslösung (5 µl Dotierlösung zu 100 ml Wasser)
6.7.3.1	5	0	0	0
6.7.3.2	5	1	20	1
6.7.3.3	5	2	40	2
6.7.3.4	5	3	60	3
6.7.3.5	5	4	80	4
6.7.3.6	5	5	100	5

[a] Die Konzentration der internen Standardlösung in jeder Dotierlösung beträgt 100 mg/l.

ANMERKUNG   Die Lösung 6.7.3.1 wird als interne Standardlösung verwendet, die jeder Probe zugesetzt wird (siehe 9.2).

6.7.4 Bezugslösungen

Dem Wasser (6.3) in dem Ausblas-Gefäß (7.2) ein kleines Volumen Dotierlösung aus 6.7.3 [oder in den Probenbehälter (7.3), wenn ein Autosampler verwendet wird] zufügen. Tabelle 2 gibt ein Beispiel unter Verwendung von einer 5-µl-Dotierung zu 100 ml Wasser (mit den Konzentrationen wie in Spalte 4 angegeben). Werden größere Probenvolumina verwendet, ein entsprechend größeres Volumen Dotierlösung einsetzen.

Sicherstellen, dass der Gehalt an organischem Lösemittel in dem wässrigen Bezugsstandard 2 % (V/V) nicht übersteigt.

ANMERKUNG   Ist der Anteil an organischem Lösmittel hoch, sollte die Linearität geprüft werden.

6.7.5 Blindwertlösung

Für eine Qualitätskontroll-Blindwertmessung einen Anteil an nichtdotiertem Wasser zurückbehalten.

7   Geräte

7.1   Übliches Laborglasgerät und übliche Laborausrüstung

Übliches Glasgerät und Ausrüstung sind nicht festgelegt, da die benötigte Ausrüstung von der speziellen Anwendung und den Umständen abhängt. Sicherstellen, dass die Ausrüstung keine störenden Verbindungen enthält. Glasgerät und Probenahmeflaschen sorgfältig reinigen. Anhang B enthält eine geeignete Verfahrensweise.

7.2   Ausblas-Gefäße

Im Handel sind verschiedene Ausblas-Gefäße erhältlich. Welches Gerät zum Einsatz kommt, hängt von dem Purge-und Trap-Gerät ab. Es gibt Ausrüstungen, die ein Ausblasen direkt aus den Probenahmegefäßen erlauben. Die Ausblas-Geräte sollten nach Anhang B gereinigt werden.

7.3   Probenahmebehälter

Es können verschiedene Probenbehälter verwendet werden, z. B. Behälter mit Schraubverschluss und PTFE (PTFE-Polytetrafluorethen) überzogenen Siliconsepten. Für Autosampler-Systeme sind z. B. 40-ml-Schraubverschluss-Vials mit PTFE-kaschiertem Septum im Handel erhältlich. Septen dürfen nicht wiederverwendet werden.

Autosampler benötigen die hierzu vorgesehenen Probenbehälter.

7.4   Purge und Trap - Geräte

Purge und Trap — Geräte sind im Handel erhältlich oder können zusammengesetzt werden. Sie beinhalten vollautomatische, on-line-purge und trap - GC-Geräte mit Autosampler und eingebauter thermischer Desorption sowie manuell bedienbares, off-line-Gerät. Jedes Gerät darf angewendet werden, vorausgesetzt, die Anforderungen werden eingehalten und es ist bewiesen, dass damit verlässliche Analysenwerte erhalten werden. Die Anwendungsbeispiele in den Anhängen D, E und F stammen von verschiedenen Systemen. Andere Geräte können auch eingesetzt werden; es sollte jedoch sichergestellt sein, dass sie zufriedenstellende Ergebnisse liefern.

Das Purge und Trap - System sollte bestehen aus:

a)   Autosampler;

b)   Ausblas-Gefäß,   Heizmantel   mit   Temperaturkontrolle,   Purge-Gas-Versorgung,   Durchflusskontrolle, Zeitschaltung;

c)   Kühler mit Kühlmittelversorgung oder Einrichtung zum Trockenblasen;

d)   Adsorptionsfalle;

prEN ISO 15680:2001 (D)

e)   Thermische Desorptionseinrichtung, Temperaturkontrolle, Zeitschaltung;

f)   Tryofalle, Kühlmittelversorgung, Heizung, Temperaturkontrolle;

g)   GC/MS oder GC mit geeigneten Detektor(en), GC-Hilfsfunktionen, Datensystem.

Verschiedene Kombinationen der Teile a, c, d, e und f sind möglich und nicht alle Teile müssen enthalten sein.

7.5   Adsorptionsfalle

Wird als Purge und Trap - Ausrüstung eine gepackte Adsorptionssäule verwendet (siehe Abschnitt 4) so sind diese oft selbst hergestellt oder können in verschiedenen Modifikationen bezogen werden. Als Beispiel ist eine Absorptionssäule aus Glas oder nichtrostendem Stahl mit einem Innendurchmesser von 2 mm bis 5 mm genannt, geeignet für thermische Desorption. Adsorptionsfallen sind mit einem geeigneten Absorbens gepackt (üblicherweise ein Polymer oder Kieselgel, Beispiele siehe Anhang H). Typische Abmessungen sind: Innendurchmesser 2 mm bis 5 mm, Länge 10 mm bis 50 mm, gefüllt mit mindestens 90 mg Adsorbens, das zwischen Glaswollestopfen oder Glasfritten fixiert ist. Dies ist lediglich ein Beispiel, andere Adsorberfallen können ebenfalls verwendet werden, vorausgesetzt, sie entsprechen den Anforderungen dieser Norm.

Vor dem ersten Gebrauch sollten die Adsorptionsfallen durch längeres Erhitzen auf oberhalb der Desorptionstemperatur unter gleichzeitigem Hindurchleiten eines leichten Inertgasstroms vorbehandelt werden. Bevor die Adsorptionsfalle verwendet wird, sollte eine Blindwertbestimmung durchgeführt werden.

7.5.1   Besondere Anforderungen für den Betrieb im off-line Purge und Trap

Bei off-line Purge und Trap - Ausrüstungen ist die Adsorptionsfalle nicht durch die verwendeten Geräte vorgegeben, während es die meisten anderen unter 7.4 (a bis f) genannten Teile sind. Für den off-line-Betrieb die Fallen an einem Ende markieren, um eine Desorption in Form einer Rückspülung zu ermöglichen. Bei off-line Instrumenten Verschlüsse aus inertem Material, z.B. PTFE, oder Metall mit Schraubgewinde und PTFE einsetzen, so dass sie nach dem Ausblasen zum Transport oder zum Einsetzen in das Desorptionsgerät dicht verschlossen werden können.

7.6   Gaschromatograph und Massenspektrometer (GC/MS)

Verschiedene Gaschromatographie-Säulen können verwendet werden; Beispiele für geeignete Säulen siehe Anhang D, E und F.

Das Massenspektrometer sollte den zu untersuchenden Massenbereich abdecken können und ein Auswertesystem besitzen, das Ionen ausgewählter m/z-Werte zu quantifizieren vermag. Typische Chromatogramme siehe Anhang D, E und F.

Andere GC-Detektoren wie Flammenionisationsdetektor (FID), Elektroneneinfangdetektor (ECD), Photoionisationsdetektor (PID) oder elektrolyt-Leitfähigkeitsdetektor können, je nach zu bestimmender Verbindung, verwendet werden.

Zu Betriebsbedingungen und –parameter sollten die Bedienungsanleitungen der Hersteller befolgt werden.

8   Probenahme, -konservierung und Probenvorbereitung

Die Proben in geeigneten Behältern nehmen, vorzugsweise direkt in die Probenbehälter (7.3) geben. Es kann ratsam sein, zwei Proben zu nehmen um die eine, falls erforderlich, als Rückstellprobe zu verwenden. Die Proben unter Vermeidung von Turbulenzen randvoll und ohne Luftblasen einfüllen und verschließen. Proben, die freies Chlor oder andere Oxidationsmittel enthalten, sollten festes Natriumthiosulfat (6.4) oder ein anderes reduzierendes Salz zugefügt werden (etwa 100 mg/l). Zusätzlich sollte, um aromatische Verbindungen in Oberflächenwasser zu stabilisieren, der pH-Wert mit Natriumhydrogensulfat (6.5) oder einer anderen geeigneten Säure auf pH = 2 eingestellt werden.

Wenn die Analytkonzentration in der Probe den durch die Kalibrierfunktion festgelegten Arbeitsbereich überschreitet, die Probe nicht verdünnen, stattdessen den Kalibrierbereich erweitern oder eine statische headspace-Analyse vornehmen. Eine Kontamination des Systems durch stark belastete Proben vermeiden.

So bald als möglich nach der Probenahme analysieren. Wenn eine sofortige Untersuchung nicht möglich ist, die Proben bei etwa 4 °C unter Vermeidung von direkter Lichtwirkung lagern und innerhalb von 5 Tagen analysieren, sofern Stabilitätsdaten nichts anderes aufzeigen.

Sofern die Wasserproben nicht von vornherein in für den benutzten Autosampler geeignete Flaschen abgefüllt wurden oder wenn die Probe manuell in das Ausblas-Gefäß überführt werden muss, ein geeignetes Volumen in das entsprechende Gefäß ohne Verwirbelung/Turbulenzen einfüllen. Die Probe kann auch mit einer Ganzglas-Spritze entnommen werden, dabei Ausgasen vermeiden. Den Behälter sofort verschließen, um Verluste an den am meisten flüchtigen Verbindungen zu vermeiden.

Bei der Entnahme von Teilproben mit einer Spritze ist besondere Vorsicht geboten, da ein leichter Unterdruck entstehen kann, was zu einer Konzentrationsveränderung der flüchtigen Verbindungen in der Probe führen kann.

9 Durchführung

Abhängig vom verwendeten Purge und Trap - System sind Abweichungen von der beschriebenen Durchführung erlaubt. Dies betrifft vor allem die Arbeitsbedingungen. Alle Bedingungen müssen bei der Kalibrierung und der Probenmessung identisch sein.

9.1 Vorbereitung

Die Geräte nach den Anweisungen des Herstellers in Betrieb nehmen. Wird ein Autosampler verwendet, diesen mit den Proben, den Bezugslösungen (6.7.4) und den Blindwertlösungen (6.7.5) beschicken. Wenn sowohl wenig belastete als auch hochbelastete Proben untersucht werden müssen, wird empfohlen, die unbelasteten Proben zuerst zu messen, um Einschleppeffekte zu minimieren. Um mögliche Einschleppeffekte festzustellen, die Blindwertlösungen hinter den belasteten Proben positionieren.

Bezugslösungen (6.7.4) im entsprechenden Konzentrationsbereich frisch herstellen.

9.2 Zugabe von internen Standards

Die internen Standards den Proben und den Blindwertlösungen zufügen, indem ein geeignetes Teilvolumen der die Dotierlösungen (6.7.3.1) mit einer Spritze unter der Flüssigkeitsoberfläche zudosiert werden. Sicherstellen, dass keine Verluste aus dem Gasraum auftreten.

ANMERKUNG   Einige im Handel erhältliche Geräte dosieren die internen Standardlösungen automatisch in die Proben.

9.3 Blindwerte

Blindwertlösungen (7.7.5) in gleicher Weise wie die Proben behandeln. Mindestens eine Blindwertlösung sollte vor den realen Proben mitgemessen werden, um das gesamte Verfahren bezüglich einer etwaigen Kontamination zu kontrollieren. Der Blindwert sollte nicht mehr als 10 % der niedrigsten Bezugslösung oder der niedrigsten zu bestimmenden Konzentration betragen.

9.4 Qualitätskontrolllösungen

Da es keine zusätzlichen Möglichkeiten gibt, das Gesamtverfahren zu kontrollieren, ist es notwendig, eine ausreichende Anzahl an Qualitätskontrolllösungen zu messen. Dies schließt auch dotierte Proben mit ein.

Die Qualitätskontrolllösungen wie die realen Proben entsprechend dem Qualitätssicherheitssystem des Labors behandeln. Die Ergebnisse z. B. auf der Basis von Kontrollkarten auswerten.

9.5 Purge und Trap - Anreicherung der Probe

Die optimalen Arbeitsbedingungen können für jede Substanz unterschiedlich sein. Die Verfahrensentwicklung und Validierung sollten bei den gewählten Arbeitsbedingungen und im Hinblick auf die spezielle Fragestellung und dem Gerät zu zufriedenstellenden Ergebnissen führen. Die unten angegebenen Daten sind praxisbezogen. Beispiele für genaue Arbeitsbedingungen siehe Anhang D, E. und F.

prEN ISO 15680:2001 (D)

Der Arbeitsbereich des Verfahrens und, genauer, die untere Nachweisgrenze bestimmen weitgehend das erforderliche Probenvolumen. Um eine einigermaßen konstante Wiederfindung zu erreichen, sollte das gesamte Volumen des Purge-Gases (Ausblas-Dauer x Gasdurchfluss) dem Probenvolumen proportional sein. Ein Verhältnis von etwa 10:1 (ml Purge-Gas : ml Probe) ist im allgemeinen äußerst praktisch, d. h., ein Probenvolumen von 20 ml bei einem Gasfluss von 10 ml/min 20 min lang ausblasen. Ein verlängertes Ausblasen kann die Wiederfindung von weniger leicht flüchtigen oder leicht polaren Verbindungen verbessern. Die optimale Ausblas-Dauer und der optimale Gasdurchfluss sollte für derartige Verbindungen experimentell bestimmt werden.

Unter Berücksichtigung von Analysenzeiten und –kosten wird im allgemeinen ein kleines Probenvolumen bevorzugt.

Bei der Analyse von weniger flüchtigen oder leicht polaren Verbindungen wird ein Ausblasen bei erhöhten Temperaturen empfohlen, da dies die Wiederfindung erheblich verbessert. Vor der Kryofokussierung auf einer Kryofalle sollte Wasserdampf entfernt werden. Dies kann z. B. durch Verwendung eines Kühlers, (bei z. B. – 10 °C) der zwischen dem Ausblas-Gefäß und der Kryofalle eingebaut ist, und/oder Zwischenfokussierung auf einem mit hydrophobem Sorbens gefüllten kurze Säule und/oder einem Schritt, bei dem die Adsorptionsfalle vor der Desorption trockengeblasen wird (dry purge). Für dieses Spülen können Temperaturen bis 95 °C angewendet werden. (Siehe Anhang F).

Ist eine Adsorbtionsfalle (7.5) in der Purge und Trap - Ausrüstung integriert, so werden die auszublasenden Verbindungen im allgemeinen bei Raumtemperatur adsorbiert. Die thermische Desorption wird bei der für das Adsorbens höchsten zulässigen Temperatur, üblicherweise zwischen 200 °C und 250 °C innerhalb 5 min bis 10 min durchgeführt.

Wird eine Kryofalle verwendet, wird deren Temperatur, für den Zeitraum des Übertragens der Analyten auf zwischen - 120 °C und - 80 °C gehalten (dieser Zeitraum entspricht dem des Ausblasens, falls keine Zwischenfokussierung stattfindet oder dem der thermischen Desorption von dieser kurzen Säule). Die Analyten durch schnellstes Aufheizen (flash desorption) auf 200 °C bis 250 °C injizieren.

ANMERKUNG   Wenn das Gas während des Analyt-Transfers zu viel Wasserdampf enthält, kann die Kryofalle durch Eis blockiert werden, wodurch eine Analyse der Proben nicht mehr möglich ist.

9.6   GC/MS -Analyse

Die instrumentellen Parameter nach den Anweisungen des Geräteherstellers optimieren.

Das geeignete GC-Temperaturprogramm experimentell während der Verfahrenentwicklung und –validierung festlegen. Die obere Temperatur sollte über der Desorptionstemperatur der Adsorptionssäule bzw. der flash-Desorptionstemperatur der Kryofalle liegen.

Die Massenspektren im full-scan-Modus für einen Massenbereich zwischen 35 u und 260 u aufzeichnen, wobei die obere Grenze mindestens 10 u über der höchsten interessierenden molaren Masse liegt. Die Elektronenenergie auf etwa – 70 eV einstellen. Wenn wegen der Empfindlichkeit nur ausgewählte Ionen (SIM) nachgewiesen werden, mindestens drei als diagnostische Ionen, vorzugsweise solche mit den höchsten u-Werten, registrieren. Weitere MS-Hinweise siehe Anhang A.

Die Verbindungen mit Hilfe ihrer Retentionszeiten und Massenspektren identifizieren. Kriterien für die GC/MS-Identifizierung enthält der normative Anhang A.

9.6.1   Alternative Detektoren

Alternativ einen Elektroneneinfangdetektor (ECD) oder einen Elektrolytleitfähigkeitsdetektor (ELCD, Hall Detektor) verwenden, um halogenierte Kohlenwasserstoffe nachzuweisen. Die Empfindlichkeit des ECD schwankt in Abhängigkeit vom Analyten und kann im Fall von tri- oder tetra-halogenierten Verbindungen die Empfindlichkeit eines MS übertreffen. Ein Flammenionisationsdetektor kann als Universal-Detektor für Kohlenwasserstoffe (aliphatische, aromatische und halogenierte) und ein Photoionisationsdetektor (PID) für aromatische Verbindungen eingesetzt werden. Ein Atomemissionsdetektor (AED) ist elementspezifisch und kann ebenfalls verwendet werden. Durch Kombination der Ergebnisse verschiedener Elementspuren kann damit eine hohe Zuverlässigkeit bei der Identifizierung erreicht werden.

Werden andere Detektoren als ein MS verwendet, sollte die Trennung auf zwei Kapillarsäuren unterschiedlicher Polarität erwogen werden, um das Risiko eines falsch-positiven Ergebnisses durch Peaküberlappung herabzusetzen. In einem Zweisäulensystem sollten die Retentionszeiten auf beiden Säulen jeweils mit denen des Standards übereinstimmen. Der niedrigere Wert für die Konzentration wird dann als der richtige betrachtet.

10 Kalibrierung

Mit Hilfe von einem oder mehreren internen Standards kalibrieren. Sind die Zielverbindungen (Analyten) über einen weiten Retentionszeiten-Bereich verteilt, verschiedene interne Standards entsprechend Abschnitt A.2 in Anhang A und Tabelle D.2 in Anhang D einsetzen.

Mindestens eine 5-Punkt-Kalibrierung durch Analyse der Bezugslösungen (6.7.4), gleichmäßig verteilt über den gesamten Arbeitsbereich, vornehmen. Hierauf basierend die Kalibrierfunktion für jede Einzelverbindung ermitteln.

ANMERKUNG   Die "Nullkonzentrationslösung", erhalten aus der Dotierlösung 7.7.3.1 wird aus Nullstandard verwendet; die Dotierlösung 7.7.3.1 wird auch für die Zugabe der internen Standardlösung(en) zu den Proben verwendet.

Die Bezugsfunktion gilt nur für die festgelegten Analysenbedingungen und sollte neu ermittelt werden, sobald diese Bedingungen geändert werden.

Die Bezugsfunktion muss nicht jedes Mal neu erstellt werden, wenn eine neue Analysenserie begonnen wird. In der Routine ist es zulässig, die Bezugsfunktion mit einer Zweipunkt-Kalibrierung zu prüfen.

Da die Kalibrierung über das Gesamtverfahren durchgeführt wird, ist eine Bestimmung der Wiederfindung nicht nötig. Trotzdem kann dies wünschenswert sein, wenn das System schlecht funktioniert oder die Robustheit unzureichend ist. Zur Bestimmung der Wiederfindungsraten siehe Anhang G.

Für den Analyten "i" eine Bezugsfunktion erstellen, indem die Analysenpaare y_{iej}/y_{lej} und ρ_{iej}/ρ_{lej} der gemessenen Bezugslösung nach der folgenden Gleichung in Beziehung gesetzt werden:

$$y_{ie}/y_{se} = m_{is} \times \rho_{ie}/\rho_{se} + b_{is} \tag{1}$$

Dabei ist

y_{ie} der Messwert (abhängige Variable) des Analyten "i" in der Kalibrierung, abhängig von ρ_e z.B.. Peakfläche;

y_{se} der Messwert des internen Standards "s" in der Kalibrierung abhängig von ρ_{se} z. B. Peakfläche;

ρ_e die Massenkonzentration (unabhängige Variable) der Substanz "i" in der Bezugslösung, in Mikrogramm je Liter, µg/l;

ρ_{se} die Massenkonzentration des internen Standards "s" in der Bezugslösung, in Mikrogramm je Liter, µg/l;

m_{is} die Steigung der Bezugsfunktion von y_{ie}/y_{se} als eine Funktion des Massenkonzentrationsverhältnisses ρ_e/ρ_{se}, oft Responsfaktor genannt;

b_{is} der Achsenabschnitt der Bezugsfunktion auf der Ordinate;

i   der Bezug auf "i";

s   der Bezug auf den internen Standard "s";

e   der Bezug auf Werte aus der Kalibrierung.

11 Berechnung

Die Massenkonzentration des Analyten "i" in der Probe nach Gleichung (2) bestimmen, die aus Gleichung (1) durch Umformen gebildet wird :

$$\rho_i = \left(\left(y_i / y_s - b_{is} \right) \times \rho_s \right) / m_{is} \qquad (2)$$

Dabei ist

y_i der Messwert des Analyten "i" in der Wasserprobe, z. B. Peakfläche;

y_s der Messwert des internen Standards "s" in der Wasserprobe, z. B. Peakfläche;

ρ_i die Massenkonzentration des Analyten "i" in der Wasserprobe, in Mikrogramm je Liter, µg/l;

ρ_s die Massenkonzentration des internen Standards "s" in der Wasserprobe, in Mikrogramm je Liter, µg/l;

m_{is} die Steigung der Bezugsfunktion y_{ie}/y_{ie} als eine Funktion des Massenkonzentrationsverhältnisses ρ_{ie}/ρ_{se}, oft Responsfaktor genannt, wie in Abschnitt 10 bestimmt;

b_{is} der Achsenabschnitt der Bezugskurve auf der Ordinaten. Wie in Abschnitt 10 bestimmt.

Wurde nicht mit dem Massenspektrometer, sondern mit einem der alternativen Verfahren mit zwei Säulen bestimmt (9.6.1) wird der niedrigere Konzentrationswert als der wahrscheinlichste betrachtet.

Wurde die Massenspektrometrie angewendet und die Kriterien für die Identifizierung sind erfüllt (siehe Anhang A), so gibt es für die Quantifizierung keine weiteren Kriterien. Der Mittelwert für die berechneten Konzentrationen, basierend auf mehr als einem Fragmention, wird dann als der dem wahren Wert am ehesten entsprechende Wert betrachtet.

ANMERKUNG   Für eine (beliebige) Verbindung kann kein Wert für die maximal zulässige Streuung der aus 2 verschiedenen Massenspuren/Ionenstromchromatogrammen berechneten Konzentrationen festgelegt werden, da er durch die jeweilige Intensität (abundance) der für die Quantifizierung ausgewählten Ionen beeinflusst wird (siehe Anhang A).

12 Angabe des Ergebnisses

Die Massenkonzentrationen ausblasbarer Analyten in der Probe werden in µg/l oder ng/l angegeben; Konzentrationen oberhalb der niedrigsten Kalibrierkonzentration sollten mit zwei signifikanten Stellen angegeben werden.

13 Verfahrenskenndaten

Verfahrenskenndaten aus bestimmten Anwendungsbeispielen für Purge und Trap sind in den Anhängen D, E und F enthalten.

14 Analysenbericht

Der Bericht muss sich auf diese Internationale Norm beziehen und folgende Einzelheiten enthalten:

a) Alle Angaben, die für eine Identifizierung der analysierten Probe notwendig sind;

b) Eine kurze Beschreibung des angewendeten Purge und Trap-Verfahrens. Einschließlich der Probenvorbereitung, des Probenvolumens, des Purge und Trap-Anreichungsprinzips, der Automatisierung, der Gaschromatographie und der Detektion;

c) Lagerungabedingungen (Lagerzeit) und Konservierung;

d) Ob und wie die Daten bestätigt worden sind (z. B. Trennung über zwei Säulen, zweifache Detektion oder full scan MS);

e) Angabe des Ergebnisses nach Abschnitt 12;

f) Alle Analysenschritte und alle Beobachtungen, die nicht in dieser Norm beschrieben sind, die das Ergebnis beeinflusst haben können.

prEN ISO 15680:2001 (D)

Anhang A
(normativ)

Kriterien für die GC/MS Identifizierung der Zielverbindungen

Diese Kriterien wurden in einem Ringversuch 1999/2000 ermittelt

Kriterien für die GC-MS-Identifizierung von Umweltschadstoffen in verschiedenen Matrices .

A.1 Definitionen

A.1.1 Zielverbindung, Analyt

Eine ausgewählte Verbindung, deren Anwesenheit bzw. Abwesenheit festzustellen ist.

ANMERKUNG   Diese Definition gilt auch für Derivate der ursprünglichen Verbindung, die gezielt hergestellt wurden.

A.1.2 Standardverbindung

Eine Zielverbindung höchster Reinheit, die in der Analyse als Referenzverbindung verwendet werden kann. Eventuelle Unreinheiten dürfen das Massenspektrum der Standardverbindung nicht beeinflussen.

A.1.3 Retentionszeit-Standard

Eine Verbindung, die der Probe (oder dem Probenextrakt) und der externen Standardlösung (siehe A.1.5) zugefügt wird. Deren Retentionszeit dient dazu, die relativen Retentionszeiten der Zielverbindungen zu bestimmen. Die Retentionszeit-Standards können mit dem(n) internen Standard(s) identisch sein.

A.1.4 Relative Retentionszeit

Verhältnis zwischen Retentionszeit der Zielverbindung und der des Retentionszeit-Standards.

A.1.5 Externe Standardlösung

Lösung der Zielverbindung in bekannter Konzentration.

A.1.6 Niedrigste Konzentration für die Identifizierung

Die niedrigste Konzentration der Zielverbindung, die im Fall ihrer Anwesenheit noch nach den hier angegebenen Kriterien identifiziert werden kann (das ausgewählte diagnostische Ion mit der geringsten Intensität ist im Massenspektrum mit einem Signal-zu-Rauschen-Verhältnis von mehr als 3:1 vorhanden).

ANMERKUNG   Diese Konzentration ist in hohem Maß von der Empfindlichkeit des Geräts und den Kenndaten des Analysenverfahrens abhängig.

A.1.7 Diagnostisches Ion

Ein ausgewähltes Fragment-Ion aus dem Massenspektrum der Zielverbindung mit der höchstmöglichen Spezifität (zur Auswahl von diagnostischen Ionen siehe A.6).

prEN ISO 15680:2001 (D)

A.2 GC-MS-Kriterien

Qualitätssicherung

Für die Anwendung der hier beschriebenen Kriterien wird eine bestimmte Qualität des GC-MS-Systems vorausgesetzt. Die Qualitätssicherungsprotokolle der betreffenden Laboratorien (Optimierung/tuning etc.) müssen befolgt werden. Eine detaillierte Beschreibung wird in diesem Anhang nicht vorgenommen.

Mindestanforderungen sind:

Ionisierungsart:	Elektronenstoß (Electron impact)
Electronenenergie:	anwendungsabhängig (üblicherweise 70 eV)
Massenbereich:	abhängig von den Zielverbindungen
Scan-Geschwindigkeit:	mindestens 7 scans je chromatgraphischem Peak
Scan-Verfahren:	cyclisch, linear
	Full scan oder selected ion monitoring
Massenauflösung:	So zu optimieren, dass eine nominale Auflösung erreicht wird. Dabei darf die Peakhalbwertsbreite jeder für das Tuning genutzten Masse nicht größer als 0,7 u sein.

Retentionszeiten

Die relative Retentionszeit der Zielverbindung muss mit einer externen Standardlösung bestimmt werden. Sie werden mit Hilfe der Retentionszeit-Standards berechnet. Die berechneten relativen Retentionszeiten müssen zwischen 0,5 und 2 liegen.

Massenspektren

Wenn vorhanden, für jede Zielverbindung drei diagnostische Ionen auswählen. Ihre Intensitäten I_1, I_2, I_3 in den externen Standardlösungen als Peakfläche oder Peakhöhe in den entsprechenden Massenchromatogrammen bestimmen. Die relativen Intensitäten als Verhältnis einer definierten Peakhöhe (oder -fläche) zu der des intensivsten diagnostischen Ions bestimmen.

Massenspektren mit weniger als drei Massenfragmenten

Enthält das Massenspektrum der Zielverbindung weniger als drei Massenfragmente, gelten die Kriterien nach A. 7.

Peakmaxima der Massenchromatogramme (extrahierten Ionenstromchromatogramme)

Die Peakmaxima der extrahierten Massenchromatogramme (entsprechend den ausgewählten diagnostischen Ionen) dürfen höchstens bis zu ± 20 % der Peakbreite bei halber Peakhöhe variieren. Die Peakform aller gemessenen diagnostischen Ionen muss gleich sein. Dieses Kriterien gelten sowohl für die externen Standardlösungen als auch die Probe.

Überladung

Wird das Massenspektrometer überlastet, die GC-MS-Analyse mit weniger Substanz wiederholen.

ANMERKUNG   Überlastung kann daran erkannt werden, dass die relativen Intensitäten aller diagnostischer Ionen höher als die der externen Standardlösung sind.

A.3 Identifizierung

Die analysierte Zielverbindung ist identifiziert wenn:

— Ihre ermittelte relative Retentionszeit in der Probe um nicht mehr als ± 0,2 % von der relativen Retentionszeit der letzten gemessenen Standardlösung abweicht.

und

— Die relativen Intensitäten aller ausgewählter diagnostischer Ionen in der Probe um nicht mehr als ± (0,1 x I_{std} + 10) % von den relativen Intensitäten, bestimmt in der externen Standardlösung, abweichen.

(I_{std} ist die relative Intensität des diagnostischen Ions in der externen Standardlösung)

Beispiel:

Drei ausgewählte diagnostische Ionen haben die folgenden relativen Intensitäten: 100 %, 50 % und 15 %.

Die höchste erlaubte Abweichung von I_2 und I_3 in der Probe ist (I_1 ist definitionsgemäß 100 % in der Probe und im externen Standard):

I_2: ± (0,1 x 50 + 10) % = ± 15 %; in der Probe muss I_2 zwischen 35 % und 65 % liegen

I_3: ± (0,1 x 15 + 10) % = ± 11,5 %; in der Probe muss I_3 zwischen 3,5 % und 26,5 % liegen

Die Zielverbindung gilt nur dann als identifiziert, wenn diese Bedingungen erfüllt sind.

A.4 Wahrscheinliches Vorkommen

Die Anwesenheit einer Zielverbindung in der Probe ist sehr wahrscheinlich, wenn :

— Die relative Retentionszeit in der Probe um nicht mehr als ± 1 % von der mit der letzten externen Standardlösung gemessenen relativen Retentionszeit abweicht;

und

— Oberhalb der niedrigsten Konzentration: alle diagnostischen Ionen im Massenspektrum auftauchen ;

— Unterhalb der niedrigsten Konzentration für die Identifizierung: das intensivste diagnostische Ion im Massenspektrum auftaucht.

A.5 Negatives Ergebnis (Abwesenheit der Zielverbindung)

Die Zielverbindung ist in der Probe nicht enthalten (nicht identifiziert und kein Hinweis darauf), wenn:

— Die relative Retentionszeit der Probe um mehr als 1 % von der relativen Retentionszeit in der letzten gemessenen externen Standardlösung abweicht;

oder

— Oberhalb der niedrigsten Konzentration für die Identifizierung: nicht alle diagnostischen Ionen im Massenspektrum auftauchen;

— Unterhalb der niedrigsten Konzentration zur Identifizierung: das intensivste diagnostische Ion im Massenspektrum fehlt.

prEN ISO 15680:2001 (D)

A.6 Vorschläge für die Wahl der diagnostischen Ionen

— die m/z – Werte sollten so wie als möglich sein;

— geradzahlige Fragmente werden gegenüber den ungeradzahligen bevorzugt;

— wenn möglich, sollte das Molekülion als eines der diagnostischen Ionen gewählt werden;

— der "uniqueness value" sollte so hoch als möglich sein [McLafferty];

— sind charakteristische Isotopencluster im Massenspektrum enthalten, (z. B. Chlor), sollten nicht mehr als zwei diagnostische Ionen von einem Isotopencluster gewählt werden;

— wurden während der Probenvorbereitung die Zielverbindungen mit einem Reagenz geringer Spezifität derivatisiert, so kann nur eines der Ionen M^+ und $[M-der]^+$ als diagnostisches Ion gewählt werden (M^+ ist das Molekülion der derivatisierten Zielverbindung) ;

— Bei der Auswahl der diagnostischen Ionen müssen etwaige Säulenartefakte berücksichtigt werden, indem entsprechende Massen vermieden werden (z.B. m/z 73, 207, 281).

A.7 Zielverbindungen mit weniger als drei Fragmenten

Hat eine Zielverbindung weniger als drei Massen im Massenspekturm, so ist generell die Zuverlässigkeit der Identifizierung begrenzt, wenn keine sehr spezifischen Massenfragmente verfügbar sind. Bei flüchtigen Verbindungen jedoch ist die Spezifität der Massenfragmente in Verbindung mit der Retentionszeit ausreichend. Ihre Flüchtigkeit entspricht einer geringen Molmasse, hierdurch wird die Anzahl der möglichen falsch-positiven Ergebnisse begrenzt: es gibt nicht viele Verbindungen geringer Molmasse mit der gleichen Retentionszeit auf der GC-Säule und ähnlichen Massenspektren.

Verbindungen mit weniger als drei Massenfragmenten sollten im full scan analysiert werden. Dann basiert die Identifizierung auf dem Vergleich der full-scan-Massenspektren der Probe mit denen der externen Standardlösung. Zusätzlich zu den gefundenen Massenfragmenten ist das Fehlen anderer Fragmente im Massenspektrum ein wichtiger Hinweis für die Identifizierung.

Für Verbindungen mit weniger als drei Massenfragmente (vor allem, wenn die Massen nicht sehr spezifisch sind), kann die Zuverlässigkeit der Identifizierung durch Trennung auf einer Säule anderer Polarität und/oder die Verwendung eines zweiten (selektiven) Detektors (ECD, AED, PID) verbessert werden.

Anhang B
(informativ)

Verfahrensweisen zur Reinigung von Glasgeräten und die Herstellung von unkontaminiertem Wasser

B.1 Reinigung von Glasgeräten

B.1.1 Routinereinigung

ANMERKUNG   Diese Verfahrensweise ist ein Beispiel und seine Anwendbarkeit hängt von dem verwendeten Gerät ab.

a) Das Ausblas-Gefäß von dem Purge und Trap - Gerät trennen. Sicherstellen, daß die PTFE-Muffen hierbei nicht beschädigt werden.

b) Das Ausblas-Gefäß mit sauberem Wasser (mindestens das zehnfache seines Volumens) abspülen. Wird eine Wasserpumpe verwendet, ist es besser, das Wasser mit Unterdruck zu fördern statt es zu pumpen.

c) Das Ausblas-Gefäß erneut mit Wasser füllen, dabei sicherstellen, dass das Gefäß vollständig gefüllt wird. Das Ausblas-Gefäß in ein Becherglas stellen.

d) Das Becherglas in ein Ultraschallbad stellen und mindestens 20 min mit Ultraschall behandeln.

e) Das Wasser aus dem Ausblas-Gefäß verwerfen und die Schritte 3 und 4 wiederholen und noch einmal 5 min mit Ultraschall behandeln.

f) Das Wasser verwerfen, die Außenwände des Gefäßes trocknen und das Gefäß sofort in einen Ofen mit Temperaturen oberhalb 200 °C stellen. Die Gefäße sollten mindestens 6 h bei dieser Temperatur oder vorzugsweise über Nacht belassen werden.

g) Wenn die Ausblas-Gefäße trocken sind, auf 100 °C abkühlen und sofort in einen luftdichten Behälter überführen.

h) Die Ausblas-Gefäße sollten in dem Purge und Trap - System angeschlossen werden, während ihre Temperatur etwas oberhalb der Raumtemperatur ist, um damit eine mögliche Adsorption flüchtiger Verbindungen auf den Glaswänden zu minimieren.

B.1.2 Reinigungsverfahren für Glasgeräte

Für die Analyse von Proben, die flüchtige organische Verbindungen im unteren µg/l-Bereich enthalten, ist eine äußerst sorgfältige Reinigung der Glasgeräte notwendig. Andernfalls können bei der Interpretation der Chromatgramme Probleme durch das Auftreten zusätzlicher Peaks auftreten. Das Konzentrieren von Proben kann dazu führen, dass Kontaminationen ebenfalls konzentriert werden.

Grundlegende Reinigungsschritte beinhalten folgendes:

a) Oberflächenverunreinigungen sofort entfernen. Eine Reingung der Glasgeräte sobald wie möglich nach Gebrauch vornehmen, hierzu die Glasgeräte mit Methanol spülen, bevor sie in eine heiße Detergens-Lösung gegeben werden. Andernfalls kann dieses Tauchbad dazu führen, dass anderes Glasgerät verunreinigt wird.

b) Ein heißes Tauchbad wird die meisten partikulären Stoffe ablösen; dieses Tauchbad besteht aus einer geeigneten Detergens-Lösung in Wasser, erhitzt auf 50 °C oder höher. Synthetische Detergentien sollten verwendet werden und nicht solche auf Fettsäurebasis. Ablagerungen von hartem Wasser haben eine Affinität zu vielen chlorierten Verbindungen, und, da nahezu wasser-unlöslich, können Ablagerungen in Form eines dünnen Films auf dem gesamten Glasgerät im Tauchbad verursachen.

c) Das Gerät mit heißem Wasser ausspülen, um etwaiges partikuläres Material zu entfernen.

prEN ISO 15680:2001 (D)

d) Das Gerät in einem oxidierenden Agens einweichen, um Spuren organischer Stoffe zu entfernen. Das gebräuchlichste (und wirksamste) Oxidationsmittel zur Entfernung von Spuren organischer Stoffe ist Chromschwefelsäure. Am effektivsten ist eine warme Lösung (40 °C bis 50 °C). Sicherheitsvorkehrungen sollten beim Umgang mit Chromschwefelsäure strikt eingehalten werden.

e) Das Glasgerät mit heißem Wasser spülen, um etwaige Feststoffe hinwegzuspülen.

f) Mit destilliertem Wasser spülen, um etwaige metallische Ablagerungen zu entfernen.

g) Mit Methanol spülen, um Restspuren organischen Materials und Wasser zu entfernen.

h) Unmittelbar vor Gebrauch das Gerät mit einem geeigneten Lösemittel spülen und trocknen.

Es ist immer möglich, dass das Gerät in der Zeit zwischen der Reinigung und der Verwendung durch Umgebungsluft oder durch direkten Kontakt mit flüchtigen organischen Stoffen erneut kontaminiert wird. Eine gute Möglichkeit zur Kontrolle besteht im Spülen mit einem organischen Lösemittel unmittelbar vor Gebrauch, z. B. mit Methanol.

B.2 Herstellung von blindwertfreiem Wasser

ANMERKUNG   Das Verfahren wurde ISO 10301:1997 *Water quality – Determination of highly volatile halogenated hydrocarbons – Gas-chromatographic methods* entnommen.

Die Beschaffenheit des Wassers prüfen. Z. B. ist das nachstehend beschriebene Verfahren zur Herstellung von Wasser geeignet:

Eine 2-l-Steilbrustflasche, vorbehandelt, wie in diesem Anhang beschrieben, mit Wasser füllen.

Den Gehalt an leichtflüchtigen halogenierten Kohlenwasserstoffen in diesem Wasser untersuchen.

Ist das Wasser verunreinigt, wie folgt reinigen:

—   Eine Glasfritte einige Millimeter über dem Flaschenboden positionieren;

—   Das Wasser auf etwa 60 °C erwärmen;

—   1 h einen Strom reinen Stickstoffs (etwa 150 ml/min bis 200 ml/min) über die Fritte durch das Wasser leiten. Das Wasser auf Raumtemperatur abkühlen lassen und die Flasche verschließen;

—   Das Wasser in einer Glasflasche im Dunkeln aufbewahren.

Erneut die Abwesenheit von halogenierten Kohlenwasserstoffen prüfen. Wenn das Wasser immer noch kontaminiert ist, Purge-Gas einer anderen Herkunft verwenden und das Verfahren wiederholen.

Anhang C
(informativ)

Herstellung von Standardlösungen flüchtiger organischer Verbindungen

Nachstehend aufgeführte Mengen und Volumina sind Beispiele; in Abhängigkeit von dem Arbeitsbereich dürfen andere Mengen/Volumina eingesetzt werden.

C.1 Herstellung von Stamm- und Dotierlösungen

C.1.1 Stammlösungen flüssiger Substanzen

Etwa 90 ml Lösungsvermittler (6.3) in einen 100-ml-Messkolben geben.

Mit einer Mikroliterspritze abgemessene Volumina von 100 µl bis 300 µl oder definierte Massen zwischen 100 mg und 300 mg jedes VOC unter die Lösemitteloberfläche injizieren.

Sofort mit dem Lösungsvermittler bis zur Marke auffüllen.

Die Flasche mit dem Schliffstopfen verschließen und vorsichtig schütteln.

Die Konzentrationen der zugefügten Verbindungen über ihre Dichte berechnen .

C.1.2 Stammlösungen von bei Raumtemperatur nahezu gasförmigen Substanzen (Vinylchlorid, Fluorchlorkohlenwasserstoffe)

Ein headspace Vial bis zu 50 % und 80 % z. B. mit 20 ml Dimethylformamid (DMF) füllen, mit einem PTFE-beschichteten Verschluss versiegeln und auf 0,2 mg wägen.

Mit einer gasdichten Spritze ein definiertes Volumen Vinylchlorid-Gas in den Dampfraum injizieren.

Verhindern, dass die Injektionsnadel mit dem Lösemittel in Berührung kommt.

Sicherstellen, dass reines Gas zugefügt wird, z. B. durch Evakuieren einer Gasmaus, Füllen mit Vinylchlorid und Entnahme von Vinylchlorid mit der Spritze.

Mindestens fünf Vinylchlorid-Standard-Stammlösungen herstellen, vorzugsweise mit Konzentrationen, die gleichmäßig über den Arbeitsbereich verteilt sind.

ANMERKUNG 1 Da die Herstellung von gasförmigen Standards ein schwieriges Unterfangen ist, wird dringend empfohlen, Mehrfach-Lösungen herzustellen, um den Herstellprozess zu kontrollieren.

Das zugeführte Vinylchlorid auf 0,2 mg wägen und die genaue Masse aus der Massendifferenz bestimmen.

Zu Herstellung von Massenkonzentrationen < 100 µg/l höher konzentrierte Standardlösungen herstellen und mit Dimethylformamid verdünnen.

ANMERKUNG 2 Das beschriebene Verfahren kann auch auf Stoffe angewendet werden, die bei Raumtemperatur flüssig sind.

Die Stamm-Standardlösungen in Flaschen mit PTFE-abgedichtetem Schraubverschluss aufbewahren. Methanolische Lösungen bleiben bei einer Temperatur von 4 °C mindestens 4 Wochen stabil.

Lösungen von Vinylchlorid in Methanol oder DMF sind, aufbewahrt unter 5 °C, eine Woche stabil.

C.1.3 Herstellung von Dotierlösungen

Etwa 15 min warten, bis die Stammlösung auf Raumtemperatur gebracht ist, dabei gelegentlich vorsichtig schütteln.

prEN ISO 15680:2001 (D)

Mindestens fünf Dotierlösungen verschiedener Konzentrationen herstellen, indem kleine Volumina der Stammlösung in ein geeignetes Lösemittel gegeben werden, vorzugsweise das gleiche Lösemittel, das zur Herstellung der Stammlösung verwendet wurde. Siehe auch 6.7.

Die einzelnen Verdünnungsschritte sollten nicht größer als 1 : 100 sein.

C.2 Herstellung der wässrigen Bezugslösungen

Für den Messbereich einer Substanz von z. B. 0,03 µg/l bis 3,0 µg/l folgendermaßen vorgehen :

Einen glasüberzogenen Magnetrührstab in einen 250-ml-Messkolben geben und diesen auf einen Magnetrührer stellen.

Unter Rühren bis zu 25 µl Dosierlösung (C.1.3) direkt unter der Wasseroberfläche in den Rührkonus geben.

Die Rührgeschwindigkeit reduzieren, bis der Rührkonus verschwindet.

Den Messkolben verschließen und weitere 15 min rühren.

Für die Blindwertbestimmung mit einem anderen mit Wasser gefüllten Messkolben und dem gleichen Volumen an Lösungsvermittler genauso verfahren.

Wenn nötig, frische Bezugslösung ansetzen.

Anhang D
(informative)

Anwendungsbeispiel für ein Purge und Trap - Verfahren für die GC-Analyse flüchtiger Verbindungen in Wasser; Beispiel 1

Purge und Trap - Bedingungen[1]

Ausblaszeit:	11 min
Aufheiztemperatur vor Desorption:	245 °C
Desorption:	5 min bei 250 °C
Ausheizen:	15 min at 260 °C
Trap – stand-by Temperatur:	unter 30 °C
Trägergas:	Helium
Adsorptionsmaterial in der Säule:	*Vocarb 3000*
Flußrate:	Helium, 40 ml/min

GC Bedingungen

Säule:	Fused silica WCOT, Länge 60 m ; 0,32 mm Innendurchmesser
	Filmdicke 1,8 µm, stationäre Phase DB624.
Trägergas:	Helium, 1 ml/min.
Säulentemperatur:	Programmiert, 5 min bei 35 °C, 6 °/min auf 125 °C, 15 °C/ min auf 240 °C, dann 7,5 min bei 240 °C.

MS Bedingungen

MS-Typ:	Ionenfalle (ion trap)
mode:	full scan
Massenbereich:	35 u bis 265 u
scan speed:	0,75 s je scan (3 µscans)

Ringversuchsdaten

siehe Tabellen D.1 und D.2

---

[1] Der Hersteller des Purge und Trap – Geräts war Tekmar.

prEN ISO 15680:2001 (D)

Tabelle D.1 — Ringversuchsdaten

Nr	Verbindung	Deionisiertes Wasser		Probe	Dotierung (8,0 µg/l)		Hohe Konzentration (40 µg/l)		Niedrige Konzentration (0,8 µg/l)		
		S_t	LOD	S_t	S_t	Rec	S_t	Bias	S_t	Bias	LOD
4	Dichlordifluormethan	0,0089	0,041	0,0115(21)	4,22	153	7,02(14)	-7,53	0,0806(10)	2,32	0,227
5	Methylchlorid	—	—	—	2,51	104	2,49(10)	-2,16	0,367(18)	16,94	0,178
6	Vinylchlorid	—	—	0,0013(21)	2,29	101	2,40(14)	-0,98	0,040(17)	2,03	0,114
9	Trichlorfluormethan	0,0059	0,025	0,0064(21)	0,553	104	1,88(11)	-0,17	0,0447(21)	-0,70	0,074
10	1,1-Dichlorethen	0,0081	0,038	0,0775(21)	1,84	100	1,84(15)	-1,30	0,0326(19)	-1,18	0,101
11	Dichlormethan	4,28	1,36	0,223(11)	3,89	83	10,41(16)	0,55	0,114(11)	54,52	0,358
12	trans-1,2-Dichlorethen	0,0090	0,042	0,0098(21)	1,85	100	1,45(14)	-1,23	0,0341(19)	0,24	0,093
13	1,1-Dichlorethan	0,0038	0,018	0,0037(21)	1,85	100	1,67(14)	0,21	0,0338(19)	0,48	0,091
14	2,2-Dichlorpropan	0,0036	0,001	0,0013(21)	2,55	77	12,93(10)	-17,6	0,210(21)	-23,30	0,115
15	cis-1,2-Dichlorethen	0,0086	0,040	0,0056(21)	0,323	104	1,36(15)	-1,43	0,0293(20)	0,11	0,088
16	Bromchlormethan	0,0042	0,020	0,0165(21)	1,92	103	1,75(11)	-0,69	0,0448(21)	-5,54	0,056
17	Chloroform	0,0156	0,39	0,0999(10)	0,42	100	1,12(11)	-1,07	0,0951(20)	10,76	0,103
18	1,1,1-Trichlorethan	0,165	0,082	0,0238(14)	1,84	97	1,26(11)	-0,29	0,0749(20)	7,27	0,092
19	Tetrachlorkohlenstoff	0,0024	—	—	0,322	106	1,69(13)	-2,19	0,0277(18)	0,23	0,067
20	1,1-Dichlorpropen	0,0066	0,031	0,0078(21)	2,49	95	1,67(13)	-1,92	0,0341(14)	1,33	0,085
21	Benzol	0,0126	0,058	0,0094(21)	0,309	104	1,66(16)	-0,36	0,0327(14)	3,57	0,104
22	1,2-Dichlorethan	0,0095	0,044	0,013(19)	1,9	98	1,65(11)	0,05	0,0484(18)	5,00	0,075
23	Trichlorethen	0,0144	0,067	0,0141(21)	0,318	102	2,15(11)	6,15	0,0601(21)	12,88	0,100
24	1,2-Dichlorpropan	0,0048	0,022	0,0052(21)	0,362	106	1,18(11)	0,26	0,0385(21)	2,59	0,065
25	1,2-Dibrommethan	0,0143	0,066	0,0130(20)	0,419	104	1,66(11)	-0,90	0,0653(14)	2,02	0,084
26	Bromdichlormethan	0,0082	0,038	0,0063(19)	0,344	105	1,47(11)	-1,09	0,0384(17)	2,93	0,059
27	trans-1,3-Dichlorpropen	0,0119	0,055	0,010(19)	0,401	101	1,67(11)	1,09	0,0531(15)	-3,96	0,077
28	Toluol	0,0771	0,063	0,0227(11)	0,356	101	1,04(12)	-0,28	0,0527(20)	11,82	0,103
29	cis-1,3-Dichlorpropen	0,0165	0,077	0,0145(20)	0,389	101	1,94(13)	-3,94	0,0567(13)	1,11	0,131
30	1,1,2-Trichlorethan	0,0133	0,062	0,0105(21)	0,396	105	1,46(11)	-0,28	0,0493(20)	2,46	0,079
31	Tetrachlorethen	0,0185	0,068	0,0135(21)	0,320	102	1,61(17)	-1,77	0,0346(18)	2,47	0,117
32	1,3-Dichlorpropan	0,0115	0,054	0,0105(20)	0,498	105	2,30(12)	0,94	0,0525(20)	4,23	0,093
33	Dibromchlormethan	0,0088	0,041	0,0067(21)	0,398	105	1,47(11)	-0,94	0,0458(15)	2,62	0,056
34	1,2-Dibromethan	0,0147	0,068	0,0152(20)	0,456	104	1,81(13)	-0,23	0,0619(16)	5,52	0,137
35	Chlorbenzol	0,0162	0,075	0,0139(21)	0,330	105	1,13(13)	0,77	0,0340(21)	4,09	0,084
36	1,1,1,2-Tetrachlorethan	0,0090	0,042	0,0071(21)	0,327	106	1,32(11)	-0,16	0,0359(17)	2,86	0,058
37	Ethylbenzol	0,0180	0,081	0,0160(20)	0,516	101	2,63(19)	0,48	0,0420(18)	3,44	0,169
38	m- und p-Xylol	0,0409	0,145	0,0287(18)	0,722	105	2,21(15)	-0,54	0,0722(18)	4,78	0,207
39	o-Xylol	0,0146	0,046	0,0146(17)	0,375	105	1,05(16)	0,28	0,0301(21)	3,88	0,094
40	Styrol	0,0346	0,091	0,0161(20)	0,331	105	1,03(14)	-0,43	0,0482(21)	6,36	0,132
41	Bromform	0,0127	0,059	0,0123(21)	0,502	106	1,82(11)	-1,17	0,0606(15)	2,31	0,090
42	Isopropylbenzol	0,0144	0,067	0,0131(21)	0,336	104	1,75(12)	1,84	0,0422(20)	5,02	0,091
43	Brombenzol	0,0233	0,108	0,0218(21)	0,347	106	1,22(15)	0,77	0,0421(21)	5,92	0,128
44	1,1,2,2-Tetrachlorethan	—	—	0,0030(21)	0,548	109	2,75(11)	-9,47	0,0986(13)	-10,40	0,120
45	1,2,3-Trichlorpropan	0,0453	0,211	0,0275(21)	0,637	107	2,02(13)	0,48	0,0758(15)	-1,37	0,170
46	n-Propylbenzol	0,0111	0,050	0,0059(19)	0,499	103	1,42(15)	-0,59	0,0552(20)	3,77	0,160
47	2-Chlortoluol	0,0130	0,060	0,0088(21)	0,379	105	1,76(21)	1,38	0,0508(20)	7,82	0,236
48	4-Chlortoluol	0,0130	0,060	0,0118(21)	0,641	104	3,30(17)	1,25	0,0839(13)	13,20	0,291
49	1,3,5-Trimethylbenzol	0,0108	0,047	0,0110(21)	0,347	105	1,29(21)	0,62	0,0419(20)	6,80	0,195
50	tert-Butylbenzol	0,0118	0,055	0,0138(21)	0,370	105	1,31(19)	0,43	0,0421(20)	6,74	0,167
51	1,2,4-Trimethylbenzol	0,0264	0,123	0,0157(20)	0,326	105	1,29(21)	0,37	0,0470(21)	11,26	0,218

Tabelle D.1 *(fortgesetzt)*

Nr	Verbindung	Deionisiertes Wasser		Probe	Dotierung (8,0 µg/l)		Hohe Konzentration (40 µg/l)		Niedrige Konzentration (0,8 µg/l)		
		S_t	LOD	S_t	S_t	Rec	S_t	Bias	S_t	Bias	LOD
52	sek-Butylbenzol	0,0178	0,083	0,0161(21)	0,352	101	1,66(16)	-1,33	0,0394(17)	7,14	0,127
53	1,3-Dichlorbenzol	0,0322	0,15	0,0251(21)	0,357	105	1,24(17)	0,36	0,153(21)	5,54	0,533
54	1,4-Dichlorbenzol	0,0321	0,15	0,0264(21)	0,405	103	1,85(18)	-0,20	0,147(20)	4,81	0,557
55	4-Isopropyltoluol	0,0293	0,14	0,0170(21)	0,404	104	1,83(16)	0,75	0,192(20)	2,98	0,623
56	1,2-Dichlorbenzol	0,0537	0,25	0,0477(19)	0,382	104	2,24(18)	-0,66	0,192(21)	4,11	0,700
57	n-Butylbenzol	0,466	0,22	0,0425(19)	0,565	100	3,21(19)	-3,91	0,238(18)	0,75	0,943
58	1,2-Dibrom-3-chlorpropan	0,0836	0,388	0,0801(21)	0,781	103	3,75(18)	-0,70	0,379(20)	3,11	1,39
59	1,2,4-Trichlorbenzol	0,239	1,11	0,200(19)	0,513	100	1,33(20)	-0,70	0,218(19)	8,92	0,897
60	Hexachlorbutadien	0,134	0,62	0,118(20)	0,416	102	1,65(17)	-0,92	0,178(21)	4,67	0,604
61	Naphthalin	0,381	1,77	0,308(21)	0,778	98	2,40(18)	-0,50	0,379(11)	10,76	1,40
62	1,2,3-Trichlorbenzol	0,310	1,44	0,264(21)	0,598	102	1,61(18)	-0,56	0,291(18)	10,17	1,07
63	1,3,5-Trichlorbenzol	0,195	0,81	0,167(18)	0,647	99	0,765(12)	0,50	0,207(6)	7,57	0,762

ANMERKUNG 1 S_t = Standardabweichung, LOD = Nachweisgrenze, Rec = Wiederfindung. Angaben in Klammern geben die Freiheits-grade an.

ANMERKUNG 2   Angaben in µg/l , mit Ausnahme von Wiederfindung und Bias, werden in % angegeben.

ANMERKUNG 3   LOD berechnet als 4,65 × S_w. (d. h. die Abweichung innerhalb einer Probenserie).

ANMERKUNG 4   Probe besteht aus Wasser aus einem Bohrloch.

Tabelle D.2 — Kalibrierverbindungen, Retentionszeiten und Quantifizierungsionen

Nr	Verbindung	Retentionszeit Time (min/s)	Int.Std[a]	Ausgewählte Ionen Primär	Sekundär
Interne Standards und Ersatzstandards					
S1	Fluorbenzol	7:53		96	
S2	1,4-Difluorbenzol			114	63, 88
S3	Chlorbenzol-d$_5$	17:15		117	
S4	1,2-Dichlorbenzol-d$_4$	21:06		132	115, 150
Zielverbindungen					
4	Dichlordifluormethan	1:21	S1	85	87
5	Chlormethan	1:30	S1	50	52
6	Vinylchlorid	1:36	S1	62	64
7	Brommethan	2:08	S1	94	96
8	Chlorethan	2:00	S1	49	—
9	Trichlorfluormethan	2:14	S1	101	103
10	1,1-Dichlorethen	2:46	S1	96	61, 63
11	Dichlormethan	3:22	S1	84	86, 49
12	trans-1,2-Dichlorethen	3:45	S1	96	61, 98
13	1,1-Dichlorethan	4:25	S1	63	65, 83
14	2,2-Dichlorpropan	5:29	S1	77	97
15	cis-1,2-Dichlorethen	5:31	S1	96	61,98
16	Bromchlormethan	5:58	S1	128	49, 130
17	Chloroform	6:12	S1	83	85
18	1,1,1-Trichlorethan	6:30	S1	97	99, 61
19	Tetrachlorkohlenstoff	6:50	S2	117	119
20	1,1-Dichlorpropen	6:52	S2	75	110, 77
21	Benzol	7:15	S2	78	-
22	1,2-Dichlorethan	7:18	S2	62	98

prEN ISO 15680:2001 (D)

Tabelle D.2 *(fortgesetzt)*

Nr	Verbindung	Retentionszeit Time (min/s)	Int.Std[a]	Ausgewählte Ionen Primär	Sekundär
23	Trichlorethen	8:40	S2	95	130, 132
24	1,2-Dichlorpropan	9:06	S2	63	112
25	Dibrommethan	9:20	S2	93	95, 174
26	Bromdichlormethan	9:47	S2	83	85, 127
27	trans-1,3-Dichlorpropen	10:47	S2	75	110
28	Toluol	11:30	S2	92	91
29	cis-1,3-Dichlorpropen	12:04	S2	75	110
30	1,1,2-Trichlorethan	12:27	S2	83	97, 85
31	Tetrachlorethen	12:43	S3	166	168, 129
32	1,3-Dichlorpropan	12:48	S3	76	78
33	Dibromchlormethan	13:17	S3	129	127
34	1,2-Dibromethan	13:28	S2	107	109, 188
35	Chlorbenzol	14:41	S3	112	77, 114
36	1,1,1,2-Tetrachlorethan	14:56	S3	83	131, 85
37	Ethylbenzol	15:02	S3	91	106
38	m and p-Xylol	15:20	S3	106	91
39	o-Xylol	16:16	S3	106	91
40	Styrol	16:18	S3	104	78
41	Bromoform	16:37	S3	173	175, 254
42	Isopropylbenzol	17:12	S4	105	120
43	Brombenzol	17:46	S4	156	77, 158
44	1,1,2,2-Tetrachlorethan	17:58	S4	86	131, 85
45	1,2,3-Trichlorpropan	17:59	S4	75	77
46	n-Propylbenzol	18:13	S4	91	120
47	2-Chlortoluol	18:19	S4	91	126
48	4-Chlortoluol	18:36	S4	91	126
49	1,3,5-Trimethylbenzol	18:42	S4	105	120
50	tert-Butylbenzol	19:28	S4	119	91, 134
51	1,2,4-Trimethylbenzol	19:35	S4	105	120
52	sek-Butylbenzol	20:01	S4	105	134
53	1,3-Dichlorbenzol	20:09	S4	146	111, 148
54	1,4-Dichlorbenzol	20:22	S4	146	111, 148
55	4-Isopropyltoluol	20:25	S4	119	134, 91
56	1,2-Dichlorbenzol	21:08	S4	146	111, 148
57	n-Butylbenzol	21:16	S4	91	92, 134
58	1,2-Dibrom-3-chlorpropan	22:35	S4	75	155, 157
59	1,2,4-Trichlorbenzol	23:55	S4	180	182, 145
60	Hexachlorbutadien	24:13	S4	225	223, 227
61	Naphthalin	24:15	S4	128	—
62	1,2,3-Trichlorbenzol	24:37	S4	180	182, 145
63	1,3,5-Trichlorbenzol	22.58	S4	180	182, 145

ANMERKUNG   Die in der Tabelle angegebenen Ionen beziehen sich nur auf die massenspektrometrischen Bedingungen dieser Norm. Bei Verwendung anderer Geräte oder Einstellungen werden gegebenenfalls andere diagnostische Ionen gewählt.

ANMERKUNG   Scan und Retentionszeit variieren mit dem Säulenalter und in Abhängigkeit vom Säulenaustausch.

a Unter "Int.Std" wird der interne Standard oder der Ersatz-Standard verstanden (S1 bis S4, nummeriert) durch den der Analyt abgedeckt wird (siehe auch 6.7.2).

Anhang E
(informativ)

Anwendung der Purge und Trap-Anreicherung auf die GC-Analyse flüchtiger Verbindungen in Wasser; Beispiel 2

Purge und Trap - Bedingungen

Parameter	System A[2)	System B[3)
Probenvolumen		5 ml
Falle	kryofokussierend	Adsorptionsmittel (Tenax TA)
Temperatur (Ausblas-Behälter)	Raumtemperatur	Raumtemperatur
Temperatur (Vorkühlung)	- 10 °C	-
Temperatur (Falle)	- 110 °C	< 30 °C
Vorkühldauer	2 min	-
Purge-Gas	He	He
Volumenfluss	10 ml/min	40 ml/min
Ausblas-Dauer	20 min	10 min
Trocknungszeit	-	5 min

Desorption und Überführung in die Kapillarsäulen

Parameter	System A [1)	System B [2)
Temperatur (Kryofalle und moisture trap)	-	- 10 °C
Temperatur (Kryofocussierung)	-	- 120 °C
Temperatur ("Falle")	200 °C	200 °C
Desorptionsdauer	3 min	3 min
Volumenfluss	Trägergasfluss	1 ml/min
Ausheiz- und Konditionierungsdauer	-	225 °C, 7 min

GC Bedingungen

Typische GC Bedingungen (in System B angewandt):

Säule	30 m x 0,53 mm Innendurchmesser, DB 624 als stationäre Phase
Trägergas	Helium
Temperaturprogramm	40 °C für 15 min, 5 °C/min auf 120 °C, 20 °C/min auf 220 °C, 2 min bei 120 °C

MS Bedingungen

Typische MS Bedingungen (für System B):

Typ	Ionenfalle
Ionisierung	Elektronenstoß (EI) 70eV
Modus	full scan
Massenbereich	25 u bis 300 u
Scan-Geschwindigkeit	1 scan/s (5µ scans)

[2) Der Hersteller des Purge und Trap – Gerätes war Chrompack.

[3) Der Hersteller des Purge und Trap – Gerätes war Tekmar.

prEN ISO 15680:2001 (D)

Verbindungen die nach diesem Verfahren analysiert worden sind sowie ausgewählte Ionen für die Identifizierung und Quantifizierung siehe Tabelle. E 1.

Tabelle E.1— Verbindungen, analysiert nach dem Verfahren des Anhangs E, Retentionszeiten und ausgewählte Ionen zur Identifizierung und Quantifizierung

Verbindung	Retentions-zeit	Primäres Ion	Sekundäres Ion
1,1-Dichlorethen	05:46	61	63,96,98
Dichlormethan	06:06	49	51,84,86
trans-1,2-Dichlorethen	06:20	61	63,96,98
1,1-Dichlorethan	06:41	63	65,83
2,2-Dichlorpropan	07:18	77	96,79,97
cis-1,2-Dichlorethen	07:18	61	63,96,98
Trichlormethan	07:44	83	85
1,1,1-Trichlorethan	07:58	97	99,61,117
1,1-Dichlorpropen	08:14	75	110,77,112
Tetrachlormethan	08:14	117	119,121,82
Benzol	08:33	78	77
1,2-Dichlorpropen	08:35	62	64,98
1,1-Dichlorpropen	09:40	76	77,83,85
Trichlorethen	09:56	95	130,132,97
1,2-Dichlorpropan	10:25	62	63,76,78
2,3-Dichlorpropen	10:40	75	77,110,112
trans-1,3-Dichlorpropen	13:00	75	94,109,77
Toluol	14:20	91	92
cis-1,3-Dichlorpropen	15:49	75	77,109,112
Tetrachlorethen	16:55	166	131,164,129
1,3-Dichlorpropan	17:10	76	78,63,112
Ethylbenzol	21:01	91	105,106
m-Xylol	21:29	91	105,106
p-Xylol	21:29	91	105,106
o-Xylol	22:48	91	105,106
Tribrommethan	23:17	173	171,175

Anhang F
(informativ)

Anwendung der Purge und Trap - Anreicherung auf die GC-Analysis flüchtiger Verbindungen in Wasser; Beispiel 3

Purge und Trap - Bedingungen[4]

Probenvolumen:	100 ml
Purge Gas -Fließgeschwindigkeit:	40 ml/min
Ausblas-Dauer:	30 min
Ausblas-Temperatur:	95 °C.

Sorbens:	Tenax TA
Desorption:	240 °C
Dauer:	15 min
Kryofokussierung:	ja

GC Bedingungen

Säule:	CP-Sil 5, 50 m x 0,25 mm Innendurchmesser, Filmdicke 1,5 µm
Ofentemperatur:	80 °C für 2,5 min,10 °C/min auf 280 °C, 280 °C für 10 min.

MS Bedingungen

MS-Typ:	Ionenfalle
Modus:	full scan
Massenbereich:	20 u bis 205 u
Scan-Geschwindigkeit :	1 scan je s
multiplier:	1 600 V

---

[4] Die Purge und Trap – Ausrüstung bestand aus einer off-line-Kombination eines selbstgebauten Purge und Trap – Geräts und einer Thermal-Desorption-Einheit von Chrompack.

prEN ISO 15680:2001 (D)

Tabelle F.1— Ringversuchsdaten des Verfahrens bei einer Konzentration von etwa 200 ng/l in Wasser

Verbindung	Nachweis-grenze ng/l(n=8-10)	Trinkwasser	Oberflächenwasser
		$rs_r d$	$rs_r d$
Dichlormethan	5	12	17
Trichlormethan	8	4	8
1,1,1-Trichlorethan	5	5	15
Benzol	2	8	3
Trichlorethen	4	4	22
trans-1,3-Dichlorpropen	4	5	12
Toluol	7	24	70
Tetrachlorethen	5	4	6
Chlorbenzol	1	2	3
Ethylbenzol	1	4	10
m-Xylol	2	6	13
Styrol	1	6	6
1,1,2,2-Tetrachlorethan	11	9	6
1,2-Dichlorbenzol	3	4	11
Hexachlorethan	3	5	5
Naphthalin	9	12	27
1,2,3-Trichlorbenzol	3	7	14
$rs_r d$	Ist die Wiederholstandardabweichung .		

prEN ISO 15680:2001 (D)

Tabelle F.2— Ringversuchsdaten des Verfahrens für ein Konzentrationsniveau von etwa 200 ng/l in Wasser

Verbindung	Nachweisgrenze in ng/l	Trinkwasser			Oberflächen-wasser		
		rs_rd	rS_Rd	n	rs_rd	rS_Rd	n
Dichlormethan	5	6	55	11	8	68	10
Trichlormethan	8	10	29	15	7	30	13
1,1,1-Trichlorethan	5	5	29	16	6	14	15
Benzol	2	11	14	23	6	15	20
Trichlorethen	4	4	18	14	7	15	15
trans-1,3-Dichlorpropen	4	13	41	9	6	15	8
Toluol	7	6	11	18	6	16	19
Tetrachlorethen	5	5	23	14	7	23	15
Chlorbenzol	1	5	9	15	7	10	13
Ethylbenzol	1	6	14	20	7	20	21
m-Xylol	2	5	14	18	6	26	17
Styrol	1	7	28	15	10	18	14
1,1,2,2-Tetrachlorethan	11	3	16	6	6	16	8
1,2-Dichlorbenzol	3	10	18	9	6	16	9
Hexachlorethan	3	18	58	3	9	66	3
Naphthalin	9	6	19	5	12	32	17
1,2,3-Trichlorbenzol	3	7	27	5	5	35	4
rs_rd	ist die relative Standardabweichung der Wiederholbarkeit;						
rS_Rd	ist die relative Standardabweichung der Vergleichbarkeit;						
n	ist die Anzahl der Laboratorien.						

ANMERKUNG Die intern ermittelten Daten wurden nach den auf der vorherigen Seite angegeben experimentellen Bedingungen ermittelt; die Ringversuchsdaten unter Berücksichtigung verschiedener Purge und Trap GC/MS-Geräte.

prEN ISO 15680:2001 (D)

Anhang G
(informativ)

Bestimmung der Wiederfindung (absolut) von Verbindungen nach Purge und Trap-Anreicherung

Die Durchführung des Purge und Trap - Schritts für eine Verbindung kann nach der unten angegebenen Verfahrensweise angepasst werden, je nachdem, ob ein on-line oder off-line-Verfahren gewählt wird. In Abhängigkeit vom Arbeitsbereich und dem Gerät können verschienene Volumina oder Massen eingesetzt werden. Die unten angegebenen Werte sind Beispiele.

5 μl Dotierlösung (Konzentration etwa in der Mitte des linearen Bereichs) in die Adsorptionsfalle geben. Das Lösemittel durch 5- bis 10minütiges Überleiten eines Trägergases entfernen und analysieren. Die Ergebnisse mit denen einer mit 5 μl dotierten Wasserprobe vergleichen. Die Wiederfindung (absolut) des Purge und Trap - Schritts eines für einen Analyten "i" (rec$_i$ (abs)) wie folgt bestimmen:

$$rec_i(abs) = \frac{\text{Respons des Analyts i nach dem Ausblasen}}{\text{Respons des Analyts i nach der Dotierung}} \times 100\%$$

ANMERKUNG   Da der Standard selbst über das Gesamtverfahren kalibriert wird, sollten keine Korrekturen wegen unvollständiger Wiederfindung vorgenommen werden. Unvollständige Wiederfindung kann durch geringe Empfindlichkeit der Verbindung oder durch niedrige Wiederholbarkeit oder Vergleichbarkeit verursacht werden. Um die Wiederfindung einer bestimmten Verbindung zu verbessern, kann die Ausblas-Dauer verlängert oder die Ausblas-Temperatur erhöht werden. Alternativ zur Bestimmung der Wiederfindung kann eine wiederholte Purge und Trap - Analyse der gleichen Probe vorgenommen werden. Aus der Abnahme der Peakfläche kann die Analytkonzentration berechnet werden. Dieses Verfahren ist gut auf on-line-Systeme anwendbar.

Anhang H
(informativ)

Adsorbentien

H.1 Handelsnamen geeigneter Adsorbentien

a) Tenax®;

b) Porapak®;

c) Carbopack®;

d) Chromosorb®.

prEN ISO 15680:2001 (D)

Literaturhinweise

[1] I. Bobeldijk (1998); Identification criteria for the GC-MS analysis of environmental contaminants in various matrices, Kiwa-report KOA 98.222, Novem (Utrecht, NL) (in Dutch).

[2] Volatile organic compounds by isotope dilution GC-MS, EPA method 1624, Revision C, June 1989

[3] Semi-volatile organic compounds by isotope dilution GC-MS, EPA method 1625, Revision C, June 1989

[4] The GC-MS identification of water-leachable organic substances, BS 6920: Part 4: 1996

[5] I. Freriks (1997), Identification of organic compounds by GC, RIZA (Lelystad, NL) (in Dutch).

[6] Interpretation of the GC-MS results from the analysis of diethylstilbestrol in cow urine, Rikilt, department of contaminants, report 81.92 (in Dutch)

[7] G.M. Pesyna, F.W. McLafferty, R. Venkataraghavan und H.E. Dayringer (1975), Statistical occurrence of mass and abundance values in mass spectra, Analytical Chemistry, Vol. 47, No. 7, p. 1161-1164

[8] F.W. McLafferty, R.H. Hertel und R.D. Villwock (1974), Probability based matching of mass spectra, Organic mass spectrometry, Vol. 9, p. 690-702

[9] Table 1, Uniqueness values versus mass values, The Important Peak Index of the Registry of Mass Spectral data, 1991, John Wiley & Sons Inc., Eds. F.W. McLafferty and D.B. Staufer.

Anhang ZA
(normativ)

Normative Verweisungen auf internationale Publikationen mit ihren entsprechenden europäischen Publikationen

Diese Europäische Norm enthält durch datierte oder undatierte Verweisungen Festlegungen aus anderen Publikationen. Diese normativen Verweisungen sind an den jeweiligen Stellen im Text zitiert, und die Publikationen sind nachstehend aufgeführt. Bei datierten Verweisungen gehören spätere Änderungen oder Überarbeitungen dieser Publikationen nur zu dieser Europäischen Norm, falls sie durch Änderung oder Überarbeitung eingearbeitet sind. Bei undatierten Verweisungen gilt die letzte Ausgabe der in Bezug genommenen Publikation (einschließlich Änderungen).

ANMERKUNG   Ist eine internationale Publikation durch gemeinsame Abweichungen modifiziert worden, gekennzeichnet durch (mod.), dann gilt die entsprechende EN/HD.

Publikation	Jahr	Titel	EN/HD	Jahr
ISO 3696	1987	Water for analytical and laboratory use — Specification and test methods	EN ISO 3696	1995
ISO 5667-3	1994	Water quality — Sampling — Part 3: Guidance on the preservation and handling of samples	EN ISO 5667-3	1995
ISO 10301	1997	Water quality — Determination of highly volatile halogenated hydrocarbons — Gas-chromatographic method	EN ISO 10301	1997

Träume werden wahr!

Ionenchromatograph
Personal IC 790
(inkl. Trennsäule)
DM **16.500,-**
EURO 8.436,32

Konkurrenzlos günstig –
Ionenanalysen in 10 Minuten!

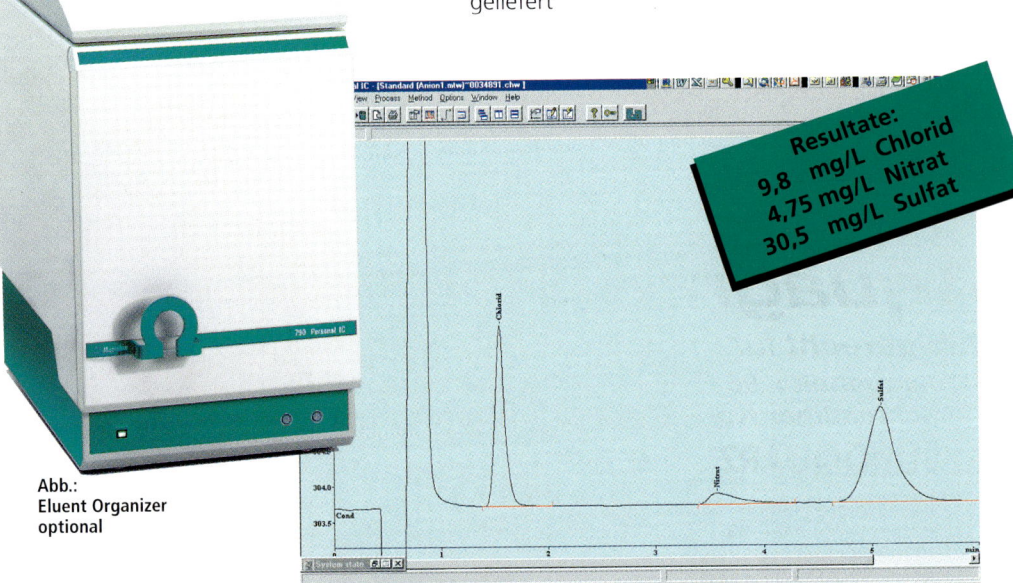

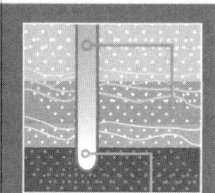

A 2

Firmenverzeichnis zum Anzeigenteil

Bezugsquellen-Nachweis

Abwasseranalysengeräte

Dr. Bruno Lange GmbH & Co. KG
PF 270247
40525 Düsseldorf
Photometer und Küvetten-Tests
zur Wasser- und Abwasseranalyse

MACHEREY-NAGEL GmbH & Co. KG
P. 101352, 52313 Düren, T. 02421/969-0

Abwasseranalysengeräte

Deutsche Metrohm, 70772 Filderstadt

Abwasserbehandlungsanlagen

ENVIRO-CHEMIE GmbH
64380 Roßdorf, Tel. 06154/6998-0, Fax-11
www.enviro-chemie.com

Abwasser-Niveaumeßgeräte

LESA, D-22179 Hamburg
Hegholt 59, Tel. 040/6410041-42
Telefax 040/6411836

Abwasserpumpen

Hidrostal GmbH
Albert-Einstein-Str. 15, 51674 Wiehl
Tel.: 02261/98600, Fax: 02261/986060

Aktivkohle

NORIT Deutschland GmbH
Adlerstraße 54
40211 Düsseldorf
Tel.: 0211/906020
Fax: 0211/161115

Kurt Obermeier GmbH & Co. KG
57305 Bad Berleburg Tel. 02751/524-0

Analysenautomaten

Deutsche Metrohm, 70772 Filderstadt

WTW GmbH, 82362 Weilheim, Tel. 0881/1830

Analysengeräte

Gröger & Obst GmbH
Marienstraße 4, 82335 Berg
Te1.:08151/51003 Fax:08151/51005

AOX-EOX-Bestimmung

Deutsche Metrohm, 70772 Filderstadt

Baugrubenpumpen

Hidrostal GmbH
Albert-Einstein-Str. 15, 51674 Wiehl
Tel.: 02261/98600. Fax: 02261/986060

Bohrspülungsadditive

Stockhausen GmbH & Co. KG,
Postfach 100452
D-47704 Krefeld, Tel.: 02151/38-01
Praestol-Marken, organische
synthetische hochmolekulare
Flockungsmittel
Stokopol-Marken, polymere
synthetische Spülungsadditive

Brauchwasserbehandlung

Degussa-Hüls AG
GB Industriechemikalien
60287 Frankfurt am Main
Telefon: 069/218-2604
Telefax: 069/218-2191

Brunnensanierung

AOUAPLUS, GmbH & Co. KG
96317 Kronach, Fischbach 29
Tel.: 09261/6251-0
Fax:09261/6251-62

BSB5/CSB-Geräte

WTW GmbH, 82362 Weilheim, Tel. 0881/1830

Chemiepumpen

PHILIPP HILGE GMBH
Pumpenfabrik seit 1862, 55292 Bodenheim
Tel. (06135)750, Fax (06135)1737

Sterling SIHI GmbH
Lindenstr. 170, 25524 Itzehoe
Tel. 04821/771-01 , Fax 04821/771-274

Chemikalien zur Wasser- und Abwasserbehandlung

Chemische Fabrik Budenheim
Rudolf A. Oetker, D-55253 Budenheim
Tel. 06139/890 Fax 06139/89264

Degussa-Hüls AG
GB Industriechemikalien
60287 Frankfurt am Main
Telefon: 069/218-2604
Telefax: 069/218-2191

Sidra Wasserchemie GmbH
49479 Ibbenbüren, Tel.: 05459/54-0
06749 Bitterfeld, Tel.: 03493/7575-0
www.sidra.de, E-Mail: info@sidra.de

Chlor

Kurt Obermeier GmbH & Co. KG
57305 Bad Berleburg Tel. 02751/524-0

Chlorbestimmungsgeräte

SWAN Analytische Instrumente GmbH
Ralf Rochelmeyer Gewerbegebiet Süd Nr. 4
D-98716 Geschwenda
Tel. 036205/9 00 13
Fax 036205/9 10 30

CSB-Apparaturen

Deutsche Metrohm, 70772 Filderstadt

CSB-Meßplätze

MACHEREY-NAGEL GmbH & Co. KG
P. 101352, 52313 Düren, T. 02421/969-0

WTW GmbH, 82362 Weilheim, Tel. 0881/1830

Desinfektionsmittel auf Persauerstoff-Basis

Degussa-Hüls AG
GB Industriechemikalien
60287 Frankfurt am Main
Telefon: 069/218-2604
Telefax: 069/218-2191

Dickstoffpumpen

Hidrostal GmbH
Albert-Einstein-Str. 15, 51674 Wiehl
Tel.: 02261/98600, Fax: 02261/986060

Dosieranlagen

LANG Apparatebau GmbH
83313 Siegsdorf

Dosierpumpen

LANG Apparatebau GmbH
83313 Siegsdorf
Dosiersteuerungen

Dosiersteuerungen

Ciba Spezialitätenchemie
Lampertheim GmbH
Water Treatments, Vertrieb Deutschland
Chemiestraße, 68623 Lampertheim
Tel.: 06206/15-3311 , Fax: 06206/15-3388

Durchflußmesser

KROHNE
Messtechnik GmbH & Co. KG
Postfach 10 08 62
47008 Duisburg
Telefon: 0203/301-0
Telefax: 0203/301-389
email: info-wasser@krohne.de

Düsen

JATO - Düsenbau AG, CH-6015 Reussbühl
Tel. 041-260-04 55, Fax 041-260-6358

Entschäumer

Kurt Obermeier GmbH & Co. KG
57305 Bad Berleburg Tel. 02751/524-0
Fabrikations-, Kreislauf- und
Kühlwasseraufbereitung

Fabrikations-, Kreislauf- und Kühlwasseraufbereitung

Degussa-Hüls AG
GB Industriechemikalien
60287 Frankfurt am Main
Telefon: 069/218-2604
Telefax: 069/218-2191

Fällungs- und Flockungsmittel

Ciba Spezialitätenchemie
Lampertheim GmbH
Water Treatments, Vertrieb Deutschland
Chemiestraße, 68623 Lampertheim
Tel.: 06206/15-3311 , Fax: 06206/15-3388

Filterdüsen

KLEEMEIER, SCHEWE + Co. KSH GMBH
Daimlerstr. 7, 32051 Herford
Telefon 05221-9346-0 Fax 49/5221-32656

Filterkies

EUROQUARZ Werk Dorsten GmbH
46256 Dorsten
Tel. 02362/2005-0, Fax 2005-99
EUROQUARZ Werk Ottendorf-Okrilla GmbH
01458 Ottendorf-Okrilla
Tel. 035205/527-0, Fax 527-12

Filterkohle

EUROQUARZ Werk Dorsten GmbH
46256 Dorsten
Tel. 02362/2005-0, Fax 2005-99
EUROQUARZ Werk Ottendorf-Okrilla GmbH
01458 Ottendorf-Okrilla
Tel. 035205/527-0, Fax 527-12

Filtermedien

MACHEREY-NAGEL GmbH & Co. KG
P. 101352, 52313 Düren, T. 02421/969-0

Filtersand

EUROQUARZ

EUROQUARZ Werk Dorsten GmbH
46256 Dorsten
Tel. 02362/2005-0, Fax 2005-99
EUROQUARZ Werk Ottendorf-Okrilla GmbH
01458 Ottendorf-Okrilla
Tel. 035205/527-0, Fax 527-12

Flockungshilfsmittel

Ciba Spezialitätenchemie
Lampertheim GmbH
Water Treatments, Vertrieb Deutschland
Chemiestraße, 68623 Lampertheim
Tel.: 06206/15-3311 , Fax: 06206/15-3388

SACHTLEBEN CHEMIE GmbH
Wasserchemie
Postfach 170454, 47184 Duisburg
Tel. 02066-222685, Fax 02066-222661
E-mail: hwacker@sachtleben.de

Stockhausen GmbH & Co. KG,
Postfach 100452
D-47704 Krefeld, Tel.: 02151/38-01
Praestol-Marken, organische
synthetische hochmolekulare
Flockungsmittel
Stokopol-Marken, polymere,
synthetische Spülungsaddidive

Flockungsmittel

SACHTLEBEN CHEMIE GmbH
Wasserchemie
Postfach 170454, 47184 Duisburg
Tel. 02066-222685, Fax 02066-222661
E-mail: hwacker@sachtleben.de

Stockhausen GmbH & Co. KG,
Postfach 100452
D-47704 Krefeld, Tel.: 02151/38-01
Praestol-Marken, organische
synthetische hochmolekulare
Flockungsmittel
Stokopol-Marken, polymere,
synthetische Spülungsadditive

Füllstandsmeßgeräte

KROHNE
Messtechnik GmbH & Co. KG
Postfach 10 08 62
47008 Duisburg
Telefon: 0203/301-0
Telefax: 0203/301-389
email: info-wasser@krohne.de

LESA, D-22179 Hamburg
Hegholt 59, Tel. 040/6410041-42
Telefax 040/6411 836

Ionenaustauscher

Kurt Obermeier GmbH & Co. KG
57305 Bad Berleburg Tel. 02751/524-0
Kesselspeisewasserbehandlung

Kesselspeisewasserbehandlung

Chemische Fabrik Budenheim
Rudolf A. Oetker, D-55253 Budenheim
Tel. 06139/890 Fax 06139/89264

Klärschlammkonditionierung

Ciba Spezialitätenchemie
Lampertheim GmbH
Water Treatments, Vertrieb Deutschland
Chemiestraße, 68623 Lampertheim
Tel.: 06206/15-3311 , Fax: 06206/15-3388

Sidra Wasserchemie GmbH
49479 Ibbenbüren, Tel.: 05459/54-0
06749 Bitterfeld, Tel.: 03493/7575-0
www.sidra.de, E-Mail: info@sidra.de

Kohlensäure C02-Verfahren, Anlagen, Geräte

TV Kohlensäure
Technik und Vertrieb GmbH + Co.
Postfach 211406, 67063 Ludwigshafen
Tel. (0621)69001-0
Fax: (0621)69001-223
www.tv-co2.de

Kreiselpumpen

PHILIPP HILGE GMBH
Pumpenfabrik seit 1862, 55292 Bodenheim
Tel. (06135)750, Fax (06135) 1737

Sterling SIHI GmbH
Lindenstr. 170, 25524 Itzehoe
Tel. 04821/771-01, Fax 04821/771-274

Kühlwasserbehandlung

Chemische Fabrik Budenheim
Rudolf A. Oetker, D-55253 Budenheim
Tel. 06139/890 Fax 06139/89264

Laboreinrichtungen

JÜRGENS LABORBAU GMBH
Postfach 450208, 28296 Bremen
Tel. (0421)43840-0

Leitfähigkeitsmeßgeräte

SWAN Analytische Instrumente GmbH
Ralf Rochelmeyer Gewerbegebiet Süd Nr. 4
D-98716 Geschwenda
Tel. 036205/90013
Fax 036205/91030

WTW GmbH, 82362 Weilheim, Tel. 0881/1830

Leitfähigkeits-Messung

WTW GmbH, 82362 Weilheim, Tel. 0881/1830

Leitfähigkeitsmeß- und -regelgeräte

LANG Apparatebau GmbH
83313 Siegsdorf

Leuchtbakterientest

Dr. Bruno Lange GmbH & Co. KG
PF 270247
40525 Düsseldorf
Photometer und Küvetten-Tests
zur Wasser- und Abwasseranalyse

MACHEREY-NAGEL GmbH & Co. KG
P. 101352, 52313 Düren, T. 02421/969-0

Niveauregelanlagen

LESA, D-22179 Hamburg
Hegholt 59, Tel. 040/6410041-42
Telefax 040/6411836

O₂-Messgeräte

WTW GmbH, 82362 Weilheim, Tel. 0881/1830

Ölwehrtechnik

Hydrotechnik Lübeck GmbH
Grootkoppel 33, 23566 Lübeck
Tel.: 0451/65175, Fax: 0451/623744
E-mail: hydrotechnik@edvs.de

Ozonanlagen

Erwin Sander Elektroapparatebau GmbH
Am Osterberg 22
D-31311 Uetze-Eltze
Erwin_Sander@iworld.de

Ozongeneratoren

Anseros, Klaus Nonnenmacher GmbH
Dischingerweg 11, D-72070 Tübingen
Tel. 07071/79950, Fax 07071/799595
e-mail address anseros@aol.com

Ozon-Prozeßanalysatoren zur kontinuierlichen Messung von Ozon in der Gas- u. Wasserphase

Anseros, Klaus Nonnenmacher GmbH
Dischingerweg 11, D-72070 Tübingen
Tel. 07071/79950, Fax 07071/799595
e-mail address anseros@aol.com

Peressigsäure

Degussa-Hüls AG
GB Industriechemikalien
60287 Frankfurt am Main
Telefon: 069/218-2604
Telefax: 069/218/2191

pH-Elektroden

SWAN Analytische Instrumente GmbH
Ralf Rochelmeyer Gewerbegebiet Süd Nr. 4
D-98716 Geschwenda
Tel. 036205/9 00 13
Fax 036205/9 10 30

pH-Meßgeräte

SWAN Analytische Instrumente GmbH
Ralf Rochelmeyer Gewerbegebiet Süd Nr. 4
D-98716 Geschwenda
Tel. 036205/9 00 13
Fax 036205/9 10 30

pH-Meß- und Regelgeräte

LANG Apparatebau GmbH
83313 Siegsdorf

SWAN Analytische Instrumente GmbH
Ralf Rochelmeyer Gewerbegebiet Süd Nr. 4
D-98716 Geschwenda
Tel. 036205/9 00 13
Fax 036205/9 10 30

pH-Meter

WTW GmbH, 82362 Weilheim, Tel. 0881/1830

Phosphate

Chemische Fabrik Budenheim
Rudolf A. Oetker, D-55253 Budenheim
Tel. 06139/890 Fax 06139/89264

Phosphatfällmittel

Ciba Spezialitätenchemie
Lampertheim GmbH
Water Treatments, Vertrieb Deutschland
Chemiestraße, 68623 Lampertheim
Tel.: 06206/15-3311 , Fax: 06206/15-3388

SACHTLEBEN CHEMIE GmbH
Wasserchemie
Postfach 170454, 47184 Duisburg
Tel. 02066-222685 Fax 02066-222661
E-mail: hwacker@sachtleben.de

Photometer

Dr. Bruno Lange GmbH & Co. KG
PF 270247
40525 Düsseldorf
Photometer und Küvetten-Tests
zur Wasser- und Abwasseranalyse

WTW GmbH, 82362 Weilheim, Tel. 0881/1830

Photometrische Wasseranalyse

MACHEREY-NAGEL GmbH & Co. KG
P. 101352, 52313 Düren, T. 02421/969-0

Polyaluminiumchlorid

SACHTLEBEN CHEMIE GmbH
Wasserchemie
Postfach 170454, 47184 Duisburg
Tel. 02066-222685 Fax 02066-222661
E-mail: hwacker@sachtleben.de

Pumpen

Hidrostal GmbH
Albert-Einstein-Str. 15, 51674 Wiehl
Tel.: 02261/98600. Fax: 02261/986060

Pumpen für aggressive Medien

Sterling SIHI GmbH
Lindenstr. 170, 25524 Itzehoe
Tel. 04821/771-01 , Fax 04821/771-274

Pumpen, wellendichtungslose

Sterling SIHI GmbH
Lindenstr. 170, 25524 Itzehoe
Tel. 04821/771-01, Fax 04821/771-274

Pumpensteuerungen

LESA, D-22179 Hamburg
Hegholt 59, Tel. 040/6410041-42
Telefax 040/6411836

Quarzkies

▲ EUROQUARZ

EUROQUARZ Werk Dorsten GmbH
46256 Dorsten
Tel. 02362/2005-0, Fax 2005-99
EUROQUARZ Werk Ottendorf-Okrilla GmbH
01458 Ottendorf-Okrilla
Tel. 035205/527-0, Fax 527-12

Quarzsand

▲ EUROQUARZ

EUROQUARZ Werk Dorsten GmbH
46256 Dorsten
Tel. 02362/2005-0, Fax 2005-99
EUROQUARZ Werk Ottendorf-Okrilla GmbH
01458 Ottendorf-Okrilla
Tel. 035205/527-0, Fax 527-12

Redoxmeßgeräte

SWAN Analytische Instrumente GmbH
Ralf Rochelmeyer Gewerbegebiet Süd Nr. 4
D-98716 Geschwenda
Tel. 036205/9 00 13
Fax 036205/9 10 30

Regeneriersalz für Wasserenthärtungsanlagen

Akzo Nobel Salz GmbH
Verkaufsbüro Hamburg
Am Sandtorkai 71
20457 Hamburg
Tel.: 040/3697700
Fax: 040/36977020

Sauerstoffmeßgeräte

SWAN Analytische Instrumente GmbH
Ralf Rochelmeyer Gewerbegebiet Süd Nr. 4
D-98716 Geschwenda
Tel. 036205/9 00 13
Fax 036205/9 10 30

WTW GmbH, 82362 Weilheim, Tel. 0881/1830

Schlammentwässerungshilfsmittel

Ciba Spezialitätenchemie
Lampertheim GmbH
Water Treatments, Vertrieb Deutschland
Chemiestraße, 68623 Lampertheim
Tel.: 06206/15-3311 , Fax: 06206/15-3388

SACHTLEBEN CHEMIE GmbH
Wasserchemie
Postfach 170454, 47184 Duisburg
Tel. 02066-222685 Fax 02066-222661
E-mail: hwacker@sachtleben.de

Schlammpumpen

Hidrostal GmbH
Albert-Einstein-Str. 15, 51674 Wiehl
Tel.: 02261/98600, Fax: 02261/986060

Schlammspiegelmeßgeräte

KROHNE
Messtechnik GmbH & Co. KG
Postfach 100862
47008 Duisburg
Telefon: 0203/301-0
Telefax: 0203/301-389
email: info-wasser@krohne.de

Schmutzwasserpumpen

Hidrostal GmbH
Albert-Einstein-Str. 15, 51674 Wiehl
Tel.: 02261/98600, Fax: 02261/986060

Schwermetallfällungsmittel

Degussa-Hüls AG
GB Industriechemikalien
60287 Frankfurt am Main
Telefon: 069/218-2604
Telefax: 069/218-3839

Schwimmende Tauchwände

Hydrotechnik Lübeck GmbH
Grootkoppel 33, 23566 Lübeck
Tel.: 0451/6 51 75, Fax: 0451/62 37 44
E-mail: hydrotechnik@edvs.de

Silikate

VAN BAERLE & CO., 64579 Gernsheim
Mainzer Str. 35, Tel.: 06258/940-0

Tauchpumpen

Hidrostal GmbH
Albert-Einstein-Str. 15, 51674 Wiehl
Tel.: 02261/98600, Fax: 02261/986060

PHILIPP HILGE GMBH
Pumpenfabrik seit 1862, 55292 Bodenheim
Tel. (06135)750, Fax (06135)1737

Testpapiere

MACHEREY-NAGEL GmbH & Co. KG
P. 101352, 52313 Düren, T. 02421/969-0

TOC-Analysatoren

Gröger & Obst GmbH
Marienstraße 4, 82335 Berg
Tel.: 08151/51003 Fax: 08151/51005

Trinkwasserbehandlung

Chemische Fabrik Budenheim
Rudolf A. Oetker, D-55253 Budenheim
Tel. 06139/890 Fax 06139/89264

Unterwasser-Farbfernseh-Untersuchung von Brunnen

AOUAPLUS, GmbH & Co. KG
96317 Kronach, Fischbach 29
Tel.: 09261/6251-0
Fax: 09261/6251-62

Vakuumpumpen

Sterling SIHI GmbH
Lindenstr. 170, 25524 Itzehoe
Tel. 04821/771-01, Fax 04821/771-274

Wasser- und Abwasseranalyse, Geräte und Schnellteste

MACHEREY-NAGEL GmbH & Co. KG
P. 101352, 52313 Düren, T. 02421/969-0

Wasseraufbereitung

CHRIST

Christ GmbH
Mittlerer Pfad 9, 70499 Stuttgart
Tel.: 0711/887160 Fax: 0711/8871677
e-mail: http://www.christ-wasser.de

Wasserbehandlung

Chemische Fabrik Budenheim
Rudolf A. Oetker, D-55253 Budenheim
Tel. 06139/890 Fax 06139/89264

Wasserglas

VAN BAERLE & CO., 64579 Gernsheim
Mainzer Str. 35, Tel.: 06258/940-0

Zentrifugalpumpen

Hidrostal GmbH
Albert-Einstein-Str. 15, 51674 Wiehl
Tel.: 02261/98600, Fax: 02261/986060

Sterling SIHI GmbH
Lindenstr. 170, 25524 Itzehoe
Tel. 04821/771-01 , Fax 04821/771-274

Zerstäubungsdüsen

JATO - Düsenbau AG, CH-6015 Reussbühl
Tel. 041-260-0455, Fax 041-260-6358